现代植保新技术图解丛书 **4**

农田杂草鉴别
与防除彩色图解

鲁传涛 等 主编

中国农业科学技术出版社

图书在版编目（CIP）数据

农田杂草鉴别与防除彩色图解/鲁传涛等主编.－北京：
中国农业科学技术出版社，2021.7
ISBN 978-7-5116-4982-9

Ⅰ.①农 … Ⅱ.①鲁 … Ⅲ.①农田-杂草-鉴别-图解②农田-除草-图解 Ⅳ.①S451-64

中国版本图书馆CIP数据核字(2020)第166234号

责任编辑　姚　欢　褚　怡
责任校对　马广洋　贾海霞
责任印制　姜义伟　王思文

出 版 者　中国农业科学技术出版社
　　　　　北京市中关村南大街12号　邮编　100081
电　　话　(010)82109702(发行部)　(010)82106631(编辑室)
　　　　　(010)82109709(读者服务部)
传　　真　(010)82106631
网　　址　http://www.castp.cn
经 销 者　各地新华书店
印 刷 者　河南省诚和印制有限公司
开　　本　889mm×1 194mm　1/16
印　　张　59
字　　数　1 476千字
版　　次　2021年7月第1版　2021年7月第1次印刷
定　　价　498.00元

《现代植保新技术图解》
总编委会

顾　问	陈剑平

主　编	鲁传涛	封洪强	杨共强	张振臣	李好海	李洪连	任春玲	刘红彦	武予清	张玉聚
副主编	任应党	李国平	吴仁海	郝俊杰	王振宇	孙　静	苗　进	张　煜	杨丽荣	张　洁
	宋玉立	韩　松	徐　飞	赵　辉	乔广行	王建宏	全　鑫	姚　欢	夏明聪	张德胜
	刘玉霞	倪云霞	刘新涛	王恒亮	王　飞	文　艺	孙祥龙	苏旺苍	徐洪乐	杨共强
	高素霞	段　云	孙兰兰	刘　英	张志新	蔡　磊	孙　辉	秦光宇	朱丽莹	马会江
	杜桂芝	陈玉华	薛　飞	张书钧	刘雪平	高新菊	薛华政	黎世民	李秀杰	杨党伟
	蒋月丽	李　彤	王灵敏	乔耀淑	李迅帆	马永会	王军亮	吴　寅	田迎芳	薛　飞
	张清军	杨胜军	张为桥	王合生	赵振欣	卜　勇	马建华	刘东洋	郭学治	孙炳剑
	焦竹青	吴　寅								

编写人员	卜　勇	马　蕾	马东波	马永会	马会江	马红平	马建华	王　飞	王　丽	王　倩
	王卫琴	王玉辉	王光华	王伟芳	王向杰	王合生	王军亮	王红霞	王宏臣	王建宏
	王恒亮	王艳民	王艳艳	王素萍	王振宇	王高平	王瑞华	王瑞霞	牛平平	文　艺
	孔素娟	厉　伟	石珊珊	叶文武	田兴山	田迎芳	田彩红	白　蕙	冯　威	冯海霞
	邢小萍	朱丽莹	朱荷琴	乔　奇	乔彩霞	乔耀淑	任　尚	任应党	任俊美	华旭红
	全　鑫	刘　英	刘　丽	刘　胜	刘　娜	刘玉霞	刘东洋	刘明忠	刘佳中	刘俊美
	刘晓光	刘雪平	刘新涛	闫　佩	闫晓丹	安世恒	许子华	孙　骞	孙　辉	孙　静
	孙兰兰	孙炳剑	孙祥龙	苏旺苍	杜桂芝	李　宇	李　威	李　培	李　巍	李伟峰
	李迅帆	李好海	李红丽	李红娜	李应南	李国平	李绍建	李洪连	李晓娟	李登奎
	杨玉涛	杨共强	杨丽荣	杨胜军	杨爱霞	杨琳琳	吴　寅	吴仁海	吴绪金	何艳霞
	何梦菡	汪醒平	宋小芳	宋晓兵	宋雪原	张　军	张　航	张　翀	张　平	张　志
	张　洁	张　猛	张　煜	张为桥	张书钧	张玉秀	张玉聚	张东艳	张占红	张志新
	张芙蓉	张丽英	张迎彩	张秋红	张振臣	张清军	张德胜	陆春显	陈玉华	陈剑平
	苗　进	范腕腕	周国友	周海萍	周增强	郑　雷	孟颢光	封洪强	赵　辉	赵　韶
	赵利敏	赵玲丽	赵俊坤	赵振欣	赵寒梅	郝俊杰	胡喜芳	段　云	侯　珲	侯海霞
	施　艳	姚　欢	姚　倩	秦光宇	秦艳红	夏　睿	夏明聪	党英喆	倪云霞	徐　飞
	徐洪乐	凌金锋	高　萍	高树广	高素霞	高新菊	郭小丽	郭长永	郭学治	桑素玲
	崔丽雅	彭成绩	彭埃天	韩　松	焦竹青	蒋月丽	鲁传涛	鲁漏军	谢金良	靳晓丹
	蔡　磊	蔡富贵	雒德才	黎世民	潘春英	薛　飞	薛华政	藏　睿		

《农田杂草鉴别与防除彩色图解》
编委会

主　编	鲁传涛	苏旺苍	杨共强	刘雪平	高素霞	康福平	孙祥龙
	孙兰兰	杨党伟	张玉聚				
副主编	徐洪乐	谢金良	李　培	张　翀	冯海霞	任俊美	姚　欢
	吴仁海	李　威	陈玉华	周海萍	张秋红	夏　睿	何艳霞
	刘明忠	许子华	姚　倩	焦竹青	牛平平	闫晓丹	刘东洋
	刘俊美	孙明明	李　霖	李慧龙	王伟芳	张　志	张志花
	李晓娟	胡喜芳	朱春城	范腕腕	张　平	王红霞	王强雨
	陈培育	赵利民	彭新华	郝　瑞	师　辉	李耀青	杨　柳
	陈春先	薛　飞	王光华	王道丽	李学来	王俊霞	汤小民
编写人员	王光华	王伟芳	王红霞	王强雨	王道丽	王俊霞	牛平平
	冯海霞	任俊美	刘　一	刘　丽	刘东洋	刘明忠	刘雪平
	刘俊美	闫晓丹	许子华	孙兰兰	孙明明	孙祥龙	汤小民
	苏旺苍	李　威	李　培	李　霖	李学来	李晓娟	李慧龙
	李耀青	朱春城	杨　柳	杨共强	杨党伟	吴仁海	师　辉
	何艳霞	宋雪原	陈玉华	陈春先	陈培育	范腕腕	康福平
	张　平	张　志	张　翀	张玉聚	张占红	张志花	张秋红
	赵利民	周海萍	胡喜芳	姚　欢	姚　倩	郝　瑞	夏　睿
	彭新华	党英喆	徐洪乐	高素霞	焦竹青	鲁传涛	谢金良
	薛　飞						

前　言

　　我国地域复杂，农田杂草种类繁多，发生为害严重，严重制约了我国农业生产的发展。随着农业科技的发展和农村劳动力的转移，化学除草技术已得到普遍应用，除草剂的使用量在逐年增加，据估计，我国化学除草面积约占作物播种面积的80%。使用除草剂除草具有简单、高效、成本低等特点。但是，由于杂草和除草剂种类繁多，作用机制各不相同，因此生产上经常发生除草效果不好或作物产生除草剂药害等问题。

　　为了正确识别杂草和合理使用除草剂，确保除草效果和对作物的安全性，推广普及杂草知识和除草剂使用技术，我们组织国内权威专家，在查阅大量国内外文献的基础上，结合作者多年的科研工作实践经验，对2010年出版的《农业病虫草害防治新技术精解》（第四卷）进行了大量的调整和补充，进而编著了这本《农田杂草鉴别与防除彩色图解》。

　　《农田杂草鉴别与防除彩色图解》中所列的主要农田杂草均是农业生产上常见且发生为害严重的杂草。书中对这些杂草的发生规律、防治技术进行了全面的介绍，并分生育时期介绍了综合防治方法。书中配有杂草原色图谱，田间发生为害原色图片，图片清晰、典型，易于田间识别和对照。

　　全书分三大部分，第一部分（第一章、第二章），对465种杂草进行了介绍，图文并茂。第二部分（第三章至第六章），简要介绍了各类除草剂的作用原理和除草机制。第三部分（第七章至第十八章），介绍了主要作物田、蔬菜田、果园的杂草发生规律、防治方法，配有田间、果园真实草相和生育期照片，给出了常用药剂种类和使用剂量。该书通俗易懂、方便实用。

　　该书在编纂过程中，得到了中国农业科学院、南京农业大学、西北农林科技大学、华中农业大学、山东农业大学、河南农业大学，以及河南、山东、河北、黑龙江、江苏、湖北、广东等省市农科院和植保站专家的支持及帮助。有关专家提供了很多形态诊断识别照片和自己多年的研究成果；同时，还得到了国家公益性行业（农业）科研专项"除草剂安全使用技术研究和示范"（201203098）项目的资助，在此谨致衷心感谢。

　　由于我国地域辽阔，农田杂草群类组成复杂，区域特点和田块性特征明显。因此，书中介绍除草剂的实际除草效果和对作物的安全性会因特定的使用条件而有较大差异。书中内容仅供读者参考，建议在先行先试的基础上再大面积推广应用，避免出现药效或药害问题。由于作者水平有限，书中内容不当之处，敬请读者批评指正。

编　者

2021年3月20日

目 录

第一章 农田杂草发生概况

一、杂草的为害及发生特点

杂草一般是指农田中非有意识栽培的植物。从生态经济的角度出发，在一定的条件下，凡害大于益的植物都可称为杂草，都应属于防治之列。从生态观点看，杂草是在人类干扰的环境下起源、进化而形成的，既不同于作物又不同于野生植物，它是对农业生产和人类活动均有着多种影响的植物。

(一)杂草的为害特点

杂草是农业生产的大敌。它是在长期适应当地的作物、栽培、耕作、气候、土壤等生态环境及社会条件下生存下来的，从不同的方面侵害作物(图1-1和图1-2)，其表现如下。

图1-1 大豆田杂草为害情况

图1-2 果园杂草为害情况

(1)与农作物争水、肥、光能等 杂草适应力强，根系庞大，耗费水肥能力极强。如生产1kg小麦干物质需水513kg，而藜和猪殃殃形成1kg干物质分别需耗水658kg和912kg，据测定，每平方米有一年生杂草100~200株时，即每亩（1亩≈667m²）田中的杂草将吸去氮4~9kg、磷1.2~2kg，钾6.5~9kg，收获时每亩可使谷物减产50~100kg。

(2)侵占地上和地下部空间，影响作物光合作用，干扰作物生长 杂草的生长需要占据一定的空间。如野燕麦平均株高95cm，单株平均投影面积250cm²，最大投影面积1 500cm²。如果平均每平方米10株，共计投影面积2 500cm²，即占去1/4的空间。又如稻田中的水莎草，豫北部分地区每平方米24株，最多达95株，株高80cm，单株平均投影面积280cm²，最大投影面积2 500cm²，水稻几乎淹没于水莎草之中。在生产中，杂草种子数量远远超过作物的播种量，加上出苗早、速度快，易于造成草荒。

(3)杂草是作物病害、虫害的中间寄主 杂草的抗逆性强，不少是越年生或多年生的植物，其生育期较长，所以病菌及害虫常常是先在杂草上寄生或过冬，在作物长出后，则逐渐迁移到作物上进行为害。如棉蚜，先在多年生的刺儿菜、苦苣菜、紫花地丁及越年生的荠菜、夏至草等杂草上寄生越冬，当棉花出苗后再迁移到棉苗上进行为害。

（4）**增加管理用工和生产成本**　杂草越多需要花费在防治杂草上的用工量也越多，据统计，我国农村大田除草用工量占田间劳动量的1/3～1/2，草多的稻秧田和蔬菜苗床，其除草用工量往往超过10个工/亩。按平均每亩除草用工2个计，全国20亿亩播种面积，每年用于除草的用工量就需40亿个工日。此外，杂草还影响耕作效率，并延长有效工时。

（5）**降低作物的产量和品质**　由于杂草在土壤养分、水分、作物生长空间和病虫害传播等方面直接、间接为害作物，因此最终将影响作物的产量和质量。如水稻的夹心稗对产量影响极明显。据试验，一丛水稻夹有1、2及3株稗草时，水稻相应减产35.3%、62%和88%；又如青海的野燕麦严重为害小麦产量，当田间无野燕麦时小麦的亩产为108kg；当每亩小麦田分别有野燕麦8.2万、37.8万及70.2万株时，小麦亩产量则降至99.6kg、38.4kg和27.8kg。据全国植物保护总站1985年调查统计：主要农作物每年受草害的面积为6.3亿亩，其中严重受害的约为1.5亿亩。平均每年损失粮食17 500万t、棉花25万t，损失率分别为粮食和棉花总产的13.4%和14.8%。可供上千万人的口粮和穿衣之需要。龙葵的浆果在收获时混于大豆籽粒中，若其果汁染在大豆籽实上形成花斑，则造成豆价降级。据联合国统计，全世界每年因杂草为害使农产品平均减产10%。

（6）**影响人畜健康**　有些杂草如毒麦种子，若大量混入小麦，人吃了含有4%毒麦的面粉就有中毒甚至致死的危险；误食了混有大量苍耳籽的大豆加工品，同样会引起中毒；毛茛体内含有毒汁，牲口吃了会中毒；豚草(破布草)的花粉可使有些人引起花粉过敏症，使患者出现哮喘、鼻炎、类似荨麻疹的病症。

（7）**影响水利设施**　水渠及其两旁长满了杂草，会使渠水流速减缓，泥沙淤积，且为鼠类栖息提供条件，使渠坝受损。

（二）农田杂草的发生特点

在人类长期的农业生产活动中，杂草作为防除对象，尽管被人们千方百计地防除，但还是生存了下来。其原因是杂草在与农作物竞争以及各种环境条件的影响下，逐渐适应并形成了许多固有的生物学特性。概括起来，杂草具有以下生物学特点。

（1）**产生大量种子**　杂草的一生能产生大量种子繁衍后代，如马唐、绿狗尾、灰绿藜、马齿苋在上海地区一年可产生2～3代，一株马唐、马齿苋就可产生2万～30万粒种子，一株异型莎草、藜、地肤、小飞蓬可产生几万至几十万粒种子，如果农田内没有很好除草，让杂草开花繁殖，必将留下几亿至几十亿粒种子，那么在3～5年内就很难除尽了。

（2）**繁殖方式复杂多样**　有些杂草不但能产生大量种子，而且还具有无性繁殖的能力，杂草的无性繁殖可分为以下几类。

①根蘖类　如苣荬菜、小蓟、大蓟、田旋花(图1-3和图1-4)。

②根茎类　如狗牙根、牛毛毡、藨草、眼子菜等(图1-5)。

③匍匐类　如双穗雀稗等(图1-6)。

④块茎类　如水莎草、香附子(图1-7)。

⑤须根类　如画眉草、狼尾草、碱茅(图1-8)。

⑥球茎类 如野慈姑(图1-9)。

⑦鸡爪芽 眼子菜的越冬地下芽(图1-10)。

图1-3 小蓟的根

图1-4 田旋花的根茎

图1-5 狗牙根的根茎

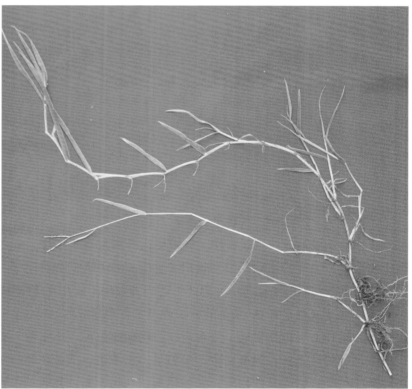

图1-6 双穗雀稗的葡匐茎

图1-7   香附子的块茎

图1-8   画眉草的须根

图1-9   野慈姑的球茎

图1-10   眼子菜的地下芽

这些地下根茎分枝生长很快，在农田内开始发现1～2株，到年底可长成一大片。另外，用锄头清除多年生杂草，锄完后不到几天，很快又长出新枝，人们称香附子为"回头青"就是这个意思。因为多年生杂草根茎被切断后还能再生，因此不适当的中耕不能起到防除作用反而促进了它们的繁殖和传播。

(3)传播方式的多样性　杂草的种子或果实有容易脱落的特性，有些杂草种子具有适应于散布的结构或附属物，借外力可传播很远、分布很广。例如蒲公英、小飞蓬、苣荬菜、刺儿菜、泥胡菜等的种子长有长绒毛，可随风飞扬，飘至远方。牛毛草、水苋菜、节节草等种子小而轻，可随水漂流，进入农田。苍耳等杂草种子有钩或黏性物质，易黏住人、动物，通过其活动带到各处；或随农具、交通工具远距离传播。

(4)种子休眠 很多杂草种子成熟后不能立即发芽，而要经过一定时间的休眠期才能发芽，以免一落地立即出苗遇上不良气候而灭种，这是长期自然选择的结果，如果没有休眠特性，很多杂草就有可能被自然淘汰。假如上海地区的稗草、马唐、千金子、牛筋草、马齿苋等杂草种子在9—10月成熟后不休眠，按当时的气温条件完全可以发芽出苗，而到11月上中旬来不及抽穗结籽，霜冻来临幼苗就会被冻死，就很有可能面临灭种之灾。

还有不少杂草如藜、小藜、异型莎草、鸭舌草、马齿苋等种子在一般情况下发芽率不高，这本身也是一种保存生命的特性。如果杂草种子发芽率高，发芽整齐，一次齐苗，那就很容易被一次中耕全部消灭，但事实上杂草种子出苗很不整齐，即使被消灭一批，它再出一批，很难被除尽。例如藜的种子有3种类型：大种子表面平、褐色，只要条件允许就能立即出苗；小种子、黑色，成熟后过两年后才能发芽。还有苍耳种子，包于刺果内，其中有两粒种子，上部一粒种子要经过几个月或几年后才发芽，下部一粒种子，如果条件许可能立即萌发。

(5)种子寿命 杂草种子在土壤中的寿命是很长的，根据报道，野燕麦、看麦娘、蒲公英、冰草、牛筋草种子存活在5年以上；金狗尾、荠菜、狼尾草、苋菜、繁缕的种子可存活10年以上；狗尾草、蓼、马齿苋、龙葵、羊蹄、车前、蓟的种子可存活30年以上；反枝苋、豚草、独行菜的种子可存活40年以上。杂草种子的"高寿"对于保存种源、繁衍后代有十分重要的意义。

杂草种子的寿命与外界条件的关系很大。根据试验，土壤中的水分状况对在土壤中杂草种子的寿命影响最大，例如水生杂草稗草种子在水田内经过4年后死亡率才达47% ~ 65.8%，而在旱田内第3年死亡率为99% ~ 100%。同样，水苋菜、异型莎草、千金子的种子在水田内第4年死亡率为68%、77%、76.8%，而在旱田内死亡率为77.0%、87.8%、85.3%。而旱地杂草则相反，婆婆纳、猪殃殃的种子埋在旱田内，4年后的死亡率分别为26.5%、60.0%，而水田里的死亡率为69.8%、100%。另外日本看麦娘种子埋在旱田内2年后，死亡率为72.3%，而埋在水田内种子死亡率为100%。

(6)杂草的出苗、成熟期参差不齐 大部分杂草出苗不整齐，例如荠菜、小藜、繁缕、婆婆纳等，除最冷的1—2月和最热的7—8月外，一年四季都能出苗、开花；看麦娘、牛繁缕、早熟禾、大巢菜等在上海郊区于9月至翌年2—3月都能出苗，早出苗的于3月中旬开花，晚出苗的至5月下旬还能陆续开花，先后延续2个多月；又如马唐、绿狗尾、马齿苋、牛筋草在上海地区从4月中旬开始出苗，一直延续到9月，先出苗的于6月下旬开花结果，先后相差4个月。即使同株杂草上开花也很不整齐，禾本科杂草看麦娘、早熟禾等，穗顶端先开花，随后由上往下逐渐开花，先开花的种子先成熟，一般主茎穗和早期分蘖先抽穗、开花，后期分蘖晚开花。牛繁缕、大巢菜属无限花序，4月上旬开始开花，到6月上旬，一边开花，一边结果，可延续3 ~ 4个月。

由于杂草开花、种子成熟的时间延续得很长，早熟的种子早落地，晚熟的晚落地，因此它在田间休眠、萌发也很不整齐，这给杂草的防除带来了很大困难。

(7)杂草种子和作物种子的大小与形状相似 一些杂草种子和作物种子的大小与形状相似，例如麦种内混入的野燕麦、毒麦种子，稻谷内混的稗草、扁秆蔗草种子，由于它们大小、形状、重量相近，风选、筛选、水选都难于清除。

(8)杂草的出苗与成熟期和作物相似 一个地区的主要农田杂草的出苗、成熟期和农作物相似，例如看麦娘、牛繁缕的出苗和成熟期与麦子、油菜相似；稗草、马唐的出苗、成熟分别和水稻、棉花相似。这样就形成了一个作物有几种比较固定的伴生杂草。

(9)杂草的竞争力强 多数农田杂草属C₄光合作用植物，利用光能、水资源和肥料效率高，因此生长速度快，竞争力强。

①利用光能力强 根据报道杂草在不同光强度下利用率比农作物高2~2.54倍，它的光合作用能力和光范围比农作物大2~5倍。根据试验资料，稗草、牛筋草在不同光强度下，生长速度比水稻快得多。另外，杂草利用水的效率比农作物高1.6~2.7倍，在土壤含水量低的情况下，大部分杂草比农作物更为耐旱。

②杂草吸肥力强 杂草吸肥力较作物强，在草害严重的情况下，施肥只会促进杂草生长，加重杂草为害。

③杂草生长速度快 由于大多数杂草利用光、水及肥料的能力比作物强，所以生长快。根据试验，单季晚稻移栽时秧苗已长到16.5~33cm，而后4~6天稗草、异型莎草、水苋菜等杂草开始萌芽出苗，两个月后这些杂草株高就能超过水稻，造成草害。另据调查，水稻秧苗3~4叶期，异型莎草刚刚出苗，但两个星期后，其株高和鲜重与水稻几乎相等，至3周后异型莎草鲜重达15g，株高32cm，而水稻的株重仅为7.5g，株高为28cm。

(10)适应性和抗逆性 杂草对环境的适应性和抗逆性比农作物强，干旱等不良环境中杂草却仍能生存，或者有的杂草种子休眠不出苗或缩短生育期，提早开花结实，以保存其种子的繁衍。

(11)杂草拟态性 凡有作物就有杂草，作物播种后，杂草就出苗，稗草和稻苗，苋菜、苍耳和大豆，狗尾草和谷子其形态很相似，人工除草时难于分辨，往往以假乱真，杂草未能除尽，反伤了作物。

(12)杂草有多种授粉途径 杂草既能异花授粉受精，又能自花授粉受精，授粉的媒介有风、水、昆虫等，因此杂草具有远缘亲和性。自花授粉受精可以保证在单独、单株存在时仍可正常受精结实，保证其种的延续生存。异花授粉受精有利于杂草产生新的变异和生命力强的变种、生态种，提高其生存的能力和机会。

二、杂草的类型

杂草的分类是进行杂草研究和杂草防除的基础。为便于应用，常根据各自的需要从不同的角度对杂草进行分门别类，常用的有按植物系统、按生物学特性、按除草剂防治类别等分类方法。

(一)按植物系统分类

按植物系统分类即采用植物分类学的经典方法，根据植物的形态及繁殖等特性的相似性来判断其在进化上的亲缘关系，并根据这种亲缘关系的远近将某一植物纳入分为不同等级的门、纲、目、科、属、种的分类系统中。这种分类法较为科学、系统和完善。

大多数杂草属种子植物门的被子植物亚门，只有四叶萍、木贼、问荆等少数杂草属蕨类植物门。

(二)按生物学特性分类

1.异养型杂草

以其他植物为寄主，杂草已部分或全部失去以光合作用自我合成有机养料的能力，而营寄生或半寄生地生活，如菟丝子等。

2.自养型杂草

杂草可进行光合作用，合成自身生命活动所需的养料，根据生活史长短可再分为多年生、二年生和一年生杂草。

(1)多年生杂草 营养繁殖能力较发达是多年生杂草的重要特点，因而依据其营养繁殖方式可分为以下3种类型。

①地下根繁殖型 如苣荬菜、刺儿菜和田旋花等；

②地下茎繁殖型 如白茅、芦苇、狗牙根、双穗雀稗、牛毛草、眼子菜、矮慈姑、野荸荠等；

③地上茎繁殖型 如鳞茎繁殖的小根蒜，匍匐茎繁殖的空心莲子草、狗牙根，块茎繁殖的香附子、扁秆藨草等。

需要指出，很多多年生杂草主要以营养器官进行无性繁殖，但也可在一定程度上进行种子繁殖，如水莎草虽主要靠块茎繁殖，但在秋天也能开花结实，产生种子。

(2)二年生杂草 此类杂草需在二年内完成其整个生活史，如草木樨、小飞蓬等在当年秋季萌发至翌年秋季开花结籽，种子至再次年的秋季方可萌发。

(3)一年生杂草 此类杂草可在一年内完成其从种子到种子的生活史，根据其生活史特点可分为以下3种类型。

①越冬型 或称冬季一年生杂草，于秋、冬季萌发，至春、夏季开花结果而完成一个生活周期，如看麦娘、碎米荠和婆婆纳等；

②越夏型 或称夏季一年生杂草，于春、夏间萌发，至秋天开花结实而死亡，如稗草、藜和苋等；

③短生活史型 可在1~2个月的很短期间完成萌发、生长和繁殖的整个生活史，如上海地区的春蓼和小藜在3月上旬出苗，至5月即可开花结籽而死亡。这种类型常为杂草对不适环境的一种特殊适应。

(三)按除草剂防治类别分类

为了制定化学防除杂草的策略，按照除草剂控制杂草的类别，常把杂草分为三大类：即禾草(禾本科杂草)、莎草(莎草科杂草)和阔叶草(双子叶类杂草)。其简易区别方法如下（图1-11）。

禾本科杂草	莎草科杂草	阔叶类杂草
叶片长条形	叶片长条形	叶片宽阔
叶脉与叶边平行	叶脉与叶边平行	叶脉网纹状
茎切面为圆形	茎切面为三角形	茎切面为圆形或方形

图1-11 三大类杂草的区别示意图

(四)按生态型分类

根据杂草对其生长环境水分及热量的要求,可分为以下几种类型。

1.水分

(1)**水生杂草** 或称喜水杂草,主要是为害水田作物的杂草,据其在水中的状态又可细分为以下几种。沉水杂草如金鱼藻、虾藻、苦草和矮慈姑;浮水杂草如眼子菜、紫背萍、青萍、绿萍、荇菜和槐叶萍等;挺水杂草如水莎草、野慈姑和芦苇等。

(2)**湿性杂草** 又称喜湿杂草,主要生长于地势低、湿度高的田内,在浸水田和旱田内均无法生长或生长不良,如石龙芮、异型莎草、鳢肠、看麦娘和千金子等。

(3)**旱生杂草** 包括耐旱杂草和喜旱杂草,主要为害棉花、大豆、玉米等旱地作物,如马唐、马齿苋、香附子、猪殃殃、婆婆纳和大巢菜等。

2.热量

(1)**喜热杂草** 生长在热带或发生于夏天的杂草,如龙爪茅、两耳草、含羞草、马齿苋和牛筋草等。

(2)**喜温杂草** 生长在温带或发生于春、秋季节的杂草,如小藜、藜和狗尾草等。

(3)**耐寒杂草** 生长在高寒地区的杂草,如野燕麦、冬寒菜和鼬瓣花等。

三、农田杂草的主要种类和分布

(一)农田杂草的主要种类

我国幅员辽阔,各地区的地貌、气候、土壤等自然条件差异很大,农作物种类繁多,各地的耕作和栽培方式各也不相同。由于农田生态环境的多样化,杂草作为农田生态系统的重要组成部分,种类繁多,为害严重。

据全国农田杂草考察组调查,共发现杂草种类有77科、580种,其中稻田杂草129种,占22%;旱地杂草427种,占74%;水旱田均有的杂草24种,占4%。在这些杂草中,一年生杂草所占比例最大,共计278种,占48%;其次是多年生杂草,共计243种,占杂草总数的42%;越年生杂草59种,占杂草总数的10%。其中,菊科杂草种类最多,共计77种,占13%;禾本科杂草共计66种,占11%;莎草科杂草居第3位,共计35种,占6%;以下依次为唇形科(28种)、豆科(27种)、蓼科(27种)、石竹科(14种)、藜科(18种)、十字花科(25种)、玄参科(18种)、蔷薇科(13种)、伞形科(12种)。

根据对每种杂草在所调查的样田中出现频率的分析结果,全国范围分布的常见杂草有120种,地区性分布的常见杂草有135种,总计55科,255种。在这些杂草种中,稻田杂草62种,占24%;旱地杂草177种,占70%;水旱田均有出现的杂草15种,占6%。一年生杂草所占比例最大,共149种,占杂草总数的59%;其次为多年生杂草,78种,占30%;越年生杂草28种,仅占11%。禾本科杂草最多,共45种,占杂草总数的18%;菊科杂草种类居第2位,34种,占13%;莎草科杂草和蓼科杂草各为17种,分别占7%,以下依次为唇形科(12种)、藜科(10种)、豆科和玄参科(各9种)、大戟科(7种)、石竹科(6种)、苋科(5种)。

不同种类的杂草对作物的为害程度不同,从杂草的防除角度来看,其重要性也是不同的。根据大量调查，依据杂草为害程度和防治上的重要性，可以把全国的农田杂草种类分为以下四大类：

第一类为重要杂草，指全国或多数省市范围内普遍为害，对农作物为害严重的种类，共17种。其中水旱田均有的杂草1种，即旱稗(*Echinochloa crusgalli* L.)；水田杂草5种，包括稗草(*Echinochloa oryzicola* V.)、异型莎草(*Cyperus difformis* L.)、鸭舌草(*Monochoria vaginalis* P.)、眼子菜(*Potamogeton distinctus* A.)和扁秆藨草(*Scirpus planiculmis* F.)；旱地杂草11种，包括野燕麦(*Avens fatua* L.)、看麦娘(*Alopecurus aequalis* S.)、马唐(*Digitaria sanguinalis* S.)、牛筋草(*Eleusine indica* G.)、绿狗尾草(*Setaria viridis* B.)、香附子(*Cyperus rotundus* L.)、藜(*Chenopodium album* L.)、酸模叶蓼(*Polygonum lapathifolium* L.)、反枝苋(*Amaranthus retroflexus* L.)、牛繁缕(*Malachium aquaticum* F.)和白茅(*Imperata cylindrica* D.)。

第二类为主要杂草，指为害范围较广，对农作物为害程度较为严重的杂草种类。该类杂草共计31种，其中水田杂草9种，包括萤蔺(*Scirpus juncoides* R.)、牛毛草(*Eleocharis yokoscensis* T.)、水莎草(*Juncellus serotinus* C.)、碎米莎草(*Cyperus iria* L.)、野慈姑(*Sagittaria sagittifolia* L.)、矮慈姑(*Sagittaria pygmaea* M.)、节节菜(*Rotala indica* K.)、空心莲子草(*Alternanthera philoxeroides* G.)和四叶萍(*Marsilea quadrifolia* L.)；旱地杂草19种，包括金狗尾草(*Setaria glauca* B.)、双穗雀稗(*Paspalum distichum* L.)、棒头草(*Polypogon fugax* N.)、狗牙根(*Cynodon dactylon* P.)、猪殃殃(*Galium aparine* L.)、繁缕(*Stellaria media* C.)、小藜(*Chenopodium serotinum* L.)、凹头苋(*Amaranthus ascendens* L.)、马齿苋(*Portulaca oleracea* L.)、大巢菜(*Vicia amoena* F.)、鸭跖草(*Commelina communis* L.)、小蓟(*Cephalanoplos segetum* K.)、大蓟(*Cephalanoplos setosum* K.)、扁蓄(*Polygonum aviculare* L.)、播娘蒿(*Descurainia sophia* S.)、苣荬菜(*Sonchus brachyotus* D.)、田旋花(*Convolvulus arvensis* L.)、小旋花(*Calystegia hederacea* W.)、荠菜(*Capsella bursa-pastoris* M.)和菥蓂(*Thlaspi arvense* L.)；水旱田兼有杂草3种，包括千金子(*Leptochloa chinensis* N.)、细叶千金子(*Leptochloa panicea* O.)和芦苇(*Phragmites communis* T.)。

第三类为地域性主要杂草，指在局部地区对农作物为害较严重的杂草种类，共计24种。

第四类为次要杂草，指一般不对农作物造成严重为害的常见杂草，共计183种。

(二)农田杂草的分布

我国农田杂草为害严重。据20世纪80年代杂草普查，主要农作物稻、麦、玉米、大豆、棉花、蔬菜、花生、油菜、果园等中等以上草害面积分别达24 986万亩、24 193万亩、10 836万亩、72 398万亩、4 700万亩、3 651万亩、1 827万亩、1 060万亩、2 236万亩；按调查资料计算，稻、麦、棉、豆、杂粮(主要是玉米)、花生等作物田因杂草为害损失率分别达13.4%、15.0%、14.8%、19.0%、10.0%、9.0%，损失稻谷约10 300万t、麦4 000～5 000万t、杂粮2 500万t、棉花25万t、大豆500万t。

根据全国农田杂草考查组几十年的调查，据气候特点的类似性、农业生产相对一致性以及农田杂草的共同性把我国农田杂草划分成以下8个草害区。

(1)珠江流域草害区 本区又划分为海南草害亚区和闽广草害亚区。海南草害区包括海南岛和广东、广西，北纬23°以南的热带地区，主要农作物为水稻等；闽广草害区包括福建中部、广东和广西大部属南亚热带地区，主要作物为双季稻等。

(2)长江流域草害区 本区包括江苏、上海、浙江、江西、安徽、湖南、湖北、四川大部以及河南信阳、陕西汉中等中北部亚热带地区，年平均气温在14～18℃，年降水量1 000mm左右，主要农作物有稻、麦、油菜，一年2～3熟。由于四季分明，杂草种类繁多。本区主要杂草有稗草、看麦娘、马唐、千金子、牛繁缕、凹头苋、扁秆藨草、牛筋草、眼子菜、鸭舌草、异型莎草、马齿苋等，杂草为害率分别达42%、32.5%、25.2%、22.4%、20.6%、16.8%、16.6%、15.4%、10.1%、7.7%、6.8%、7.3%。该区主要农作物有稻、麦、玉米、大豆、棉花、蔬菜、花生、油菜、果桑茶园等，草害面积分别达72%、73%、82%、80%、83%、68%、82%、47%、98%，中等以上草害面积分别达45.6%、62.0%、57.5%、38.0%、61.7%、42.9%、38.0%、22.3%、94.0%。

(3)**黄淮海草害区** 本区包括黄河、淮河、海河流域，有山东、河北、河南、晋南、皖北、关中平原以及北京、天津等暖温带地区，年平均气温在10~14℃，年降水量780mm。主要作物有小麦、棉花、大豆、玉米、花生，一年两熟或两年三熟，杂草以夏季杂草为主，也有部分冬季杂草。主要农作物稻、麦、玉米、大豆、棉花、蔬菜、花生、果园的草害面积分别达91%、82%、88%、68%、75%、90%、94%、92%，中等以上草害占71.5%、65.0%、55.0%、46.0%、50.4%、64.0%、80.0%、84.0%。本区主要杂草有稗草、牛筋草、马唐、扁秆藨草、马齿苋、鸭舌草、播娘蒿、田旋花、反枝苋、凹头苋、眼子菜，为害率分别达66.4%、44.4%、43.0%、24.6%、22.6%、16.0%、15.0%、11.9%、11.4%、11.4%、10.1%。

(4)**松辽平原草害区** 本区包括辽宁、吉林、黑龙江三省，属温带－寒温带地区，除北部寒温带地区年平均气温在0℃以下，大部分地区年平均气温在2~8℃，主要农作物有玉米、小麦、大豆、水稻等，一年一熟，均为春播，没有冬季作物和冬季杂草。该区主要杂草有马唐、稗草、眼子菜、卷茎蓼、野燕麦、马齿苋、本氏蓼、凹头苋、反枝苋、扁秆藨草。

(5)**黄土高原草害区** 本区包括晋中北部、陕北、内蒙古、宁夏南部，海拔1 000m以上，属温带地区，年平均气温在8.2~9.4℃，年降水量400~500mm。主要农作物有麦、棉花。

(6)**青藏高原草害区** 本区包括青海、西藏以及四川西部海拔2 000m以上的农田，年平均气温在5.6~7.1℃，近似温带气候。主要作物有青稞、油菜、蔬菜等。

(7)**西北草害区** 本区包括新疆、甘肃中西部、宁夏北部，海拔1 000~1 500m，杂草种类较少。

(8)**云贵草害区** 本区包括云南、贵州及四川南部地区，杂草种类较多。

(三)黄淮海草害区农田主要杂草

根据我们近几年的调查和杂草防治工作的实践，认为本区发生量较大的农田主要杂草有80种，其中的38种杂草(蓝色字体)是必须考虑防治的优势杂草。

(1)**木贼科** 问荆、节节草。

(2)**蓼科** 扁蓄、酸模叶蓼。

(3)**藜科** 藜、灰绿藜、小藜、地肤、猪毛菜。

(4)**苋科** 反枝苋、凹头苋(野苋)、绿苋(皱果苋)、刺苋、青葙、空心莲子草。

(5)**马齿苋科** 马齿苋。

(6)**石竹科** 繁缕、牛繁缕、王不留行、米瓦罐(麦瓶草)、簇生卷耳、蚤缀。

(7)**十字花科** 播娘蒿、荠菜、离子草(水萝卜棵)、碎米荠、离蕊芥、小花糖芥。

(8)**豆科** 大巢菜、米口袋。

(9)**大戟科** 铁苋、泽漆、地锦。

(10)**锦葵科** 苘麻。

(11)**千屈菜科** 耳叶水苋、节节菜。

(12)**旋花科** 田旋花(箭叶旋花)、打碗花、篱打碗花、裂叶牵牛、圆叶牵牛。

(13)**紫草科** 麦家公、狼紫草。

(14)**唇形科** 佛座(宝盖草)。

(15)**茄科** 龙葵、苦蘵。

(16)**玄参科** 婆婆纳、阿拉伯婆婆纳。

(17)**苋草科** 猪殃殃。

(18)**菊科** 小蓟(刺儿菜)、山苦荬、苍耳、鳢肠。

(19)**禾本科** 看麦娘、野燕麦、硬草、狗尾草、虎尾草、金狗尾草、马唐、牛筋草、千金子、画眉草、稗草、双穗雀稗、狗牙根、䅟草。

(20)**莎草科** 香附子(莎草)、异型莎草、牛毛毡、扁秆藨草、碎米莎草、水莎草、萤蔺。

(21)**眼子菜科** 眼子菜。

(22)**泽泻科** 野慈姑。

(23)**频科** 四叶萍。

(24)**鸭跖草科** 鸭跖草。

(25)**雨久花科** 鸭舌草。

四、农田杂草的种群和群落

(一)种群和群落

单纯一株杂草为一个个体，杂草往往是由很多个体组成的群体，同种杂草的几个个体组成的群体叫种群。几个种群组成的群体叫群落。

(二)杂草种群的动态

杂草种类、密度、分布和生长状况是杂草群落的四大构成因子。杂草种类决定杂草的群落性状，由一种杂草构成的群落是纯合群落，由多种杂草构成的群落则是混合群落。密度决定杂草群落的大小。每种杂草群落都有上限密度和下限密度。上限密度是杂草群体所能容纳的最高密度。下限密度是维持杂草世代延续所需的最低密度。群落中杂草植株的分布状况则主要影响群体的增长速率，一般情况下，均匀分布有利于个体生育和群体的增长。群落中个体生长状况主要反映植株的健康程度、死亡率及叶龄等。

(三)杂草群落的演变

在生物和非生物因素的影响下，农田杂草群落不但会在体积上随季节和年份的变动而发生量的增减，而且会在结构上发生质的变异。表现在群落中各物种的优势度发生了变更，老物种被新物种取代，群落面目皆非。杂草群落在结构上发生的这种变异叫演替。演替可以是内因自发的，也可以是外因异发的。自发演替是由于群落本身的生物因素如物种的遗传变异、种间竞争及生态适应性的提高与下降等而引起的演替，在废弃的农田上常可见到这种演替。异发演替是由于外界生物或非生物因素而引起的，是农田杂草群落的一种主要演替方式。引起农田杂草异发演替的主要因素如下：

(1)**杂草繁殖器官的传播**　杂草繁殖器官尤其是种子的传播，常是导致杂草群落演变的主要原因。风、水及人类的引种活动等常把一些杂草从一地传到另一地，使其在那里迅速定植、繁殖，从而改变当地杂草的群落构成。野燕麦就是通过饲用大麦的引种而在北爱尔兰蔓延并上升为当地优势杂草的。

(2)**土壤肥力**　土壤肥力可通过改变杂草物种之间的竞争关系而使杂草群落发生演变。施氮可压制问荆、独脚金及水芹等厌氮杂草，滋长群落中香附子、猪殃殃、繁缕及稗草等喜氮杂草。土壤缺磷时，反枝苋会很快从群落中消失。

(3)**土壤湿度**　增加土壤湿度可导致杂草群落向以香附子、异型莎草、看麦娘等为主的喜湿杂草群落演变，干旱则会导致杂草群落向以马齿苋、藜藜、蟋蟀草及马唐等耐旱杂草群落方向演替。水田改旱田时，凤眼莲、眼子菜、慈姑、泽泻等种群会迅速消失，旱稗、马唐、狗尾草、反枝苋等旱生杂草则会乘虚而入。

(4)**土壤pH值**　土壤pH值的变动也会引起杂草群落变迁，随着土壤pH值的升高，酸模、反枝苋及大爪草的种群将逐渐减少，问荆、繁缕和婆婆纳种群则逐步增大。

(5)**轮作和种植制度**　不同作物要求不同的播种期、群体密度、施肥灌水制度、土壤耕作制度、植物保护措施及收获期，这些因素对杂草群落无不产生影响。轮作时这些因素就会交替出现，从而通过改变农田生境而影响杂草群落的演替。轮作方式、轮作组合及轮作周期不同，对杂草群落的影响程度也不同，以中耕作物为主的轮作组合，可导致农田杂草向一年生杂草群落方向演替，而以禾谷类作物为主的轮作组合，则会导致农田杂草向看麦娘、野燕麦等禾本科草群落方向演替。

(6)**土壤耕作**　不同杂草对土壤耕作的反应和忍耐能力不同。增加土壤耕作会导致杂草群落向短命杂草演变，而减少土壤耕作会使杂草群落向多年生群落变迁。

(7)**除草剂的施用**　连续施用一种选择性除草剂是现代农田杂草演替的重要起因。我国黑龙江地区20世纪60年代2,4-D的广泛施用，压制了阔叶杂草，也招致了70年代末、80年代初麦田杂草向禾草型明显演替，迫使人们改施杀禾本科杂草的除草剂。杀禾本科杂草的除草剂连续施用有效地压制了禾草，但又很快招致了阔叶杂草群落的回升，使得近年来卷茎蓼等杂草迅速蔓延为害。

第二章 农田杂草种类

一、满江红科 Azollaceae

体型小，漂浮水面根状茎极纤细，两侧交互羽状分枝，须根下垂水中，叶无柄，互生，2列覆瓦状；蕨类植物，浮水生长；孢子果成对生于沉水裂片上。

分布各大洲温暖地区，单属科；我国1种，2个变种，均为杂草。

• 满江红 *Azolla pinnata* subsp.*asiatica*　红浮萍、紫藻、三角藻 •

【识别要点】浮水生小型蕨类，植株卵状三角形，直径约1cm，根状茎横走、纤细、羽状分枝；须根沉水，具成束的毛状侧根；叶小，长约1mm，互生，覆瓦状，排成2列，每叶2裂，上裂片浮水面，广卵形或近长方形，肉质，幼时绿色、秋冬时转为红紫色，上面密生乳头状突起，下面1含有胶质的腔穴中常有鱼腥藻共生其中，下裂片沉水中，透明膜质，孢子果成对生于沉水裂片上。小孢子果较大，球形，内含多数小孢子囊，囊内含64个小孢子，大孢子果较小，内含1个大孢子囊，囊内仅1个大孢子。

【生物学特性】一年生草本，秋天产生孢子果，以孢子繁殖或营养繁殖。

【分布与为害】水生，喜生于水田、水沟、池沼的水面。稻田常见杂草。分布于我国南北各地。

图2—1A　叶
图2—1B　群体
图2—1C　植株

二、双星藻科 Zygnemataceae

藻体多为不分枝丝状群体；细胞圆柱形，1个细胞核，色素体轴生星芒状、轴生板状、螺旋式盘绕的周生带状藻类植物，1至多个蛋白核(个别属无)，无性生殖和有性生殖。

我国常见的6属，主要杂草1种。

• 水绵 *Spirogyra communis* (Hass.) Kutz. •

【识别要点】藻体为不分枝丝状体，手触摸黏滑；细胞圆柱形，长64~128μm，宽19~22μm，细胞横壁平直，具1周生带状、螺旋状的盘绕色素体，一列蛋白核，一中位细胞核；梯形接合，有时侧面接合，配子囊圆柱形，接合管由雌雄两配子囊构成，接合孢子椭圆形或长椭圆形，两端略尖型，宽23~58μm，长33~73μm，成熟时黄色。

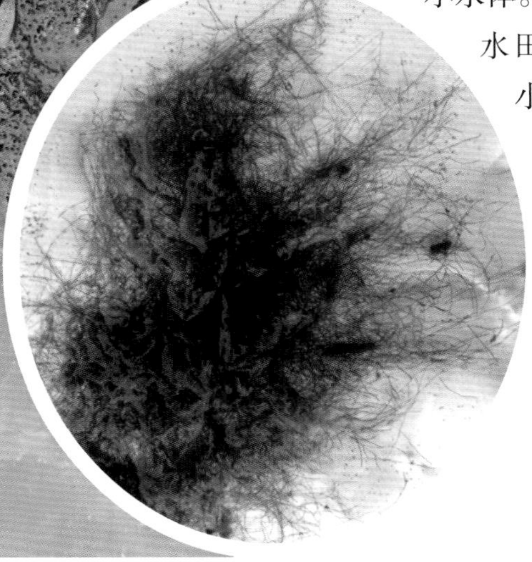

【生物学特性】一年生杂草；以藻体断裂行营养繁殖，或行接合生殖。

【分布与为害】水生，喜生于含有机质丰富的静止小水体。生水田、池塘、沟渠、小水坑，为水田与鱼池中常见杂草，一般发生量小，为害轻，繁殖过量时不但影响水稻生长，甚至引起鱼苗死亡。分布于我国南北各地。

图2-2A　田间为害症状

图2-2B　群体 ｜ 图2-2C　丝状体

三、木贼科 Equisetaceae

本科属蕨类植物。多年生。地下茎横生；地上茎有节，通常中空，单一或节上有轮生的分枝。叶退化，下部联合成筒状或漏斗状鞘包围节上，叶鞘顶端裂成狭齿。孢子囊顶生，孢子囊由盾型的鳞片状孢子叶组成。

本科杂草陆生，少数近水生，我国有12种，主要杂草有2种。

• 散生木贼 *Equisetum diffusum* Don •

【识别要点】草本，地上茎一型，高可达30cm以上，直径2~3mm，除基部与近顶部外，均具细而密的轮生分枝，叶鞘状，鞘齿通常为三角形或钻形，深褐色，不脱落，茎上部的鞘齿与鞘筒等长，鞘片背具2棱脊；孢子囊圆柱形，钝头；孢子叶钝六角形，成熟后变黑色，下面生6~8个孢子囊。

【生物学特性】多年生杂草；以根状茎或孢子繁殖；生于夏收作物与秋收作物田间、果园、路埂。

【分布与为害】长于河滩，沙地，林缘，田间，路埂。为害麦类、油菜、甜菜、马铃薯、玉米、甘薯、大豆及果树的一般性杂草。发生量小，为害轻。分布于我国湖南、广西、四川、贵州、云南、西藏等地。

图2-3A　单株　图2-3B　孢子囊

• 节节草 *Equisetum ramosissimum* Desf. 土麻黄、黄麻黄、木贼草 •

【识别要点】近水草本；根状茎黑色，表面具粗糙的硅质突起；地上茎一型，灰绿色，细瘦，高20~45cm，可达1m以上，纵棱具硅质瘤状突起一行，极粗糙，基部分枝；叶鞘状，鞘长为宽的2倍；鞘齿三角形，黑色，具易脱落的膜质尾尖；鞘片背无棱背；孢子囊长圆形，尖头；孢子叶六角形，中央凹入；孢子一型。

【生物学特性】多年生杂草，以根状茎繁殖或以孢子繁殖。

【分布与为害】土生，喜近水生。生于湿地、溪边、湿沙地、路旁、田间、果园、茶园，为麦类、油菜等夏收作物和棉花、玉米、甘薯等秋收作物以及果树、茶树的常见杂草，发生量小，为害轻。广布于我国各地。

图 2-4A　单株

图 2-4B　孢子囊

图 2-4C　根

• 笔管草 *Equisetum debile* Roxb •

【形态特征】草本，根状茎表面具有硅质突起，粗糙；地上茎一型，黄绿色，坚硬，粗壮，高可达1m以上，纵棱近平滑，不分枝或具光滑小枝；叶退化成鞘；鞘长宽几乎相等或长略大于宽，鞘基有一黑色环纹，鞘齿褐色，脱落，鞘片无沟；孢子囊长圆形，尖头；孢子一型。

【生物学特性】多年生草本；根状茎繁殖或孢子繁殖。

【分布与为害】土生，山坡湿地、沼泽、沟边。长于秋收作物田间、果园、山坡、湿地、沟边，为害棉花、玉米、大豆、甘薯等秋收作物的一般性杂草，发生量很小，为害小。分布于我国华南、西南、长江中上游各省份；东南亚也有。

| 图2-5A 单株 | 图2-5B 根 |
| | 图2-5C 茎 |

• 问荆 *Equisetum arvense* L. 笔头草、接骨草 •

【识别要点】根茎发达，黑褐色，入土深1~2m，并具有小球茎。地上茎直立，二型，分为育茎与不育茎。育茎单一，无色或带褐色，不育茎绿色，多分枝。叶鞘齿每2~3个连接。叶退化，下部联合成鞘。茎枝因沉积有多量的硅质，故质地很粗糙。孢子囊穗具柄，长椭圆形，顶生、钝头。孢子叶呈六角盾形。

【生物学特性】多年生草本植物，以根茎繁殖为主，孢子也能繁殖。在北方，4—5月生孢子茎，不久孢子成熟散出，孢子茎枯死；5月中下旬生营养茎，9月营养茎死亡。

【分布与为害】广泛分布在东北、华北、西北等地区，在东北地区发生与为害较重。部分小麦、大豆、花生、玉米等作物受害较重。

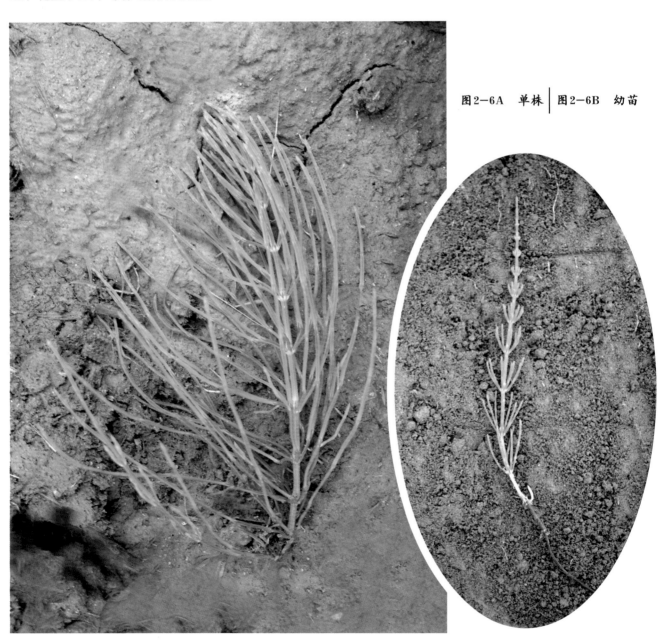

图2-6A　单株 ｜ 图2-6B　幼苗

四、海金沙科 Lygodiaceae

攀缘植物；根状茎横走，被毛、无鳞片；叶轴细长，缠绕而蔓延，长可达数米，叶轴上具互生的短枝，短枝长仅毫米，两侧生1对羽片，羽片1～2回掌状或羽状，叶二型，营养叶羽片通常较孢子叶的宽，且常位于叶轴下部，孢子叶羽片边缘生疏状的孢子囊穗，每穗由2个并生孢子囊组成。

本科1属，45种，主要分布于热带、亚热带；我国有10种。

• 小叶海金沙 *Lygodium microplyllum* (Cav.) R.Br. •

【识别要点】植株蔓生，攀缘植物，高达7m。茎纤细，叶距长2～4mm，相距7～9cm。叶近二型，薄草质，无毛；不育叶矩圆形，长7～8cm，宽4～7cm，单数羽状，羽片小，心形或卵状三角形，长1.5～3cm，钝头，基部心形，以关节着生于短柄的顶端，边缘有短锯齿。能育叶同形，长8～10cm，宽4～6cm，小羽片三角形或卵状三角形，也以关节着生于短柄上。孢子囊穗条形，长3～5(10)mm，无毛，每穗有孢子囊5～8对，排列于叶缘。

【生物学特性】多年生草本，以孢子繁殖。

【分布与为害】分布于我国福建、台湾、广东、湖南、广西和云南南部；亚洲热带其他地区也有。攀缘灌丛上。

图2-7　植株

• 海金沙 *Lygodium japonicum* (Thunb.) Sw. 蛤蟆藤、罗网藤、铁线藤 •

【识别要点】攀缘植物，长可达4m。叶多数对生于茎上的短枝两侧，短枝长3~5mm，相距9~11cm。叶二型，纸质，连同叶轴和羽轴有疏短毛；不育叶尖三角形，长宽各10~12cm，二回羽状，小羽片掌状或三裂，边缘有不整齐的浅钝齿。能育叶卵状三角形，长宽各10~20cm，小羽片边缘生流苏状的孢子囊穗，穗长2~4mm，宽1~1.5mm，排列稀疏，暗褐色。

【生物学特性】多年生草本，以孢子繁殖。

【分布与为害】广布于我国暖温带及亚热带，北至陕西及河南南部，西达四川、云南和贵州。生路边或山坡疏灌丛中（海拔可达1 000m）。

图2—8A	叶
图2—8B	茎
图2—8C	植株

五、萍科 Marsileaceae

多年生浅水生或湿生草本。根状茎细长，节上生根。不育叶有长柄，小叶4片，能育叶变成孢子果，孢子囊多数。

遍布全国各地。我国有2种，主要杂草有1种。

• 四叶萍 *Marsilea quadrifolia* L. •

【识别要点】植株高5～25cm，根状茎细长而匍匐，二叉分枝，茎节向下生须根，向上生叶。须根上具毛状侧根；叶柄细长，小叶4片呈十字形排列，小叶漂浮或挺出水面。孢子果着生于叶柄基部，幼时绿色，被毛，成熟后褐色，无毛，大孢子囊和小孢子囊同生于1个孢子果内，大孢子囊仅1个大孢子，小孢子囊内具多数小孢子。

【生物学特性】多年生草本。以根状茎和孢子繁殖。冬季叶枯死，根状茎宿存；翌春分枝出叶，6—9月屡见幼苗，自春至秋不断生叶和孢子果。子囊果抵抗力强，繁殖迅速，易迅速造成为害。

【分布与为害】分布于全国各地。喜生于水田或浅水地。为稻田主要杂草，发生量大，为害较重。

图2-9A	植株	
图2-9B	叶	图2-9C 田间为害症状

六、蕨科 Pteridiaceae

陆生；根状茎长而横走，被毛，无鳞片；叶柄基部无关节；叶片2至多回羽状，革质或亚革质，多少被毛，叶脉分离，侧脉通常二叉；孢子囊群线形，沿叶脉着生。孢子四面形或矩圆状四面形。

本科2属，17种；我国有2属，7种。

• 蕨 *Pteridium aquilinum* (L.) Kuhn var. *latiusculum* (Desv.) Underw. •

【识别要点】植株高可达1m。根状茎长而横走，有黑褐色茸毛。叶远生，近革质，小羽轴及主脉下面有疏毛，其余无毛；叶片阔三角形或矩圆三角形，长30~60cm，宽20~45cm，三回羽状或四回羽裂；末回小羽片或裂片矩圆形，圆钝头，全缘或下部的有1~3对浅裂片或呈波状圆齿。侧脉二叉。孢子囊群生小脉顶端的联结脉上，沿叶缘分布；囊群盖条形，有变质的叶缘反折而成的假盖。

【生物学特性】多年生杂草，以孢子繁殖。

【分布与为害】广布于中国各地。世界温带和暖温带其他地区也有。生于桑园、茶园、胶园、山林、草地，为常见杂草，发生量大，为害较重。

图2-10A　单株　图2-10B　叶

七、爵床科 Acanthaceae

草本或灌木，有时攀缘状；叶对生，无托叶；花两性，常左右对称，有苞片和小苞片；萼4～5裂，很少极小或退化为一环状体；花冠合瓣，2唇形或近相等的5裂，裂片覆瓦状排列或旋转排列；雄蕊4或2；子房上位，2室；胚珠1至多颗生于中轴胎座上；果为蒴果，开裂时将种子弹出，有种钩。

主要分布于热带。我国有61属，176种，其中杂草有5属6种。

• 爵床 *Rostellularia procumbens* (Linn.) Nees •

【识别要点】细弱草本；茎基部匍匐，通常有短硬毛，高20～50cm。叶椭圆形至椭圆状矩圆形，长1.5～3.5cm，顶端尖或钝，常生短硬毛。穗状花序顶生或生上部叶腋，长1～3cm，宽6～12mm；苞片1，小苞片2，均披针形，长4～5mm，有睫毛；花萼裂片4，条形，约与苞片等长，有膜质边缘和睫毛；花冠粉红色，长约7mm，2唇形，下唇3浅裂；雄蕊2，着生花冠筒口内，2药室不等高，较低，1室有尾状附属物。蒴果长约5mm，上部具4颗种子，下部实心似柄状；种子表面有瘤状皱纹。

【生物学特性】一年生草本植物。花果期8—11月。茎下部常匍匐生根，也以种子繁殖。

【分布与为害】分布于我国秦岭以南，东至江苏、台湾、南至广东，西南至云南。生于旷野或林下，为习见野草。

| 图2—11A 花 | 图2—11B 花序 |
| | 图2—11C 单株 |

八、番杏科 Aizoaceae

草本或半灌木。茎直立或倾卧，常肉质。单叶互生，对生或轮生；托叶干膜质或无。花两性，很少杂性，辐射对称；萼管与子房分离或合生，裂片3～5或更多，覆瓦状排列；花瓣多数或不存。果为蒴果、坚果或核果。

分布于热带及亚热带地区。我国共有4属7种，常见杂草2种。

• 粟米草 *Mollugo stricta* L. 万能解毒草、降龙草 •

【识别要点】全株光滑无毛。茎柔弱直立，基部多分枝，高10～30cm。叶常3～5片轮生或对生，披针形或线状披针形，先端尖，全缘，基部楔形，渐狭成短柄，主脉明显，侧脉不明显。二歧聚伞花序，顶生或腋生，总花梗细长；花小，淡绿色。蒴果卵圆形或近球形，种子多数，种子细小。

【生物学特性】一年生草本。苗期4—5月，花果期7—9月。种子繁殖，结实量大。

【分布与为害】喜阳光及湿度中等的土壤，但亦耐旱，在丘陵山区坡岗沙质耕地尤为多见。为淮河、秦岭以南各地的秋旱作物田极为常见的杂草，对作物有一定的为害，局部地区为害较重。河南、山东是该种分布的北界。

图2-12B 幼苗

图2-12A 单株

· 簇花粟米草 *Mollugo oppositifolia* L. 长梗星粟草 ·

【识别要点】茎高10～40cm，扩展，分枝多，无毛。叶对生或3～6枚轮生，叶片匙形、倒披针状线形或长圆状倒卵形，长1～3cm，基部狭长延伸成短柄。花绿白色，数朵丛生于叶簇内；花梗极纤细，长3～10mm；萼片5，长圆形。蒴果椭圆形。

【生物学特性】一年生细弱草本。于夏秋季开花结实。以种子繁殖。

【分布与为害】常生于海岸砂砾地、路边、荒地及田边，喜在湿润的土壤上生长。常侵害秋收旱作田(棉花、大豆、玉米、甘薯和甘蔗田)和菜园为害，但发生量小，为害轻。分布于我国海南、广东、福建及台湾等地。

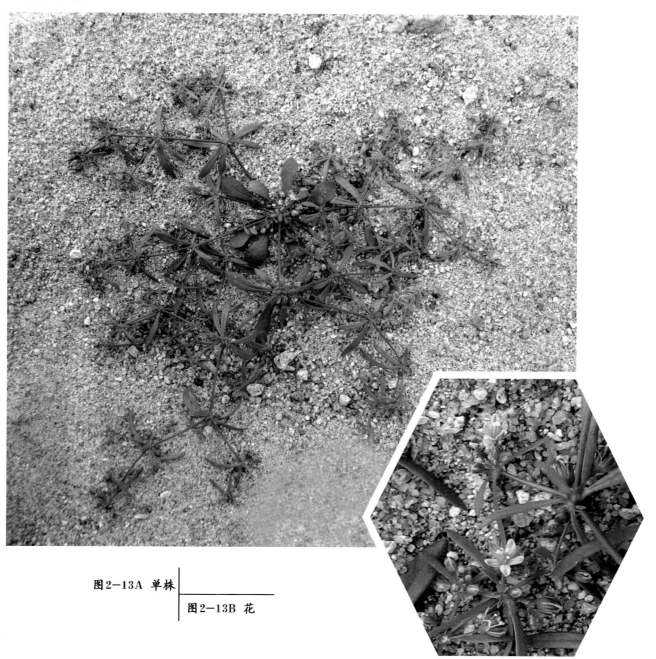

图2-13A 单株

图2-13B 花

九、苋科 Amaranthaceae

一年生或多年生草本。叶互生，全缘，无托叶。花小，两性，为单一或圆锥形的穗状、聚伞状、头状花序；苞片和2小苞片干膜质。果实为胞果，胚弯曲。

本科约65属，850种，分布很广。我国有13属，约50种；其中有杂草5属17种。

• 绿苋 *Amaranthus viridis* L. 皱果苋 •

【识别要点】高20～30cm，茎直立，常由基部散射出3～5个分枝。叶卵形至卵状椭圆形，先端微凹，有一小芒尖，叶面常有"V"字形白斑，背面淡绿色。花小，腋生穗状花序，或再集成大型顶生圆锥花序。胞果扁圆形。

【生物学特性】一年生草本，种子繁殖。3—4月为苗期，花期6—10月，7月果实逐渐成熟，一株可产种子2万多粒。

【分布与为害】分布广泛，适应能力强，为农田主要杂草。

图2-14A　幼苗	图2-14B　穗
图2-14C　单株	

• 反枝苋 *Amaranthus retrofexus* L. 人苋菜、西风谷、野苋菜 •

【识别要点】高20～80cm，全株有短柔毛，苞片顶端针刺状；茎直立，单一或分枝。叶菱状卵形或椭圆状卵形，先端锐尖或微凹，基部楔形，全缘或波状缘；花序圆锥状较粗壮顶生或腋生，由多数穗状花序组成，花被5片，雄蕊5枚。胞果扁卵形至扁圆形。

【生物学特性】一年生草本，种子繁殖。华北地区早春萌发，4月初出苗，4月中旬至5月上旬为出苗高峰期；花期7—8月，果期8—9月；种子边成熟边脱落，借风传播。适宜发芽温度为15～30℃，通常发芽深度多在2cm以内；生活力强，种子量大，每株可产种子达几万粒，种子埋于土层深处10年以上仍有发芽能力。

【分布与为害】分布广泛，适应性强，喜湿润环境，也比较耐旱。为农田主要杂草。

| 图2-15A 单株 | 图2-15B 幼苗 |
| | 图2-15C 穗 |

• 刺苋 *Amaranthus spinosus* L. 假苋菜 •

【识别要点】茎多分枝。叶片菱状卵形或卵状披针形，先端常有细刺，基部楔形，全缘，叶柄长1～8cm，两侧有2刺，刺长5～10mm。花单性或杂性，雌花簇生于叶腋，雄花集成顶生的圆锥花序。胞果长圆形。

【生物学特性】一年生草本，种子繁殖。苗期4—5月，花期7—8月，果期8—9月。胞果边熟边裂，种子散落土壤中，1株可产种子几万粒。

【分布与为害】广泛分布于热带和亚热带，适应能力强。在部分地区发生为害较严重。

图2-16A　单株

图2-16B　花序

图2-16C　刺

• 凹头苋 *Amaranthus ascendens* Loisel. •

【识别要点】高10～30cm，茎伏卧而上升，由基部分枝，绿色或紫红色。叶片卵形或菱状卵形，先端钝圆而有凹缺，基部宽楔形，全缘或稍呈波状；叶柄长1～3.5cm。花簇生于叶腋，生在茎端或分枝端的花簇集成直立穗状或圆锥状花序。

【生物学特性】一年生草本，种子繁殖。5—6月为苗期，幼苗数量较多，花期7—8月，果期8—10月，1株可产种子几千粒至几万粒。

【分布与为害】分布广泛，为农田主要杂草。喜湿润环境，亦耐旱。为害棉花、大豆、甘薯、玉米和蔬菜，在果园和苗圃也常有发生，为害较轻。

图2-17A　穗　｜　图2-17B　幼苗

图2-17C　单株

• 繁穗苋 *Amaranthus paniculatus* L. 西天谷 •

【识别要点】茎直立，粗壮，高1~2m，分枝或不分枝，光滑或粗涩，幼时稍有软毛，绿色或淡红色，具条纹。叶片在茎中部者为菱状卵形，上部者菱状披针形，长8~15cm，宽4~7cm，先端急尖或渐尖，具刺芒尖，基部渐狭，楔形，全缘，两面无毛或仅于背面脉上有毛，背面叶脉凸出；叶柄与叶片几乎相等或稍短。圆锥花序顶生，由多数穗状花序组成，穗状花序直立或斜升；苞片披针状锥形，背部中脊隆起，甚长于花被；花单性，花被片5，长圆形、长圆状披针形至披针形，膜质，先端有细尖；雄花具雄蕊5；雌花具雌蕊1，柱头3。幼苗全体带红色。胞果菱状卵形，环裂，先端有3齿；种子近圆形，稍扁平，淡黄色或棕褐色，基部有微突的种脐。

【生物学特性】一年生草本。根系发达，深可达30~40cm，宽达76~152cm；生育期短，3.5~4个月可完成生活史，在华北有时一年内能完成2代；较耐旱，在生长盛期形成1g干物质需水量，仅为玉米的45%，花期6—7月，果期8—9月。种子繁殖。

【分布与为害】本种适应性强，在瘠薄沙土及盐碱土(pH值7.9~9.3)上均能生长，常生长在路边及撂荒地上，常侵入蔬菜作物及旱田作物田中为害，但发生量小。我国各地均有栽培，常逸生成杂草，各地均有分布。

图2-18A　穗 ｜ 图2-18B　单株

• 苋 *Amaranthus tricolor* L. 雁来红、老来少、三色苋 •

【识别要点】株高80~150cm。茎粗壮直立，常分枝，绿色或红色。叶片卵形至椭圆状披针形，绿色或常成红紫色，或加杂其他颜色；先端钝尖，稍有微缺，内具小凸尖，全缘或波状。花单性或杂性，生于叶腋，于茎顶则集成下垂的穗状花序。胞果卵状长圆形。

【生物学特性】一年生草本。花期5—8月，果期7—月。种子繁殖。

【分布与为害】喜肥沃、排水良好的沙质土壤，耐旱耐碱；通常栽培作蔬菜，有时逸为半野生，侵入其他作物田后，亦可成为草害，在有些菜园为害较重。全国各地均有分布。

图2—19A　单株　┃ 图2—19B　叶
　　　　　　　　┃ 图2—19C　花序

• 腋花苋 *Amaranthus roxburghianus* Kung •

【识别要点】茎淡绿色，成株高30～50cm，斜卧地面，多分枝无毛，有条纹。叶片菱状卵形或倒卵形，无毛，顶端微凹，具凸尖，基部楔形，叶全缘或略呈波状；叶柄纤细。花簇生于叶腋，花少数；花被3片，披针形，较苞片略长或等长。胞果卵形。

【生物学特性】一年生草本，种子繁殖。花期7—8月，果期8—9月。

【分布与为害】分布于河北、河南、陕西、山西、甘肃、宁夏和新疆等地。部分蔬菜、果园、棉花、豆类和玉米等作物田受害较重。

图2-20A　单株 ▏图2-20B　花序

• 青葙 *Celosia argentea* L. 野鸡冠花 •

【识别要点】高30~100cm，茎直立，有分枝。叶互生，叶片披针形或椭圆状披针形，先端急尖或渐尖，基部渐狭延成界限不清的叶柄，全缘。穗状花序顶生，圆柱形；花多数，密生，初开时淡红色，后变白色。

【生物学特点】一年生草本，种子繁殖。苗期5—7月，花期7—8月，果期8—10月。通常在碰触植株时，胞果开裂，散落种子于土壤中，或随收获作物，散落于粮食或秸秆、打谷场垃圾中，再随有机肥回到田地。

【分布与为害】分布于河北、河南、陕西、山东及沿长江流域和长江流域以南地区。为玉米、大豆、棉花及甘薯等秋熟旱作田的主要杂草。在有些地区发生普遍，较湿润的农田为害较重。

| 图2-21A 穗 | 图2-21B 种子 |
| 图2-21C 单株 | 图2-21D 幼苗 |

• 空心莲子草 *Alternanthera philoxeroides* G (Mart.) Griseb. 水花生、水蕹菜 •

【识别要点】茎基部匍匐，上部斜升或全株茎秆平卧，具分枝，着地生根，茎中空，节膨大。叶对生，叶柄短；叶片长圆形、长圆状倒卵形或倒卵状披针形，全缘，两面无毛或上面有伏毛，边缘有睫毛。头状花序单生于叶腋，多朵无柄的白色小花集生组成。胞果不开裂。

【生物学特性】多年生草本。以种子和根茎繁殖，3—4月根茎开始萌芽出土，花期5—10月，果期8 – 10月。

【分布与为害】分布于华东、华中、华南和西南地区。在水质肥沃的农田，生长旺盛，为害严重，是南方地区稻田恶性杂草，也是低湿秋熟旱作田的恶性杂草。

图2-22A　群体

图2-22B　花　图2-22C　幼苗

图2-22D　植株

莲子草 *Alternanthera sessilis* (L.) DC.

【识别要点】株高10～45cm，茎常匍匐，绿色或稍带紫色，有纵沟，沟内有柔毛，节腋处密生长柔毛；叶对生，近无柄，叶片线状披针形、倒卵形或卵状长圆形，全缘或具不明显的锯齿。头状花序1～4个，腋生。胞果倒心形。

【生物学特性】一年生草本，种子繁殖，花期5—9月，果期7—10月，以匍匐茎进行营养繁殖和种子繁殖。

【分布与为害】分布于中南地区。喜生于水边、湿润地，为水田、菜园和果园的常见杂草。

图2-23A	群体	图2-23C 花序
图2-23B	茎叶	

• 牛膝 *Achyranthes bidentata* Blume　山苋菜、怀牛膝、白牛膝 •

【识别要点】高30～100cm。根细长，丛生，圆柱形。茎直立，方形，有条纹，节部膝状膨大，节上有对生的分枝。叶对生，椭圆形或椭圆状披针形，先端长尖，基部楔形或宽楔形，全缘，两面被柔毛；叶柄长5～20mm。穗状花序腋生或顶生。胞果矩圆形。

【生物学特性】多年生草本，花期7—9月，果熟期9—10月。

【分布与为害】除东北、新疆外，各地都有分布。

图2-24B　花序
图2-24A　单株

十、萝藦科 Asclepiadaceae

多年生草本，藤本或灌木，常有乳汁。单叶对生、互生或轮生，全缘。聚伞花序呈伞房状、伞状或总状，腋生或顶生；花两性，辐射对称；花萼5深裂，花冠合瓣，5裂。

全世界约有2 200种。我国有245种，主要产于东南及西南地区，常见杂草有3种。

• 鹅绒藤 Cynanchum chinense R. Br. 祖子花 •

【识别要点】全株具短柔毛。主根圆柱状。茎缠绕。叶对生，三角状卵形，长6～10cm，宽4～7cm，先端急尖，基部心形，腹面深绿色，背面灰绿色，侧脉每边约10条，叶柄长2～4cm。伞形二歧聚伞花序腋生，花多数，花萼外面被柔毛；花冠白色，裂片5，长圆状披针形，副花冠二型，杯状，上端裂成10条丝状体，分为2轮，外轮与花冠裂片等长，内轮略短，花粉块长卵形，每药室1枚，下垂，子房上位；柱头略为突起，先端2裂。菁葖果双生或仅1个发育，角状细圆柱形。

【生物学特性】多年生草本。花期6—8月，果期8—10月。春季由根芽萌发，实生苗多在秋季出土。

【分布与为害】喜生于田间、荒地、路旁或向阳山坡的灌木丛中及河岸上。主要为害果树及幼林，在棉花、小麦、玉米、豆类和薯类等旱作田亦时有发生。分布于辽宁、河北、山西、陕西、宁夏、甘肃、河南、山东、江苏和浙江等省区。

图2—25A 花序 │ 图2—25B 植株

• 地梢瓜 *Cynanchum thesioides* (Freyn) K. Schum. 地梢花、女青 •

【识别要点】株高15~25cm。茎细弱，自基部多分枝，被柔毛。叶对生或近对生，叶线形，长3~5cm，宽2~5mm，先端渐尖，基部楔形，下面中脉隆起；叶柄长1~2mm。伞形聚伞花序腋生，有3~8朵花，花萼5深裂，裂片卵状披针形，外面被柔毛，花冠绿白色，辐状，裂片5，副花冠杯状，裂片披针形，渐尖，长于合蕊冠，花粉块长圆形，下垂。蓇葖果纺锤形，先端渐尖，中部膨大，长5~6cm，直径1.5~2.5cm。

【生物学特性】多年生直立或半直立草本，地下茎单轴横生。春季由根状茎萌发，种子萌发的实生苗少见。花期6—8月，果期8—10月，属风播植物。

【分布与为害】多生于田边、路旁、河岸和山坡荒地等处。果园、苗圃和旱作田常见，主要为害旱地作物。分布于我国东北、华北、江苏、甘肃和新疆等省份。

图2-26A　单株　| 图2-26B　花
| 图2-26C　幼苗

• 牛皮消 *Cynanchum auriculatum* Royle ex Wight. 耳叶牛皮消、白何首乌 •

【识别要点】具乳汁；茎被微柔毛。根肥厚，呈块状。叶对生，膜质，心形至卵状心形，长4～12cm，宽3～10cm，上面深绿色，下面灰绿色，被微毛。聚伞花序伞房状，有花达30朵；花萼裂片卵状矩圆形；花冠白色，辐状，裂片反折，内面被疏柔毛；副花冠浅杯状，顶端具椭圆形裂片，钝头，肉质，每裂片内面中部有三角形的舌状鳞片；花粉块每室1个，下垂；柱头圆锥状，顶部2裂。蓇葖果双生，刺刀形，长8cm，直径1cm；种子卵状椭圆形，顶端具白绢质种毛。

【生物学特性】多年生草质藤本或蔓性半灌木。春季自根芽萌发。花期7—8月，果期8—10月。种子及根芽繁殖。

【分布与为害】广布于我国西北(除新疆)、西南、中南、华中、华东及华北各地；印度也有。生于林缘及灌丛中或沟边湿地。

图2-27A　花序 ｜ 图2-27B　植林

● 萝藦 *Metaplexis japonica* (Thunb.) Makino 天将壳、飞来鹤、赖瓜瓢 ●

【识别要点】全株具乳汁。叶对生，卵状心形，长5～12cm，宽4～7cm，无毛，下面粉绿色；叶柄长，顶端丛生腺体。总状式聚伞花序腋生，具长总花梗；花蕾圆锥状，顶端尖；萼片被柔毛；花冠白色，近辐状，裂片向左覆盖，内面被柔毛；副花冠环状5短裂，生于合蕊冠上；花粉块每室1个，下垂；花柱延伸成长喙，柱头顶端2裂。蓇葖果角状，叉生，平滑；种子顶端具种毛。

【生物学特性】多年生草质藤本。花期7—8月，果期9—12月。地下有根状茎横走，黄白色。由根芽和种子繁殖，种子成熟后随风传播。

【分布与为害】分布于我国西南、西北、华北、东北、东南部；亚洲东部其他地区也有。生于荒地、山脚、河边、灌丛中。

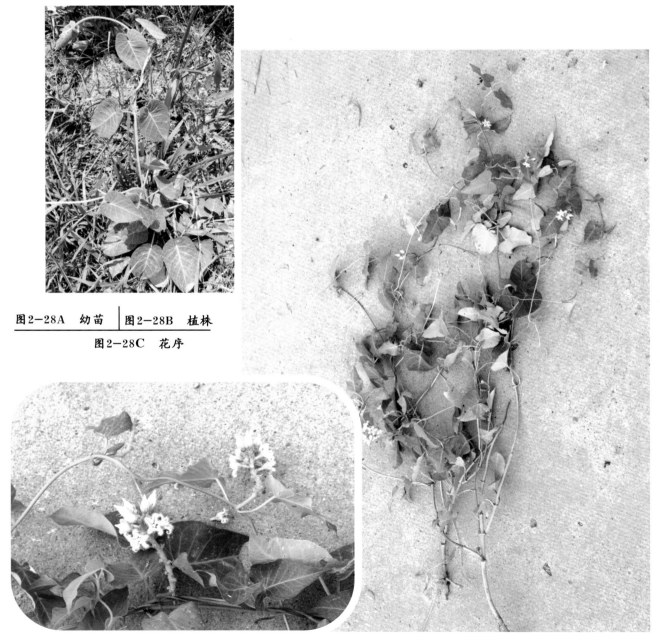

图2—28A 幼苗 ｜ 图2—28B 植株

图2—28C 花序

• 杠柳 *Periploca sepium* Bunge 北五加皮 •

【识别要点】成株植物体内含乳汁。主根圆柱状。茎缠绕，灰褐色，无毛，长可达2m。叶对生，有柄，叶片披针形或长圆状披针形，长5～10cm，宽1～2.5cm，先端渐尖，基部楔形，全缘，上面深绿色，下面淡绿色，中肋微凸起。聚伞花序腋生，花萼5深裂，裂片卵圆形，内面基部有10个小腺体，花冠辐状，裂片5，反折，外面黄紫色，里面淡紫红色，密生长柔毛，副花冠杯状，10裂，其中5裂延伸成丝状，雄蕊5，生于副花冠内，花药彼此粘连，四合花粉粒状，藏于直立匙形的载粉器内。蓇葖果双生，长角状，长5～12cm，直径约5mm，无毛，具纵条纹。

【生物学特性】藤状灌木。花期5—7月，果期7—9月。以根芽和种子繁殖。于田间从早春到晚秋均见有根蘖苗。

【分布与为害】生于荒地、路边、田边、平原及低山区的向阳沟坡、黄土丘陵、沙丘和林缘，属中生植物。于果园、苗圃及旱作田常见，主要为害果树和幼林，在黍、粟、豆类、马铃薯、玉米和高粱等作物田间也有生长，但以近地边处居多。分布于东北、华北、甘肃、江西、江苏、四川和贵州等地。

图2-29 植株

十一、紫草科 Boraginaceae

多为草本，汁液多为乳状。单叶互生，全缘，无托叶。花顶生，花萼近全缘或5齿裂，花冠管状，4~8裂。

我国有28属，269种，遍布全国，以西南为多。常见杂草有9种。

• 麦家公 *Lithospermum arvense* L. 田紫草 •

【识别要点】高20~40cm，茎直立或斜升，茎的基部或根的上部略带淡紫色，被糙状毛。叶倒披针形或线形，顶端圆钝，基部狭楔形，两面被短糙状毛，叶无柄或近无柄。聚伞花序，花萼5裂至近基部，花冠白色或淡蓝色，筒部5裂。小坚果。

【生物学特性】种子繁殖，一年生草本。秋冬或翌年春出苗，花果期4—5月。

【分布与为害】分布于北部地区。生于丘陵、低山坡地。在淮河流域及华北地区部分麦田，发生数量较大，为害较重。

图2-30A　花	图2-30C　单株
图2-30B　幼苗	

• 梓木草 *Lithospermum zollingeri* DC. 地仙桃、马非、猫舌头 •

【识别要点】多年生匍匐草本。匍匐茎长达30cm，有伸展的糙毛；花茎高5～20cm。基生叶倒披针形或匙形，长2.5～6.5cm，宽0.8～1.8cm，两面都有短硬毛，下面的毛较密；茎生叶似基生叶，但较小，常近无柄。花序长约5cm；苞片无柄，披针形，长1.3～2.2cm；花有细梗；花萼长约6.5mm，5裂近基部，裂片披针状条形；花冠蓝色，筒长约7.5mm，内面上部有5条具短毛的纵褶，檐部直径约1cm，5裂；雄蕊5，生花冠筒中部之下，顶端有短尖；子房4裂，柱头2浅裂。小坚果椭圆形，长约3mm，白色，光滑。

【生物学特性】多年生草本。花期4—5月，果期7—8月。以匍匐茎及种子繁殖。

【分布与为害】分布于我国四川、湖北、安徽、浙江、江苏、河南、陕西、甘肃南部；朝鲜、日本也有。生于丘陵草坡或灌丛中。

图2-31A 单株 图2-31B 花

• 狼紫草 *Lycopsis orientalis* L. 水私利 •

【识别要点】高20～40cm，有长硬毛。基生叶具柄，叶片匙形，倒披针形或线状长圆形；茎上部的叶渐小，无柄，边缘有微波状的小牙齿。聚伞花序，花生于苞腋或腋外，有短梗；花萼5，花冠蓝色。

【生物学特点】种子繁殖，二年生或一年生草本。秋季或翌年早春出苗，花果期4—7月，5月下旬即渐次成熟落地。

【分布与为害】分布于西北、华北。生于丘陵或低山地农田，为夏收作物田常见杂草，数量较多，受害较重。

图2—32B 花
图2—32A 单株

• 附地菜 *Trigonotis peduncularis* (Trey.) Benth.ex Bakeret Moore •
地胡椒、鸡肠草、地铺圪草

【识别要点】茎常自基部分枝，枝纤细，有时微带紫红色，被短糙伏毛，直立或斜升，高5~35cm。基生叶有长柄，叶片匙形，椭圆形或椭圆状卵形，长1~2cm，宽5~15mm，先端钝或尖，基部狭窄，全缘，两面均有短糙伏毛，茎中部的叶叶柄短或近无柄，中部以上叶渐变小。花序生于枝顶，果期伸长，长达20cm，无苞叶或仅在基部有1~3片苞叶，花萼5深裂，裂片长圆形或披针形，先端尖锐，花冠直径1.5~2mm，淡蓝色，5裂，裂片卵圆形，先端钝，喉部附属物5，黄色，雄蕊5，内藏；子房4裂。小坚果4，三角状锥形，棱尖锐，长度不到1mm，疏生短毛或无毛，黑色，光亮，具短柄，向一侧弯曲。

【生物学特性】二年生或一年生草本。花期3—6月，果实于5—7月成熟落地。种子繁殖。秋季或早春出苗。

【分布与为害】生于平原、丘陵较湿润的农田、路旁、荒地或灌丛中，在肥沃湿润的农田中常见大片草丛。为害夏收作物、蔬菜及果树，在局部农田发生量大，受害较重。分布于我国华北、东北、西北、西南、华东、华中及广西、福建等地；欧洲东部、日本、朝鲜和俄罗斯远东地区也有。

| 图2-33A 单株 | 图2-33B 幼苗 |
| --- | 图2-33C 花 |

• 钝萼附地菜 *Trigonotis amblyosepala* Nakai et Kitag. •

【识别要点】茎细弱，常自基部分枝，直立或斜升，高10～35cm，被短伏毛。基生叶具长达5cm的叶柄，叶片狭椭圆形或匙形，长1～2.5cm，宽5～10mm，先端圆形，两面均有短伏毛，茎中部以上的叶有短柄或近无柄，上部叶渐小，花序生于枝端，果期伸长，长可达18cm，无苞叶或仅在基部具1～3片苞叶，有短伏毛，花梗细，长3～4mm；花萼5深裂，裂片倒卵状长圆形，先端圆钝，被短糙伏毛，花冠蓝色，直径3～4mm，裂片卵圆形，喉部黄色，有5个附属物；雄蕊5，内藏，子房4裂。小坚果四面体形，较宽，长约1mm，被稀疏短毛，棱尖锐，有短柄。

【生物学特性】一年或二年生草本。秋季或早春出苗，花果期5—7月。种子繁殖。

【分布与为害】生于林缘、荒野、田边、路旁及林下草丛中。于部分果园及苗圃中常见，但数量不多，为害不重。分布于陕西、河南、山西、河北、山东及辽宁等地。

图2-34A 单株 ｜ 图2-34B 花序

图2-34C 幼苗

• 鹤虱 *Lappula myosotis* V. Wolf 蓝花蒿、赖毛子、粘珠子 •

【识别要点】茎高20～40cm，被糙毛，多分枝。基生叶长圆状匙形，全缘，基部有长柄，两面密被白色基盘的长糙毛，茎生叶较短而狭，叶片披针形、倒披针形或线形，无叶柄。聚伞花序顶生，果时延伸，长达10～20cm，苞片披针形、披针状线形至线形；花具短梗；花萼5深裂，果期开展，长达3.5～5mm；花冠比萼片稍长，淡蓝色，檐部直径约3mm，喉部具5个长圆形的附属物，雄蕊5，内藏，子房4深裂，柱头扁球形。小坚果4，卵形，长约2.5mm，具小瘤状突起，沿棱有2行近等长的锚状刺，第1行刺长达1.5～2mm，第2行刺通常直立。

【生物学特性】一年生草本。春季出苗，花期4—6月；果期6—7月。种子繁殖。

【分布与为害】生于河滩、干旱草地、草坡或路旁，农田以近地边较多。沙质地农田常见，但数量不多，为害不重。分布于我国东北、华北、甘肃和宁夏等地；亚洲北部和欧洲也有。

图2-35A 花 ｜ 图2-35B 果

图2-35C 单株

• 紫筒草 Stenosolenium saxatile (Pall.) Turcz. •

【识别要点】根圆柱状，细长，淡紫红色或紫红色。茎自基部分枝，高15～25cm，密生开展的白色硬毛。叶无柄，基生叶和下部叶披针形或倒披针状线形，上部的叶披针状线形，长2～4cm，宽3～7mm，两面密生糙毛。聚伞花序顶生，密生糙毛，苞片叶状，披针形，长约1cm，花具短梗，花萼5深裂，裂片线形，花冠紫色、堇色或白色，筒部细长，基部具毛环，喉部无附属物，檐部直径约7mm，5裂，雄蕊5，在花冠筒中部之上螺旋状着生，子房4裂，花柱顶端2裂，每分枝有1球形柱头。

【生物学特性】多年生草本。花期4—5月，果期6—7月。种子和根颈芽繁殖。根芽早春或晚秋萌发。

【分布与为害】生于平原、丘陵、低山的荒地、路旁或田间，多见于沙质地，极耐旱。部分农田、果园及苗圃常见，但数量不多，为害不重。分布于我国东北、华北、内蒙古和甘肃等地；蒙古及俄罗斯的西伯利亚也有。

图2-36A　群体　｜　图2-36B　单株

图2-36C　花

• 斑种草 *Bothriospermum chinense* Bunge •

【识别要点】茎高20～40cm，通常由基部分枝，枝斜升或直立，被开展的硬毛。基生叶和茎下部叶具柄，叶片匙形或倒披针形，长2～10cm，宽5～15mm，叶缘常皱波状，两面被短糙毛。镰状聚伞花序长可达25cm，苞片卵形或狭卵形，边缘皱波状，花腋外生，花梗轻短，花萼裂片5，狭披针形，长3～5mm，有毛，花冠淡蓝色，直径约5mm，筒长约4mm，喉部有5个鳞片状附属物，雄蕊5，子房4裂。小坚果4，肾形，有网状皱褶，腹面中部有横向凹陷。

【生物学特性】一年生或二年生草本。晚秋或早春出苗。花期3—6月，果期5—8月。种子繁殖。

【分布与为害】生于低山、丘陵坡地、平原草地或路边。常于果园为害，也生于路埂，偶尔侵入麦田，但为害不大。分布于我国甘肃、陕西、山西、河南、山东、河北和辽宁等地。

图2-37A 单株 图2-37B 花

• 多苞斑种草 *Bothriospermum secundum* Maxim. 毛细累子草 •

【识别要点】茎直立或上升，高20～45cm，被开展的糙毛，有分枝。叶卵状披针形或狭椭圆形。镰状聚伞花序狭长，花冠淡蓝色。小坚果4，肾形或卵状椭圆形。

【生物学特性】一年生或二年生草本。秋季或春季萌发，花期5—7月，果期6—8月。种子繁殖。

【分布与为害】农田较少，果园和苗圃常见，为害不重。分布于辽宁、河北、山东、山西、江苏、云南等地。

图2-38A　单株 | 图2-38B　花序

• 细茎斑种草 *Bothriospermum tenellum* (Hornem.) Fisch. et Mey. *柔弱斑种草* •

【识别要点】成株茎高10～30cm，直立或渐斜升，多分枝，有贴伏的短糙毛。叶片卵状针形或椭圆形，长1～4cm，宽0.5～2cm，疏生紧贴的短糙毛，下部叶有柄，上部叶无柄。花序狭长，苞片椭圆形或狭卵形；花小，具短柄，腋生或近腋生；花萼裂片线形或披针形，宿存，生糙伏毛；花冠淡蓝色或近白色。小坚果肾形。

【生物学特性】一年生或二年生草本。苗期秋冬季或少量至翌年春季，花果期4—5月。种子繁殖。

【分布与为害】夏熟作物田杂草。长江中下游地区的局部，发生数量较大，部分旱作物受害较重。分布于我国长江中下游地区、华南、西南及东北。

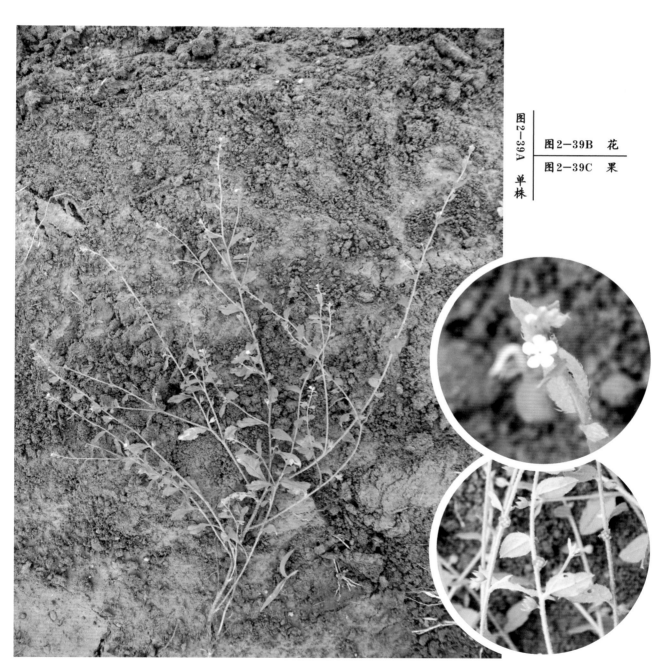

图2—39A　单株

图2—39B　花

图2—39C　果

• 长叶微孔草 *Microula trichocarpa* (maxim.) Johnst. •

【识别要点】茎直立或匍匐，单生或基部分枝，有开展的短刚毛。基生叶和茎下部的叶有柄，叶片匙形或匙状倒披针形，两面有短糙毛；上部叶无柄，长圆形或倒披针形。花序短，有少数密集的花，花萼5深裂，花冠蓝色。种子坚果宽卵形。

【生物学特性】二年生草本，花、果期6—9月。种子繁殖。

【分布与为害】为一般性杂草。高山区农田常见，但为害不重。分布于四川、甘肃、陕西西南部。

图2—40B　花序
图2—40A　单株

十二、水马齿科 Callitrichaceae

一年生或二年生草本，水生、沼生或湿生。茎细弱，叶对生，倒卵形、匙形或线形，全缘，无托叶。花细小，单性，雌雄同株，常单生于叶腋，花无花被，仅有2片膜质小苞片，早落，雄花有1雄蕊；雌花有1雌蕊，花柱2，有毛，子房4室，每室1胚珠。

本科仅有水马齿属1属，约35种。我国约有5种，其中有杂草3种，南北都有分布，主要为害水稻。

· 沼生水马齿 *Callitriche palustris* L. *春水马齿* ·

【识别要点】植株有水生及陆生2种类型。水生型，根纤细，丝状。茎细长，长30~40 cm，丛生，分枝多，常于节处生根。叶对生，于茎顶者密集呈莲座状，浮于水面，倒卵形或倒卵状匙形，长4~6mm，宽约3mm，先端圆或微钝，基部渐狭，两面疏生褐色小斑点，3脉，茎上其他叶则沉入水中，匙形或线形，常具3脉，稀为1脉。陆生型个体较水生型为小，长10~25cm，节间短而粗壮，茎顶莲座状叶匙形，先端圆，基部狭窄，下部茎生叶长卵状倒卵形或近匙形，皆具3脉。花单性，单生叶腋，或雌、雄花各1同生于一叶腋内，小苞片2，雄花具1雄蕊，雌花具1雌蕊，子房倒卵形。果实倒卵状椭圆形或倒卵形，带黑色，扁平，基部有短柄，成熟后开裂成4个小坚果，小坚果上部边缘有狭翅。种子椭圆形或肾形，棕褐色，有多角形的网眼。

【生物学特性】一年生草本。种子于5—6月萌发。在潮湿土壤上生长的植株，粗壮而多分枝，花期也早，而水生者则细而纤细，花期晚，结实也少。花期7—8月，果期8—9月。以种子繁殖，随水流而传播各处。

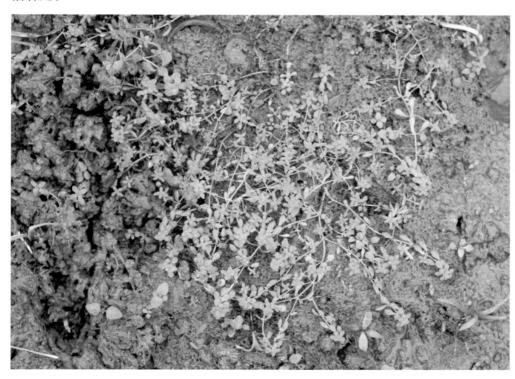

【分布与为害】生长在溪流、沼泽、水田、沟渠、林中湿地及水稻田中，在局部管理粗放的稻田中常有发生，但发生量小。喜微酸性至中性土壤，适生于开旷的水域内。分布于我国黑龙江、吉林、安徽、浙江、福建、台湾及四川等地。

图2—41　群体

• 水马齿 *Callitriche sfagnalis* Scop. •

【识别要点】茎纤细，长10~30cm。叶对生，于茎顶者排列呈莲座状，浮于或露出水面，倒卵形或倒卵状匙形，长3~8mm，宽2~5mm，离基3脉，先端圆钝，基部渐狭成柄，两面有褐色小斑点，沉水叶匙形或长圆状披针形，长6~10mm，宽1~4mm。花单性，同株，单生叶腋，或雌、雄花各一，同生于一叶腋内，小苞片兽角状，海绵质，早落，花小，无花枝，雄花具1雄蕊，花丝细长，长2~4mm，花药心形，雌花具1雌蕊，子房倒卵形，先端圆或微凹，花柱2，纤细，长1.5~2mm，有毛。花梗短，长约0.5mm。果实近圆形至横椭圆形，淡褐色，两端微凹，具2个宿存的花柱，成熟后开裂为4枚小坚果，小坚果一侧边缘有宽翅。

【生物学特性】一年生或二年生草本。花果期4—7月。以种子繁殖，因种子细小，随水传播。种子于秋季萌发，以幼苗越冬。

【分布与为害】生长于水渠，池塘、沼泽、湿地及稻田中，喜酸性至中性土壤，适生于开旷的水域内，本种系水田常见杂草，但发生量小，易于拔除，为害轻。分布于我国河北、河南、华东、湖南、西南及台湾等地，各大洲也有分布。

图2-42A　植株 ｜ 图2-42B　枝

十三、桔梗科 Campanulaceae

直立或缠绕草本，稀为半灌木，常有乳汁。单叶互生，稀对生或轮生，无托叶。二歧或单歧聚伞花序，有时外形呈总状或圆锥花序，花两性。果为蒴果或浆果。

我国有16属，170种，各地均有分布，唯西南地区最多，其中有杂草5属7种。

• 半边莲 *Lobelia chinensis* Lour. •

【识别要点】根细圆柱形，淡黄白色。茎细弱，主茎横卧，节上生根，分枝直立，高6～15cm，光滑无毛，有白色乳汁。叶无柄或近无柄，狭披针形或线形，长1.2～2.5cm，宽2.5～6mm，全缘或顶部有疏齿。通常花1朵，生分枝的上部叶腋，花梗细，长1.2～2.5cm，基部有小苞，或无；花萼筒倒长锥状，基部渐细而与花梗无明显区分，长3～5mm，裂片披针形，约与萼筒等长，花冠粉红色或白色，长10～15mm，花冠基部呈管状，裂片全部平展于下方，在一个平面上，中央3裂片较短，两侧裂片深裂至基部。蒴果倒圆锥形；种子椭圆形，稍扁压。

【生物学特性】多年生矮小草本。花果期5—10月。以种子及茎段分离等方式繁殖。

【分布与为害】分布于长江中、下游及以南各省份；喜潮湿环境，适宜沙质土壤上生长；生于田埂、草地、沟边和溪边湿地，为水稻田常见杂草，发生量大，为害较重。

图2-43A 群体	图2-43B 花
	图2-43C 幼苗

十四、桑科 Cannabinaceae

乔木或草本，有时藤本。多有白色汁液。单叶互生或对生，全缘、有锯齿或分裂，有托叶。花小，单性，雌雄同株或异株，成头状、隐头状、穗状或柔荑花序，稀为圆锥花序。果实为瘦果或核果，通常聚生成聚花果。

我国有150多种，分布于各省份。常见杂草有1种。

• 葎草 *Humulus scandens* (Lour.) Merr. 拉拉秧 •

【识别要点】茎蔓生，茎和叶柄均密生倒钩刺。叶对生，叶片掌状5～7裂，直径7～10cm，裂片卵状椭圆形，叶缘具粗锯齿，两面均有粗糙刺毛，下面有黄色小腺点；叶柄长5～20cm。花单性，雌雄异株，雄花排列成长15～25cm的圆锥花序；雌花排列成近圆形的穗状花序，腋生。瘦果扁球形，淡黄色或褐红色。

【生物学特性】一年生或多年生缠绕草本。花期7—8月，果期9—10月。种子繁殖。

【分布与为害】主要为害果树及作物，其茎缠绕在果树上，影响果树生长，局部地区对小麦为害较严重，常成片生长。除青海和新疆外，各地均有分布。

图2—44A　植株	图2—44B　花序
	图2—44C　幼苗

十五、白花菜科 Capparidaceae

单叶或掌状复叶，互生。总状花序，顶生或腋生；花两性，花紫红色或白色，排成顶生的总状花序或圆锥花序；花瓣4~8；雄蕊4至多数；子房常具柄，1室，胚珠多数，生于侧膜胎座上；蒴果、浆果或核果，常着生于子房柄上。种子有角或肾形。

本科约有35属，650种，主产于热带和亚热带；我国约有7属，41种；常见杂草1属2种。

• 白花菜 *Cleome gynandra* L. •

【识别要点】茎直立，高达1m，多分枝，全部密生黏性腺毛，老时无毛。指状复叶；小叶5，倒卵形，长1.5~5cm，宽1~2.5cm，先端急尖或圆钝，全缘或稍有小齿，稍有柔毛。总状花序顶生；苞片叶状，3裂；花白色或淡紫色，直径约6mm；雄蕊6，不等长；雌雄蕊柄长约2cm；子房柄长1~2mm。蒴果圆柱形，长4~10cm，无毛，有纵条纹；种子肾脏形，宽约1mm，黑褐色，有突起的皱褶。

【生物学特性】一年生草本。有臭味。在北方，花期7—8月，果期8—10月，在南方则花期全年。种子繁殖。

【分布与为害】在我国分布北自北京，南至广东、(海南)及台湾；热带广布。生于旷野，偶见侵入多种秋田、菜地及果园，为一般性杂草，为害并不严重。

图2-45C 叶

图2-45B 单株

图2-45A 花

十六、石竹科 Caryophyllaceae

　　草本。茎通常于节部膨大。单叶对生，全缘，基部常连合，有时具膜质托叶。花常两性，整齐，常组成聚伞花序；萼片4～5，宿存；花瓣4～5片，稀无花瓣，蒴果。

　　广布全球，约80属，2 100种。我国有32属，约400种。其中主要杂草有11种。大多发生和分布于我国亚热带和温带地区，且多是越冬性杂草，有些种类在我国为害较为严重。

　　• **蚤缀** *Arenaria serpyllifolia* L. 小无心菜、鹅不食草、卵叶蚤缀、无心菜 •

　　【识别要点】高10～30cm，茎丛生，叉状分枝，下部平卧，上部直立。叶小对生，卵形，先端尖，具睫毛，全缘，无柄；聚伞花序疏生枝端；花瓣5，倒卵形，白色。

　　【生物学特性】一年生或越年生杂草。种子繁殖，幼苗或种子越冬。出苗期多在11月左右，亦可延迟至翌年春季，花期4—5月，果期5月。种子边成熟边落入土壤。

　　【分布与为害】分布于全国。生于麦田、油菜田、果园、菜地等。尤以沙性土壤，如河滩地，发生密度大，有时为害较重。

图2-46A　花

图2-46B　单株

• 球序卷耳 *Cerastium glomeratum* Thuill. 婆婆指甲菜、粘毛卷耳 •

【识别要点】茎高20～35cm，被白色柔毛。叶倒卵形或卵圆形，质薄，长0.5～1.2cm，宽0.4～1cm，先端圆形或急尖，基部楔形或圆形，边缘具缘毛，两面疏被长柔毛。聚伞花序多花，幼时密集成头状；花梗于花时长1～3(5)mm，被腺毛；萼片披针形，长4～5mm，先端尖，有狭膜质边缘，被腺毛；花瓣白色，基部楔形，与萼片近等长，先端2裂；雄蕊10，花丝短于花瓣，花药淡黄色；子房卵圆形，长约2mm，花柱5枚，长约1.5mm。蒴果圆筒形，种子卵圆形而略扁，表面有疣状突起。

【生物学特性】二年生或有时一年生草本。苗期11月至翌年2月，花果期4—5月。一般早于夏收作物20天左右果熟开裂，脱落种子，同时植株枯萎。以种子繁殖。

【分布与为害】喜生于干燥疏松的土壤，在长江流域，发生于丘岗地及沿江冲积土形成的平原，尤其是冲积平原上麦棉轮作的旱地，为害较为严重，是该地区发生量最大的杂草。分布于江苏、浙江、福建、江西、湖南、台湾和西藏等省区。

图2-47A　花序

图2-47B　单株

• 簇生卷耳 *Cerastium caespitosum* Gilib •

【识别要点】 高10～30cm，茎单一或簇生，有短柔毛。茎生叶匙形或倒卵状披针形，先端急尖，基部渐狭成柄，中上部叶近无柄，狭卵形至披针形，长1～3cm，宽3～10cm，两面均贴生短柔毛，叶缘有睫毛。二歧聚伞花序顶生；花梗密生长腺毛，花后顶端下弯，苞片叶状，萼片5，花瓣5，白色。子房长圆形，花柱5。蒴果圆柱形，种子褐色，卵圆形，有疣状突起。

【生物学特性】 越年生或一年生草本。种子繁殖。种子及幼苗越冬，花期4—7月，果期5—8月。

【分布与为害】分布于全国各地。适生于较湿润的环境。是农田常见杂草。有时形成小片群丛，为害麦田、菜地及果园。

图2-48A　单株

图2-48B　幼苗

• 牛繁缕 *Malachium aquaticum* (L.) Fries 鹅儿肠、鹅肠菜 •

【识别要点】茎带紫色，茎自基部分枝，上部斜立，下部伏地生根。叶对生，卵形或宽卵形，先端锐尖。聚伞花序顶生；花梗细长，萼片5片，基部略合生，花瓣5片，白色，顶端2深裂达基部。蒴果卵形或长圆形；种子近圆形，深褐色。

【生物学特点】一至二年生或多年生草本植物。种子和匍匐茎繁殖。在黄河流域以南地区多于冬前出苗，以北地区多于春季出苗。花果期5—6月。牛繁缕的繁殖能力比较强，平均一株结籽1 370粒左右。

【分布与为害】分布几乎遍及全国，是长江流域夏熟作物恶性杂草。喜潮湿，全国稻作地区的稻茬夏熟作物田均有发生和为害。

图2-49A 单株

图2-49B 幼苗

图2-49C 花

• 漆姑草 Sagina japonica (S.W.) Ohwi •

【识别要点】高5～10cm。茎由基部分枝，绿色，有光泽，节膨大，多数簇生，稍铺散，上部疏生短柔毛，其余无毛。叶对生，圆柱状线形，长5～20mm，宽约1mm，顶端锐尖，基部近膜质且连成短鞘状。花小，白色，单生于枝端或叶腋，花梗细长，直立，长1～2cm，疏生短柔毛。萼5片，卵形，背面疏生短柔毛，边缘膜质；花瓣5片，卵形，稍短于萼片，全缘。蒴果广卵形，略长于宿萼；种子呈圆肾形。

【生物学特性】一年生或二年生草本。花期4—6月，果期5—8月。种子繁殖。

【分布与为害】常侵入夏收作物田及蔬菜田为害，但发生量小，为害轻。分布于东北、华北、华东、华中和西南各地。

图2-50A　幼苗

图2-50B　群体

• 女娄菜 *Silene aprica* Turcx. ex Fisch. et Mey. 桃色女娄菜 •

【识别要点】高20~70cm，全株密生短柔毛。茎直立，基部分枝。叶条状披针形至披针形，长3~7cm，宽4~10mm，密生短柔毛；先端尖锐。聚伞花序大，2~3回分歧，每分枝上有2~3朵花；苞片条形；花萼椭圆形，外面密生短柔毛，有10条脉，顶端5裂；花瓣5，粉红色或白色，倒卵形，顶端2浅裂，基部狭窄成爪，喉部有2鳞片；雄蕊10，花丝细长；花柱3。蒴果椭圆形，和花萼等长；种子多数，细小，黑褐色，有钝的瘤状突起。

【生物学特性】二年生草本。花果期4—8月。种子繁殖。

【分布与为害】在我国东北、华北、西北、西南和华东地区均有分布，但主要分布于华北；朝鲜、日本、苏联也有。常生于山坡草地上，有时亦侵入农田，为害轻。

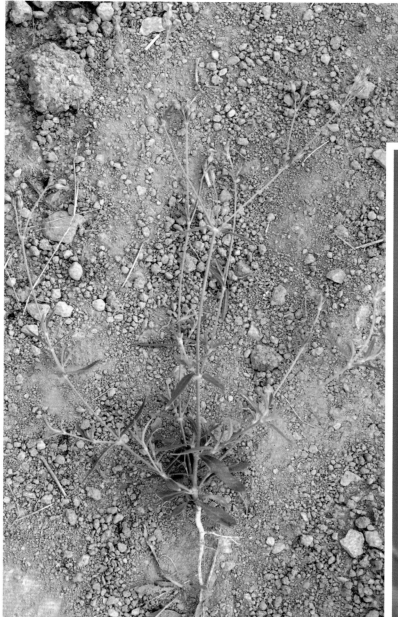

图2-51A 单株 ┃ 图2-51B 花

• 米瓦罐 *Silene conoidea* L. 麦瓶草、净瓶 •

【识别要点】有腺毛，茎单生或叉状分枝，节部略膨大。叶对生，基部连合，基生叶匙形，茎生叶长圆形或披针形。花序聚伞状顶生或腋生；花萼筒状，结果后逐渐膨大成葫芦形；花瓣5，粉红色。

【生物学特性】越年生或一年生草本。种子繁殖。9—10月间出苗，早春出苗数量较少。花果期4—6月。

【分布与为害】华北和西北地区夏熟作物田的主要杂草。

图2—52A 单株　图2—52B 花
　　　　　　　　图2—52C 幼苗

• 拟漆姑 *Spergularia marina* (L.) Griseb 牛膝姑草 •

【识别要点】株高10～20(30)cm。茎细弱，铺散，多分枝，枝上部生柔毛。叶线形，肉质。花单生叶腋；花瓣5，白色或淡红色。蒴果卵形，成熟时3瓣裂；种子多数，近卵形，褐色。

【生物学特性】一年生草本。花期4—7月，果期5—9月。种子繁殖。

【分布与为害】适生于较低湿的沙质轻盐碱土上。常侵入麦类、玉米、大豆、蔬菜等田和果园为害，属于一般性杂草。分布于广东、华北、西北及华中各地。

图2—53A　花

图2—53B　群体

• 繁缕 *Stellaria media* (L.) Cyrillus 鹅肠草 •

【识别要点】茎自基部分枝，常假二叉分枝。平卧或近直立。叶片卵形，基部圆形，先端急尖，全缘，下部叶有柄，上部叶较小，具短柄。花单生于叶腋或疏散排列于茎顶；萼片5；花瓣5，白色，2深裂几达基部。蒴果卵圆形。

【生物学特性】一年或二年生草本。种子繁殖。种子发芽最适宜温度为12～20℃；最适宜土层深度为1cm，最深限于2cm。冬麦田9—11月集中出苗，4月开花结实，5月渐次成熟，种子经2～3个月休眠后萌发。繁缕较耐低温，种子繁殖量大、生活力强，每株可结籽500～2 500粒；浅埋的种子可存活10年以上，深埋的可存活60年以上。

【分布与为害】分布于我国中南部各地，其他地区也有少量分布。主要为害小麦、油菜等。

图2-54A 花	图2-54B 幼苗
图2-54C 群体	

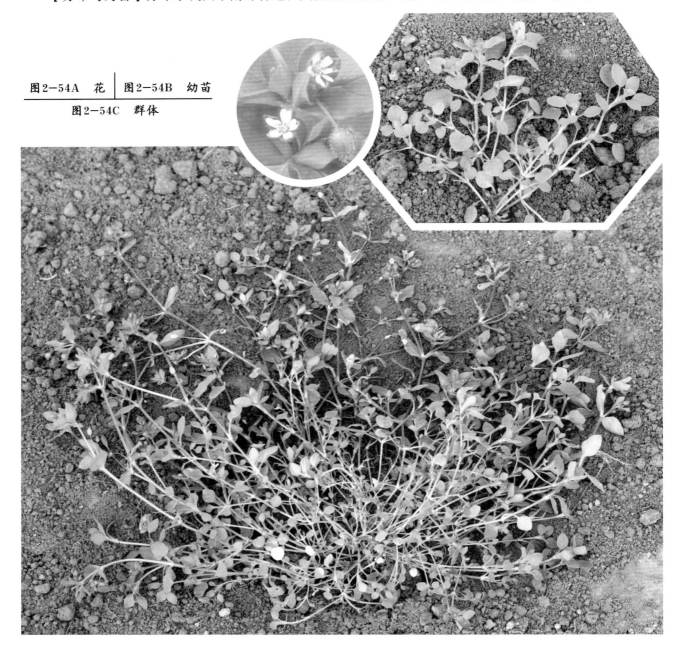

• 小繁缕 *Stellaria apetala* Ucria •

【识别要点】 全株鲜绿，茎下部平卧，多分枝。叶倒卵形至倒卵状披针形，基部下延至柄，下部叶具柄，柄长0.5cm，中上部叶无柄或由基下延渐狭成柄。二歧聚伞花序；无花瓣。蒴果长卵形。

【生物学特性】 二年生草本。苗期10—11月，花期3—4月，果期4—5月。种子繁殖。

【分布与为害】 为蔬菜田为害较为严重的杂草，主要于早春发生为害，且发生量较大，分布于安徽、江苏、浙江和江西等省份。

图2—55A　群体 ┃ 图2—55B　花序

• 雀舌草 *Stellaria* alsine Grimm. 天蓬草、莩荙子 •

【识别要点】高15～30cm。茎细弱，有多数疏散分枝，无毛。叶无柄，长圆形至卵状披针形，长5～5mm，宽2～5mm，顶端锐尖，基部渐狭，全缘或浅波状，无毛或仅基部边缘疏生缘毛。花白色，排成顶生二歧聚伞花一序，花少数，或有时单生叶腋；花梗细，长5～15mm，宽约1mm，边缘膜质；花瓣5，稍短于萼片或等长，顶端2深裂几乎达基部。蒴果与宿萼等长或稍长，顶端6裂。

【生物学特性】二年生草本。苗期11月；花果期4—7月。果后即枯，种子散落土壤中。种子繁殖。

【分布与为害】常生于河岸、路边、水田边或旱田内，喜在湿润的土壤内生长。是稻茬油菜田及麦田的主要为害性杂草之一，在长江流域以南地区的夏熟作物田中发生量较大，为害较重。分布于东北、华北、华中、华东及华南等地。

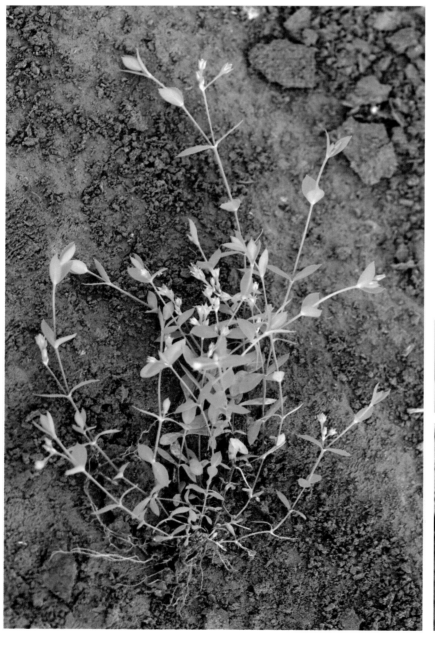

图2－56A 单株

| 图2－56B 叶 |
| 图2－56C 花 |

• 王不留行 *Vaccaria segetalis* (Neck.) Garcke 麦蓝菜 •

【识别要点】高30~70cm，全株光滑无毛。茎直立，茎节处略膨大，上部二叉状分枝。叶无柄，线状披针形至卵状披针形，先端渐尖，基部圆形或近心形，略抱茎，背面中脉隆起。聚伞花序顶生，花瓣5，淡红色。

【生物学特性】一至二年生草本。种子繁殖。

【分布与为害】分布整个北方地区及西南高海拔地区。主要为害麦、油菜。在我国局部地区(如黄淮海地区)对小麦为害较为严重。

图2-57A 单株 ｜ 图2-57B 幼苗

• 石竹 *Dianthus chinensis* Linn. •

【识别要点】株高约30cm。茎簇生，直立，无毛。叶线形或线状披针形，长3~5cm，宽3~5mm，先端尖，具3~5脉，无毛。花顶生于分叉的枝端，单生或对生，有时成圆锥状聚伞花序；苞片4~6个，叶状，与萼等长或为萼长的1/2；萼筒圆筒形，顶端5齿裂；花瓣5个，鲜红色、白色或粉红色，先端有不整齐锯齿裂，喉部有深紫色斑纹与疏生须毛，基部具长爪；雄蕊10个；花柱2个，线状。蒴果矩圆形；种子灰黑色，卵形，微扁，有狭翅。

【生物学特性】多年生草本，花期5—8月；果熟期6—9月。

【分布与为害】生于向阳山坡草地、灌木丛或石缝中。广泛分布于我国北部和中部。

图2—58A　花

图2—58B　单株

十七、金鱼藻科 Ceratophyllaceae

沉水多年生草本。茎细长分枝。叶轮生，无柄，二歧式细裂；无托叶。花小，单性，雌雄同株或异株，无梗，单生叶腋；无花被，具6~12个总苞片。果实为坚果。仅有1属，约3种。我国仅有1种，分布各地。

• 金鱼藻 *Ceratophyllum demersum* L. 细草、软草 •

【识别要点】茎细长，平滑，长20~40cm。叶常4~12片轮生，通常为1~2回二叉状分歧，裂片丝状线形或线形，稍脆硬，边缘仅一侧散生刺状细齿。花小，单性，常1~3朵生于节部叶腋，下具极短的花梗。坚果椭圆状卵形或椭圆形，黑色。

【生物学特性】多年生沉水性草本。在东北及华北地区，花期6—7月，果期8—9月。以休眠的顶芽越冬，同时也以种子繁殖。

【分布与为害】常在水层较深、长期浸水的水稻田中为害，在藕田和菱塘中也有生长，由于它在田中吸收肥分，降低水温，从而影响水稻的分蘖及根系的发育。在池塘、水沟、水库及水流平缓的小河内也有生长。本种全国各地都有分布。

图2—59A 植株 | 图2—59B 茎叶

十八、藜科 Chenopod

草本，具泡状粉。花小，单被；雄蕊对萼；子房2～3心皮结合，子房1室，基底胎座。胞果，胚弯曲。

主要分布于温、寒带的滨海或多含盐分的地区。我国产39属，186种，全国分布，尤以西北荒漠地区为多。

• 藜 *Chenopodium album* L. 灰菜、落藜 •

【识别要点】茎直立，高60～120cm。叶互生，菱状卵形或近三角形，基部宽楔形，叶缘具不整齐锯齿；花两性，数个花集成团伞花簇，花小。

【生物学特性】种子繁殖。适应性强，抗寒、耐旱，喜肥喜光。从早春到晚秋可随时发芽出苗。适宜的发芽温度为10～40℃，适宜的土层深度在4cm以内。3—4月出苗，7—8月开花，8—9月成熟。种子落地或借外力传播。种子经冬眠后萌发。

【分布与为害】全国各地都有分布。是农田重要杂草，发生量大、为害严重，密度1.45～1.83株/m²时应防治。

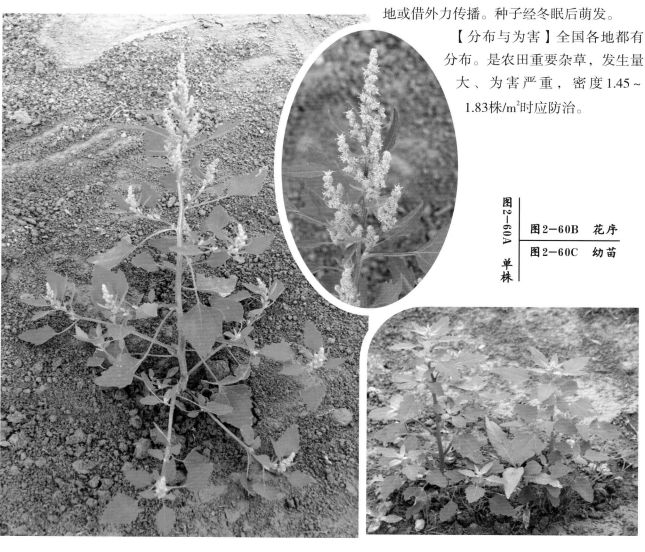

图2-60A　单株

图2-60B　花序

图2-60C　幼苗

• 小藜 *Chenopodium serotinum* L. 灰条菜、小灰条 •

【识别要点】茎直立，高20～50cm。叶互生，具柄；叶片长卵形或长圆形，边缘有波状缺齿，叶两面疏生粉粒，短穗状花序，腋生或顶生。

【生物学特性】种子繁殖、越冬，1年2代。在河南省内，第一代3月发苗，5月开花，5月底至6月初果实渐次成熟；第二代随着秋作物的早晚不同，其物候期不一，通常7—8月发芽，9月开花，10月果实成熟，成株每株产种子数万至数10万粒。生殖力强，在土层深处能保持10年以上仍有发芽能力，被牲畜食后排出体外还能发芽。

【分布与为害】除西藏外，全国各地均有分布。部分小麦、玉米、花生、大豆、棉花、高粱、蔬菜、果园等受害较重。生长快，密度大，强烈地消耗地力，为农田主要杂草。

图2-61A　花序	图2-61B　种子
图2-61C　单株	图2-61D　幼苗

• 灰绿藜 *Chenopodium glaucum* L. 灰灰菜、翻白藤 •

【识别要点】高10～30cm，分枝平卧或斜升，有绿色或紫红色条纹。叶互生，长圆状卵圆形至披针形，叶缘具波状齿，上面深绿色，下面有较厚的灰白色或淡紫色白粉粒。花序排列成穗状或圆锥状花序；花被3～4片，浅绿色，肥厚，基部合生。

【生物学特性】种子繁殖，一年生或二年生草本。种子发芽的最低温度为5℃，最适15～30℃，最高40℃；适宜土层深度在3cm以内。在河南，果园、麦田3月发生，5月见花，6月果实渐次成熟；棉田5月出苗，菜地6—7月屡见幼苗。花、果期7—10月。

【分布与为害】分布于东北、华北、西北等地。适生于轻盐碱地。发生量大，为害重，为果园、麦田和秋田主要杂草。

图2—62B　花序

图2—62A　单株

• 刺藜 *Chenopodium aristatum* L. 刺穗藜、针尖藜 •

【识别要点】茎直立，多分枝，高15～40cm，有条纹。叶有短柄，叶片披针形或线形，长2～5(7)cm，宽4～10mm，全缘，先端急尖，基部渐狭，主脉明显。二歧聚伞花序顶生或腋生，最末端分枝针刺状；花小，两性，单生，近无柄；花被片5，长圆形，背部中央稍肥厚，绿色，边缘膜质，果时开展，雄蕊5。胞果圆形，顶基稍压扁，果皮膜质，与种子贴生；种子横生，圆形，边缘具棱，黑褐色，有光泽。

【生物学特性】一年生草本。花期8—9月，果期10月。种子繁殖。

【分布与为害】生于农田、路旁、荒地、山坡或房顶，适生于沙质土壤，极耐旱，对部分夏、秋作物为害较重。为农田常见杂草。分布于东北、华北、西北及四川、江苏等地。

图2-63 单株

• 尖头叶藜 *Chenopodium acuminatum* Willd. •

【识别要点】茎直立，多分枝，枝较细弱，高20~80cm，具红色或绿色条纹。叶具短柄，叶片卵形或宽卵形，长2~4(6)cm，宽1~3(4.8)cm，先端圆钝或急尖，具短尖头，基部宽楔形或近截平，全缘，具狭半透明环边，叶背被白粉粒，呈灰白色。花序穗状或圆锥状，花序轴有白色透明的圆柱状毛；花两性，花被片5，宽卵形，果时背部增厚成五角星状；雄蕊5，花丝极短。胞果圆形或卵形，顶基压扁；种子横生，扁圆形，直径约1mm，黑褐色或黑色，有光泽，表面略显纹。

【生物学特性】一年生草本。春季出苗，花期6—7月，果期8—9月。种子繁殖。

【分布与为害】生于荒地、路边、农田、河滩和海滨等较湿润处，耐盐碱亦耐旱，在部分秋收作物和果园常见，有时数量较大，为害较重。为秋收作物田常见杂草。分布于东北、华北和西北各地。

图2-64A 单株 | 图2-64B 茎叶

• 杖藜 *Chenopodium giganteum* D.Don •

【识别要点】茎直立，粗壮，高可达3m，具条棱及绿色、黄白色或紫红色的色条，上部多分枝。叶互生，具长柄，下部叶菱形，长达20cm，边缘具不整齐的波状钝锯齿，叶背有粉；或叶老后无粉；上部叶卵形至卵状披针形，具钝齿或全缘。顶生大型圆锥状花序，多粉，果时下垂，花两性，花被裂片5，卵形，绿色或暗紫红色，边缘膜质；雄蕊5。胞果双凸镜状，果皮膜质；种子横生，直径约1.5mm，黑色或红黑色，边缘钝，表面具浅网纹。

【生物学特性】一年生草本。花期8月，果期9—10月。种子繁殖。

【分布与为害】于农田、荒地和路旁常见，但数量不多，为害不重。甘肃、陕西、辽宁、河南、湖南、湖北、贵州、四川、云南和广西等省区见有栽培，并已成为野生状态。

图2—65A　单株 ｜ 图2—65B　幼苗

• 细穗藜 *Chenopodium gracilispicun* Kung •

【识别要点】茎单一，直立，高40～70 cm，圆柱形，具条棱和条纹，稍有粉，上部有细瘦疏分枝。叶片菱状卵形至卵形，长3～5cm，宽2～4cm，先端急尖或短渐尖，基部宽楔形，上面近无粉，下面有粉呈灰白色，全缘或近基部两侧各具1钝浅裂片，边缘无透明环边；叶柄细瘦，长0.5～2cm。花通常2～3朵成簇，间断排列于分枝上，构成穗状或狭圆锥状花序；花被5裂至近基部，裂片狭倒卵形至条状矩圆形，背面中心部稍肉质并具纵龙骨状突起，先端钝，边缘膜质；雄蕊5。胞果顶基扁，果皮与种皮贴生。种子横生，双凸镜形，直径1.1～1.5mm，黑色，有光泽，表面有洼点。

【生物学特性】一年生草本。花果期7—9月。种子繁殖。

【分布与为害】分布于山东、江苏、浙江、广东、湖南、湖北、江西、河南、陕西、四川及甘肃东南部。生于山坡草地、沟边、林缘处，为一般性杂草。

图2-66　单株

• 菊叶香藜 *Chenopodium foetidum* Schrad. 总状花藜、菊叶刺藜 •

【识别要点】全体疏生腺毛，有芳香气味。茎直立，高20～60cm，有绿色或紫色条纹；分枝斜升。叶具长柄：叶片矩圆形，长2～6cm，宽1.5～3.5cm，羽状浅裂至深裂，上面深绿色，几乎无毛，下面浅绿色，生有节的短柔毛和棕黄色的腺点。花两性，单生于二歧分枝处和枝端，形成二歧聚伞花序，多数二歧聚伞花序再集成塔形圆锥状花序；花被片5，背面有刺突状的隆脊和黄色腺点，果后花被开展；雄蕊5。胞果扁球形，果皮薄，与种子紧贴；种子横生，直径0.5～0.8mm；种皮硬壳质，红褐色至黑色，有网纹；胚半环形。

【生物学特性】一年生草本。春、夏季出苗，花果期8—9月。种子繁殖。

【分布与为害】分布于我国辽宁、河北、山西、陕西、甘肃、青海、四川、云南和西藏；非洲和欧洲也有。生于草地、河岸、田边和宅旁等处；适生于沙湿地，亦较耐旱。部分夏、秋作物和蔬菜受害较重。为农田常见杂草。

图2-67B 花

图2-67A 单株

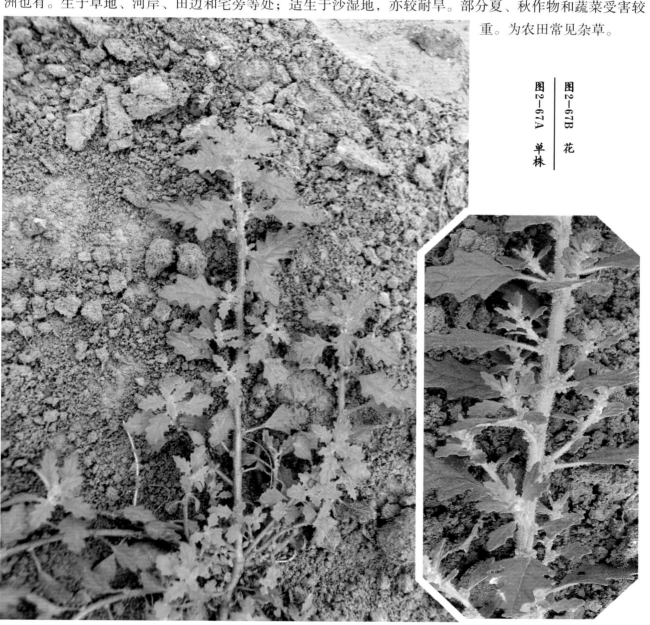

• 土荆芥 *Chenopodium ambrosioides* L. 鹅脚草、臭草、杀虫芥 •

【识别要点】高50~80cm，芳香。茎直立，有棱，多分枝；分枝细弱，有腺毛或无毛。叶长圆形至披针形，长达3~15cm，宽0.5~5cm，先端急尖或渐尖，基部渐狭成短叶柄，边缘具不整齐的牙齿，叶被淡生黄色腺点，沿脉疏生柔毛。花序穗状，花两性或雌性，通常3~5朵簇生于苞腋，排列成穗状花序或圆锥花序；花被5裂，绿色；雄蕊5。胞果扁球形；种子横生或斜生，红褐色，有光泽。

【生物学特性】一年生或多年生草本。春季出苗，花果期6—10月。种子繁殖。

【分布与为害】分布于我国江苏、浙江、江西、福建、台湾、湖南、广东、广西和四川，北方各省常栽培；原产热带美洲，现广布于热带及温带地区。生于村旁旷野、路旁、河岸和溪边等处。

图2—68A　叶 ｜ 图2—68B　幼苗

图2—68C　群体

• 野滨藜 *Atriplex fera* (L.) Bunge •

【形态特征】 茎自基部分枝，直立或外倾，高20～80cm，略呈四棱形，有条纹，稍有粉；分枝细弱、斜升。叶互生，具柄，叶片卵状长圆形至卵状披针形，长2～7cm，宽8～12mm，全缘，较少在中部以下有波状钝锯齿，两面均有粉，灰绿色，先端钝或渐尖，基部宽楔形至楔形。团伞花序腋生；雄花花被4裂，雄蕊4，早落；雌花无花被，具2苞，苞的边缘全部合生，两面鼓胀，包住果实，果期全花被呈卵形、卵圆形或椭圆形，木质化，上具1至数个针刺。胞果扁平，圆形，果皮膜质，白色；种子扁圆形，直径约2mm，棕色或淡褐色。

【生物学特性】 一年生草本。春季出苗，5—7月开花结籽，有时秋季亦见有开花的植株和幼苗。以种子进行繁殖。

【分布及为害】 生于农田、路旁和渠沿等处，为农田常见杂草。适生于轻度盐碱地，以夏收作物田较多，秋收作物亦受其害。分布于西北、华北、东北各地。

图2-69 单株

• 地肤 *Kochia scoparia* (L.) Schrad. 扫帚苗、扫帚菜 •

【识别要点】高50～150cm。茎直立，多分枝，秋天常变为红紫色，幼时具白色柔毛，后变光滑。单叶互生，稠密；几无柄，叶片狭长圆形或长圆状披针形，长2～5cm，宽0.3～0.7cm，先端渐尖，基部楔形。花小，杂性，黄绿色，无梗，1朵或数朵生于叶腋。

【生物学特性】一年生草本，种子繁殖，在河南，3月发芽出苗，花期7—9月，果期9—10月。

【分布与为害】分布全国，尤以北部各省最普遍。以轻度盐碱地较多，适生于湿地，亦较耐旱，部分农田发生量较大，为害较重。为农田常见杂草。

图2—70A　单株 | 图2—70B　幼苗
 | 图2—70C　花序

• 碱蓬 *Suaeda glauca* Bunge 灰绿碱蓬 •

【识别要点】 茎直立，淡绿色，具条纹，上部多分枝，枝细长，开展，高40~80(100)cm。叶丝状线形，半圆柱状，肉质，灰绿色，光滑无毛，长1.5~3(5)cm，宽0.7~1.5mm，常稍向上弯曲，先端微尖，基部稍收缩，茎上部叶渐变短。花两性或兼有雌性，单生或2~5朵簇生于叶的基部处，有短柄(因总花梗与叶柄合生，因之与叶有共同的柄)，小苞片2，白色，卵形，短于花被，花被片5，肥厚、绿色、光滑，长圆形，于果期花被增厚呈五角星形；雄蕊5，与花被片对生；柱头2，伸长较长。胞果包于花被内，果皮膜质。种子横生或直生，双凸镜状，有颗粒状点纹，直径约2mm，黑色。

【生物学特性】 一年生草本。春季萌发，发芽期长，夏季尚见幼苗；花期7—8月，果期9月。以种子繁殖。

【分布与为害】 生于农田、沟渠和荒地，常成单种群落，或与盐地碱蓬等混生一起，适生于盐碱地，于夏、秋作物田中均较常见。部分农田发生量较大，受害较重。为农田常见杂草。分布于东北、西北、华北以及浙江和江苏等地。

图2-71A 群体 | 图2-71B 花序
图2-71C 幼苗 | 图2-71D 单株

• 猪毛菜 *Salsola collina* Pall. 猪毛英、沙蓬 •

【识别要点】茎直立，基部分枝开展，淡绿色，叶互生，无柄，叶片丝状圆柱形，肉质，深绿色，有时带红色，生短硬毛，先端有硬刺尖。穗状花序，细长，生于枝的上部。

【生物学特性】一年生草本，种子繁殖。3—4月发芽，花期6—9月，果期8—10月。通常于种子成熟后，整个植株于根茎处断裂，植株由于被风吹而于地面滚动，从而散布种子。每株可产种子数万粒。

【分布与为害】分布于东北、华北、西北及四川等地。在湿润肥沃的土壤上常长成巨大株丛。本种适应性强，在各种土壤均能生长，以沙质地和轻盐碱地较多，在夏、秋作物田均较常见，有时数量很多，为害较重。

图2-72A 幼苗

图2-72B 花序

图2-72C 单株

十九、蒺藜科 Zygophyllaceae

草本或矮灌木。枝通常具关节。叶对生或互生，单叶、2小叶至羽状复叶；托叶2片，宿存，常成刺状。花两性，辐射对称。单生于叶腋或排成顶生总状花序或圆锥花序，萼片5，花瓣5。果革质或角质，分离或合生，果瓣常有刺或有蒴果。

本科全世界约有200种。我国南北均有分布，有16种，常见杂草1种。

• 蒺藜 *Tribulus terrestris* L. •

【识别要点】植株平卧。茎由基部分枝，长可达1m左右，淡褐色。全体被绢丝状柔毛。双数羽状复叶互生；小叶6~14片，对生，长圆形，先端锐尖或钝，基部稍偏斜，近圆形，全线。上面叶脉上有细毛，下面密生白色伏毛；托叶小，披针形，边缘半透明状膜质；有叶柄和小叶柄。花小，黄色，单生于叶腋；花枝短；萼片5，宿存；花瓣5。蒴果为5个分果瓣组成，扁球形，直径约1cm；每果瓣具长短棘刺各1对；背面有短硬毛及瘤状突起。

【生物学特性】种子繁殖，一年生草本。华北地区花期5—8月，果期6—9月。

【分布与为害】分布于全国各地，长江以北最普遍。生活力强，为田间常见杂草。

图2-73A　单株	图2-73B　花
图2-73C　幼苗	图2-73D　果

二十、旋花科 Convolvulaceae

多为缠绕性草本，汁液多为乳状。叶互生，单叶，无托叶。花两性，辐射对称，萼片5，宿存。果实为蒴果。

本科约50属，1 500种，广布全球，主产美洲和亚洲的热带和亚热带。我国有22属，约125种，南北均有分布。常见杂草有6种。

• 田旋花 *Convolvulus arvensis* L. 箭叶旋花 •

【识别要点】具直根和根状茎。直根入土深，根状茎横走。茎蔓性，长1~3m，缠绕或匍匐生长。叶互生，有柄；叶片卵状长椭圆形或戟形。花序腋生，有花1~3朵，具细长梗，萼片5，花冠漏斗状，红色。蒴果卵状球形或圆锥形。

【生物学特性】多年生缠绕草本，地下茎及种子繁殖。地下茎深达30~50cm。秋季近地面处的根茎产生越冬芽，翌年出苗。花期5—8月，果期6—9月。

【分布与为害】分布于东北、华北、西北、四川、西藏等地。为旱作物地常见杂草，近年来华北地区为害较严重，已成为难除的杂草之一。

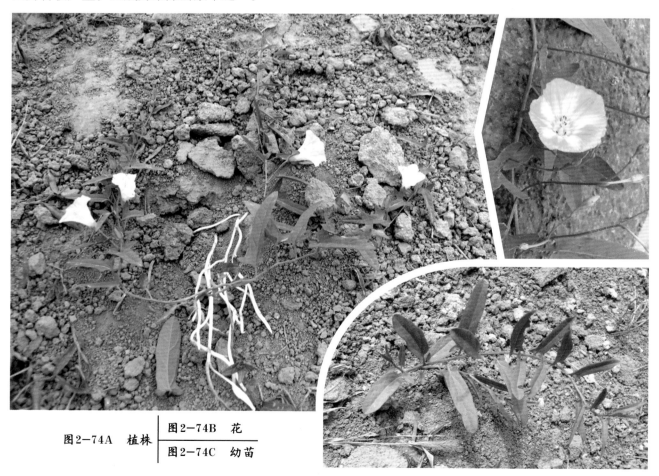

图2—74A　植株
图2—74B　花
图2—74C　幼苗

· 打碗花 *Calystegia hederacea* Wall. ex Roxb. 小旋花 ·

【识别要点】具白色根茎，茎蔓生缠绕或匍匐分枝。叶互生，具长柄；基部的叶全缘，近椭圆形，先端钝圆，基部心形；茎中、上部的叶三角状戟形，中裂片披针形或卵状三角形，顶端钝尖，基部心形，侧裂片戟形、开展，通常2裂。花单生于叶腋，花梗具角棱，萼片5，花冠漏斗状，粉红色或淡紫色。蒴果卵圆形。

【生物学特性】多年生蔓性草本。以地下茎茎芽和种子繁殖。田间以无性繁殖为主，地下茎质脆易断，每个带节的断体都能长出新的植株。华北地区4—5月出苗，花期7—9月，果期8—10月。

【分布与为害】分布全国。适生湿润肥沃的土壤，亦耐瘠薄、干旱，由于地下茎蔓延迅速，在有些地区成为恶性杂草。

图2—75A 群体

图2—75B 幼苗

• 篱打碗花 *Calystegia sepium* (L.) R.Br. 旋花、喇叭花 •

【识别要点】根白色，细长。茎缠绕或匍匐生长，多分枝。子叶出土，方形。叶互生，叶柄短于叶片或近等长；叶片三角状卵形，先端渐尖，基部箭形，具浅裂片或全缘。花单生于叶腋，花梗长，萼片5，花冠漏斗状，粉红色。

【生物学特性】多年生蔓性草本。根芽和种子繁殖。一般3—4月出苗，花期5—7月，果期6—8月。

【分布与为害】分布全国。适生湿润肥沃的土壤，亦耐瘠薄、干旱，由于地下茎蔓延迅速，在有些地区成为恶性杂草。

图2—76B 花
图2—76A 单株

• 毛打碗花 *Calystegia dahurica* (Herb.) Choisy 大收旧花 •

【识别要点】茎缠绕或匍匐，被长柔毛，地下有细长根茎。叶互生，叶片长圆形或披针形，长5～7cm，宽0.5～1.5cm，基部截形、圆形或稍呈心形，先端急尖至渐尖，有小突尖，全缘，两面被毛，叶柄短，长度不超过1cm，无毛。花腋生，单一，花梗长3～8cm；苞卵形，2枚，长1.5～2.5cm，包被花萼，有毛，萼片5，长圆状卵形，无毛；花冠漏斗状，粉红色，长4～6cm，雄蕊5，长度为花冠之一半，花丛基部膨大；雌蕊无毛，子房2室，每室2胚珠，柱头2裂。蒴果球形，无毛。种子近圆形，黑褐色或褐色。

【生物学特性】多年生草本。花期6—8月，果期8—9月。以根茎及种子繁殖，于秋季在根茎上产生越冬芽，产生的种子多数为硬实，经冬季低温后才能发芽。

【分布与为害】适生于湿润的微酸性至微碱性土壤上，常见于荒地、林缘及稀疏灌木丛中，有时侵入农田，为害旱田作物如大豆、小麦等，有时也于果园内为害。分布于我国东北、华北、华东、中南、陕西、宁夏、甘肃、四川等地。

图2-77A　单株　┃　图2-77B　幼苗
　　　　　　　　┃　图2-77C　花

• 藤长苗 *Calystegia pellita* (Ledeb.) G. Don 脱毛天剑 •

【识别要点】茎缠绕，密被短柔毛，圆柱形，少分枝，节间较叶为短。叶互生，矩圆形，长4～6cm，宽0.8～1.5cm，两面被毛，全缘，顶端锐尖，有小尖凸，基部截形或近圆形；叶柄短，有毛，长不超过1cm。花单生叶腋，具花梗，长3.5～5cm；苞片2，卵圆形，包住花萼，有毛；萼片5，矩圆状卵形，几无毛；花冠漏斗状，粉红色，光滑，长4.5～5cm，5浅裂；雄蕊5，长为花冠的一半，子房2室，柱头2裂。蒴果球形；种子近圆形，黑褐色。

【生物学特性】多年生蔓性杂草。根芽繁殖，繁殖力与再生力很强，种子亦能繁殖，实生苗较少见。花期6—8月，果期8—9月。

【分布与为害】分布于东北、华北、华东、华中等地区。生于较湿润的荒地、路旁或农田中，尤以新垦地的小麦、大豆和幼林受害较重；在微酸性或微碱性的土壤均能生长。

图2—78B　幼苗
图2—78A　单株

• 心萼薯 *Aniseia biflora* (L.) Choisy 白花牵牛、毛牵牛 •

【识别要点】缠绕状草本，全株被开展的长硬毛。叶互生，纸质，心形，长3~5cm，顶端渐尖，近全缘，上、下两面均被有长硬毛；叶柄细，长1.5~4cm，被长硬毛。花序腋生，有1至数花，总花梗长约1cm；萼片5，草质，被开展的长硬毛，外轮的心状披针形，长6~7mm，内轮的狭披针形；花冠钟状，白色，长约1cm，顶端全缘；雄蕊5，内藏；子房2室，无毛，柱头球形至长椭圆形。蒴果球形，裂瓣内面银白色而亮；种子被微毛。

【生物学特性】攀缘或缠绕草本。种子繁殖。

【分布与为害】分布于我国江西、福建、台湾、湖南、广东、云南；越南也有。生于海拔700~1 000m的山坡路边或干燥灌丛中。

图2-79A 单株

图2-79B 花 | 图2-79C 果

• 裂叶牵牛 *Pharbitis nil*（L.）Choisy 大牵牛花 •

【识别要点】茎缠绕，多分枝。子叶近方形，先端深凹缺刻；叶互生，具柄，叶片宽卵形，常3裂，裂口宽而圆，不向内凹陷。花序有花1~3朵，总花梗略短于叶柄；萼片5片，花冠漏斗状，白色、蓝紫色或紫红色。蒴果近球形。

【生物学特性】种子繁殖，一年生缠绕草本。4—5月萌发，花期6—9月，果期7—10月。

【分布与为害】除东北、西北一些地区外，其他各地均有分布。部分果园、苗圃受害较重。

图2—80A 植株

图2—80B 幼苗 | 图2—80C 花

• 圆叶牵牛 *Pharbitis purpurea* (L.) Voigt 牵牛花 •

【识别要点】茎缠绕多分枝。子叶方形，先端深凹；叶互生，卵圆形，先端尖，基部心形，叶柄长。花序有花1~5朵，总花梗与叶柄近等长，萼片5，花冠漏斗状，紫色、淡红色或白色。蒴果近球形。

【生物学特性】种子繁殖，一年生草本。华北地区4—5月出苗，6—9月开花，9—10月为结果期。

【分布与为害】遍布全国。适应性很广，有时侵入农田(旱作物地)或果园缠绕栽培植物造成为害。

图2—81A 单株

图2—81B 花

• 菟丝子 *Cuscuta chinensis* Lam. 大豆菟丝子 •

【识别要点】茎缠绕，黄色或淡黄色，细弱多分枝，无叶。花多数簇生成团，有时两个并生，伞状花序。花萼杯状，5裂，中部以下连合，裂片三角形，花冠白色或略带黄色，钟形，4~5裂。蒴果呈为近球形。

【生物学特性】一年生茎寄生杂草，以种子繁殖为主，断茎再生能力很强，能进行营养繁殖，花果期6—9月。

【分布与为害】分布广泛。为大豆和秋收作物田的恶性寄生杂草，对大豆为害严重。

图2-82A　菟丝子为害大豆状　图2-82B　花序

• 南方菟丝子 *Cuscuta australis* R.Br. 欧洲菟丝子、女萝、金线藤、飞扬藤 •

【识别要点】茎缠绕，纤细，直径1mm左右，金黄色，无叶。花簇生成球状团伞花序；花萼杯状，3～5裂，裂片近圆形，先端钝，背面无脊；花冠杯状，白色或淡黄色，长约2mm，裂片卵形，先端稍钝，直立至开展，鳞片小，短于冠筒，上端2裂，边缘无流苏；雄蕊着生于花冠裂片相邻处，稍短于花冠裂片，花丝较长，花药卵形；柱头球形，花柱2，等长或稍不等长。蒴果扁球形，直径3～4mm，下半部为宿存花冠所包，成熟时不开裂；种子卵圆形，长约1.5mm，种皮淡褐色至赤褐色，稍有光泽，表面较粗糙。种脐线形。

【生物学特性】一年生茎寄生杂草。种子在10℃以上即可萌芽，在20～30℃范围内温度越高，发芽越多，萌芽不整齐，以5～8天内萌芽最多，也可历经数月仍有继续萌芽的情况。土壤绝对含水量以20%～25%最适宜。多雨或积水对萌芽不利。花果期6—9月。以种子繁殖为主。断茎再生能力很强，能进行营养繁殖。

【分布与为害】分布广泛。为秋收作物和大豆田的恶性寄生杂草。被寄生的大豆植株生长矮小，轻者结荚数减少，籽粒瘦秕，重者植株早期死亡，颗粒无收。能寄生在20余种杂草上，路边的菊科蒿属、马鞭草科的牡荆属等小灌木上也能寄生。种子无休眠期，其发芽力可保持5年之久，断茎再生能力很强，防除困难。

图2-83A 植株缠绕在寄主上 | 图2-83B 花穗

二十一、景天科 Crassulaceae

草本或半灌木，肉质植物。单叶互生、对生或轮生。花两性或稀单性，辐射对称，花基数为4~5或其倍数；萼片、花瓣分离或多少合生。蓇葖果，腹缝开裂。

本科约35属1 600种左右。我国约10属，247种，全国均有分布。常见杂草有1种。

• 垂盆草 Sedum sarmentosum Bunge 狗牙齿、鼠牙半枝莲 •

【识别要点】茎斜升，具不育枝和花枝，细弱，匍匐生根，长10~25cm。叶3枚轮生，倒披针形至长圆形，先端急尖，基部有距，长15~25mm，宽3~5mm。有3~5个分枝，疏松排列在顶端二歧聚伞花序上，直径5~6cm。花少数，无梗，萼片5，披针形至长圆形，长3.5~5mm，基部无距，顶端稍钝；花瓣5，淡黄色，披针形至长圆形，长5~8mm，先端有长尖头。蓇葖果成熟后叉开状，种子细小，卵圆形。

【生物学特性】多年生草本。生育期约6个月，春季种子萌发，5月开花，6—7月结果，种子随熟随落，秋后地上部分枯萎。

【分布与为害】喜生于浅山、阴湿的岩石上、石缝中。在茶山、竹林、田边、地头、田坎等常见，对作物为害不大。分布于辽宁、吉林、河北、河南、陕西、安徽、浙江、湖北、四川、江西、福建等省份。

图2-84A　群体 ｜ 图2-84B　叶

• 珠芽景天 *Sedum bulbiferum* Makino 马屎花、珠芽佛甲草 •

【识别要点】茎高7～20cm，基部横卧，在叶腋常有圆形、肉质小珠芽。叶在基部常对生，在上部互生，下部叶卵状匙形，上部叶匙状倒披针形，长10～15mm，宽2～4mm，顶端钝，基部渐狭，有短距。聚伞花序常有分枝3个，再成二歧分枝；花无梗；萼片5，披针形至倒披针形，长3～4mm，宽1mm，顶端钝，有短距；花瓣5，黄色，披针形，长4.5～5mm；雄蕊10，较花瓣为短；心皮5，基部合生，长4mm，略叉开。蓇葖果成熟后成星芒状排列。

【生物学特性】一年生草本。花期4—5月。珠芽和种子繁殖。

【分布与为害】分布在广东、广西、湖南、四川、湖北、江西、福建、浙江、江苏、安徽等省份。生于山坡沟边阴湿处，为茶园、竹林、果园、蔬菜地常见杂草。

| 图2-85A 单株 | 图2-85B 花序 |
| 图2-85C 腋芽 | 图2-85D 花 |

• 佛甲草 *Sedum lineare* Thunb. •

【识别要点】全株无毛；茎高10～20cm，肉质，不育枝斜上升。叶条形，常为3叶轮生，少有对生的，长20～25mm，宽约2mm，基部有短距。聚伞花序顶生，中心有一个有短梗的花，花序分枝2～3，上有无梗的花；萼片5，狭披针形，常不等长，长1.5～7m；花瓣5，黄色，披针形，长4～6mm，顶端钝，基部稍狭；雄蕊10；鳞片楔形至倒三角形；心皮5，成熟时略叉开，长4～5mm，有短花柱。

【生物学特性】多年生肉质草本。茎斜生，着地部分节节生根，春季节节生出不定芽。早春季节种子发芽，春末和夏初开花，花后陆续结果，种子成熟落于土壤，翌春萌发成苗。

【分布与为害】在我国分布由江苏南部至广东，西到四川、云南，西北到甘肃东南；日本也有。生于低山阴湿处或石缝中，在稻田坎或田边常见，对部分作物为害较重。

图2-86A　植株

图2-86B　花序

• 费菜 *Sedum aizoon* L. 见血散、土三七、景天三七 •

【识别要点】茎高20~50cm，直立，不分枝。叶互生，近无柄，长披针形至倒披针形，长5~8cm，宽1.7~2cm，顶端渐尖，基部楔形，边缘有不整齐的锯齿。聚伞花序顶生，分枝平展；花密生；萼片5，条形，不等长，长3~5mm，顶端钝；花瓣5，黄色，椭圆状披针形，长6~10mm；雄蕊10，较花瓣为短；心皮5，卵状矩圆形，基部合生，腹面有囊状突起。蓇葖成星芒状排列，又开几至水平排列。

【生物学特性】多年生草本。花期6—8月，果期8—9月。

【分布与为害】分布在西北、华北、东北至长江流域。生于山坡草丛或阴湿山地及山沟石缝中，为地边常见杂草。

图2-87B 花序

图2-87A 植株

二十二、十字花科 Cruciferae

草本，单叶羽裂，无托叶。花两性，萼片4，花瓣4，成十字形花冠，4强雄蕊，侧膜胎座，具假隔膜。角果。

本科有300余属，约3 200种，主产北温带，尤以地中海区域分布较多。我国有95属，425种，其中29属，46种和1变种为杂草，全国各地均有分布。

• 播娘蒿 Descurainia sophia (L.) Schur. 米米蒿、麦蒿 •

【识别要点】高30~100cm，上部多分枝。叶互生，下部叶有柄，上部叶无柄，2~3回羽状全裂。总状花序顶生，花多数；萼片4，直立；花瓣4，淡黄色。长角果。

【生物学特性】一年生或二年生草本。种子繁殖。种子发芽适宜温度8~15℃。冬小麦区，10月中下旬为出苗高峰期，4—5月种子渐次成熟落地。繁殖能力较强。

【分布与为害】分布于华北、东北、西北、华东、四川等地。播娘蒿较耐盐碱，可生长在pH值较高的土地上。在华北地区是为害小麦的主要恶性杂草之一。据统计，在密度50株/m²时，产量损失达12.4%。

图2-88A　单株　　图2-88B　幼苗

图2-88C　花序

• 荠菜 *Capsella bursa-pastoris* (L.) Medic. 荠荠菜 •

【识别要点】茎直立，有分枝，高20~50cm。基生叶莲座状，大头羽状分裂；茎生叶狭披针形至长圆形，基部抱茎，边缘有缺刻或锯齿。总状花序顶生和腋生；花瓣4，白色。短角果，倒心形。

【生物学特性】种子繁殖。种子和幼苗越冬，一年生或二年生草本。华北地区10月(或早春)出苗，翌年4月开花，5月果实成熟。种子经短期休眠后萌发。种子量很大，每株种子可达数千粒。

【分布与为害】遍布全国。适生于较湿润而肥沃的土壤，亦耐干旱，是华北地区麦田主要杂草，形成单优势种群落或与播娘蒿一起形成群落。大量发生时，密布地面，强烈地抑制作物生长，为害值达16.94%。

图2-89A 单株	图2-89B 花	图2-89C 果
	图2-89D 幼苗	

• 碎米荠 *Cardamine hirsuta* L. •

【识别要点】高6~30cm，茎基部分枝，下部呈淡紫色。基生叶有柄，奇数羽状复叶，顶生小叶圆卵形。总状花序顶生，萼片4，绿色或淡紫色；花瓣4，白色。长角果狭线形。

【生物学特点】种子繁殖，越年生或一年生杂草。冬前出苗，花期2~4月，种子4—6月成熟。

【分布与为害】主要分布于长江流域。生于较湿润肥沃的农田中，为油菜、麦田主要杂草。

图2-90A　单株

图2-90B　幼苗

图2-90C　花

• 弯曲碎米荠 Cardamine flexuosa With. •

【识别要点】高10～30cm，茎直立，从基部多分枝，上部稍呈"之"字形弯曲，下部通常被柔毛。叶为奇数羽状复叶，基生叶少，顶生小叶菱状卵形，3齿裂，后干枯，茎生叶长2.5～9cm，有柄，小叶4～6对，顶生小叶稍大，卵形，长0.4～3cm，宽3～15mm，侧生小叶卵形或线形，长3～6mm，宽2～4mm，小叶全缘或有1～3圆裂，有缘毛。总状花序有花10～20朵，花梗长约5mm，萼片长圆形，长约2mm，绿色或带淡紫色，边缘膜质，花瓣白色，倒卵状楔形，长3～4mm，先端钝或截形。长角果线形，斜展，扁平，长1～2cm，直径约1mm，无毛，与果序轴近于平行排列，果序轴左右弯曲。果梗长约5mm。种子1行，长圆形，扁平，长约1mm，平滑，褐色，顶端有极窄的翅。

【生物学特性】一年生或二年生草本。花期3—5月，果期4—6月。种子繁殖。

【分布与为害】喜生于沟边湿地，草丛中或村落空地、路旁及农田中常成片生长，出现单优势种群落。为常见之夏收作物田杂草，轻度为害麦类、油菜及蔬菜等作物。分布几遍全国。

| 图2-91A 单株 | 图2-91B 花 |
| | 图2-91C 幼苗 |

• 水田碎米荠 *Cardamine lyrata* Bunge 小水田荠、水田荠 •

【识别要点】高30～70cm，全体无毛。茎直立，稀分枝，有棱沟。匍匐茎上的叶有柄，宽卵形，边缘浅波状，中部以上全缘；茎生叶大头羽状分裂，长1～7cm，顶生裂片宽卵形，长6～25mm，基部耳状；侧生裂片2～4(7)对，近无柄，卵形或宽卵形，边缘浅波状或全缘，最下部1对裂片成托叶状。总状花序顶生；花白色，长5～8mm。长角果条形，扁平，微弯，长30mm，宽2mm，宿存花柱长4mm；果梗长1.5～2cm，斜展；种子1行，矩圆形，长2mm，褐色，有宽翅。

【生物学特性】多年生草本。花期4—6月，果期5—7月。种子繁殖或以匍匐茎进行营养繁殖。

【分布与为害】分布在东北、华北、华东、中南地区。生于水田旁或水边。常生于水田边或溪沟水和浅水处，为路埂一般性杂草，发生量小。

图2-92A 单株 | 图2-92B 花

• 遏蓝菜 *Thlaspi arvense* L. 败酱草 •

【识别要点】茎直立，高10~60cm，全体光滑无毛，呈鲜绿色。单叶互生，基生叶有柄，倒卵状长圆形，茎生叶长圆状披针形或倒披针形，先端钝圆，基部抱茎，两侧箭形，缘具稀锯齿。总状花序顶生；花瓣4，白色，花瓣先端圆或微凹。短角果倒卵形或近圆形。

【生物学特性】一年生或二年生草本。苗期冬季或迟至春季，花期3—4月，果期5—6月，种子陆续从成熟果实中散落于土壤。

【分布与为害】遍布全国，以华北、西北及东北为其重发区。旱地发生较多，为夏收作物田主要杂草之一。

图2—93A　单株

图2—93B　花

图2—93C　幼苗

• 离子草 *Chorispora tenella* (Pall.) DC. 水萝卜棵、离子芥、红花荠菜 •

【识别要点】高15～40cm，茎自基部分枝，枝斜上或呈铺散状。基生叶和茎下部的叶长椭圆形或长圆形，羽状分裂；上部叶近无柄，叶片披针形，边缘有稀齿或全缘。总状花序顶生，萼片4，绿色或暗紫色；花瓣4，淡紫色至粉红色线形。

【生物学特性】种子繁殖，越年生或一年生杂草。黄河中、下游9—10月出苗，花果期翌年3—8月，种子5月即渐次成熟，经夏季休眠后萌发。种子繁殖。

【分布与为害】分布于华北、东北等地区。生于较湿润肥沃的农田中，为夏收作物田杂草，主要为害麦类。

图2-94A　单株　┃图2-94B　花
　　　　　　　　┃图2-94C　幼苗

• 离蕊芥 *Malcolmia africana* (L.) R.Br. 千果草、涩荠菜、涩芥 •

【识别要点】高20~35cm，全株密生星状硬毛，茎基部分枝。基生叶有柄，叶片卵形、狭长圆形或披针形，边缘具疏齿或全缘；上部叶片无柄，狭小全缘。总状花序顶生，萼片4，狭长圆形，密生白毛；花瓣4，粉红色至淡紫色。长角果圆柱状。

【生物学特性】越年生或一年生草本，种子繁殖。幼苗或种子越冬，春季也有少量出苗，3月中下旬见花，4—5月果实逐渐成熟开裂；种子经短期休眠后即可萌发。

【分布与为害】淮河以北分布比较普遍，尤以华北地区发生较重，喜沙碱地，耐干旱。在华北沙地麦田受害较重。

图2-95A　单株

图2-95B　花　图2-95C　幼苗

• 小花糖芥 *Erysimum cheiranthoides* L. 桂竹糖芥、野菜子 •

【识别要点】高15～50cm。基生叶莲座状，无柄，大头羽裂；茎生叶披针形或线形，先端急尖，基部渐狭，全缘或具波状疏齿，两面具3叉毛。总状花序顶生，花淡黄色。长角果。

【生物学特性】种子繁殖，幼苗或种子越冬。10月出苗，春季发生较少，花期4—5月，果期5—8月。种子休眠后萌发。

【分布与为害】除华南外，全国均有分布。为夏收作物田常见杂草，对麦类及油菜有轻度为害。

图2-96B　幼苗

图2-96A　单株

• 风花菜 *Rorippa islandica* (Oed.) Borb. •

【识别要点】植株光滑无毛或稀有单毛，高20～50cm；茎直立，上部有分枝，下部常带紫色，具棱。基生叶具柄，叶片长圆形至狭长圆形，羽状深裂或大头羽裂，裂片3～7对，边缘不规则浅裂或呈深波状；茎生叶近无柄，基部耳状抱茎，叶片羽状深裂或具齿。总状花序顶生或腋生，无苞片，花梗纤细；花小，黄色或淡黄色；花瓣4。角果近圆柱形。

【生物学特性】二年生草本。花期4—7月，果期6—8月。种子繁殖。

【分布与为害】分布于东北、华北、西北以及安徽、江苏、湖南、贵州、云南等地。适生于潮湿环境，为夏收作物田常见杂草，对麦类、油菜等农作物为害较重。

图2—97A　花、果　图2—97B　幼苗

图2—97C　单株

• 印度蔊菜 *Rorippa indica* (L.) Hiern 印葶、葶苈、野油菜 •

【识别要点】株高15～50cm，茎直立，粗壮，有或无分枝，常带紫红色。基生叶和下部叶有柄，大头羽状分裂，长(4)7～15cm，宽1～2.5cm，顶裂片较大，卵形或长圆形，先端圆钝，边缘有不整齐牙齿，侧裂片2～5对，向下渐小，全缘，两面无毛；上部叶长圆形，无柄。总状花序顶生，花小，直径2.5mm，黄色，萼片长圆形，长2～4mm；花瓣匙形，基部渐狭成短爪，与萼片等长。长角果圆柱形，斜上开展，稍弯曲，长1～2cm，宽1～1.5mm，成熟时果瓣隆起，果梗长2～5mm；种子多数，每室2行，细小，卵形而扁，一端微凹，褐色。

【生物学特性】一年生或二年生草本。花期4—6月，果期6—8月。种子繁殖。

【分布与为害】生于农作物地中、田埂、路边、果园等处，为旱作物地常见杂草，蔬菜等农作物有轻度为害。分布于我国山东、河南、陕西、甘肃、江苏、浙江、福建、江西、湖南、广东、台湾、四川、云南等省份。

图2-98A　花果

图2-98B　单株

• 细子葶菜 *Rorippa cantoniensis* (Lour.) Ohwi　广州葶菜 •

【识别要点】　植株光滑无毛，高10～25(40)cm，茎直立或呈铺散状分枝，有时带紫红色。基生叶有柄，羽状深裂或浅裂，长(2)4～7cm，宽1～2cm，裂片4～6对，边缘具钝齿，顶端裂片较大；茎生叶无柄，羽状浅裂，基部略呈耳状抱茎，边缘有不整齐锯齿。总状花序顶生；花黄色，近无梗，单生于叶状苞片腋部；萼片宽披针形，长1.5～2mm，宽约1mm；花瓣倒卵形，稍长于萼片，基部渐狭成爪；雄蕊6，近等长，花丝线形，柱头短，头状。短角果圆柱形，长6～8mm，宽1.5～2mm，裂瓣无脉，平滑，果柄极短；种子数量极多，细小，扁卵形，红褐色。

【生物学特性】　二年生草本。花期3—4月，果期4—6月。种子繁殖。

【分布与为害】　生于田边路旁、山沟、河边或潮湿地，为夏收作物田常见杂草，能为害麦类、油菜及蔬菜等农作物，发生量小，为害较轻。广布于我国华北、华中、华东、华南以及辽宁、四川、云南、台湾等地。

图2-99A　单株 | 图2-99B　果

• 无瓣蔊菜 *Rorippa montana* (Wall.) Small 野油菜、蔊菜 •

【识别要点】 高10~50cm。茎多分枝，直立或铺散，无毛，具明显的纵条纹。基生叶和茎下部叶有柄，羽状分裂或不裂，长2~10cm，顶生裂片宽卵形，侧生裂片小；上部叶无柄，卵形或宽披针形，先端渐尖，基部渐狭，稍抱茎，边缘具齿牙或不整齐锯齿，稍有毛。总状花序顶生；萼片长圆形，长约2mm，有时呈淡紫色，花瓣黄色，匙形，与萼片等长或稍长。长角果线形，长2~2.5(3.5)cm；果梗长4~5mm，纤细；种子2列，多数细小，卵形，褐色，有皱纹。

【生物学特性】 一年生草本，花期4—6月；果熟期5—7月。

【分布与为害】 分布于华中、华东、西南、华南。生于较湿润的田边、路旁或农田中。主要为害蔬菜、豆类、薯类等作物。

图2-100A　单株 ｜ 图2-100B　花果

• 独行菜 *Lepidium apetalum* Willd. 鸡积菜、辣根菜 •

【识别要点】高10~30cm，多分枝，全体黄色腺毛。叶互生，无柄；茎下部叶狭匙形或长椭圆形，全缘或上端具疏齿；茎上部叶条形，有疏齿或全缘。总状花序顶生，结果时伸长，花小，数多；萼片4，花瓣4，白色，退化成狭匙形或线形。短角果近圆形。

【生物学特性】越年生或一年生草本。种子繁殖。幼苗或种子越冬，春季也有少量出苗，4—5月开花，5—6月果实逐渐成熟开裂；种子经短期休眠后即可萌发。

【分布与为害】分布于华北、东北、西北及西南地区。部分麦田受害较为严重。

图2-101A　单株 ┃ 图2-101B　花果

• 北美独行菜 *Lepidium virginicum* L. 独行菜 •

【识别要点】茎直立，高20~50cm，上部分枝。基生叶倒披针形，羽状分裂，边缘有锯齿，叶柄长1~1.5cm。茎上部叶倒披针形或线形，有短柄。总状花序顶生，花瓣白色。短角果近圆形；种子卵形，边缘有窄翅。

【生物学特性】一年生或二年生草本，花期4—5月，果期6—7月。以种子繁殖。

【分布与为害】多生于干燥地方、荒地及田边，为果园、路埂常见杂草，发生量小，为害轻。原产于北美，我国各地均有分布。

图2-102A　单株 | 图2-102B　花果

• 密花独行菜 *Lepidium densiflorum* Schrad •

【识别要点】成株茎直立，高10~40cm，通常于上部分枝，具疏生柱状短柔毛。基生叶有长柄，叶片长圆形或椭圆形，长1.5~3.5cm，宽5~10mm，先端急尖，基部楔形，边缘有不规则深锯齿状缺刻，稀羽状分裂；下部及中部茎生叶长圆状披针形或披针形，有短柄，边缘有锐锯齿，茎上部叶线形，近无柄，具疏锯齿或近全缘，全部叶下面均有柱状短柔毛，上面无毛。总状花序，花多数，密生，果期伸长；萼片卵形，长约0.5mm；花瓣无或退化成丝状，仅为萼片长度的1/2；雄蕊2；花柱极短。短角果圆状倒卵形或广倒卵形，微缺，有翅，无毛。

【生物学特性】一年生或二年生草本。通常种子于夏季发芽，形成莲座状幼苗越冬，花期5—6月，果期6—7月。种子繁殖。

【分布与为害】生于海滨、沙地、田边及路旁，为一般性路埂杂草，发生量小为害轻。分布于我国东北地区。原产地北美，传播至朝鲜、日本、欧洲。

图2-103A 单株 | 图2-103B 果

• 盐芥 *Thellungiella salsuginea* (Pall.) O.E.Schulz •

【识别要点】高10~35(45)cm，茎于中上部分枝，分枝向上，光滑，有时在下部有盐粒，基部淡紫色。基生叶近莲座状，早枯，具柄，叶片卵形或长圆形，全缘；茎生叶无柄，叶片长圆状卵形，下部叶长约1.5cm，先端急尖，基部箭形，抱茎，全缘或具不明显小齿。总状花序呈伞房状；花小，白色，萼片卵圆形，长1.5~2mm，有白色膜质边缘，花瓣长圆状倒卵形，长2.5~3.5mm，先端钝圆。长角果线形，长1~2cm，略弯曲，果梗丝状，长4~6mm，斜向上开展，使角果向上直立，种子黄色，椭圆形，长约0.5mm。

【生物学特性】一年生草本。花期4—5月。种子繁殖。

【分布与为害】生于土壤盐渍化的农田边、沟旁和山区，为果园和路埂一般性杂草，发生量小，对小麦、油菜、棉花有轻度为害。分布于内蒙古、河南、山东、新疆和江苏等省份。

图2-104A 单株 ｜ 图2-104B 花

• 蚓果芥 *Torularia humilis* (C. A. Meyer) O. E. Schulz •

【识别要点】高10~30cm，有小分枝毛和单毛。茎铺散和上升，多分枝。叶椭圆状倒卵形，长0.5~3cm，宽1~6mm，下部叶成莲座状，具长柄，上部叶具短柄，先端圆钝，基部渐狭，全缘或具数个疏齿牙。总状花序顶生；花梗长3~5mm；花直径5mm；萼片4片，直立，矩圆形，长2mm，外面有分枝毛；花瓣4，白色或淡紫红色，倒卵形，长4~5mm，宽2~2.5mm，先端圆形，基部具爪。长角果条形，长1~2cm，宽约1mm，直或弯曲，有分枝毛或无毛，先端具短喙；果梗长4~6mm；种子椭圆形，长1mm，淡褐色。

【生物学特性】一年生或二年生草本。种子繁殖。

【分布与为害】分布在河北、山西、陕西、甘肃、青海等省份。生于山坡，为一般性杂草。

图2-105 单株

• 臭荠 *Coronopus didymus* (L.) J.E.Smith 肾果荠 •

【识别要点】全体有臭味，茎匍匐，主茎短而不明显，高10～30cm，基部多分枝，疏生柔毛。叶为1～2回羽状全裂，长3～5cm，宽1.5～3cm，裂片6～7对，线形，长48mm，宽0.5～1mm，先端急尖，基部楔形，两面无毛。总状花序腋生，花小，直径约1mm，萼片具白色膜质边缘，花瓣白色，长圆形，比萼片稍长，早落，或无花瓣，雄蕊通常2，花柱极短，柱头凹陷，稍2裂。短角果肾形，果瓣半球形，种子肾形。

【生物学特性】一年或二年生草本。花期3月，果期4—5月。种子繁殖。

【分布与为害】生于路旁或荒地；较耐寒，为常见路埂杂草，对农作物为害轻。分布于我国华东、湖北、台湾、广东、四川、云南等地；亚洲其他地区、欧洲及北美也有。

图2-106A 单株　图2-106B 幼苗
图2-106C 果

二十三、葫芦科 Cucurbitaceae

草质藤本，有卷须；叶互生，通常单叶而常深裂，有时复叶；花单性同株或异株，稀两性；萼管与子房合生，5裂；花瓣5，或花瓣合生而5裂；雄蕊好像3枚，实为5枚，其中2对合生，花药分离或合生；子房下位，有侧膜胎座；果大部肉质，不开裂，有时为一纸质、囊状的干果。

双子叶植物，约110属，700种，大部分分布于热带地区，我国有约29属，142种，南北均有分布。

• 盒子草 *Actinostemma tenerum* Griff. •

【识别要点】一年生草本；茎攀缘状，长1.5~2m，有短柔毛。卷须分2叉；叶柄长2~5cm；叶片戟形、披针状三角形或卵状心形，长5~12cm，宽3~8cm，不分裂或下部有3~5裂片，边缘有疏锯齿。雌雄同株；雄花序总状或有时圆锥状，雌花单生或稀雌雄同序；花萼裂片条状披针形；花冠裂片卵状披针形，长3mm；雄蕊5，分生，花药1室；子房卵形，1室，柱头2裂，肾形。果实卵状，长1.6~2.5cm，疏生暗绿色鳞片状凸起，自近中部盖裂，常具2种子；种子表面有雕纹状不规则凸起。

【生物学特性】一年生喜温湿草本，4月初出苗，花果期7—10月，全生育期约180天。

【分布与为害】我国南北各地普遍分布。生于水边草丛中。种子及全草药用，有利尿消肿、清热解毒、去湿之效；种子亦含油。

图2-107A 植株

图2-107B 花

图2-107C 果实

• 马泡瓜 *Cucumis melo* L. var. *agrestis* Naud. 小野瓜、小马泡 •

【识别要点】植株纤细，茎有棱，有黄褐色或白色的糙硬毛褐疣状突起。卷须纤细，单一，被微柔毛。叶柄长8~12cm，具槽沟及短刚毛；叶片厚纸质，近圆形或肾形，长、宽均8~15cm，上面粗糙，被白色糙硬毛，背面沿脉密被糙硬毛，边缘不分裂或3~7浅裂，裂片先端圆钝，有锯齿，基部截形或具半圆形的弯缺，具掌状脉。花单性，雌雄同株，较小，双生或3枚聚生。雄花：花梗纤细，长0.5~2cm，被柔毛；花萼筒狭钟形，密被白色长柔毛，长6~8mm，裂片近钻形，直立或开展，比筒部短花冠黄色，长2cm，裂片长圆形，急尖；雄蕊3，花丝极短，药室折曲，药隔顶端引长；退化雌蕊长约1mm。雌花：单生，花梗粗糙，被柔毛；子房密被微柔毛和糙硬毛，花柱长1~2mm，柱头靠合，长约2mm。果实小，长圆形、球形或陀螺状，有香味，不甜，果肉极薄；种子污白色或黄白色，卵形或长圆形。

【生物学特性】一年生葡匐或攀缘草本，种子繁殖。

【分布与为害】我国南北各地有少许栽培，普遍逸为野生。

	图2-108B 果实
图2-108A 单株	图2-108C 花
	图2-108D 幼苗

二十四、大戟科 Euphorbiaceae

草本或木本，多数含有乳液。多为单叶互生，常有托叶。花单性，雌雄同株或异株，花序多样，萼片3～5片，无花瓣。蒴果。

本科约300属，8 000种，广布全世界，主产于热带；我国约有66属，360种，主要分布于长江以南。常见杂草有10种。

• 铁苋 *Acalypha australis* L. 海蚌含珠 •

【识别要点】高30～50cm。茎直立，有分枝。单叶互生，叶具柄，卵状披针形或长卵圆形，先端渐尖，基部楔形，基部三出脉明显。穗状花序腋生，花单性，雌雄同序，无花瓣，雄花序在上，花萼3片。蒴果钝三角形。

【生物学特性】一年生，种子繁殖。喜湿，当地温稳定在10～16℃时萌发出土。苗期4—5月；花期7—8月，果期8—10月。果实成熟开裂，散落种子，经冬季休眠后萌发。

【分布与为害】除新疆外，分布遍及全国，在黄河流域及其以南地区发生，为害普遍。为秋熟旱作田主要杂草。

| 图2-109A　单株 | 图2-109B　穗 | 图2-109C　果实 |
| | | 图2-109D　幼苗 |

• 泽漆 *Euphorbia helioscopia* L. 猫儿眼、五朵云 •

【识别要点】株高10~30cm，茎自基部分枝。叶互生，倒卵形或匙形，先端钝或微凹，基部楔形，在中部以上边缘有细齿。多歧聚伞花序，顶生，有5伞梗；杯状总苞钟形，顶端4浅裂。

【生物学特性】种子繁殖，幼苗或种子越冬。在河南麦田，10月下旬至11月上旬发芽，早春发苗较少。4月下旬开花，5月中下旬果实渐次成熟。种子经夏季休眠后萌发。

【分布与为害】除新疆、西藏外，全国均有分布。适应性强，喜生于潮湿地区，为害较重。在浅山丘陵地区滩地麦田中为杂草优势种和亚优势种。

图2-110A　单株

图2-110B　幼苗

图2-110C　花序和汁液

• 乳浆大戟 *Euphorbia esula* L. 猫儿眼 •

【识别要点】全株无毛，高15~35(45)cm，有白色乳汁。根茎发达；茎直立，下部带淡紫色，通常多数丛生，稀单一，分枝具细纵条纹。营养枝上的叶密生，花茎上的叶互生，叶线状披针形，有时为倒披针形，无柄，全缘，先端钝，微凹或有细凸尖。总状花序多歧聚伞状，顶生，通常3~5枝伞梗呈伞状，每伞梗再2~3(4)回分叉；苞片对生，宽心形或心状肾形，先端短骤凸，下部的苞片大，上部苞片小，有无性枝。杯状花序，总苞无毛，顶4裂；腺体4，位于裂片之间，肾形或新月形，两端呈短角状。子房广椭圆形，具3纵槽。蒴果卵球形，无毛，表面稍具皱纹。

【生物学特性】多年生草本。花期4—6月，果期5—7月。以根茎和种子繁殖。

【分布与为害】生于干燥沙质地、草原、干山坡及山沟内。为果园、茶园和路边一般性杂草，为害不重，在内蒙古草原有成片生长。分布于我国东北、华北、西北、华中、华东及西南等地区；朝鲜、日本、美国、蒙古、苏联(西伯利亚)及其他一些欧洲国家也有分布为害。

图2-111A　单株 ｜ 图2-111B　花序

• 甘遂 *Euphorbia kansui* Liou ex S.B.Ho •

【识别要点】茎直立，高25～40cm，基部多分枝，并常有细小不育枝，全体无毛，含乳汁；根长，稍弯曲，部分呈连球状，有时呈长椭圆形，外皮棕褐色。叶互生，近无柄；叶片条状披针形或披针形，长2～5cm，宽4～10mm，全缘，无毛。顶生总花序有5～9伞梗，其下腋生者单一，每伞梗再二叉状分枝；苞片三角状宽卵形，全缘，黄绿色；杯状花总苞钟状，先端4裂，腺体4，生于裂片之间的外缘，呈新月形，黄色；花单性，雌雄同序，无花被；雄花仅有1雄蕊；子房3室，花柱3，柱头2裂。蒴果近球形。

【生物学特性】多年生草本。根芽和种子繁殖。

【分布与为害】生于荒坡草地及果园、苗圃，为一般性杂草。分布于陕西、甘肃、河南、山西等省份。

图2-112B　幼苗　图2-112C　花序

图2-112A　单株

• 猫眼草 *Euphorbia lunulata* Bunge 耳叶大戟 •

【识别要点】全株无毛，高25~50cm。根茎不发达；茎直立，通常多分枝，基部坚硬。叶线形、披针形，全缘，无毛。多歧聚伞花序顶生，伞梗5~6，有时具2次分叉小伞梗，各伞梗顶端各具2枚扇状半圆形至三角状肾形的苞片，各苞片通常大，上部比下部的苞片略小或相等，很少有不育枝。杯状聚伞花序与乳浆大戟基本相似，顶端4~5裂，裂片间腺体新月形，两端有短角，无花瓣状附属物，子房3室，花柱3。蒴果扁球形，3瓣裂；种子长圆状卵形，黄色，光滑，无网纹及斑点，长约2mm。

【生物学特性】多年生草本。秋季或早春萌发，春夏开花，夏秋果实陆续成熟。花果期4—8月。根茎和种子繁殖。

【分布与为害】生长于山坡草地、路旁、田野、山沟河岸向阳地。为果园、路边一般性杂草，为害轻。分布于东北、华北及山东等地。

图2-113B 花序

图2-113A 单株

• 通奶草 *Euphorbia indica* Lam •

【识别要点】成株茎直立，自基部分枝，植株高10~35 cm，无毛或稍有柔毛。叶对生，有短柄，倒卵形至狭长圆形，长1~2.5 cm，宽0.5~1cm，边缘有不明显的细锯齿，先端圆钝形，基部近圆形，叶基通常偏斜，两面有稀疏柔毛或无毛。花序腋生或顶生，总苞顶端4裂，裂片间有头状腺体，花瓣状附属物白色或淡红色。蒴果被贴伏的短柔毛，长1~2mm；种子卵状3棱形。

【生物学特性】一年生草本，种子繁殖。

【分布与为害】分布于我国广东、广西、云南、贵州、湖南、江西等省份；越南、印度也有。生于旷野荒地、路旁、阴湿灌丛及旱作地，为田间杂草。

图2-114A　单株

图2-114B　叶

图2-114C　茎

• 地锦 *Euphorbia humifusa* Willd. 红丝草、地锦草 •

【识别要点】含乳汁。茎纤细，匍匐，长10~30cm，近基部多分枝，带紫红色。叶对生，长圆形，先端钝圆，基部偏斜。杯状花序单生于叶腋；总苞倒圆锥形，顶端4裂，裂片长三角形，膜质。花单性，雌雄同序，无花被。蒴果三棱状球形。

【生物学特性】一年生草本，种子繁殖。华北地区4—5月出苗，花期6—7月，果期7—10月。1株可产种子数百至数千粒。种子经冬眠萌发，在土层深层的种子若干年后仍能发芽。

【分布与为害】除广东、广西外，遍布全国，局部地区有为害。适生于较湿润而肥沃的土壤，亦耐干旱。

图2—115A　花果

图2—115B　单株

· 大地锦 *Euphorbia nutans* Lag. 美洲地锦草 ·

【识别要点】成株茎直立，分枝斜升，高8～80cm，着生皱曲毛，常位于茎的一侧，于幼茎尤为显著，成长后渐脱落。叶片长圆状披针形至长圆形，稀为镰状披针形，长8～25mm，表面常无毛，而在背面，尤其在基部有长柔毛，叶基不对称，边缘有锯齿，叶柄长1～1.5mm，托叶通常连合，宽三角状披针形，长1mm左右。杯状聚伞花序单生于节上及簇生于聚伞花序内，总苞倒圆锥形至倒圆锥状钟形，外面光滑，裂片三角形，腺体圆形至横椭圆形，附属物广椭圆形，白色至带红色，总苞内有雄花5～11朵，雄蕊柄光滑雌蕊柄伸长并反曲；子房无毛，圆三棱形，花柱3，于1/3～1/2处又二裂。蒴果宽卵球形，无毛。

【生物学特性】一年生草本。花果期6—9月。种子繁殖。

【分布与为害】分布于我国辽宁、安徽、江苏等省份；加拿大、南美、日本等也有。干旱及潮湿土壤均能生长，常见于干燥多砾石的土壤上，在国外常为害草场、草坪、果园等处，在国内仅见于田埂及路边，为害不大。

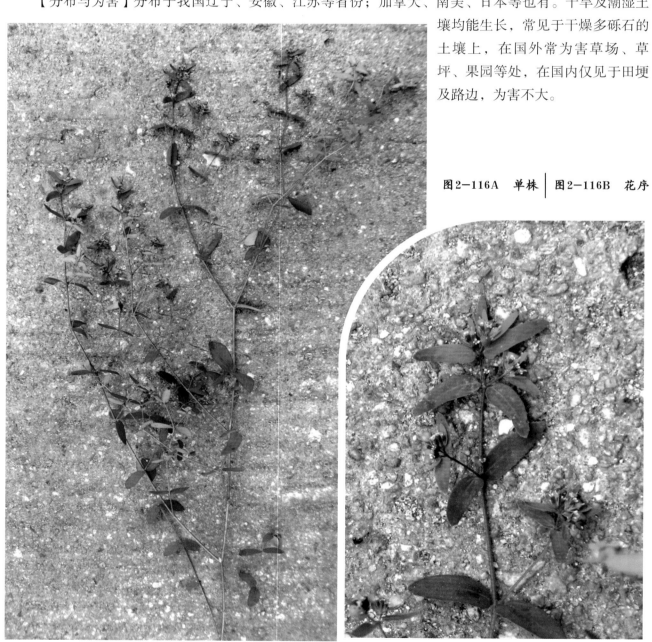

图2-116A　单株 ｜ 图2-116B　花序

• 斑地锦 *Euphorbia supina* Raf. 紫斑地锦草、紫叶地锦 •

【识别要点】茎匍匐，自基部多分枝，带淡紫色，具白色细柔毛。叶对生，椭圆形，长约6mm，先端钝圆或具短尖，边缘中部以上有细齿，基部偏斜，叶上面中央有一紫斑，背面有柔毛。花序单生于叶腋；总苞倒圆锥形，顶端4裂。蒴果三棱状球形，密被白色细柔毛，种子卵形，有棱，长约1mm。

【生物学特性】一年生匍匐草本。4—5月出苗，花、果期7—10月。种子繁殖。

【分布与为害】适生于潮湿的土壤，为旱作物地杂草，常见于水旱轮作地及水稻田边。分布于中国湖南、湖北、江西、江苏及辽宁等地。

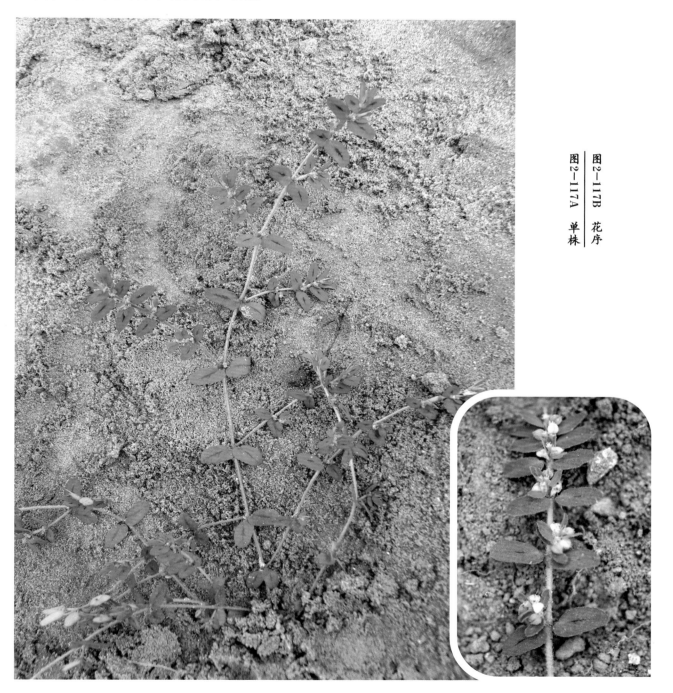

图2—117B 花序
图2—117A 单株

· 飞扬草 *Euphorbia hirta* L. 小飞扬草 ·

【识别要点】 植株匍匐或扩展，长15～40cm，被硬毛，基部多分枝；枝呈红色或淡紫色。叶对生，卵形、卵状披针形或披针状长圆形，长1～4cm，缘有细锯齿或几全缘，先端锐尖，基部圆而偏斜，中央常有紫色斑，两面被短毛，下面及沿脉毛较密。杯状花序多数集成头状花序，腋生；总苞宽钟形，外密被短柔毛，顶端4裂；腺体4，漏斗状，有短柄及花瓣状附属物。蒴果卵状三棱形，被伏短柔毛；种子卵状四棱形，每面有明显横沟。

【生物学特性】 一年生草本。华南地区4—5月出土，花、果期为8—10月。种子繁殖。

【分布与为害】 适生于向阳坡地或排水良好的平坦地，旱作物地、荒地、路旁常见，为一般性旱地杂草。分布于我国广东、广西、湖南、云南、贵州、江西、福建和台湾等地。

图2-118B　花序
图2-118A　单株

• 黄珠子草 *Phyllanthus simplex* R.Br. •

【识别要点】茎直立，有条棱，常带紫色，高20～50cm。全体无毛。单叶互生，2列，极似羽状复叶，具短柄或近无柄，叶片长圆形，全缘，先端有短尖或钝，基部圆形或略偏斜，托叶狭小。花单性，雌雄同株，雌花1朵与雄花1～2朵生于同一叶腋中或仅1雌花单生，雌花稍大于雄花，均有短梗，花萼宿存，无花瓣。蒴果扁球形，平滑。种子三棱状卵形，淡黄色，有极小的瘤体。

【生物学特性】一年生草本。种子繁殖。

【分布与为害】在农田、地边、路旁草丛中常见。发生量小，为害较轻。分布于广东、云南等地。

图2-119B 果
图2-119A 单株

• 叶下珠 *Phyllanthus urinaria* L. •

【识别要点】高达30cm；茎直立，分枝倾卧而后上升，具翅状纵棱。叶2列互生，长椭圆形，长0.5～1.5cm，宽0.2～0.5cm，先端斜或有小凸尖，基部偏斜，两面无毛，几无柄；托叶小，披针形。花小，单性，雌雄同株，无花瓣；雄花2～3朵簇生于叶腋，萼片6，雄蕊花盘腺体6，分离，与萼片互生，无退化子房；雌花单生于叶腋，宽约3mm，表面有小凸刺或小瘤体。蒴果近圆形，无柄，赤褐色。

【生物学特性】一年生草本。花期6—8月，果期9—10月，种子繁殖。

【分布与为害】分布于江苏、浙江、福建、湖南、江西、广东等省份。生于山坡或路旁，有时夹生于旱作物田或苗圃中，发生量小，为害轻。

图2-120A　幼苗	图2-120C　单株
图2-120B　花果	

二十五、龙胆科 Gentianaceae

一年生或多年生草本。茎直立或缠绕。单叶对生，稀互生，全缘；无托叶，基部有抱茎的横线相连，或连合成抱茎的鞘。花序通常为聚伞花序或簇生，稀单生。花两性，辐射对称，稀两侧对称；花萼筒状，花冠漏斗状、辐状、管状或钟状等。果为蒴果，二瓣开裂。

本科约有80属，900余种，主要分布于北温带，我国有21属，约350种。常见杂草有1种。

• **莕菜** *Nymphoides peltatum* (Gmel.) O.Kuntze 莲叶荇菜、水葵、荇菜•

【识别要点】茎圆柱形，多分枝，沉水中，节上具不定根，地下茎生于水底泥中，匍匐状。叶漂浮，卵状圆形，近革质，长1.5~7cm，基部心形，全缘或微波状，上面亮绿色，下面带紫色；上部叶对生，其他为互生，叶柄长5~10cm，基部变宽，抱茎。花序伞形簇生于叶腋；花黄色，直径达1.8cm，花梗稍长于叶柄；花萼5深裂，裂片卵圆状披针形；花冠5深裂，管长5~7mm，喉部具长毛。蒴果长椭圆形，种子多数。

【生物学特性】多年生水生草本，花果期5—10月。以地下茎及种子繁殖。

【分布与为害】生于池塘、湖泊和静水中。为常见的水生杂草，常大量发生，为害水生作物较重。广布于我国南北各地。

| 图2-121A　群体 | 图2-121B　花 |
| | 图2-121C　枝 |

二十六、牻牛儿苗科 Geraniaceae

一年生或多年生草本或亚灌木。叶互生或对生，单叶分裂或复叶，有托叶。花两性，辐射对称或稍两侧对称，单生或为伞状花序；花萼4~5，宿存，分离至中部或在背面有时与花梗连合成距状；花瓣5，稀4，通常覆瓦状排列。果实为蒴果。

约11属，780种，广布于热带和亚热带地区，我国有4属，76种，各省都有分布，常见杂草1种。

• 牻牛儿苗 *Erodium stephanianum* Willd. 太阳花、老鸦嘴 •

【识别要点】根直立，细圆柱形，株高15~45cm，多自基部分枝，分枝常平铺地面或稍斜升，有节，被柔毛。叶对生，长卵形或长圆状三角形，长约6cm，二回羽状深裂至全裂，羽片5~9对，基部下延，小裂片线形，全缘或有1~3粗齿，叶柄长4~6cm。托叶线状披针形。伞形花序腋生，总梗细长，5~15cm，常有2~5朵花，花柄长2~3cm，萼片长圆形，长6~7mm，先端有长芒，花瓣淡紫蓝色，倒卵形，长不超过萼片，花丝短，仅5枚有花药。蒴果长约4cm，顶端有长喙，成熟时5个果瓣与中轴分离，喙部呈螺旋状卷曲，种子条状长圆形，褐色。

【生物学特性】一年生或有时越年生草本。冬前出苗。花果期4—8月。种子成熟时蒴果卷裂，种子被弹射到它处。以种子和幼苗越冬。种子繁殖。

【分布与为害】常生于山坡草地或河岸沙地。为常见的果园、茶园及路埂杂草，发生量较大，为害较重，偶侵入麦田或秋田。分布于我国东北、华北、西北、西南(云南西部)和长江流域；朝鲜、俄罗斯、印度也有。

图2-122A 群体　图2-122B 花
图2-122C 果

• 野老鹳草 *Geranium carolinianum* L. •

【识别要点】株高20~50cm。茎直立或斜升，有倒向下的密柔毛，有分枝。叶圆肾形，宽4~7cm，长2~3cm，下部互生，上部对生，5~7深裂，每裂又3~5裂，小裂片线形，先端尖，两面有柔毛，下部茎叶有长达10cm的叶柄，上部的叶柄等于或短于叶片。花成对集生于茎端或叶腋，花序柄短或几无柄；花柄长1~1.5cm，有腺毛(腺体早落)，萼片宽卵形，有长白毛，果期增大，长5~7mm；花瓣淡红色，与萼片等长或略长。蒴果长约2cm，先端有长喙，成熟时裂开，5果瓣向上卷曲，种子宽椭圆形，表面有网纹。

【生物学特性】多年生草本植物。花果期4—8月。种子繁殖。

【分布与为害】喜生于荒地、路旁草丛中，为夏收作物田中常见之杂草。对麦类及油菜等作物轻度为害。分布于我国河南、江苏、浙江、江西、四川及云南等省份；美洲也有。

图2-123A　单株	图2-123B　花、叶
	图2-123C　花、果
	图2-123D　幼苗

二十七、小二仙草科 Haloragidaceae

陆生或水生草本。叶互生、对生或轮生，沉水叶常为篦齿状深裂或全裂；无托叶。花小，两性或单性，腋生、单生、簇生或成顶生穗状花序、圆锥花序或伞房花序；萼筒与子房合生，萼片2~4个或缺；花瓣2~4个或缺。果实为核果或坚果，小形。

约7属，100余种，主产大洋洲，广布于全世界。我国有2属，6种。

• 小二仙草 *Haloragis micrantha* (Thunb.) R. Br. *豆瓣菜、砂生草* •

【识别要点】细弱分枝草本，高15~40cm；茎直立或下部平卧，具纵槽，多少粗糙。叶小，具短柄，对生，通常卵形或圆形，长7~12mm，宽4~8mm，边缘具锯齿，通常无毛，茎上部的叶有时互生。花序是由多数下垂的淡红色小花在枝上组成总状花序，枝条再排列成顶生及腋生的圆锥花序；花两性，极小，直径约1mm，基部具1苞片与2小苞片；花萼4深裂，萼筒较短，裂片三角形；花瓣4，红色；雄蕊8；子房下位，4室，花柱4，内弯。核果极小，近球形，无毛，有8钝棱。

【生物学特性】多年生小草本，6—7月开花。根茎及种子繁殖。

【分布与为害】分布于我国台湾、福建、浙江、安徽、江西、湖南、四川、贵州、云南、广西、广东等省份。喜生于荒坡与沙地上，常见于路旁、果园、苗圃等地，为害轻。

图2-124A　单株 ｜ 图2-124B　花序

• 狐尾藻 *Myriophyllum spicatum* L. 泥茜、银尾藻 •

【识别要点】茎平滑，圆而细，长1～2m，多分枝，叶通常4～6片轮生，长2.5～3.5cm，有短柄或无，叶片羽状深裂，裂片如丝，全形羽毛状。穗状花序，顶生，苞片长圆或卵形，全缘，小苞片近圆形，边缘有细齿；花两性或单性，雌雄同株，常4朵轮生于花序轴上；若为单性花，则雄花位于花序上部，雌花位于下部；花萼小，深裂，萼筒极短；花瓣4片，近匙形。果实小，卵圆状壶形。

【生物学特性】多年生沉水草本，4—9月开花，花期花序轴伸出水面。越冬芽、根茎及种子繁殖。

【分布与为害】常生于池塘沟渠中，深水稻田也有。全国均有分布。

图2-125A 植株
图2-125B 幼苗
图2-125C 叶

• 轮叶狐尾藻 Myriopyllum verticillatum L. •

【识别要点】茎圆柱形，多分枝，较粗壮。叶轮生，无柄，水上叶为4叶轮生，水中叶为3～4片轮生，羽状全裂，裂片线形，长约2cm。苞片羽状篦齿形分裂。花生在水上叶的叶腋内，轮生，无花梗，雌雄同株。雌花在下，雄花在上，雄花花萼4裂，花瓣4片，倒披针形。果实近球形，种子小，有胚乳。

【生物学特性】多年生水生草本，夏季从露出水面的叶腋中开白色小花。越冬芽、根茎及种子繁殖。

【分布与为害】生于静水的池沼中，河川、水渠中也有，为世界广布种。是水稻田中的杂草。我国南北各地均有分布。

图2-126A　群体 ┃ 图2-126B　群体

二十八、金丝桃科 Hypericaceae

一年生草本或灌木；单叶对生，有时轮生，无柄或具短柄，有透明的腺点；无托叶。花辐射对称，单生或排成顶生或腋生的聚伞花序；萼片5，花瓣5，通常偏斜，芽时旋转排列；花柱3~5，子房上位，1室或3~5室；胚珠极多数；果为蒴果，很少为浆果；种子无胚乳。

• 地耳草 *Hypericum japonicum* Thunb. 田基黄 •

【识别要点】根多须状，茎披散或直立，高3~40cm。茎纤细，具4棱，基部近节处生细根。叶小，对生，卵形，抱茎，长3~15mm，宽1.5~8mm，无柄，全缘，先端尖钝。聚伞花序顶生；花小，黄色；萼片、花瓣各5，几等长；花柱3，分离。胚珠极多数，中轴胎座。蒴果矩圆形，长约4mm。

【生物学特性】一年生小草本。花果期全年。种子繁殖。

【分布与为害】广布长江流域及以南各地。适生于田野较潮湿处，为田埂、路边常见杂草，为害一般。

图2-127A 单株

图2-127B 花

图2-127C 幼苗

二十九、唇形科 Labiatae

多为直立草本，植物体含挥发性芳香油，茎四棱形，叶对生或轮生。轮伞花序，唇形花冠，雄蕊4，2长2短，或上面2枚不育。子房上位。果实常由4个小坚果组成。

本科约200属，3 500余种，广布全球，但以东半球为主，特别是地中海及中亚地区；我国有99属，800余种，全国均有分布。常见杂草13种，是园田及路埂杂草，对多种农作物有轻重不同的为害。

• 佛座 *Lamium amplexicaule* L. 宝盖草 •

【识别要点】高10～30cm。基部多分枝。叶对生，下部叶具长柄，上部叶无柄，圆形或肾形，半抱茎，边缘具深圆齿，两面均疏生小糙状毛。轮伞花序6～10花；花萼管状钟形，萼齿5，花冠紫红色。

【生物学特性】一年生或二年生草本，种子繁殖。10月出苗，花期3—5月，果期6—8月。

【分布与为害】华东、华中、西北、西南等地区均有分布。为夏收作物田常见杂草，部分地区对麦类、油菜等为害较重。

图2-128A　单株	图2-128B　花
	图2-128C　幼苗

• 多花筋骨草 *Ajuga multiflora* Bunge •

【识别要点】株高6~20cm。茎直立，不分枝，密被灰白色绵毛状长柔毛。基生叶具柄，茎上部叶无柄，叶片椭圆状长圆形至卵圆形，长1.5~4cm。宽1~1.5cm，先端钝或微急尖，基部楔形，抱茎，边缘有波状圆齿，具缘毛，两面被柔毛状糙伏毛。轮伞花序向上密集成连续的穗状聚伞花序，苞叶大，向上渐小，呈卵形或披针形，花梗极短，被柔毛，花萼钟形，长5~7mm，外面被绵毛状长柔毛，内面无毛；花冠蓝紫色或蓝色，二唇形，冠筒内面近基部有毛环，上唇短，直立，先端2裂，下唇伸长，宽大，3裂，中裂片扇形，侧裂片长圆形。雄蕊4，2强，伸出，花丝粗壮，具长柔毛，花柱细长，超出雄蕊，先端2浅裂，裂片细尖。小坚果倒卵状三棱形，背部具网状皱纹，腹部中间隆起，果脐大，边缘被微柔毛。

【生物学特性】多年生草本。花期4—5月，果期5—6月。种子繁殖。

【分布与为害】分布于我国东北及河北、山东、安徽、江苏等地。生于开阔的山坡荒草丛、河边草地或灌丛中，为果园及路埂一般性杂草，发生量很小，不常见。

图2-129 单株

• 水棘针 *Amethystea caerulea* L. 土荆芥、细叶山紫苏 •

【识别要点】株高0.3~1m，茎直立，多分枝，带紫色，被疏柔毛或微毛。叶3深裂，稀不裂或5裂，裂片披针形，边缘有粗锯齿或重锯齿；叶柄长0.7~2cm，具狭翅。二歧聚伞花序腋生和顶生，排成松散的圆锥花序，被疏腺毛；萼钟状，长约2mm，具10脉，内面无毛，外被乳头状突起及腺毛，萼齿5，三角状披针形，花冠蓝色或紫蓝色，内藏或微外露，冠檐外被腺毛，2/3式二唇形，中裂片扇形；能育雄蕊2，着生于下唇中裂片近基部，自上唇裂片间伸出，后对退化雄蕊短小，线形，着生于上唇裂片下花冠筒中部；花盘环状；子房无毛。小坚果倒卵状三棱形，背部具网状皱纹。

【生物学特性】一年生草本，基部有时木质化。花期8—9月，果期9—10月。种子繁殖。

【分布与为害】分布于我国东北、华北、西北及安徽、湖北、四川、云南等地。生长于田边、旷野、路边及河岸沙地等较湿润的地方。为常见的秋收作物田杂草，轻度为害玉米、花生、大豆等作物。

图2-130A　单株 ┃ 图2-130B　花

• 风轮菜 *Clinopodium chinense* (Benth.) O.Ktze. •

【识别要点】茎基部匍匐，节上生不定根，上部上升，高可达1m，具细条纹，密被短柔毛及腺微柔毛。叶卵圆形，长2～4cm，宽1.3～2.6cm，先端急尖或钝，基部阔楔形，边缘具圆齿状锯齿，上面绿色，密被平伏短硬毛，下面灰白色，被疏柔毛；叶柄长3～8mm，密被疏柔毛。轮伞花序总梗极多分枝，多花密集，常偏向于一侧，苞叶叶状，苞片针状，无明显中肋，花萼狭管状，二唇3/2式，常紫红色，长约6mm，脉13条，外被长柔毛及腺微柔毛，花冠小，长不及1cm，紫红色，上唇直伸，先端微缺，下唇3裂，中裂片稍大，雄蕊4，花药2室，药室近水平叉开，花柱先端不相等2浅裂，裂片扁平。花盘平顶。小坚果倒卵形，长约1.2mm，宽约0.9mm，黄褐色，有3条不明显的纵条纹，果脐着生基部，呈蝶翅状。

【生物学特性】多年生草本。花期5—8月，果期8—10月。以匍匐茎进行营养繁殖及种子繁殖。

【分布与为害】分布于我国山东、浙江、江苏、安徽、江西、福建、台湾、湖南、湖北、广东、广西、云南等省份。生于山坡、草丛、路旁、沟边、灌丛、林下，旱作物田、蔬菜地、苗圃均有发生，为害轻。

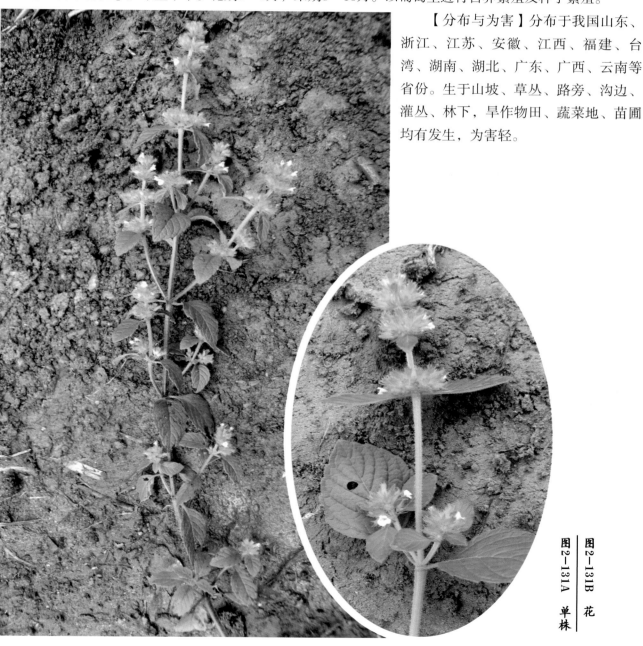

图2-131B 花
图2-131A 单株

• 光风轮菜 *Clinopodium confine* (Hance) O.Ktze. 邻近风轮菜、四季草 •

【识别要点】植株多茎，铺散基部生不定根。茎四棱形，无毛或疏被微柔毛。叶卵圆形，长8~22mm，宽5~17mm，先端钝，基部圆形或阔楔形，叶缘具圆齿状锯齿，两面均无毛，叶柄长2~10mm。轮伞花序通常多花密集，近球形，直径达1~1.3cm；苞叶叶状，花梗长1~2mm，被微柔毛。花萼管状，萼筒等宽，外面无毛，内面喉部被小疏柔毛，唇形花冠，粉红至紫红色，稍超出花萼，长约4mm，上唇直伸，先端微缺，下唇3裂，中裂片较大，雄蕊4，内藏，前对能育，后对退化，花柱先端2浅裂，裂片扁平，花盘平顶，子房无毛。小坚果卵球形，长0.8mm，褐色，表面具网纹，背面稍拱凸，腹面稍内弯，果脐心脏形，黑褐色。

【生物学特性】二年生草本。花期4—6月，果期7—8月。种子繁殖。

【分布与为害】分布于我国安徽、江苏、浙江、江西、湖北、福建、广东、广西、海南、台湾、四川、贵州、云南、西藏等省份。喜阴湿，较耐瘠，生于路边、山坡、荒地，为果园、茶园、路埂常见杂草，发生量小，为害轻。

图2-132A　花 图2-132B　单株

• 瘦风轮菜 *Clinopodium gracile* (Benth.) Matsum. 剪刀草、细风轮菜 •

【识别要点】茎多数，自匍匐茎生出，细弱，上升，不分枝或基部具分枝，高8～30cm，被柔最下部叶较小，圆卵形，其余叶片为卵形，较大，长1.2～3.4cm，宽1～2.4cm，先端钝，基部阔楔形，边缘具圆锯齿，上面近无毛，下面脉上被疏短硬毛，叶柄长0.3～1.8cm。轮伞花序分离，或密集于茎端成短总状花序，不具苞叶，苞片针状，较花梗短，花萼短小，长在4mm以下，萼筒不等宽，外面沿脉上被短硬毛，上唇短，3齿，果时向上反折，下唇略长，2齿，平伸，齿均被睫毛；花冠白色至紫红色，唇形，上唇直伸，先端微缺，下唇3裂，中裂片较大；雄蕊4，前对能育，花药2室，药室略叉开，花柱2浅裂，子房无毛。小坚果卵球形，褐色，光滑。

【生物学特性】一年生纤细草本。花期6—8月，果期8—10月。种子繁殖。

【分布与为害】分布于我国安徽、江苏、浙江、江西、湖北、福建、广东、广西、海南、台湾、贵州、云南等省份。适生于较湿润处，常生于海拔2 400m以下路旁、沟边、空旷草地、林缘、灌丛中；为果园、茶园及路埂常见杂草，发生量小，为害轻。

图2—133A 单株 | 图2—133B 花序

• 香薷 Elsholtzia ciliata (Thunb.) Hyland. 水荆芥、臭荆芥、野苏麻 •

【识别要点】株高30~50cm。茎直立，钝四棱形，被倒向白色疏柔毛，下部毛常脱落。叶卵形或椭圆状披针形，长3~9cm，宽1~4cm，先端渐尖，基部楔状下延成狭翅，边缘具锯齿，沿主脉上疏被小硬毛，叶柄长0.5~3.1cm，边缘具狭翅，疏被小硬毛。轮伞花序，每轮有6~20花，在茎顶及分枝顶端形成偏向一侧的成穗状花序，苞片宽卵圆形或扁圆形，边缘有睫毛，花萼钟形，外被疏柔毛及腺点，萼齿5，花冠淡紫色，外被柔毛，夹有疏腺点，上唇直立，先端微凹，下唇3裂，中裂片半圆形。雄蕊4，前对较长，外伸，花药紫黑色，花柱内藏，先端2浅裂。小坚果长圆形。

【生物学特性】一年生草本，花期7—9月，果期10月。种子繁殖。

【分布与为害】分布于东北及西北部分地区，对旱地农田有较重的为害。常混杂在各种作物播种地，蔓延快，株形大，为害严重。

图2-134A　单株 ┃ 图2-134B　花序

• 密花香薷 *Elsholtzia densa* Benth. 咳嗽草、野紫苏 •

【识别要点】株高20～60cm，茎直立，自基部分枝，分枝细长，被短柔毛，叶长圆状披针形至椭圆形，基部宽楔形或近圆形，边缘在基部以上具锯齿。穗状花序，长圆柱形或近圆形，花冠小，淡紫色。小坚果卵珠形。

【生物学特性】一年生草本，苗期4—5月，花果期8—9月。种子繁殖。

【分布与为害】为华北、西北、西南地区农田杂草，局部地区发生数量较大。主要为害麦类及秋熟作物。

图2-135A　单株 ┃ 图2-135B　花序

• 鼬瓣花 *Galeopsis bifida* Boenn. 野芝麻、野苏子 •

【识别要点】茎高20～60(100）cm，节下加粗，干时明显收缩而密被具节长刚毛，其余部分混生下向具节长刚毛及贴生短柔毛，茎上部常杂有腺毛。叶片卵状披针形或披针形，长3～8.5cm，上面贴生具节刚毛，下面疏生微柔毛及腺点。轮伞花序密集，多花；小苞片条形至披针形，被长睫毛；花萼筒状钟形，连齿长约1cm，齿5，等长，三角形，顶端长刺尖；花冠白色、黄色至粉红色，长约1.4cm，上唇顶端具不等的数齿，下唇3裂，在两侧裂片与中裂片相交处有向上齿状突起；药室2，二瓣横裂，内瓣较小，具纤毛一丛，外瓣较大，无毛。小坚果倒卵状三棱形，有秕鳞。

【生物学特性】一年生草本。花期7—9月，果期9—10月，种子繁殖。

【分布与为害】分布于吉林、黑龙江、内蒙古至青海，还有湖北及西南地区。生于多种生境，为东北及华北北部地区农田的主要杂草之一，对多种夏收作物及秋收作物田均有较重的为害。

图2-136A　单株　｜　图2-136B　花序

• 活血丹 *Glechoma longituba* (Nakai) Kupr. •

【识别要点】具匍匐茎，上升，逐节生根，茎高10～20cm，幼嫩部分被疏长柔毛。叶心形或近肾形，边缘具圆齿，叶柄长为叶片长的1～2倍。轮伞花序2花，稀4或6花，花冠淡蓝色、蓝色至紫色。小坚果长圆状卵形。

【生物学特性】多年生草本，花期4—5月，果期5—6月。种子及匍匐茎繁殖。

【分布与为害】我国除青海、甘肃、新疆及西藏外，分布几遍全国。为常见果、桑、茶园及路埂杂草，发生量大，为害较重。

图2-137A　单株 ｜ 图2-137B　花

• 夏至草 *Lagopsis supine* (Steph.) lk. 灯笼棵、白花夏枯草 •

【识别要点】 成株株高15～45cm。茎直立或上升，密被有倒向微小的伏毛，常于基部分枝。叶近圆形或卵形，掌状3深裂，基部心形或楔形，裂片边缘有牙齿或圆齿，两面绿色，均被短柔毛及腺点。轮伞花序，花萼管状钟形，萼齿5，三角形，先端具刺；花冠白色，稍伸出萼筒，外部被短柔毛，上唇直立，全缘，下唇3浅裂。小坚果长卵形或倒卵状三棱形。

【生物学特性】 种子繁殖，二年生或一年生草本。种子于当年萌发，产生具莲座状叶的植株越冬，翌年才开花结果。花期3—4月，果期5—6月。

【分布与为害】 分布广泛。在菜园、田边生长较多，为害较轻。

图2-138A　单株

图2-138B　幼苗

图2-138C　花序

• 益母草 *Leonurus artermisia* (Lour.) S.Y.Hu •

【识别要点】株高30~120cm。茎直立，粗壮，有倒向糙伏毛，通常多分枝。叶形变化大，基生叶肾形至心形，浅裂；下部茎生叶轮廓卵形，掌状3裂，裂片再分裂；中部茎生叶轮廓为菱形，3裂或多裂；顶部叶不裂，线形或披针形，全缘或具稀齿，两面均被短柔毛；基部叶具长柄，上部的短或无。轮伞花序腋生，多花，球形，多轮远离而组成长穗状花序；小苞片刺状，长约5mm，被贴生微柔毛；花萼管状钟形，长6~8mm，齿5，前2齿靠合，后3齿较短；花冠粉红色至淡紫红色，长1.2~1.5cm，外面被毛，内面近基部有毛环，上唇直立，长圆形，全缘，下唇与上唇近等长或稍短，3裂，中裂片大，先端凹，基部楔形，侧裂片短小，卵圆形；雄蕊4，延伸至上唇片之下。花柱丝状，先端等2浅裂。花盘平顶。子房无毛。小坚果长圆状三棱形，先端截平而略宽大，基部楔形，淡褐色，光滑。

【生物学特性】一年生或二年生草本。花期 6—9月，果期9—10月。种子繁殖。

【分布与为害】分布于全国各地。适生于潮湿、多肥的开旷地上，耐旱、耐寒、喜光，适应性强，可生长在多种生态环境。为常见果园及路埂杂草，常成片生长，发生量较大，为害较重。

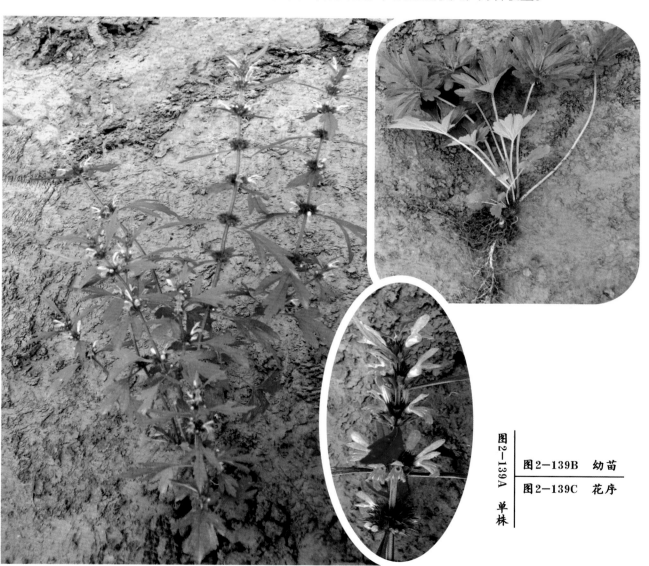

图2-139B　幼苗

图2-139C　花序

图2-139A　单株

• 地笋 *Lycopus lucidus* Turcz. 地瓜儿苗、地参、提娄 •

【识别要点】株高0.6～1.7m，具根状茎，有节，节上密生不定根，先端肥大呈圆柱形，具鳞叶。茎直立，常单一，四棱形，绿色，具槽。叶长圆状披针形，长4～8cm，宽1.2～2.5cm，先端渐尖，基部渐狭，边缘具粗锯齿，两面均无毛，有光泽；叶常近无柄。轮伞花序无梗，圆球形，多花密集；花萼钟形，长3mm，无毛，外具腺点，齿5，披针状三角形，具刺尖头，有缘毛；花冠白色，长5mm，为不明显二唇形，上唇近圆形或先端微凹，下唇3裂，中裂片较大；花柱伸出花冠，先端相等2浅裂；花盘平顶。子房无毛。小坚果倒卵圆状三棱形，褐色，边缘加厚，背面平，腹面具棱，有腺点。

【生物学特性】多年生宿根草本。花期6—9月，果期8—11月。以横走而肥大的根状茎进行无性繁殖，也可种子繁殖。

【分布与为害】分布于东北、西南地区以及河北、陕西等省份。适生于沼泽地、水边、沟边等潮湿处，为一般性湿生杂草，偶进稻田，为害轻。

图2-140A　单株 | 图2-140B　根 | 图2-140C　花序

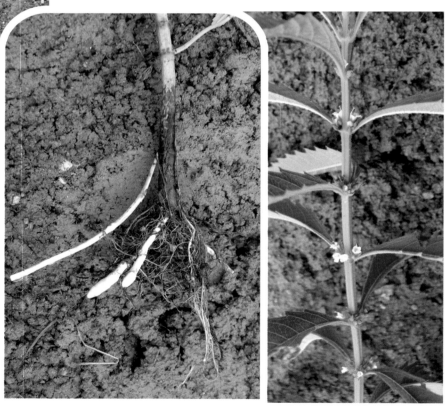

• 野薄荷 *Mentha haplocalyx* Briq. 土薄荷、水薄荷、鱼香草 •

【识别要点】株高30~60cm。茎上部直立，被倒向微柔毛，下部倾卧匍匐，茎节有须根，多分枝。叶对生，具短柄；叶片长圆状披针形、椭圆形或披针状卵形，长3~7cm，宽0.8~3cm，先端锐尖，基部楔形至近圆形，边缘疏生粗大牙齿状锯齿，两面沿脉密生微柔毛。轮伞花序腋生，球形；花萼管状钟形，长约2.5mm，外被微毛及腺点，10脉，齿5，狭三角状钻形；花冠淡紫色，长4mm，外面略被微毛，内面在喉部下也被有微柔毛，冠檐4裂，上裂片先端2裂，较大，其余3裂近等大；雄蕊4，前对较长，均伸出于花冠之外，花柱略超出雄蕊，先端近相等2浅裂。花盘平顶。小坚果卵珠形，长0.7~1mm，黄灰色或栗褐色，有光泽，表面具小腺窝，腹面近基部中央有一锐利小棱，将果脐从中央分成两个椭圆体。

【生物学特性】多年生草本。苗期5—6月，花期7—9月，果期8—10月。以种子和根状茎繁殖。

【分布与为害】分布于全国各地。喜生于水边湿地，为常见的秋收作物田及路埂杂草，发生量小，对棉花、大豆及水稻等作物稍有为害。

图2-141A　单株

图2-141B　幼苗

图2-141C　花序

• 荔枝草 *Salvia plebeia* R.Br. 雪见草、蛤蟆草 •

【识别要点】茎直立，高15～90cm，被疏柔毛。叶长圆状披针形，先端钝或急尖，基部圆形或楔形，边缘有圆齿、牙齿或尖锯齿，两面被疏毛。轮伞花序。茎和枝端密集成总状或总状圆锥花序，苞片细小，披针形，花萼钟形，长约2.7mm，外面被疏柔毛和金黄色腺点，唇形花冠，紫色至蓝色。小坚果倒卵圆形，直径0.4mm，褐色，成熟时干燥，光滑。

【生物学特性】一年生或二年生草本。花期4—5月，果期6—7月。种子繁殖。

【分布与为害】为夏收作物田及路埂常见杂草，轻度为害麦类、油菜和蔬菜等农作物。除新疆、甘肃、青海及西藏外，几乎分布于全国各地。

图2-142A 单株	图2-142B 幼苗
	图2-142C 花序

• 半枝莲 *Scutellaria barbata* D.Don 并头草、挖耳草、望江清 •

【识别要点】根茎横走，分枝多，节上茎枝簇生。茎直立，方形，高12～35(55)cm，无毛或上部被短柔毛，单一或略分枝。叶三角状卵圆形或卵状披针形，有时卵形，长1.2～2.5(3.2)cm，宽0.5～1(1.4)cm，先端急尖，基部宽楔形或近截形，边缘有疏钝牙齿，两面脉上常被短柔毛，近无柄。花着生于茎及枝的上部叶腋，花梗长1～2mm，花萼长约2mm，花冠紫蓝色，长0.9～1.3cm，冠筒基部膨大，雄蕊4，前对具能育半药，后对具全药，花丝下部被小疏柔毛，花柱先端锥尖，不等2浅裂。花盘盘状，前方隆起。小坚果褐色，扁球形，直径约1mm，具小疣状凸起。

【生物学特性】多年生草本。花果期4—7月。以根茎和种子繁殖。

【分布与为害】分布于河北、山东、陕西、云南及江南各地。生于田边、溪边或水旁湿地，为常见的路埂杂草，发生量小，为害轻。

图2—143B 单株

图2—143A 花序

• 耳挖草 *Scutellaria indica* L. 韩信草、大力草、偏向花 •

【识别要点】根茎短，有簇生的纤维状须根。茎直立，高12～28cm，下部有时紫色。茎下部叶较小肾形，中、上部叶卵圆形至椭圆形，叶缘具整齐圆齿。花对生，于茎及分枝顶上排列成总状花序，花冠蓝紫色。小坚果卵球形。

【生物学特性】多年生草本。花期5—6月，果期6—7月。种子繁殖。

【分布与为害】为果、桑、茶园及旱作物地常见杂草，为害轻。分布于我国华东、华南及河南、陕西、四川、云南等地。

图2-144A　单株 ┃ 图2-144B　花序

• 夏枯草 *Prunella vulgaris* L. 铁线夏枯、铁色草、牯牛岭、欧夏枯草 •

【识别要点】根状茎匍匐。茎高20～30cm，自基部多分枝，紫红色，疏被糙毛或近无毛。叶卵状长圆形或卵圆形，长1.5～6cm，宽0.7～2.5cm，先端钝，基部下延至叶柄成狭翅，边缘具不明显波状齿或近全缘，两面几无毛。轮伞花序密集组成2～4cm的顶生穗状花序，花萼钟形，长约10mm，外面疏生刚毛，花冠紫红色，长约13mm，内面近基部处有鳞毛毛环，冠檐上唇近圆形，内凹，先端微缺，下唇3裂，中裂片较大，先端边缘具流苏状小裂片，侧裂片长圆形，下垂，雄蕊4，前对较长，花丝先端2裂，1裂片具花药，另1裂片钻形，长过花药，后对花丝不育，裂片呈瘤状突出。花柱先端等2裂。花盘近平顶。子房无毛。小坚果黄褐色，长圆状卵珠形，长1.8mm，宽约0.9mm，微具沟纹。

【生物学特性】多年生草本。花期4—6月，果期7—10月。种子繁殖及以根状茎行营养繁殖。

【分布与为害】分布于我国华中、华南、西南及陕西、甘肃、新疆、河南、江西、浙江、福建、台湾等地。生于荒坡、草地、溪边及路旁等潮湿地上。为果园、茶园及路埂的常见杂草，发生量较大，为害较重。

图2-145A　单株 ｜ 图2-145B　花序

• 石荠苎 *Mosla scabra* (Thunb.) C. Y. Wu et H. W. Li •

【识别要点】株高20～100cm。茎直立，多分枝，密被短柔毛。叶卵形或卵状披针形，长1.5～3.5cm，宽0.9～1.7cm，先端急尖或钝，基部圆形或宽楔形，边缘锯齿状，上面被灰色微柔毛，下面灰白色，密布凹陷腺点，近无毛或被极疏短柔毛。总状花序，长2.5～15cm，苞片卵形，先端尾状渐尖，花、果时均超过花梗，花萼长约2.5mm，外面被疏柔毛，二唇形，上唇具3齿，卵状披针形，先端渐尖，下唇2齿，线形，先端锐尖，脉纹显著，花冠粉红色，长4～5mm，内面基部具毛环，上唇直立，扁平，先端微凹，下唇3裂，中裂片较大，后对能育，药室叉开，花柱先端相等，2浅裂，花盘前方呈指状膨大。小坚果球形，直径约1mm，黄褐色，表面具深雕纹。

【生物学特性】一年生草本。花期5—11月，果期9—11月。以种子进行繁殖。

【分布与为害】分布于华东、华中、华南以及辽宁、陕西、甘肃、河南等地。生于山坡、路旁或灌丛下，为果园、茶园及路埂常见杂草，发生量较大，为害较重。

图2-146　单株

三十、豆科 Leguminosae

草本或木本。叶互生，常有小托叶，叶片多为羽状或三出复叶。花两侧对称，萼片5，具萼管，蝶形花冠。荚果。

本科共有约650属，18 000种，为被子植物中仅次于菊科及兰科的3个最大的科之一，广布于全世界。我国有172属，1 485种，全国各地均有分布。主要杂草有18种。

• 大巢菜 *Vica sativa* L. 救荒野豌豆 •

【识别要点】 常以叶轴卷须攀附，高25～50cm，茎上具纵棱。偶数羽状复叶，具小叶4～8对，椭圆形或倒卵形，先端截形，凹入，有细尖，基部楔形，叶顶端变为卷须；托叶戟形。花1～2朵，腋生，萼钟状，萼齿5个；花冠紫色或红色。荚果。

【生物学特性】 种子或根芽繁殖。一年生或二年生蔓性草本。苗期11月至翌年春，花果期3—6月。

【分布与为害】 遍布全国。长江流域麦区为害较大。

图2—147A 单株 | 图2—147B 花 | 图2—147C 叶 | 图2—147D 果

· 小巢菜 *Vicia hirsuta* (L.) S.F. Gray. 雀野豆 ·

【识别要点】株高10～30(50)cm，茎纤细，有棱，基部分枝，无毛或疏被柔毛。偶数羽状复叶，长5～6cm，有分枝卷须；托叶半边戟形，下部裂片分裂为2个线形齿；小叶8～16mm，线状长圆形或倒披针形，长5～15mm，宽1～4mm，先端截形，微凹，有短尖，基部楔形，两面无毛。总状花序腋生，有2～5朵花，花长约3.5mm，花梗长约1.5mm，花序轴及花梗均有短柔毛；萼钟状，长约3mm，外面疏被柔毛，萼齿5，披针形，长约1.5mm，被短柔毛；花冠白色或淡紫色。子房密被褐色长硬毛，无柄，花柱上部周围被柔毛。荚果长圆形，扁，被黄色长柔毛，含种子1～2粒；种子近球形，稍扁。

【分布与为害】生于旱作地、路边、荒地；在有些地区对麦田及豆类等作物造成比较严重的为害，其种子常混杂在粮食如豆类种子中传播蔓延，是长江以南麦田重要杂草之一。我国陕西、江苏、安徽、浙江、江西、台湾、河南、湖北、湖南、四川、云南等地均有分布。

【生物学特性】一年生蔓性草本。花期4—6月，果期5—7月。种子繁殖。

图2-148A 单株	图2-148B 花
	图2-148C 叶
	图2-148D 果

· 窄叶野豌豆 *Vicia angustifolia* L. 大巢菜 ·

【识别要点】茎蔓生，有分枝。偶数羽状复叶，总叶柄顶端为卷须，小叶8~12对，近对生，狭长圆形或线形，长10~25mm，宽2~5mm，先端截形，有短尖。花腋生，单生或有2朵，花冠红色。荚果呈现为条形。

【生物学特性】一年生或二年生草本。花期4—5月，果期5—6月。

【分布与为害】夏收作物田主要杂草之一。常和大巢菜混生成群，局部地区麦田发生严重。分布于长江流域及其以北各省份。

图2-149A 单株

| 图2-149B 花 |
| 图2-149C 果 |

• 四籽野豌豆 *Vicia tetrasperma* Moench 鸟喙豆 •

【识别要点】全株被疏柔毛，茎纤细，有棱，多分枝。偶数羽状复叶，有卷须，小叶3~6对，线状长椭圆形。花小紫色或带蓝色，1~2朵组成腋生总状花序。荚果长圆形，扁平，无毛，内含种子4粒。

【生物学特性】一年生草本。花期3—4月。种子繁殖。

【分布与为害】生于麦田、油菜田，常与大巢菜、小巢菜等杂草混生，发生量小。分布于河南、陕西、长江流域各省份以及四川、云南等地。

图2-150A　单株　| 图2-150B　叶
| 图2-150C　花
| 图2-150D　果

• 三齿萼野豌豆 *Vicia bungei* Ohwi 三齿草藤、山黧豆、野豌豆 •

【识别要点】株高10～30(92)cm。茎细弱，四棱形，多分枝，无毛或具疏长毛。偶数羽状复叶，有卷须，小叶4～10片，长圆形或狭倒卵状长圆形，长7～25mm，宽3～7mm，先端截形或微凹，具小凸尖，基部钝圆或宽楔形，叶背被疏柔毛；托叶多歪斜，长2～3mm，有锐齿。总状花序腋生，长于叶，花2～4朵，序轴及花梗有疏柔毛；萼斜钟状，长7～8mm，萼齿5，宽三角形，上面2齿较短，疏生长柔毛；花冠蓝紫色，旗瓣倒卵状披针形，长达23mm，先端圆而凹，翼瓣长约18mm，有柄及耳，龙骨瓣长约15mm；有柄；子房具长柄，疏生短毛，花柱顶端周围有柔毛。荚果长圆形，略膨胀，长3～4cm，宽6～8mm，黄褐色，具柄。含3～8粒种子。种子近球形，深褐色，无光泽。

【生物学特性】一年生或越年生蔓性草本。花期5—7月，果期6—8月，以种子繁殖。

【分布与为害】分布于东北、华北和山东、河南、陕西、甘肃、四川等地。生于农田边、路旁或湿草地。果园、菜地、苗圃或麦田中常见，多为小片群落。

图2－151A　单株

图2－151B　花

图2－151C　果

• 广布野豌豆 *Vicia cracca* L. 草藤、细叶落豆秧、肥田豆 •

【识别要点】茎有微毛，高60～120cm。羽状复叶，有卷须；小叶8～24个，狭椭圆形或狭披针形，长10～30mm，宽2～8mm，先端突尖，基部圆形，表面无毛，背面有短柔毛；叶轴有淡黄色柔毛，托叶披针形或戟形，有毛。总状花序腋生，与叶同长或稍短；萼斜钟形，萼齿5个，上边2齿长，有疏生短柔毛，花冠紫色或蓝色；旗瓣提琴形，长8～15mm，宽4.5～6.5mm，先端圆，微凹，翼瓣与旗瓣等长，爪长4.6mm；子房具长柄，无毛，花柱上部周围被黄色腺毛。荚果长圆形，褐色，膨胀，两端急尖，长1.5～2.5mm；种子3～5个，黑色。

【生物学特性】多年生蔓性草本。华北地区花期6—8月，果期8—9月。种子繁殖。

【分布与为害】生于山坡草地、田边、路旁或灌丛中。分布于东北、华北及陕西、甘肃、四川、贵州、浙江、安徽、湖北、江西、福建、广东、广西等地。

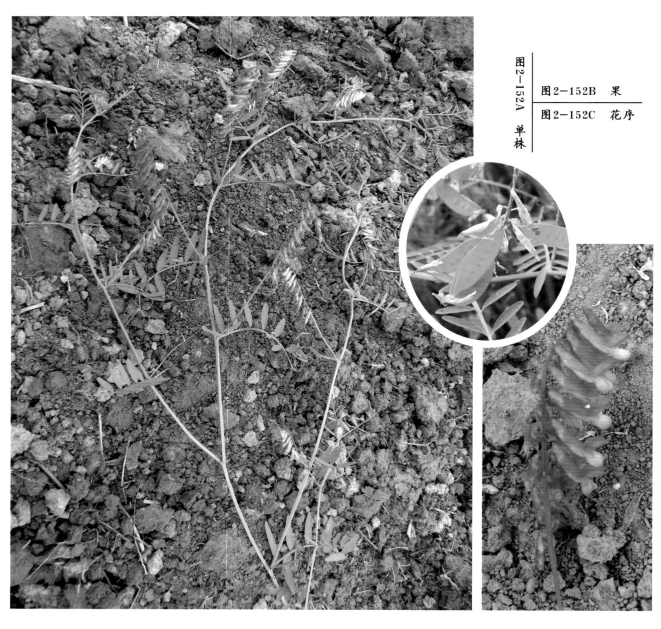

图2-152A 单株

图2-152B 果

图2-152C 花序

• 野豌豆 *Vicia sepium* L. •

【识别要点】多年生草本，高30～100cm。茎有疏柔毛。羽状复叶，顶端有卷须；小叶8～14，卵状矩圆形或卵状披针形，长7～20mm，宽5～10mm，先端急尖，有短尖头，基部圆形，两面有稀疏短柔毛；叶轴有疏毛；托叶戟形，边缘有4个粗齿。总状花序腋生，花常2～6朵密生，总花梗短；花梗有黄色疏毛；花萼钟状1萼齿5，尖锐，有黄色疏柔毛；花冠红色或紫色；子房无毛，具短柄，花柱顶端背部有一丛淡黄色髯毛。荚果棕褐色，矩圆形，长1.5～2.5cm，两端尖，基部具短柄；种子2～4，扁圆球形，呈现为黑色。

【生物学特性】多年生草本。花期5—6月，果期6—8月。种子繁殖。

【分布与为害】分布于云南、四川、贵州等地。

图2-153A 花
图2-153B 叶
图2-153C 单株

• 山黧豆 Lathyrus quinquenervius (Miq.) Litv.ex Kom. 五脉香豌豆 •

【识别要点】茎及枝具明显狭翅，高10～40cm。羽状复叶；小叶2～6，披针形，长3.5～8.5cm，先端急尖，有小尖头，基部圆形，上面无毛，下面有白色柔毛，有5条明纵脉，叶轴具翅，顶端有卷须，幼时有柔毛，托叶线状，基部戟形。总状花序腋生，花3～7朵，花梗有短柔毛，萼钟状，萼齿5，三角形，有柔毛，花冠红紫色。子房有黄色长硬毛，子房无柄，花柱里面有白色髯毛。荚果圆柱状或稍扁，内含1～3粒种子。

【生物学特性】多年生攀缘草本。花期6—8月，中南区花期4月。

【分布与为害】分布于东北、华北、中南、西南等地区。生于田边、草地或山坡，为新垦地中常见杂草，对小麦、大豆等作物，为害较重。

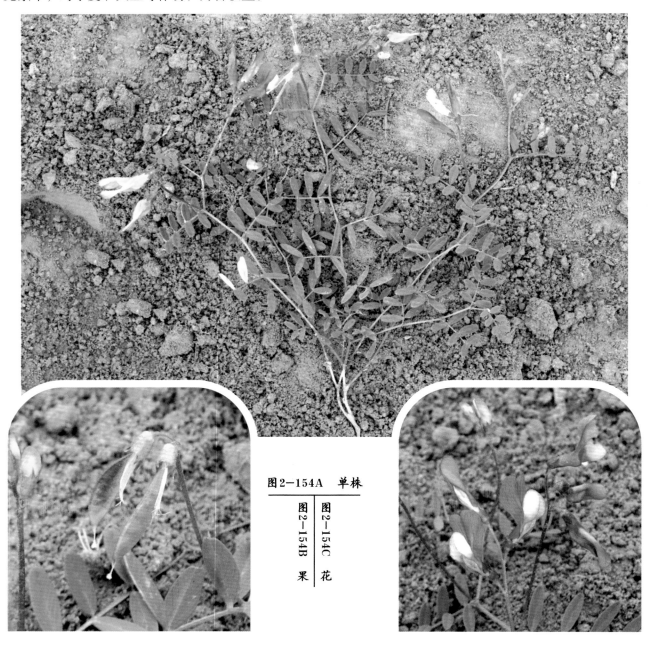

图2-154A　单株

图2-154B　果

图2-154C　花

• 直立黄芪 *Astragalus adsurgns* Pall. 沙打旺、地丁、紫木黄芪、青扫条 •

【识别要点】茎直立，高20~80cm，多分枝，有白色和黑色"丁"字毛。羽状复叶，小叶近无柄，卵状椭圆形或椭圆形，先端钝，基部圆形，叶上面无毛或近无毛，下面密生白色"丁"字毛；叶轴和小叶柄上疏生"丁"字毛，托叶三角形。总状花序腋生；花萼筒状，萼齿5，有黑色"丁"字毛，花冠蝶形；蓝色或紫红色，旗瓣倒卵状匙形，长1.5cm，无爪，翼瓣长1.2cm，龙骨瓣短于翼瓣；子房有短柄，有白色"丁"字毛。荚果圆筒形，长约1.5cm，有黑色或间有白色"丁"字毛，种子近方形、菱形或肾状倒卵形，褐色或深褐色。

【生物学特性】多年生草本。花期6—8月，果期7—9月。种子繁殖。

【分布与为害】生于山坡草地、草原、河谷、河滩地，为灰钙土指示植物，地边、果园常见。分布于东北地区及内蒙古、河北、山西、河南、陕西、甘肃、四川、云南等地。

图2-155A 单株 ⎮ 图2-155B 花序

• 紫云英 *Astragalus sinicus* L. 翘摇、红花菜、乌苕子、苕翘、米布袋 •

【识别要点】茎直立或匍匐，高10～40cm，无毛。奇数羽状复叶；小叶7～13，倒卵形或宽椭圆形，先端凹或圆形，基部楔形，两面被白色长毛，长5～20mm，宽5～12mm；托叶卵形。总状花序近伞形，总花梗长3.5～15cm。萼钟状，萼齿三角形，有长毛；花冠紫色或白色，旗瓣卵形，基部楔形，顶端圆形，微缺，长11mm，翼瓣稍短，长8mm，龙骨瓣长度和旗瓣相等；子房无毛，有短柄。荚果线状长圆形，微弯，长1～2cm，上有隆起的网脉，成熟时黑色，无毛。种子棕色，光滑无毛。

【生物学特性】一年生或二年生草本。花期2—6月，果期3—7月。种子繁殖。

【分布与为害】生于溪边、山坡及路边。为栽培植物，常逸为夏收作物田杂草。分布于云南、贵州、四川、湖南、湖北、江西、广东、广西、福建、台湾、浙江、江苏、陕西等省份。

图2-156A　单株　｜　图2-156B　花序
图2-156C　果

• 米口袋 *Gueldenstaedlia multiflora* Bunge 地丁 •

【识别要点】根圆锥状。茎短缩，在根茎处丛生。奇数羽状复叶，小叶椭圆形、卵形或长椭圆形，托叶三角形，基部合生。伞形花序腋生，有4～6朵花，花萼钟状，上面2个萼齿较大，花冠紫色。荚果圆柱状。

【生物学特性】多年生草本，种子及根繁殖。冬前出苗较多，花期4—5月，果期5—6月。

【分布与为害】分布于华北地区。

图2-157A 单株

图2-157B 果

图2-157C 花

图2-157D 幼苗

• 狭叶米口袋 *Gueldenstaedtia stenophylla* Bunge •

【识别要点】茎缩短，叶在根颈丛生。奇数羽状复叶，小叶7～19，长椭圆形或线形，长6～35mm，宽1～6mm，先端锐尖或钝，基部圆形或宽楔形，全缘；两面密生白色短柔毛；托叶宽三角形或三角形，外被有疏长柔毛。总花梗从叶丛中抽出，长5～10cm，伞形花序，具花2～3朵；每花1苞片，萼下有2小苞片。萼钟状，被长柔毛，5mm，萼齿5，上2萼齿较大。花冠粉红色或淡紫色，旗瓣小，圆形，长6～8mm，翼瓣长7mm，龙骨瓣4.5mm。荚果圆筒形，无假隔膜，长1.4～1.8cm；种子肾形，有凹点，种子具有光泽。

【生物学特性】多年生草本。根圆锥状。3月自根茎萌生，4—5月开花，5—7月结果。根茎萌生及种子繁殖。

【分布与为害】多生于河滩沙质地、阳坡草地、旱作物田边、路旁等处，为一般性杂草。分布于东北、华北及河南、陕西、甘肃、江苏、江西等地。

图2-158A　单株

图2-158B　果

图2-158C　幼苗

• 长柄米口袋 *Gueldenstaedtia harmsii* Ulbr. •

【识别要点】根圆锥状。茎缩短，在根颈丛生。托叶三角形或狭三角形，外面有白色长柔毛；小叶9~19，卵形或椭圆形，长2~13mm，宽1.5~7mm。伞形花序有5~8朵花，总花梗长10~23cm，常为叶长的1倍；花萼钟状，密生长柔毛，上2萼齿较大；花冠紫色，旗瓣宽卵形或近圆形，长12mm，冀瓣长约10mm，宽约3mm，龙骨瓣短，长6mm；子房圆筒状，密生长柔毛，花柱内卷。荚果圆筒形，无假隔膜，长约2cm；种子肾形，有凹点，有光泽。

【生物学特性】多年生草本。根茎萌生及种子繁殖。

【分布与为害】分布在陕西南部、河南西部。生于海拔2 000m以下的山坡、草地。

| 图2-159A 单株 | 图2-159B 果 |
| | 图2-159C 花 |

· 田皂角 *Aeschynomene indica* L. 水皂角、合萌 ·

【识别要点】茎直立，高30~100cm，圆形，无毛，上部多分枝。偶数羽状复叶；小叶20~30对，长圆形，长3~8mm，宽1~3mm，先端钝圆，有短尖头，基部圆形，无柄；托叶膜质，披针形，长约1cm，先端急尖。总状花序腋生，花少数，总花梗有疏刺毛，有黏质；苞片2，膜质，边缘有锯齿；花萼2，唇形，上唇2裂，下唇3裂；花冠黄色带紫纹，旗瓣无爪，翼瓣有爪，短于旗瓣，龙骨瓣较翼瓣短；雄蕊10；子房无毛，有柄。荚果线状长圆形，微弯，有6~10荚节，熟后逐节横断脱落，荚节平滑有乳头状凸起，每节含1粒种子。种子肾形，长3~3.5mm，宽约2mm，褐色至近黑色，近光滑，无光泽。

【生物学特性】一年生半灌木状草本。种子繁殖。花期7—9月，果实于8—10月成熟，逐节断落土中或随流水传播，经越冬休眠后萌发。

【分布与为害】多生于田埂、渠边等湿地或农田中。主要为害水稻、棉花、豆类及低湿地的玉米等作物，但数量较少，为害不重。分布于我国华南、西南、华北、华东、华中等地区。

图2-160B 幼苗

图2-160C 花　图2-160D 果

图2-160A 单株

• 白香草木犀 *Melilotus albus* Decr. •

【识别要点】茎直立，高1～4m，全草有香气，羽状复叶，小叶3，小叶椭圆形或倒卵状长圆形，长2～3.5cm，宽0.5～1.2cm，先端钝圆、截形或稍凹，基部楔形，边缘具细锯齿，托叶狭三角形，先端呈尾尖，基部宽，长达8mm。总状花序腋生。花小，多数。萼钟状，有柔毛；萼齿三角形，与萼筒等长，花冠白色，长4～4.5cm，长于萼，旗瓣椭圆形，比翼瓣稍长，翼瓣比龙骨瓣稍长或等长。子房无柄，无毛。荚果卵球形或椭圆状球形，灰棕色，具凸起脉网，种子1~2粒，肾形，褐黄色。

【生物学特性】越年生草本，华北地区4—5月出苗，花期6—8月，果期7—9月。种子繁殖。

【分布与为害】分布于东北及河北、陕西、山西、甘肃、云南、江苏、福建等地。栽培或野生；路旁、荒地或农田中常见。

图2—161 单株

• 草木犀 *Melilotus suaveolens* Ledob. •

【识别要点】高60～100cm，茎直立，有条纹，多分枝，无毛。叶互生，羽状复叶，具3小叶，有长柄，长1～2cm，托叶线形，长5mm，先端长，渐尖；小叶长椭圆形至倒披针形，长1～2cm，宽0.3～0.6cm，先端钝圆或截形，中脉突出成短尖头，基部楔形，边缘有不规则尖齿，叶脉直伸至边缘齿处，两面均被细毛，小叶柄长约1mm，疏被柔毛。总状花序腋生，长达20cm，上有小花多数，花梗短。花萼钟状；花冠黄色，旗瓣长于翼瓣。荚果长3mm，棕色，无毛，有网纹，卵球形，下垂，仅1节荚，先端有短喙；种子1粒。卵球形，褐色。

【生物学特性】一年生或二年生草本。花期7—8月，果期8—9月。种子繁殖。

【分布与为害】喜生于潮湿地，也能耐旱，耐盐碱，抗寒，为果园、茶园和路埂一般性杂草，发生量较小，为害轻。分布于东北、华北、华东及西南等地区。

图2-162A　单株 ┃ 图2-162B　花序

• 小苜蓿 *Medicago minima* Lam. 野苜蓿 •

【识别要点】茎自基部多分枝，铺散，长15～50cm，有角棱，被柔毛。三出复叶，顶小叶较大，倒卵形，长5～10mm，宽5～7mm，先端圆或微凹，上部边缘具锯齿，下部全缘，两面均有毛，两侧小叶略小；小叶柄细，长约5mm，有毛；托叶斜卵形，先端尖，基部具疏齿。花有1～8朵集生成头状的总状花序，腋生；花萼钟状，萼齿5，披针形，密被毛；花冠黄色。荚果盘曲成球状，棱背上具3列长刺，刺端钩状，含种子数粒。种子肾形，两侧扁，不平，长1.2～2.2mm，宽0.8～1.3mm，厚0.5～0.8mm，淡黄色，近光滑，有光泽。

【生物学特性】一年生或越年生杂草。9—10月或早春出苗。花期4—6月，种子于5月即渐次成熟，种子繁殖经3～4个月的休眠后萌发。

【分布与为害】喜生于湿润砂质壤土，耐旱。为丘陵及山区的路埂杂草，生长在田埂、路旁及荒地。分布于西北及河南、江苏、湖北、湖南、四川等地。

图2-163A 单株

图2-163B 幼苗

图2-163C 果

• 天蓝苜蓿 *Medicago lupulina* L. •

【识别要点】茎自基部分枝，匍匐或斜向上，长20～60cm，有疏毛。叶为三出复叶，小叶倒卵形或椭圆形，长、宽7～20mm，先端钝圆，微缺，上部具锯齿，基部宽楔形，两面均有白色柔毛，小叶柄长3～7mm，有毛，托叶斜卵形，缘部有小齿。总状花序具10～15朵花密集成头状，总花梗细长，花萼钟状，萼齿长于萼筒，有柔毛，花冠黄色，稍长于萼。荚果弯曲成肾形，成熟时黑色，无刺，具脉状细棱，疏生柔毛，含1粒种子。

【生物学特性】越年生或一年生草本。9—10月开始出苗，花果期4—6月。种子繁殖。种子经3～4个月的休眠后萌发。

【分布与为害】分布于东北、华北、西北、华中及四川、云南等地，以北方更普遍。生于较湿润的田边、荒地或农田中；对小麦、蔬菜、果树等作物为害较重。

图2—164B　果
图2—164C　花序
图2—164A　群体

• 野大豆 *Glycine soja* Sieb.et Zucc. •

【识别要点】茎纤细，缠绕，全体被黄色长硬毛。小叶3，顶生小叶卵状披针形，长(1)3~5cm，宽1~2.5cm，先端急尖，基部圆形，两面被白色短柔毛，侧生小叶斜卵状披针形，托叶卵状披针形，急尖，有黄色长柔毛，小托叶狭披针形，有毛。总状花序腋生，花梗密生黄色长硬毛，萼钟状，萼齿5，披针形，上唇2齿合生，密生黄色长硬毛；花冠紫红色，长约4mm，旗瓣近圆形，先端稍凹，基部有短柄，翼瓣斜倒卵形，基部有耳和柄，龙骨瓣比前二者短小。荚果长圆形，长1.5~3cm，宽4~5mm，两侧扁，密生黄色长硬毛，种子间收缩。种子2~4粒，近椭圆形，长2.5~4mm，宽1.8~2.5mm，两侧扁，黑色或褐色。

【生物学特性】一年生缠绕草本。华北地区4—5月出苗，花期6—8月，果期7—9月。种子繁殖。

【分布与为害】适生于潮湿处，河岸、山坡草地、灌丛、沼泽地附近，也是农田杂草，为害果、茶、竹及旱作物为主，局部区为害较重。分布于东北、华北、华东、中南及甘肃、陕西、四川等地。

图2-165A　植株

图2-165B　花

• 决明 *Cassia tora* L. •

【识别要点】株高1～2m。偶数羽状复叶，具小叶3对；在叶轴上两小叶间有一个钻形腺体。小叶倒卵形至倒卵状长圆形，长1.5～6.5cm，宽0.8～3cm，幼时两面疏生长柔毛。花通常2朵生于叶腋；总花梗极短，萼片5，卵形或卵状披针形，分离；花冠黄色，花瓣倒卵形，长约12mm，最下的2个花瓣稍长，雄蕊10，有3枚不育。荚果条形，长10～15cm，直径3～4mm。种子多数，近菱形，淡褐色，有光泽。

【生物学特性】一年生半灌木状草本。花期7—8月，果期9月。种子繁殖。

【分布与为害】适生于山坡、河边，果园、苗圃及农田可见；分布于长江以南各地；热带其他地区亦有生长。

图2-166A　单株　图2-166B　花、果

• 鸡眼草 *Kummerowica striata* (Thunb.) Schindl. •

【识别要点】 高5~30cm，茎常平卧、斜升或直立，茎和分枝有白色向下的毛。三出复叶，托叶长卵形，宿存；小叶倒卵形、倒卵状长圆形或长圆形，长5~15mm，宽3~8mm，先端圆或微凹，具小突尖，基部楔形，全缘，主脉和叶缘疏生白色毛。花1~3朵；腋生，小苞片4，一个生于花梗的关节之下，另3个生于萼下；萼钟状，深紫色。长2.5~3mm，萼齿5，卵形，在果期为果的1/2以上或与果近等长。花冠淡红色。荚果卵状长圆形，外被有细短毛。

【生物学特性】 一年生草本，生活力强，耐践踏。花果期6—9月。

【分布与为害】 生于山坡、路旁、田边、林缘和林下等潮湿环境。常能连片生长为地毯状，对有些果园、旱地可造成为害。分布于东北及河北、江苏、福建、广东、湖南、湖北、贵州、四川、云南。

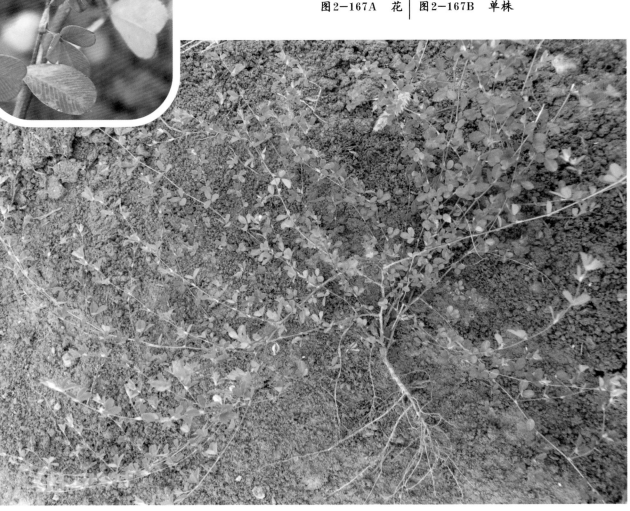

图2-167A　花　图2-167B　单株

• 长叶铁扫帚 *lespedza caraganae* Bunge •

【识别要点】　成株根粗壮，淡褐色。茎自基部分枝，斜升或近直立，高50~100cm，被白色短柔毛。三出复叶，互生，小叶线状长圆形，长3cm，为宽的7~8倍，先端圆钝，有短尖头，两面生有白色柔毛，小叶近无柄，托叶狭小。总状花序生于枝条中上部叶腋中，总花梗短于叶，劲直，花萼杯形，花萼齿5，有毛，花冠蝶形，白色，基部淡红色。荚果卵圆形，渐狭。种子长圆状倒卵形，黑紫色。

【生物学特性】　小灌木，花期6—8月，果期9月。种子繁殖。

【分布与为害】　生于山地或路旁草丛中。田边、路旁常见，果园、苗圃也有生长，分布自河北至陕西、山东等地。

图2—168B　花序

图2—168A　单株

• 山豆花 *Lespedza tomentosa* (Thunb.) Sieb •

【识别要点】全体有白色柔毛。茎自基部分枝，斜升或近直立。高50～150cm。三出复叶互生，具短柄；小叶长圆形或卵状长圆形，先端圆形，有短尖。托叶条形，有毛。总状花序腋生，花序梗较长，花白色或淡黄色，旗瓣基部中央为紫红色。荚果倒卵状椭圆形。

【生物学特性】小灌木，种子繁殖。

【分布与为害】分布于东北及河北、山西、陕西、河南、湖南、四川、云南、福建等地。生于沙质地、向阳草坡或灌木丛中。有时亦侵入农田、果园、苗圃中，为害较重。

图2-169A 单株 ｜ 图2-169B 花、叶

• 红车轴草 *Trifolium pratense* L. 红三叶、红荷兰翘摇 •

【识别要点】根深达2m以上。茎高30~100cm，被疏毛，无匍匐茎，疏分枝。掌状三出复叶，小叶椭圆状卵形至宽椭圆形，长2.5~4cm。宽12cm，中央有"V"形白色斑纹，先端钝圆，基部宽楔形，边缘有细齿，叶下面有长毛，托叶卵形，先端急尖。头状花序腋生，总苞卵圆形具纵脉，花萼筒状，萼齿线状披针形，最下面的1萼齿较长，有长毛，花冠紫红色或紫色。荚果包被于宿存的萼内，倒卵形，小，长约2mm，果皮膜质，具纵脉，含种子1粒。

【生物学特性】多年生草本。江南花期5月，华北花期7—8月，果期8—9月。种子繁殖。

【分布与为害】分布于东北、华北、西南及安徽、江苏、浙江、江西等地。生于田边，路旁湿地，各地引种栽培，后逸生为杂草，侵入旱作物田、果园和桑园，为一般性杂草，为害不大。

图2-170B 群体

图2-170A 花序

三十一、千屈菜科

草本。茎常四棱形。单对生，全缘，无托叶。花两性，单生或簇生或成顶生或腋生的穗状、总状花序。蒴果。

我国约48种，广布于全国各地，其中常见杂草有5种。

• 耳叶水苋 *Ammannia arenaria* H.B.K. •

【识别要点】植株高15～40cm，无毛。茎4棱形，常多分枝。叶对生，无柄，狭披针形，叶基戟状耳形，长1.5～5cm，宽3～8mm。腋生聚伞花序，有总花梗，苞片和小苞片钻形，花稀疏排列，花萼筒状钟形，长约2 mm，萼齿4，呈三角形花瓣4片，淡紫色，长约1.2mm，雄蕊4～6；子房球形，花柱长于子房，长约2mm，稍伸出萼外。蒴果球形，直径约3mm，不规则开裂，种子极小，呈三角形，无胚乳。

【生物学特性】一年生湿生草本。一般为夏秋开花，但亦有报道花期更晚。种子繁殖。

【分布与为害】分布于浙江、江苏、河南、河北南部、陕西、甘肃南部等地。生于湿地或稻田中，为水稻田及其他浅水田的杂草，常成片生长，有些地方由于数量多，对作物有一定为害。

图2-171A　叶	图2-171B　花	图2-171C　果

图2-171D　单株

• 水苋菜　*Ammannia baccifera* L. •

【识别要点】植株高7~30cm，无毛。茎4棱形，多分枝。叶对生，线状披针形、倒披针形或狭倒卵形，长1.5~5cm，宽1.5~13mm，叶基渐狭成短柄或无柄。聚伞花序腋生，有短梗，花密集。苞片小，钻形，花萼钟状，长约1mm，有4齿，呈正三角形，无花瓣；雄蕊4，稍短于花萼，子房球形，花柱长约为子房长度之半，约0.4mm。蒴果球形，紫红色，直径1~1.5mm，在中部以上不规则的盖裂。种子极小，呈三角形。

【生物学特性】一年生，种子繁殖。夏秋时逐渐开花成熟。

【分布与为害】分布于中南地区。生于湿地或稻田中，为水稻田及其他浅水田的杂草。

图2-172B　花序

图2-172A　单株

• 多花水苋 *Ammannia multiflora* Roxb．•

【识别要点】 株高8～35cm，光滑无毛。茎4棱形，多分枝。叶对生，线状披针形，长1.8～3.5cm，宽2～5mm，近无柄，基部戟状耳形。聚伞花序腋生，长4～8mm，有细总花梗，苞片和小苞片极小，钻形，花萼钟状，长约1.5mm，有4萼齿，钻形，花瓣紫色，4片，倒卵形，雄蕊4，子房球形，花柱比子房稍短，长约0.8mm。蒴果球形，直径约2mm，不规则开裂。种子极小，呈三角形。

【生物学特性】 一年生草本。9—10月开花。种子繁殖。

【分布与为害】 生于湿地或稻田。为稻田杂草，有中度为害。华东、华南均有分布。

图2-173A　单株｜图2-173B　花序

• 节节菜 *Rotala indica* (Willd.) Koehne •

【识别要点】 株高5~15(30)cm，有分枝，茎略呈四棱形，光滑，略带紫红色，基部着生不定根。叶对生，无柄，叶片倒卵形、椭圆形或近匙状长圆形，长5~10mm，宽3~5mm，叶缘有软骨质狭边。花成腋生的穗状花序，长6~12mm，苞片倒卵状长圆形，叶状，小苞片2，狭披针形，花萼钟状，膜质透明，4齿裂，宿存，花瓣4片，淡红色，极小，短于萼齿，雄蕊4枚，与萼管等长，子房上位，长约1mm。花柱线形，长约为子房长度的一半或近相等。

【生物学特性】 一年生草本，以匍匐茎和种子繁殖。6—9月出苗，花果期8—10月。冬季全株死亡。

【分布与为害】 为中国中南部常见杂草。适生于较湿润处或水田，为稻田重要杂草。

图2—174B 单株

图2—174A 花序

• 轮叶节节菜 *Rotala mexicana* Cham. et Schltdl. 水松叶 •

【识别要点】 株高3~10cm，光滑无毛。茎下部生水中，无叶，节上产生不定根；茎上部露出水面，有叶，长披针形，常3~4片轮生，无毛，无柄，叶长3~7mm，宽0.5~1mm。花小，腋生，苞片2，钻形，与萼近等长，花萼钟形，长约1mm，有4~5个萼齿，无花瓣，雄蕊2~3个，子房球形，花柱极短。蒴果，球形，2或3瓣裂。果实中有多数种子，较小。

【生物学特性】 一年生草本。茎在水中的，其上有不定根，露出水面的茎有轮生叶。夏秋时开淡红色小花。种子繁殖及在水中的茎节长出新植株蔓延。

【分布与为害】 生于溪边浅水中，或潮湿处。为湿地的一般性杂草。浙江、江苏、陕西、河南均有分布。

图2-175A 花

图2-175B 群体

• 圆叶节节菜 *Rotala rotundifolia* (Buch.-Ham.) Koehne •

【识别要点】 常丛生，高10～30cm。茎无毛，通常紫色。叶对生，通常圆形，较少倒卵状椭圆形，边缘部为软骨质，长宽各4～10mm，无毛，无柄或具短柄。花很小，两性，长1.5～2.5mm，组成1～5(7）个顶生的穗状花序；苞片卵形或宽卵形，约与花等长，小苞片2，钻形，长约为苞片的一半；花萼宽钟形，膜质，半透明，长1～1.5mm，顶端具4齿；花瓣4，倒卵形，淡紫色，长1.5～2mm，明显长于萼齿；雄蕊4；子房上位。蒴果椭圆形，长约2mm，表面具横线条；种子无翅。

【生物学特性】 一年生草本。常成片发生。种子繁殖。

【分布与为害】 分布于长江以南各地。生于水田中或湿地上。

图2-176A 群体

图2-176B 花序

三十二、锦葵科

草本。茎有强韧内皮，常有星状毛。单叶互生，有托叶，叶片多掌状分裂或掌状脉。有副萼，萼片5，花瓣5。蒴果。

我国有76种，南北各地均有分布，常见杂草有3种。

• 苘麻 *Abutilon theophrasti* Medie. 白麻、青麻 •

【识别要点】株高1~2m，茎直立，上部有分枝，具柔毛。叶互生，圆心形，先端尖，基部心形，两面密生星状柔毛，叶柄长。花单生叶腋，花梗长1~3cm，近端处有节；花萼杯状5深裂，花瓣5，黄色。蒴果半球形。

【生物学特性】一年生，种子繁殖。4—5月出苗，花期6—8月，果期8—9月。

【分布与为害】全国遍布。适生于较湿润而肥沃的土壤，原为栽培植物，后逸为野生，部分地方发生严重。

图2-177A 单株	图2-177B 花	图2-177C 果
	图2-177D 幼苗	

• 野西瓜苗 *Hibiscus trionum* L. •

【识别要点】　成株高30～60cm，茎柔软，常横卧或斜升，被白色星状粗毛。叶互生，下部叶圆形，不分裂或5浅裂，上部叶掌状3～5全裂；裂片倒卵形，通常羽状分裂，中裂片最长，边缘具齿，两面有星状粗刺毛；叶柄细长。花单生叶腋。蒴果长圆状球形。

【生物学特性】　一年生草本。4—5月出苗，6—8月为花果期。种子繁殖。

【分布与为害】　分布广泛。适生于较湿润而肥沃的农田，亦较耐旱，为旱作物地常见杂草，生长在棉花、玉米、豆类、蔬菜、果树等作物地。

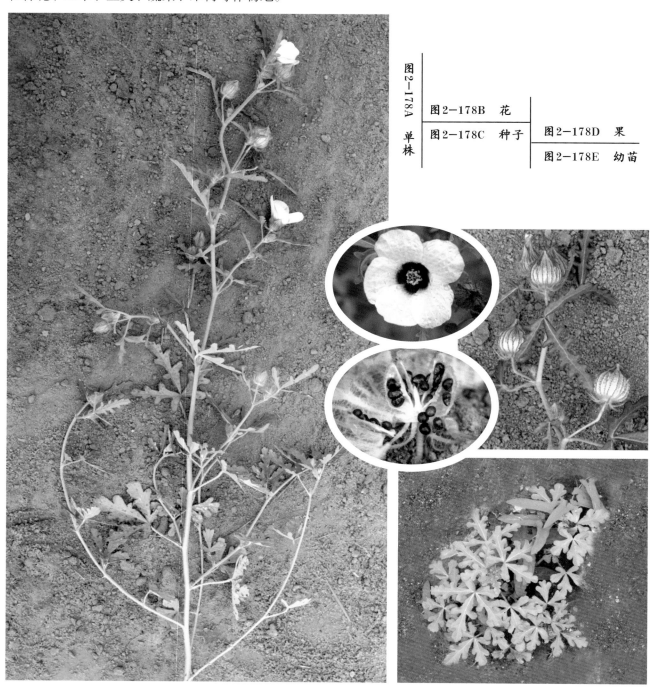

图2-178A 单株	图2-178B　花	
	图2-178C　种子	图2-178D　果
		图2-178E　幼苗

• 圆叶锦葵 *Malva rotundifolia* L. 野锦葵、托盘果 •

【识别要点】根深而粗大。植株较小，茎分枝多而匍生，略有粗毛。叶互生，肾形，常为5～7浅裂，裂片边缘有细圆齿，上面疏被星状柔毛，下被长柔毛；花在上部3～5朵簇生，在基部单生；花冠白色或粉红色。果实扁圆形，灰褐色，种子近圆形，种脐黑褐色。

【生物学特性】多年生草本。花果期4—9月。种子繁殖。

【分布与为害】耐干旱，多生长于荒野、路旁和草坡，为旱作物地一般杂草，发生量小，为害轻。广布于各地。

图2-179A 单株

图2-179B 幼苗

图2-179C 果

图2-179D 花

• 赛葵 *Malvastrum coromandelianum* (L.) Gurcke 黄花草、黄花棉 •

【识别要点】茎直立，高达1m，疏被单毛和星状粗毛。叶卵状披针形或卵形，长2～6cm，宽1～3cm，先端钝尖，基部宽楔形至圆形，边缘具粗锯齿，上面疏被长毛，下面疏被长毛和星状毛，托叶披针形，叶柄长1～3cm，密被长毛。花1～2朵，单生于叶腋，小苞片(副萼)3，线形，长5mm，花梗长约5mm，花萼浅杯状，5裂，花黄色，直径约1.5cm，花瓣5，倒卵形，雄蕊柱长约6mm，无毛，心皮约10，每心皮有1直立胚珠，柱头头状。分果直径约6mm，直径约2.5mm，扁，分果瓣8～12，肾形，疏被星状柔毛，背部具2芒刺。

【生物学特性】半灌木状多年生草本。种子繁殖。

【分布与为害】分布于中国的广东、广西、福建、台湾和云南等省区，世界热带地区广布。散生于干热草坡。原产美洲，为南方常见杂草，为害轻。

图2-180　叶、果

图2-180　单株

• 肖梵天花 *Urena lobata* L. 野棉花、刺头婆、厚皮草 •

【识别要点】高达1m。单叶互生，托叶早落，下部叶近圆形，中部叶卵形，上部生的矩圆形至披针形，长4～7cm，宽2～6cm，浅裂，上面有柔毛，下面有星状茸毛。花单生叶腋或稍丛生，淡红色，直径1.5cm；花梗短，有毛；小苞片5，近基部合生；花萼杯状，5裂；花瓣5，倒卵形，外面有毛；雄蕊柱无毛；子房5室，花柱分枝10。果扁球形，直径1cm；分果瓣具钩状刺毛，成熟时与中轴分离。

【生物学特性】直立半灌木。花期8—9月，果期为翌年1—2月。种子繁殖。

【分布与为害】分布于长江以南各省地；广布亚洲热带地区。生于干热旷地、草坡，为幼林、果园常见杂草。

图2-181C 单株 ｜ 图2-181A 花 ｜ 图2-181B 果

图2-181D 幼苗

三十三、防己科 Menispermaceae

木质或草质藤本。单叶互生，全缘或分裂，无托叶。花单性异株，排成聚伞花序、总状花序或圆锥花序；萼片和花瓣通常6，轮生，分离，雄蕊6～9，常与花瓣对生，雌蕊3～6，分离；核果近球形，内果皮常骨质。

分布于热带和亚热带；我国有20属，约60种，南北均有分布。常见杂草有1属1种。

• 千金藤 *Stephania japonica* (Thunb.) Miers •

【识别要点】长4～5m，全体无毛；块茎粗壮；小枝有细纵条纹。叶草质或近纸质，互生，宽卵形或卵形，长4～8cm，宽3～7.5cm，顶端钝，基部圆形、近截形或微心形，全缘，下面通常粉白色，两面无毛，掌状脉7～9条；叶柄盾状着生，长5～8cm。花单性，雌雄异株；花序伞状至聚伞状，腋生；总花梗长2.5～4cm，分枝4～8，无毛；花小，淡绿色，有梗；雄花萼片6～8，卵形或倒卵形；花瓣3～5；雄蕊花丝愈合成柱状体；雌花萼片3～5；花瓣与萼片同数；无退化雄蕊；花柱3～6裂，外弯。核果近球形，直径约6mm，红色。

【生物学特性】缠绕木质藤本。花期5—6月，果期8—9月。种子繁殖。

【分布与为害】分布于中国华东、华中、西南和华南地区。生于山坡、溪畔或路旁，为路埂一般性杂草，果园、茶园也有，发生量小，为害不大。

图2-182A 植株　图2-182D 幼苗

图2-182B 果　图2-182C 种子

三十四、柳叶菜科 Onagraceae

一年生或多年生草本，单叶，对生或互生；花两性，通常生于叶腋或为总状和穗状花序，花4瓣。果实常为蒴果。

本科全世界约650种，我国杂草有10种，常见有1种。

• 丁香蓼 *Ludwigia prostrata* Roxb．红豇豆、草龙 •

【识别要点】茎近直立或基部斜上，高30～80(100)cm，有分枝，具纵棱，淡绿色或带红紫色，秋后全变为红紫色，无毛或疏被短毛。叶互生，叶柄长3～10mm，叶片披针形或长圆状披针形，长2～5(8)cm，宽4～15(27)mm，先端渐尖或钝，基部楔形，全缘，近无毛。花单生于叶腋，无梗，基部有2小苞片，花萼筒与子房合生，裂片4，卵状披针形，绿色，外面略被短柔毛，花瓣4，黄色，倒卵形，稍短于花萼裂片，雄蕊4，子房下位，花柱短，柱头头状。蒴果线状柱形，具4钝棱，稍带紫色，熟后果背果皮成不规则破裂，含多数种子，种子椭圆形。

【生物学特性】一年生草本。在嘉陵江上游的稻田中生长的5—6月出苗，花果期7—10月。种子随流水或风传播、繁殖。

【分布与为害】分布几遍全国，但主要在长江以南各省，朝鲜、日本、印度至马来西亚也有。为水稻田及湿润秋熟旱作地主要杂草，特别是水稻种植区。水改旱，常会大量发生，局部地区为害严重。

图2-183A　单株 ｜ 图2-183B　果

• 光果小花山桃草 *Gaura parviflora* Douglas ex Hooker f. glabra Munz •

【识别要点】成株直根系，主根硬直、入土很深。茎直立，单一或常于中部以上分枝，具短柔毛及开展的长柔毛，高0.2～1m。基生叶丛生，莲座状，倒卵状披针形，被短柔毛，长5～15cm，基部渐狭成具翅的叶柄，边缘具稀疏的齿牙；茎生叶互生，下部叶具短柄，渐至茎上方而无柄，叶片倒卵状披针形，椭圆形或披针形，长3～10m，边缘具稀疏波状的齿牙或近于全缘。穗状花序着生茎顶或分枝的顶端，长10～40(60)cm，花轴基部长柔毛与短柔毛混生，渐至上方光滑无毛苞片披针状线形，长2～3mm，萼筒长1.5～4mm，无毛；萼片4，长圆状披针形；花瓣4，粉红色，长1.5～2mm，直立，下具细爪，雄蕊8，花丝白色，扁平，花柱1。蒴果坚果状，木质、无柄，长6～9mm，直径2mm，稍呈纺锤形，具4条钝棱，上方棱明显，下方棱不明显，于棱间各具1脉，果内含1～2粒褐色的种子。种子倒卵形。

【生物学特性】二年生或越年生草本。花期6—8月，果期7—10月。种子繁殖。

【分布与为害】在干旱沙质土壤上生长繁茂，原产北美，生长在北美的大草原内。我国有引种栽培作观赏用；逸为杂草，生长于田园、路边、荒地等处，属一般性杂草。分布于我国山东、辽宁及长江以南各省。

图2-184A　单株｜图2-184B　花｜图2-184C　果

三十五、列当科 Orobanchaceae

一年生、二年生或多年生草本，以芽管(种子萌发时产生的管状物，其结构类似根)寄生于其他植物根部。茎通常单一，或少数种有分枝。叶鳞片状，互生，或在茎基部密集成近覆瓦状。花两性，组成总状或穗状花序，或簇生成头状花序状，极少单生，花萼佛焰苞状或4~5裂，或离生，或无花萼；花冠两侧对称，通常弯曲，唇形，上唇全缘或2裂，下唇3裂，或花冠筒状钟形或漏斗状，先端5裂，裂片近等大。果为宿存花萼所包，瓣裂。

本科有15属，150余种，主要分布于北温带。我国产9属，40种和3变种，主要分布于西部，少数种分布于东北部、北部、中部、西南部和南部。常见寄生杂草有 1 种。

• 分枝列当 *Orobanche aegyptiaca* Pers. 瓜列当 •

【识别要点】高15~50(60)cm；茎直立，具条纹，肉质，黄褐色，自基部或中部以上分枝；全株有腺毛。叶稀疏，鳞片状，卵状披针形，长0.8~1cm，黄褐色，先端尖。穗状花序顶生枝端，长8~15cm；苞片卵状披针形，长0.6~1cm，宽3~4mm，有腺毛，小苞片2枚，条状钻形，短于花萼；花萼短钟状，近膜质，淡黄色；花冠唇形，蓝紫色，筒部漏斗状，上唇2浅裂。蒴果长圆形。

【生物学特性】一年生寄生草本。花果期7—8月。种子繁殖。

【分布与为害】生于农田或庭院里，主要寄生于瓜类的根部，常见的寄主还有向日葵和番茄；为夏收作物，蔬菜田一般性寄生杂草，部分瓜田发生量较大，受害较重。分布于新疆和西藏。

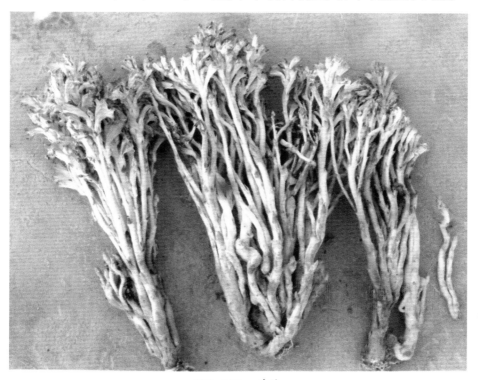

图2-185　单株

三十六、酢浆草科 Oxalidaceae

　　草本，有时灌木；叶为指状复叶或羽状复叶，有时因小叶抑发而为单叶，有托叶或缺；花两性，辐射对称，单生或排成伞形，稀为总状花序或聚伞花序；萼5裂；花瓣5，分离或多少合生，旋转排列；雄蕊10，下位，基部合生，有时5枚无药；子房上位，5室，每室有胚珠2颗，生于中轴胎座上，花柱5，分离；果为蒴果或肉质的浆果。

　　约8属，950种，广布于热带和温带地区，我国有3属，13种，南北都有分布。

• 酢浆草 Oxalis corniculata L. 酸味草、鸠酸、酸醋酱 •

　　【识别要点】多枝草本；茎柔弱，常平卧，节上生不定根，被疏柔毛。三小叶复叶，互生；小叶无柄，倒心形，长10mm，被柔毛；叶柄细长，长2~6.5cm，被柔毛。花1至数朵组成腋生的伞形花序，总花梗与叶柄等长；花黄色，长8~10mm；萼片5，矩圆形，顶端急尖，被柔毛；花瓣5，倒卵形；雄蕊10，5长5短，花丝基部合生成筒；子房5室，柱头5裂。蒴果近圆柱形，长1~1.5cm，有5棱，被短柔毛。

　　【生物学特性】一年生草本。华北地区3—4月出苗，花期5—9月，果期6—10月。种子繁殖。

　　【分布与为害】产于世界温带及热带地区。中国各地均有分布。适生于潮湿环境，亦能耐干旱，为旱作物地较常见之杂草，多生于蔬菜地、林下、苗圃、果园、温室等地，荒地、路边、墙脚亦常见。

图2-186A 　群体

图2-186B 　花

图2-186C 　幼苗

• 红花酢浆草 *Oxalis corymbosa* DC. 铜锤草 •

【识别要点】高达35cm；地下部分有多数小鳞茎，鳞片褐色，有3纵棱。三小叶复叶，均基生；小叶阔倒卵形，长约3.5cm，先端凹缺，被毛，两面有棕红色瘤状小腺点；叶柄长15～24cm，被毛。伞房花序基生与叶等长或稍长，有5～10朵花；花淡紫红色；萼片5，顶端有2红色长形小腺体；花瓣5；雄蕊10，5长5短，花丝下部合生成筒，上部有毛；子房长椭圆形，花柱5，分离。蒴果短条形，角果状，长1.7～2cm，有毛。

【生物学特性】多年生无茎草本，地下部分有多数小鳞茎，鳞片褐色，有3纵棱，鳞茎极易分离，故繁殖迅速。花、果期6—9月。鳞茎及种子繁殖。

【分布与为害】原产于美洲热带地区。适生于潮湿、疏松的土壤，为水浇旱作物地较常见的杂草，蔬菜地、果园地亦常见。我国南北各地均有栽培，在广东、湖南等省份较普遍。

图2-187A　群体　　图2-187B　幼苗
　　　　　　　　　　图2-187C　鳞茎

三十七、罂粟科 Papaveraceae

一年生或多年生草本，稀灌木。常含有色汁液或富含汁液。叶互生，稀上部对生或轮生，全缘或分裂，无托叶。花两性，辐射对称或两侧对称，单生或排列成总状或聚伞花序；萼片2个，稀3个，早落；花瓣4~6个稀更多或无，覆瓦状排列，常有皱纹。果实为蒴果。

约有43属，500种以上，分布于北温带。我国有20属，270种左右，分布广泛。

• 地丁草 *Corydalis bungeana* Turcz. 本氏紫堇、紫堇 •

【识别要点】全体灰绿色，无毛。茎自基部分枝，直立或斜升，高20~40cm。基生叶和茎下部的叶长3.5~10cm，具长柄，叶片3~4回羽状全裂或深裂，1回裂片2~3对，具细柄或近无柄，两面具白色细粉粒。头状花序，花瓣4，淡紫色。蒴果豆荚状。

【生物学特性】越年生或一年生草本。陕西渭河流域花期4—6月，种子于5月即渐次成熟落地。种子繁殖。

【分布与为害】分布于陕西、甘肃、山西、河北、河南等地。生于较湿润的田边或农田，部分麦田、果园常见，为害不重。

| 图2-188A | 花、果 |
| 图2-188B | 单株 |

• 紫堇 *Corydalis edulis* Maxim. •

【识别要点】根细长，绳索状。茎高10~30cm，无毛，单生或基部分枝，地下无块茎。叶基生和茎生，叶片2或3回羽状全裂，第1回裂片5~7，有柄，2回或3回裂片近无柄，3深裂。总状花序，花瓣紫色，上花瓣前端红紫色。蒴果线形，下垂。

【生物学特性】二年生草本。花果期4—7月。种子繁殖。

【分布与为害】分布于陕西、河南、甘肃、安徽、江苏、浙江、江西、湖北、湖南等地，适应性强，喜生于丘陵至平地等潮湿处，常生于池塘边、沟边、林下及路旁，为果园、苗圃常见杂草，偶进入农田，发生量小，为害轻。

图2-189A 单株 ┃ 图2-189B 花、果

• 刻叶紫堇 *Corydalis incisa* (Thunb.) Pers. •

【识别要点】块茎狭椭圆形，长约1cm，粗约5mm，密生须根。茎高15～45cm。叶基生并茎生；叶片轮廓三角形，长达6.5cm，2或3回羽状全裂，1回裂片2～3对，具细柄，2或3回裂片缺刻状分裂。总状花序长3～10cm；苞片轮廓菱形或楔形，1或2回羽状深裂，小裂片狭披针形或钻形，锐尖；萼片小；花瓣紫色，上面花瓣长1.6～2cm，距长0.7～1.1cm，末端钝，下面花瓣基部稍呈囊状。蒴果椭圆状条形，长约1.5cm，宽约2mm；种子黑色，光滑。

【生物学特性】越年生或一年生草本。种子繁殖。

【分布与为害】生于丘陵林下、沟边或多石处。分布在台湾、福建、浙江、江西、江苏、安徽、河南西南部、陕西南部、山西东南部和河北西南部。

图2-190A　单株 ｜ 图2-190B　花、果

• 秃疮花 *Dicranostigma leptopodum*（Maxim.）Fedde 秃子花、勒马回 •

【识别要点】茎直立，高20～30cm，通常2～5条生于丛中，上部有分枝，疏生柔毛。基生叶有柄，呈莲座状，羽状全裂或深裂，边缘有齿或缺刻，叶片下面被粉粒；茎生叶少，无柄，羽状全裂。花1～3朵生于茎或分枝的上部。排列成聚伞花序，花瓣4，黄色。蒴果线形。

【生物学特性】越年生或多年生草本。农田9—10月出苗，花果期4—6月。种子繁殖。

【分布与为害】生于丘陵草坡、路旁或农田中，部分麦田、果园受害较重。分布于西藏、云南、四川、甘肃、陕西、河南、山西南部。

图2-191A	群体	图2-191B	花
图2-191C	幼苗	图2-191D	单株

• 白屈菜 *Chelidonium majus* L. •

【识别要点】多年生草本，具黄色汁液。茎高30～60cm，分枝，有短柔毛，后变无毛。叶互生，长达15cm，羽状全裂，全裂片2～3对，不规则深裂，深裂片边缘具不整齐缺刻，上面近无毛，下面疏生短柔毛，有白粉。花数朵，近伞状排列；苞片小，卵形，长约1.5mm；花梗长达4.5cm；萼片2，早落；花瓣4，黄色，倒卵形，长约9mm，无毛；雄蕊多数；雌蕊无毛。蒴果条状圆筒形，长达3.6cm，宽约3mm；种子卵球形，长约2mm，生网纹。

【生物学特性】多年生或一年生草本。花期果期5—7月。种子繁殖。

【分布与为害】分布在四川、新疆及华北和东北。适生于山坡或山谷林边草地；为山区旱作农田田边杂草，偶入农田，为害轻。

图2-192A　单株

图2-192B　花

• 角茴香 *Hypecoum erectum* L. •

【识别要点】株高5.5～10(20)cm。叶12～18片，均基生，长1.5～9cm，被白粉，轮廓倒披针形，2～3回羽状全裂，末回裂片丝状。花葶1～10条；聚伞花序具分枝；苞片小，叶状细裂，萼片2，狭卵形。花瓣4，黄色，外面2个较大，扇状倒卵形。蒴果线形。

【生物学特性】越年生或一年生草本。花期4—6月，果期5—7月。种子繁殖。

【分布与为害】适生于干燥荒地、田野、沙地或山坡、草地；为菜园、果园、草坪及部分沙地旱作较常见之杂草。为害不十分严重。分布于华北及陕西、河南、内蒙古、新疆等地。

图2-193A　花
图2-193B　单株
图2-193C　花、果

• 博落回 *Macleaya cordata* (Willd.) R.Br. 号筒杆 •

【识别要点】成株直立，高可达1～2(4)m，基部灌木状，茎绿色，有时带紫红色，光滑，被白粉，中空，直径达1.5cm，上部多分枝，具橙黄色液汁。叶柄长1～12cm，上面具浅沟槽，叶宽卵形或近圆形，长5～27 cm，宽5～25cm，基部心形，边缘7或9浅裂，裂片半圆形、方形或三角形。裂缘波状、缺刻状或齿状，上面绿色，无毛，下面多白粉，基出脉通常5，细脉网状。圆锥花序多花，长15～40 cm，生于茎或分枝顶端，花梗长2～7mm，萼片2，倒披针状船形，黄白色，长约1cm，无花瓣，雄蕊20～30，子房倒卵形，花柱长约1mm，柱头2深裂。蒴果狭倒卵形或倒披针形，成熟后黑色，有光泽，近无柄，种皮具有鸡冠状突起。

【生物学特性】多年生大草本，花期6—8月，果期7—10月。

【分布与为害】喜生于丘陵阴湿沟边或林缘沙土地。常见于低山林中或开垦地的草丛中，多为丘陵山地田边杂草，很少进入农田。多分布于长江流域中、下游，如贵州、广东、福建、江西、湖南、湖北、安徽、浙江、江苏等地，以及河南、陕西、甘肃南部；日本中部也有。

图2-194A　成株

图2-194B　幼苗

图2-194C　单株

三十八、商陆科 Phytolaccaceae

草本或灌木，很少是乔木。茎光滑无毛。单叶、互生、叶片全缘，无托叶。花两性或单性，辐射对称，排成腋生或顶生的总状花序或聚伞花序；花萼4～5裂；通常缺花瓣；雄蕊4～5或多数，花丝分离或基部连合；心皮1至多个，分离或连合，子房上位，胚珠单生于每一心皮内。果实为浆果、蒴果或翅果。种子有胚乳。

约12属，100种。我国有2属5种。常见杂草有1属2种。

● 美洲商陆 *Phytolacca americana* L. 商陆、美国商陆 ●

【识别要点】高1～2m。根粗大，肉质，圆锥形。茎直立，粗壮，肉质，圆柱形，无毛，常为紫红色。叶卵状长圆形至长圆状披针形，长10～30cm，先端短尖，基部楔形。总状花序长5～20cm，下垂；花白色，直径6mm；花被5片；雄蕊10个，心皮亦为10个，合生。果穗下垂；浆果扁球形，红紫色，种子肾形，黑褐色。

【生物学特性】多年生草本。春季萌发，花期6—8月，果期8—10月。果实落后地上部分死亡；种子在土壤中越冬，翌年春开始萌发，生育期长。以根茎及种子繁殖。

【分布与为害】喜生长在土壤肥沃的林缘、地边、房前屋后；为茶园、果园、竹林、油茶林、油桐林地杂草，为害一般。我国河南、湖北、河北等省份都有栽培或野生。

图2—195A 单株 ｜ 图2—195B 穗
｜ 图2—195C 果

三十九、车前科 Plantaginaceae

草本，稀为灌木。单叶基生、互生或对生，基部常呈鞘状。无托叶。穗状花序；花序两性，辐射对称，小形，单生于苞片腋部；花萼草质，4深裂或浅裂，有1龙骨状突起，外侧2片和内侧2片常异形，宿存；花冠干膜质，3～4裂，覆瓦状排列。蒴果。

本科有3属，270余种，广布于全世界。我国有1属，13种；常见杂草有4种。

• 车前 *Plantago asiatica* L. 车前子 •

【识别要点】高20～60cm，具须根。叶基生，直立，卵形或宽卵形，长4～12(15)cm，宽3～9cm，先端圆钝，边缘近全缘，波状或有疏齿至弯缺，两面无毛或有短柔毛，具弧形脉5～7条，叶柄长(2)5～10(22)cm，基部扩大成鞘。花葶数个，直立，长20～45cm，被短柔毛；穗状花序占上端1/3～1/2处，花疏生，绿白色或淡绿色；苞片宽三角形，较萼片短，二者均有绿色宽龙骨状突起；花萼裂片倒卵状椭圆形或椭圆形，长2～2.5mm，有短柄；花冠裂片披针形，长约1mm，先端渐尖，反卷。蒴果椭圆形。

【生物学特性】多年生草本。春季出苗，华北地区花果期6—9月。种子繁殖。

【分布与为害】适生于湿润处，农田、路边、沟旁等处常见。部分秋作物田中较多，为害较重。分布几乎遍及全国。

图2—196B　幼苗

图2—196A　单株

• 大车前 *Plantago mojor* L. •

【识别要点】高15～20(60)cm。须根发达。叶基生，直立，较密，卵形或宽形，长3～10(14)cm，宽2.5～6(8.5)cm，先端圆钝，基部下延至柄，边缘波状或有不整齐锯齿，两面被毛；叶柄长3～9(13)cm。花葶数条，长8～20cm；穗状花序长4～9cm；花两性，密生；苞片卵形，短于萼片，二者均有绿色龙骨状凸起；花萼裂片4，椭圆形，长约2mm；花冠裂片椭圆形或卵形，长1mm；雄蕊4，外露。蒴果圆锥状，种子6～10(16)粒。

【生物学特性】多年生草本。春、秋季出苗，花果期5—9月。种子或根芽繁殖。

【分布与为害】适生于低湿处，为水稻田边、水边、沟边、路边或田园常见杂草，部分农田、果园、菜地常见，但数量不多，为害不重。分布于新疆、陕西、浙江、江西、湖南、湖北、四川、云南、贵州、广西、广东、福建、台湾等地。

图2-197B　穗
图2-197A　单株

• 平车前 *Plantago depressa* Willd. •

【识别要点】高5~20cm，具圆柱状直根。叶基生，平铺或直立，卵状披针形、椭圆状披针形或椭圆形，长4~10(14)cm，宽1~3(5.5)cm，边缘疏生小齿或不整齐锯齿，稍被柔毛或无毛，纵脉5~7条，叶柄长1~3cm，基部具较宽叶鞘及叶鞘残余。花葶少数，长4~17cm，疏生柔毛；穗状花序直立，长4~10(18)cm，上端花密生，下部花较疏；苞片三角状卵形，长2mm，边缘常成紫色；花萼裂片4，椭圆形，长约2mm，和苞片均有绿色龙骨状突起，边缘膜质；花冠裂片4，椭圆形或卵形，先端有浅齿，雄蕊稍伸出花冠。蒴果圆锥状。

【生物学特性】一年生或二年生草本。秋季或早春出苗，花期6—8月，果期8—10月。种子繁殖或自根茎萌生。

【分布与为害】生于山坡、河边、田埂、路旁或宅畔，喜湿润，耐干旱，亦耐践踏。为果园、路埂常见杂草，有时也侵入菜地和夏作田中。分布几遍全国。

图2-198B 幼苗

图2-198A 单株

• 长叶车前 *Plantago lanceolata* L. •

【识别要点】植株高30~50cm。根状茎短，有较细的须根。基生叶披针形、椭圆状披针形或线状披针形，直立或外展，长5~20cm，宽0.5~3.5cm，全缘或有细锯齿，两面密生柔毛或无毛，有3~5条明显的纵脉，叶柄长2~4.5cm，基部有细长毛。花葶少数，长15~40cm，四棱形，有长柔毛；穗状花序圆柱形，长2~3.5cm，花密集，苞片卵圆形，中央有一具毛的棕色龙骨状凸起。萼片4，组成不等的2对，远轴的1对合生，另2片离生；花冠裂片开展，三角状卵形；雄蕊远伸出花冠。蒴果椭圆形，近下部周裂，种子6~10，黄褐色至深褐色。

【生物学特性】多年生草本。春、夏、秋季均见幼苗，花期6—10月。以种子和根状茎芽繁殖。

【分布与为害】生于温湿的草地或路边。部分农田常见，但数量不多，为害不重。是多种作物(甜菜、甘薯、番茄、芜菁、瓜类、烟草、蚕豆)上病毒、害虫及病菌的寄主。分布于辽宁、山东、江苏、浙江、江西及台湾等省份。

图2-199B 幼苗

图2-199A 单株

四十、蓝雪科 Plumbaginaceae

草本或小灌木，有茎或无茎。叶旋叠状或互生，无托叶。花两性，辐射对称，常组成穗状花序、头状花序或圆锥状花序；苞片与小苞片干膜质；花萼合生，筒状或漏斗状，具5~15棱，先端5齿裂，常为干膜质而着色；花冠通常合瓣，覆瓦状排列，筒状，有时5裂，深达基部，或仅基部合生；雄蕊5，与花瓣对生，多少贴生于冠筒上。果实包藏于宿存的花萼内，开裂或不开裂，1室，含1粒种子。种子有或无胚乳。

本科约有10属，350余种，广布全世界。我国有7属，37种，分布各省份。常见杂草有1种。

• 二色补血草 Limonium bicolor (Bunge) O.Kuntze 矶松、蝇子草 •

【识别要点】株高20~70cm，除花萼外全株无毛，叶基生，匙形或倒卵状匙形，长2~7(11)cm，宽1~2.5cm，先端钝而具短尖头，基部渐狭下延成叶柄，疏生腺体。花序为由密聚伞花序组成的圆锥花序，花葶单一或数条，多分枝，开展，有不育小枝；苞片紫红色，卵圆形，边缘宽膜质；花萼漏斗状，长6~8mm，檐部直径约6mm，萼筒倒圆锥形，长2~3mm，具柔毛，裂片5，白色或稍带黄色或粉色；花瓣黄色，基部合生，先端深裂。果实长圆状倒卵形，具5棱，包于宿存的花萼内。

【生物学特性】多年生草本。萼宿存，干膜质；花、果期5—10月。种子繁殖和根芽繁殖。

【分布与为害】适生于盐碱地，是盐碱土的指示植物。分布于海拔2 000m以下，滨海碱滩、坝上草地、沙丘。在滨海垦区及草地农区常有生长，为害一般。分布于东北、华北及内蒙古、甘肃、陕西、山东、江苏等地。

图2-200A　单株

图2-200B　花

图2-200C　幼苗

四十一、蓼科 Polygonaceae

茎节通常肿胀。单叶，互生，具托叶鞘，圆筒形，膜质。花两性，整齐、簇生、或由花簇组成穗状，头状、总状或圆锥花序。瘦果，胚常成"S"形弯曲。

本科约40属，800种，主要分布于北温带。我国有14属，200多种，分布各省份。主要杂草有28种。

• 萹蓄 *Polygonum aviculare* L. 地蓼、猪牙菜 •

【识别要点】成株高10～40cm，常有白色粉霜。茎自基部分枝，平卧、斜上或近直立。叶互生，具短柄或近无柄；叶片狭椭圆形或线状披针形；托叶鞘抱茎，白色膜质。花小，常数朵簇生于叶腋；花被5片深裂，边缘白色或淡红色。瘦果卵状三棱形。

【生物学特性】一年生草本，种子繁殖。种子发芽的适宜温度为10～20℃，适宜土层深度为1～4cm。在我国中北部地区，集中于3—4月出苗，5—9月开花结果。6月以后果实渐次成熟。种子落地，经越冬休眠后萌发。

【分布与为害】分布于全国各地，北方更为普遍。主要为害麦类、油菜、果树等作物，但数量不多，为害不重。

图2-201A　单株

图2-201B　花

图2-201C　幼苗

图2-201D　花序

• 腋花蓼 *Polygonum plebeium* R.Br. 习见蓼 小萹蓄 •

【识别要点】茎匍匐，多分枝，呈丛生状，长15～30cm，节间通常较叶为短；小枝表面有沟纹，无毛或近无毛。叶片线状长圆形、狭倒卵形或匙形，长5～20mm，宽约3mm，先端急尖，基部楔形；托叶鞘膜质，无脉纹，顶端数裂。花小，簇生于叶腋，粉红色，花被5深裂，裂片长圆形，长约2mm；雄蕊5，中部以下与花被合生，短于花被；花柱3，柱头头状。瘦果长2mm以下，卵状三棱形，两端尖，褐黑色。

【生物学特性】一年生匍匐草本。花果期5—8月。种子及匍匐茎繁殖。

【分布与为害】常生于荒芜草地、山坡路旁。为一般性果园及路埂杂草，为害轻。主要分布于长江以南及台湾等地，最北可达陕西及河北。

图2-202A　花

图2-202B　单株

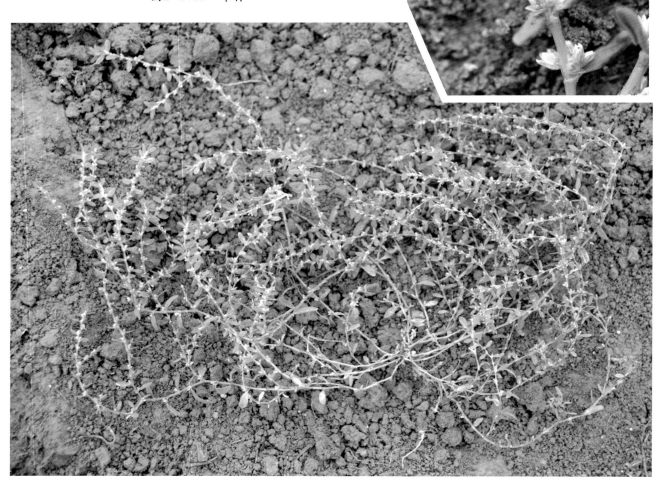

旱型两栖蓼 *Polygonum amphibium* L.var.*terrestre* Leyss　毛叶两栖蓼

【识别要点】根茎发达，节部生根。茎直立或斜上。高20~40cm，基部有分枝，被长硬毛。叶互生，具短柄；叶片宽披针形或披针形，先端急尖，基部近圆形，两面密生短硬毛，全缘，有缘毛；托叶鞘筒状，密生长硬毛。穗状花序顶生或腋生，花绿白色或淡红色。瘦果卵圆形，有钝棱，熟时深褐色。以根茎繁殖为主，种子也能繁殖。

【生物学特性】多年生草本，根苗秋季或翌年春季出土，实生苗极少见。

【分布与为害】分布与正种两栖蓼略同。生于农田、路旁、沟渠等处，水中也能生长；主要为害小麦、棉花、豆类、蔬菜和幼林。

图2-203A　群体 ｜ 图2-203B　幼苗

• 酸模叶蓼 *Polygonum lapathifolium* L. 莬酸子 •

【识别要点】高50~100cm，茎直立，多分枝，绿色，节间具紫斑。叶互生，有柄，叶柄有短刺毛，叶片长椭圆状披针形，叶面具黑斑，背面具白绵毛；托叶鞘状，膜质。花较小，密生呈穗状，粉红色。

【生物学特性】种子繁殖，一年生草本。种子发芽的适宜温度为15~20℃，适宜土层深度为2~3cm。多次开花结实，东北及黄河流域4—5月出苗，花果期7—9月。种子经冬天休眠后萌发。喜欢生于农田、路旁、河床等湿润处或低湿地。

【分布与为害】为一种适应性较强的农田及非农田杂草。在东北、河北、山西、河南及长江中下游地区水旱轮作或土壤湿度较大的油菜或小麦田有轻度为害；在广东、福建、广西等水旱轮作的油菜或小麦田为主要杂草。酸模叶蓼生长竞争性强，为害较大，可致作物严重减产，在油菜田达26株/m²时，油菜角果数明显减少，油菜产量损失可达8.1%，生产上须进行防治。

图2-204A　田间群体

图2-204B　单株

图2-204C　花序

• 绵毛酸模叶蓼 *polygonum lapothifoliu* L.Var.*salicifolium* Sibth. •

【识别要点】本变种与正种酸模叶蓼的形态特征很近似，主要区别是变种的叶下面密生灰白色绵毛，绵毛脱落后常具棕黄色小点。

【生物学特性】种子繁殖，一年生草本。种子发芽的适宜温度为15～20℃，适宜土层深度为2～3cm。多次开花结实，东北及黄河流域4—5月出苗，花果期7—9月。种子经冬天休眠后萌发。喜欢生于农田、路旁、河床等湿润处或低湿地。

【分布与为害】生于路边湿地和沟边。分布于黑龙江、辽宁、河北、山东、山西、江苏、安徽、湖北、广东等省份。是为害水稻、小麦、棉花、豆类常见杂草。为一种适应性较强的农田及非农田杂草。

图2-205A 单株	图2-205B 花序
	图2-205C 幼苗

• 火炭母 *Polygonum chinense* L. 赤地利、五毒草、黄鳝藤、晕药 •

【识别要点】成株茎直立或半攀缘状；有时蜿蜒，高可达1m，无毛，或被疏毛。叶片卵形或长圆状卵形，长5~10cm，宽3~6cm，先端渐尖，基部截形或楔形，并向下延伸至叶柄，边全缘但具细微圆齿，上面绿色，常有"人"字形褐色斑，下面浅绿色，两面均无毛，或有时被疏毛1~1.5cm，基部有草质耳状片，耳片通常早落，托叶鞘膜质，斜截形，易破裂，无毛。头状花序顶生，排列成伞房花序或圆锥花序状，序轴被腺毛，苞片膜质，无毛，卵形，花被5深裂，白色或淡红色，雄蕊8。瘦果幼时明显三棱形，成熟时近球形，棱角不太明显，黑色，有光泽，包藏于富含汁液、白色透明或稍带紫色而略为增大的花被内。

【生物学特性】多年生草本或半灌木。花果期7—10月。种子繁殖。

【分布与为害】喜生于水沟旁或湿地上及山坡灌丛中，也常见于住宅附近。为一般性果园、茶园及路埂杂草，通常为害不大。分布于我国西南部至东南部及海南和台湾等地。印度、日本、菲律宾也有。

图2-206A　单株

图2-206B　幼苗

图2-206C　穗

• 蓼子草 *Polygonum criopolitanum* Hance •

【识别要点】成株茎高5~30cm，簇生，多分枝，暗红色，连同托叶鞘都有粗毛。叶片狭披针形，长1~3cm，宽5~10mm，先端急尖，基部楔形，两面都有粗毛与白色小斑点；叶近无柄，托叶鞘先端截形。花密生为头状花序，顶生，花序梗有腺毛，苞片卵形，有粗毛，最下一枚叶状，承托着花序，花被片5，长约2mm，上部淡红色，基部绿色，雄蕊5；柱头2。瘦果卵形，有3棱，黑褐色，有光泽。

【生物学特性】一年生匍匐状草本。花果期7—9月。种子繁殖。

【分布与为害】喜生于田旁或溪边及路旁，或林缘湿地，为一般性杂草，对农作物为害不大。分布于我国江苏、江西等省份。

图2−207A	花序
图2−207B	群体

• 水蓼 *Polygonum hydropiper* L. 辣蓼 •

【识别要点】成株高20~60cm，直立或倾斜，不分枝或基部分枝，无毛，下部节上常生不定根。叶片披针形，两端渐尖，两面均有透明腺点，无毛或有时沿主脉被稀疏硬伏毛，叶缘具缘毛，叶柄短；托叶鞘筒形，长约1cm，疏生短伏毛；先端截形，有短睫毛。总状花序顶生或腋生，顶生时常为圆锥状，常下垂，下部间断；苞片斜漏斗状，有腺点，先端斜形，具短睫毛或近无毛；花被5片，深裂，裂片倒卵形或长圆形，密被腺点。子实瘦果卵三棱形。

【生物学特性】一年生草本。花果期8—11月，种子繁殖。

【分布与为害】常生于水边和路旁湿地，为常见的夏收作物田、水稻田及路埂杂草，对麦类、油菜等有轻度为害。分布于我国南北各地。

图2-208A　单株 | 图2-208B　花序

• 戟状箭叶蓼 *Polygonum hastato-sagittatum* Makino.长箭叶蓼、披针叶蓼 •

【识别要点】成株植株高30~80cm；茎下部伏卧，节上生不定根，分枝细长，连同叶柄疏生倒钩刺。叶片戟状箭形，长2~9cm，宽约1.5cm，先端锐尖，基部箭形或近截形，托叶鞘筒状，具细密纵脉纹，先端截形，有短睫毛。顶生短穗状圆锥花序，少分枝，基部不间断，花序梗和花梗密生有柄的腺毛；苞片漏斗状，花梗比苞片长；花淡红色，花被5深裂，雄蕊7~8；花柱3，与花被等长。瘦果卵形，有3棱，长约3mm，直径2mm，深褐色，有光泽，全包于宿存花被内。

【生物学特性】一年生草本。花果期为6—10月。种子繁殖。

【分布与为害】常生于沟边田埂、路旁或丘陵地区之河滩湿地，为春作物田和路埂一般性杂草，为害不严重。分布于江苏、浙江、江西、福建、云南等省份。

图2-209A　单株　图2-209B　花序

• 长鬃蓼 *Polygonum longisetum* De Bruyn •

【识别要点】茎高30～60cm，直立，分枝，下部伏卧，常带粉红色，无毛。叶片披针形，稀宽披针形，长4～8cm，宽0.6～2.5cm，先端渐尖，基部楔形，叶缘及中脉具短伏毛，其余无毛，叶柄短或近无柄，托叶鞘筒状，具伏毛，褐色，膜质，先端截形，有长睫毛。花序穗状，顶生或腋生，较紧密，长3～5cm，下部花簇常间断，苞片漏斗状，常带红色，具长睫毛，内有花3～6朵，花梗与苞片近等长，花被5深裂，粉红色或暗红色。瘦果卵状三棱形，黑色，有光泽。包于宿存花被内。

【生物学特性】一年生直立草本。花果期8—10月。种子繁殖。

【分布与为害】常生于溪边或河岸及路旁湿地。为一般性果园、茶园及路埂杂草，为害轻。分布于我国东北、华北及华东等地。

图2-210A　花序

图2-210B　单株

• 尼泊尔蓼 *Polygonum nepalense* Meisn. •

【识别要点】茎高20~60cm，直立或倾斜，细弱，常分枝。叶片卵形或卵状披针形，先端渐尖，基部宽楔形并沿叶柄下延呈翅状，下部叶有长柄，上部叶无柄或极短，托叶鞘膜质。头状花序顶生或腋生。瘦果扁卵圆形。

【生物学物性】一年生草本。花果期夏秋季。种子繁殖。

【分布与为害】为常见夏收作物田杂草，对麦类、油菜、蔬菜等农作物田有轻度为害。分布于辽宁、河北、山西、安徽、浙江、广东等省份。

图2-211A 单株

图2-211B 花序

• 杠板归 *Polygonum perfoliatum* L. 河白草、刺黎头、贯叶蓼 •

【识别要点】茎常带红褐色，有棱，沿棱有倒生钩刺，无毛。叶片近三角形，盾状着生，长4～6cm，下部宽3～6cm，先微尖，基部近心形或截形，背面淡绿色沿叶脉疏生钩刺，叶柄长2～8cm，有倒刺；托叶鞘叶状草质，近圆形，全缘，穿茎。花序短穗状，长1～3cm，顶生于上部叶腋内；苞片圆形，苞内含2～4花；花淡红色或白色，花被5深裂，裂片结果时增大，肉质，变为深蓝色。瘦果近球形，熟时黑色，直径2～3mm，有光泽，包于蓝色肉质的花被内。

【生物学特性】一年生攀缓性草本。花果期6—10月。种子繁殖。

【分布与为害】常见于山坡灌丛和疏林中、沟边，河岸及路旁。为果园、茶园及路埂常见杂草，发生量较大，为害较重。广布于我国西南部和东南部，北至华北和东北。

图2-212A 单株　　图2-212B 果　图2-212C 花序　图2-212D 幼苗

• 叉分蓼 *Polygonum divaricatum* L. 酸不溜 •

【识别要点】茎高70～150cm，直立或斜升，有细沟纹，疏生柔毛或无毛，常呈叉状分枝，疏散而开展。叶具短柄或近无柄，叶片披针形、椭圆形或长圆形以至长圆状条形，长5～12cm，宽0.5～2cm，先端锐尖、渐尖或微钝，基部渐狭，全缘或略呈波状，叶两面被疏柔毛或无毛；托叶鞘膜质，稍褐色，脉纹明显，有毛或无毛，常破裂而脱落。圆锥花序顶生，大型，开展；苞片卵形，膜质，褐色，含2～3花；花梗无毛，上部有关节；花白色或淡黄色，5深裂，裂片椭圆形，大小略相等，开展；雄蕊7～8，比花被短；花柱3，柱头头状。瘦果卵状菱形或椭圆形，具3锐棱，黄褐色，有光泽。

【生物学特性】多年生草本。花果期6—9月。种子繁殖。

【分布与为害】旱中生植物，生于山地草原、草甸及沙地。为一般性夏收作物田、果园及路埂杂草，对麦类有轻度为害。

图2-213A　单株 ｜ 图2-213B　穗

• 红蓼 *Polygonum orientale* L. 红草、东方蓼、水红花、大蓼、天蓼 •

【识别要点】茎高1~2m，直立，分枝，全体密生柔毛。叶片宽卵形或卵形，长10~20cm，宽6~12cm，先端渐狭成锐尖头，基部近圆形或浅心形，有时楔形，全缘，两面疏生长毛，脉上常较密，有长柄；托叶鞘筒状，顶端有草质的环绿色或干膜质裂片，具缘毛。花序穗状，圆柱形，顶生或腋生，长2~8cm，紧密，不间断；苞片鞘状，宽卵形，被稀疏长柔毛，边缘具缘毛，内有15朵花；花被淡红色，5深裂，裂片椭圆形，长约3mm；雄蕊7，伸出花被外；柱头2。瘦果近圆形，两面中央微凹，直径约3mm，扁平，黑色，有光泽。

【生物学特性】一年生草本。花果期6—9月。种子繁殖。

【分布与为害】常生于沟边路旁或河滩湿地，往往成片生长。为常见的秋收作物田杂草，为害大豆、甘蔗、水稻等，为害轻。广布于全国各地。

图2-214B　穗
图2-214A　单株

• 蚕茧蓼 *Plyeonum japonicum* Meisn. •

【识别要点】直立草本，高达1m。茎棕褐色，单一或部分枝，节部常膨大。叶披针形，长6～12cm，宽1～1.5cm，先端渐尖，两面有短伏毛和细小腺点，有时无毛，但中脉、托叶鞘筒状，有紧贴刺毛状花序长达10cm以上；淡红色，长2.5～6mm；两面凸出，长约2mm，黑色，光滑。

【生物学特性】花期8—9月；果熟期9—10月。

【分布与为害】生于山沟水旁或路边草丛中。分布于陕西、安徽、江苏、湖北、四川、浙江、福建、广东、台湾、云南等省份。

图2-215 单株

• 刺蓼 *Polygonum senticosum* (Meisn.) Franch. et Savat. •

【识别要点】茎蔓延或斜升，长达1m，四棱形，下部紫红色，沿棱及叶柄有倒生钩刺。叶片三角状戟形或三角形，长4~8cm，基部宽2~8cm，先端狭尖，基部心形，通常两面无毛或稀生细毛，下面沿叶脉有倒生钩刺，叶缘亦有细毛及钩刺，叶柄长1.5~5cm；叶鞘短筒状，上部草质，绿色。花序头状，顶生或腋生，总花梗有腺毛和短柔毛，疏生钩刺，花粉红色，花被5深裂，裂片椭圆形，雄蕊8，花柱3，基部合生。柱头头状。瘦果近球形，有3棱，黑色，光亮。

【生物学特性】多年生蔓性草本。花果期7—9月。种子繁殖。

【分布与为害】常生于山坡草地、疏林下、山谷灌丛、沟边及路旁。为一般性果、茶园及路埂杂草，发生量较大时，为害较重。分布于辽宁、河北、山东、江苏、浙江、福建及台湾等省份。朝鲜和日本也有。

图2-216A　单株

图2-216B　花

图2-216C　叶

• 小序蓼 *Polygonum minutulum* Makino •

【识别要点】茎高30~60cm，直立，粗壮，上部有分枝，基部紫褐色，无毛。叶片狭披针形或线形，长2~6cm，宽2~6mm，先端具锐尖头，基部截形，两面伏生柔毛，托叶鞘筒形，伏生柔毛，顶端有睫毛。穗状花序稍粗壮，花较密，下部有不整齐的间断，苞片漏斗状，先端有长睫毛，花被5深裂。瘦果三棱形，光滑，暗褐色。

【生物学特性】一年生直立草本。花果期6—8月。种子繁殖。

【分布与为害】常生于路旁或湿地。为一般性果园、菜地及路埂杂草，未见侵入农田，为害轻。分布于我国河北、江苏及安徽等省份。

图2-217A　单株 ｜ 图2-217B　穗

• 西伯利亚蓼 *Polygonum sibiricum* Laxm. •

【识别要点】根状茎细长；茎高10~30cm，直立或斜上，常自基部分枝。叶有短柄；叶片长椭圆形，披针形或线形，长2~15cm，宽5~15mm，先端钝，基部戟形或楔形，近肉质，无毛，有腺点；托叶鞘筒状，无毛，顶端常有短睫毛。花序圆锥状，不太紧密，顶生；苞片漏斗状，先端截形或有小尖头，内有5~6朵花；花梗中上部有关节；花黄绿色，有短梗；花被5深裂，裂片近长圆形，长2~3mm；雄蕊7~8；花柱3，甚短，柱头头状。瘦果卵圆形，有3棱，棱钝，黑色、平滑而有光泽。

【生物学特性】具细长根状茎的多年生草本。花果期6—9月。种子及根茎繁殖。

【分布与为害】常生于盐碱荒地或沙质盐碱土上，盐化草甸、盐湿低地以及路旁或田边，常形成单优势层片或群落。为常见之夏收作物田及秋收作物田杂草，对麦类、油菜、甜菜、马铃薯及棉花、玉米、大豆、谷子等有较重为害。分布于我国东北、内蒙古、华北、陕西、甘肃及西南地区。

图2-218A　花序

图2-218B　单株

• 粘毛蓼 *Polygonum viscosum* Buch.-Ham. 香蓼 •

【识别要点】茎高50～120cm，直立，上部分枝或不分枝，全株密生长毛和有柄的腺毛，常分泌有黏液。叶有柄，长1～2cm；叶片披针形，长5～14cm，宽1.5～3.5cm，先端渐尖，基部楔形，两面和叶缘皆被短伏毛，主脉被长毛；托叶鞘筒形，膜质，长7～15mm。密生长毛，顶端平截形，有短睫毛。穗状花序紧密，圆柱状，长3～5cm，顶生或腋生；总花梗有长毛和密生有柄腺毛；苞片绿色，被柔毛和腺毛，花被红色，5深裂，裂片长约3mm；雄蕊8；花柱3，柱头头状。瘦果宽卵形，长约3mm，有3棱，黑褐色，有光泽，包于宿存花被内。

【生物学特性】一年生草本，有香味。花果期7—9月。种子繁殖。

【分布与为害】常生于水边和路旁湿地。为常见的路埂杂草。分布于我国吉林、辽宁、河南、浙江、福建、江西、江苏、广东、云南和贵州等省份。

图2-219A 单株 | 图2-219B 穗

• 酸模 *Rumex acetosa* L. 酷缸、小红根 •

【识别要点】株高(15)30～80cm，有酸味。主根粗短，有少数须根，断面黄色。茎直立、细弱，不分枝。叶片椭圆形，长2～11cm，宽1～3.5cm，先端急尖或圆钝，基部箭形，全缘，茎上部的叶较小，披针形，无柄，托叶鞘膜质，斜形，顶端有睫毛。花序狭圆锥状，顶生，花单性，雌雄异株，花被片6，椭圆形，成2轮，雄花内轮花被片约3mm，大于外轮花被片，直立，雄蕊6，雌花内轮花被片结果时显著增大，淡红色，圆形，全缘，基部心形，外轮花被片较小，反折，柱头3。瘦果椭圆形，有3棱，暗褐色。

【生物学特性】多年生草本植物。花果期3—6月。靠种子进行繁殖。

【分布与为害】适生于山坡阴湿肥沃地及路边荒地。为常见的果园、茶园及路埂杂草，为害轻。分布于吉林、辽宁、河北、陕西、新疆、江苏、浙江、湖北、四川和云南。

图2-220A　单株 ｜ 图2-220B　穗

• 齿果酸模 *Rumex dentatus* L. •

【识别要点】成株株高15～80cm，茎直立，多分枝，纤细，枝斜上，具沟纹，无毛。叶有长柄；叶片长圆形，先端钝或急尖，基部圆形或心形，边缘常波状，两面均无毛；茎生叶较小，具短柄；托叶鞘膜质，筒状，褐色，常破裂。花簇轮生于茎上部和枝的叶腋内，再组成顶生带叶的圆锥花序，花两性，黄绿色，常下弯，花梗基部有关节；花被6片，2轮，外轮长圆形。子实瘦果卵状三棱形。

【生物学特性】一年生或多年生草本。花果期4—7月，种子繁殖。

【分布与为害】喜生于路旁湿地、河岸或水边。为常见的蔬菜地、果园及路埂杂草，为害轻。分布于我国河北、山西、陕西、河南、甘肃、江苏、湖北、浙江、台湾、四川及云南等地。

图2-221A　单株 ┃ 图2-221B　穗

• 羊蹄 *Rumex japonicus* Houtt. •

【识别要点】茎高35～120cm，直立，粗壮，常不分枝。叶片长椭圆形，长10～25cm，宽3～10cm，先端稍钝或短尖，基部心形，边缘波状皱褶，茎生叶较小，有短柄，基部楔形。托叶鞘筒状，膜质。花序狭长，圆锥状，顶生，淡绿色。瘦果宽卵形。

【生物学特性】多年生草本。花果期4—7月。种子繁殖。

【分布与为害】喜生于田埂、路旁及潮湿山沟。发生量较大，为害较重。分布于我国江苏、浙江、安徽、江西、湖北、广东等地。

图2-222A　单株	图2-222B　果穗	图2-222C　果
	图2-222D　幼苗	

• 长刺酸模 *Rumex maritimus* L. 海滨酸模、假菠菜 •

【识别要点】株高19~100cm，主根粗壮。有显著棱条，中空。叶具短柄；茎中部叶片披针形，基部楔形，全缘。茎下部叶片较宽，有时为长椭圆形，上部叶片较狭。花两性，轮生于茎上部叶腋中，组成顶生具叶的圆锥花序。瘦果三棱状卵圆形，两端急尖。

【生物学特性】一年生草本。以种子繁殖。

【分布与为害】适生于水湿地，为夏收作物田杂草，在低洼水稻田常发生。分部于东北、华北、长江流域及东南沿海各省份。

图2-223B 果
图2-223A 单株

• 皱叶酸模 *Rumex crispus* L. 羊蹄叶 •

【识别要点】根粗大，断面黄棕色，味苦。茎直立，高40～80cm，常不分枝，具沟槽，无毛。叶片披针形或长回状披针形，长9～28cm，宽1.5～4 cm，先端渐尖，基部楔形，边缘皱波状；两面无毛；叶柄比叶片稍短；上部叶片较小，狭披针形，具短柄；托叶鞘膜质，管状，长2～3cm，常破裂。花两性；花序为数个腋生的总状花序，再组成狭圆锥花序；花梗2～5mm，果时略伸长，中部以下具关节；外轮花被片椭圆形，长约1mm，内轮花被片果时增大，圆卵形。长约4 mm，网脉明显，边缘微波状或全缘，各具1卵形长1.7～2.5mm的小瘤。雄蕊6；柱头3，画笔状。瘦果卵状三棱形，褐色，有光泽，长约2mm。

【生物学特性】具有粗壮根的多年生草本。花果期6—9月。种子繁殖。

【分布与为害】喜生于山坡湿地、沟谷、河岸或田边、路旁。为常见的果园及路埂杂草，为害轻。分布于我国东北、华北、西北及内蒙古、福建、广西、台湾、四川、云南等省地。

图2—224B 花序

图2—224A 单株

四十二、马齿苋科 Portulacaceae

草本。叶互生，全缘，无托叶。花小，两性，为单一或圆锥形的穗状、聚伞状、头状花序；苞片和2小苞片干膜质。果实为胞果，胚弯曲。

本科约65属，850种，分布很广。我国有13属，约50种；其中有杂草5属17种。

• 马齿苋 *Portulaca oleracea* L. •

【识别要点】肉质，茎伏卧，深绿色；叶楔状长圆形或倒卵形。花小，无梗，3～5朵生于枝顶端；花萼2片；花瓣5瓣，黄色。

【生物学特性】一年生草本植物。春、夏季都有幼苗发生，盛夏开花，夏末秋初果熟；果实种子量极大。

【分布与为害】遍及全国，为秋熟旱作田的主要杂草。喜生于较肥沃而湿润的农田，也很耐旱，拔掉暴晒数日而不死。

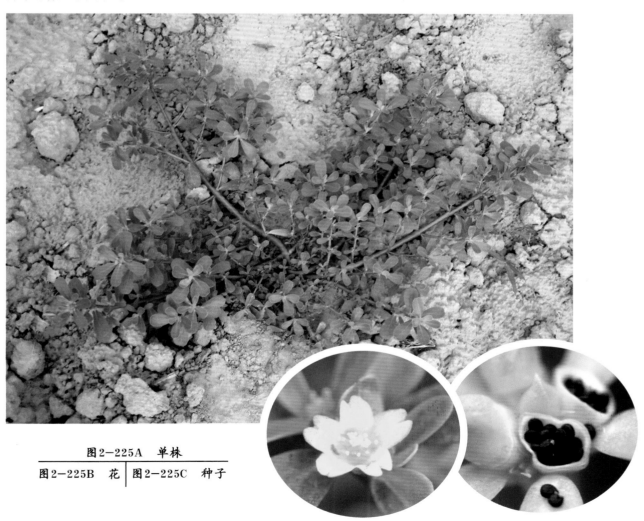

图2-225A 单株

图2-225B 花 | 图2-225C 种子

四十三、报春花科 Primulaceae

叶通常基生呈莲座状，花葶1至多个，顶生为伞形花序，苞片多数，花小，萼绿色，宿存，钟形至近球形或杯状，5裂，花冠白色或粉红色，碟形或漏斗形，裂片5，蒴果近球形。

我国60余种，主要分布于西北和西南。其中有3种杂草。

• 点地梅 *Androsace umbellate* (Lour.) Merr •

【识别要点】全株被节状细柔毛。叶基生，圆形至心状圆形，边缘具三角状裂齿，有1～2cm长柄。花葶多数，由基部抽出，直立，伞形花序顶生，有花1～15朵，苞叶卵形至披针形，花梗纤细，花萼5深裂，花冠白色。蒴果近球形。

【生物学特性】越年生或一年生小草本。黄河流域9—10月出苗，花期3—5月，种子于5月渐次成熟。种子繁殖。

【分布与为害】生于农田、荒地或山坡草地。麦田、果园常见，但数量不多。分布于我国南、北各省份。

图2-226A　单株　｜　图2-226B　花
　　　　　　　　　　｜　图2-226C　幼苗

• 泽珍珠菜 *Lysimachia candida* Lindl. 泽星宿菜 •

【识别要点】高15～30(60)cm，有时基部带有紫红色，全株无毛。基部叶匙形或倒披针形，长2.5～6cm，具带有狭翅的长柄，茎生叶互生，很少对生，倒卵形，倒披针形或条形，长1～50m，宽0.3～1.2cm，基部渐狭，下延至叶柄成狭翅，两面均有褐色小腺点，全缘或稍成波状。总状花序顶生，初时宽圆锥状，后渐伸长，结果时长5～10cm，花萼长3～4mm，5裂几至基部，裂片狭披针形，外面有明显的中脉和黑色小腺点，花冠白色，长6～8mm，裂片椭圆状倒卵形，约与花冠筒等长，雄蕊极短，着生在花冠上半部，花丝分离，花柱与雄蕊等长。蒴果圆球形，直径约3mm。

【生物学特性】一年生或二年生草本。种子可以在秋季发芽，幼苗越冬，种子也可以在春季萌发，长出幼苗。二年生者在5月开花，一年生者于6月以后开花；结果期一般在6—7月。

【分布与为害】发生于路旁、沟边、渠边、农田等，生长在稻田、藕田等其他农田，有一定为害。广布于我国河南及长江以南；越南、缅甸也有。

图2-227A　单株　｜　图2-227B　花序
　　　　　　　　　　｜　图2-227C　幼苗

• 聚花过路黄 *Lysimachia congestiflora* Hemsl. •

【识别要点】茎匍匐或上部倾斜，长15～25cm，初被黄褐色皱曲柔毛，后渐平滑，下部常生不定根。叶对生，卵形至宽卵形，长1.5～3.5cm，宽7～20mm，两面疏生稍紧贴的短柔毛。花通常2～4朵集生于茎端；苞片近圆形，较花长或稍短；花萼5深裂，裂片狭披针形，长约6mm；花冠黄色，喉部紫色，裂片顶端有紫色小腺点；雄蕊稍短于花冠裂片，花丝基部连合成筒。蒴果球形。

【生物学特性】多年生草本，茎常匍匐生根。花果期5—6月，种子繁殖及无性繁殖。

【分布与为害】分布于华东、华南、华中、西南地区及陕西、甘肃南部。生于路边、溪边以及果园、茶园，为一般性杂草，为害轻。

图2-228A　单株 | 图2-228B　花

• 星宿菜 *Lysimachia fortunei* Maxim. 红根草 •

【识别要点】有横走根状茎，茎高30～70cm，有黑色腺点，基部带紫红色，向上逐渐变淡。叶互生，有时近对生，长椭圆形至宽披针形，长4～10(11)cm，宽1～4cm，先端渐尖，基部楔形，近于无柄，两面均有黑色腺点。总状花序顶生，长达10cm以上，苞片三角状披针形，花梗长1～3mm，花萼深裂，裂片椭圆形，边缘膜质，具睫毛，叶中部有密集黑色腺点，花冠白色，长3～4mm，喉部有腺毛，裂片倒卵形，背部有黑色腺点，雄蕊贴生于花冠筒的喉部，花柱短于雄蕊。蒴果球形，直径2～2.5mm。种子倒角锥状，凹凸不平，长约0.9mm，宽0.5～0.6mm，表面黑褐色，粗糙，具网状纹；无光泽，种脐椭圆形。

【生物学特性】多年生草本。春夏萌发，7—10月开花结果。种子繁殖。

【分布于为害】生于溪边，湿地草丛及林荫下，为油菜、麦类及旱作田中的常见杂草，为害一般。我国华东、华中和华南地区均有分布，日本也有。

图2-229 单株

• 小叶珍珠菜 *Lysimachia parvifolia* Franch.ex Hemsl. 小叶排草、小叶星宿菜 •

【识别要点】成株植物体光滑，常于茎基部发出匍匐枝；茎高10～30(50)cm，侧枝的顶部常无花。基生叶匙形，茎生叶互生，长椭圆形或卵状倒披针形，长1～4cm，宽5～10mm，先端急尖或圆钝，基部狭楔形，叶片两面均有红色腺点。总状花序顶生，初密集，后疏松，常近伞房状；苞片长3～5mm，线形，花梗长于苞片，结果时长达1.5～2cm，花萼裂片卵状披针形，长约5mm，基部有紫黑色腺点，花冠白色，长约8mm，6裂至中部，无腺点；雄蕊着生在花冠内壁，但不超出花冠。蒴果球形，瓣裂。

【生物学特性】具匍匐枝的多年生草本。花果期4—6月。种子繁殖及无性繁殖。

【分布与为害】为一般性杂草，华东及西南地区各省份都有分布。生长在水边或湿地草丛中。

图2-230B　花

图2-230A　单株

· 狭叶珍珠菜 *Lysimachia pentapetala* Bunge ·

【识别要点】茎直立，多分枝，高30~60cm。叶互生，条状披针形，长2~7cm，宽2~8mm，顶端渐尖，基部渐狭，具短柄，背面常有赤褐色腺点。总状花序顶生，初时花密集成头状，后渐伸长，结果时长4~13cm；花梗长5~10mm；花萼合生至中部以上，裂片披针形，边缘膜质；花冠白色，深裂至基部，近分离，裂片匙形，约较花萼长1倍。蒴果球形，直径约3.5mm，5瓣裂。

【生物学特性】一年生草本，春季萌发，6—7月开花，7月以后种子陆续成熟，生育期较长。种子繁殖。

【分布与为害】生于山坡荒地、路旁、旱地及田埂，是山区棉田、麦地、玉米地、豆地、茶山等旱地常见杂草，对作物有轻度为害。分布于吉林、辽宁、内蒙古、陕西、河北、河南、山东、江苏、湖北、四川。

图2-231A 单株

图2-231B 花

图2-231C 叶

• 假婆婆纳 *Stimpsonia chamaedryoides* Wright ex A. Gray •

【识别要点】被柔毛，有时多少被黏性纤毛。茎高6~10cm，单独或分枝，较柔弱。基生叶圆形或心形，顶端圆钝，基部浅心形，边缘具圆锯齿，两面有疏毛，叶柄较长，有纤毛；下部茎生叶互生，无柄或有短柄，椭圆状三角形，边缘有锯齿；最上部茎生叶披针状椭圆形，全缘，有纤毛。花腋生，具长梗，有纤毛；花萼深5裂，有纤毛；花冠白色、高脚碟状，裂片椭圆形，顶端凹缺。

【生物学特性】一年生草本。以种子进行繁殖。

【分布与为害】多生于丘陵林下或草丛中。分布于江苏、安徽、江西、广东和广西。

图2-232A　单株 ｜ 图2-232B　花

四十四、毛茛科 Ranunculaceae

草本，直立，有时灌木或木质藤本。单叶或复叶，互生或对生，全缘，有锯齿或分裂；无托叶。花两性，稀单性；花单生，聚伞状、总状或圆锥状花序。果实为瘦果或蓇葖果，稀为浆果或蒴果。

约54属，1 500种，主产北温带。我国约38属，593种。常见杂草有 2 种。

• 毛茛 *Ranunculus japonicus* Thunb. 老虎脚迹、五虎草 •

【识别要点】须根多数簇生。茎直立，高30～70cm，有伸展的白色柔毛。基生叶和茎下部叶相似，有长达15cm的叶柄，叶片五角形，长3.5～6cm，宽5～8cm，3深裂，中裂片宽菱形或倒卵形，3浅裂，边缘有粗齿或缺刻，侧裂片不等地2裂，两面贴生柔毛，茎中部叶有短柄，上部叶无柄，叶片较小，3深裂，裂片线状披针形，上端有时浅裂或数齿。聚伞花序疏散，多花，花直径1.5～2cm，花梗长达8cm；萼片椭圆形，外被白柔毛，花瓣5，倒卵状圆形，长6～11mm，宽4～8mm，基部蜜腺有鳞片，花托短小，无毛。聚合果近球形，直径6～8mm，瘦果扁平，长2～2.5mm，边缘有宽约0.2mm的棱，无毛，喙短直或外弯，长约0.5mm。

【生物学特性】一年生或二年生草本。花果期4—9月。种子繁殖。

【分布与为害】生于田沟旁和林缘路边的湿草地上，为果园、茶园及路埂常见杂草。发生量较大，为害较重。除西藏外，我国各省广泛分布。

图2-233B 花果

图2-233A 单株

• 茴茴蒜 *Ranuneulus chinensis* Bunge •

【识别要点】株高15～50(70)cm。茎与叶柄均密被伸展的淡黄色糙毛。叶为三出复叶；叶片宽卵形，中央小叶具长柄，长8～16mm，3深裂，裂片狭长，上部生少数不规则锯齿，侧生小叶具短柄，不等2～3深裂，茎上部叶变小；基生叶和下部叶具长柄，长达12cm。单歧聚伞花序，具疏花；花梗贴生糙毛，萼片5，淡绿色，船形；花瓣5，黄色，宽倒卵形。花托在果期伸长。聚合果椭圆形。

【生物学特性】多年生草本。华北地区花、果期5—9月。生活力强。

【分布与为害】适生于潮湿环境，生于水田边、溪边、湖旁及湿草地。为水田边极常见的一种杂草。为害轻。分布于全国各省。

图2-234A 单株
图2-234B 花
图2-234C 幼苗

• 刺果毛茛 *Ranunculus muricatus* L. •

【识别要点】须根扭转伸长。茎自基部多分枝，倾斜上升，高10～30cm，近无毛。基生叶和茎生叶均有长柄，叶片近圆形，长和宽为2～5cm，基部近截形，3浅裂至3深裂，裂片边缘有粗齿；叶柄长2～6cm，基部有宽膜质鞘，茎上部叶较小，叶柄较短。花直径1～2cm，花梗与叶对生，散生柔毛，萼片长椭圆形，长5～6mm，花瓣5，狭倒卵形，长5～10mm，先端圆，基部狭窄成爪，蜜腺上有小鳞片，花托疏生柔毛。聚合果球形，直径约1.5cm；瘦果扁宽，椭圆形，周围有宽约0.4mm的棱翼，两面有一圈具疣基的弯刺，喙基部宽厚，顶端稍弯，长达2mm。

【生物学特性】二年生草本。花果期4—6月。种子繁殖。

【分布与为害】我国分布于安徽、江苏、浙江和广西等省份，北美洲、大洋洲、欧洲及亚洲也有分布。生于较干燥的田野、路旁、山坡及荒地，为麦田和路埂一般性杂草，发生量很小，不常见。

图2-235B　果 ｜ 图2-235C　花

图2-235A　单株

• 石龙芮 *Ranunculus sceleratus* L. •

【识别要点】茎直立，高10～50cm，直径2～5mm，有时粗达1cm，无毛，上部多分枝，下部节上有时生不定根。基生叶和下部叶有长3～15cm的叶柄，叶片肾状圆形至卵形，长1～4cm，宽1.5～5cm，基部心形，3浅裂至3深裂，有时全裂；上部叶较小，近无柄，3深裂至全裂，裂片披针形至线形。聚伞花序有多数花；花小，直径4～8mm；萼片椭圆形，长2～3.5mm，外面有短柔毛；花瓣5，黄色，倒卵形，与萼片几等长，基部蜜腺呈窝状；花托在果期伸长增大呈圆柱形，生短柔毛。聚合果长圆形，长8～12mm，瘦果紧密排列，倒卵球形，稍扁。

【生物学特性】一年生或二年生草本。花期3—5月，果期5—8月。种子繁殖。

【分布与为害】适生于沟边、河边及平原湿地，为水田、菜地及路埂常见杂草，发生量较大，为害较重。广布于全国各地，在亚洲、欧洲、北美洲的亚热带至温带地区亦有广布。

图2-236A　单株

图2-236B　幼苗

图2-236C　花

• 扬子毛茛 *Ranunculus sieboldii* Miq. 辣子草 •

【识别要点】须根伸长簇生。茎匍匐，斜升，多分枝，高20～50cm，密生白色或淡黄色长柔毛。基生叶与茎生叶均为三出复叶；叶柄长2～5cm，密生柔毛，基部扩大成膜质鞘抱茎，叶片圆形至宽卵形，长2～5cm，宽3～6cm，3浅裂至3深裂，裂片上部边缘疏生锯齿，两面疏生柔毛，上部叶较小，叶柄较短。花与叶对生，直径1.2～1.8cm；花梗长3～8cm，密生柔毛，萼片狭卵形，长4～6mm，花期向下反折，迟落，花瓣5，黄色，狭椭圆形，长6～10mm，宽3～5mm，有5～9条或深色脉纹，有长爪，基部蜜腺被有鳞片，花托粗短，密生白柔毛。聚合果圆球形，直径约1cm；瘦果宽大、扁平，长约4mm，边缘有宽约0.4mm的宽棱，喙长约1mm，成锥状外弯。

【生物学特性】多年生草本。花果期5—10月。以种子和匍匐茎繁殖。

【分布与为害】分布于安徽、江苏、浙江、江西、湖北、湖南、福建、台湾、贵州、四川、云南、甘肃及陕西等省份，日本也有。生于低湿地、沟边及路旁，为路埂一般性杂草，发生量小，为害轻。

图2-237A　单株 ┃ 图2-237B　果

• 猫爪草 *Ranunculus ternatus* Thunb. •

【识别要点】成株簇生，多数卵球形或纺锤形肉质小块根，顶端质硬，形似猫爪。茎铺散，高5~20cm，较柔软，疏生短茸毛，后渐变无毛。基生叶有长柄，单叶或三出复叶，叶片宽卵形至圆肾形，长5~40mm，宽4~25mm，小叶3浅裂至3深裂；茎生叶无柄，较小，全裂，裂片线形。花单生茎顶和分枝顶端，直径1~1.5cm；萼片长3~4mm，外面疏生长柔毛；花瓣5(7)，黄色，倒卵形，长6~8mm，基部有袋状蜜腺，花托无毛。聚合果近球形，直径约6mm；瘦果卵球形，长约1.5cm，无毛，边缘有纵肋，喙长约0.5mm。

【生物学特性】多年生草本。花期3月，果期4—7月。以种子和小块根繁殖。

【分布与为害】生于平原湿地或田边荒地，为果园和路埂一般性杂草，发生量小，为害轻。分布于河南、安徽、江苏、浙江、江西、湖南、湖北、广西、台湾等省份，日本也有。

图2-238A　单株 ｜ 图2-238B　花

• 天葵 *Semiaquilegia adoxoides* (DC.) Makino 小鸟头 •

【识别要点】块根肉质，纺锤形或椭圆形，长1~2.5cm，粗3~6mm，外皮棕黑色，下部有细长枝根和须根。茎高10~32cm，常数株自块根生出，有疏柔毛，分枝。基生叶多数，为1回三出复叶，叶柄长3~12cm，小叶扇状棱形或倒卵状菱形，长0.6~2.5cm，宽1~2.8cm，3深裂，裂片疏生粗齿，腹面绿色，背面常紫色。茎梢叶腋分生少数花梗，梗端生1花，萼片5，花瓣状，白色，常带淡紫色，狭椭圆形，长4~6mm，花瓣小，匙形，长2.5~3.5mm，基部囊状，雄蕊8~14，花药椭圆形，退化雄蕊约2，心皮3~5，花柱短。蓇葖果卵状长椭圆形，长6~7mm，表面有凸起的横向脉纹。种子卵状椭圆形，黑褐色，长约1mm，表面有瘤状突起。

【生物学特性】多年生小草本。花期3—4月，果期5—6月。种子或块根繁殖。

【分布与为害】适生于四川、贵州、湖北、湖南、广西、江西、福建、浙江、江苏、安徽、河南、陕西等省份；日本也有。

图2-239A　单株 ｜ 图2-239B　花

• 白头翁 *Pulsatilla chinensis* (Bunge) Regel. •

【识别要点】叶4～5；叶片宽卵形，长4.5～14cm，宽8.5～16cm，下面有柔毛，3全裂，中央裂片通常具柄，3深裂，侧生裂片较小，不等3裂；叶柄长5～7cm，密生长柔毛。花葶1～2，高15～35cm；总苞的管长3～10mm，裂片条形；花梗长2.5～5.5cm；萼片6，排成2轮，蓝紫色，狭卵形，长2.8～4.4cm，背面有绵毛；无花瓣；雄蕊多数；心皮多数。聚合果直径9～12cm；瘦果长3.5～4mm，宿存花柱羽毛状，长3.5～6.5cm。

【生物学特性】多年生草本。

【分布与为害】生于平原或山坡草地。分布在四川、湖北、陕西、安徽、江苏及华北和东北；朝鲜、俄罗斯远东地区也有。

图2-240B　果

图2-240A　单株

四十五、蔷薇科 Rosaceae

草本、灌木或小乔木，有时攀缘状；叶互生，常有托叶；花两性，辐射对称，花托中空花被即着生于其周缘；萼片4～5，有时具副萼，花瓣4～5。

全世界约有3 300种。我国分布广泛，有854种，常见杂草有6种。

• 龙芽草 *Agrimonia pilosa* Ledeb. 仙鹤草 •

【识别要点】高(30)50～100cm。根状茎褐色，短圆柱状，有时分枝，着生细长的须根，茎直立，绿色，老时带紫色，上部分枝，全株被柔毛。叶互生，羽状复叶，叶柄长1～2cm。小叶5～11，下部的渐小，二小叶间常附有小叶数对，上部3对小叶稍同大，椭圆形或卵圆状长椭圆形，长3～6cm，宽1.5～3.5cm，先端尖，基部楔形，边缘有尖锯齿，两面均疏生长柔毛，下面密布细小的黄色腺点，上面腺点较少。托叶绿色，有疏齿牙，总状花序顶生，长10～20cm，花多，黄色，直径6～9mm，近无梗，苞片细小，常3裂，萼倒圆锥形，花后增大，长3mm，有纵沟，副萼多数，钩状刺形，花瓣5，倒卵形，长3～6mm，先端微凹，雄蕊10或更多。萼裂片宿存，瘦果小，倒圆锥形，藏于萼筒内。

【生物学特性】多年生草本。花期8—9月，果期9—10月。以越冬芽和种子繁殖。

【分布与为害】生于荒野、田埂和路边，为果园、桑园、茶园和路埂常见杂草，发生量小，为害轻。全国各地均有分布，日本、俄罗斯、朝鲜也有。

图2-241A	花
图2-241B	幼苗

图2-241C 单株

• 蛇莓 *Duchesnea indica* (Andrews) Focke •

【识别要点】高3~4.5cm，具匍匐茎，铺地生长，有柔毛。三出复叶；小叶片菱状卵形或倒卵形，边缘具钝锯齿，两面散生柔毛或上面近无毛；叶柄长1~5cm；托叶卵状披针形，有时3裂，被柔毛。花单生叶腋，花梗长3~6cm，被柔毛，花瓣黄色，长圆形或倒卵形，先端微凹或圆钝，与萼片近等长。雄蕊短于花瓣。瘦果，长圆状卵形，暗红色；瘦果多数，着生在半球形花托上。

【生物学特性】多年生匍匐草本。花期4—7月，果期5—10月。以匍匐茎和种子繁殖。

【分布与为害】适生于潮湿环境，山沟、水边、果园、苗圃、田埂、路旁常见。分布于全国各地。

图2-242A　果	图2-242B　单株
图2-242C　群体	图2-242D　幼苗
	图2-242E　花

• 朝天委陵菜 *Potentilla supina* L. •

【识别要点】株高10~50cm，茎平铺或倾斜伸展，分枝多，疏生柔毛。羽状复叶，基生叶有小叶7~13片，小叶倒卵形或长圆形，边缘有缺刻状锯齿，上面无毛，下面微生柔毛或近无毛，具长柄。茎生叶与基生叶相似，有时为三出复叶，叶柄较短或近无柄。花单生于叶腋；有花梗，被柔毛；花黄色。瘦果卵形。

【生物学特性】种子繁殖，二年生或一年生草本，华北地区越年生的3—4月返青，5月始花，花期较长，花、果期5—9月。

【分布与为害】分布于东北及内蒙古、新疆、河北、河南、甘肃、山西、陕西、山东、四川、安徽、江苏等地。适生水边、沙滩地；为旱地、果园杂草，为害小麦、棉花、蔬菜、花生、果木等，极为常见，但为害不重。

图2-243A　幼苗

图2-243B　花

图2-243C　单株

• 匍枝委陵菜　*Potentilla flagellaris* Willd. •

【识别要点】茎匍匐，幼时有长柔毛，渐脱落。基生叶为掌状复叶；小叶5，稀3，菱状倒卵形，基部楔形，先端渐尖，边缘有不整齐的浅裂，上面幼时有柔毛，后脱落近无毛；背面沿叶脉有柔毛；叶柄长4～7cm，微生柔毛；茎生叶与基生叶相似，小叶片较小。花单生于叶腋，花黄色，花瓣5。瘦果长圆状卵形。

【生物学特性】多年生草本。春季萌发，花期4—7月，果期6—9月，冬季地上部分枯萎。种子、根茎及匍匐枝繁殖。

【分布与为害】常生长在水田边、田埂、麦地及茶山、果园等处，与作物、果、茶争夺水肥，对产量有一定影响。分布于黑龙江、河北、山东、山西、江苏等省份。

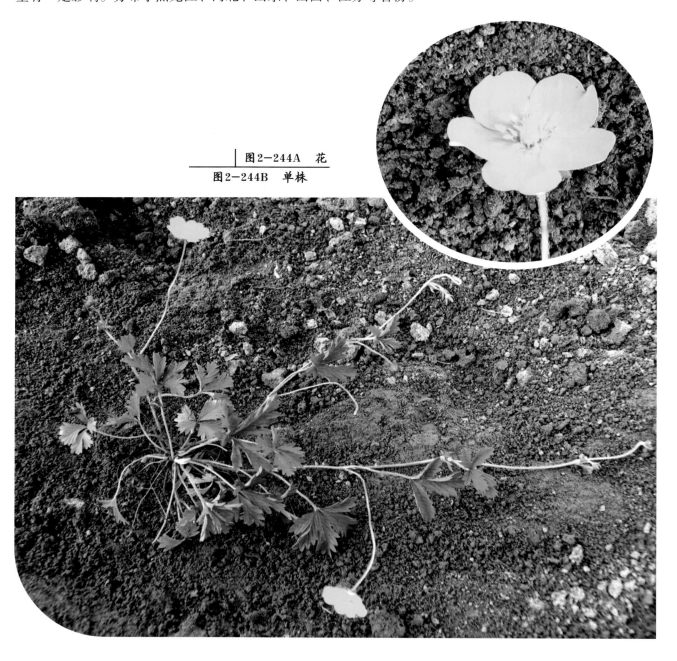

图2-244A　花

图2-244B　单株

• 蛇含委陵菜 *Potentilla kleiniana* Wight et Arn. •

【识别要点】多年生草本，高20～40cm；根茎短。茎多分枝，细长，稍匍匐，有丝状柔毛。掌状复叶，基生叶小叶5，倒卵形或倒披针形，长1.5～5cm，宽0.6～1.5cm，先端圆形或钝尖，基部楔形，边缘有粗锯齿，基部全缘，下面沿叶脉有贴生柔毛；叶柄长，有柔毛；托叶近膜质，贴生于叶柄；茎生叶有1～3小叶，叶柄短。伞房状聚伞花序有多花，总花梗和花梗有丝伏柔毛；花梗长5～20mm；花黄色，直径约8mm，副萼片条形，瘦果宽卵形，微纵皱，黄褐色。

【生物学特性】多年生草本。春季萌发，花期5—7月，果期7—9月，种子及根茎繁殖。

【分布与为害】生于山坡、草甸、河边，亦常生于田埂、地头、果园、茶山、竹林等地，有一定为害。自东北至广东、广西均产；朝鲜、日本、印度、马来西亚也有。

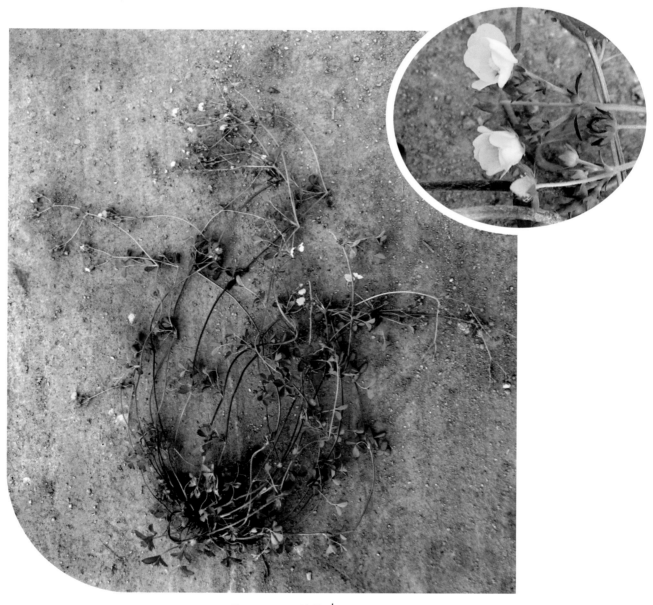

图2-245A 单株 ｜ 图2-245B 花

• 多茎委陵菜 *Potentilla multicaulis* Bunge. •

【识别要点】高约20cm，根粗壮，木质化，有残余棕褐色的托叶。茎常倾斜或弧形上升，有灰白色长柔毛或短柔毛。羽状复叶；基生叶有小叶6～8对，长圆形或长圆状卵形，小叶片羽状深裂，上面深绿色，下面密生灰白色茸毛和柔毛。聚伞花序。瘦果近圆形。

【生物学特性】多年生草本。春季萌发，花期5—7月，果期6—9月。种子及根茎繁殖。

【分布与为害】为茶园、果园杂草。为一般性杂草。分布于内蒙古、新疆、陕西、甘肃、河北、河南等省份。

图2-246A　单株 ┃ 图2-246B　花

• 翻白草 *Potentilla discolor* Bunge. •

【识别要点】高15～40cm；根肥厚，纺锤形，两端狭尖。茎短而不明显。羽状复叶，基生叶斜上或平伸，小叶通常5～9，矩圆形或狭长椭圆形，长1.5～5cm，宽0.6～1.5cm，顶端的小叶稍大，边缘有缺刻状锯齿，上面有长柔毛或近无毛，下面密生白色茸毛；叶柄长3～15cm，密生白色绒毛；茎生小叶通常三出。聚伞花序，多花，排列稀疏，总花梗、花梗、副萼及花萼外面皆密生白色茸毛；花黄色，直径1～1.5cm。瘦果卵形，光滑。

【生物学特性】多年生草本。花期5—7月，果期6—9月。以地下芽和种子繁殖。

【分布与为害】南北各地都有；朝鲜，日本也有。生于丘陵、路旁和畦埂上，为果园、桑园、茶园和路埂常见杂草，发生量小，为害不大。

图2-247A　花

图2-247B　单株

四十六、茜草科 Rubiaceae

茎直立、匍匐或攀缘，有时枝有刺。单叶，对生或轮生，有托叶。花两性，萼筒与子房合生，花冠筒状或漏斗状。坚果或蒴果。

全世界约有5 000种，遍布全国，常见杂草有5种。

• 猪殃殃 *Galium aparine* L. var. *tenerum* (Gren.et Godr.) Rcbb. •

【识别要点】茎四棱形，茎和叶均有倒生细刺。叶6~8片轮生，线状倒披针形，顶端有刺尖。聚伞花序顶生或腋生，有花3~10朵；花小，花萼细小，花瓣黄绿色，4裂。小坚果。

【生物学特性】种子繁殖，以幼苗或种子越冬，二年生或一年生蔓状或攀缘状草本。多于冬前9—10月出苗，亦可在早春出苗；4—5月现蕾开花，果期5个月。果实落于土壤或随收获的作物种子传播。

【分布与为害】分布广泛。为夏熟旱作物田恶性杂草。华北及淮河流域地区麦和油菜田有大面积发生和为害。攀缘作物，不仅和作物争阳光、争空间，且可引起作物倒伏，造成更大的减产，并且影响作物的收割。

图2-248A　花	图2-248D　果
图2-248B　单株	图2-248E　群体
图2-248C　幼苗	

• 四叶葎 *Galium bungei* Steud. •

【识别要点】高达50cm，有红色丝状根；茎通常无毛或节上被微毛。叶4片轮生，近无柄，卵状矩圆形至披针状长圆形，长通常0.8～2.5cm，顶端稍钝，中脉和边缘有刺状硬毛。聚伞花序顶生和腋生，稠密或稍疏散；花小，黄绿色，有短梗；花冠无毛。果近球状，直径1～2mm，通常双生，有小鳞片。

【生物学特性】多年生丛生近直立草本。花果期华北地区6—8月，江南5—7月。以种子和地下芽进行繁殖。

【分布与为害】广布我国各地，以长江流域中下游和华北地区较常见；朝鲜、日本也有。本种有5个变种，分布于我国各地。

图2-249A　单株 | 图2-249B　花

• 茜草 *Rubia cordifolia* L. •

【识别要点】植株攀缘；根紫红色或橙红色；茎、枝有明显的4棱，棱上有倒生小刺；多分枝。叶通常4片轮生，卵形至卵状披针形，先端渐尖，基部圆或心形，上面粗糙，下面脉上叶缘和叶柄均生有倒生小刺；叶柄长。聚伞花序排列成大而疏松的圆锥花序，顶生和腋生；花小，黄白色。

【生物学特性】多年生攀缘性草质藤本。华北地区花果期6—9月。种子及根茎繁殖。

【分布与为害】分布于我国大部分地区。适应性较强，在旱作物地及果园常见，尤对果树为害较重，缠绕在果树上可使其生长不良而减产。

图2-250A　花｜图2-250B　果

图2-250C　单株

• 伞房花耳草 *Hedyotis corymbosa* (Linn.) Lam. •

【识别要点】茎和枝四棱形，无毛或在棱上被疏短毛。叶对生，近无柄，条形或条状披针形，长1～2cm，急尖，两面稍粗糙，无侧脉；托叶合生，长1～1.5mm，顶部有短刺数条。花序腋生，伞房花序式排列，有花(1) 2～4朵；总花梗丝状，长5～10mm，具微小的苞片；花4数，具梗；萼筒球形，被疏柔毛，直径1～1.2mm，裂片狭三角形，稍短于筒，具睫毛；花冠白色或淡红色，筒状，长2.2～2.5mm，裂片矩圆形，长约1mm；雄蕊内藏。蒴果膜质，球形，直径1.5～1.8mm，具宿存萼裂片，开裂。

【生物学特性】一年生草本。种子繁殖。

【分布与为害】分布于我国东南至西南各地；热带亚洲、非洲和美洲广布。生于旷野或田边路旁。为旱地杂草，为害一般。

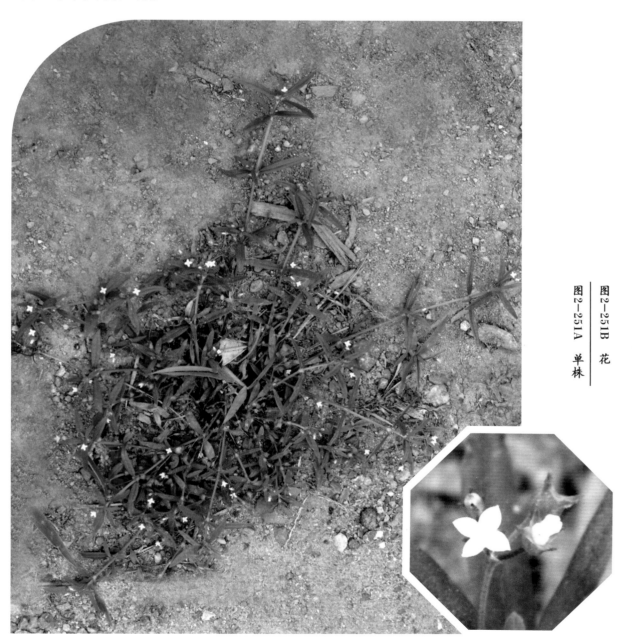

图2-251B 花

图2-251A 单株

· 白花蛇舌草 *Hedyotis diffusa* Willd. ·

【识别要点】一年生披散草本；茎扁圆柱形，从基部分枝。叶对生，无柄，条形，长1~3cm，顶端急尖，下面有时粗糙，无侧脉；托叶合生，长1~2mm，上部芒尖。花4数，单生或成对生于叶腋，常具短而略粗的花梗，稀无梗；萼筒球形，直径1.5mm，裂片矩圆状披针形，长1.5~2mm，有睫毛；花冠白色，筒状，长3.5~4mm，裂片卵状矩圆形，长约2mm；雄蕊生于花冠筒喉部。蒴果双生，膜质，扁球形，直径2~2.5mm，具宿存萼裂片，开裂。

【生物学特性】一年生披散杂草，夏季开花；种子繁殖。

【分布与为害】分布于东南至西南；亚洲热带其他地区也有。喜温暖潮湿环境，以肥沃沙质壤土生长良好；生于旷野、路旁、田边、沟边，为害一般。

图2-252A　花　　图2-252B　幼苗

图2-252C　单株　　图2-252D　果

• 纤花耳草　*Hedyotis tenellifloa* Bl. •

【识别要点】柔弱、披散、多分枝草本；分枝上部锐四棱形。叶对生，条形或条状披针形，长2~3.5cm，顶端急尖或渐尖，上面干后黑褐色，下面色较淡，仅具中脉；托叶顶部分裂成数条刚毛状刺。花4数，无梗，2~3朵簇生于叶腋，有小苞片；萼筒倒卵形，长约1mm，裂片条状披针形，长约1.8mm；花冠白色，漏斗状，长约3.5mm，裂片矩圆形，长约1.5mm；雄蕊着生于花冠筒喉部。蒴果卵形，长约2.5mm，有宿存萼裂片，仅顶部开裂。

【生物学特性】一年生草本。夏季开花。

【分布与为害】我国自东南至西南各地均有分布。印度、马来西亚至菲律宾也有。生于山谷或田埂上，为一般性杂草。

图2-253A　花
图2-253B　单株

四十七、檀香科 Santalaceae

乔木、灌木或草本，常为寄生或半寄生植物；叶互生或对生，全缘，有时退化为鳞片；花常淡绿色，两性或单性，辐射对称，单生或排成各式花序；萼花瓣状，常肉质，裂片3~6；无花瓣，有花盘；雄蕊3~6，与萼片对生；子房下位或半下位，1室，有胚珠1~3颗；果为核果或坚果。

约30属，400种，分布于热带和温带地区，我国有7属，21种，南北均有分布。

• 百蕊草 *Thesium chinense* Turcz. •

【识别要点】高15~40cm，纤弱，无毛；茎簇生，具棱，幼枝尤其明显。叶互生，条形，长0.5~1.5cm，宽1~1.5mm，无毛。花小，绿白色，两性，无柄，单朵腋生，基部有3枚叶状小苞片；花被下部筒状，上部5裂；裂片内面有一束不甚明显的毛，顶端近锐尖而反折；雄蕊5，生于花被裂片基部或近花被筒喉部，并与花被裂片对生，长仅为后者的一半，不伸出花被之外；子房下位，花柱极短，近圆锥形。坚果球形或椭圆形，直径约2mm，表面有核桃壳状的雕纹，近无柄。

【生物学特性】多年生半寄生草本，花期4—5月，果期6—7月。种子繁殖。

【分布与为害】常生于海拔500~2 700m的沙地边缘和草地中，寄生于其他植物根上，为果园、桑园、茶园和路埂常见杂草，发生量小。分布在华北、华东和西南；朝鲜、日本也有分布。

图2-254A 果│图2-254B 单株

四十八、虎耳草科 Saxifragaceae

草本；叶通常互生，无托叶；花两性，辐射对称，排成聚伞花序或总状花序、圆锥花序，稀单生；萼片通常5；花瓣与萼片互生或缺，周位或稀上位；雄蕊5~10，着生在花瓣上，花丝分离；子房1~3(4)室，与萼状花托分离或合生；花柱通常分离；胚珠多数，生在中轴胎座上或垂生于子房室的顶端；果为蒴果。

约30属，500种，主产北温带，我国有13属，308种，分布极广，除少数入药外，大部供观赏。

• 扯根菜 *Penthorum chinense* Pursh •

【识别要点】高达90cm。茎红紫色，无毛，不分枝或分枝。叶无柄或几无柄，披针形或狭披针形，长3~11.5cm，宽0.6~1.2cm，先端长渐尖或渐尖，基部楔形，边缘有细锯齿，两面无毛，脉不明显。花序生于茎或枝条顶端，分枝疏生短腺毛；苞片小，卵形或钻形；花梗长0.5~2mm；花萼黄绿色，宽钟形，长约2mm，5深裂，裂片三角形，先端微尖或微钝；花瓣无；雄蕊10，稍伸出花萼之外，花药淡黄色，椭圆形，长约0.8mm；心皮5，下部合生，子房5室，胚珠多数，花柱5，粗，柱头扁球形。蒴果红紫色，直径达6mm，短喙星状斜展。

【生物学特性】多年生草本。冬季地上部分死亡，春季发芽，生长到9—10月开花、结果，11月后地上部分逐渐死亡。生育期较长，种子落地，翌年萌发，长成幼苗。

【分布与为害】自华南和西南至东北广布；日本也有。生于溪边湿地。常见稻田边、藕田边、荸荠地、水沟等。为害水稻、莲藕等，为一般性杂草发生量小，为害轻。

图2-255A 单株 ｜ 图2-255B 花

四十九、夹竹桃科 Apocynaceae

草本、灌木或乔木，常攀缘状，有乳汁或水液；叶对生、轮生或互生，单叶，全缘，稀有锯齿；花两性，辐射对称，单生至组成各式的聚伞花序；萼5裂，稀4裂，基部合生；花冠合瓣，5裂，稀4裂，裂片旋转排列，喉部常有毛；雄蕊5，着生于花冠上，花药常呈箭头形，花粉颗粒状；下位花盘常具存；子房上位或半下位，1～2室而有胚珠数至多颗，或心皮2枚，离生；花柱1；果常为2个蓇葖果，或为浆果、核果或蒴果；种子常有种毛。

双子叶植物，约250属，2 000余种，产于热带、亚热带地区。我国约有46属，157种，主产地为长江以南各省份及台湾省等沿海岛屿，少数分布于北部及西北部。

• 罗布麻 Apocynum venetum L. 茶叶花、野麻、红麻、茶棵子、吉吉麻、草夹竹桃、野茶 •

【识别要点】株高50～200cm，最高可达4m，全株具乳汁。直根粗壮。茎直立，圆柱形，多分枝，枝条通常对生，无毛，紫红色或淡红色。叶对生，叶片长椭圆形、长圆状披针形或卵状披针形，长1～5cm，宽4～15mm，先端急尖或钝，有短尖头，基部楔形或圆形，边缘有不明显细锯齿，叶柄长3～5mm，叶柄腋间有腺体。聚伞花序顶生，苞片披针形，长约4mm，花萼5深裂，暗淡紫红色，裂片披针形或卵状披针形，花冠筒状钟形，花冠筒长约6mm，花冠裂片比筒部短，粉红色或浅紫红色，5裂，裂片卵状三角形，具紫红色脉纹。蓇葖果箸状圆筒形，双生，下垂。

【生物学特性】半灌木。4—5月出苗，花期6—7月，果期7—10月。种子风播。由根芽及种子繁殖。

【分布与为害】多生于河岸，沙质地及盐碱地。为麦类、棉花、玉米和豆类等旱作物及果园常见杂草，发生量小，为害轻。分布于华北及内蒙古、辽宁、甘肃、青海、新疆及江苏等地；欧、亚及其他温带地区亦有。

图2-256A 花 ┃ 图2-256B 单株

五十、玄参科 Scrophulariaceae

叶对生，少数互生或轮生，无托叶。花两性，花萼4~5裂，花冠合瓣，4~5裂。多为蒴果。

本科约200属，3 000种，广布于全世界。我国约60属，634种，分布于南北各地，西南部发生较多。常见杂草有11种。

• 婆婆纳　*Veronica didyma* Tenore •

【识别要点】茎自基部分枝成丛，纤细，匍匐或向上斜升。叶对生，具短柄；叶片三角状圆形，边缘有稀钝锯齿。总状花序顶生；苞片叶状，互生，花生于苞腋，花梗细长；花萼4片，深裂，花冠淡紫色，有深红色脉纹。蒴果近肾形。

【生物学特性】种子繁殖，越年生或一年生杂草。9—10月出苗，早春发生数量极少，花期3—5月，种子于4月渐次成熟，经3~4个月的休眠后萌发。

【分布与为害】分布于中南各省份。喜湿润肥沃的土壤。主要为害小麦、油菜、蔬菜、果树等。

图2-257B　花

图2-257A　单株

• 阿拉伯婆婆纳 *Veronica persica* Poir. 波斯婆婆纳 •

【识别要点】茎基部多分枝，下部伏生地面。叶在茎基部对生，上部互生，卵圆形及肾状圆形，缘具钝锯齿。花有柄，花萼4片深裂，裂片狭卵形，宿存；花冠淡蓝色，有放射状深蓝条纹。蒴果近肾形。

【生物学特性】种子繁殖，二年生或一年生草本。秋冬季出苗，偶尔延至翌年春季；花期3—4月，果期4—5月。

【分布与为害】为夏熟作物田杂草，在长江沿岸及其以南的西南地区的旱地发生较多，为害较重，防除也较为困难。

图2-258A	花	图2-258B	单株
图2-258C	群体	图2-258D	幼苗

• 疏花婆婆纳 *Veronica laxa* Benth. •

【识别要点】全体被柔毛。根状茎长而斜走。茎直立，基部倾斜，不分枝，高50~80cm。叶对生，具短柄或几无柄；叶片卵形，长2~5cm，边缘具牙齿，多为重齿。总状花序侧生，长达15cm；苞片条形，长于花梗；花梗长2~5mm；花萼4深裂，裂片狭矩圆形，长约4mm；花冠蓝色或蓝紫色，略比萼长，4深裂几达基部，前裂片为卵形，其余3裂片为圆形；花柱长约3mm。蒴果扁平，长4~5mm，宽5~6mm，边缘有多细胞腺毛。

【生物学特性】多年生草本。以种子和根茎繁殖。

【分布与为害】分布于云南、四川、贵州、湖南、湖北、陕西、甘肃南部；印度也有。生于海拔1 500~2 500m的沟谷阴处，为旱田杂草。

图2-259B 花

图2-259A 单株

• 直立婆婆纳 *Veronica arvensis* L. •

【识别要点】茎直或上升，不分枝或铺散分枝，高5～30cm，有两列多细胞白色长柔毛。叶常3～5对，下部的有短柄，中上部的无柄，卵形至卵圆形，长5～15mm，宽4～10mm，具3～5脉，边缘具圆齿或钝齿，两面被硬毛。总状花序长而多花，长可达20cm，各部分被多细胞白色腺毛；苞片下部的长卵形而疏具圆齿，上部的长椭圆形而全缘，花梗极短，花萼长3～4mm，裂片线状椭圆形，前方2枚长，后方2枚短。花冠蓝紫色或蓝色，长约2mm，裂片圆形至长椭圆形，雄蕊短于花冠。蒴果倒心形。

【生物学特性】二年生草本，花期3—5月，果期5—7月。种子繁殖。

【分布与为害】分布于华东、华中及福建、贵州等地。生于路旁、田边及荒野草地，为夏收作物：麦类、油菜、蔬菜田常见杂草，发生量小，为害轻。

图2-260A	果	图2-260C　单株
图2-260B	花	

• 水苦荬 *Veronica undullata* Wall. •

【识别要点】根状茎倾斜，多节。茎直立，高15～40cm，肥壮，多水分，中空，有光泽。叶对生，无柄，长卵圆状披针形或长卵圆形，先端钝，基部呈耳状或圆，稍抱茎，全缘或具波状细齿，中脉明显，下陷，在背面隆起。穗形总状花序腋生，花柄几乎展。萼4片深裂，裂片狭椭圆形至狭卵形，绿色，宿存。花冠淡紫色或白色，具淡紫色条纹，花冠管短，先端4裂，最上裂片较大，易脱。蒴果球形。

【生物学特点】种子繁殖，二年生或一年生草本，春夏开花。

【分布与为害】我国除内蒙古、青海、宁夏、西藏外，均有分布。生于田边湿地。

图2-261A 花
图2-261B 单株

• 北水苦荬 *Veronica anagallis-aquatica* L. •

【识别要点】株高30～60(100)cm，常全体无毛，稀花序轴、花梗、花萼、蒴果有疏腺毛。茎稍肉质，基部匍匐状。叶对生，叶片卵状长圆形至条状披针形，长(2)4～7(10)cm，稍钝头，基部圆，无柄，上部的叶半抱茎，全缘或有疏而小的锯齿。总状花序腋生，长5～12cm，比叶长，宽不足1cm，多花；花梗弯曲上升，与花序轴成锐角；苞片与花梗近等长，花萼4深裂，裂片卵状披针形，长约3mm，急尖；花冠辐状，淡蓝紫色或白色，直径4～5mm，筒部极短，裂片宽卵形，花柱长1.5～2mm。雄蕊2，凸出。蒴果卵圆形或近球形，长约3mm，长与宽近相等，顶端凹；种子多数，长约0.3mm，扁，椭圆形至卵形，表面淡黄色至黄褐色。

【生物学特性】多年生草本，具根状茎。华北地区花期6—8月，果期7—9月。

【分布与为害】适生于水边湿地及浅水沟中，海拔可达3 000m，为水稻田中及蔬菜地常见杂草，为害不重。广布于我国长江以北及西北、西南各省份，江苏、浙江、江西也有发现；亚洲温带其他地区及欧洲也有。

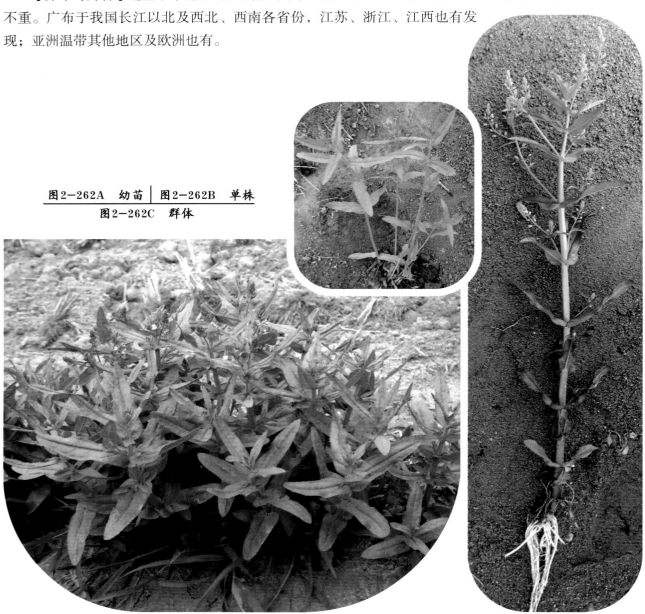

图2-262A　幼苗 | 图2-262B　单株
图2-262C　群体

通泉草 *Mazus japonicus* (Thunb.) Kuntze. •

【识别要点】主根伸长垂直向下或短缩；须根纤细，散生或簇生。茎高5~30cm，且斜倾，分枝多而披散，少不分枝。基生叶有柄，叶片倒卵形至匙形，边缘具不规则的粗钝锯齿，基部楔形，下延至柄呈翼状；茎生叶对生或互生，少数与基生叶相似。总状花序顶生，常在近基部生花，花稀疏，花梗在果期长达10mm，上部的较短；萼片与萼筒近等长；花冠紫色或蓝色，上唇短直，2裂，裂片尖，下唇3裂，中裂片倒卵圆形。蒴果球形。

【生物学特性】种子繁殖，一年生草本。花果期长，4—10月相继开花结果。

【分布与为害】遍布全国，喜生于潮湿的环境，为害轻。

图2—263A　花
图2—263B　单株

• 匍茎通泉草　*Mazus miguelii* Makino •

【识别要点】主根短缩，须根多数，纤维状丛生。茎有直立茎和匍匐茎，直立茎倾斜上升，高10～15cm，匍匐茎花期发出，长达15～20cm，节上生根或否。基生叶常多数成莲座状，倒卵状匙形，有长柄，连柄长3～7cm，边缘具粗锯齿，有时近基部缺刻状羽裂。茎生叶在直立茎上的多互生，在匍匐茎上的多对生，具短柄，连柄长1.5～4cm，卵形或近圆形，具疏锯齿。总状花序顶生，花稀疏，下部的花梗长达2cm，越向上越短。花萼钟状漏斗形，长7～10mm，萼齿与萼筒等长，披针状三角形。花冠紫色或白色而有紫斑，长1.5～2cm，上唇短而直立，2裂，下唇3裂片凸出，倒卵圆形，中片最小，喉部有2条隆起，上有棕色斑纹，并且短白毛，花冠易脱落。蒴果卵形至倒卵形或球形微扁，绿色，稍伸出萼管，开裂，种子细小而多数。

【生物学特性】多年生小草本。花果期2—9月。以匍茎和种子繁殖。

【分布与为害】生于田边、路旁湿地、荒地及疏林中。为一般性杂草。分布于江苏、浙江、安徽、江西、湖南、台湾等省份。

图2-264A　花

图2-264B　单株

• 毛果通泉草 *Mazux spicatus* Vaniot. 穗花通泉草 •

【识别要点】高10~30cm，全株具多细胞白色或浅锈色长柔毛。主根短。茎圆柱形，基部常木质化并多分枝，直立或倾斜状上升，着地部分常生根。基生叶少数，早枯萎；茎生叶对生或上部的互生，倒卵形至倒卵状匙形，膜质，连柄长1~5cm，宽0.5~2cm，顶端钝圆，基部渐狭成带翅的叶柄，边缘有粗锯齿。总状花序顶生，长达15~20cm，花稀疏；苞片钻形；花萼钟状，果期长达8mm，5中裂，裂片披针形，急尖；花冠白色或淡紫色，长8~12mm，上唇2裂，裂片急尖，下唇3裂，中裂片突出，卵圆形，顶端微凹，子房被短毛。蒴果小，卵球形，淡黄色，被长硬毛；种子细小多粒，表面有细网纹。

【生物学特性】多年生草本。花期5—6月；果熟期7—8月。

【分布与为害】分布于湖北、湖南、陕西、四川、贵州等省份。

图2—265B 单株

图2—265A 花

• 弹刀子菜 *Mazus stachydifolius* (Turcz.) Maxim. •

【识别要点】全株被白色长柔毛。根状茎短；茎直立，高10～50cm，不分枝或在基部有少数分枝。基生叶匙形，有短柄，常早枯萎；茎生叶对生，上部常互生，叶片长椭圆形至倒卵状披针形，长2～4(7)cm，宽5～12mm，边缘有不规则锯齿。总状花序顶生，长2～20cm，花稀疏；花萼漏斗状，果时增长达16mm；花冠紫色，唇形，上唇2裂，裂片尖锐，下唇3裂，中裂片宽而圆钝，有2条着生腺毛的皱褶直达喉部，着生在花冠筒的近基部；子房上部被长柔毛。蒴果圆球形，有短柔毛，包于宿存萼筒内；种子多数，细小，团球形。

【生物学特性】多年生草本。花果期4—9月。种子繁殖。

【分布与为害】适应性强，喜生于较干旱和湿润处，常生于山坡、草地、林缘和路旁，为果园、桑园、茶园和路埂常见杂草，发生量小，为害轻。分布于东北、华北、华东、华中及福建、广东、广西、四川和西藏等地。

图2-266A　幼苗 | 图2-266B　单株

· 石龙尾 *Limnophila sessiliflora* (Vahl) B. ·

【识别要点】茎通常多少被多细胞柔毛，高(5)10～40cm，常丛生。叶5～8枚轮生，无柄；叶片轮廓长卵形至披针形，长(0.5)1～2.5cm，背面有腺点，2型，沉水者羽状丝裂，气生者羽状深裂或羽状半裂。花无梗或近无梗；花萼钟状，长5～7mm，疏被毛，有腺点，萼齿5枚，三角状钻形，略比萼筒长；花冠紫红色，筒状，长达12mm，内面疏被毛。蒴果矩圆状卵形，长约4mm，4裂。

【生物学特性】多年生两栖草本。花果期7月至翌年1月。

【分布与为害】分布于长江以南各省份；日本、印度也有。生于稻田及浅水中。

图2-267A　花

图2-267B　田间为害　　图2-267C　单株

• 沟酸浆 *Mimulus tenellus* Bunge •

【识别要点】茎长可达40cm，多分枝，下部匍匐生根，四方形，角处具窄翅。叶卵形、卵状三角形至卵状矩圆形，长1~3cm，宽4~5mm，先端急尖，基部阔楔形，边缘有疏锯齿，羽状脉，叶柄细长，与叶片近等长或较短，偶被柔毛。花单生叶腋，花梗与叶柄近等长，花萼圆筒形，长约5mm，果期膨胀成囊泡状，增大近1倍，沿肋偶被茸毛，或有时稍具窄翅，萼筒口近平截，萼齿5枚，细小，刺状；花冠较萼长一倍半，漏斗状，黄色，喉部有红色斑点，唇短，先端圆形，竖直，沿喉部密被髯毛。雄蕊与花柱无毛，内藏。蒴果椭圆形，较萼稍短。种子多数，细小，卵圆形，具细微的乳头状凸起。

【生物学特性】多年生柔弱草本，茎常披散，中下部匍匐，节上生根。花果期6—9月。种子繁殖。

【分布与为害】生于海拔700~1 200m的水边、林下湿地。为一般性杂草。分布于秦岭、淮河以北，陕西以东各省区。

图2-268A　果
图2-268B　单株

• 陌上菜 *Lindernia procumbens* (Krock.) Borbas •

【识别要点】直立无毛草本，根细密成丛，茎方形，基部分枝，高5~20cm，无毛。叶无柄，叶片椭圆形至长圆形，顶端钝至圆头，全缘或有不明显的钝齿，两面无毛。花单生于叶腋，花梗纤细，比叶长，无毛。萼片基部合着，齿5，线状披针形；花冠粉红色或紫色，上唇短，2浅裂，下唇大于上唇，3浅裂。蒴果卵圆形。

【生物学特性】种子繁殖，一年生草本。花期7—10月，果期9—11月。

【分布与为害】全国各地均有分布。喜湿，为稻田常见杂草，发生量大，为害较重。

图2-269A　单株

图2-269B　果

图2-269C　幼苗

• 母草 *Lindernia crustacea* (L.) F．Muell. •

【识别要点】根须状，高10～20cm，茎多分枝，铺散，枝弯曲向上，微方形有深沟纹，无毛。叶柄长1～8mm，叶片三角状卵形或宽卵形，长10～20mm，宽5～11mm，顶端钝或短尖，基部宽楔形至平截形，边缘有三角状锯齿。花单生于叶腋或在茎枝之顶成极短的总状花序，花梗细弱，长5～22mm。有沟纹，花萼坛状，膜质，裂片齿状，中肋明显，果期不规则深裂。花冠紫色，长5～8mm，管略长于萼，上唇直立，卵形，钝头，有时2浅裂，下唇3裂，中间裂片较大。蒴果椭圆形。

【生物学特性】一年生草本，花果期6—10月。

【分布与为害】生于稻田，田边等低湿处。分布于我国浙江、江苏、安徽、江西、福建、台湾、广东、海南岛、广西、云南、西藏东南部、四川、贵州、湖南、湖北、河南等地。

图2-270A　单株 ｜ 图2-270B　花

· 长蒴母草 *Lindernia anagallis* (Burm.f.) Pennell 长果母草 ·

【识别要点】植株高10～40cm，茎在基部即有分枝，分枝匍匐或蔓生，下部节上常生根。仅下部叶片有短柄，叶片三角状卵形、卵形或矩圆形，长4～20mm，宽7～12mm，先端圆钝或急尖，基部截形或近心形，边缘有浅圆齿，侧脉3～4对，约以45°角展开，上下两面均无毛。花单生于叶腋，花梗长6～10mm，在果中长达2cm，无毛，萼长约5mm，仅基部合生；裂片5枚，狭披针形，无毛，花冠白色或淡紫色，长8～12mm，上唇直立，卵形，2浅裂，下唇开展，3裂，裂片近相等，比上唇稍长，雄蕊4，全育，前面2枚的花丝有短棒状附属物，柱头2裂。蒴果线状披针形，比萼长约2倍，室间2裂。种子卵圆形，有疣状凸起。

【生物学特性】一年生草本。花期4—9月，果期6—11月。种子繁殖。

【分布与为害】多生于海拔1 500m以下的林边、溪旁及田野湿润处。为一般性杂草。分布于四川、云南、贵州、广西、广东、湖南、江西、福建、台湾等地；亚洲东南部也有。

图2-271A　单株　｜图2-271B　花
｜图2-271C　幼苗

• 泥花草 *Lindernia antipoda* (L.) Alston •

【识别要点】株高10~20cm。茎匍匐生长，少直立，光滑无毛。叶片长圆形至长圆状披针形，长1~3cm，先端短尖或钝，基部渐狭，边缘有疏钝齿。叶无柄或具一略抱茎的短柄。花单生叶腋或形成一顶生的总状花序；花梗长6~12mm，稍粗壮，扩展；花萼绿色，长3~5mm，裂片深几达基部，裂片狭披针形。花冠淡紫色，长约8mm。蒴果条状披针形，先端渐尖。

【生物学特性】一年生草本，种子繁殖。

【分布与为害】喜潮湿环境，为稻田边常见杂草，旱作地也有生长。分布于广东、福建、江西、安徽、江苏、浙江、湖南、湖北、四川、贵州、云南等地。

图2-272A　单株 │ 图2-272B　幼苗

• 地黄 *Rehmannia glutinosa* (Gaert.) Libosch.ex Fisch.et Mey. •

【识别要点】株高10~30cm，全株密被白色或淡褐色长柔毛及长腺毛。茎单一或自基部分生数枝，紫红色，茎生叶无或少而小，叶多基生，莲座状，叶片倒卵状披针形至长椭圆形，长3~10cm，宽1~30cm，先端钝，基部渐狭成长叶柄，柄长1~2cm，边缘具不整齐的钝齿或尖齿，叶面有皱纹，上面绿色，下面通常淡紫色，被白色长柔毛及腺毛。总状花序顶生，密被腺毛，有时自茎基部生花，花梗长1~3cm，苞片叶状，下部的大，上部的小，花萼筒部坛状，萼齿5，裂片三角形，长3~5mm，后面1枚略长，反折。花略下垂，花冠筒状，长3~4cm，外面紫红色，内面黄色有紫斑，先端二唇形，上唇2裂反折，下唇3裂片伸直，长方形，顶端微凹，长0.8~1cm；雄蕊4，着生于花冠筒近基部，子房卵形，2室，花后渐变1室，花柱细长，柱头2裂，裂片扇形。蒴果卵球形，长约1.6cm，先端具喙，室背开裂，种子多数，卵形，黑褐色，表面有蜂窝状膜质网眼。

【生物学特性】多年生草本。有粗壮的肉质根，鲜时黄色。华北地区3月萌发，花期4—6月，果期6—7月。

【分布与为害】生于山坡、路旁、宅旁、果园及旱作物地，喜阳且耐干旱。为一般性杂草。分布于我国东北、内蒙古、华北、华东各地；朝鲜、日本也有。

图2-273A 花
图2-273B 幼苗
图2-273C 单株

五十一、茄科 Solanaceae

叶互生，无托叶。花两性，辐射对称，花萼合生5裂，花冠合瓣，钟状或漏斗状。浆果或蒴果。

本科约80属，3 000种，广布于温带及热带地区。我国有24属，约115种。各省份均有分布，常见杂草有6种。

• 苦蘵 *Physalis angulata* L. 灯笼草、毛酸浆 •

【识别要点】茎直立，高30～50cm，多分枝。叶片卵形至卵状椭圆形，先端渐尖或急尖，基部阔楔形。花较小，花萼5裂，裂片披针形；花冠淡黄色，喉部常有紫色斑纹。浆果球形，外包以膨大的草绿色宿存花萼。

【生物学特性】种子繁殖，一年生草本，4—7月出苗，6—9月开花，7—10月逐渐成熟。种子量较大，每株可产种子3 000多粒。

【分布与为害】分布于我国中南地区。秋作物常见杂草，发生量较大，为害较重。

图2-274A 幼苗	图2-274B 花
图2-274C 果	图2-274D 单株

• 龙葵 *Solanum nigrum* L. 野茄秧、老鸦眼子 •

【识别要点】粗壮，高0.3～1m。茎直立，多分枝。叶卵形，先端短尖，叶基楔形至阔楔形而下延至叶柄。聚伞花序腋外生，通常着生4～10朵花；花萼杯状，绿色，5浅裂；花冠白色，5深裂。

【生物学特性】种子繁殖，一年生直立草本。在我国北方，4—6月出苗，7—9月现蕾、开花、结果。当年种子一般不能萌发，经越冬休眠后才能发芽。

【分布与为害】广布全国。秋作物田常见杂草，发生量小。

图2-275A　果 | 图2-275B　花 | 图2-275C　幼苗
图2-275D　单株

• 腺龙葵 *Solanum sarachoides* Sendt. •

【识别要点】高70cm，茎直立或横卧，有棱，密被腺毛。叶卵形，长2～6cm，宽1.2～3.5cm，顶端短尖，基部楔形，下延至叶柄，叶缘具不规则波状粗齿，两面均被稀疏腺毛；叶柄长1～2.5cm，密被腺毛。花单生或由2～4朵组成蝎尾状花序腋外生，总花梗长0.3～1cm，花梗长0.5～0.8cm，均被腺毛；萼浅杯状，萼外部被腺毛；花冠白色，直径1～1.5cm，长1～2mm，5深裂，裂片卵圆形，外面具稀疏腺毛；花药黄色，长约1.2mm，与花丝近等长，花丝基部具稀疏腺毛，顶孔向内；子房卵圆形，直径0.5～1mm，花柱长约2mm，中部以下与子房顶端均被白色腺毛，柱头小，头状。浆果球形，直径约8mm。种子多数，近卵形，直径1.5～2mm，压扁。

【生物学特性】一年生草本，种子繁殖。

【分布与为害】原产于南美。为外来种。

图2-276A　花

图2-276B　单株

• 青杞 *Solanum septemlobum* Bunge. •

【识别要点】株高20~60cm，茎有棱，被白色弯曲的短柔毛至近无毛。叶片卵形，先端尖或钝，基部楔形，有5~7深裂，裂片宽披针形或披针形，两面疏被短柔毛。二歧聚伞花序顶生或腋外生，花梗纤细，花冠蓝紫色。浆果近球形。

【生物学特性】多年生草本或亚灌木状。花期夏秋间，果熟期秋末冬初。

【分布与为害】为一般性杂草，分布于东北、华北、西北、华东及四川等地。

图2-277A　花	图2-277C　单株
图2-277B　幼苗	

·少花龙葵 *Solanum photeinocarpum* Nakam.et Odash. 衣钮扣·

【识别要点】成株植株纤细，茎高0.3～1m。叶卵形，长3～10 cm，宽1.5～5.5cm，先端急尖或短渐尖，基部圆或阔楔形而下延至叶柄，全缘或具不规则波状粗齿，无毛或两面均被稀疏短柔毛，叶柄长1～4cm。伞形聚伞花序腋生，由1～6(10)朵花组成，花萼小，浅杯状，直径1.5～2mm，萼齿阔卵形，顶端圆，花冠白色，冠管长不及1mm，裂片阔卵形，花药长约1.5mm，约为花丝长的4倍；子房卵形，花柱中部以下被白色短茸毛。浆果球形，直径约8mm，成熟时黑色，种子倒阔卵形，较扁。

【生物学特性】一年生草本。花果期全年。种子繁殖。

【分布与为害】遍布于全国，广布于世界温带和热带地区。多生于田边、荒地及道旁。偶见于旱作地。为害不大。

图2-278A　花
图2-278B　幼苗
图2-278C　单株

· 白英 *Solanum lyratum* Thunb. ·

【识别要点】长0.5～1m；茎及小枝密生具节的长柔毛。叶多为琴形，长3.5～5.5cm，宽2.5～4.8cm，顶端渐尖，基部常3～5深裂或少数全缘，裂片全缘，侧裂片顶端圆钝，中裂片较大，卵形，两面均被长柔毛；叶柄长1～3cm。聚伞花序，顶生或腋外生，疏花；花梗长8～15mm；花萼杯状，直径约3mm，萼齿5；花冠蓝紫色或白色，直径1.1cm，5深裂；雄蕊5；子房卵形。浆果球形，成熟时黑红色，直径8mm。

【生物学特性】多年生草质藤本。花期7—8月，果期9—10月。种子繁殖。

【分布与为害】分布于我国甘肃、陕西、河南、山东以及长江以南各省份；朝鲜、日本、中南半岛也有。为果园、桑园、茶园、胶园和路埂常见杂草，发生量小，为害轻。

图2-279B 茎

图2-279A 单株

• 水茄 *Solanum torvum* Swartz •

【识别要点】灌木，高1～3m，全株有分枝的尘土色星状毛。小枝有淡黄色的皮刺，皮刺基部宽扁。叶卵形至椭圆形，长6～19cm，宽4～13cm，顶端尖，基部心形或楔形，偏斜，5～7中裂或仅波状，两面密生星状毛；叶柄长2～4cm。伞房花序，2～3歧，腋外生，总梗长1～1.5cm；花梗长5～10mm；花白色；花萼杯状，长4mm，外面有星状毛和腺毛；花冠辐状，直径约1.5cm，外面有星状毛；雄蕊5；子房卵形，不孕花的花柱短于花药，能孕花的花柱较长于花药。浆果圆球状，黄色，直径1～1.5cm；种子形状呈盘状。

【生物学特性】灌木。全年均开花结果。种子繁殖。

【分布与为害】分布于中国云南、广西、广东、台湾和印度、缅甸、泰国、马来西亚、南美洲等地。喜生长于路旁、荒地、灌木丛中，沟谷及村庄附近等潮湿地方，为一般性杂草。

图2-280A　单株　|　图2-280B　花

• 牛茄子 *Solanum surattense* Burm f. 颠茄、丁茄、野颠茄 •

【识别要点】茎直立，高30～100cm。植物体除茎、枝外各部均被具节的纤毛，茎及小枝具细直皮刺。叶阔卵形，长5～10cm，宽4～12cm，5～7浅裂或深裂，叶柄及叶脉上均具刺。短聚伞花序腋外生，具1～4朵花；花萼杯状，直径约8mm，5裂，裂片卵形；花冠白色，5深裂，裂片披针形，长约1.1cm，宽约4mm。花丝长约2.5mm，花药长约8mm；子房球形，无毛。浆果扁球形，直径约3.5cm，成熟后橙红色，果梗长2～2.5cm，具细直刺。种子扁而薄，边缘翅状，直径约4mm。

【生物学特性】一年生草本，通常亚灌木状。花果期5—10月，种子繁殖。

【分布与为害】生于海拔350～1 180m的疏林或灌木丛中，也生于路旁荒地。为果园、茶园一般杂草，为害不大。分布于我国江苏、江西、湖南、福建、广东、广西、海南、台湾、四川、贵州、云南等省份。

图2-281A 花
图2-281B 果
图2-281C 单株

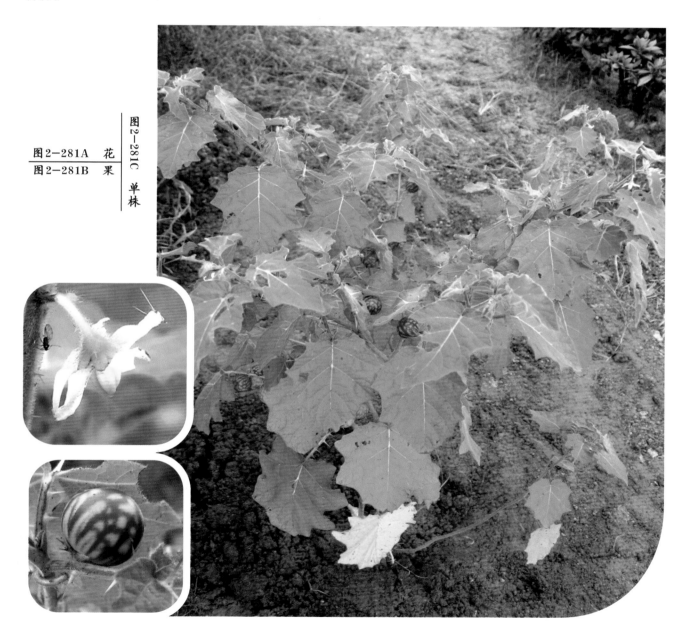

• 假酸浆 *Nicandra physaloides* (L.) Gaertn. 冰粉、鞭打绣球 •

【识别要点】主根长锥形。茎粗壮，直立，有棱沟，高40～150cm，上部叉状分枝。叶互生，具柄，卵形或椭圆形，长4～12cm，宽2～8cm，顶端急尖或短渐尖，基部楔形，叶面有疏毛，叶缘有不规则锯齿或浅裂。花单生于叶腋，有长梗，花后弯垂，淡紫色；花萼5深裂，果时膨大，膀胱状，裂片顶端锐尖，基部心形，有尖锐的耳片；花冠宽钟状，淡紫色，6浅裂；雄蕊5；子房3～5室。浆果球状，直径1.5～2cm，被膨大的宿萼所包围；种子淡褐色。

【生物学特性】一年生草本。种子繁殖。

【分布与为害】生于田埂、路旁或农田常见，但数量较少，为害不重。我国有栽培或逸为野生。

图2-282A　单株｜图2-282B　花

曼陀罗 *Datura stramonium* L.

【识别要点】株高1~1.5(2)m。叶宽卵形，长8~12(17)cm，宽4~12cm，先端渐尖，基部为不对称的楔形，叶缘有不规则波状浅裂，裂片三角形，有时有疏齿，脉上有疏短柔毛；叶柄长3~5cm。花常单生于枝分叉处或叶腋，直立，具短梗；花萼筒状，筒部有5棱角，长4~5cm；5浅裂，裂片三角形，花后自基部断裂，宿存部分随果实而增大并向外反折；花冠漏斗状，长6~10cm，直径3~5cm，下半部淡绿色，上部白色或淡紫色，5浅裂；雄蕊5；子房卵形，不完全4室。蒴果，直立，卵状，长3~4cm，直径2~3.5cm，表面生有坚硬的针刺，或稀仅粗糙而无针刺，成熟后为规则的4瓣裂；种子卵圆形，稍扁，长3~4mm，黑色，略有光泽，表面具粗网纹和小凹穴。

【生物学特性】一年生草本，有时为亚灌木。植株有异味，有毒。花期6—10月，果期7—11月。

【分布与为害】适生于山坡向阳处，为旱地、果园、荒地、路旁杂草。我国南北各地均有分布。

图2-283A 单株	图2-283B 果
图2-283C 花	图2-283D 幼苗

五十二、梧桐科 Sterculiaceae

草本、灌木或乔木；叶互生，单叶或指状复叶，有托叶；花两性或单性，辐射对称，单生或各式的排列；萼片5，多少合生；花瓣5或缺；雄蕊多数，合生成一管，稀少数而分离；子房上位，2～5室，很少单心皮，无柄或具柄；胚珠每室数至多颗；果干燥或肉质，开裂或不开裂。

约68属，1 100种，分布于热带地区，我国有19属，82种，主产西南部至东部。

• 马松子 *Melochia corchorifolia* L. 野路葵 •

【识别要点】高20～100cm，散生星状柔毛。叶卵形、狭卵形或三角状披针形，长1～7cm，宽0.7～3cm，基部圆形、截形或浅心形，边缘生小牙齿，下面沿脉疏被短毛；叶柄长5～20mm。头状花序腋生或顶生，直径达1cm；花萼钟状，长约2.5mm，外面被毛，5浅裂；花瓣5，白色或淡紫色，长约6mm；雄蕊5，花丝大部合生成管；子房无柄，5室，每室胚珠2，花柱5。蒴果近球形，直径4～6mm，密被短毛，室背开裂。

【生物学特性】一年生直立草本。苗期6—7月，花期8—9月，果期10—11月。

【分布与为害】分布于长江流域及以南各省份；亚洲热带和亚热带其他地区也有。为丘陵地区秋熟旱作物田主要杂草。尤在甘薯地等为害重。

| 图2-284A　花、果 |
| 图2-284B　幼苗 |

图2-284C　单株

五十三、椴树科 Tiliaceae

乔木或灌木，稀为草本；树皮富含纤维；叶常互生，单叶，全缘或分裂；托叶小；花辐射对称，两性或稀单性，排成腋生或顶生的聚伞花序或圆锥花序；萼片5，稀3或4，分离或合生；花瓣5或更少或缺，基部常有腺体；雄蕊极多数，花丝分离或成束；子房上位，2~10室，每室有胚珠1至多颗；果为1蒴果、核果或浆果。

约50属，450余种，广布于热带和亚热带地区，我国有12属，94种，常见杂草有3属，5种。各省份均有分布，主产地为西南部。

• 甜麻 *Corchorus aestuans* Lam •

【识别要点】高约1m；分枝有短柔毛。叶卵形、宽卵形或狭卵形，长2~5cm，宽1~3.5cm，边缘有锯齿，上面几无毛，下面沿脉有稀疏的毛，基出脉3条；叶柄长0.5~2cm；托叶钻形，长约4mm。聚伞花序腋生，有短梗，有1~4朵花；花黄色，小；萼片5或4，呈船形，长约5mm；花瓣5或4，与萼片近等长，狭倒卵形；雄蕊多数；子房有毛。蒴果圆筒形，长1.5~3cm，有6~8条棱，其棱中3~4棱有狭翅，顶端有3~4个喙状凸起，成熟时裂成3~4瓣，在种子之间有横隔。

【生物学特性】一年生亚灌木状草本。花期夏季，果期秋末冬初。种子繁殖。

【分布与为害】分布于我国长江以南各省份；亚洲热带其他地区、非洲也有。生于路边、田边或草坡上。

图2-285A 果	
图2-285B 花	图2-285C 单株

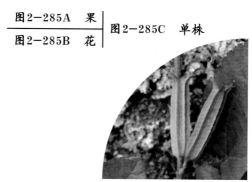

五十四、菱科 Trapaceae

一年生浮水草本。叶二型，沉水叶羽状细裂，浮水叶生于茎顶，成莲座状，叶柄近顶部膨大成海绵状气囊。花单生，有短柄；花萼连合，萼管短，和子房基部合生，裂片4，其中2片或4片在结果时宿存而变成硬的角状刺；花瓣4，白色，生于花盘的边缘。果实为坚果，有4个角，或其中2个角有长刺。种子1颗，子叶肉质。

1属约30种，我国约5种，全国均有分布。

• 菱 *Trapa bispinosa* Roxb. 菱角 •

【识别要点】茎细长匍匐，沉于水中，节明显，上部直立，节较密，顶端丛生浮水叶，成莲座状，漂浮水面，叶片菱状三角形，长宽各2~6cm，边缘牙齿状，背面脉上被毛；叶柄长5~14cm，中部膨胀成宽约1cm的海绵质气囊，被柔毛。沉水叶根状对生，羽状细裂。花两性，白色，单生于叶腋；花萼4深裂，花瓣4，雄蕊4，子房半下位，花盘鸡冠状。坚果绿色或紫红色，扁倒三角形，宽4~5cm，长7~8cm，两侧各有一硬刺状角，角刺平伸或下弯，长约1cm。

【生物学特性】一年生浮水草本。秋季开花结果，生于湖沼、河湾、水塘中。种子(菱角)繁殖，入冬以后，菱茎相继死亡，老菱落入泥中，翌年5月萌发，伸出水面。

【分布与为害】喜生于较肥沃的静水池塘中，为一般性杂草。全国各地都有。

图2-286B 单株

图2-286A 气囊、叶

五十五、伞形科 Umbelliferae

一年生至多年生草本。茎直立或匍匐上升。叶互生，叶柄基部通常有叶鞘；叶片常以不同的形式分裂，或为1~2回三出式羽状复叶，稀全缘不裂。花小，两性或杂性，排列成单伞形花序或复伞形花序，在伞形花序及小伞形花序下方分别具有总苞片及小总苞片，或不明显，花萼与子房贴生，萼片5或不明显，花瓣5，先端钝圆或有内折的小舌片，或先端延长如细线。果实由2个背面或侧面扁压的心皮所组成，为双悬果。

本科约有250属，近3 000种，广布于全球温带、亚热带地区。我国约有90余属，500余种，各省均有分布；杂草有15属，19种，常见5种。

• 积雪草 *Centella asiatica* (L.) Urban •

【识别要点】茎匍匐，淡绿色或淡红色，长30~80cm，节下生根，无毛或稍有毛。叶柄长0.5~8cm，基部具鞘；叶片肾形或近圆形，直径1~5cm，基部深心形，边缘有宽钝齿，无毛或疏生柔毛，具掌状脉。单伞形花序单生或2~3个腋生，每个花序有3~6花；总花梗长2~8mm，总苞片2，卵形，花梗极短；花萼截形，暗紫红色；花瓣5，紫红色。双悬果扁球形。

【生物学特性】多年生草本。花果期3—8月，匍匐茎和种子繁殖。

【分布与为害】分布于我国江苏、浙江、江西、福建、广东、广西、云南、四川；热带、亚热带广布。生于较湿润的田边、路旁和疏林下，部分果园、甘蔗和花生田受害较重，为田园常见杂草。

图2-287A 花
图2-287B 单株

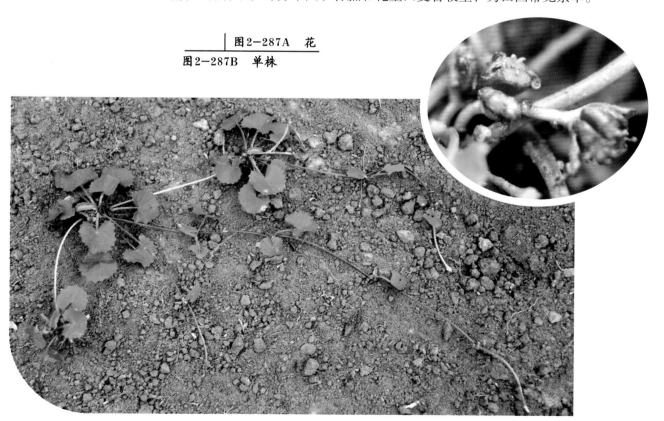

• 野胡萝卜 *Daucus carota* L. •

【识别要点】直根肉质，淡红色或近白色。茎直立，单一或分枝，高20～120cm，有粗硬毛。基生叶丛生，茎生叶互生；叶片2～3回羽状全裂，末回裂片线形至披针形，长5～12mm，宽0.5～2mm。复伞形花序顶生，总花梗长10～60cm，总苞片多数，叶状，羽状分裂，裂片线形，反折；伞幅多数，小总苞片5～7，线形，不裂或羽状分裂，花梗多数，花瓣5，白色或淡红色。双悬果长圆形。

【生物学特性】二年生杂草。秋季或早春出苗，花果期5—9月。种子繁殖。

【分布与为害】生于田边、路旁、渠岸、荒地、农田或灌丛中。喜湿润，亦较耐旱。果园、茶园与夏、秋作物田较常见，部分作物受害较重。全国各省份均有分布。

图2-288D 成株
图2-288B 茎
图2-288A 花
图2-288C 叶

• 天胡荽 *Hydrocotyle sibthorpioides* Lam. 野芫荽、石胡荽、园地炮、满天星 •

【识别要点】全草柔之有气味，茎匍匐而细长，长20～50cm，节上生根。叶圆形或近肾形，直径7～25mm，基部深心形，不分裂或5～7浅裂，裂片阔倒卵形，边缘有钝齿状锯齿，两面均无毛或叶面被少数白色倒伏的柔毛，背面密被同样的毛，叶柄纤细，长0.5～9cm，被开展的长柔毛。伞形花序单一生于茎上，与叶对生，有花10～15朵；总花梗纤细，长0.5～3cm，总苞片4～10片，披针形，长约2mm，花具短梗或无花梗；萼片齿裂，花瓣绿白色，卵形，长约1.2mm，顶端急尖，内弯，花柱基平压状。双悬果呈心状椭圆形。

【生物学特性】多年生草本。种子繁殖。

【分布与为害】生于草地、田边、路旁或林下，果园、茶园和菜地常见，为一般杂草。分布于长江以南各省份，北达陕西南部；广布于亚洲热带和亚热带地区。

图2-289A　花　图2-289B　单株

• 破铜钱 *Hydrocotyle sibthorpioides* Lam. var. *batrachium* (Hance) Hand. •

【识别要点】是天胡荽的变种，与原种的主要区别是叶片较小，3～5深裂几达基部，但两侧裂片仅裂达基部1/3处，裂片均呈楔形。

【生物学特性】多年生草本。种子繁殖。

【分布与为害】生于草地、田边、路旁或林下，果园、茶园和菜地常见，为一般杂草。分布于长江以南各省份。

图2-290A　花序 ┃ 图2-290B　茎

图2-290C　单株

• 窃衣 *Torilis scabra* (Thunb.) DC. •

【识别要点】株高10~70cm，全体有贴生短硬毛，茎直立，单生，有向上的分枝。叶轮廓卵形，具长柄，叶片一回羽状分裂，末回裂片狭披针形至卵形，边缘有整齐的缺刻或分裂。复伞形花序，总苞片通常无，稀有1钻形或线形的苞片，伞辐2~4个，长1~5cm，粗壮，有纵棱和向上紧贴的粗毛。果实呈长圆形。

【生物学特性】一年生或多年生草本。种子繁殖，花果期4—11月。

【分布与为害】生于山坡、林下、路旁、河边、空旷草地和园地，果园、茶园常见，但数量不多，为害不重，为一般性杂草。广布于我国安徽、江苏、浙江、江西、福建、湖北、湖南、广东、广西、四川、贵州、陕西、甘肃等省份。

图2-291A　花

图2-291B　群体

• 蛇床 *Cnidium monnieri* (L.) Gusson •

【识别要点】茎高30~80cm，直立，多分枝，疏生细柔毛。基生叶有柄，基部阔而呈鞘，叶片2~3回三出式羽状分裂，最终裂片线状披针形至狭线形，长2~3mm，宽1~3mm；茎生叶与基生叶相似，向上渐小。复伞形花序，总花梗长2~9cm；总苞片8~10，线形，小花梗多数；花白色。双悬果长圆状卵形。

【生物学特性】二年生草本。秋季或春季出苗，花果期5—9月，种子繁殖。

【分布与为害】生于田野、路旁、山坡及沟边排水良好处。菜园、果园、苗圃常见，但数量较少，为害不重。分布几遍全国。

图2-292A　花序

图2-292B　单株

• 水芹 Oenanthe javanica (Bl.) DC. 水芹菜、野芹菜 •

【识别要点】株高30~60(80)cm，无毛，茎基部匍匐。基生叶轮廓三角形或三角状卵形，1~2回羽状分裂，末回裂片卵形至菱状披针形，长1.5~5cm，宽1~2cm，基部小叶多为三裂，顶生小叶菱状卵形，边缘均有不整齐缺刻状锯齿，基生叶具长柄3~7(15)cm，叶柄基部成鞘抱茎，上部叶叶柄渐短，部分或全部成鞘状，叶鞘边缘膜质。复伞形花序顶生，总花梗长2~16cm，无总苞，或1~3片，早落，伞幅6~20；花梗10~20(25)，不等长；萼齿近卵形，明显；花白色，花柱细长，叉开，结果时长约2mm。果实椭圆形。

【生物学特性】多年生草本。华北地区花、果期7—9月。种子及匍匐根状茎繁殖。

【分布与为害】生于低湿地及浅水中，为水稻田边常见杂草，为害不重。分布几乎全国；朝鲜、日本、俄罗斯、越南、老挝、柬埔寨、印度尼西亚也有分布。

图2-293B 单株

图2-293A 花序

五十六、荨麻科 Urticaceae

草本、灌木或乔木，有时有刺毛；叶互生或对生，单叶；花两性或单性；小而不明显，排成聚伞花序、穗状花序或圆锥花序，稀生于肉质的花序托上；雄花被4～5裂，裂片有时有附属体；雄蕊与花被片同数，花丝通常管状或3～5裂，结果时常扩大；退化雄蕊鳞片状或缺；子房与花被离生或合生，1室，有胚珠1颗；果为一瘦果，多少被包于扩大、干燥或肉质的花被内。

46属以上，550种，分布于热带和温带地区，我国有22属，252种。

• 花点草 Nanocnide japonica Bl. 倒剥麻 •

【识别要点】有短根状茎。茎数条，直立或斜升，长4.5～30cm，疏生向上弯曲的短伏毛。叶互生；叶片菱状卵形、三角形、正三角形或近扇形，长0.7～2.5(5)cm，宽1～3(4)cm，边缘有圆齿，两面疏生短柔毛和少数螫毛，上面钟乳体小，点状或狭条形；叶柄长0.3～2cm。雌雄同株或异株；花序生于茎上部叶腋；雄花序常具长梗，分枝较稀疏；雄花直径约2.8mm，花被片5，雄蕊5；雌花序具短梗或近无梗，分枝短而密集；雌花花被片4，长约1mm，柱头画笔头状。

【生物学特性】多年生草本。春季发芽出苗，生长到4—5月开花，5—7月果实成熟，11月后逐渐枯萎死亡。

【分布与为害】分布在华东、华中及台湾等地。为一般性杂草，生长在果园、茶园、油菜和夏收作物田中，有一定的为害，但不重。

图2－294A 花

图2－294B 单株

五十七、败酱科 Valerianaceae

草本，有时灌木；叶对生或基生，常分裂，无托叶；花小，两性或单性，稍左右对称，排成聚伞花序或头状花序；萼各式，有时裂片羽毛状；花冠管状，基部囊状或有距，顶3~5裂，裂片覆瓦状排列；雄蕊1~3，稀4枚，着生于冠管上；子房下位，3室。但仅1室发育；胚珠单生，由室顶倒垂；果为瘦果，有种子1颗。

有13属，400种，大部分布于北温带，我国有3属，40种。

• 糙叶败酱 *Patrinia rupestris* (Pall.) Juss. Subsp. *scabra* (Bunge) H.J.Wang •

【识别要点】高30~60cm，根圆柱形，稍木质化，顶端常较粗厚；茎1至数枝，被细密短毛。基生叶倒披针形，2~4羽状浅裂，开花时枯萎；茎生叶对生，窄卵形至披针形，长4~10cm，宽1~2cm，1~3对羽状深裂至全裂，中央裂片较长大，倒披针形，两侧裂片镰状条形，全缘，两面被毛，上面常粗糙；叶柄长1~2cm。圆锥聚伞花序多枝在枝顶集成伞房状；苞片对生，条形，不裂，少2~3裂；花黄色，直径5~7mm，基部有1小苞片；花萼不明显；花冠筒状，筒基一侧稍大成短距状，顶端5裂；雄蕊4；子房下位，1室发育，2不发育室稍长。瘦果长圆柱状，背贴圆形膜质苞片；苞片直径约1cm，常带紫色。

【生物学特性】多年生草本。花期6—月，果期8—10月。种子繁殖。

【分布与为害】分布于河北、山西、内蒙古、甘肃。生于山坡草丛中较干燥向阳处，较耐干旱，有时见于路边，但发生量小，为害轻。

图2-295A 花序 | 图2-295B 单株

五十八、马鞭草科 Verbenaceae

草本，灌木或乔木。叶对生，稀轮生或互生，单叶或复叶，无托叶。花序通常为穗状或聚伞状，再组成圆锥状、头状或伞房状，腋生或顶生；花两性，两侧对称，很少辐射对称；花萼杯状、钟状或管状，花冠合生。果实为核果或蒴果状。

约80属，1 300余种，主要分布在热带和亚热带地区，我国有21属，170余种，主要分布于长江以南各省份；常见杂草有1种。

• 马鞭草 *Verbena officinalis* L. •

【识别要点】茎四方形，高30～60cm，棱上披疏短刚毛，嫩茎有短柔毛。叶片卵圆形至长圆形，叶长4～13cm，宽2～6cm，茎生叶边缘通常有粗锯齿和缺刻，茎生叶通常羽状深裂，边缘具不整齐的锯齿，两面均被刚毛，背面沿叶脉较密。穗状花序顶生或腋生，细长，可达2～5cm，每朵花有1苞片，萼片较花萼略短，均被粗毛，花无梗，最初密集，结果时较疏离，花冠蓝紫色或蓝色，内外两面均被微柔毛。小坚果近圆柱形。

【生物学特性】多年生草本。花期5—7月，果期6—8月。种子繁殖。

【分布与为害】适应性广，生于山坡、溪边、荒地或路旁，为果园、茶园和路埂常见杂草，发生量较少，为害轻。几乎全国各地均有分布。

| 图2-296A | 花 | | |
| 图2-296B | 幼苗 | 图2-296C | 单株 |

五十九、堇菜科 Violaceae

多年生草本，有时无地上茎。单叶互生或基生，很少对生，有叶柄；托叶小或呈叶状。花两性或单性，辐射对称或两侧对称，单生或排成穗状、总状或圆锥花序，有2小苞片；萼片5，花瓣5，异形。蒴果背裂或为浆果状。

本科约有20属，900多种，广布温带、亚热带地区。我国有4属，约130种，杂草5种。

• 长萼堇菜 *Viola inconspicua* Blume 犁头草 •

【识别要点】植株通常近于无毛，无匍匐枝。根状茎较粗壮，节密生，通常被残留的褐色托叶所包被。叶基生，呈莲座状，叶片三角状卵形、三角形或戟形，基部两侧具明显的耳状垂片，通常平展，叶柄具狭翅，两面一般无毛，或具短柔毛，上面密生乳头状小白点；托叶3/4与叶柄合生，分离部分披针形，边缘疏生流苏状短齿，稀全缘。花梗细弱，中上部有2线形小苞片；萼片卵状披针形，花瓣淡紫色。蒴果长圆形。

【生物学特性】多年生草本，花果期3—11月，以根状茎和种子繁殖。

【分布与为害】多生于田边、溪旁、林缘及山坡草地等处。为菜园、果园、茶园等一般性杂草，发生量小，为害轻。分布于华东、华中、华南、西南诸省区。

图2-297 单株

• 紫花地丁 *Viola philippica* Cav. 野堇菜、光瓣堇菜 •

【识别要点】植株无毛或有绿色短毛，高4~14cm，无匍匐枝。根状茎短，淡褐色，节密生，其上着生数条细不定根。叶多数，基生，叶片通常较狭长，呈三角状卵形或狭卵形，长1.5~4cm，先端圆钝，叶基楔形或心形，边缘有浅圆齿；托叶膜质，2/3~4/5与叶柄合生，离生部分线状披针形，边缘疏生具腺体的细齿或近全缘。花中等大；花梗多数，细弱；萼片卵状披针形，花瓣紫堇色或淡紫色，稀呈白色。蒴果长圆形，淡黄色。

【生物学特性】多年生草本。花果期4月中下旬至9月，以根状茎和种子繁殖。

【分布与为害】生于田间、荒地、山坡草丛、灌丛或林缘等处，在庭园较湿润处常形成群落。为夏秋作物田和菜园一般性杂草，为害轻。分布于东北、华北、华东、西南及福建、台湾等地。

图2-298A　幼苗

图2-298B　单株

• 早开堇菜 *Viola prionantha* Bunge. 光瓣堇菜 •

【识别要点】株高9~13cm。根状茎短，较粗壮，上端常有残叶围绕，不定根数条，带灰白色，直生或近横生。叶多数，基生，叶片通常卵状长圆形或卵状披针形，长1~4.5cm，先端稍尖或钝，叶基宽楔形或微心形，边缘密生细圆齿；托叶干后呈膜质，2/3与叶柄合生，离生部分线状披针形，边缘疏生细齿。花大，直径1.2~1.6cm；花梗较粗壮，具棱，近中部处有2线形小苞片；萼片披针形，具白色狭膜质边缘；花瓣紫堇色或淡紫色。蒴果长椭圆形。

【生物学特性】多年生草本。花果期4月上旬至9月。以根状茎和种子繁殖。

【分布与为害】生于山坡草地、路埂、沟边及宅旁等向阳处。为夏收作物田、菜园和果园等一般性杂草，发生量小，为害轻。分布于东北、华北、华东、华中、西南诸省份。

图2-299A 果 | 图2-299B 花

图2-299C 单株

• 戟叶堇菜 *Viola betonicifolia* J. E.Smith 箭叶堇菜、尼泊尔堇菜 •

【识别要点】根状茎较粗短，无匍匐枝。基生叶有长柄，叶片狭披针形、长三角状戟形或三角状卵形，长2～7.5cm，基部稍下延至叶柄，戟形、微心形或截形，先端尖钝或有时稍钝圆，边缘有稀疏的浅波状齿，近基部齿稍深，两面有极稀的毛或无毛，基部常有明显的垂片；托叶约与叶柄合生，分离部分具疏齿。花有长梗，中部有2线形小苞片；萼片5，披针形，末端圆；花瓣5，白色或淡紫色。蒴果椭圆形至长圆形。

【生物学特性】多年生草本，花果期4—9月。以根状茎和种子繁殖。

【分布与为害】生于田野、路埂、山坡草地、灌丛、林缘等潮湿处。为果园、桑园、茶园等一般性杂草，发生量小，为害轻。分布于华东、华北、华中、华南和西南诸省份。

图2-300B 花

图2-300A 单株

• 蔓茎堇菜 *Viola diffuaa* Ging •

【识别要点】有长柔毛，草本，地下茎短或稍长；基生叶和匍匐枝通常多数。基生叶卵形或矩圆状卵形，长1.5~6.5cm，较小，基部通常楔形，少浅心形，明显下延于叶柄上部，顶端圆、钝或稍尖，边缘有较细钝齿，匍匐枝上的叶常聚生于枝端；托叶有睫毛状齿或近于全缘。花小，两侧对称；萼片5片，披针形，基部附器短，截形；花瓣5片，白色或浅紫色，距短，长约2mm。果椭圆形，长约7mm，无毛。

【生物学特性】多年生草本。

【分布与为害】分部于长江流域以南各省份。生于山地沟旁疏林下或村旁较湿润肥沃处。

图2-301A 花

图2-301B 单株

六十、葡萄科 Vitaceae

藤本，常具与叶对生之卷须，稀为直立灌木；叶互生，单叶或复叶；花小，两性或单性，通常排成聚伞花序；萼片分离或基部连合；花瓣与萼片同数，分离或有时帽状黏合而整块脱落；花盘环状或分裂；雄蕊4~6，与花瓣对生；子房上位，2至多室，每室有胚珠2；果为浆果。

约12属，700种，大部分布于热带和温带地区，我国有7属，约109种。

• 乌蔹莓 *Cayratia japonica* (Thunb.) Gagnep. 五爪龙 •

【识别要点】草质藤本；茎具卷须，幼枝有柔毛，后变无毛。鸟足状复叶；小叶5，椭圆形至狭卵形，长2.5~7cm，顶端急尖或短渐尖，边缘有疏锯齿，两面中脉具毛，中间小叶较大，侧生小叶较小。聚伞花序腋生或假腋生，具长柄，直径6~15cm；花小，黄绿色，具短柄，外生粉状微毛或近无毛；花瓣4，顶端无小角或有极轻微小角；雄蕊4与花瓣对生。浆果卵形，长约7mm。成熟时黑色。

【生物学特性】多年生草质藤本。花期6—7月，果期8—9。种子繁殖。

【分布与为害】分布于华东、中南；越南、日本、印度、菲律宾、印度尼西亚也有。生于山坡路边草丛或灌丛中，为果园、桑园、茶园和路埂常见杂草，发生量较大，为害较重。

图2-302A 单株 ｜ 图2-302B 幼苗
｜ 图2-302C 花

六十一、菊科 Compositae

单叶互生，少数对生或轮生，无托叶。具总苞的头状花序，瘦果。

本科约1 000属，25 000～30 000种，广布于全世界，主要分布于温带地区，热带较少。我国有230属，2 300多种，南北各地均产。我国常见杂草有61种。

• 豚草 *Ambrosia artemisiifolia* L. 艾叶破布草 •

【识别要点】茎高40～100cm，直立，具细棱，常于上方分枝，被开展或贴附糙毛状的柔毛。叶下部对生，上部互生，2～3回羽状深裂，裂片线形，两面均被细伏毛，或表面无毛。头状花序单性；雄头花序具长1.8～2.2mm的细柄，于茎顶排列成总状，长6～15cm；雄花序总苞连合成浅碟状，直径2～2.5cm，边缘浅裂，具缘毛，具雄花15～20朵，雄花高脚碟状，黄色，长2mm左右，顶端5裂，雄蕊5枚，微有连合，药隔向顶端延伸成尾状。雌花序腋生于苞腋，常生于雄花序之下方；总苞略呈纺锤形，顶端尖锐，上方周围具5～8枚细齿，内包1雌花，雌花仅具1个雌蕊，花柱2裂，伸出总苞外方约2mm。瘦果倒卵形。

【生物学特性】一年生草本。生育期5～6个月，于北方于5月出苗，7—8月开花，8—9月结实，平均每株产生种子2 000～8 000粒。由于植株上种子不断成熟而脱落，在秋季作物成熟收割前，大部落入土中，于翌年继续为害。种子在土壤表面下1～3cm深度处发芽力最高，在土表层8cm下则不能发芽。

【分布与为害】豚草适应性很强，于庭院、路边、公园及菜园等处均能生长，尤能耐瘠薄，于沙砾土壤上生长亦盛，且本种在生育期内消耗水分为禾本科作物耗水量的2倍，并能吸收大量磷和钾，在开花时，产生大量花粉飞散空中，能引起人类过敏性哮喘及过敏性皮炎等症，发生量大，为害重，是区域性恶性杂草。分布于东北、内蒙古及河北、安徽、江苏、浙江、江西、湖南、湖北、四川、贵州及西藏等地。

图2-303A 花　　图2-303B 单株

• 小蓟 *Cephalanoplos segetum* (Bunge) Kitsm. 刺儿菜 •

【识别要点】根状茎细长。茎直立，株高20～50cm。单叶互生，无柄，缘具刺状齿，叶椭圆状或披针形，全缘或有浅齿裂，两面被白色蛛丝状毛。雌雄异株，雄株头状花序较小，雌株花序则较大，总苞片多层，具刺；花冠紫红色。

【生物学特性】以根芽繁殖为主，种子繁殖为辅，多年生草本。在我国中北部，最早于3—4月出苗，5—6月开花、结果，6—10月果实渐次成熟。种子借风力飞散。实生苗当年只进行营养生长，翌年才能抽茎开花。

【分布与为害】全国均有分布和为害，以北方更为普遍。

图2-304A 单株	图2-304B 花
	图2-304C 根
	图2-304D 幼苗

• 大蓟 *Cephalanoplos segetum* (Willd.) Kitam. •

【识别要点】成株茎直立，株高40～100cm，具纵条棱，近无毛或疏被蛛丝状毛，上部有分枝，中部叶长圆形、椭圆形至椭圆状披针形，先端钝形，有刺尖，边缘有缺刻状粗锯羽状浅裂，有细刺，上面绿色，背面被蛛丝状毛。雌雄异株，头状花序多数集生于顶部，排列成疏松的伞房状；总苞钟形，总苞片多层，外层短，披针形，内层较长，线状披针形；雌花管状，花冠紫红色，花冠管长度为檐部的4～5倍，花冠深裂至檐部的基部。瘦果倒卵形或长圆形。

【生物学特性】多年生草本。花、果期6—9月。在水平生长的根上产生不定芽，进行无性繁殖，或种子繁殖。

【分布与为害】分布于东北、华北及陕西、甘肃、宁夏、青海、四川和江苏等地。常为害夏收作物(麦类、油菜和马铃薯)及秋收作物(玉米、大豆、谷子和甜菜等)，也在牧场及果园为害，在耕作粗放的农田中，发生量大，为害重，很难防治，尤其在北方地区，为害更大。

图2-305A　幼苗
图2-305B　单株

• 苍耳 *Xanthium sibiricum* Patrin. •

【识别要点】株高30~100cm，茎直立。叶互生，具长柄；叶片三角状卵形或心形，叶缘有缺刻及不规则的粗锯齿。头状花序腋生或顶生，花单性，雌雄同株；雄花序球形，黄绿色，集生于花轴顶端；头状花序生于叶腋，椭圆形，外层总苞片小，无花瓣。瘦果稍扁。

【生物学特性】种子繁殖，一年生草本。在我国北方，4—5月萌发，7—8月开花，8—9月为结果期。种子粗壮，生活力强，经休眠后萌发。

【分布与为害】分布于全国各地。生于旱作物田间、果园。局部地区为害较重。

图2-306A　果 ｜ 图2-306B　幼苗
图2-306C　单株

• 鳢肠 *Eclipta prostrata* L. 旱莲草、墨草 •

【识别要点】茎直立或匍匐，基部多分枝，下部伏卧，节处生根。叶对生，叶片椭圆状披针形，全缘或略有细齿，基部渐狭而无柄，两面被糙毛。头状花序有梗，总苞5～6层，绿色，被糙毛；外围花舌状，白色；中央花管状，4裂，黄色。

【生物学特性】种子繁殖，一年生草本。5—6月出苗，7—8月开花结果，8—11月果实渐次成熟。籽实落于土壤或混杂于有机肥料中再回到农田。喜湿耐旱，抗盐耐瘠、耐阴。具有很强的繁殖力。

【分布与为害】分布于全国。为棉花、水稻田等为害严重的杂草，在局部地区已成为恶性杂草。

图2-307A 幼苗	
图2-307B 单株	图2-307C 花
	图2-307D 穗

• 辣子草 *Galinsoga parviflora* Cav. 牛膝菊 •

【识别要点】株高10～80cm，茎单一或于下部分枝，分枝斜升，被长柔毛状伏毛，嫩茎更密，并混有少量腺毛，于花期茎中下部毛渐稀疏。叶对生，具柄，叶片卵形、卵状披针形至披针形，边缘具钝齿。头状花序半球形至宽钟形，于茎顶排成伞房状，总苞片2层。舌状花白色，管状花黄色。瘦果楔形。

【生物学特性】种子繁殖，一年生草本，花果期7—10月。

【分布与为害】分布于全国，为害秋熟作物、果园和菜园。

图2-308A　花 ┃ 图2-308B　幼苗
图2-308C　单株

• 鬼针草 *Bidens bipinnata* L. 婆婆针 •

【识别要点】株高50~100cm，茎直立，有分枝。中部和下部叶对生，上部叶互生，2回羽状深裂，裂片先端渐尖，边缘有不规则粗齿，两面被疏毛。总苞杯形，基部有柔毛；舌状花黄色，不能育；管状花黄色，能育。瘦果呈线形。

【生物学特性】种子繁殖，一年生草本植物。4—5月出苗，8—10月开花、结果。

【分布与为害】分布于全国。为害果园、桑园及茶园，也能为害其他旱田作物。

图2-309A　单株　图2-309B　幼苗
图2-309C　花

• **金盏银盘** *Bidens biternata* (Lour.) Merr. et Sherff •

【识别要点】高30～90cm。茎直立，下部叶对生，上部叶有时互生，1～2回羽状分裂，小裂片卵形至卵状披针形，顶端长渐尖或渐尖，边缘有较整齐的锯齿，有叶柄。头状花序生在长花序梗的顶端，舌状花3～5或无，管状花黄色。瘦果线形。

【生物学特性】一年生草本植物。春季4—5月出苗，7—8月开花结果。

【分布与为害】适应性很强。常在玉米、棉花、甘薯和大豆田中发生为害。为一般性杂草。分布广。

图2-310　单株

• 羽叶鬼针草 *Bidens maximovicziana* Oett. •

【识别要点】茎直立，高15～70cm，略具4棱或近圆柱形，无毛或上部有稀疏短柔毛。茎中部叶具柄，柄长1.5～3cm，具极狭的翅；叶片长5～11cm，羽状全裂，侧生裂片(1)2～3对，疏离，通常线形至线状披针形，先端渐尖，边缘有内弯的粗锯齿，顶生裂片较大，狭披针形。头状花序单生茎顶及枝端。总苞于开花时直径约1cm，长0.5cm，果时直径达1.5～2cm，长7～10mm；外层总苞叶状，8～10片，线状披针形，边缘有疏齿及缘毛，内层苞片膜质，披针形，果时长约6mm。托片线形，边缘透明。无舌状花，管状花两性，花冠管细狭，冠檐壶状，4齿裂。瘦果扁平，倒卵形至楔形，长3～4.5mm，宽1.5～2mm，边缘浅波状，具瘤状小突起，并具倒刺毛，先端芒刺2枚，上有倒刺毛。

【生物学特性】一年生草本。花果期7—9月。以种子繁殖。

【分布与为害】生于沼泽、河滩湿地及水沟中，有时生于水稻田的田埂上及水沟边，但发生量小，不常见，是一般性杂草。分布于东北。

图2-311B 花
图2-311A 单株

• 三叶鬼针草 *Bidens pilosa* L. •

【识别要点】株高30~80(100)cm。茎直立。中部叶对生，3全裂或羽状全裂，裂片卵形或卵状椭圆形，顶端锐尖或渐尖，基部近圆形，边缘有锯齿，上部叶对生或互生，3裂或不裂。头状花序，直径8~9mm。总苞基部被细软毛，外层总苞片7~8，匙形，绿色，边缘具细软毛，无舌状花，管状花黄色，长约4.5mm，顶端5裂。瘦果呈线形，具4棱，稍有刚毛，芒刺3~4枚，上具倒刺毛。

【生物学特性】一年生草本。具芒刺的果实钩挂在人身、家畜或农具上，携带到各处而传播。4—5月出苗，8—10月开花、结果。以种子繁殖。

【分布与为害】喜湿润的土壤，常生长于撂荒地、路边和疏林下，为害果园、桑园及茶园，也能为害其他旱田作物，但发生量小，为害轻，是常见杂草。原产于北美洲，分布于华中、华东、华南及西南等地区。

| 图2-312A　单株 | 图2-312B　花 |
| | 图2-312C　幼苗 |

· 大狼杷草 *Bidens frondosa* L. 接力草 ·

【识别要点】茎直立，略呈四棱形，上部多分枝，常带紫色，幼时节及节间分别被长柔毛及短柔毛。叶对生，奇数羽状复叶，下部叶柄长达8cm，至茎上部渐短，小叶3~5枚，茎中下部复叶基部的小叶又常三裂，小叶披针形至长圆状披针形，长3~9.5cm，宽1~3cm，基部楔形或偏斜，顶端尾尖，边缘具胼胝尖的粗锯齿，叶背被稀疏的短柔毛。头状花序单生于茎顶及枝端，总苞半球形，外层总苞片7~11(12)枚，倒披针状线形或长圆状线形，长12cm，叶状，开展，边缘有纤毛。花序全为两性管状花组成；花柱2裂，裂片顶端有三角形着生细硬毛的附器。瘦果楔形，扁平，上有倒刺毛。

【生物学特性】一年生草本。花果期7—10月。种子繁殖，以瘦果芒刺上的倒刺毛钩于牲畜体毛之上传播。

【分布与为害】本种适应性强，喜于湿润的土壤上生长，生长在荒地、路边和沟边，在低洼的水湿处及稻田的田埂上生长更多，在稻田缺水的条件下，常侵入田中，大量发生，但在一般情况下，发生量小，为害轻，是一般性杂草。分布于辽宁、吉林、河北、浙江和江苏等地。

图2-313A	幼苗	
图2-313B	花	图2-313D 单株
图2-313C	种子	

• 鼠曲草 *Gnaphalium affine* （D．Don）Anderberg 佛耳草 •

【识别要点】株高10～50cm。茎直立，簇生，基部常有匍匐或斜上的分枝。茎、枝、叶均密生白色绵毛。叶互生，基部叶花期枯萎，上部叶和中部叶匙形或倒披针形，长2～7cm，宽4～12mm，顶端有小尖，基部渐狭并下延，无柄，全缘。头状花序多数，在顶端密集成伞房状；总苞球状钟形，直径约3mm；总苞片3层，金黄色，干膜质，顶端钝，外层宽卵形，内层长圆形；花黄色，外围雌花花冠丝状，中央两性花管状。瘦果椭圆形，长约0.5mm，有乳头状突起；冠毛污白色。

【生物学特性】二年生草本。秋季出苗，翌年春季返青，4—6月为花、果期。以种子繁殖。

【分布与为害】生于旱作物地、水稻田边、路旁、荒地。在收割后的农田中亦常见。但主要为害夏收作物(麦类、油菜、马铃薯)和蔬菜，但发生量小，为害轻。分布于我国华东、华中、华南、西南及河北、陕西、河南、台湾等地。

图2-314A　花
图2-314B　单株

• 秋鼠曲草 *Gnaphalium hypoleucum* DC. 下白鼠曲草 •

【识别要点】株高30～60cm。茎直立，叉状分枝，茎、枝被白色绵毛和密腺毛。茎下部叶花期枯萎，中上部叶较密集，线形或线状披针形，长4～5cm，宽2.5～7mm，基部抱茎，全缘，上面绿色，有糠秕状短毛，下面密被白色绵毛，上部叶渐小。头状花序多数，在茎或枝顶密集成伞房状，花序梗长2～4mm，密生白色绵毛；总苞球状钟形，长约4mm，宽6～7mm；总苞片5层，干膜质，金黄色，先端钝，外层苞片短，有白色绵毛，内层无毛；花黄色，外围雌花丝状，短于花柱，中央两性花管状，裂片5。瘦果长圆形，有细点；冠毛污黄色。

【生物学特性】一年生或二年生草本。花果期8—12月。以种子进行繁殖。

【分布与为害】生于山坡、草地、林缘和路旁。常为害果树及茶树，也生于田边及路埂上，但发生量很小，不常见，是一般性杂草。分布于我国华东、华中、华南、西南及陕西、河南、甘肃、台湾等地。

图2-315A 花 ┃ 图2-315B 单株

• 细叶鼠曲草 *Gnaphalium japonicum* Thunb. 白背鼠曲草、天青地白 •

【识别要点】成株株高8~28cm。茎纤细，1~10个簇生，密生白色绵毛。基部叶莲座状，花期存在，线状倒披针形，长2.5~10cm，宽4~7cm，先端具小尖头，基部渐狭，全缘，上面绿色，被疏绵毛或无毛，下面密被白色茸毛，茎生叶向上渐小，基部有小叶鞘。头状花序多数，在茎顶端密集成球状，在其下方有等大呈放射状的小叶，总苞钟状，直径约5mm；总苞片3层，红褐色，干膜质，先端钝，外层总苞片宽椭圆形，内层狭长圆形，外围雌花丝状，中央两性花管状，5齿裂，上部粉红色，花全部能结实。籽实瘦果长圆形，有细点，冠毛白色。

【生物学物性】多年生草本。花期1—7月。主要以种子繁殖。

【分布与为害】为田埂、路旁的常见杂草，也见于旱作地、果园及山坡草地，但发生量很小。分布于华东、华中、西南地区及台湾等地；朝鲜、日本也有分布。

图2-316A　单株 | 图2-316B　花

• 匙叶鼠曲草 *Gnaphalium pensylvanicum* Willd. •

【识别要点】成株茎直立或斜升，高30~45cm，被白色绵毛。下部叶无柄，倒披针形或匙形，长6~10cm，宽1~2cm，全缘或微波状、背面被灰白色的绵毛，中部叶倒卵状长圆形或匙状长圆形，长2.5~3.5cm，上部叶小，与中部叶同形。头状花序多数，长3~4mm，宽约3mm，数个成束簇生，再排列成顶生或腋生，紧密的穗状花序；总苞片2层，污黄色或麦秆黄色，内层与外层近等长，背面均被绵毛；外围雌花多数，花冠丝状；中央两性花少数，花冠筒状，檐部5浅裂，无毛。籽实瘦果长圆形，长约0.5mm，有乳头状突起，冠毛绢毛状，污白色，易脱落，长2.5mm，基部连合成环。

【生物学物性】一年生或二年生草本。花期12月至翌年5月。种子繁殖。

【分布与为害】多生于路边或耕地上，耐旱性强。为害夏收作物(麦类、油菜、马铃薯)、蔬菜、果树及茶树，但发生量小，为害轻，是一般性的杂草。分布我国浙江、江西、湖南、福建、广东、广西、台湾、四川和云南等省份；美洲南部、非洲南部、澳大利亚及亚洲热带地区也有。

图2-317A　花 | 图2-317B　单株

• 多茎鼠曲草 *Gnaphalium polycaulon* Pers. •

【识别要点】茎多分枝，下部匍匐或斜升，高10~25cm，具纵细纹，密生白色绵毛。下部叶倒披针形，长2~4cm，宽4~8mm，基部渐狭，下延，无柄，顶端通常短尖，全缘，两面被白色绵毛，中部和上部叶较小，倒卵状长圆形或匙状长圆形，顶端具短尖头或中脉延伸成刺状，头状花序多数，在茎及枝顶端或上部叶腋密集成穗状花序，无梗；总苞卵状，总苞片数层，淡黄色；小花淡黄色，异型，花冠丝状，有3个小齿。瘦果圆柱形。

【生物学物性】二年生草本。春季开花。以种子繁殖。

【分布与为害】常生长在田边、荒地及路旁。为害夏收作物、蔬菜、果树等，但发生量小，为害轻。分布于我国华南及浙江、江西、湖南、福建、台湾、云南等地。

图2-318　单株

• 飞廉 *Carduus crispus* L. 丝毛飞廉 •

【识别要点】株高40～150cm。茎直立，有条棱，上部或头状花序下方有蛛丝状毛或蛛丝状绵毛。下部茎生叶椭圆形、长椭圆形或倒披针形，长5～18cm，宽17cm，羽状深裂或半裂，侧裂片7～12对，边缘有大小不等的三角形刺齿，齿顶及齿缘有浅褐色或淡黄色的针刺。全部茎生叶两面异色，上面绿色，沿脉有稀疏多细胞长节毛，下面灰绿色或浅灰白色，被薄蛛丝状绵毛，基部渐狭，两侧沿茎下延成茎翼，茎翼边缘齿裂，齿顶及齿缘有针刺。头状花序通常3～5个集生于分枝顶端或茎端；头状花序小，总苞卵形或卵球形，直径1.5～2(2.5)cm；中、外层总苞片狭窄。花红色或紫色，长1.5cm，花冠5深裂，裂片线形。瘦果稍压扁，楔状椭圆形，长约4mm，顶端斜截形，有软骨质果缘，无锯齿。冠毛多层，白色，不等长，呈锯齿状，长达1.3cm，顶端扁平扩大，基部连合成环，整体脱落。

【生物学特性】二年生或多年生草本。花果期4—10月。以种子繁殖。

【分布与为害】生于荒野、路旁、田边等处，较耐干旱，为麦田和路埂常见杂草。全国各地均有分布。

图2-319A 单株

图2-319B 花

图2-319C 茎

图2-319D 幼苗

• 山苦荬 *Ixeris chinensis* (Thunb.) Nakai. 苦菜 •

【识别要点】具乳汁。有匍匐根。茎基部多分枝，株高10～40cm。基生叶丛生，线状披针形或倒披针形，茎生叶互生，向上渐小而无柄，基部稍抱茎。头状花序排列成疏生的伞房花序；总苞呈圆筒状，外层总苞片卵形，内层线状披针形；花全为舌状花，黄色或白色，花药墨绿色。

【生物学特性】多年生草本，以根芽和种子繁殖。花果期4—10月；种子于5月后即渐次成熟飞散，秋季发芽。

【分布与为害】分布于全国。为害夏收作物(麦类、油菜等)、蔬菜、果树和茶树，但发生量小。

图2-320A　花

图2-320B　单株

• 禾叶苦菜 *Ixeris graminea* (Fisch.) Nakai •

【识别要点】茎直立，高10～30cm，常自基部分枝。基生叶多数丛生，叶片线形，长5～16cm，宽3～7mm，通常全缘，很少有稀疏微齿，先端急尖或渐尖；茎生叶几不抱茎。头状花序直径约2cm，在枝端排列成伞房状，总苞长0.9～1.3cm，总苞片大小不等，外层极小。舌状花冠黄色。瘦果纺锤状狭长披针形，长约3mm，红棕色，肋上粗糙，肋间有浅沟，有长约2.5mm的喙，冠毛白色。

【生物学特性】多年生直立草本。花果期5—7月。以种子繁殖。

【分布与为害】多生于沙滩、路旁，为果园和路埂的一般性杂草，发生量小，为害轻。分布于黑龙江、吉林、辽宁、内蒙古、河北、山西、陕西、河南、山东、安徽、江苏和贵州等省份。

图2-321A　花 ┃ 图2-321B　单株

• 齿缘苦荬菜 *Ixeris dentate* (Thunb.) Nakai •

【识别要点】茎高25～50cm，无毛。基生叶倒披针形或倒披针状长圆形，长5～17cm，宽1～3cm，顶端急尖，基部下延成叶柄，边缘具钻状锯齿或近羽状分裂，稀全缘；茎生叶2～3，披针形或长圆状披针形，长3～9cm，宽1～2cm，基部略呈耳状，无叶柄。头状花序多数，在枝端密集成伞房状，有细梗；总苞长5～8mm；外层总苞片小，卵形，内层总苞片5～8，线状披针形；舌状花黄色。瘦果纺锤形。

【生物学特性】多年生草本。花果期5—7月，以根状茎上出芽及种子繁殖。

【分布与为害】生于林下、路旁、溪边或稻田边。常侵入果园为害，但发生量小，为害轻。分布于我国华东、华南、西南及河南和台湾等地。

图 2-322A　花

图 2-322B　单株

• 抱茎苦荬菜 *Ixeris sonchifolia* Hance. 苦碟子、苦荬菜 •

【识别要点】主根伸长，褐色。茎直立，株高30～50cm，具纵条纹，上部多分枝。基生叶多数，呈莲座状。长圆形，基部渐窄成有窄翅的叶柄，边缘有锯齿或缺刻状牙齿，或为不规则的羽状分裂；茎生叶狭小，椭圆形、长卵形或卵形，羽状分裂或边缘有不规则的齿，先端急尖，基部无柄，扩大成耳形或戟形而抱茎。头状花序多数，排列成密集或疏散的伞房状；总苞圆筒形，总苞片2层。舌状花黄色，顶端5齿裂。瘦果纺锤形。

【生物学特性】越年生草本。花期6—7月；果期7—8月。以种子繁殖。

【分布与为害】分布于东北、华北和内蒙古。常见于果园、路旁、荒地及田边。有时侵入农田，但易被铲除，对作物为害不大。

图2-323A 单株 图2-323B 花

• 苦荬菜 *Ixeris denticulate* (Houtt.) Stebb. 秋苦荬菜 •

【识别要点】茎直立，多分枝，平滑无毛，常带紫色，高30～80cm。基生叶长圆形或披针形，边缘波状齿裂或提琴状羽裂，花时枯萎，茎生叶倒披针形，无柄，基部抱茎，耳状，最宽处在叶的中部，边缘波状齿裂，少全缘。头状花序黄色，排成伞房状。舌状花黄色。瘦果纺锤形。

【生物学特性】多年生草本，花果期9—11月。以地下芽和种子繁殖。

【分布与为害】本种适应性强，是常见的路埂杂草，常于果园为害。分布于我国南北各省份。

图2-324 单株

• 多头苦荬菜 *Ixeris polycephala* Cass. •

【识别要点】株高10~30cm，常自基部分枝。基生叶线状披针形，全缘或少有羽状分裂，基部渐窄；茎生叶椭圆状披针形，基部箭形抱茎，通常全缘。头状花序，密集排列成伞房状；总苞圆筒形，总苞片2层。内层很小，舌状花黄色，顶端5齿裂。瘦果纺锤形。

【生物学特性】越年生草本植物，以种子繁殖。种子早春萌芽长成幼苗，营养体成长，晚春或初夏开花结实。

【分布与为害】分布于中南各地区。常见于果园、菜园，有时侵入农田，对作物为害不大。

图2-325A 单株　图2-325B 花

• 苣荬菜 *Sonchus brachyotus* DC. 曲荬菜 •

【识别要点】全体含乳汁。茎直立，高30～100cm，上部分枝或不分枝，绿色或带紫红色，有条棱，基生叶簇生，有柄，茎生叶互生，无柄，基部抱茎；叶片长圆状披针形或宽披针形，长6～20cm，宽1～3cm，边缘有稀疏缺刻或羽状浅裂，缺刻或裂片上有尖齿，两面无毛，绿色或蓝绿色，幼时常带红色，中脉白色，宽而明显。头状花序顶生，直径2～4cm；花序梗与总苞均被白色绵毛；总苞钟状，苞片3～4层，外层短于内层；花全为舌状花，鲜黄色。瘦果长椭圆形。

【生物学特性】多年生草本。以根茎和种子繁殖。根茎多分布于5～20cm的土层中，质脆易断，每个断体都能长成新的植株，耕作或除草能促进其萌发。北方农田4—5月出苗，终年不断。花果期6—10月，种子7月即渐次成熟飞散，秋季或次年春萌发，第2～3年抽茎开花。

【分布与为害】为区域性恶性杂草，为害棉花、油菜、甜菜、豆类、小麦、玉米、谷子、蔬菜等作物。亦是果园杂草。在北方有些地区发生量大，为害重，也是蚜虫的越冬寄主。分布于东北、华北、西北、华东、华中及西南地区。

图2-326A　幼苗
图2-326B　花
图2-326C　单株

• 苦苣菜 *Sonchus oleraceus* L. 苦菜、滇苦菜 •

【识别要点】根纺锤状。茎中空，直立，株高50~100cm，下部光滑，中上部及顶端有稀疏腺毛。叶片柔软无毛，长椭圆状倒披针形，羽状深裂或提琴状羽裂，裂片边缘有不规则的短软刺状齿至小尖齿；基生叶片基部下延成翼柄，茎生叶片基部抱茎，叶耳略呈戟形。头状花序，花序梗常有腺毛或初期有蛛丝状毛；总苞钟形或圆筒形，绿色；舌状花黄色。瘦果倒卵状椭圆形。

【生物学特性】种子繁殖，一年生或二年生草本。花果期3—10月。

【分布与为害】分布于全国。为果园、桑园、茶园和路埂常见杂草，发生量小，为害轻。

图2-327A 花

图2-327B 单株

• 花叶滇苦菜 *Sonchus asper* (L.) Hill 续断菊、断续菊、石白头 •

【识别要点】根纺锤状或圆锥状。茎高30～70cm，分枝或不分枝，无毛或上部有头状腺毛。叶长椭圆形或披针状，缺刻状分裂或羽状全裂，亦有不裂的，边缘有不等的刺状尖齿，下部叶的叶柄有翅，中上部的叶无柄，叶基向茎延伸呈圆耳状抱茎。头状花序数个呈伞房状排列，花序梗无毛或有头状腺毛；总苞钟状，总苞片暗绿，有2～3层，内层披针状；花冠舌状，黄色，两性花。瘦果，椭圆状倒卵形。

【生物学特性】二年生草本。花期5—9月。以种子繁殖。

【分布与为害】生于路边和荒野处，为果园、桑园、茶园和路埂常见的杂草，发生量小，为害一般。分布于长江流域各省份。

| 图2-328A　花 | 图2-328C　单株 |
| 图2-328B　幼苗 | |

• 黄鹌菜 *Youngia japonica* (L.) DC. •

【识别要点】基生叶通常排列成莲座状，倒披针形，提琴状羽裂，顶端裂片较两侧裂片稍大，两侧裂片稍向下倾，无毛，或具疏稀的软毛。茎生叶互生，通常1~2片。头状花序小，于茎顶排列成聚伞状圆锥花序，总苞片2层，外层总苞片5枚，三角状或卵形，内层总苞片8枚，披针形。舌状花，花冠黄色，先端具5齿。瘦果纺锤形，棕红色。

【生物学特性】二年生草本。花果期4—9月。以种子繁殖。

【分布与为害】生长于荒地及路边，为害蔬菜、果树和茶树，有时也侵入苗圃为害，但发生量小，为害轻。分布于陕西、甘肃、江苏、浙江、河南、湖北、广东、广西、四川、云南和贵州等省份。

图2-329B 单株

图2-329A 花

• 异叶黄鹌菜 *Youngia heterophylla* (Hemsl.) Babc.et Stebb. •

【识别要点】茎直立，粗壮，多分枝，高30～110cm。基生叶丛生，茎生叶互生；叶片琴状羽裂，长达2～3cm，顶裂片大，三角状椭圆形或椭圆形，长8cm，宽5cm，基部截形或渐狭，具疏波状细齿，侧裂片小，三角形或长圆形，先端急尖；下部叶有柄，柄上有狭翅，上部叶无柄，有毛。头状花序小，有11～25朵小花，排列成聚伞状伞房花序；花序梗细，长3～18mm。瘦果长圆形，褐紫色，有粗细不等的纵肋；冠毛白色或带黄白色。

【生物学特性】二年生或多年生草本。花期8—11月，果期8—12月。主要以种子繁殖。

【分布与为害】生于山坡、田边、路边和灌丛中。常为害果树，但发生量很小，不常见。分布于陕西、甘肃、福建、湖北、湖南、四川和云南等省份。

图2-330A 单株 | 图2-330B 花

• 猪毛蒿 *Artemisia scoparia* Waldst. et Kit. 黄蒿、滨蒿、茵陈蒿 •

【识别要点】茎直立，高30~120cm，暗紫色，有条棱，被微柔毛或近无毛，分枝细而密，直立或稍斜升。基生叶2~3回羽状分裂，有长柄，裂片线状披针形，灰绿色，密生灰白色长柔毛，中部茎生叶无柄，1~2回羽状分裂，裂片毛发状，先端尖，幼时有毛，后渐脱落。头状花序极多数，有梗或无梗，有线形苞叶，在茎及侧枝上排列成圆锥状；总苞近卵形，花黄绿色，先端紫褐色。瘦果长椭圆状倒卵形至长圆形，深红褐色，有纵沟，无毛。

【生物学特性】一年生或越年生杂草。借种子繁殖，以幼苗或种子越冬。春、秋出苗，以秋季出苗数量最多。花期8—10月，种子于9月即渐次成熟，落入土中或随风而传播。

【分布与为害】生于低山区和平原的农田、路旁、地埂或荒地，耐干旱和瘠薄，在各种土壤上均能生长。主要为害谷子(粟)、玉米、豆类、马铃薯、小麦、棉花等作物，也于果园、桑园及茶园中为害，但发生量小，为害轻，是常见杂草。分布遍及全国各地。

图2—331B 单株

图2—331A 花序

• 黄花蒿 *Artemisia annua* L. •

【识别要点】全株有香味。主根纺锤状。茎直立，无毛，有纵条，高40～150cm，上部多分枝。茎下部叶无柄，3回羽状深裂，叶片长4～7cm，宽1.5～3cm，裂片线形，叶轴无小裂片，腹面深绿色，背面淡绿色，无毛或略有细软毛；上部叶无柄，常为羽状细裂。头状花序球形，淡黄色，直径约2mm，由多数头状花序排成圆锥状，总苞片2～3层，最外层狭椭圆形，绿色，草质，有狭膜质边缘，内层总苞片较宽，膜质，边缘也宽，花序托花后延长凸出，外层花雌性，内层花两性，两者均结实。

【生物学特性】一年生或二年生草本。花果期8—11月。以种子繁殖。

【分布与为害】喜生于向阳平地和山坡，耐干旱，为秋收作物田(玉米、大豆、甘薯、甘蔗)、蔬菜地、果园、桑园、茶园和路埂常见杂草，但发生量小，为害轻。分布于中国各地；亚洲其他地区、欧洲东部及北美洲也有。

图2-332A　单株 ｜ 图2-332B　幼苗

• 艾蒿 *Artemisia argyi* Levl. et Vant. •

【识别要点】根茎匍匐，粗壮，须根纤细。茎直立，高45~120cm，有纵条棱，密被短绵毛，茎中部以上分枝。茎下部叶花时枯萎，具长14~20mm的叶柄；中部叶具柄，基部常有线状披针形的假托叶，叶片羽状深裂或浅裂，侧裂片2~3对，裂片菱形，椭圆形或披针形，基部常楔形，中裂片又常3裂，在所有裂片边缘具粗锯齿或小裂片，腹面灰绿色，疏被蛛丝状毛，密布白色腺点，背面密被灰白色毛，呈白色；上部叶渐变小，3~5全裂或不分裂，裂片披针形或线状披针形，无柄。头状花序钟形，长3~4mm，直径2~2.5mm，具短梗或近无梗，下垂，顶端排列成紧密而稍扩展的圆锥状。总苞片4~5层，密被灰白色蛛丝状毛。花序托半球形，裸露。瘦果长圆形。

【生物学特性】多年生草本。花期8—10月，果期9—11月。用根茎及种子繁殖。

【分布与为害】生长在路边、林缘、灌丛及撂荒地上。常在果、桑及茶园中为害，是发生量较大，为害较重的常见杂草。分布于东北、华北、西北、华南及安徽、江苏、湖北、贵州、云南、西藏等地。

图2-333B　花序

图2-333A　单株

• 野艾蒿 *Artemisia lavandulaefolia* DC. •

【识别要点】根状茎细长，横走，有多数纤维状根。茎直立，高60~100cm，具纵条棱，密被短柔毛或近无毛。下部叶有长柄，2回羽状深裂，裂片常有锯齿；中部叶具柄，基部有2对线状披针形的假托叶，叶片羽状深裂，长可达8cm，宽达5cm，侧裂片1~3对，线状披针形，长3~5mm，宽5~6mm，先端渐尖，全缘，或具1~3条线状披针形的小裂片或锯齿，叶腹面绿色，被短微毛，密布白色腺点，背面密被灰白色蛛丝状毛；上部叶渐小，羽状3~5裂或不裂，裂片线形，全缘。头状花序筒形，长2.5~3mm，直径1.5~2mm，具短梗或近无梗，常下倾，多数，在枝顶排列成狭窄的圆锥状；总苞片3~4层，疏被蛛丝状毛，外层者短小，卵形，内层者椭圆形，边缘宽膜质。外围小花雌性，5~6朵，长约1.5mm；中央花两性，5~6朵，带红褐色。花托凸起裸露。

【生物学特性】多年生草本植物。花期7—9月。果期9—10月。以根茎及种子繁殖。

【分布与为害】常生于山谷、草地、灌丛及路旁，为害果园及茶园，也常生于田边，发生量较大，为害较重，是常见杂草。分布于东北及内蒙古、河北、山西、陕西、河南、甘肃、青海、安徽、江苏、江西和湖北等地。

图2-334　单株

• 小球花蒿 *Artemisia moorcroftiana* Wall. •

【识别要点】茎直立，高50~70cm，被短柔毛，上部有开展或斜升的短花序枝。下部叶有长柄，2或3回羽状深裂，裂片披针状线形。叶面近无毛，叶背被短茸毛，上部渐无柄，羽状深裂或不裂。头状花序无梗，排列成狭长的圆锥花序。瘦果卵形。

【生物学特性】多年生草本。花果期秋季。根芽和种子繁殖。

【分布与为害】常于果园为害，是一般性杂草。分布于甘肃、青海、四川等省区。

图2-335A　单株　图2-335B　花序

• 蒙古蒿 *Artemisia mongolica* Fisch.ex Bess. •

【识别要点】茎直立，单一，有纵条棱，多少被柔毛或无毛。中部叶具短柄，基部有1~2对线状披针形的假托叶，叶片长6~10cm，宽4~6cm，羽状深裂，侧裂片通常2对，又常为深齿牙状的缺刻，顶裂片又常3裂，裂片披针形至线形，腹面近无毛，背面密被蛛丝状毛；上部叶3裂或不裂。头状花序长圆形或钟形，长约3mm，宽1.5mm，具短梗或近无梗，花序多数，在茎顶及枝端排列成狭窄或稍开展的圆锥状。总苞片3~4层，被蛛丝状毛，花冠管状钟形，紫红色。花托凸起，裸露。瘦果长圆形，深褐色。

【生物学特性】多年生草本。花期8—9月，果期9—10月。中生植物。

【分布与为害】生于路边、沙地、河谷及撂荒地上。为害夏收作物麦类，秋收作物如棉花、玉米、甘薯及谷子等，也侵入果园及茶园为害，发生量较大，为害较重，是常见杂草。分布于黑龙江、吉林、内蒙古、甘肃、宁夏及华北地区。

图2-336B 单株

图2-336A 花序

• 天名精 *Carpesium abrotanoides* L. 鹤虱 •

【识别要点】茎直立，高50~100cm，上部密被短柔毛，有明显的纵条棱。茎下部叶宽椭圆形，表面深绿色，背面淡绿色，有细软毛和腺点，边缘有不整齐的钝齿；上部叶长椭圆形，无柄。头状花序多数，沿枝条一侧着生于叶腋，近无梗，直径6~10mm；总苞钟形或半球形；总苞片3层，外层较短，卵圆形，内层者渐长，长圆形。雌花狭管状；两性花管状，花冠无毛。瘦果线形，稍扁平，表面浅黄褐色，有细纵棱，约14条，浅黄色，顶端渐细成短喙，喙端扩大成小圆盘状，无毛。果脐圆形，凹陷。

【生物学特性】多年生草本。花果期6—10月。以种子及茎基部萌芽繁殖。

【分布与为害】山坡、路旁、草地和荒野均有生长，尤在房前屋后的闲杂地上常成大片草丛，常于果园、桑园及茶园中为害，在新开垦的旱田中也常侵入，但发生量小，为害轻，是常见杂草。分布于河北、陕西及华东、华南、华中和西南等地。

图2-337A　单株 ｜ 图2-337B　花

• 野塘蒿 *Conyza bonariensis* (L.) Cronq. 香丝草 •

【识别要点】茎高30～80cm，被疏长毛及贴生的短毛，灰绿色。下部叶有柄，披针形，边缘具稀疏锯齿；上部叶无柄，线形或线状披针形，全缘或偶有齿裂。头状花序直径0.8～1cm，再集成圆锥状花序；总苞片2～3层，线状披针形，具软毛和长睫毛；外围花白色，雌性，细管状；中央花两性，管状，微黄色，顶端5齿裂。瘦果长圆形，略有毛；冠毛污白色，刚毛状。

【生物学特性】一年生或二年生草本。苗期于秋、冬季或翌年春季；花果期6—10月。以种子繁殖。

【分布与为害】生长于荒地、田边及路旁，常于桑园、茶园及果园中为害，发生量大，为害重，是区域性的恶性杂草，也是路埂、宅旁及荒地发生数量大的杂草之一。分布于陕西、甘肃、长江流域及其以南地区。

图2-338A　花
图2-338B　幼苗　　图2-338C　单株

· 小白酒草 *Conyza Canadensis* (L.) Cronq. 小飞蓬、小蓬草 ·

【识别要点】成株高40~120cm。茎直立，有细条纹及脱落性疏长毛，上部多分枝。基生叶近匙形，上部叶线形或线状披针形，全缘或有齿裂，边缘有睫毛。头状花序，有短梗，再密集成圆锥状或伞房状圆锥花序；头状花序外围花雌性，细筒状，先端有舌片，白色或紫色；内盘花管状，檐部4齿裂，稀少为3齿裂。瘦果长圆形。

【生物学特性】种子繁殖，1~2年生草本。以幼苗或种子越冬，花果期7—10月。

【分布与为害】遍布于东北和陕西、山西、河南、山东、江西等地。河滩、渠旁、路旁常见大片群落，部分小麦、棉花、果树受害较重。

图2—339A　单株

图2—339B　花

图2—339C　幼苗

• 一年蓬 *Erigeron annuus* (L.) Pers. •

【识别要点】茎直立，高30～120cm，被硬伏毛。基生叶卵形或卵状披针形，先端钝，基部狭窄下延成狭翼，叶缘有粗锯齿；茎生叶互生，披针形或长椭圆形，有少数锯齿或全缘，具短柄或无柄。头状花序直径1.2～1.6cm，多数排列成伞房状或近似圆锥状；总苞片3层，外围花舌状，明显，2层，雌性，舌片线形，白色略带紫晕，中央花管状，两性，黄色。瘦果倒窄卵形至长圆形，压扁，具浅色翅状边缘。

【生物学特性】通常为二年生草本，在温暖地带为一年生。早春或秋季萌发，5—6月开花，9—10月结果。以种子繁殖。

【分布与为害】喜生于肥沃向阳的土地上，在干燥贫瘠的土壤亦能生长。常为害夏收作物麦类、果树、桑树和树茶等经济植物，亦能侵入草原、牧场及苗圃等处为害，且发生量大、为害重。本草又为地老虎的寄主。分布于东北、华北、华中、华东、华南及西南等地。

图2—340A　单株　｜　图2—340B　花
　　　　　　　　｜　图2—340C　幼苗

• 钻叶紫菀 *Aster subulatus* Michx. •

【识别要点】茎直立，高25～100cm，无毛，有条棱，上部稍有分枝，基部略带红色。基生叶倒披针形，花后凋落；茎中部叶线状披针形，长6～10cm，宽5～10mm，主脉明显，侧脉不显著，无柄，光滑无毛；上部叶渐狭窄如线。头状花序多数于茎顶排列成圆锥状；总苞钟形；总苞片3～4层，外层较短，内层渐长，线状钻形，边缘膜质，无毛。舌状花舌片细狭，红色，长与冠毛相等或稍长；管状花多数，花冠短于冠毛。瘦果长圆形或椭圆形，被疏毛，淡褐色，有5条纵棱；冠毛淡褐色，长3～4mm，上被着短糙毛。

【生物学特性】一年生草本，花果期9—11月。以种子繁殖。

【分布与为害】喜生长在潮湿含盐的土壤上，常见于沟边、路边及低洼地。为害秋收作物(棉花、大豆及甘薯)和水稻，也见于田边及路埂上，但发生量小，为害轻，是常见杂草。分布于河南、安徽、江苏、浙江、江西、湖北、贵州及云南等省份。

图2-341A　单株 ┃ 图2-341B　花

• 女菀 *Turczaninowia fastigiata* (Fisch.) DC. •

【识别要点】茎直立，高30～100cm，被短柔毛，上部有伞房分枝。下部叶在花期枯萎，线状披针形，长3～12cm，宽0.3～1.5cm，基部渐狭成短柄，先端渐尖，全缘；中部以上叶渐小，披针形或线形，背面灰绿色，被短毛及腺点，腹面无毛，边缘有糙毛，稍反卷。头状花序小，直径5～8mm，密集成伞房状；花序梗细，有长1～2mm的苞叶。总苞筒状，总苞片被密短毛，顶端钝，外层长圆形；内层倒披针状长圆形。花十几朵，外围有一层雌花，雌花舌状，花白色，筒部长2～3mm；中央有多数两性花，花冠管状，冠毛约与管状花冠等长。瘦果长圆形，呈为淡褐色。

【生物学特性】多年生草本。花果期8—10月。以种子繁殖。

【分布与为害】生于荒地、山坡、田边及路旁等处，发生量很小，不常见，是路埂的一般性杂草。分布于东北及内蒙古、河北、山西、山东、河南、陕西、湖北、湖南、江西、安徽、江苏和浙江等地。

图2-342B　花

图2-342A　单株

• 旋覆花 *Inula japonica* Thunb. 日本旋覆花 •

【识别要点】根茎短，横走或斜升；茎单生或2～3株簇生，直立，高30～70cm，被长伏毛，老时于茎下部脱落无毛。基生叶于花时常枯萎；中部叶长圆形或长圆状披针形，基部多少狭窄，无柄，常有圆形半抱茎的小耳，先端渐尖，边缘全缘或有小尖头状的疏齿，上面有疏毛或近无毛，下面有疏状毛和腺点；上部叶狭小，线状披针形。头状花序常排列成伞房状，头状花序直径为2～3cm；总苞片半球形；总苞片4～5列，线状披针形，外列及中列者草质，内列者膜质，边缘均具缘毛。舌状花1层，黄色，舌片线形，长10～13mm；管状花亦多数密集，黄色，长约5mm。瘦果圆柱形或长椭圆形，红褐色至黄褐色。

【生物学特性】多年生草本。花期6—10月，果期9—11月。以种子散布及根茎繁殖。

【分布与为害】本种系中生植物，喜生长于湿润的土壤上，在轻度盐碱地也能生长，在水田的田埂、山坡、路旁、湿润草地、河岸和旱田田边也常见。本种发生量小，为害轻，是常见的路埂杂草。分布在东北、华北、西北、华东、华中、华南及西南各省份。

图2-343A 花 ┃ 图2-343B 单株

• **线叶旋覆花** *Inula lineariifolia Turcz.* 窄叶旋覆花、蚂蚱膀子、驴耳朵 •

【识别要点】茎直立，单生或2～3株簇生，高30～80cm，有纵条纹，下部疏被短柔毛；上部毛较密并杂有腺毛。基部叶和下部叶线状披针形，下部渐狭成长柄，边缘常反卷，先端渐尖，上面无毛，下面被蛛丝状短柔毛或长伏毛，并混有腺点；中部叶线状披针形或线形，无柄；上部叶渐狭小，线形。头状花序直径1.5～2.5cm，常于枝顶3～5个排列成伞房状。总苞半球形，总苞片4～5层，外层草质，较短，内层干膜质，三角状披针形，被短柔毛及腺点。果实圆柱形，上有粗肋，肋上有短糙毛；冠毛淡褐色，上有微糙毛。

【生物学特性】多年生草本。花期7—9月；果期8—10月。以种子及根茎上芽繁殖。

【分布与为害】本种系中生植物，喜在湿润的土壤上生长，主要生长在山坡、荒地、路旁、河岸等地，有时在撂荒地上生长，但很少侵入农田，对农作物为害不大，是常见的路埂杂草。分布于东北、华北、西北、华中及华东等地。

图2-344A　花 ｜图2-344B　单株

• 腺梗豨莶 *Siegesbeckia pubescens* Makino 毛稀莶 •

【识别要点】茎直立，高30～110cm，上部多分枝，被开展白色的长柔毛，及头状有柄的腺毛。基部叶卵状披针形，花期枯萎；中部叶卵圆形或卵形，开展，长3.5～12cm，宽4～10cm，基部宽楔形，下延成具翼并长13cm的叶柄，先端渐尖，边缘有不规则的粗牙齿；上部叶渐小，披针形或卵状披针形；全部叶上面深绿色，基三出脉，两面被平伏短柔毛，沿脉有长柔毛。头状花序直径18～23mm，排列成不甚典型的二歧聚伞花序；花序梗较长，密生紫褐色头状有柄的腺毛和长柔毛；总苞宽钟形，总苞片叶质，外层线状匙形。舌状花冠筒部长1.2～1.7mm，舌片先端常为3齿裂，黄色。瘦果倒卵圆形，有时稍弯曲，具4棱，黑色或灰褐色，先端有褐色明显衣领状环。

【生物学特性】一年生草本。以种子繁殖。由于舌状花形成的瘦果常包于浅束状内层总苞片内，在瘦果成熟后，如人、畜接触背部密生腺毛的内层总苞片时，总苞片于基部离层处脱落，由于腺毛产生的黏液附着人类的衣物或动物的皮毛而传播其种子。花期5—8月，果期6—10月。

【分布与为害】本种是中生性杂草，主要为害旱田作物，常为害大豆、棉花、花生、小豆、绿豆等矮秆作物，对玉米及高粱等高秆作物，仅在拔节前为害，在山坡、林缘、路旁及果园也能见到。分布于全国各地。

图2-345A 单株 | 图2-345B 花

• 石胡荽 Centipeda minima (Linn.) A. Br. et Aschers. •

【识别要点】茎高5~20cm，从基部分枝，小枝匍匐，于节处生根，可稍斜升。叶匙形，互生，基部楔形，中部以上有3~5个疏锯齿。头状花序小，直径3~5mm，扁球形，无柄，单生叶腋，全为管状花，淡黄色或黄绿色。外围花多层，花冠管状锥形，雌性，结实；中央花两性，花冠4深裂。瘦果细小，呈现为椭圆形。

【生物学特性】一年生草本。种子越冬后于早春萌发，花果期7—11月。

【分布与为害】喜生于潮湿的环境，常生于水生蔬菜、水稻及秋收作物大豆田的田边及路埂上，发生量小，是常见杂草。分布于我国东北、华北、华东、中南、西南各省份。

图2-346A 花 ｜ 图2-346B 幼苗
图2-346C 单株

• 裸柱菊 *Soliva anthemifolia* R. Br. •

【识别要点】茎通常短于叶，丛生。叶互生，具叶柄，长5～10cm，2或3回羽状分裂，裂片条形，全缘或3裂，被长柔毛或近无毛。头状花序无梗，聚生于短茎上，近球状，直径6～12mm；总苞片约2层，矩圆形或披针形，边缘干膜质；花托扁平，无托片；花异型；外围的雌花数层，无花冠；中央的两性花筒状，基部渐狭，有2个或3个齿裂，常不结实。瘦果扁平，边缘有横皱纹的翅，顶部冠以宿存的芒状花柱和蛛丝状毛。

【生物学特性】一年生矮小草本。花果期全年，以种子繁殖。

【分布与为害】广东、广西、福建、江西都有分布。常生于荒地、田野。为害夏收作物(麦类和油菜)和蔬菜，是区域性的恶性杂草，发生量较大，为害较重。

图2-347A 幼苗 | 图2-347B 单株

• 千里光　*Senecio scandens* Buch.-Ham. ex D. Don　千里眼 •

【识别要点】茎曲折，攀缘，长2~5m，多分枝，初常被密柔毛，后脱毛，直径2~3mm，稀达5mm。叶有短柄，叶片长三角形，长6~12cm，宽2~4.5cm，顶端长渐尖，基部截形或近斧形至心形，边缘有浅或深齿，或叶的下部有2~4对深裂片，稀近全缘，两面无毛或下面被短毛。头状花序多数，在茎及枝端排列成复总状的伞房花序，总花梗常反折或开展，被密微毛，有细条形苞叶；总苞筒状，长5~7mm，基部有数个条形小苞片；总苞片1层，12~13个，条状披针形，顶端渐尖；舌状花黄色，8~9个，长约10mm；筒状花多数。瘦果圆柱形，有纵沟，被短毛；冠毛白色，约与筒状花等长。

【生物学特性】多年生草本。花果期3—11月。以种子及地下芽繁殖。

【分布与为害】广布于我国西北部至西南部、中部、东南部；亚洲南部也有。植物有很大的变异，有时叶下部或全部羽状深裂。

图2-348A　单株｜图2-348B　果实

• 藿香蓟 *Ageratum conyzoides* L. 胜红蓟 •

【识别要点】茎稍带紫色，被白色多节长柔毛，幼茎幼叶及花梗上的毛较密。叶卵形或菱状卵形，长4～13cm，宽2.5～6.5cm，两面被稀疏的白色长柔毛，基部钝、圆形或宽楔形，少有心形的，边缘有钝圆锯齿；叶柄长1～3cm。头状花序较小，直径约1cm，在茎或分枝顶端排成伞房花序；总苞片矩圆形，顶端急尖，外面被稀疏白色多节长柔毛；花淡紫色或浅蓝色；冠毛鳞片状，上端渐狭成芒状，5枚。瘦果的呈楔形。

【生物学特性】一年生草本。花果期全年。种子繁殖。

【分布与为害】我国广布长江流域以南各地。低山、丘陵及平原普遍生长。常侵入秋收作物田，如玉米、甘薯和甘蔗田中为害，发生量大，为害重，是区域性恶性杂草。

图2-349A　花
图2-349B　幼苗　图2-349C　单株

• 泥胡菜 *Hemistepta lyrata* Bunge •

【识别要点】成株株高30~80cm。茎直立，具纵棱，有白色蛛丝状毛或无。基生叶莲座状，有柄，倒披针状椭圆形或倒披针形羽状分裂；顶裂片较大，三角形，有时3裂，侧裂片7~8对，长椭圆状倒披针形，上面绿色，下面密被白色蛛丝状毛；中部叶椭圆形，先端渐尖，无柄，羽状分裂；上部叶线状披针形至线形。头状花序多数，于茎顶排列成伞房状。总苞球形，总苞片5~8层；外层卵形，较短，中层椭圆形，内层条状披针形。背部顶端下有1紫红色鸡冠状的附片。花冠管状，紫红色，筒部远较冠檐为长(约5倍)，裂片5。瘦果圆柱形略扁平。

【生物学特性】种子繁殖，一年生或二年生草本植物。通常9—10月出苗，花、果期翌年5—8月。

【分布与为害】分布于全国。常侵入夏收作物(麦类和油菜)田中为害，在长江流域的局部农田为害严重。是发生量大、为害重的恶性杂草。

图2—350A　单株

图2—350B　花

图2—350C　幼苗全株

• 稻槎菜 *Lapsana apogonoides* Maxim. •

【识别要点】植株细柔，高10～20cm，叶多于基部丛生，有柄，羽状分裂，长4～10cm，宽1～3cm，顶端裂片最大，近卵圆形，顶端钝或短尖，两侧裂片向下逐渐变小；茎生叶较小，通常1～2cm，有短柄或近无柄。头状花序果时常下垂，常再排成稀疏的伞房状；总苞椭圆形，长约1mm，内层总苞片5～6cm，长约4.5mm；小花全部舌状，两性，结实，花冠黄色。瘦果椭圆状披针形，长4～5mm，多少压扁，上部收缩，顶端两侧各具钩刺1枚，背腹面各有5～7肋，无冠毛。

【生物学特性】一、二年生草本。在长江流域，于秋、冬季出苗，花、果期翌年4—5月，果实随熟随落。以种子繁殖。

【分布与为害】生于田野、荒野及沟边，为夏熟作物田杂草。多发生于稻、麦或稻、油菜轮作田，在初春，麦类和油菜等作物生长前、中期时，大量发生，为害重，是区域性的恶性杂草。分布于华东、华中、华南及河南、四川和贵州等地；日本、朝鲜也有。

图2-351A	花	图2-351B	根
图2-351C	单株	图2-351D	幼苗

• 银胶菊 *Parthenium hysterophorus* L. •

【识别要点】高30～100cm，多分枝，全株被短糙毛。叶近无叶柄，下部和中部叶片矩圆形至卵形，羽状分裂，裂片3～4对，有羽状小裂片，小裂片披针形至条形。头状花序多数，小，在茎和枝顶端排成伞房状，花序细长；总苞碟状，直径4～5mm；总苞片2层，黄绿色，外层5，卵形或卵状菱形，顶端稍尖，被疏微毛，内层5，宽，近圆形，顶端钝，下凹，外面被微毛和细条纹；花托狭窄，凸出；花异形，外围的雌性花5，舌状，结实，舌片白色，肾形，宿存于果上，每边各有一个钝角的苞片包围；以2条悬垂的细丝接联；中央的两性花筒状，具4个短裂片，不结实。瘦果倒卵形，长1～1.5mm，顶端有乳头突起；冠毛为2个短鳞片。

【生物学特性】一年生草本，种子繁殖。

【分布与为害】广东、广西、云南有分布。生于路边、草地。

图2-352A　单株　│　图2-352B　幼苗
　　　　　　　　│　图2-352C　花

· 野茼蒿 *Crassocephalum crepidioides* (Benth.) S. Mo ·

【识别要点】高20～100cm。茎有纵条纹，光滑无毛。叶互生，膜质，矩圆状椭圆形，长7～12cm，宽4～5cm，顶端渐尖，基部楔形，边缘有重锯齿或有时基部羽状分裂，两面近无毛；叶柄长2～2.5cm。头状花序直径约2cm，排成圆锥状生于枝顶；总苞圆柱形，苞片2层，条状披针形，长约1cm，边膜质，顶端有小束毛，基部有数片小苞片；花全为两性，筒状，粉红色，花冠顶端5齿裂，花柱基部小球状，分枝顶端有线状被毛的尖端。瘦果狭圆柱形，赤红色，有条纹，被毛；冠毛丰富，白色。

【生物学特性】一年生直立草本。花果期秋、冬季。种子繁殖。

【分布与为害】分布于中国广东、广西、江西、湖南；非洲也有。常生于荒地、路旁、林下和水沟边，常为害果树及蔬菜，也生于田边及路埂，但发生量小，为害轻。

图2-353A 花
图2-353B 幼苗
图2-353C 单株

• 一点红 *Emilia sonchifolia* (L.) DC. •

【识别要点】高10～40cm，光滑无毛或被疏毛，多少分枝；枝条柔弱，粉绿色。叶稍肉质，生于茎下部的叶卵形，长5～10cm，宽4～5cm，琴状分裂，边具钝齿，茎上部的叶小，通常全缘或有细齿，全无柄，常抱茎，上面深绿色，背面常为紫红色。头状花序直径1～1.3cm，具长梗，为疏散的伞房花序，花枝常二歧分枝；花全为两性，筒状，5齿裂；总苞圆柱状，苞片1层与花冠等长，花紫红色。瘦果长约2.4mm，狭矩圆柱形，有棱；冠毛白色，柔软，极丰富。

【生物学特性】一年生草本。花果期7—10月。以种子繁殖。

【分布与为害】分布于华中、东南、华南。常生于山坡草地和荒地，常侵入果园及菜园为害，但发生量小，为害轻，是一般性杂草。

图2-354A　单株

图2-354B　花

图2-354C　幼苗

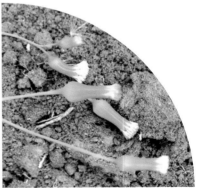

• 鸦葱 *Scorzonera ruprechtiana* Lipsch.et Krasch. •

【识别要点】主根肥厚而大。茎高15～35cm，通常无毛，基部有纤维状枯叶残留物，不分枝。常于基部丛生，披针形或狭长披针形，全缘，平展或呈微波状，基部狭窄成柄，茎生叶很小，近鳞片状。头状花序单生茎端，舌状花黄色。瘦果圆柱形，黄褐色。

【生物学特性】多年生草本。花果期3—7月。以地下芽和种子繁殖。

【分布与为害】耐干旱，为果园和路埂的一般性杂草，发生量小，为害轻。分布于东北、华北、西北、华东和中南等地区。

图2-355A 单株 │ 图2-355B 花

• 蒲公英 *Taraxacum mongolicum* Hand.-Mazz. •

【识别要点】叶根生，排列成莲座状，倒披针形或长圆状倒披针形，羽裂，裂片三角形，侧裂片3对，全缘或有齿，裂片间常夹生小齿，两面疏被蛛丝状毛或无毛。花葶数个，与叶等长或长于叶。总苞钟状，外层总苞片卵状披针形至披针形，内层呈长圆状线形，顶端常有角状突起。舌状花冠黄色，背面有紫红色条纹。瘦果椭圆形至倒卵形，暗褐色，常稍弯曲。

【生物学特性】多年生草本，以种子及地下芽繁殖。花果期3—7月。

【分布与为害】广泛分布于东北、华北、华东、华中、西北及西南等地。为害果树、桑树及茶树等，发生量小，为害轻。

图2—356A　单株

图2—356B　花

图2—356C　果实

• 华蒲公英 *Taraxacum sinicum* Kitag. 碱地蒲公英 •

【识别要点】成株根较粗壮，圆锥形，根颈部有褐色残叶基。叶基生，莲座状，倒卵状狭披针形，长4~12cm，宽6~20mm，无毛，羽状深裂，顶裂片大，侧裂片3~7对，下倾；外面叶片羽状浅裂或全缘，具波状齿；叶柄及下面叶脉常带紫色。花葶1至数个，长于叶，花序头状，总苞小，长8~12mm，淡绿色；总苞片3层，顶端无角状突起，外层披针状卵形，内层长圆状线形，长于外层2倍。舌状花黄色。籽实瘦果淡褐色，长椭圆形，长3~4mm，上部有刺状凸起，下部有短钝的小瘤，喙长3~4.5mm；冠毛白色，长约6mm。

【生物学特性】多年生草本。花果期4—10月。以种子和根芽繁殖。

【分布与为害】适生于盐碱草甸、草坡或砾石中。在有盐碱化的农田或田埂常有出现，属一般性路埂杂草。分布于东北、华北、西北、西南等地；蒙古、俄罗斯的西伯利亚东部也有。

图2-357A 幼苗 ｜ 图2-357B 单株

六十二、泽泻科 Alismataceae

水生多年生草本。常有匍匐茎、根状茎。叶有长柄，叶基部有鞘。外轮花被成萼状，雄蕊6枚至多数，雌蕊心皮6枚至多数，离生。瘦果。

遍布全国，约20种，主要杂草有1种。

• 野慈姑 *Sagittaria trifolia* L. •

【识别要点】地下根状茎横走，先端膨大成球状的球茎。茎极短，生有多数互生叶，叶柄长20~50cm，基部扩大。叶形变化很大，通常为三角箭形，长达20cm，先端钝或急尖，主脉5~7条，自近中部外延长为两片披针形长裂片，外展呈燕尾状，裂片先端细长尾尖。花莛高15~50cm；总状花序，3~5朵轮生轴上，单性，下部为雌花，具短梗，上部为雄花，具细长花梗；苞片披针形；外轮花被片，萼片状，卵形，顶端钝；内轮花被3片，花瓣状，白色，基部常有紫斑，早落；雄蕊多枚；心皮多数，密集成球形。

【生物学特性】多年生水生草本。苗期4—6月，花期夏秋季，果期秋季。块茎或种子繁殖。

【分布与为害】分布于全国各地。为水稻田常见杂草，北方部分水稻种植区，有时发生较重。

图2-358A　果
图2-358B　花　图2-358C 单株

• 矮慈姑 *Sagittaria pygmaea* Miq. 瓜皮草 •

【识别要点】须根发达，白色，具地下根茎，顶端膨大成小型球茎。叶基生，线状披针形，先端钝，基部渐狭。花茎直立，高10~15cm；花轮生，单性；雌花1朵，无梗，生于下轮，花2~5朵，具1~3cm的梗；萼片3，草质，倒卵形，花瓣3，白色，较花萼略长。瘦果阔卵形。

【生物学特性】多年生沼生草本。苗期春夏季，花期6—7月，果期8—9月。种子或球茎繁殖。带翅的瘦果可漂浮水面，随水流传播。

【分布与为害】为稻田恶性杂草。主要与水稻争养分和水分，影响水稻的分蘖；耐阴，稻棵封行后，仍可大量发生。分布于长江流域及其以南地区，陕西、河南等省份的水稻产区也有分布和为害。

图2-359A　单株 | 图2-359B　幼苗

六十三、石蒜科 Amaryllidaceae

草本，有一具膜被的鳞茎或地下茎；叶少数，多少线形，基生；花两性，辐射对称，单生或多朵于花茎之顶排成伞形花序，下有总苞片1至数枚；花被花瓣状，有管或无管，裂片6，2列；副花冠常具存；雄蕊6，稀更多，与花被裂片对生；花丝分离或基部扩大而合成一假副花冠；子房上位或下位，3室；胚珠通常极多数，生于中轴（两侧膜）胎座上；果为蒴果，或肉质而不开裂。

约85属，1 100种，产于全球温带地区，我国约14属，140余种，广布于南北各地。常见杂草3属3种。

• 小金梅草 Hypoxis aurea Lour. •

【识别要点】根状茎肉质、球形，内白色，外面有老叶柄的纤维残迹。叶基生，狭条状披针形，长10～30cm，宽2～6mm，有黄褐色疏长毛，具5～7条脉。花序有花1～2朵，有淡褐色疏长毛；花黄色，总花梗较细，长2.5～10cm，苞片2，刚毛状，花被片6，矩圆形，长6～8mm，宿存，有褐色疏长毛；雄蕊6，着生于花被裂片基部，花丝短；子房下位，3室，长3～6mm，有疏长毛，花柱短，柱头3，直立。蒴果棒状，成熟时三瓣开裂；种子多数，近球形，表面具瘤状凸起。

【生物学特性】多年生草本。春季开花，多生于山坡草地上，表面具瘤状突起。

【分布与为害】分布在中国浙江南部、福建、江西、台湾、湖北、湖南、广东、广西、云南；越南、印度、印度尼西亚、日本也有。为一野生有毒小草，多生于山野旷地，为一般性杂草。

图2-360A　花
图2-360B　幼苗　图2-360C　单株

六十四、天南星科 Araceae

草本，稀为木质藤本。汁液乳状、水状或有辛辣味，常具草酸钙结晶。具根状茎或块茎。叶基出或茎生，单叶或复叶，叶形和叶脉不一，基部常具膜质鞘。花小，两性或单性，排列成肉穗花序，为一佛焰苞片所包，佛焰苞常具彩色。果实通常为浆果。

约115属，1 800种。我国有35属，206种，主要分布于南方。

• 菖蒲 *Acorus calamus* L. 水菖蒲、白菖蒲、臭蒲子 •

【识别要点】具根状茎，呈红色，横生地下，直径1.5～2cm，成片倾斜生长。叶剑形，长50～80cm，宽6～15mm，中脉明显，叶鞘边缘膜状，基部抱茎。花葶基生，比叶片短，稍压扁，佛焰苞叶状，长30～40cm，宽5～10mm；肉穗花序，长4～7cm，直径6～10mm，花小，两性，雄蕊6个，花丝扁平，与花被等长，花药淡黄色；子房2～4室，顶端呈圆锥状，花柱短，每室具数个胚珠；花被6片，顶端稍内弯，浅黄绿色。未成熟的果实为绿色，成熟时为红色，果密靠合。

【生物学特性】多年生草本。花期6—9月。以根状茎和种子繁殖。

【分布与为害】生长于水分较多的地方，如山脚、沟溪中，为一般性杂草。该种分布较广，如新疆、江苏、台湾、广东、云南、湖南等省份都有分布。

图2-361B 单株

图2-361A 穗

• 大薸 *Pistia stratiotes* L. 水浮莲、水葫芦 •

【识别要点】须根白色纤维状，悬垂于水中，主茎短缩而叶呈莲座状，有匍匐茎相连。叶长3～10cm，先端宽圆或平截，呈微波状，基部肥厚，窄缩，常带紫红色，有柔毛，两面有微毛，中脉多条扇状，在下面凸起，肉穗花序生于叶丛中央，有短的总花梗，佛焰苞白色，小形，长约1.2cm，下部筒状，上部张开成二心形裂片。肉穗花序稍短于佛焰苞，雄花序位于花序的顶端，数雄蕊环裂，无花丝，其下有环状薄膜，雌花序位于下部，仅有一雌蕊，与佛焰苞贴生，子房卵形圆锥状。

【生物学特性】浮水草本，生于池塘、水田、沟渠。花期5—11月。江南各省均有栽培或野生，冬季将植株集中于小面积的浅水中，翌年移入塘中。

【分布与为害】喜温暖，在肥水池塘中生长良好。为南方常见水田杂草。分布于中国江苏、广东、广西、四川及贵州等省份；于全球热带、亚热带广布。

图2-362　单株

六十五、鸭跖草科 Commelinaceae

草本。节与节间明显。单叶互生，有叶鞘，叶片叶脉明显。花序顶生或腋生，萼3片常分离，花瓣3瓣联合成筒状而两端分离。

遍布全国。我国约有13种，主要杂草有1种。

• 鸭跖草 *Commelina communis* L. 竹叶草 •

【识别要点】茎披散，多分枝，基部枝匍匐，节上生根，叶鞘及茎上部被短毛，其余部分无毛。叶互生，披针形至卵状披针形，叶无柄，基部有膜质短叶鞘。总苞片具长柄，与叶对生，心形，稍弯曲，顶端急尖，边缘常有硬毛，边缘对合折叠，基部不相连。花两性，数朵花集成聚伞花序，略伸出苞外；花瓣3，深蓝色，近圆形；雄蕊6枚，3枚退化雄蕊顶端成蝴蝶状。

【生物学特性】一年生草本。华北地区4—5月出苗，茎基部匍匐，着土后节易生根，匍匐蔓延迅速。花果期6—10月。

【分布与为害】分布全国各地。适生于潮湿地或阴湿处，常见于农田、果园，部分地区受害较重。

图2-363A　单株

图2-363B　花

图2-363C　幼苗

• 火柴头 *Commelina bengalensis* L. 饭包草 •

【识别要点】茎披散，多分枝，长可达70cm，被疏柔毛。叶鞘有疏长睫毛，叶有柄；叶片卵形或宽卵形，钝头，基部急缩成扁阔的叶柄，近无毛。总苞片佛焰苞状，柄极短，与叶对生，常数个集生枝顶，基部常生成漏斗状；聚伞花序有花数朵，几不伸出；萼片3，膜质；花瓣3，蓝色，具爪，长4～5mm。蒴果，椭圆形。

【生物学特性】多年生匍匐草本。花果期7—10月。多由匍匐茎萌生。

【分布与为害】适生于阴湿地或林下潮湿处，主要为害果园、茶园、苗圃。分布于河北及秦岭、淮河以南各省份。

图2-364A　花 ｜ 图2-364B　单株

图2-364C　群体

• 裸花水竹叶 *Murdannia nudiflora* (L.) Brenan 山韭菜、竹叶草 •

【识别要点】柔弱草本。茎常丛生，少单生，近直立，节间较短，下部常匍匐生根，高3~30cm，无毛。叶片线形或线状披针形，基生叶披散，长5~7cm，基生叶长2~4cm，宽5~8mm，顶端渐尖，无毛或被疏长毛，叶鞘短，被长柔毛，鞘口边缘有睫毛。聚伞花序有花数朵，再排成顶生少分枝的圆锥花序，苞片狭披针形，下部具长睫毛；小苞片早落；萼片长圆形，长约4mm；花瓣小，天蓝色或紫色，长约3mm，发育雄蕊2枚，退化的2~4枚，花丝被毛，子房近球形，无毛，花柱线形，宿存。蒴果卵圆状三棱形，长3~4mm。种子褐色，有疏生大而明显的窝孔。

【生物学特性】有匍匐茎的草本，节上常生不定根。花果期夏秋之间。种子繁殖。

【分布与为害】分布于云南、四川、贵州、广西、广东、湖南、湖北、江苏、浙江、江西及福建等省份，印度经中南半岛至菲律宾及日本都有。常生于溪旁、水边和林下。

图2-365A 果	图2-365B 花	图2-365E 单株
图2-365C 叶鞘		
图2-365D 幼苗		

• 水竹叶 *Murdannia triquetra* (Wall.) Brackn. 肉草 •

【识别要点】茎不分枝或分枝，被一列细毛，基部匍匐，节上生根。叶片线状披针形，长4～8cm，宽5～10mm。花单生于分枝顶端叶腋内。苞片披针形，长0.5～2cm，花梗长0.5～1.5cm；萼片3枚，披针形，长5～7(9)mm，花瓣蓝紫色或粉红色，倒卵圆形，长约7mm，比萼薄而狭，能育雄蕊3枚，对萼而生，不育雄蕊3枚，顶端戟形，不分裂，花丝有长毛；子房长圆形，长2mm，无柄，被白色柔毛。蒴果长圆状三角形，长5～7mm，两端较钝，3瓣裂。种子稍扁，表面有沟纹。

【生物学特性】本种为多年生水生或沼泽生草本植物，也有报道为一年生，花果期6—9月。苗期4—5月。

【分布与为害】分布于中国云南、四川、贵州、湖南、湖北、广东、海南、江苏、安徽、浙江、江西、河南等地；印度也有。常生于溪边、水中或草地潮湿处。为部分地区水稻田为害重的杂草。

图2-366A　花 | 图2-366B　幼苗
图2-366C　单株

疣草 *Murdannia keisak* (Hassk.) Hand. Mazz.

【识别要点】茎长而倾卧，匍匐生根，枝梢上升。叶互生，叶片披针形，长4~8cm，宽5~10mm，基部有闭合的短鞘。聚伞花序顶生或腋生，由1~3朵花组成。苞片披针形，长0.5~20cm。花梗长0.5~1.5cm。萼片3，披针形，长5~9mm，花瓣3，倒卵形，粉红色或蓝紫色，稀为白色，比萼长，雄蕊6，能育雄蕊3，与萼对生，不育雄蕊3，呈棒状，淡紫色，雄蕊于花丝基部均生长须毛；雌蕊子房椭圆形，花柱细长，柱头头状。蒴果长椭圆形，两端急尖，长5~9mm，3室，每室具2粒种子。种子稍扁平，一端钝，另一端平截，褐色，有细条纹，长1.6~3mm，宽1.5~2mm，于一侧有缝隙状凹陷的种脐，于种脐背面一侧有一圆形脐眼状胚盖。

【生物学特性】一年生草本。以种子繁殖。

【分布与为害】生于池边、沟边及河滩等处。常生于水田边，系一般性杂草，发生量小，为害轻。分布于中国东北及浙江、江西、福建、台湾等地；日本、朝鲜及俄罗斯远东地区也有分布。

图2-367A 花
图2-367B 群体

六十六、莎草科 Cyperaceae

草本，多数种类有地下根。茎3棱，叶片线形排成3列，叶鞘闭合。花为总状花序，多数生于茎上。小坚果。

中国有500余种，常见杂草有34种，广布全国。

• 香附子 Cyperus rotundus L. 莎草 •

【识别要点】根状茎细长，顶生椭圆形褐色块茎。秆三棱形，直立。叶基生，比秆短。长侧枝聚伞花序，有3～6个开展的辐射枝。

【生物学特性】块茎和种子繁殖，多年生草本。4月发芽出苗，6—7月抽穗开花，8—10月结籽成熟。

【分布与为害】主要分布于中南、华东、西南热带和亚热带地区，河北、山西、陕西、甘肃等地也有。为秋熟旱作物田杂草。喜生于湿润疏松性土壤上，沙土地发生较为严重。

图2-368A　单株	图2-368B　穗
图2-368C　块茎	图2-368D　幼苗

• 异型莎草 *Cyperus difformis* L. 球穗莎草 •

【识别要点】秆丛生，扁三棱形，株高5~65cm。叶基生，条形，叶短于秆。叶状苞片2~3片，长于花序；长侧枝聚伞花序简单，少数复出，穗生于花序伞梗末端，密集成头状。

【生物学特性】种子繁殖，一年生草本。北方地区，在5—6月出苗，8—9月种子成熟，经越冬休眠后萌发；长江中下游地区一年可以发生两代；热带地区周年均可以生长、繁殖。异型莎草的种子繁殖量大，易造成严重的为害。又因其种子小而轻，故可以随风散落、随水漂流，或随种子、动物活动传播。

【分布与为害】分布于全国各地。为水稻田及低湿旱地的恶性杂草，尤以在低洼的水稻田中发生为害严重。

图2-369A　穗
图2-369B　幼苗
图2-369C 单株

• 碎米莎草 *Cyperus iria* L. •

【识别要点】株高20～85cm。秆丛生，直立，扁三棱形。叶基生，短于秆；叶鞘红褐色。苞片叶状3～5片，下部2～3片长于花序；花序长侧枝聚伞形复出，具4～9条长短不等的辐射枝，每枝有5～10个小穗状花序，每个小穗序上具5～22个小花；小穗长圆形，扁平，具6～22朵花。

【生物学特点】种子繁殖，一年生草本。5—7月出苗，7—10月开花结果。具有很强的繁殖力。

【分布与为害】分布于全国各地。为水稻田为害严重的杂草。

图2-370A　花 ｜ 图2-370B　单株

• 聚穗莎草 *Cyperus glomeratus* L. 头状穗莎草、三轮草、状元花 •

【识别要点】秆直立，粗壮，三棱形，基部膨大，单一或多数密集丛生，高10～150cm。叶鞘褐色，叶片线形，宽3～8mm，通常短于秆。叶状苞片3～8片，极长于花序。长侧枝聚伞花序具3～9个不等长的辐射枝，于其延长的穗轴上(包括2级辐射枝)，密生多数小穗，组成长圆形或卵形的穗状花序，稀少辐射枝简化而呈头状。小穗多列，排列极密，线状披针形或线形，稍扁平，长5～10mm，具8～20花；小穗轴细，具白色透明的翅；鳞片长圆形，顶端钝，淡棕色或血红色。小坚果长圆状三棱形。

【生物学特性】一年生草本。花果期6—10月。以种子繁殖，种子于翌年春季萌发。

【分布与为害】生长在河岸、湖边、水沟及草甸内。本种有时侵入水生蔬菜如慈姑、荸荠及茭白田中为害，但发生量很小，易防除。分布于东北、华北及甘肃、安徽、江苏等地。

图2-371A 单株 图2-371B 穗

• 具芒碎米莎草　*Cyperus microiria* Steud. •

【识别要点】秆丛生，高20~50cm，锐三棱形，基部具叶。叶短于秆。苞片叶状3~4枚，长于花序。长侧枝聚伞花序复出，具5~7个辐射枝，顶端3~6个穗状花序，穗状花序卵形或宽卵形或近于三角状卵形，小穗线形或线状披针形；鳞片膜质，背面具龙骨状突起，具3~5脉，中脉延伸于顶端成一尖头。小坚果倒卵状三棱形。

【生物学特性】一年生草本，5—6月出苗，花果期7—9月。种子繁殖。

【分布与为害】适生于水稻田边，为水稻田边及旱作物地、菜园常见杂草。在华南地区主要为害水稻、花生、甘蔗等作物。分布几乎全国。

图2-372A　穗 ｜ 图2-372B　单株

• 旋鳞莎草 *Cyperus michelianus* (Linn.) Link •

【识别要点】具许多须根。秆密丛生，高2~25cm，扁三棱形，平滑。叶长于或短于秆，平张或有时对折。苞片3~6枚，叶状，基部宽，较花序长很多；长侧枝聚伞花序呈头状，卵形或球形，具极多数密集的小穗；小穗卵形或披针形；鳞片螺旋状排列，有时上部中间具黄褐色或红褐色条纹，具3~5条脉，中脉延伸出顶端呈一短尖。小坚果狭长圆形。

【生物学特性】一年生草本，花果期6—9月。以种子进行繁殖。

【分布与为害】产于黑龙江、河北、河南、江苏、浙江、安徽、广东各省；多生长于水边潮湿空旷的地方，路旁亦可见到。

图2-373A　幼苗 ｜ 图2-373B　穗
图2-373C　单株

• 白鳞莎草 *Cyperus nipponicus* Franch.et Savat. •

【识别要点】具许多细长的须根。秆密丛生，细弱，高5～20cm，扁三棱形，平滑，基部具少数叶。叶通常短于秆，或有时与秆等长，平张或有时折合；叶鞘膜质，淡红棕色或紫褐色。苞片3～5枚，叶状，较花序长数倍，基部较叶片宽些；长侧枝聚散花序短缩成头状，圆球形，直径1～2cm，有时辐射枝稍延长，具多数密生的小穗；小穗无柄，披针形或卵状长圆形，具8～30朵花。小坚果长圆形。

【生物学特性】一年生草本，种子繁殖。4—5月出苗，花果期8—9月。

【分布与为害】产于江苏、河北、山西等省份；生长在空旷的地方。

图2-374A　单株 │ 图2-374B　穗

• 畦畔莎草 *Cyperus haspen* L. •

【识别要点】秆丛生或散生，稍纤细，高10～60cm，三棱形。叶片线形，两边内卷，中间具沟，短于秆；基部的叶鞘常无叶片。苞片2～3。长侧枝聚伞花序简单或复出，具8～12个细长的辐射枝，顶端有时具数个2级辐射枝；小穗通常3～6个，于辐射枝顶呈指状排列，小穗呈线形或线状披针形，小穗轴直，无翅；10～30花；鳞片长圆状卵形，两侧红褐色或苍白色。小坚果倒卵形。

【生物学特性】一年生或多年生草本。花果期很长，随地区而异，通常7—11月。用种子及根状茎进行繁殖。

【分布与为害】本种主要为害水稻，但发生量很小，不常见，为害不大。分布于我国华南及西南、安徽、江苏、湖南、台湾等地。

图2-375A　穗 ┃ 图2-375B　单株

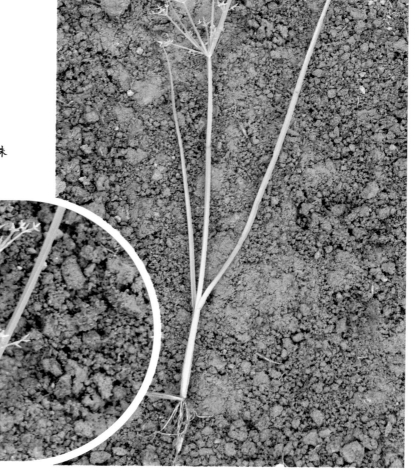

• 高秆莎草 *Cyperus exaltatus* Retz. •

【识别要点】秆粗壮，高0.3～2m，钝三棱形。叶约与秆等长，宽6～10mm，边缘粗糙；叶鞘紫褐色。苞片3～6，叶状；长侧枝聚伞花序复出或多次复出，伞梗5～10，不等长；穗状花序圆柱形，具极多小穗，小穗长圆状披针形，具小花8～20。小坚果倒卵形或椭圆形。

【生物学特性】多年生草本。根茎短粗。花果期6—8月。以根状茎及种子繁殖。

【分布与为害】生长于水塘边及阴湿处。分布于我国安徽、江苏、广东、海南及台湾等省份。

图2-376A　单株 | 图2-376B　穗

• 褐穗莎草 *Cyperus fuscus* L. •

【识别要点】秆丛生，直立、三棱形，高15～30cm，叶较秆长或短。长侧枝聚伞花序复出或有时简单，具1～6个长短不等的辐射枝，小穗常多个聚集成头状，小穗线形，鳞片宽卵形，中央黄绿色，两侧红褐色。小坚果椭圆形或倒卵状椭圆形。

【生物学特性】一年生草本。花期6—8月，果期8—10月。以种子繁殖。

【分布与为害】为害水稻，在低湿地生长的棉花、豆类及薄荷等作物中，亦见有侵入。分布于东北、华北、西北及安徽、江苏、广西等地。

图2-377A 穗

图2-377B 单株

• 球穗扁莎 Pycreus globosus (All.) Reichb. •

【识别要点】根状茎短，具须根。秆丛生，细弱，高7～50cm。叶少，短于秆；苞片2～4枚，细长，较长于花序；简单长侧枝聚散花序具1～6个辐射枝，辐射枝长短不等，每一辐射枝具2～20余个小穗；小穗密聚于辐射枝上端呈球形，线状长圆形或线形，极压扁，具12～34(66)朵花；鳞片稍疏松排列，两侧黄褐色、红褐色或暗紫红色。小坚果倒卵形。

【生物学特性】一年生草本，种子繁殖。3—4月出苗，花果期6—11月。

【分布与为害】产于东北各省、陕西、山西、山东、河北、江苏、浙江、安徽、福建、广东、海南、贵州、云南、四川；生长于田边、沟旁潮湿处或溪边湿润的沙土上。

图2-378 单株

• 红磷扁莎 *Pycreus sanguinolentus* (Vahl) Nees •

【识别要点】高7~40cm。扁三棱形，平滑。叶稍多。苞片3~4枚，叶状；简单长侧枝聚伞花序，具2~5个辐射枝；辐射枝有时极短，由4~12个或更多的小穗密聚成短的穗状花序；小穗辐射展开，长圆形、线状长圆形或长圆状披针形。具6~24朵花；鳞片稍疏松地复瓦状排列，背面中间部分黄绿色，边缘暗血红色或暗褐红色。小坚果圆倒卵形或长圆状倒卵形。

【生物学特性】一年生草本，种子繁殖，4—6月出苗，花果期7—12月。

【分布与为害】分布很广，产于东北各省、内蒙古、山西、陕西、甘肃、新疆、山东、河北、河南、湖南、江西、福建、广东、广西、贵州、云南、四川等省份均常见到；生长于山谷、河旁潮湿处；或生长于浅水处，多在向阳的地方。

图2—379B 单株

图2—379A 花序

• 三头水蜈蚣 *Kyllinga triceps* Rottb. •

【识别要点】根状茎短。秆丛生，高8～25cm，扁三棱形。叶短于秆，边缘具疏刺。穗状花序3（1～5）个，排列紧密成团聚状，居中者宽圆卵形，长5～6mm，侧生者球形，直径3～4mm，均具极多数小穗。小坚果长圆形。

【生物学特性】多年生草本。以种子和根状茎进行繁殖。

【分布与为害】生长于水边湿地，是一般性杂草。分布于广东及云南等省份。

图2-380A　单株 ｜ 图2-380B　穗

• 水蜈蚣 *Kyllinga arevfolia* Rottb. 短叶水蜈蚣、原种水蜈蚣 •

【识别要点】通常具匍匐枝，秆散生(于寒冷地区，匍枝不发达，秆丛生)，高7~20cm，三棱形。叶片线形，秆基部的1~2个叶鞘常无叶片。苞片3~4，叶状，开展。穗状花序常单一，顶生，球形，具极多的小穗；小穗长圆状披针形或披针形，两侧压扁。小坚果长圆形或倒卵状长圆形。

【生物学特性】一年生或多年生草本。花果期5—9月，以匍匐枝及种子繁殖。

【分布与为害】见于路旁湿地及水边，常生长在水稻田的田埂及田边，发生量小，为害轻，属于一般性杂草。分布于我国华东、华中、华南、东北及陕西、河南、台湾、贵州、云南等地。

图2-381A 单株 │ 图2-381B 花序

• 水莎草　*Juncellus serotinus* (Rottb.) C.B.Clarke •

【识别要点】匍匐根状茎细长。秆散生，高35～100cm，粗壮，三棱状，略扁。叶基生，线形。苞片3片，叶状，比花序长1倍；长侧枝聚伞花序复出，4～7个辐射枝，每枝有1～4个穗状花序；小穗平展，有透明翅，鳞片2列，舟状，两侧红褐色，中肋绿色。小坚果倒卵形或圆形。

【生物学特性】多年生草本。苗期5—6月，花果期9—11月。小坚果渐次成熟脱落。以根状茎或种子繁殖。

【分布与为害】分布于全国各地。为稻田主要杂草。其根状茎繁殖力极强，防治较为困难。

图2-382A　单株
图2-382B　花序

• 夏飘拂草 *Fimbristylis aestivalis* (Retz.) Vahl •

【识别要点】秆密丛生，纤细，高3～12cm，扁三棱形。基生叶少数，叶片丝状，被疏柔毛；叶鞘短，棕色，外被长柔毛。苞片3～5，丝状，被疏硬毛。长侧枝聚伞花序复出，具3～7个辐射枝；小穗单生于一级或二级辐射枝顶端，卵形、长圆状卵形或披针形，多花，鳞片红棕色。小坚果倒卵形，呈为双凸状。

【生物学特性】一年生草本。花果期5—10月。以种子繁殖。

【分布与为害】适生于湿地，常生长于池边及沟边，经常侵入水稻田内为害。分布于我国浙江、福建、广东、广西、四川、云南、海南及台湾等省份。

图2-383A 单株
图2-383B 穗

• 烟台飘拂草 *Fimbristylis stauntonii* Debeaux. et Franch •

【识别要点】秆丛生，扁三棱形，株高4～40cm。基部有少数叶，叶条形。长侧枝聚伞花序，具少数辐射枝，小穗单生于辐射枝顶端。小坚果。

【生物学特性】种子繁殖，一年生草本。5—7月出苗，8—10月开花结果。喜湿，具有很强繁殖力。

【分布与为害】分布广泛。生于湿地、稻田，为水稻田重要杂草。

图2-384A　花序

图2-384B　单株

• 水虱草 *Fimbristylis miliacea* (L.) Vahl •

【识别要点】无根状茎。秆丛生，高(1.5)10~60cm，扁四棱形，具纵槽，基部包着1~3个无叶片的鞘。苞片2~4枚，刚毛状，基部宽，具锈色、膜质的边，较花序短；长侧枝聚伞花序复出或多次复出，有许多小穗；辐射枝3~6个，细而粗糙，长0.8~5cm；小穗生于辐射枝顶端，球形或近球形，顶端极钝。小坚果倒卵形或宽倒卵形，钝三棱形。

【生物学特性】一年生草本，种子繁殖。4—5月出苗，花果期7—8月。

【分布与为害】除东北各省、山东、山西、甘肃、内蒙古、新疆、西藏尚无记载外，全国其他省份都有分布。

图2-385A 单株 | 图2-385B 花序

• 两岐飘拂草 *Fimbristylis dichotoma* (L.) Vahl •

【识别要点】秆丛生，高15～50cm，无毛或被疏柔毛。叶线形。苞片3～4枚，叶状，通常有1～2枚长于花序；无毛或被毛；长侧枝聚伞花序复出，少有简单，疏散或紧密；小穗单生于辐射枝顶端，卵形、椭圆形或长圆形，长4～12mm，宽约2.5mm，具多数花；鳞片卵形、长圆状卵形或长圆形。小坚果宽倒卵形，双凸状，具褐色的柄。

【生物学特性】一年生草本，种子繁殖。花果期7—10月。

【分布与为害】产于我国云南、四川、广东、广西、福建、台湾、贵州、江苏、江西、浙江、河北、山东、山西、东北各省等广大地区；生长于稻田或空旷草地上。耕作粗放的农田发生严重。

图2-386A　单株 ｜ 图2-386B　花序

• 藨草 *Scirpus triqueter* L. •

【识别要点】棱形，基部具2~3个鞘，鞘膜质，横脉明显隆起，最上一个鞘顶端具叶片。叶片扁平。简单长侧枝聚伞花序假侧生，有1~8个辐射枝；辐射枝三棱形，每辐射枝顶端有1~8个簇生的小穗；小穗卵形或长圆形，密生许多花；鳞片黄棕色。坚果倒卵形，平凸状，成熟时褐色，具光泽。

【生物学特性】多年生草本，以种子和根状茎繁殖。花果期6—9月。

【分布与为害】本种为广布种，我国除广东、海南岛外，各省、自治区、直辖市都广泛分布；生长在水沟、水塘、山溪边或沼泽地。

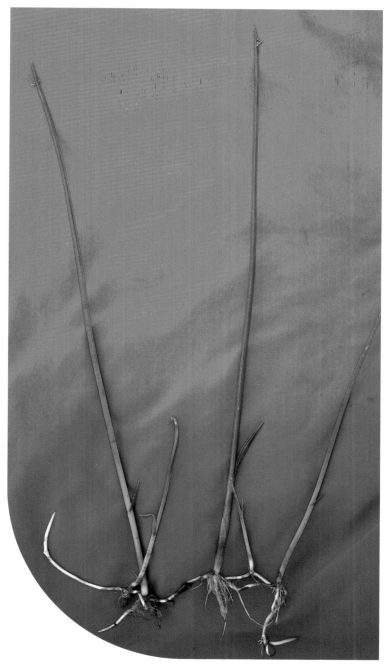

图2-387A　单株

图2-387B　花序

图2-387C　幼苗

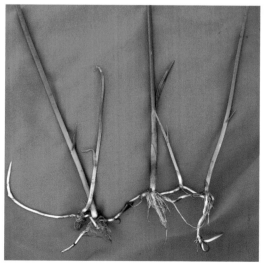

• 萤蔺　*Scirpus juncoides* Roxb　灯心蘸草 •

【识别要点】根状茎短。秆丛生，秆高25～60cm，圆柱形。秆基部有2～3个叶鞘，开口处为斜截面形无叶片。苞片1片，为秆的延长，直立，长5～15cm。小穗2～7个聚成头状，假侧生，卵形或长卵形，棕色或淡棕色，多花。

【生物学特性】种子和根茎繁殖，多年生草本。5—8月出苗，7—10月开花结果，8—11月果实渐次成熟。种子成熟后，随刚毛漂浮水面，借水流传播，每株能产生种子几十到几百粒，发芽深度于距土面2～3cm处，深层种子能保持几年不丧失其发芽力。

【分布与为害】分布于全国各地。生长于水田、潮湿地，发生量较大，为害较重，是水田常见杂草。

图2-388A　单株 ｜ 图2-388B　花序

• 扁秆藨草 *Scirpus planiculmis* Fr.Schmidt •

【识别要点】具根状茎，顶端椭圆形或球形。秆单一，株高30~80cm，扁三棱形，有多数秆生叶。叶片长线形，扁平，具长叶鞘。苞片叶状，1~3片，比花序长。长侧枝聚伞花序短缩成头状，或有时具1~2个短的辐射枝。通常具1~6个小穗，小穗卵形，锈褐色或黄褐色。

【生物学特性】多年生草本，以种子及块茎繁殖。当年种子处于休眠状态，翌年发芽，寿命5~6年。通常每一植株产生种子70~150粒。越冬的块茎呈球状，具3~5节，春季当环境适宜时，顶芽萌发出土形成再生苗，而块茎上的侧芽则形成细长的根状茎在耕作层中蔓延。花期5—6月，果期7—9月。

【分布与为害】分布于全国。是稻田的恶性杂草。

图2-389A 花序

图2-389B 根　图2-389D 单株

图2-389C 幼苗

• 牛毛毡 *Eleocharis yokoscensis* (Franch.et Sav.) Tang et Wang 牛毛草 •

【识别要点】具极纤细匍匐地下根状茎，白色。茎秆纤细丛生，密集如毡，高3～10mm。叶退化成鳞片状，叶鞘截形，淡红色。小穗卵形，顶生。

【生物学特性】根茎和种子繁殖，多年生草本。越冬根茎和种子，5—6月相继萌发出土，夏季开花结实，8—9月种子成熟，同时产生大量根茎和越冬芽。牛毛毡虽然植株矮小，但繁殖力极强，蔓延迅速。营养繁殖(通过地下茎)极为迅速发达，也可以种子繁殖，常在稻田形成毡状群落，严重影响水稻的生长和产量。

【分布与为害】分布于全国。为水稻田恶性杂草。

图2-390A 茎 ｜ 图2-390B 幼苗
图2-390C 群体

• 荸荠 *Eleocharis tuberlsa* (Roxb.) Roem.et Schult. •

【识别要点】有细长的匍匐根状茎和球茎，称荸荠。秆丛生，直立，圆柱状，高30～100cm，直径1.5～3mm，光滑。无叶片，在秆的基部有2～3个叶鞘，叶鞘口斜。小穗1个，顶生，圆柱形，长1.5～4cm，直径6～7mm，有多数花；鳞片螺旋状排列，基部2鳞片内无花，最下1枚鳞片抱小穗基部一周，其余鳞片内均有花，宽矩圆形或卵状矩圆形，长6～7mm，灰绿色，有棕色细点，近革质，有一条脉；下位刚毛7条，较小坚果长一倍半，有倒刺；柱头3。

【生物学特性】多年生水生草本。花果期5—10月，球茎及种子繁殖。

【分布与为害】适生于水湿栽培的环境，在栽培荸荠的水田中，因球茎不易收净，翌年栽培水稻时，常于稻田内发生为害。本种属于常见杂草，但发生量小。

图2-391B 单株

图2-391A 花

• 异穗苔草　*Carex heterostachys* Bunge •

【识别要点】具长匍匐的根状茎，秆高10～30cm，三棱形。秆基部叶鞘褐色，后细裂成纤维状；叶片线形，常长于秆。苞片无鞘。小穗2～4，顶端1为雄小穗，淡紫红色，长1.5～2cm，长圆形或稍呈棒状，直立；其余为雌小穗，无柄，卵形或长椭圆形。果囊卵形或球状卵形。

【生物学特性】多年生草本。花期4—6月，果期5—7月，以根状茎及种子繁殖。

【分布与为害】分布于东北、华北及甘肃、新疆等地。为一般性杂草。

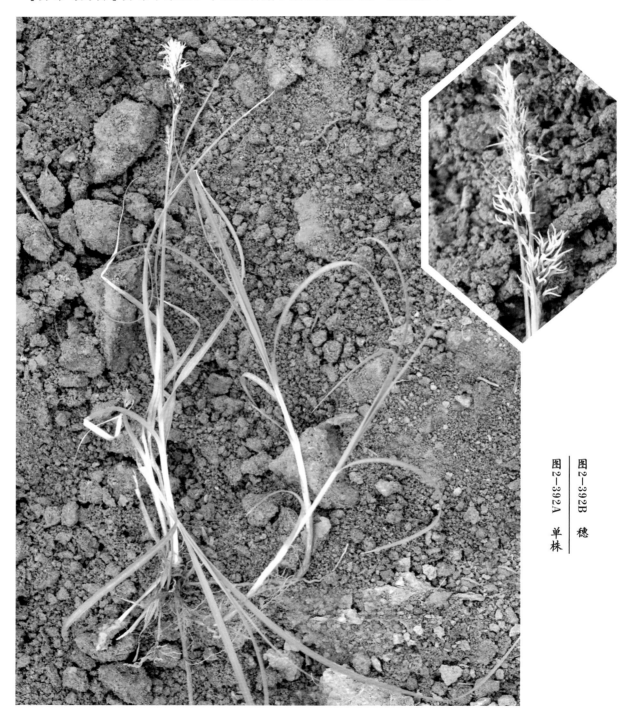

图2-392B　穗

图2-392A　单株

• 矮生苔草 *Carex pumila* Thunb. 栓皮苔草、小海米 •

【识别要点】 具发达匍匐的根茎；秆高5~25cm，节间较短，全部被叶鞘所包被。叶片质硬，成束状集生，长于秆。小穗3~5，上部2~3个雄小穗，线状圆柱形，长1.5~4cm，雄花鳞片狭披针形，顶端渐狭，淡黄褐色或带紫红色；其余者为雌小穗，圆柱状长圆形，淡褐色或粟色。果囊卵形或狭卵形。

【生物学特性】 多年生草本。花果期4—7月。以种子及匍匐的根状茎繁殖。

【分布与为害】 常生长于沟边、沙滩及海岸沙质地；为害秋收作物，但发生量小，为害轻，为一般性杂草。分布于我国东北及河北、山东、江苏、浙江、台湾等地。

图2-393A 单株 图2-393B 穗

• 垂穗苔草 *Carex dimorpholepis* Steud. •

【识别要点】秆丛生，高30～80cm，锐三棱形，粗糙。基部叶鞘无叶片，红褐色至黑褐色；叶片通常长于秆，宽4～8mm，具3条明显的叶脉，边缘及背面中脉粗糙。苞片叶状，下部2～3片长于花序，至少基部1片具短鞘。小穗4～6，圆柱形，上部者相接近，下部1～2个疏远，长3～6cm，直径5～6mm，具长柄，下垂，花密生；顶生小穗常为雌雄顺序，其余均为雌小穗。雌花鳞片倒卵状长圆形，长2～2.5mm，淡绿色，3脉，顶端一凹缺，具粗糙长芒，芒长1.6～3.5mm；果囊直立，果囊膜质，卵形至广卵形，长2.5～3mm，暗绿色至绿褐色，具紫红色斑点，下有短柄，顶端有短喙，喙口全缘；小坚果呈现倒卵形。

【生物学特性】多年生草本。花期5—6月；果期7—8月。以种子繁殖。

【分布与为害】常生于河边及湖边湿地上。是路埂杂草，发生量小，为害轻，仅生长于水稻田水沟边。分布于东北、华东、华中及山东、陕西、甘肃、四川、贵州等地。

图2-394A　穗

图2-394B　单株

图2-394C　群体

六十七、谷精草科 Eriocaulaceae

水生草本，通常多年生，稀为一年生。茎短缩，很少延长。叶线形，常有横脉而成小方格，丛生茎端。花单性，大多为雌雄同株，少异株，聚为头状花序，有总苞，单个或数个生于细长的花茎上，花小，花下常被以膜质鳞片状苞片，当雌雄同株时，雄花常位于中央，而雌花位于四周；花萼分离或合生成佛焰苞状；花冠有柄，成漏斗状或杯状。蒴果背裂。

本科有约12属，1 100种，分布于热带与亚热带地区，我国仅有1属。

• 谷精草 *Eriocaulon buergerianum* Koern. •

【识别要点】叶基生，狭线形，长2~8cm，宽不及1.5mm，由基部向上渐狭，先端尖，脉纹呈小方格形。花葶多，长短不一，一般高出于叶，4~12cm，高的达30cm，光滑无毛，有5棱，略呈旋扭状。花序头状，近球形，直径4~6mm；总苞宽倒卵形或近圆形，苞片背上密生白色短毛。花单性，雄花；花萼合生成倒卵形苞状，顶端3浅裂，有短毛，内轮花被合生成倒圆锥状筒形。雌花花萼合生成佛焰苞状，顶端3裂，花瓣3片，离生呈匙形，顶端有一黑色腺体，有长毛。蒴果。

【生物学特性】一年生草本。秋季开花。

【分布与为害】常生于沼泽、稻田中，水稻收获后，生长非常多。为稻田及湿地的杂草。我国湖南、湖北、江西、安徽、江苏、浙江、福建、广东、广西、贵州、云南、四川、陕西等省份均有分布。

图2—395　单株

六十八、禾本科 Gramineae

草本，须根。茎圆形，节和节间明显。叶2列，叶包括叶舌、叶片和叶鞘，叶鞘抱茎，鞘常为开口。穗状或圆锥花序，颖果。

我国有225属，约1 200种，分布全国。杂草有95属，216种，常见38种。

• 看麦娘 *Alopecurus aequalis* Sobol. 麦娘娘、棒槌草 •

【识别要点】株高15～40cm。秆疏丛生，基部膝曲。叶鞘短于节间，叶舌薄膜质。圆锥花序，灰绿色，花药橙黄色。

【生物学特性】种子繁殖，越年生或一年生草本。苗期11月至翌年2月，花果期4—6月。

【分布与为害】适生于潮湿土壤，主要分布于中南各省。主要为害稻茬麦田、油菜等作物。看麦娘繁殖力强，对小麦易造成较重的为害。

图2-396A 穗 图2-396B 幼苗
图2-396C 单株

• 日本看麦娘 *Alopecurus japonicuss* Steud. •

【识别要点】成株高20～50cm。须根柔弱；秆少数丛生。叶鞘松弛，其内常有分枝；叶舌薄膜质，叶片质地柔软、粉绿色。圆锥花序圆柱状，黄绿色，小穗长圆状卵形。颖果半圆球形。

【生物学特性】种子繁殖，一年生或二年生草本，其基本生物学特性与看麦娘相似。以幼苗或种子越冬。在长江中下游地区，10月下旬出苗，冬前可长出5～6叶，越冬后于2月中下旬返青，3月中下旬拔节，4月下旬至5月上旬抽穗开花，5月下旬开始成熟。籽实随熟随落，带稃颖漂浮水面传播。

【分布与为害】主要分布于华东、中南的湖北、江苏、浙江、广西及西北的陕西等地。多生长于稻区中性至微酸性黏土或壤土的低、湿麦田。另外，也为害油菜、绿肥。

图2-397A　穗
图2-397B　幼苗　图2-397C 单株

• 冰草 *Agropyron cristoturm* (Linn.) Gaertn. 大麦草、山草麦 •

【识别要点】根须状，密生，外具砂套；秆成疏丛，上部被短柔毛，直立，高30～60(75)cm，具2～3节，有时分蘖横走或下伸成根茎；叶鞘紧密裹茎，短于节间，粗糙或边缘微具短毛；叶舌膜质，长0.2～1mm，顶端截平而微有细齿；叶片长5～20cm，宽2～5mm，质地较硬而粗糙，边缘常内卷；穗状花序直立，成矩形或两端稍狭，长2.5～5.5cm，宽8～15mm，穗轴生短柔毛，节间长0.5～1mm；小穗紧密排列成两行，整齐呈箆齿状，各有4～7小花，长10～13mm，宽约3mm；小穗轴节间长约0.5mm，无毛或具微毛；颖舟形，常具2脊或为1脊，第一颖长2～3mm，第二颖长3～4mm，具略短于至稍长于颖体之芒；外稃长6～7mm，舟形，具狭膜质边缘，被短刺毛，茎盘钝圆，顶端具长2～4mm的芒；内稃约与外稃等长，窄矩形，先端易2裂，脊具短小刺毛；花药黄色，长约3mm。颖果矩圆形。

【生物学特性】多年生草本，以根茎和种子繁殖，夏秋季插穗。

【分布与为害】多生长于干燥草原，耐干旱。田间尚未见，为害少。分布于我国甘肃、青海、华北、东北和新疆诸省份；西伯利亚、中亚至欧洲也有分布。

图2-398A　穗

图2-398B　幼苗

图2-398C　单株

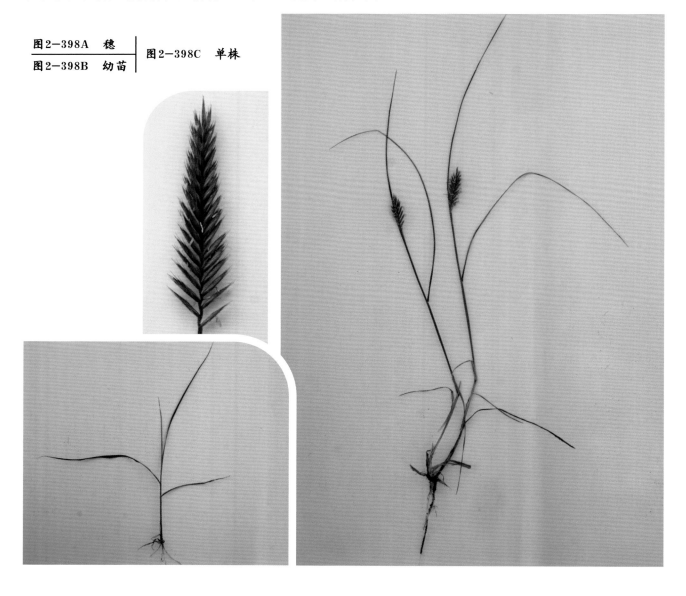

• 节节麦 *Aegilops tauschii* auct.non Linn. •

【识别要点】须根细弱。秆高20～40cm，丛生，基部弯曲，叶鞘紧密包秆，平滑无毛而边缘有纤毛；叶舌薄膜质，长0.5～1mm；叶片微粗糙，腹面疏生柔毛。穗状花序圆柱形，含小穗(5)7～10(13)枚，长约10cm(包括芒)，成熟时逐节脱落；小穗圆柱形，长约9mm，含3～4(5)小花，颖革质，长4～6mm，通常具7～9脉(有时达10脉以上)，先端截平而有1或2齿；外稃先端略截平而具长芒，芒长0.5～4cm，具5脉，脉仅在先端显著；第1外稃长约7mm，内稃与外稃等长，脊上有纤毛。颖果暗黄褐色，表面乌暗无光泽，椭圆形至长椭圆形。

【生物学特性】一年生草本。花果期5—6月。种子繁殖。

【分布与为害】耐干旱，喜生于旱作物田或草地，为麦田一般性杂草，发生量小，为害轻。分布于陕西、河南、山东和江苏。

图2-399A　单株

图2-399B　穗

图2-399C　幼苗

• 野燕麦 *Avena fatua* L. 燕麦草 •

【识别要点】株高30～120cm。单生或丛生，叶鞘长于节间，叶鞘松弛；叶舌膜质透明。圆锥花序，开展，长10～25cm；小穗长18～25mm，花2～3朵。

【生物学特性】种子繁殖，越年生或一年生草本。秋、春季出苗，4月抽穗，5月成熟。生长快，强烈抑制作物生长。

【分布与为害】分布于全国，以西北、东北地区为害最为严重。适生于旱作物地，为麦田的重要杂草种类。

图2-400A　穗
图2-400B　幼苗
图2-400C　单株

• 菵草 *Beckmannia syzigachne* (steud.) Fernald. •

【识别要点】秆丛生，直立，不分枝，株高15～90cm。叶鞘无毛，多长于节间；叶片阔条形，叶舌透明膜质。圆锥花序，狭窄，分枝稀疏，直立或斜生；小穗两侧压扁，近圆形，灰绿色。

【生物学特性】种子繁殖，一年生或越年生草本。冬前或早春出苗，4—5月开花，5—6月成熟。

【分布与为害】主要分布于长江流域。为稻茬麦田主要杂草，在局部地区成为恶性杂草。

图2-401A 籽	图2-401C 单株
图2-401B 幼苗	

• 雀麦 *Bromus japonicus* Thund. •

【识别要点】须根细而稠密。秆直立、丛生，株高30～100cm。叶鞘紧密抱茎，被白色柔毛，叶舌透明膜质，顶端具不规则的裂齿；叶片均被白色柔毛，有时背面脱落无毛。圆锥花序开展，向下弯曲，分枝细弱；小穗幼时圆筒状，成熟后压扁，颖披针形，具膜质边缘。颖果背腹压扁，呈线状。

【生物学特点】种子繁殖，越年生或一年生草本。早播麦田10月初发生，10月上中旬出现高峰期。花果期5—6月。种子经夏季休眠后萌发，幼苗越冬。

【分布与为害】分布于我国长江、黄河流域。部分麦田受害较重。

图2-402A　穗
图2-402B　幼苗
图2-402C　单株

• 虎尾草 *Chloris virgata* Swartz. 刷子头、盘草 •

【识别要点】丛生，株高20～60cm，直立或基部膝曲。叶鞘无毛，背具脊；叶舌具微纤毛；叶片条状披针形。穗状花序4～10枚簇生茎顶，呈指状排列；小穗排列穗轴的一侧。

【生物学特性】一年生草本，种子繁殖。华北地区4—5月出苗，花期6—7月，果期7—9月。

【分布与为害】分布于全国。适生于向阳地，并以沙质地更多见。主要为害旱田作物。

图2-403A　穗
图2-403B　单株

• 狗牙根 *Cynodon dactylon* (L.) Pers. •

【识别要点】有地下根茎。茎匍匐地面。叶鞘有脊，鞘口常有柔毛，叶舌短，有纤毛；叶片线形，互生，下部因节间短缩似对生。穗状花序，3～6枚呈指状簇生于秆顶；小穗灰绿色或带紫色。

【生物学特性】多年生草本。以匍匐茎繁殖为主。狗牙根喜光而不耐阴，喜湿而较耐旱。在我国中北部地区，4月初从匍匐茎或根茎上长出新芽，4—5月迅速扩展蔓延，交织成网状而覆盖地面；6月开始陆续抽穗、开花、结实，10月颖果成熟、脱落，并随风或流水传播扩散。

【分布与为害】分布于黄河流域及以南各地。为果园、农田的主要杂草之一。植株的根茎和茎着土即生根复活，难以防除。

图2-404A　穗　　图2-404C 单株

图2-404B　幼苗

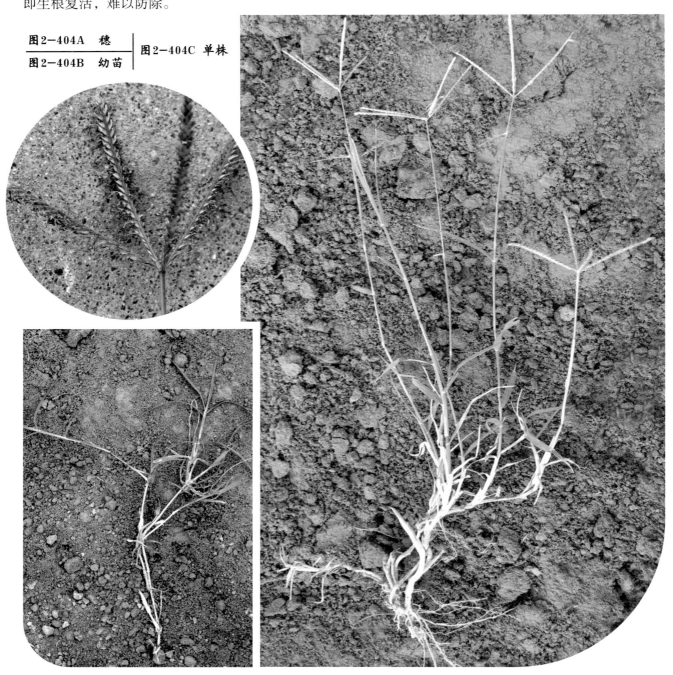

• 马唐 *Digitaria sanguinalis* (Linn.) Scop 秧子草 •

【识别要点】秆丛生，基部展开或倾斜，着土后节易生根或具分枝。叶鞘松弛抱茎，大部分短于节间；叶舌膜质，黄棕色，先端钝圆。总状花序3~10个，长5~18cm，上部互生或呈指状排列于茎顶，下部近于轮生。

【生物学特性】种子繁殖，一年生草本。苗期4—6月，花果期6—11月。种子边成熟边脱落，繁殖力很强。

【分布与为害】分布于全国，以秦岭、淮河以北地区发生面积最大。秋熟旱作物田恶性杂草。发生数量、分布范围在旱地杂草中均居首位，以作物生长的前中期为害为主。

图2-405A　单株　　图2-405B　穗

图2-405C　幼苗

• 升马唐 *Digitaria ciliaris* (Retz.) Koeler-*Digitaria adscendens* (H.B.K.)Hner. •

【识别要点】秆基部横卧地面，节处生根和分枝，高30~90cm。叶鞘常短于其节间，多少被柔毛，叶舌长约2mm，叶片线形或披针形，长5~20cm，宽3~10mm，上面散生柔毛，边缘稍厚，微粗糙。总状花序5~8枚，长5~12cm，呈指状排列于茎顶，穗轴宽约1mm，边缘粗糙；小穗披针形，长3~3.5mm，孪生于穗轴之一侧；小穗柄微粗糙，顶端截平，第一颖小，三角形，第二颖披针形，长约为小穗的2/3，具3脉，脉间及边缘生柔毛，第一外稃等长于小穗，具7脉，脉平滑，中脉两侧的脉间较宽而无毛，其他脉间贴生柔毛，边缘具长柔毛，第二外稃椭圆状披针形，革质，黄绿色或带铅色，顶端渐尖，等长于小穗；花药长0.5~1mm。颖果长约2.1mm，约为其宽的2倍。

【生物学特性】一年生草本，花果期5—10月，种子繁殖。

【分布与为害】多生于路旁、荒野、荒坡，是果园和旱作物地的主要恶性杂草；分布于我国南北各省份，广布于世界的热带、亚热带地区。

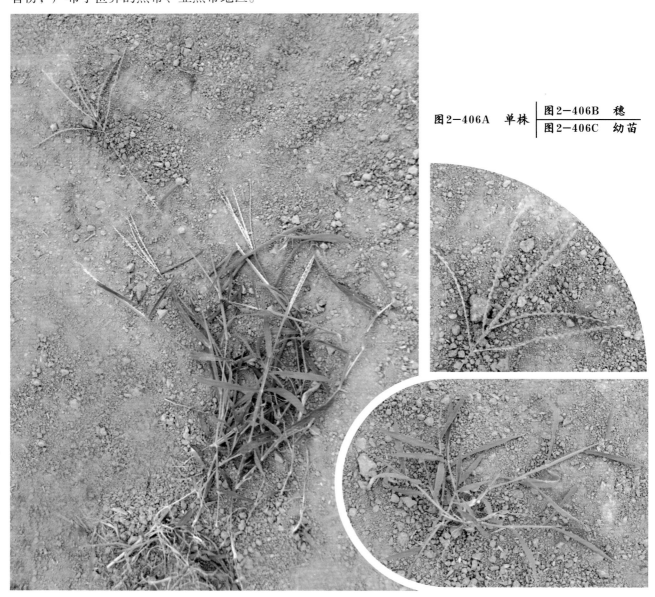

图2-406A 单株

图2-406B 穗

图2-406C 幼苗

• 止血马唐 *Digitaria ischaemum* (Schreb.) Schreb.ex Muhl. •

【识别要点】须根系较浅，秆丛生，细弱，直立或基部略倾斜，高30~40cm；叶鞘疏松裹茎，具脊，无毛或疏生软毛，除基部者外均短于节间；叶舌干膜质，长0.5~1mm；叶片披针形，基部圆或稍呈心脏形，两面均疏生柔毛或背面无毛，长2~8cm，宽1~5mm；总状花序5~8枚，指状排列于茎顶，长2~8cm；穗轴宽0.8~1.2mm(连翼)，稍呈波状，绿色翼较宽，小穗椭圆形，长1.8~2.3mm，灰绿色或带紫色，每节着生2~3个，小穗柄无毛或微粗糙；第一颖微小或几乎缺，透明膜质，无脉；第二颖与小穗等长或稍短，具3脉，脉间及边缘具棒状柔毛，第一小花外稃具5脉，脉间和边缘也具棒状柔毛，第二小花成熟时呈黑褐色，与小穗等长。颖果卵形，乳白色；脐明显，椭圆形，色深，胚卵形，长约为颖果的1/4~1/3，与颖果同色。

【生物学特性】一年生草本，抽穗期为7—11月，以种子繁殖。

【分布与为害】本科喜生于潮湿处，以及旱作物地，河边、田边和荒野湿润之地，为害性一般。分布于我国南北各省份；广布于欧、亚、北美的温带地区。

图2-407A 穗

图2-407B 叶鞘

图2-407C 单株

• 牛筋草 *Eleusine indica* (L.) Gaertn. 蟋蟀草 •

【识别要点】根稠而深，难拔。秆丛生，基部倾斜向四周开展。叶鞘压扁，有脊，鞘口常有柔毛；叶舌长约1cm，叶片扁平或卷折。穗状花序2至数个呈指状簇生于秆顶；颖披针形，有脊。

【生物学特性】种子繁殖，一年生草本。分布中北部地区，5月初出苗，并很快形成第一次出苗高峰；而后于9月出现第二次高峰。一般颖果于7—10月陆续成熟，边成熟边脱落。种子经冬季休眠后萌发出苗。

【分布与为害】遍布全国，以黄河流域和长江流域及其以南地区发生较多。为秋熟旱作物田为害较重的恶性杂草。

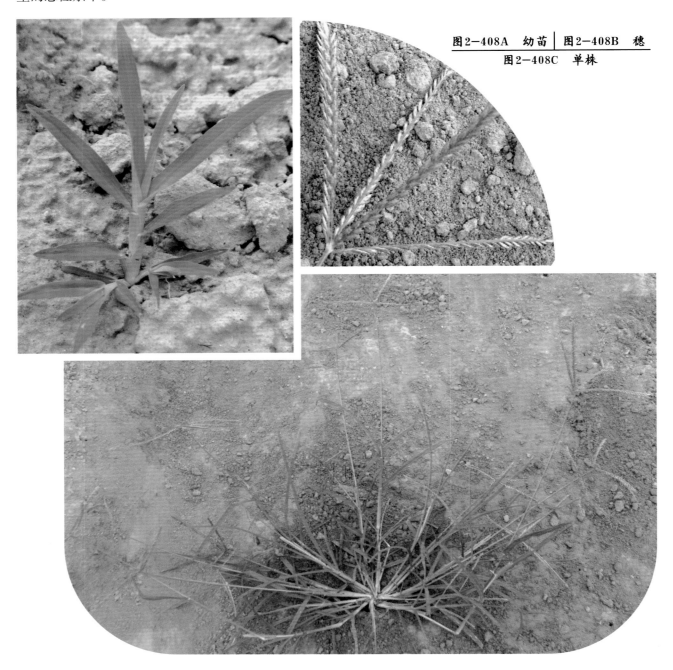

图2-408A　幼苗｜图2-408B　穗
图2-408C　单株

• 稗 *Echinochloa crusgalli* (L.) Beauv. •

【识别要点】株高50~130cm。秆直立或基部膝曲。叶条形，无叶舌。圆锥花序塔形，分枝为穗形总状花序，并生或对生于主轴。

【生物学特性】种子繁殖，一年生草本。晚春型杂草，正常出苗的杂草大致在7月上旬抽穗、开花，8月初果实逐渐成熟，一般比水稻成熟期要早。稗草的生命力极强。

【分布与为害】稗草是世界性恶性杂草。适生于水田，在条件好的旱田发生也多，适应性强。为水稻田为害最严重的恶性杂草。

| 图2-409A　单株 | 图2-409B　叶舌 |
| | 图2-409C　幼苗 | 图2-409D　穗 |

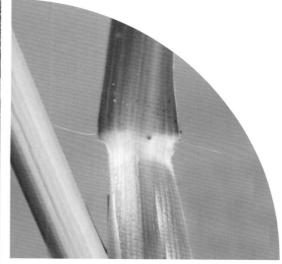

• 长芒稗 *Echinochloa caudata* Roshev. •

【识别要点】秆直立。叶鞘光滑无毛，叶片线状披针形，先端渐尖，具绿色细锐锯齿。圆锥花序长15～30cm，总状花序斜上举；小穗长3mm，具紫色极长芒，芒长2.0～3.5mm，第一颗小三角状卵形，第二颖与第一外稃为大狭卵形，有细毛和长刚毛。

【生物学特性】一年生草本，生育期5—10月，花果期7—10月，或更晚。种子繁殖。

【分布与为害】生于水边、湿地、水田和水田边，是水田主要杂草，对水稻等作物为害大。我国各地均有分布。

图2-410B　单株
图2-410A　穗

• 西来稗 *Echinochloa crusgalli* (L.) Beauv.var.*zelayensis* (H.B.K.) Hitchc. •

【识别要点】直立或斜升，高50～70cm。叶披针状线形至狭线形，叶缘变厚而粗糙，叶舌仅存痕迹。圆锥花序尖塔形，长13～20cm，直立或微弯，分枝单纯，无小分枝，长2～5cm，小穗无芒，长卵圆形，先端具长尖头。颖果椭圆形。

【生物学特性】一年生草本。

【分布与为害】为水稻田杂草。在中、晚稻田，有时发生较重。分布于华北、华东地区。

图2-411A 穗

图2-411B 幼苗

图2-411C 单株

• 画眉草 *Eragrostis pilosa* (L.) Beauv. 星星草 •

【识别要点】秆粗壮，<u>直立丛生</u>，基部常膝曲，株高30～90cm。叶鞘疏松裹茎，短于节间，鞘口具长柔毛；叶舌为一圈成束的短毛，长约0.5mm；叶片线形扁平。圆锥花序长圆形或尖塔形。

【生物学特性】种子繁殖，一年生草本。5—7月出苗，降雨和灌水后往往出现出苗高峰，花果期7—10月。种子经冬眠后萌发。

【分布与为害】分布全国。发生于浅山、丘陵或平原，以沙地较多，是秋作物田杂草，局部地区为害严重。

图2-412B 单株

图2-412A 穗

• 大画眉草 *Eragrostis cilianensis* (All.) Link ex Vigndo-Lutati •

【识别要点】新鲜植株有鱼腥味，秆粗壮，<u>直立丛生</u>，基部常膝曲，高30～90cm，具3～5节，节下有一圈腺体。叶鞘疏松裹茎，短于节间，鞘口具长柔毛，叶舌为一圈成束的短毛，叶片线形扁平，叶缘各叶脉上均有腺体。圆锥花序长圆形或尖塔形，分枝粗壮，小穗长圆形，有10～40小花。颖果近圆形。

【生物学特性】一年生草本。花果期7—10月，种子繁殖。

【分布与为害】生于荒草地和旱作物地，为秋收作物田常见杂草。对棉花、玉米、大豆、甘薯等作物有轻度为害。分布于全国各地。

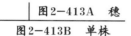

图2-413A 穗

图2-413B 单株

• 黑穗画眉草　*Eragrostis nigra* Ness er Steud. •

【识别要点】秆丛生，直立，或基部稍倾斜，株高约50cm，具2～3节，基部常压扁。叶鞘扁平，鞘口具白色长柔毛；叶舌截平；叶片线形扁平，先端渐尖，叶面疏生柔毛。圆锥花序开展，分枝近于轮生或单生，穗柄细弱。颖果狭长圆形。

【生物学特性】种子繁殖，多年生草本。

【分布与为害】分布于中南地区。是秋作田杂草，常见于农田和路边。

图2-414A　穗

图2-414B　单株

• 乱草 *Eragrostis japonica* (Thunb.) Trin. 碎米知风草 •

【识别要点】秆较细，丛生，直立或基部膝曲，高30~100cm，具3~4节。叶鞘疏松裹茎，无毛，多长于节间；叶舌干膜质，长约0.5mm；叶片扁平，长3~25cm，宽3~5mm，光滑无毛。圆锥花序长圆形，长6~15cm，分枝纤细，簇生或轮生，腋间无毛，小穗柄长1~2mm，小穗卵圆形，长1~2mm，有4~8小花，成熟后紫色，自小穗轴由上而下逐节断落；颖近等长，卵圆形，长约0.8mm，具1脉；第一外稃广椭圆形，长约1mm，具3脉，侧脉明显，内稃与外稃近等长，先端为3齿，具2脊，脊上疏生短纤毛，雄蕊2，花药长约0.2mm。颖果棕红色，透明，卵圆形，长约0.5mm。

【生物学特性】一年生草本。花果期6—11月。种子繁殖。

【分布与为害】适生于湿润环境，常生于田野路旁、河边及潮湿地；为秋收作物田常见杂草，发生量较小，对棉花、玉米、大豆、甘薯和蔬菜有轻度为害。分布于我国河南、安徽、江苏、浙江、江西、湖北、湖南、福建、广东、广西、海南、台湾、四川、贵州和云南等省份；朝鲜、日本、印度也有。

图2-415A　穗
图2-415B　单株

• 千金子 *Leptochloa chinensis* (L.) Ness. •

【识别要点】株高30~90cm，秆丛生，直立，基部膝曲或倾斜。叶鞘无毛，多短于节间；叶舌膜质，撕裂状，有小纤毛；叶片扁平或多少卷折，先端渐尖。圆锥花序，主轴和分枝均微粗糙；小穗多带紫色。

【生物学特性】种子繁殖，一年生草本。5—6月出苗，8—11月陆续开花、结果或成熟。种子经越冬休眠后萌发。

【分布与为害】分布于中南各地。为湿润秋熟旱作物和水稻田的恶性杂草，尤以水改旱时，发生量大，为害严重。

图2—416B　单株

图2—416A　穗

• 虮子草 *Lepiochloa panicea* (Retz.) Ohwi •

【识别要点】本种与千金子主要区别为：叶鞘通常疏生有疣基的柔毛；小穗长1~2mm，有24个小花，第二颖长1.5mm；外稃脉上被短毛，第一外稃长约1mm，先端钝。

【生物学特性】一年生草本。苗期4—5月，花果期8—9月。种子繁殖。

【分布与为害】多生长于田野、路边和园圃内，为秋熟旱作地主要杂草，在土壤疏松、肥沃、湿度中等的旱地发生严重，有时会形成纯种群。分布于华东、华中、华南、西南以及陕西、河南等地；热带和亚热带也有。

图2-417A 单株
图2-417B 叶鞘
图2-417C 幼苗

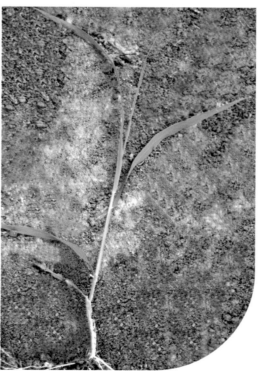

• 耿氏假硬草 *Pseudosclerochloa kengiana*(Ohwi) Tzvelev •

【识别要点】秆直立或基部卧地，株高15～40cm，节较肿胀。叶鞘平滑，有脊，下部闭合，长于节间；叶舌干膜质，先端截平或具裂齿。圆锥花序较密集而紧缩，坚硬而直立，分枝孪生，1长1短，小穗，粗壮而平滑，直立或平展，小穗柄粗壮。

【生物学特性】种子繁殖，一年生或二年生草本。秋、冬季或迟至春季萌发出苗，花果期4—5月。

【分布与为害】分布于安徽、江苏、河南等地。在潮湿土壤中发生数量较大。

图2-418A　单株	图2-418B　穗
	图2-418C　叶舌
	图2-418D　幼苗

• 狗尾草 *Setaria viridis* (L.) Beauv. 绿狗尾草、谷莠子 •

【识别要点】株高20～60cm，丛生，直立或倾斜，基部偶有分枝。叶舌膜质，具环毛；叶片线状披针形。圆锥花序紧密，呈圆柱状。

【生物学特性】种子繁殖，一年生草本。比较耐旱、耐瘠。4—5月出苗，5月中下旬形成高峰，以后随降雨和灌水还会出现小高峰；7—9月陆续成熟，种子经冬眠后萌发。

【分布与为害】遍布全国。为秋熟旱作物田主要杂草之一。

图2—419A 幼苗

图2—419B 单株

• 金狗尾草　*Setaria glauca* (L.) Beauv. •

【识别要点】秆直立或基部倾斜，株高20～90cm。叶片线形，顶端长渐尖，基部钝圆，叶鞘无毛，下部压扁具脊，上部圆柱状；叶舌退化为一圈长约1mm的柔毛。圆锥花序紧缩，圆柱状，小穗椭圆形。

【生物学特性】种子繁殖，一年生草本。5—6月出苗，6—10月开花结果。适应性强，喜湿、喜钙，同时耐旱、耐瘠薄，在低湿地生长旺盛，在碱性旱田土壤中连片生长。具有很强的繁殖力。

【分布与为害】分布于全国。生长于较湿的农田，在局部地区为害严重。

图2-420A　单株

图2-420B　穗

图2-420C　幼苗

• 早熟禾 *Poe annua* L. 小鸡草 •

【识别要点】植株矮小，秆丛生，直立或基部稍倾斜，细弱，株高7~25cm。叶鞘光滑无毛，常自中部以下闭合，长于节间，或在中部的短于节间；叶舌薄膜质，圆头形，叶片柔软，先端船形。圆锥花序开展，每节有1~3个分枝；分枝光滑。颖果纺锤形。

【生物学特性】种子繁殖，二年生草本；苗期为秋季、冬初，北方地区可迟至翌年春天萌发，一般早春抽穗开花，果期3—5月。

【分布与为害】分布于全国。为夏熟作物田及蔬菜田杂草，亦常发生于路边、宅旁。局部地区蔬菜及小麦和油菜田为害较重。

图2-421A　穂　图2-421B　幼苗
图2-421C　单株

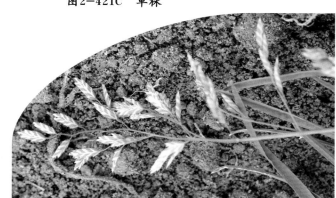

• 棒头草 *Polypogon fugax* Ness er Steud. •

【识别要点】成株秆丛生，光滑无毛，株高15～75cm。叶鞘光滑无毛，大都短于或下部长于节间；叶舌膜质，长圆形，常2裂或顶端呈不整齐的齿裂；叶片扁平，微粗糙或背部光滑。圆锥花序穗状，长圆形或兼卵形，较疏松，具缺刻或有间断；小穗灰绿色或部分带紫色；颖几相等，长圆形，全部粗糙，先端2浅裂；芒从裂口伸出，细直，微粗糙。颖果椭圆形。

【生物学特性】种子繁殖，一年生草本，以幼苗或种子越冬。

【分布及为害】除东北、西北外几乎分布于全国各地。多发生潮湿地。为夏熟作物田杂草，主要为害小麦、油菜、绿肥和蔬菜等作物。

图2-422A 穗　　图2-422B 幼苗
图2-422C 单株　　图2-422D 叶舌

· 长芒棒头草 *Polypogon monspeliensis* (Linn.) Desf. ·

【识别要点】茎秆光滑无毛，株高20~80cm。叶鞘疏松抱秆，叶舌长4~8cm，两深裂或不规则破裂；表面及边缘粗糙，背面光滑。穗圆锥形花序呈棒状；颖倒卵状长圆形，粗糙，脊与边缘有细纤毛，顶端两浅裂，裂口伸出细长芒。颖果倒卵状椭圆形。

【生物学特性】一年生或二年生草本，苗期秋冬季或迟至翌年春季；花果期4—6月。

【分布与为害】几乎遍布全国，以西南及长江流域的局部地区为害较重。为夏熟作物田杂草，低洼田块发生数量大，有时形成纯种群，为害性更大。

图2—423A 幼苗 ｜ 图2—423B 穗
图2—423C 单株

• 狼尾草 *Pennisetum alopecuroides* (L.) Spreng. •

【识别要点】须根较粗壮，秆丛生，直立，株高30～120cm，在花序以下密生柔毛。叶鞘光滑，两侧压扁，基部彼此跨生；叶舌短小，具纤毛，叶片长条形，先端长渐尖，基部生疣毛。圆锥花序直立，主轴密生柔毛。颖果灰褐色至近棕色。

【生物学特性】多年生草本，花果期8—10月，以地下根茎和种子繁殖。

【分布与为害】分布于全国各地。一般以果园、茶园发生较多。

图2-424A 单株 ｜ 图2-424B 穗

• 鬼蜡烛 *Phleum paniculatum* Huds. 假看麦娘 •

【识别要点】株高15~50cm，秆丛生，直立或斜上，具3~4节。叶片扁平，多斜向上生；叶鞘短于节间，叶舌膜质。圆锥花序紧密呈圆柱状，幼时绿色，成熟后变黄。颖果瘦小。

【生物学特性】种子繁殖，越年生或一年生草本。秋季或早春出苗，春、夏季抽穗成熟。

【分布与为害】分布于我国长江流域和山西、河南、陕西等地。多生于潮湿处、麦田中。

图2-425A	幼苗	图2-425C	单株
图2-425B	穗		

• 碱茅　*Puccinellia distans* (Linn) Parl　铺茅 •

【识别要点】株高20～30cm，秆丛生，直立或基部平卧，常压扁，具3节。叶鞘光滑无毛，长于节间；叶舌干膜质，先端截平或具齿裂；叶片扁平或对折。圆锥花序开展，绿色或草黄色，分枝细长，平展或下垂，微粗糙，下部裸露。颖果纺锤形。

【生物学特性】多年生草本，种子繁殖，幼苗和种子越冬，花果期5—8月。

【分布与为害】主要分布于华北。低湿盐碱地常见，菜田、麦田和果园常见。

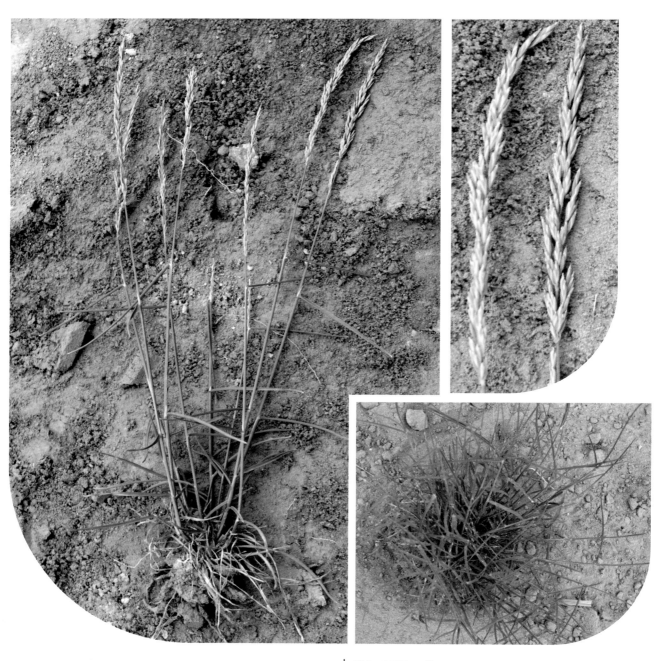

图2-426A　单株　｜　图2-426B　穗
｜　图2-426C　幼苗

• 星星草 *Puccinellia tenuiflora* (Turcz.) Scribn.et Merr. •

【识别要点】秆丛生，直立或基部膝曲上升，高30～60cm，直径约1mm，具3～4节，顶生者远长于叶片；叶舌膜质，长约1mm，先端截平；叶片条形，常内卷。圆锥花序长10～20cm，疏松开展，主轴平滑；每节有2～3个分枝，下部裸露，细弱平展，微粗糙；小穗柄短而粗糙；小穗长3～4mm，含2～4小花，带紫色；草绿色后变为紫色，颖质近膜质，第一颖约6mm，具1脉，第二颖长于第一颖，3脉，外稃先端钝，基部略生微毛，具不明显5脉，内稃等长于外稃，平滑无毛或脊上有数个小刺；花药线形，长1～1.2mm。

【生物学特性】多年生或越年生草本，以种子繁殖。

【分布与为害】分布于东北、华北及陕西等地，生于较低洼湿润处，为低湿麦田常见杂草，部分麦田受害较重。

图2-427A 穗
图2-427B 籽
图2-427C 单株

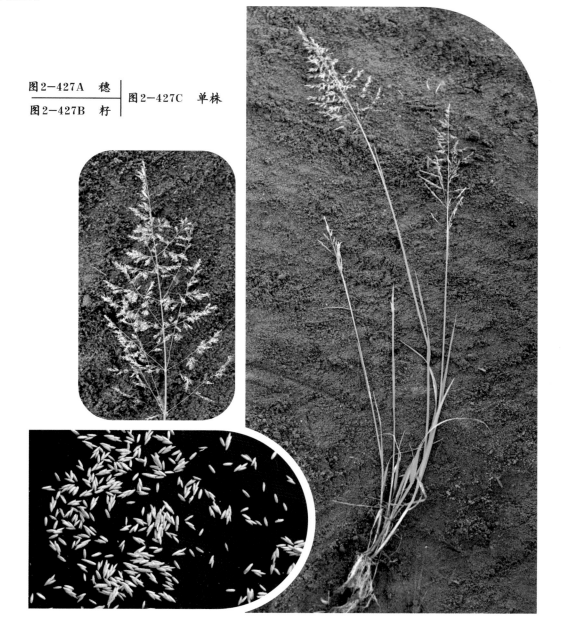

• 芦苇 *Phragmites communis* Trin. •

【识别要点】具粗壮匍匐根状茎，黄白色，节间中空，每节生有一芽，节上生须根。高100～300cm，可分枝，节下通常具白粉。叶鞘圆筒形，无毛或具细毛，叶舌有毛；叶片扁平，光滑或边缘粗糙。圆锥花序顶生，稠密，棕紫色，微向下垂头，下部枝腋间具白柔毛；小穗通常含4～7花。颖果呈为圆形。

【生物学特性】多年生高大草本，根茎粗壮，在沙质地可长达10m，4—5月发芽出苗，8—9月开花，以种子、根茎繁殖。

【分布与为害】几乎遍布全国。北方低洼地区农田发生普遍，多生于低湿地或浅水中，尤以新垦农田为害较重。为水稻田及管理粗放旱田杂草。

图2-428A　穗

图2-428B　幼苗

图2-428C　单株

• 双穗雀稗 *Paspalum dislichum* auct.non L. 红绊根草、过江龙 •

【识别要点】具根茎，秆匍匐地面，节上生根。叶鞘松弛，压扁；叶舌薄膜质；叶片平展，线形，较薄而柔软。总状花序，通常2个生于总轴顶端；小穗成两行排列于穗轴一侧。

【生物学特性】主要以根茎和匍匐茎繁殖，多年生草本。根茎对外界环境条件的适应性很强。在长江中下游地区，4月初根茎萌芽开始萌发，6—8月生长最快，并产生大量分枝，花期较长，可以从6月延长至10月。1株根茎平均具有30～40个节，最多达70～80个节，每节1～3个芽，每芽都可以长成新枝，因此双穗雀稗的繁殖力极强，蔓延迅速，很快形成群落。

【分布与为害】主要分布于河南、江苏、湖北、湖南、浙江、广东和广西等地。常以单一群落生于低洼湿润沙土地及水边。

图2-429A 单株 ｜ 图2-429B 穗

图2-429C 群体

• 雀稗 *Paspalum thunbergii* Kunth ex Steud. •

【识别要点】秆通常丛生，稀为单生，直立或倾斜，高25～50cm；具2～3节，节具柔毛；叶鞘松弛，具脊，多聚集于秆基作跨生状，被柔毛；叶舌褐色，长0.5～1mm；叶片长5～20cm，宽4～8mm，两面皆密被柔毛，边缘粗糙；总状花序3～5个，长5～10cm。颖果。

【生物学特性】多年生草本；夏秋季抽穗，种子繁殖。

【分布与为害】生长于荒野、道旁和潮湿之处，田间少见，为害轻。分布于华东、华中、西南、华南地区的各省份。

图2—430B　单株

图2—430A　穗

• 荻 *Miscanthus sacchariflorus* (Maxum.) Benth.et Hook.f. •

【识别要点】地下茎粗壮，被鳞片，其秆的粗细随生长环境与生长年限而变。秆直立无毛，具多节，节有长须毛。叶鞘无毛或有毛，叶舌长，先端钝圆，有一圈纤毛，叶片表面密生柔毛。圆锥花序扇形。颖果。

【生物学特性】多年生丛生草本，花果期8—10月，以地下根茎和种子进行繁殖。

【分布与为害】分布于全国各地。适应性强，为果园和路边常见杂草。

图2−431A 叶舌	图2−431C 单株
图2−431B 根茎	

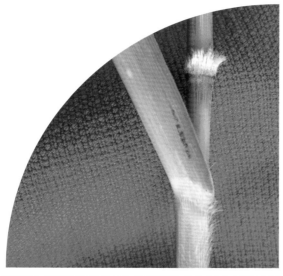

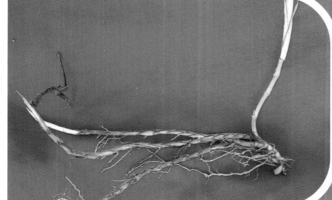

• **白茅** *Imperata cylindrical* (L.) Beauv.var.major (Nees) C.E.Hubb. 茅针、茅根 •

【识别要点】根茎长，密生鳞片。秆丛生，直立，株高25～80cm，节有长4～10mm的柔毛。叶鞘老时在基部常破碎成纤维状，无毛，或上部及边缘和稍口有纤毛；叶舌干膜质；叶片线形或线状披针形，背面及边缘粗糙，主脉在背面明显凸出，并向基部渐粗大而质硬。圆锥花序圆柱状，分枝短缩密集，基部有时疏而间断。带稃颖果。

【生物学特性】多年生草本。苗期3—4月，花果期4—6月，多以根状茎繁殖。

【分布与为害】分布于全国各地，尤其以黄河流域以南各地发生较多。为果园、茶园及耕作粗放农田常见杂草。

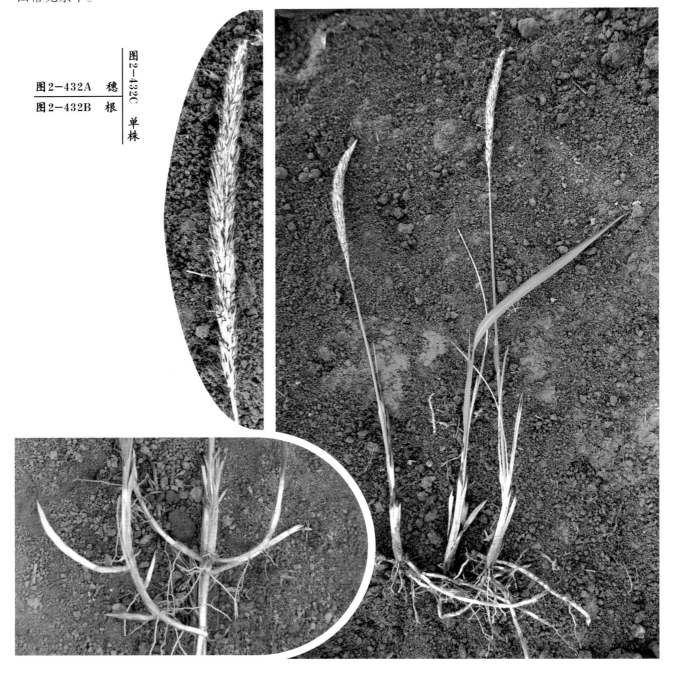

图2-432A　穗
图2-432B　根
图2-432C　单株

• 白羊草 *Bothriochloa ischaemum* (L.) Keng •

【识别要点】有时有下伸短根茎。秆丛生，直立或基部膝曲，高25～80cm；具3至多节，节无毛或具白色短毛。叶片狭条形，宽2～3mm。叶鞘无毛；叶舌膜质，具纤毛。总状花序具多节，4至多数簇生茎顶，通常带紫色，下部的长于主轴；穗轴逐节断落，节间与小穗柄都有纵沟，两侧均具白色丝状毛，小穗成对生于各节，一有柄，一无柄；无柄小穗长4～5mm，基盘钝；第一颖背部稍下陷，不具孔穴，两侧上部有脊。颖果长圆状倒卵形，黄褐色。

【生物学特性】多年生草本。花果期7—10月。以根状茎和种子繁殖。

【分布与为害】生于山坡、草地或路边。为果园、茶园、苗圃及路埂常见杂草，发生量较大，为害较重。分布遍及全国。

图2—433B 穗

图2—433A 单株

• 黄背草　*Themeda triandra* Forsk. •

【识别要点】秆高0.5～1.5m，下部直径3～4mm，通常无毛；叶鞘扁平，无毛或被疣基毛；叶片线形，平坦或边缘外卷，长8～20cm，宽4～7mm，先端渐尖，基部通常近圆形，无毛或疏被柔毛，边缘粗糙；总状花序通常呈硕大圆锥花序式排列，花序长为全植株的1/3～1/2；总状花序有长1～2mm的总花梗，外被以舟状总苞，总苞先端渐尖，通常被疣基糙毛，每一总状花序有7小穗，基部4小穗轮生于一平面，无柄，长圆状披针形，长7～9mm，背被疣基毛或无毛，雄性；两性小穗通常1个，纺锤状圆柱形，长8～10mm，先端钝，有被褐色长毛的基盘，其第一颖革质，背圆，成熟时光滑，暗褐色，仅于先端被短刚毛，第二颖与第一颖同质同长，两边为第一颖所包，第一外稃远短于颖片，第二外稃退化为芒基部，芒长3～6cm，扭转而弯曲，具柄小穗雄性，无毛或被疣基糙毛。颖果。

【生物学特性】多年生、簇生草本；一般秋季抽穗。

【分布与为害】本种对环境适应性很强，干燥和湿润地、山顶、平地和向阳处均可生长，但田间尚少见。对作物为害小。分布全国。

图2-434A　单株 ｜ 图2-434B　穗

• 糠稷 *Panicum bisulcatum* Thunb. •

【识别要点】秆通常纤细，较坚硬，高0.5～1m，无毛，直立或基部伏地，下部节上生根；叶鞘松弛，无毛或仅边缘被纤毛；叶舌膜质，长约0.5mm，先端被纤毛；叶片薄，狭披针形，长6～20cm，宽4～15mm，先端渐尖，基部近圆形，近无毛；圆锥花序开展，长15～30cm；分枝稍纤细，斜举或水平开展，无毛；小穗长圆形，长2～2.5mm，绿色或棕色，具纤细的柄。颖果紫黑色，椭圆形。

【生物学特性】一年生草本。花果期9—11月。种子休眠后春季萌发，进行繁殖。

【分布与为害】多生于潮湿地、水旁或丘陵地灌木丛中，是喜阴植物；为棉花、大豆、甘薯、果园、茶园和路埂一般性杂草，发生量较小，为害轻。分布于中国东南部、南部、西南部和东北部。

图2-435B 单株

图2-435A 穗

• 牛鞭草 *Hemarthria altissima* (Poir.) Stapf et C.E.Hubb. 脱节草 •

【识别要点】根茎长而横走；秆高达1m左右。叶片线形，长20cm，宽4～6mm，先端细长渐尖；叶鞘无毛。总状花序较粗壮而略弯曲，长达10cm；无柄小穗长6～8mm；第一颖在顶端以下略紧缩，有柄小穗长渐尖。颖果。

【生物学特性】多年生草本。花果期6—8月。以根茎和种子繁殖。

【分布与为害】生长于湿润河滩、田边、路旁和草地等处，为水稻田和路埂常见杂草，为害不重。分布于东北、华北、华东、华中诸省份。

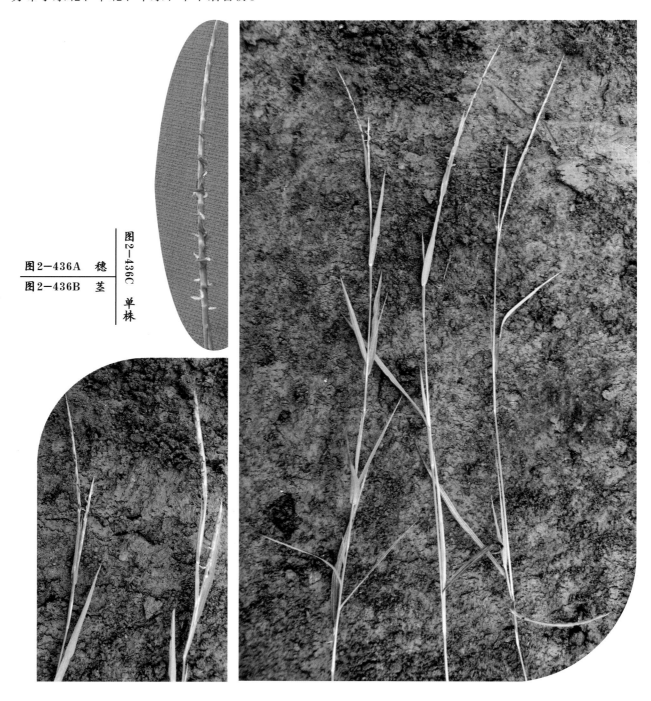

图2—436A　穗

图2—436B　茎

图2—436C　单株

• 荩草 *Arthraxon hispidus* (Thunb.) Makino •

【识别要点】秆细弱无毛，基部倾斜，高30～45cm，具分节，常分枝。叶鞘短于节间，被短疣毛；叶片卵状披针形，两面无毛，下部边缘有纤毛。总状花序细弱，2～10个指状排列或簇生于秆顶；穗轴节间无毛。颖果长圆形。

【生物学特性】一年生草本植物，种子繁殖。花果期8—11月。

【分布与为害】分布于全国各地。为果园、茶园常见杂草。

图2-437A　穗

图2-437B　幼苗

图2-437C　单株

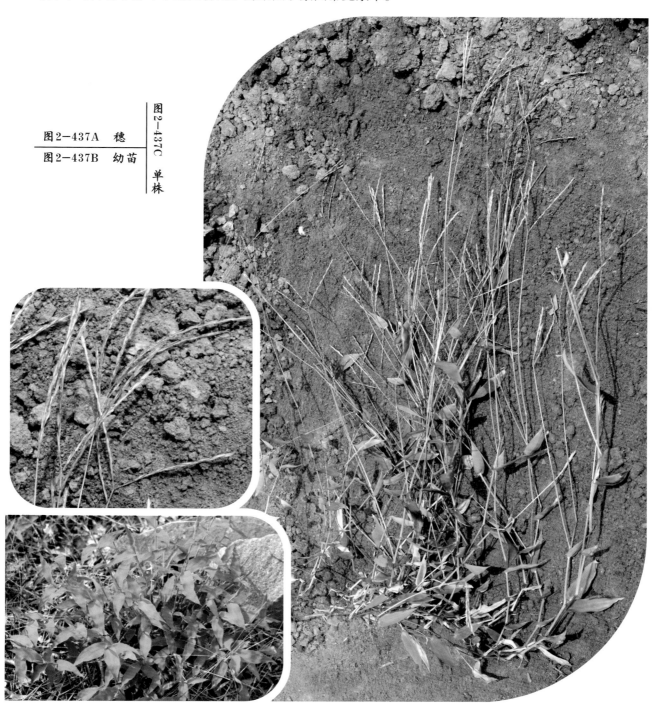

• 鼠尾粟 *Sporobolus indicus* (L.) R. •

【识别要点】须根较粗壮且较长。秆丛生，直立，高25~120cm，质较坚硬，平滑无毛。叶鞘疏松包茎，平滑无毛或边缘稀具极短的纤毛；叶舌纤毛状，长约0.2mm；叶片质较硬，通常内卷，少数扁平，先端长渐尖，长15~65cm，宽2~5mm，平滑无毛或仅表面基部疏生柔毛。圆锥花序较紧缩，常间断，或稠密近穗形长7~44cm，宽0.5~1.2cm，分枝稍坚硬，直立，较短，密生小穗；小穗灰绿色且略带紫色，长约2mm。

【生物学特性】多年生草本。花果期3—12月。种子繁殖。

【分布与为害】生于田野路边、山坡草地及山谷湿处和林下；为果园、茶园和路埂常见杂草，发生量较小，为害轻。分布于华东、华中、西南及陕西、甘肃等地。

图2—438A 单株

图2—438B 穗

• 纤毛鹅观草 *Roegneria ciliaris* (Trin.) Nevski •

【识别要点】根须状；秆单生或成疏丛，直立，高40～80cm，平滑无毛，常被白粉，具3～4节，基部的节呈膝曲状；叶鞘平滑无毛，除上部二叶鞘外，余均较节间为长；叶片扁平，长10～20cm，宽3～10mm，两面均无毛，边缘粗糙；穗状花序直立或稍下垂，小穗轴节间长1～1.5mm，贴生短毛；颖椭圆状披针形，先端具短尖头，两侧或一边常具齿，具有明显又强壮的5～7脉，边缘与边脉上具纤毛。内稃与颖果贴生，不易分离。

【生物学特性】多年生草本，春夏季抽穗。种子繁殖。

【分布与为害】生于农田地边、路旁、沟边、林地或草丛中。偶入农田，为害不重。广布于我国南北各地。

图2-439A　穗

图2-439B　单株

• 鹅观草　*Roegneria kamoji* Ohwi •

【识别要点】根须状，秆丛生，直立或基部倾斜，高30～100cm，叶鞘光滑，长于节间或上部的较短，外侧边缘常具纤毛；叶舌纸质，截平，叶片扁平，光滑或较粗糙。穗状花序，下垂，小穗绿色或带紫色，长13～25mm(芒除外)，有3～10小花，颖卵状披针形至长圆状披针形芒长。

【生物学特性】多年生草本。早春抽穗。种子繁殖为主。

【分布与为害】多生于山坡或湿地，为一般性杂草。除新疆、青海、西藏等地外，分布广泛，几乎全国各地均有分布。

图2-440A　穗 | 图2-440B　植株

• 黑麦草 *Lolium perenne* L. 多年生黑麦草 •

【识别要点】秆成疏丛，质地柔软，基部常斜卧，高30～60cm。叶鞘疏松，通常短于节间；叶舌短小，叶片质地柔软，被微柔毛，长10～20cm，宽3～6mm。穗状花序长10～20cm，宽5～7mm，穗轴节间长5～10(20)mm；小穗有7～11小花，长1～1.4cm，宽3～7mm；小穗轴节间长约1mm，光滑无毛；颖短于小穗，通常较长于第一小花，具5脉，边缘狭膜质，外稃披针形，质地较柔软，具脉，基部有明显基盘，顶端通常无芒，或在上部小穗具有短芒，第一小花外稃长7mm，内稃与外稃等长，脊上生短纤毛。颖果矩圆形，长2.8～3.4mm，宽1.1～1.3mm，棕褐色至深棕色，顶端具茸毛，腹面凹，胚卵形，长占颖果的1/6～1/4。

【生物学特性】多年生草本。种子或分根繁殖。

【分布与为害】分布于欧洲、非洲北部、亚洲热带、北美洲及大洋洲。生于草原、牧场、草坪和荒地。我国引种作牧草。一般性杂草。为赤霉病和冠锈病寄主。

图2-441B 穗

图2-441A 单株

• 多花黑麦草　*Lolium multiflorum* Lam. •

【识别要点】秆多数丛生，直立，高50～70cm。叶鞘较疏松；叶舌较小或退化而不显著；叶片长10～15cm，宽3～5mm。穗状花序长10～20cm，宽5～8mm，穗轴节间长7～13mm(下部者可达20mm)；小穗长10～18mm，宽3～5mm，有10～15小花；小穗轴节间长约1mm，光滑无毛；颖质地较硬，具狭膜质边缘，具5～7脉，长5～8mm，通常与第一小花等长；上部小花可无芒，内稃约与外稃等长，边缘内折，脊上具微小纤毛。颖果倒卵形或矩圆形，长2.6～3.4mm，宽1～1.2mm，褐色至棕色。

【生物学特性】一年生草本。种子繁殖。果期6—7月。

【分布与为害】多生于草地上。我国引种作牧草。为赤霉病和冠锈病的寄主。

图2-442A　穗
图2-442B　群体
图2-442C　单株

• 毒麦 *Lolium temulentum* L. •

【识别要点】秆成疏丛，无毛，高20～120cm。叶鞘较疏松，长于节间，叶舌膜质截平，叶耳狭窄，叶片长6～40cm，宽3～13cm，质地较薄，无毛或微粗糙。穗状花序，有12～14小穗，小穗长8～9mm；有2～6小花，以5为多。第一外稃长6mm，芒长可达1.4cm。颖果长椭圆形。

【生物学特性】越年生或一年生草本。种子繁殖。幼苗或种子越冬。

【分布与为害】一般混生于麦田中，为有毒杂草，人、畜食后能中毒。除华南外，全国各地均有分布。

图2-443A　穗 | 图2-443B　单株

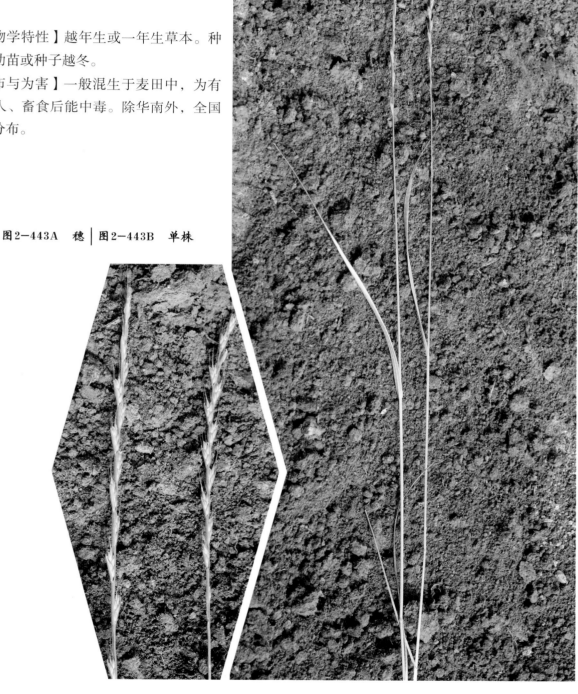

• 臭草 *Melica scabrosa* Trin. 肥马草、枪草 •

【识别要点】须根细弱，较稠密，秆丛生，直立或基部膝曲，高30～70cm，基部常密生分蘖，叶鞘光滑或微粗糙，下部的长而上部的短于节间，叶舌透明膜质，长1～3mm，先端撕裂而两侧下延，叶片质较薄，长6～15cm，宽2～7mm，干时常卷折，无毛或腹面疏生柔毛，圆锥花序窄狭，长8～16cm，宽1～2cm，分枝直立或斜向上升，主枝长达5cm，小穗柄短，线形弯曲，上部被微毛，小穗长5～7mm，有2～4朵孕性小花，淡绿或乳脂色；顶部由数个不育外稃集成小球形，颖几等长，膜质，具3～5脉，背部中脉常生微小纤毛，长4～7mm，外稃先端尖或钝而为膜质，第一外稃长5～6mm；内稃短于或在上部花中者等于外稃，先端钝，脊具微小纤毛，花药长约1.3mm。颖果纺锤形。

【生物学特性】多年生草本，夏秋季抽穗，多以种子繁殖。

【分布与为害】于农田地边、路旁、山坡林缘和荒芜场所。有时侵入果园和麦地，但数量不多，为害不重。分布于我国华北、西北诸省份；朝鲜也有分布。

图2-444A　单株｜图2-444B　穗

• 茅香 *Hierochloa odorata* (L.) Beauv. •

【识别要点】根茎细长黄色，秆直立，无毛，高50~60cm，具3~4节，上部常裸露；叶鞘松弛，无毛，长于节间，叶舌透明膜质，长2~5mm，先端啮蚀状，叶片披针形，质较厚，腹面被微毛，长达5cm，宽达7mm，分蘖上的可长达40cm，圆锥花序卵形至金字塔形，长约10cm，分枝细长，光滑，上升或平展，多孪生或3枚簇生，下部裸露，小穗淡黄褐色，有光泽，长5(6)mm，颖膜质，具1~3脉，等长或第一颖较短，雄花外稃稍短于颖，顶具微小尖头，背部向上渐被微毛，边缘具纤毛；孕花外稃锐尖，长约3.5mm，上部被短毛。颖果长卵形至椭圆形，长约1.5mm，宽约0.7mm，淡棕褐色，先端钝圆形，具茸毛；脐不明显，腹面稍凹陷，胚卵形，中间纵凸起，长占颖果的1/5~1/4，色同于或稍深于颖果。

【生物学特性】多年生草本。夏季抽穗。地下根茎繁殖和种子繁殖。

【分布与为害】多生于荫蔽山坡、沙地和湿润草地。田间偶有生长，为害不大。分布于我国华北、西北和云南等地；欧洲、亚洲温带地区也有分布。

图2-445A 穗 | 图2-445B 单株

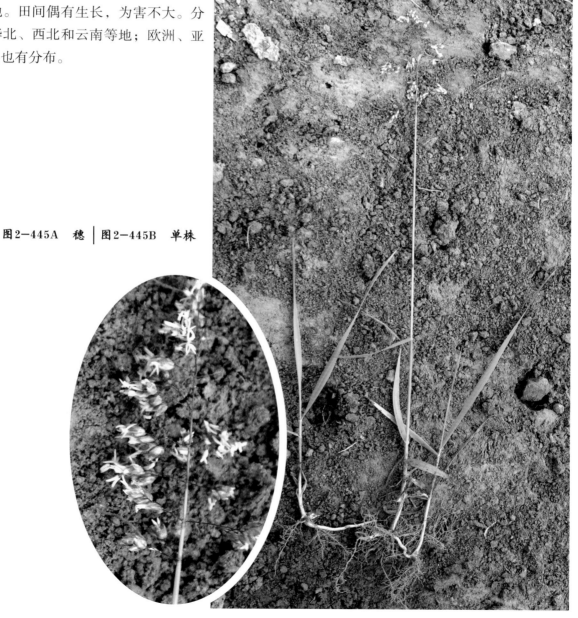

六十九、水鳖科 Hydrocharitaceae

水生草本，沉水或漂浮水面。根扎于泥里或浮于水中。茎缩短，直立，少有匍匐。叶基生或茎生，基生叶多密集，茎生叶对生、互生或轮生；叶形，大小多变；叶柄有或无；托叶有或无。花序或花梗下常具1个两裂筐苞状的佛焰苞或2个对生的苞片；花辐射对称，单性，稀两性，常具退化雌蕊或雄蕊；花被片离生，3枚或6枚。果实肉果状；种子多数。

17属，约80种。我国有9属，20种，主要分布于长江以南各省份。

• 水鳖 *Hydrocharis dubia* (Bl.) Backer •

【识别要点】有匍匐茎，须根发达。叶近圆形，基部心形，直径3～5cm，全缘，上面深绿色，下面略带红紫色，有凸起海绵状飘浮组织，内充气泡，有长柄。花单性，雄花2～3朵，聚生于具2叶状苞片的花梗上，外轮花被片3，草质，内轮花被片3，膜质，白色。果实肉质，卵圆形，种子多数。

【生物学特性】浮水多年生的草本植物。花果期7—9月。种子繁殖，也可分株繁殖。

【分布与为害】为静水池沼中常见杂草，发生量较大，为害较重。分布于河北、山东、陕西、河南、安徽、江苏、浙江、福建、湖北、湖南、四川及云南等省份。

图2-446A　花

图2-446B　单株

• 黑藻 *Hydrilla verticillata* (Linn.f.) Royle •

【识别要点】茎长达2m，多分枝。叶通常3～8片轮生，或基部为对生，线形或线状长圆形，长5～15mm，宽1.5～2mm，常具紫红色或黑色小点，边缘有小锯齿或全缘，主脉2条。花小，单性，雄花的佛焰苞近球形，先端具数枚小刺凸，最后开裂，萼片白色或淡绿色，具紫红色小点，花瓣匙形，较萼片为狭，花药近长圆形。果圆柱状。

【生物学特性】浸沉于水中的多年生草本植物。花果期6—9月。种子繁殖。

【分布与为害】全株浸沉于静水或流动缓慢的流水中，有时枝梢可稍露出水面。为水稻田常见杂草，但发生量小，为害轻。分布于我国华北、华东、华中、华南及西南各地区。

图2-447B 叶

图2-447A 单株

• 水车前 *Ottelia alismoides* (Linn.) Pers. •

【识别要点】具短茎或无茎。叶变化很大，沉水叶狭窄或矩圆形，有短柄；浮水面的叶宽卵圆形，或矩圆形，长3~18cm，宽1.5~18cm，柄长0.5~17cm。苞片卵状矩圆形，长3~4cm，宽1.5cm，顶端2裂，具5~6条皱波状的纵翅，柄长2~30cm；花两性，直径约1.5cm，单生于苞片内；外轮花被片3，长圆状披针形，长6~12mm，宽2~4mm，绿色；内轮花被片3，倒卵形或圆形，长约16mm，白色；雄蕊6~15枚；子房下位，具短喙，与苞片等长，花柱6，2裂。果矩圆形，与苞片等长。

【生物学特性】叶形变化很大的一年生沉水无茎草本。花果期夏季至秋季，种子繁殖。

【分布与为害】分布于云南、广西、广东、福建、浙江、江苏、安徽、江西、湖南、湖北、四川、河南；印度至澳大利亚广布。生于池塘和稻田中。

图2-448A　花

图2-448B　单株

七十、鸢尾科 Iridaceac

多年生草本，有根茎、块茎或鳞茎；叶常基生而嵌叠状，剑形或线形；花美丽，两性，辐射对称或左右对称；由2至数枚苞片组成的佛焰苞内抽出，通常排成聚伞花序；花被片6，2列，下部合生成一管；雄蕊3；子房下位，稀上位（我国不产），3室，有胚珠多数生于中轴胎座上，花柱1，柱头3，有时扩大而呈花瓣状或分裂；果为一蒴果。

单子叶植物，约60属，800种，分布于热带和温带地区，但主产地为东非和热带美洲，我国引入栽培的有9属，50余种。

• 马蔺 *Iris lactea* Pall.var.chinensis (Fisch.) Koidz. 马莲、紫蓝草、兰花草、箭秆风 •

【识别要点】植株基部有红褐色、细长纤维状的老叶叶鞘残留物。叶基生，多数，条形，平滑，坚韧，灰绿色，长可达40cm，宽达6mm，渐尖，具两面凸起的平行脉。花葶高10～30cm，有花1～3，苞片狭长圆状披针形，长6～7cm。花蓝紫色，花被片6，外轮3，花被裂片较大，匙形，稍开展，先端钝或尖，中部有黄色条纹，内轮3片倒披针形，较小，直立，花柱3，先端2裂，蓝色，花瓣状；雄蕊3，贴于弯曲花柱的外侧，花药长，纵裂。蒴果，长椭圆状圆柱形，长4～6cm，具纵肋6条，有尖喙。种子多数，近球形，红褐色，种子有棱角。

【生物学特性】多年生草本，具短而粗壮的根状茎，须根长而坚硬，棕褐色。早春返青，花期4—6月，果期5—7月。

【分布与为害】适生于向阳的沙质地、山坡、沟边草地及草甸。为牧区耕地田边杂草及路边杂草，也是牧场的杂草，在退化的牧场上常可见其成片生长。分布于我国东北、华北、西北、华东、西藏等地。

图2-449A　花　图2-449B　单株

七十一、灯心草科

多年生(稀一年生)草本。茎密集丛生，常有匍匐根状茎。叶基生和茎生，有时仅存叶鞘，叶片扁平圆柱状，有时退化呈芒刺状。花序为聚伞、伞房、圆锥或头状花序。蒴果自胞背形裂成3瓣。

我国有2属，约80种，其中杂草有2属9种。

• 灯心草 *Juncus effusus* L. 大灯心、虎须草 •

【识别要点】成株多年生草本，根茎横走。茎直立，丛生，高40~100cm，直径1.5~4mm，绿色，有纵条纹，质软，内部充满白色的髓心(灯心)。叶鞘红褐色或淡黄色，叶片退化为芒刺状。花序假侧生，聚伞状，多花，密集或疏散，与茎贯连的苞片长5~10cm；花被片狭披针形，雄蕊长为花被片的2/3；花药稍短于花丝，子房3室，花柱很短，蒴果长圆形，顶端钝或微凹，等长于或略短于花被，内有3个完整的隔膜；种子多数，淡黄色或褐色，卵状长圆形，长0.4~0.5mm。

【生物学特性】多年生草本。花期4—5月，果期6—8月。以根茎或种子繁殖。

【分布与为害】常生于稻田、池边、河岸、沟边及其他水湿地区。为一般性杂草。苏州等地有人栽培。我国各省份均有。为世界广布种。

图2-450C 单株

图2-450B 幼苗

图2-450A 穗

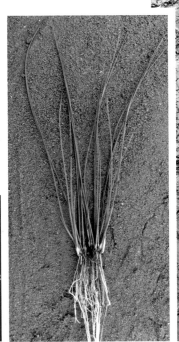

• 野灯心草 *Juncus setchuensis* Buchenau •

【识别要点】成株多年生草本，根状茎横走，须根密生。茎直立，丛生，稍纤细，直径0.8～1.5mm，高30～50cm。芽苞叶鞘状，围生于茎基部，下部红褐色至黑褐色，长2～10cm，叶片退化呈芒刺状。花序假侧生，聚伞状，多花，总苞片似茎的延伸部分，直或稍弯；先出叶卵状三角形；花被6枚，近等长，长2.5～3mm，卵状披针形，急尖，边缘膜质；雄蕊3，稍短于花被片，花药较花丝短。蒴果长于花被，近球形，不完全3室，种子偏斜倒卵形，长约0.5mm。

【生物学特性】浅水或湿地的常见杂草。花果期8—9月。种子繁殖。

【分布与为害】我国西南地区常见。

图2-451A　单株 ｜ 图2-451B　穗

• 星花灯心草 *Juncus diastrophanthus* Buch. •

【识别要点】多年生草本，高20～30cm。茎微扁平，上部两侧略有狭翅。基生叶叶鞘顶端几无叶片，茎生叶叶片长7～10cm，宽2.5～3mm，有不明显的横隔。花序宽大，约占植物体的1/2，托有线状披针形的苞片；花7～15朵聚生成星芒状的花簇；花被片狭披针形，长约4.5mm；雄蕊3枚；子房三棱形。果实长圆柱状三棱形。

【生物学特性】花果期4—6月。

【分布与为害】常生于水湿处，为一般性杂草。分布于江苏、浙江、江西、湖北、湖南、四川及陕西等地。

图2-452A　花序 ｜ 图2-452B　幼苗
图2-452C　单株

多花地杨梅 *Luzula multforo* (Retz.) Lej.

【识别要点】成株多年丛生草本，高15～50cm。叶线形，长5～10cm，宽约2mm，边缘有白色长柔毛。花序常由5～12个小头状花序集生成聚伞状花序，小头状花序多花，花序梗长短不等，先出叶宽卵形，边缘有小齿和疏缘毛，花被片黄褐色或黑褐色，长2.5～3mm；雄6枚，花药长约为花丝的2倍，柱头刷状而旋卷。蒴果近卵形，淡绿色至淡褐色，约与花被片等长，种子卵形，长1.5mm，暗褐色，种阜淡黄色，长为种子的1.3～1.2。

【生物学特性】多年生草本植物，常密集簇生，花果期7—9月。种子繁殖。

【分布与为害】为田边湿地、沟边、路旁和山坡草丛常见杂草，为害少。我国南北各地普遍分布；亚洲其他地区、欧洲及北美都有。

图2-453B 花序

图2-453A 单株

七十二、浮萍科 Lemnaceae

一年生或多年生浮水草本。植物体退化为叶状体，有根或无根；无花被，花单性，果为胞果。
本科全世界约为30种。我国南北均有分布，有6种，主要杂草有1种。

• 浮萍 *Lemna minor* L. 青萍 •

【识别要点】根1条，白色，丝状，长3～4cm，根端钝圆，根鞘无翅状附属物。叶状体对称，无柄，近圆形或倒卵状椭圆形，长1.5～5mm，表面绿色，背面淡黄色或绿白色或常为紫色，有不明显的3脉。新叶状体以极短的细柄与母体相连，随后脱落。雌花具弯生胚珠1枚。胞果无翅，近陀螺状，种子具凸出的胚乳，并具12～15条纵肋。

【生物学特性】浮水植物。花期6—7月，一般不常开花，以芽进行无性繁殖。

【分布与为害】生于水田、池沼或其他静水水域，常与紫萍混生，形成密布水面漂浮群落，为稻田、水生蔬菜田常见杂草，为害一般。中国各地均有；分布几乎全世界温暖地区。

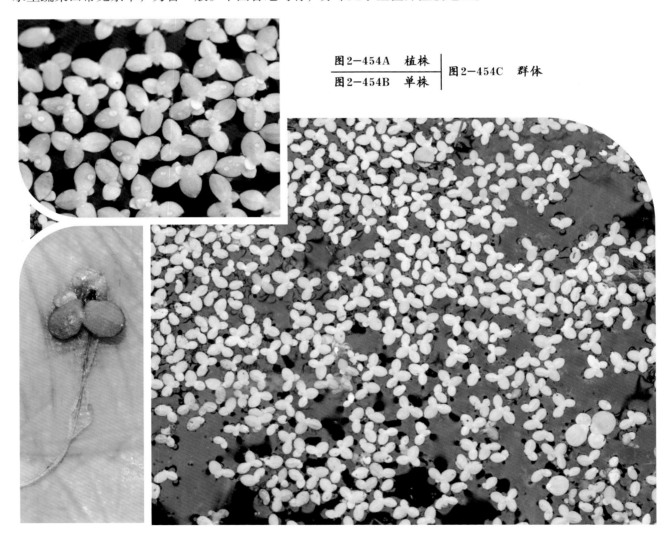

图2-454A 植株

图2-454B 单株

图2-454C 群体

• 紫萍 *Spirodela polyrhiza* (L.) Schleid. 紫背浮萍、水萍 •

【识别要点】根5～11条，长3～5cm，白绿色，根冠尖，脱落。叶状体广倒卵形，长5～8mm，宽4～6mm，表面绿色，背面紫色，具掌状脉5～11条。新叶状体由一细弱的柄与母体相连，常3～4个簇生。胞果圆形，有翅。

【生物学特性】一年生浮水草本。花期6—7月，很少开花。以芽繁殖。

【分布与为害】生于水田、水塘、浅水池沼、水沟，常与浮萍混生，为稻田、水生蔬菜田常见杂草，为害不大。中国各省份均有；全世界温带及热带地区广为分布。

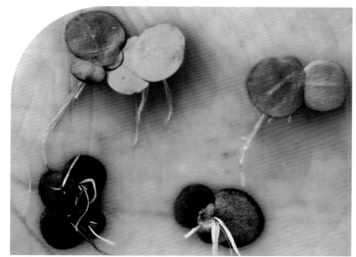

图2-455A　单株

图2-455B　群体

七十三、百合科 Liliaceae

多年生草本，很少是木本。通常具鳞茎、球茎或根状茎；茎直立或攀缘，有时枝条变成绿色叶状枝。叶基生或茎生，茎生叶通常互生，少数对生或轮生，有时退化成鳞片状；叶脉常基出。花单生或排成总状、穗状、伞形花序，少数为聚伞花序。花两性，少数为单性。花被片6，排成2轮，离生或合生。蒴果背裂，少数为间裂，或为浆果。种子多数，黑色。

约240属，4 000余种。我国有60属，约600种，各省份均有分布。常见杂草有2种。

• 薤白 *Allium macrostetmon* Bunge　小根蒜、团葱 •

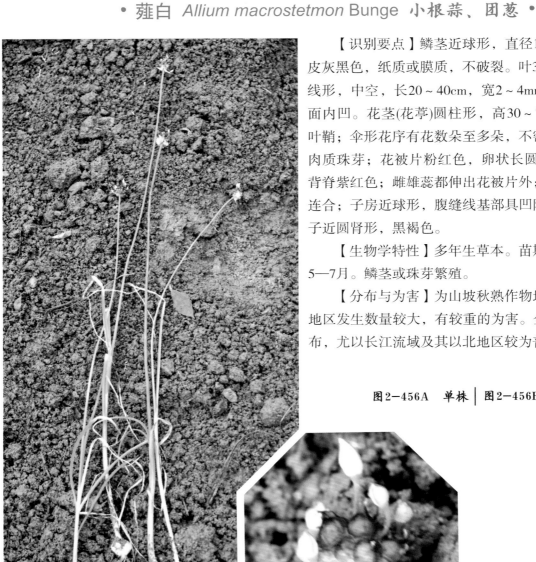

【识别要点】鳞茎近球形，直径1～1.5cm，鳞茎外皮灰黑色，纸质或膜质，不破裂。叶3～5片，半圆柱状线形，中空，长20～40cm，宽2～4mm，上部扁平，腹面内凹。花茎(花葶)圆柱形，高30～70cm，1/4～1/3被叶鞘；伞形花序有花数朵至多朵，不密集，花序间杂有肉质珠芽；花被片粉红色，卵状长圆形，长4～5mm，背脊紫红色；雌雄蕊都伸出花被片外；花丝向下渐宽而连合；子房近球形，腹缝线基部具凹陷蜜腺。蒴果；种子近圆肾形，黑褐色。

【生物学特性】多年生草本。苗期秋冬季，花果期5—7月。鳞茎或珠芽繁殖。

【分布与为害】为山坡秋熟作物地常见杂草。部分地区发生数量较大，有较重的为害。全国多数省份有分布，尤以长江流域及其以北地区较为普遍。

图2-456A　单株 ｜ 图2-456B　花

• 老鸦瓣 *Tulipa edulis* (Miq.) Baker. •

【识别要点】具鳞茎草本，鳞茎卵形，横径1.5~2.5cm，外层鳞茎皮灰棕色，纸质，里面生茸毛。叶1对，条形，长15~25cm，宽3~13mm；花葶单一或分叉成2，从一对叶中生出，高10~20cm，有2枚对生或3枚轮生的苞片，苞片条形，长2~3cm。花1朵，花被片6，矩圆状披针形，长1.8~2.5cm，白色，有紫脉纹；雄蕊6，花丝长6~8mm，向下渐扩大，无毛，花药长3.5~4mm；子房长椭圆形，长6~7mm，顶端渐狭成长约4mm的花柱。蒴果近球形，直径约1.2cm。

【生物学特性】多年生草本。以鳞茎繁殖。

【分布与为害】分布于中国辽宁、陕西、河南、山东、江苏、浙江、安徽、湖北、湖南、江西；朝鲜、日本也有。生于山坡草地或路边。

图2-457B 幼苗

图2-457A 单株

• 绵枣儿 *Scilla scilloides* (Liandl.) Druce •

【识别要点】鳞茎卵圆形或近球形，直径1~2cm，鳞茎皮黑褐色。基生叶2~5枚，线形，长10~40cm，宽3~6mm。花茎高15~60cm，总状花序具多数花，花粉红色至紫红色，直径约4mm，花梗长5~12mm，基部有1~2枚线形膜质苞片；花被片长圆形，长2.5~4mm，开展，有深紫红色中脉1条，先端钝而且增厚。蒴果近倒卵形，种子黑色。

【生物学特性】多年生草本。花果期7—11月。以鳞茎和种子繁殖。

【分布与为害】耐干旱，多生于海拔2 600m以下的山坡、草地、路旁或林缘。为秋收作物田常见杂草，对棉花、玉米、大豆、甘薯、谷子等旱作物生长有轻度为害，茶园、果园及路埂也常见，为一般杂草。除内蒙古、青海、新疆、西藏外，各省份都有分布。

图2—458A　单株

图2—458B　穗

图2—458C　根茎

• 沿阶草 *Ophiopogon bodinieri* Levl. •

【识别要点】根细，近末端处常膨大成纺锤形的小块根。地下匍匐茎长，直径1~2mm，节上具膜质的鞘。茎很短。叶基生成丛，禾叶状，顶端渐尖，长20~40cm，宽2~4mm，具3~5条脉。花草较叶短或几等长于叶，总状花序轴长1~7cm，具几朵至十几朵花；花常单生或2朵簇生于苞片腋内；苞片条形或披针形，少数呈针形，最下面的长约7mm，少数更长些；花梗长5~8mm，关节位于中部；花被片6，卵状披针形，披针形或近矩圆形，长4~6mm，白色或稍带紫色；雄蕊6，花丝很短，长不及1mm；花药狭披针形，长约2.5mm，常呈绿黄色；子房半下位，花柱细，长4~5mm。种子近球形或椭圆形，直径5~6mm。

【生物学特性】多年生草本。以鳞茎和种子繁殖。

【分布与为害】分布于西藏、云南、贵州、四川、陕西、甘肃、湖北、江西、广西、江苏、河南。生于海拔600~3 400m的山坡、山谷潮湿处、沟边、灌木丛下或林下。

图2-459A　花

图2-459B　单株

七十四、茨藻科 Najadaceae.

沉水性一年生草本，茎纤细，多分枝。叶丝状，线形至线状披针形，近于对生或轮生。全缘或有锯齿，花小，单性，单生或簇生于叶腋或顶生，子房1室。瘦果。

小茨藻　*Naias minor* All.

【识别要点】根为须根系，入土极浅。茎于基部分枝，叉状，长4～26cm，直径可达1mm，于基部，节间长1～6(8)cm，渐至茎顶而渐短。叶片线形，分枝下部三叶轮生，上部对生，长1～2.5cm，宽约0.5mm，边缘每侧通常有6～10个细齿，叶鞘宽2～3mm，上部倒心形，通常在每侧边缘有5～7个齿尖。花单性，均生于叶鞘内，雄花与雌花通常分别着生在相邻的叶腋内，雄花内具1个雄蕊，花药1室，外被椭圆形的佛焰苞，苞顶端有不规则的刺尖；雌花裸露，外无佛焰苞包被，花柱略呈圆柱形，顶端有2个不等大的柱头。果实长2～3mm，直径约0.6mm。种子线状长椭圆形，淡褐色或褐绿色。

【生物学特性】一年生沉水性草本。于水稻田中为害(主要在水稻分蘖期)，在晚稻排水收割前，种子已大部成熟而留入田内，部分由于排水而传播别处。种子萌发后，幼苗能飘浮水面，又能借水的流动而传播。

【分布与为害】水稻田杂草，低洼积水稻田，有时发生数量较大，对水稻的生长发育有较大的影响。分布于我国东北、华北、长江流域、西南及广东等地；欧洲、亚洲、非洲及澳大利亚也有。

图2-460　单株

七十五、雨久花科 Pontederiaceae

多年生水生草本，具缩短的根状茎。叶浮在水面或伸出水面，有柄，基部有鞘。花序自鞘内伸出，花被6片，呈花瓣状合生。

分布于热带或温带，我国约有6种，主要杂草有1种。

• 凤眼莲 *Eichhornia crassipes* (Mart.) Solms 水葫芦 •

【识别要点】根状茎粗短，密生多数细长须根。叶基生，莲座式排列，叶片卵形或圆形，大小不一，宽4～12cm，顶端钝圆，基部浅心形或宽楔形，全缘，无毛，光亮，具弧状脉，叶柄中部以下多少膨大，海绵质，基部有鞘。花葶单生，多棱角，花多数成穗状花序，直径3～4cm，花被筒长1.5～1.7cm，花被裂片6，卵形，椭圆形或倒卵形，紫蓝色，外面近基部有腺毛，上裂片在周围蓝色中心有一黄斑，雄蕊6，3枚短的藏于花被管内，3枚长的伸出，子房长圆形，长4mm，花柱细长。蒴果卵形。

【生物学特性】浮水草本或根生于泥中，侧生长匍匐枝，枝顶出芽生根成新株。夏秋开花，生于水沟、池塘或水田中。

【分布与为害】喜生于肥水池塘中。稻田及沟塘杂草，有时在稻田发生较重。中国南方各省份发生普遍；原产美洲，南亚热带有分布。

图2-461A 花	图2-461B 单株
图2-461C 群体	图2-461D 幼苗

• 鸭舌草 *Monochoria vaginalis* (Burm.f.) Presl ex Kunth •

【识别要点】植株高10~30cm，全株光滑无毛。叶纸质，上表面光亮，形状和大小多变异。有条形、披针形、矩圆状卵形、卵形至宽卵形，顶端渐尖，基部圆形、截形或浅心形，全缘，弧状脉，叶柄长可达20cm，基部具鞘。总状花序于叶鞘中抽出，有花3~8朵，花梗长3~8mm，整个花序不超出叶的高度，花被片6，披针形或卵形，蓝色并略带红色。蒴果卵形，长约达1cm。种子长圆形，长约1mm，表面具纵棱。

【生物学特性】一年生草本。苗期5—6月，花期7月，果期8—9月。

【分布与为害】水稻田主要杂草。以早、中稻田为害严重，适宜于散射光线，稻棵封行后，仍能茂盛生长，对水稻的中期生长影响较大。分布几乎及全国的水稻种植区，以长江流域及其以南地区发生和为害最重。

图2-462A　幼苗 ｜ 图2-462B　花
图2-462C　单株

七十六、眼子菜科 Potamogetonaceae

多年生草本。茎纤细，具根状茎。叶沉没水中或飘浮水面，对生或互生，托叶生于叶下部或基部。穗状花序，花细小。

遍布全国。我国约有45种，主要杂草有1种。

• 眼子菜 *Potamogeton distinctus* A.Bennett 竹叶草、水上漂 •

【识别要点】具地下横走根茎。茎细长。浮水叶互生，仅花序下的叶对生，叶柄较长，叶片宽披针形至卵状椭圆形，有光泽，全缘，叶脉弧形；沉水叶亦互生，叶片披针形或条状披针形，叶柄较短；托叶膜质，早落。花序穗状圆柱形，生于浮水叶的叶腋处；花黄绿色，小坚果。

【生物学特性】种子或根茎繁殖，多年生草本。5—6月出苗，7—8月开花结果，8—11月果实渐次成熟。具有很强的繁殖力。

【分布与为害】分布于全国各地。为害水稻的主要杂草之一。

图2-463A	幼苗	图2-463B	根
		图2-463C	群体

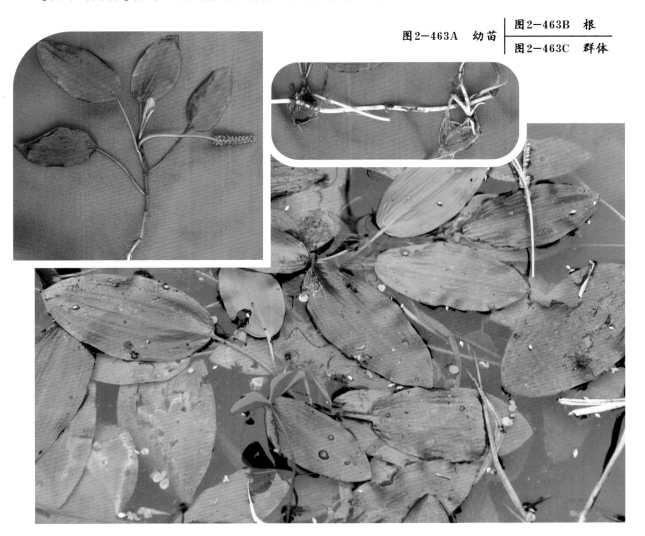

• 菹草 *Potamogeton crispus* L. 虾藻 •

【识别要点】根茎细长，匍匐于水下泥中；茎长30~100cm，细长，略扁平，具分枝。叶互生，线状长圆形，无柄，顶端钝圆，边缘有浅波状的褶皱，中脉明显；托叶膜质，抱茎，基部与叶合生，早落。穗状花序生于枝梢叶腋，花绿色，花药黄色，外向。小核果宽卵形。

【生物学特性】沉水性多年生草本。花期3—7月，果期4—9月。以种子、根状茎及芽苞(石芽，冬芽)繁殖。

【分布与为害】生长于静水池塘及缓流中，在硬水及含少量盐分的水中也能生长。有些地区在水层较深的水田中为害水稻，影响其生长。我国南、北各省份都有分布。

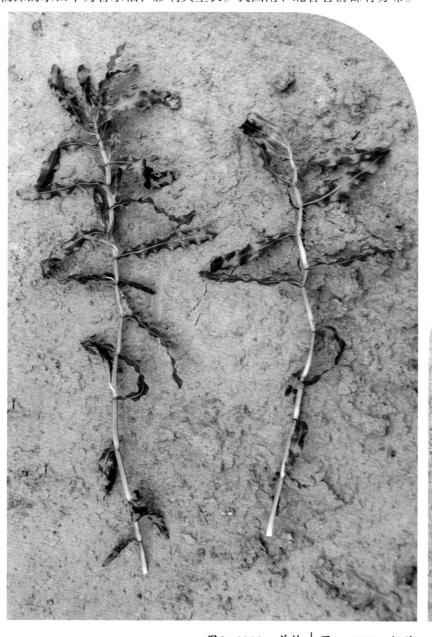 

图2-464A　单株 ｜ 图2-464B　幼苗

七十七、香蒲科 Typhaceae

水生草本，有地下茎；叶2列，线形，直立；花小，单性，无花被，排成稠密、圆柱状的长穗状花序，常混有毛状的小苞片，雄花居上部，雌花在下部；雄花通常有雄蕊3（1～7），花丝分离或合生，花药线形，基着，药隔常延伸；雌花：子房1室，具柄，顶部渐狭成一长花柱，有胚珠1颗；果为一小坚果，经刚毛状的小苞片散布他处。

• 香蒲 *Typha orientalis* Presl 东方香蒲 •

【识别要点】多年生沼生草本，直立，高1～2m。地下根状茎粗壮，有节。叶条形，宽5～10mm，基部鞘状，抱茎。穗状花序圆柱状，雄花序与雌花序彼此连接；雄花序在上，长3～5cm；雄花有雄蕊2～4枚，花粉粒单生；雌花序在下，长6～15cm；雌花无小苞片，有多数基生的白色长毛，毛与柱头近等长；柱头匙形，不育雌蕊棍棒状。小坚果有一纵沟。

【生物学特点】多年生草本。稀少侵入水田为害。花期6—7月，果期8—10月。种子及根茎繁殖。

【分布为害】分布于中国东北、华北、华东及陕西、云南、湖南、广东；苏联、日本、菲律宾也有。生于水旁或沼泽中。

图2—465A 穗

图2—465B 群体

第三章 除草剂作用原理

一、除草剂的吸收与运转方式

在田间施用除草剂后，除草剂必须被杂草吸收并通过植物体表皮进入到植物体内、运转到目标部位与作用靶标结合后，才能发挥其生理与生物化学效应，干扰杂草的代谢作用，最终导致杂草死亡。因此，杂草对除草剂的吸收与运转情况往往影响除草剂的杀草效果。由于除草剂品种特性及其使用方法不同，其被杂草吸收与运转的途径也不相同。只有充分研究和了解除草剂的吸收方式，才能保证杂草的防治效果或目标作物的安全性；同时，因除草剂吸收方式不同，也相应要求着对应的除草剂施药方式。

(一)杂草对除草剂的吸收

吸收作用是发挥除草剂活性的首要步骤。激发吸收活性机制所需的条件：温度系数要高；对代谢抑制剂敏感；吸收速度与外界浓度非线性函数关系；类似结构化合物对吸收产生竞争。

1.杂草对土壤处理除草剂的吸收

施于土壤中的除草剂通常溶于土壤溶液中以液态或者以气态通过杂草根或幼芽组织而被吸收，影响吸收的因素有：土壤特性，特别是土壤有机质含量与土壤含水量；化合物在水中的溶解度；除草剂的浓度；根系体积及不定根在土壤中所处的位置。

(1)根系吸收 杂草根系是吸收土壤处理除草剂的主要部位。根系一般不含角质层，且以相对多的游离间隙形成较大的吸附表面，因此根系对除草剂的吸收比叶片容易。土壤溶液中的除草剂分子或离子接触分生组织区的根毛后，通过扩散作用进入根内。根系吸收与除草剂浓度直线相关，开始阶段吸收迅速，其后逐步下降。从开始吸收至达到最大值所需时间因除草剂品种及杂草种类而异。施药后在杂草吸收的初期阶段，保证土壤含水量可以促进吸收，从而提高除草效果。

(2)幼芽吸收 杂草萌芽后出苗前，幼芽组织接触含有除草剂的土壤溶液或气体时，便能吸收除草剂。幼芽是吸收土壤处理除草剂，特别是土表处理除草剂的重要部位，挥发性强的除草剂如硫代氨基甲酸酯类、二硝基苯胺类等更是以幼芽吸收为主。通常，禾本科杂草主要通过幼芽的胚芽鞘吸收，而阔叶杂草则以幼芽的下胚轴吸收为主。

2.茎叶处理除草剂的吸收

茎叶处理除草剂主要通过叶片吸收而进入植株内部。药液雾滴的特性、大小及其覆盖面积对吸收有显著影响，除草剂雾滴从叶表面到达表皮细胞的细胞质中需通过如下几个阶段：渗入蜡质（角质）层；渗入表皮细胞的细胞壁；进入质膜；释放于细胞质中。

角质层是由覆盖于叶片表皮细胞的蜡质形成，是一种均匀、连续、少孔隙的半透性膜，不溶于水及大多数有机溶剂，其组成与结构导致既具有亲脂途径，也具有亲水途径。除草剂通过角质层的扩散途径有3条：通过分子间隙渗入；水溶性质通过类脂片状体间充水的果胶通道移动；油类与油溶性物质直接通过角质层的蜡质部分移动。除草剂渗入角质层是一种物理过程，直接受植株含水量、pH值、载体表面张力、雾滴大小、除草剂分子的特性以及角质层构造与厚度等因素的影响。

此外，气孔可作为一部分除草剂进入叶片的特殊通道，即有少量除草剂溶液可通过气孔进入叶片内。气孔渗入机制比较复杂，涉及一系列的因素，如表面张力、雾滴接触角、气孔壁的作用以及环境条件等。

（二）除草剂在杂草体内的运转

被杂草吸收的除草剂分子或离子，通过与水及溶质同样的途径，即蒸腾流、光合产物流与胞质流在植株内进行运转。根吸收的除草剂进入木质部后，通过蒸腾流向叶片运转，停留于叶组织或通过光合产物流再向其他部位运转。叶片吸收的除草剂进入叶肉细胞后，通过共质体途径从一个细胞向另一个细胞移动，而后进入维管组织。水溶性除草剂还可通过维管束鞘的伸展，直接穿过叶脉进入维管组织。通常，除草剂在共质体对植物发生毒害作用，而非共质体则为除草剂提供广阔的贮存处。除草剂在植物体内运转速度与蒸腾流及光合产物流近似，通过蒸腾流的运转速度为每小时9m，通过光合产物流的运转速度为每小时10～100cm。后者的运转主要在强光下进行，这种运转直至糖类合成停止。

在正常条件下，由木质部运转的除草剂不能从被处理的叶片向外传导，而由韧皮部运转的除草剂则能向植株的各部位传导。除草剂在韧皮部是通过活的韧皮组织进行运转，所以不能把它快速杀伤，否则将阻碍其运转功能，草甘膦的优点就在于高浓度时对叶片的直接伤害作用很缓慢。有时，一种除草剂分次用低剂量进行处理，其除草效果往往优于一次性高剂量处理。大多数传导性茎叶处理除草剂在被叶片吸收的数量中，仅有少部分从处理部位通过韧皮部向其他部位运转。限制除草剂通过韧皮部向作用靶标运转的原因有：除草剂不能进入维管组织或不适于进入韧皮部；除草剂不能进行长距离运转；除草剂本身的物理化学特性及其加工剂型、毒性状况、环境条件和解毒作用中的杂草代谢反应等因素的影响。

二、除草剂的作用机制

除草剂是通过干扰与抑制植物的生理代谢而造成杂草死亡，其中包括光合作用、细胞分裂、蛋白质及脂类合成等，这些生理过程往往由不同的酶系统所引导；除草剂通过对靶标酶的抑制，而干扰杂草的生理作用。不同类型除草剂会抑制不同靶标位点(靶标酶)的代谢反应，只有在对这些除草机制有充分把握的基础上，才能实现除草剂的科学应用。

（一）抑制光合作用

光合作用是绿色植物吸收太阳光的能量，同化二氧化碳和水，制造有机物质并释放氧的过程。光合作用是高等绿色植物特有的、赖以生存的重要生命过程。光合作用是在植物叶绿体上进行的，它包括光反应和暗反应两个过程，光反应是在光照条件下、在基粒片层(光合膜)上进行的；暗反应是在暗处(也可以在光下)、由若干酶所催化进行的化学反应，是在基质(叶绿体的可溶部分)中进行的；光合作用是光反应和暗反应的综合。整个光合作用过程大致可以分为三个大的过程：光能的吸收、传递和转换过程；电能转换为活跃化学能过程；活跃化学能转变为稳定化学能过程。

1. 原初反应

光能的吸收、传递和转换过程是通过原初反应完成的。聚光色素吸收光能后，通过诱导共振方式传递到作用中心，作用中心色素分子的状态特殊，能引起由光激发的氧化过程，电荷分离，就将光能转换为电能，送给原初电子受体。

2. 电子传递和光合磷酸化

电能转变为活跃化学能是通过电子传递和光合磷酸化完成的。电能经过一系列电子传递体传递，通过水的光解和光合磷酸化，最后形成ATP(腺苷三磷酸)和NADP(辅酶Ⅱ)，把电能转变为活跃化学能，把化学能贮存于这两种物质之中。

叶绿体中包括两个光系统，光系统Ⅰ的光反应是长波长反应，其主要特征是NADP的还原。当光系统Ⅰ的作用中心色素分子P_{700}吸收光能而激发后，把电子供给F_d，在NADP还原酶的参与下，F_d把NADP还原为NADPH。光合系统Ⅱ的光反应是短波长反应，其主要特征是水的光解和放氧。其作用中心的色素分子（可能是P_{680}）吸收光能，把水分解，夺取水中的电子供给光系统Ⅰ。连接着两个光反应之间的电子传递是由几种排列紧密的物质完成的，各种物质具有不同的氧化还原电位，这一系列互相衔接着的电子传递物质称为电子传递链。光合链中的电子传递体是质体醌、细胞色素等。

光合系统Ⅱ所产生的电子，即水解释放出的电子，经过一系列的传递，在细胞色素链上引起了ATP的形成，同时把电子传递到光合系统Ⅰ，进一步提高了能位，而使H^+还原NADP为$NADPH_2$，在这个过程中，电子传递是一个开放的通路，故称为非循环式光合磷酸化。

光合系统Ⅰ产生的电子经过铁氧化还原蛋白和细胞色素B_{563}等后，只引起ATP的形成，而不放O_2，不伴随其他反应，这个过程中电子经过一系列传递后降低了能位，最后经过质体蓝素重新回到原来的起点，故称为循环式光合磷酸化。光合作用中磷酸化与电子传递是偶联的，通过一种颗粒蛋白来实现。

作用于光合系统Ⅰ的除草剂有联吡啶类除草剂，生产中应用的很多除草剂作用于光合系统Ⅱ，抑制电子传递。

(1)作用于光合系统Ⅰ的除草剂　作用于光合系统Ⅰ的除草剂有联吡啶类除草剂，代表品种有百草枯。

①杂草中毒症状　联吡啶类除草剂可以被植物茎与叶迅速吸收，但传导性差，是一种触杀性除草剂。在光照条件下，处理后数小时植物便枯黄、死亡；而在黑暗条件下，死亡较慢或几乎不受影响。不同杂草中毒症状分别见图3–1至图3–5。

图3–1　百草枯*防治杂草的田间中毒症状。　施药1天后杂草叶片出现斑点状枯死，2天后杂草大面积枯黄死亡，10天后大量杂草复发为害。

*根据最新《农药管理条例》规定，该药已在全国范围内禁止使用。

图3-2 百草枯防治牛筋草的中毒症状。 4小时后叶片开始出现失水、失绿和灰白色斑块，8小时、24小时叶片干枯。

图3-3 百草枯防治苘麻的中毒症状。 15小时后叶片开始出现失绿黄斑，1天后叶片大量枯死，3天后全株基本枯死，个别心叶尚未死净，以后仍可能恢复生长。

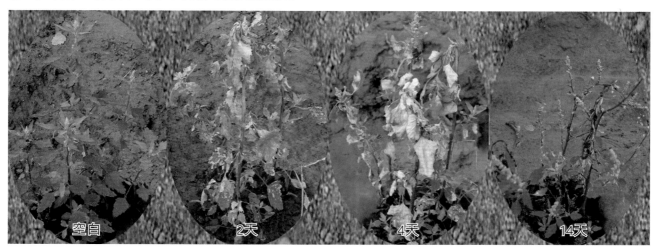

图3-4 百草枯防治藜的中毒症状。 2天后叶片基本枯死，个别枝心叶和未受药叶片未死，4天后未受药心叶开始发芽，14天后全株生长明显恢复。

图3-5　百草枯防治香附子的中毒症状。4小时后叶片开始出现失绿，24小时后叶片大量枯黄，死亡4天后叶片大量枯死，心叶复绿长出嫩叶，8天后心叶和未受害叶片恢复生长，15天后长出大量新叶而恢复生长。

②安全应用原则与作物药害症状　联吡啶类除草剂是一种无选择性的灭生除草剂，生产中不能用于农田，但可以在作物播前进行灭草，也可以通过定向喷雾防治作物行间的杂草。生产中施药不当，如误用、飘移到作物后会迅速产生药害，重者可致作物死亡。药害症状见图3-6至图3-9。

图3-6　百草枯飘移到大豆叶片上的药害症状。叶片出现斑点性药害，严重时可致全株枯死。

图3-7　田间施药时，百草枯飘移到玉米叶片上的药害症状。下部受害叶片出现斑状药害，严重时可致全株枯死。

图3-8　田间施药时，百草枯飘移到玉米叶片上的药害症状。下部受害叶片出现斑状药害，一般对玉米影响不大，随着生长逐渐恢复。

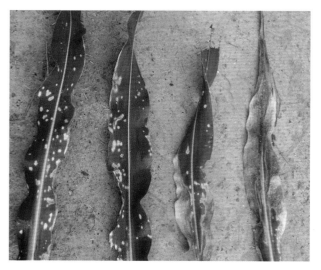

图3-9　田间施药时，百草枯飘移到玉米叶片上的药害症状。受害叶片出现斑状药害。

(2)**作用于光合系统Ⅱ的除草剂** 作用于光合系统Ⅱ的除草剂较多，主要类别和代表品种如下。

均三氮苯类：莠去津、西玛津、扑草净、氰草津、西草净、扑草津、异丙净、氟草净、特丁净、特丁津。

取代脲类：绿麦隆、异丙隆、利谷隆、灭草隆、伏草隆、敌草隆、莎扑隆。

酰胺类：敌稗。

腈类：溴苯腈、碘苯腈。

苯基氨基甲酸酯类：甜菜安、甜菜宁。

脲嘧啶类：除草定、特草定。

三嗪酮类：嗪草酮、环嗪酮、苯嗪草酮。

哒嗪酮类：甜菜灵、哒草特。

苯并噻二唑类：苯达松。

①**杂草中毒症状** 杂草受害后的典型症状是叶片失绿、坏死与干枯死亡。该类除草剂不抑制种子发芽，也不直接影响根系的发育，在植物出苗见光后才产生中毒症状死亡。杂草中毒症状见图3-10至图3-29。

图3-10 莠去津芽前施药防治牛筋草的中毒症状。杂草正常发芽出苗，出苗见光后从叶尖和叶缘处开始黄化，后逐渐枯死。

图3-11 嗪草酮芽前施药防治马唐出苗见光后中毒症状。杂草出苗见光后叶片黄化，逐渐枯死。

图3-12 莠去津芽前施药防治苘麻出苗见光后中毒症状。出苗见光后叶片黄化，全株逐渐枯死。

图3-13　莠去津生长期施药防治狗尾草的中毒症状。4天后杂草叶片黄化、叶缘枯黄，14天后叶缘开始黄化，全株逐渐枯死。

图3-14　莠去津生长期施药防治藜的中毒症状。4天后叶片黄化、叶缘枯黄，7天后从叶缘开始枯黄、干枯，10天后全株基本死亡。

图3-15　氰草津生长期施药10天防治马齿苋的中毒症状。全株基本死亡，效果突出。

图3-16 氰草津生长期施药10天防治牛筋草的中毒症状。全株基本死亡。

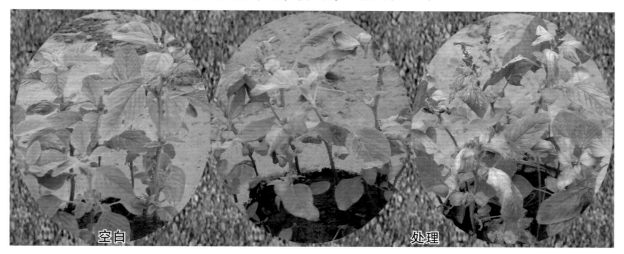

图3-17 扑草净生长期施药10天防治反枝苋的中毒症状。叶片枯黄、干枯。

图3-18 扑草净生长期施药10天防治马齿苋的中毒症状。叶片枯黄、脱落、死亡。

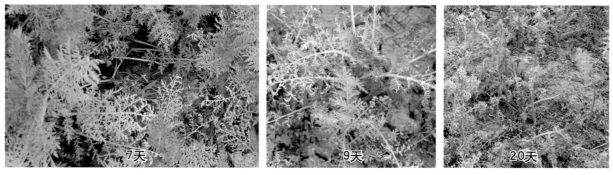

图3-19 异丙隆生长期施药防治播娘蒿的中毒表现过程。7天后播娘蒿叶片从叶缘开始失水萎蔫、干枯，9天后叶片大量黄化、部分叶片开始枯死，20天后全株茎叶枯黄，死亡。

图3-20　异丙隆生长期施药防治牛筋草的中毒表现过程。7天后从叶缘开始枯黄，12天后从叶缘开始枯死，全株死亡。

图3-21　异丙隆生长期施药防治野燕麦的中毒表现过程。7天后从叶缘开始失水萎蔫、叶色淡黄，10天后叶片大量黄化、从叶缘开始枯黄，14天叶片大量枯黄、干枯、死亡。

图3-22　敌稗生长期施药防治稗草的中毒表现过程。2天叶片边缘黄化、部分叶片边缘枯黄，4天后叶片边缘开始黄化、枯死，7天后大量枯黄、死亡。

图3-23　嗪草酮生长期施药防治牛筋草的中毒表现过程。5天后叶片黄化、从叶缘开始枯黄，7天后从叶缘开始枯黄、死亡，10天后整株逐渐枯黄、死亡。

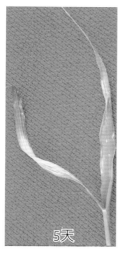

图3-24 嗪草酮生长期施药防治狗尾草的中毒表现过程。5天后叶片黄化、从叶缘开始枯黄，7天后部分叶片开始干枯，12天后大部分叶片黄化、枯死，最终全株死亡。

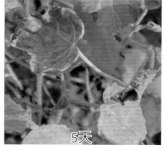

图3-25 嗪草酮生长期施药防治苘麻的中毒表现过程。5天后叶片黄化、从叶缘开始枯黄，7天后从叶缘开始枯黄、枯焦死亡，12天后全株枯萎、死亡。

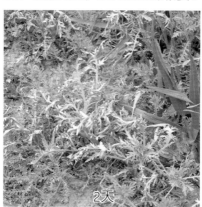

图3-26 溴苯腈生长期施药防治播娘蒿的中毒表现过程。2天后叶片黄化、呈斑点性枯黄，以后植株逐渐恢复生长，至第9天杂草生长基本恢复。

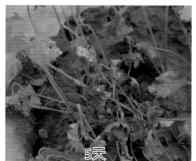

图3-27 溴苯腈生长期施药防治苘麻的中毒表现过程。1天后叶片斑点性失绿黄化，2天后叶片从叶尖叶缘处开始斑点性枯黄，3天后逐渐枯死，5天受害叶片大量枯死，未受害叶片恢复生长。

图3-28　苯达松生长期施药防治马齿苋的中毒表现过程。6小时后叶片斑点性失绿黄化，2天后从叶尖、叶缘和茎叶部位开始逐渐斑点性黄化枯死，4天后叶片大量枯死脱落，部分嫩茎变褐枯死。

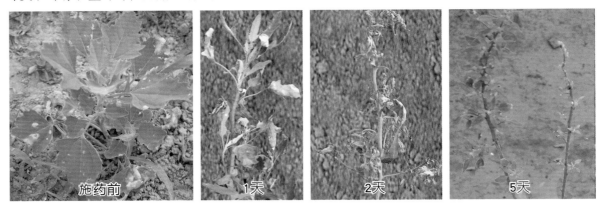

图3-29　苯达松生长期施药防治藜的中毒表现过程。1天后叶片失绿黄化，2天后大面积失水枯死，5天后全株基本枯死，未受药茎叶恢复生长。

②**安全应用原则与作物药害症状**　抑制光合作用系统Ⅱ的除草剂，多数品种具有较强的选择性，应用时要根据适用作物和适宜的施药时期用药。另外，该类药剂的安全性受光照、温度和土壤墒情的影响较大，施用时应加以注意。生产中施药不当或误用、飘移到其他非靶标作物后会产生严重药害，重者可致作物死亡。作物药害症状见图3-30至图3-51。

图3-30　小麦播种后莠去津残留药害表现过程。25天后小麦正常出苗，苗后生长缓慢、黄化；38天后从叶片的叶尖叶缘大量枯死，并逐步扩展到全株，逐渐干枯、死亡。

图3-31 大豆播后芽前施用过量扑草净的药害表现过程。10天后正常出苗，但苗后叶片黄化，上部叶片、叶缘逐渐黄化、枯死；19天后叶片从叶缘开始黄化、枯焦，并逐渐扩展到全株，重者可致全株死亡，轻者部分叶片枯黄，缓慢恢复生长。

图3-32 玉米生长期，遇低温干旱或高温天气施用过量氰草津7天后药害症状。玉米部分叶片叶缘黄化、少数出现枯死。

图3-33 小麦播后芽前施用过量异丙隆苗后的药害症状。小麦可以正常发芽出苗，但出苗后整体发黄，以后叶片逐渐黄化，从叶尖和叶缘处逐渐枯黄。

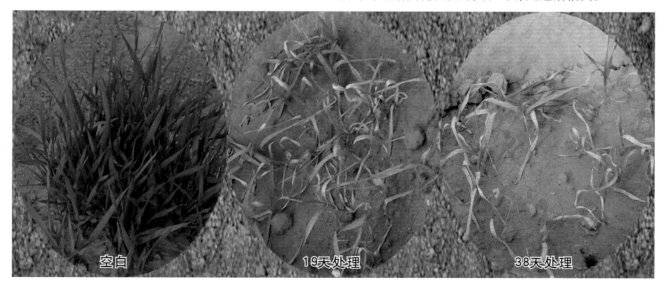

图3-34 小麦播后芽前施用过量异丙隆38天后的药害表现过程。小麦出苗后整体发黄，以后叶片逐渐黄化，从叶尖和叶缘处逐渐枯黄，最后枯死。

图3-35　在花生生长期叶面喷施绿麦隆26天后的药害症状。花生叶片黄化、生长受到抑制，并从叶尖和叶缘处枯黄、枯死。

图3-36　在花生播后芽前喷施扑草净后的药害症状。花生可以正常出苗，出苗后叶片黄化，从叶尖和叶缘处开始枯死。

图3-37　在大豆生长期叶面喷施嗪草酮4天药害症状。叶片黄化，从叶尖和叶缘处枯黄、枯死。

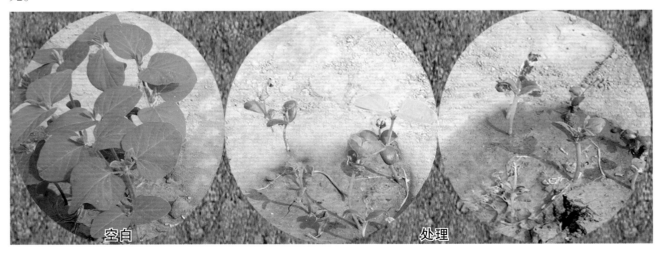

图3-38　在大豆播后芽前喷施过量嗪草酮的药害症状。苗后叶片黄化，从叶尖和叶缘开始枯死。

图3-39 在玉米芽前喷施过量嗪草酮的药害症状。玉米正常出苗，苗后叶片黄化，从叶尖和叶缘开始枯死。

图3-40 在玉米生长期叶面喷施嗪草酮11天后的药害症状。玉米茎叶基本枯死。

图3-41 在花生播后芽前喷施嗪草酮的药害症状。叶片黄化，从叶尖和叶缘开始枯死。

图3-42 在花生播后芽前喷施嗪草酮的药害症状。花生能够出苗，苗后叶片黄化，从叶尖和叶缘开始枯死。

图3-43　在小麦生长期施用溴苯腈遇低温后的田间药害
症状。叶片黄化，叶尖和叶缘枯死。

图3-44　在大豆生长期误用溴苯腈后的
药害症状。叶片黄化，从叶尖和叶缘处
开始大量枯死。

图3-45　在玉米生长期施用过量溴苯腈后的药
害症状。玉米叶片黄化，叶尖和叶缘枯死。

图3-46　在玉米生长期，遇高温干旱条件施用溴苯腈2天
后的药害症状。玉米叶片黄化，出现斑点性枯死斑。

图3-47　在花生生长期喷施苯达松4天后的药
害症状。叶片上出现斑点状枯死，一般情况
下不影响新叶生长，对花生生长影响不大。

图3-48　在玉米生长期，特别是高温干旱条件下田间喷
施苯达松的药害症状。玉米叶片上出现斑点状枯死，但
一般情况下可以恢复，对玉米生长影响不大。

图3-49 在水稻生长期田间喷施苯达松的药害症状。叶片上出现大量斑点状枯死，但一般情况下对水稻生长影响不大。

图3-50 在棉花生长期，苯达松被误用或飘移到棉花的药害症状。叶片上有大量斑点状枯死，重者连片枯死，心叶不死者还可以发出新叶。

图3-51 在黄瓜生长期，苯达松被误用或飘移到黄瓜的药害症状。叶片上出现大量斑点状枯死，重者连片枯死，心叶不死者还可以发出新叶。

3．碳同化

活跃化学能转变为稳定化学能是通过碳同化完成的。碳同化是将ATP和NADPH$_2$中的活跃化学能转换为贮存在碳水化合物中的稳定化学能，在较长的时间内供给生命活动的需要。由于这一过程不需要光照，因此也称为暗反应。碳同化的生化途径有3条，即卡尔文循环、C$_4$途径和景天科代谢。卡尔文循环是碳同化的主要形式。有一些除草剂对这一系统的酶有直接的抑制作用，也将严重地干扰植物的光合作用。

（1）类胡萝卜素生物合成抑制剂 如哒嗪酮类的氟草敏等，能够抑制催化八氢番茄红素向番茄红素转换过程的去饱和酶(脱氢酶)，从而抑制类胡萝卜素的生物合成。有一些除草剂也能抑制类胡萝卜素的生物合成，但具体作用点不清楚，有些文献报道是双萜生物合成抑制剂，如三唑类除草剂杀草强、恶唑烷二酮类的异恶草酮。类胡萝卜素在光合作用过程中发挥着重要作用，可以收集光能，同时还有防护光照伤害叶绿素的功能。

4-羟基苯基丙酮酸双加氧酶抑制剂(简称HPPD抑制剂)，如三酮类除草剂的磺草酮、异恶唑类除草剂的异恶唑草酮等，可催化4-羟基苯基丙酮酸转化为2,5-二羟基乙酸。HPPD抑制剂是抑制HPPD的合成，导致酪氨酸(tryrosine)和生育酚(a-topherol)的生物合成受阻，从而影响类胡萝卜素的生物合成。HPPD抑制剂与类胡萝卜素生物合成抑制剂的作用症状相似。

下面以异恶草酮(广灭灵)和磺草酮为例，介绍它的作用特点、杂草中毒症状和作物药害表现。

①**杂草中毒症状**　施药后药害表现迅速，杂草中毒后失绿、黄化、白化，而后枯萎死亡。具体中毒症状见图3-52至图3-61。

图3-52　异恶草酮施药后马唐的中毒表现过程。4天后新叶失绿、黄化、开始出现白化；5~10天后大量叶片白化，并出现紫色；14天后大量叶片白化，伴有紫色，开始出现枯萎、死亡。

图3-53　磺草酮施药后马唐的中毒症状。马唐可以正常出苗，苗后叶片失绿、白化，并出现紫色。　图3-54　磺草酮施药后马唐的中毒症状。马唐苗后叶片失绿、白化，并从叶尖和叶缘处开始枯死。

图3-55　异恶草酮施药后苘麻的中毒表现过程。4天后新叶失绿、黄化，并开始出现白化；7天后部分叶片白化；14天后大量叶片白化，开始出现枯萎、落叶、死亡。

图3-56　磺草酮播后芽前施药后香附子的中毒症状。香附子可以正常发芽出苗，苗后叶片失绿、白化。

图3-57 磺草酮播后芽前施药后香附子的中毒症状。磺草酮防治香附子施药剂量偏低时，部分叶片白化、枯死，部分叶片受害较轻。

图3-58 磺草酮播后芽前施药后香附子的中毒症状。磺草酮防治香附子施药剂量偏低时，大部分植株会恢复生长，防效明显降低。

图3-59 磺草酮播后芽前施药后香附子的中毒症状。磺草酮防治香附子施药剂量偏低时，部分叶片白化、枯死，部分叶片受害较轻的恢复生长。

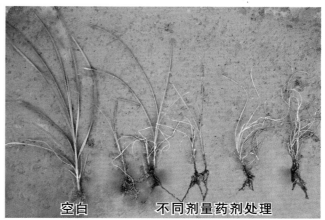

图3-60 磺草酮生长期施药不同剂量防治香附子21天的中毒症状。施药剂量偏低时，香附子发出新叶，基本恢复生长；剂量较大时，香附子基本死亡；剂量大时，香附子地上部分全部死亡，地下部分也彻底死亡，基本上达到了根治香附子的目的。

图3-61 磺草酮生长期施药防治香附子的中毒表现过程。3天后叶片失绿、白化；10天后大量上部叶片白化、枯死；14天后开始发出新叶，并逐渐恢复生长，21天后基本得以恢复。

②安全用药原则与作物药害症状 异噁草酮，可以用于大豆等作物田，但在不良条件下可能发生药害。该药持效期长，对后茬易发生药害；该药易挥发，对周围作物也易发生药害。施药时务必按照技术要求正确施用。该药在施药后药害表现迅速。药害症状见图3-62至图3-82。

图3-62 在小麦播后芽前模仿残留施用低剂量的异恶草酮后小麦的药害症状。叶片失绿、白化或紫化。

图3-63 在小麦播后芽前模仿残留施用低剂量的异恶草酮后小麦的药害症状。叶片失绿、白化或紫化，并逐渐枯死。

图3-64 在小麦播后芽前模仿残留施用低剂量的异恶草酮后的药害症状。小麦枯死症状。

图3-65 在玉米播后芽前施用低剂量的异恶草酮的药害症状。玉米正常出苗，苗后叶片失绿、白化。

图3-66 在玉米生长期施用过量的异恶唑草酮的药害症状。玉米正常出苗，苗后叶片失绿、白化，从叶尖和叶缘处开始逐渐枯萎死亡。

图3-68 在玉米播后芽前施用过量的磺草酮的药害症状。玉米正常出苗，苗后叶片失绿，斑点性黄化或白化。

图3-67 在玉米生长期施用异恶唑草酮的药害症状。玉米叶片斑点性失绿、黄化。

图3-69 在玉米播后芽前施用低剂量的异恶草酮的药害症状。玉米苗后叶片失绿、白化，生长受抑制。左为空白对照，右为不同剂量药害表现。

图3-70 在玉米播后芽前施用低剂量的异恶草酮的药害症状。叶片大量白化枯死，左为空白对照，右为药剂处理。

图3-71 在大豆播后芽前过量喷施异恶草酮后药害表现。大豆出苗后生长受抑制，叶片白化、皱缩。

图3-72 在大豆播后芽前过量喷施异恶草酮后药害表现。大豆出苗后生长受抑制，叶片出现红褐色斑点，叶片皱缩。

图3-73 在大豆播后芽前过量喷施异恶草酮后
药害表现。随着生长大豆长势逐渐恢复。

图3-74 在大豆生长期遇低温干旱天气，过量喷施异恶草酮
11天后药害表现。叶片枯黄，轻者会缓慢恢复生长，重者叶
片逐渐枯死。

图3-75 在棉花播后芽前模仿残留少量喷施
异恶草酮后的药害表现。棉花出苗后生长受
抑制、白化，并从叶缘处开始逐渐枯死。

图3-76 在大豆生长期过量喷施异恶草酮4天后药害表
现。大豆叶片黄化，大量叶片枯焦。如遇高温干旱天
气，药害加重。

图3-77 异恶草酮喷施到番茄3天后的药害症状。叶片失
绿、白化，有时还会出现紫红色。

图3-78 异恶草酮喷施到番茄10天后的药害症
状。叶片白化、紫化。

图3-79 异恶草酮残留在花生播种后10天的药害症状。叶片失绿、黄化、白化。

图3-80 异恶草酮残留在花生播种后19天的药害症状。叶片大量黄化、白化,叶片逐渐枯死。

图3-81 异恶草酮残留在辣椒播种后10天的药害症状。叶片失绿、黄化、白化、枯萎。

图3-82 异恶草酮残留在白菜播种后10天的药害症状。叶片大量黄化、白化,心叶逐渐枯死。

(2)原卟啉原氧化酶抑制剂 在叶绿素生物合成过程中,合成血红素或叶绿素的支点上有一个关键性的酶,即原卟啉氧化酶。通过对该酶的抑制可以导致叶绿素的前体物质——原卟啉Ⅸ的大量瞬间积累,导致细胞质膜破裂、叶绿素合成受阻,而后植物叶片细胞坏死,叶片发褐、变黄、快速死亡。

①主要除草剂类型及代表品种 二苯醚类:三氟羧草醚、乙羧氟草醚、氟磺胺草醚、乳氟禾草灵、乙氧氟草醚。N-苯基酞酰亚胺:丙炔氟草胺、氟烯草酸、恶草酮、丙炔恶草酮、氟唑草酮。

②杂草中毒症状 该类除草剂主要起触杀作用,受害植物的典型症状是产生坏死斑,特别是对幼嫩分生组织的毒害作用较大。对于乙氧氟草醚等芽前封闭除草剂,主要是在杂草发芽过程中,幼芽接触药土层而死亡;对于茎叶施用的除草剂,主要是叶片斑点性坏死。接触药剂的部分出现症状而死亡。对于芽前施药的杂草症状无法记录,生长期施药杂草的典型药害症状见图3-83至图3-90。

图3-83　氟磺胺草醚施药后藜的中毒表现过程。 1天后叶片斑点失绿、枯黄；6天后叶片斑状枯死；10天后未受药部分又发出新叶，生长开始恢复。

图3-84　乙羧氟草醚施药后荠菜的中毒表现过程。 1天后茎叶失绿、黄化，部分叶片枯死；2天后茎叶大量失绿、黄化，部分叶片枯死；6天后受药叶片大量枯死，未受药叶片复绿。

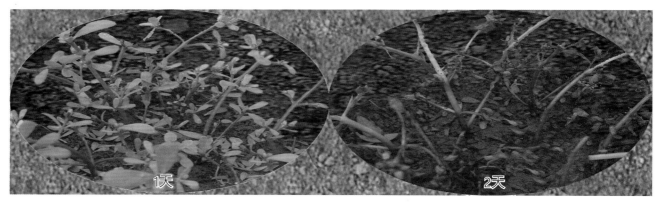

图3-85　乙羧氟草醚施药后马齿苋的中毒死亡过程。 1天后茎叶失绿、枯黄，部分嫩茎叶变褐；2天后茎叶变褐、枯萎，部分叶片枯死脱落。

图3-86　乙羧氟草醚施药后猪殃殃的中毒死亡过程。 2天后茎叶大量失绿、黄化，部分叶片枯黄；6天后茎叶大量失绿、枯黄；14天后茎叶大量枯死，未受药心叶长出新叶；20天后恢复生长。

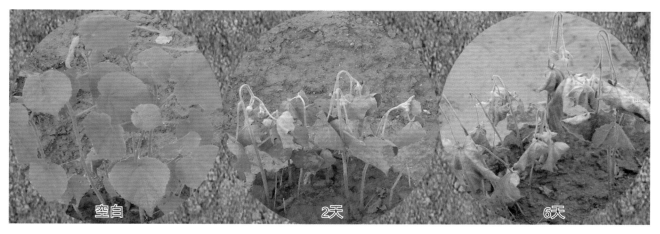

图3-87　氟烯草酸生长期施药后苘麻的中毒死亡过程。2天后茎叶大量失绿、黄化，叶片开始大量枯黄；6天后茎叶枯死，全株基本死亡。

图3-88　氟唑草酮施药后猪殃殃的中毒死亡过程。2天茎叶部分失绿、黄化，部分叶片枯黄；6天后茎叶大量失绿、黄化，部分叶片枯黄；14天后茎叶大量枯死，未受药心叶长出新叶；20天后恢复生长。

图3-89　氟磺胺草醚施药后香附子的中毒死亡过程。2天后叶片大量失绿、黄化，部分叶片枯黄；5天后叶片大量枯黄、死亡；12天后发出大量新叶，生长基本恢复。

图3-90　氟唑草酮施药后播娘蒿的中毒死亡过程。2天后叶片斑点失绿、枯黄；4天后叶片出现大量坏死斑点，或大部分失绿、枯黄、枯焦；5天后叶片开始枯黄、死亡；7天后大量叶片枯黄、死亡，少数未施药部位尚有绿色生长叶片，因此施药要均匀。

　　③安全用药原则与作物药害症状　该类药剂选择性强，对靶标作物虽然可能会发生触杀性药害，但一般短期内即可以恢复，对作物生长影响不大。但是，在高温干旱等不良环境、飘移或误用条件下仍然可以发生药害。芽前施用的除草剂，选择性是靠位差和生化选择的，因而播种过浅、积水时，均易发生药害。茎叶处理的除草剂种类，在药剂接触到叶片时起触杀作用，其选择性主要是由于目标作物可以代谢分解这类除草剂，因而在温度过高、过低时，作物的代谢能力受到影响，作物的耐药能力也随之降低，易产生药害。产生药害迅速，药害症状初为水浸状，后呈现褐色坏死斑，而后叶片出现红褐色坏死斑，重者逐渐连片死亡。未伤生长点的作物，逐渐恢复生长，但长势受到不同程度抑制。药害症状见图3-91至图3-100。

图3-91　在花生生长期，叶面喷施三氟羧草醚后药害表现过程。1天后叶片斑点失绿、枯黄；3天后叶片出现斑点枯黄或褐色斑点；10天后下部老叶出现褐色斑点，上部发出新叶生长正常，对花生生长影响较小。

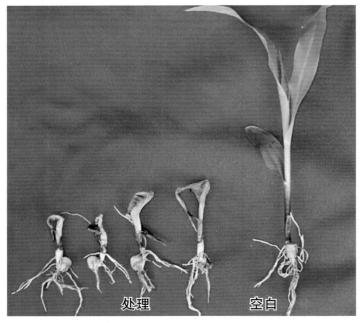

图3-92　在玉米播后芽前，遇持续高温高湿天气，喷施恶草酮后药害症状。苗后茎叶斑点性枯黄，畸形卷缩，轻度药害尚可恢复，重者可致死亡。

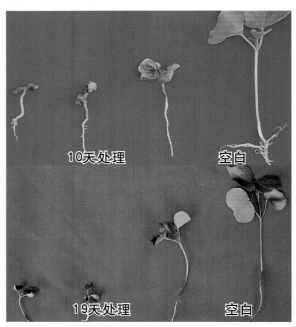

图3-93　在棉花播后芽前，遇持续高温高湿天气，喷施恶草酮后药害症状。苗后茎叶发黄，叶片出现斑点性黄褐斑，重者可致叶片枯死；轻者有少量枯黄斑。

图3-94　在大豆生长期，叶面喷施乙羧氟草醚后药害表现过程。 8小时后叶片黄化、斑点失绿、枯黄；3天后叶片斑点枯黄，其他叶片开始复绿；10天后下部老叶叶片斑点枯黄，上部发出新叶，生长恢复正常。

图3-95　在甘薯生长期，飘移或误用氟磺胺草醚5天后药害症状。 受药叶片基本枯死，未受药叶片逐渐恢复生长。左边为空白对照，右边为施药处理。

图3-96　在花生播后芽前喷施乙氧氟草醚的药害症状。 花生可以出苗，叶片出现黄褐色斑点，一般对花生影响不大。

图3-97　在小麦生长期，叶面喷施氟唑草酮的药害症状。 叶片出现斑点状黄点，一般情况下对小麦生长没有影响。

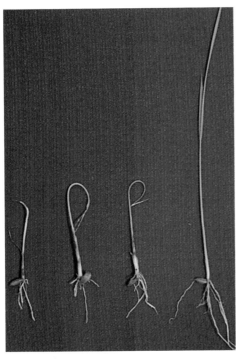

图3-98 在育秧田水稻播后芽前喷施恶草酮的药害症状。水稻茎叶出现黄褐色斑点，幼苗卷缩生长不正常，轻者可恢复。

图3-99 在水稻生长期喷施恶草酮的药害症状。叶片出现黄褐色斑点，一般情况下对水稻生长没有影响，但重者可致叶片枯死。

空白　　　　　处理

图3-100　在花生播后芽前，遇持续高温高湿天气，喷施恶草酮10天后药害症状。苗后茎叶发黄，叶片出现斑点性黄褐斑，叶片皱缩。

（二）抑制氨基酸生物合成

氨基酸生物合成过程是植物体的重要生命过程，目前作用于这类过程的除草剂有以下两类。

1. 抑制芳香族氨基酸的生物合成

莽草酸途径是一个重要的生化代谢路径，一些芳香族氨基酸如色氨酸、酪氨酸、苯丙氨酸和一些次生代谢产物如类黄酮、花色糖苷(anthocyanins)、激素(auxins)、生物碱(alkaloids)的生物合成都与莽草酸有关。在这类物质的生物合成过程中，5-烯醇丙酮酸基莽草酸-3-磷酸合成酶(5-enolpyruvyl shikimate-3-phosphate synthase，简称EPSP synthase)发挥着重要的作用。草甘膦可以抑制5-烯醇丙酮酸基莽草酸-3-磷酸合成酶，从而阻止芳香族氨基酸的生物合成，是该类典型的除草剂。

（1）杂草中毒症状　草甘膦主要抑制杂草分生组织的代谢和生物合成过程，使植物生长受抑制，最终死亡。受害后的杂草首先失绿、黄化，随着黄化而逐渐生长停滞、枯萎死亡。从施药到完全死亡所需时间较长，一般情况下死亡需要7~10天。杂草中毒症状见图3-101至图3-105。

图3-101 草甘膦施药后反枝苋的中毒死亡过程。3天后叶片黄化、心叶黄萎，生长受抑制；5天后叶片黄化、枯萎，生长受抑制；7天后植株基本枯死。

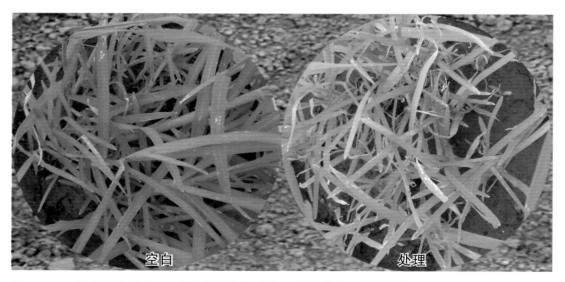

图3-102 草甘膦施药后8天牛筋草的中毒症状。叶片黄化、枯萎死亡。

图3-103 草甘膦施药8天后鳢肠的中毒症状。 叶片黄化、枯萎死亡。

3-104 草甘膦防治牛筋草的中毒症状。

图3-105 草甘膦施药后香附子的中毒死亡过程。 5天叶片黄化，生长受抑；7天叶片黄化、心叶开始枯黄死亡，生长受抑制；12天后叶黄化、心叶枯黄死亡。

　　(2)安全应用原则与作物药害症状 草甘膦是灭生性除草剂，所有绿色植物叶片均能吸收该药剂，对大多数绿色植物均有害。该药主要用于非耕地，也可用于玉米、棉花等作物田定向喷雾，防治多种杂草。该药使用不当、飘移或误用到作物上均易发生药害。受害后的作物失绿、黄化，随着黄化而逐渐生长停滞、枯萎死亡。作物药害症状见图3-106至图3-110。

图3-106 草甘膦误用到玉米的药害表现过程。 5天后黄化、生长停滞，个别叶片枯萎死亡；11天后大量黄化，并伴有紫色，生长停滞，部分叶片枯萎死亡；16天后大量枯萎死亡。

图3-107 在玉米苗期施用草甘膦10天后的田间药害症状。 玉米心叶黄化，生长受抑，逐渐枯萎死亡。左为施药不当，右为未受害的玉米。

图3-108 玉米苗期施用草甘膦10天后的具体药害症状。 玉米心叶发黄，生长受抑，逐渐枯萎死亡。

图3-109 草甘膦误用或飘移到白菜苗4天后的药害症状。 白菜苗黄化、生长停滞，个别叶片枯萎死亡。

图3-110 草甘膦误用或飘移到白菜苗10天的药害症状。白菜黄化、逐渐枯萎死亡。

2. 抑制支链氨基酸的生物合成

支链氨基酸如亮氨酸、异亮氨酸、缬氨酸是蛋白质生物合成中的重要组成成分。这些支链氨基酸的生物合成过程中具有一个重要的酶，即乙酰乳酸合成酶(简称ALS)。很多除草剂可以抑制乙酰乳酸合成酶，从而导致蛋白质合成受阻，植物生长受抑制而死亡。抑制乙酰乳酸合成酶的除草剂主要有以下几类。

磺酰脲类：噻磺隆、苯磺隆、绿磺隆、醚磺隆、烟嘧磺隆、砜嘧磺隆、苄嘧磺隆、氯嘧磺隆、甲嘧磺隆、吡嘧磺隆、胺苯磺隆、乙氧嘧磺隆、酰嘧磺隆（禁用）、环丙嘧磺隆。

咪唑啉酮类：咪唑乙烟酸、甲氧咪草酸。

磺酰胺类：唑嘧磺草胺。

嘧啶水杨酸类：双草醚、肟草醚。

(1)杂草中毒症状 抑制乙酰乳酸合成酶的除草剂主要抑制杂草生物合成过程，植物生长受抑制，最终死亡。受害后的杂草根、茎、叶生长停滞，生长点部位失绿、黄化、生长逐渐停滞、枯萎死亡。该类除草剂对杂草作用迅速，施药后很快抑制杂草生长，但从施药到完全死亡所需时间较长，一般情况下死亡需要10~30天。杂草中毒症状见图3-111至图3-126。

图3-111 噻磺隆施药后播娘蒿的中毒死亡过程。5天后杂草生长点部位失绿、黄化；9天后生长点部位失绿、黄化，生长受抑制；17天后叶片黄化并伴有紫色，部分叶片死亡，生长受抑制；25天叶片枯黄，逐渐枯死。

图3-112 苯磺隆施药后米瓦罐的中毒死亡过程。7天后杂草生长点部位失绿黄化、生长受抑制；10天后生长点部位失绿、发紫、枯黄，生长明显受到抑制。

图3-113 苄嘧磺隆施药后猪殃殃的中毒死亡过程。7天后生长点部位失绿、黄化，个别叶片出现紫红斑，生长受抑制；9天后叶片黄化、部分叶片出现紫红斑，心叶枯萎，生长受抑制；15天后大量叶片出现紫红斑，部分叶片和心叶枯萎，生长受抑制；21天后茎叶逐渐枯萎死亡，生长受到显著抑制。

图3-114 甲磺隆施药后佛座的中毒死亡过程。9天后叶片黄化、个别叶片开始出现枯萎，生长受到抑制；15天后叶片枯黄，部分叶片死亡，生长受到抑制；20天后叶片枯死脱落，植株逐渐死亡。

图3-115 咪草烟施药后反枝苋的中毒死亡过程。10天后叶片黄化、心叶枯萎，生长受到抑制；14天后大量叶片黄化，心叶枯萎，生长受到抑制；21天后植株明显矮化，心叶枯萎坏死，生长受到明显抑制。

图3-116 甲基二磺隆施药后野燕麦的中毒死亡过程。7天后叶片黄化、心叶枯萎，生长受到抑制；14天后叶片黄化、心叶变褐；20天后全株枯萎，逐渐死亡。

图3-117　烟嘧磺隆施药后牛筋草的中毒症状。10天后杂草失绿、黄化，生长受抑制；14天后生长点嫩叶枯萎，逐渐死亡。

图3-118　甲基二磺隆施药后20天野燕麦的中毒症状。全株枯萎变褐，生长点和节间分生组织变褐坏死，逐渐死亡。

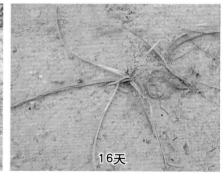

图3-119　甲咪唑烟酸施药后香附子的中毒死亡过程。6天后心叶失绿、黄化，生长受抑制；10天后部分叶片枯死；16天后从心叶枯萎死亡。

图3-120　甲咪唑烟酸芽前施药防治香附子的中毒症状。可以明显抑制香附子出苗生长。

图3-121 砜嘧磺隆生长期施药防治香附子的中毒死亡过程。6天后心叶黄化，生长受到明显抑制；9天后心叶黄化、枯萎，个别叶片开始枯死，生长明显受抑制。

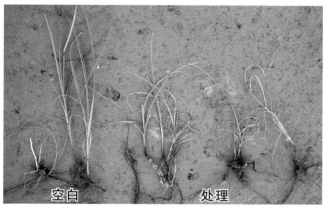

图3-122 砜嘧磺隆生长期施药防治香附子18天后的中毒症状。茎叶逐渐枯萎死亡，各处理生长均受到明显抑制。

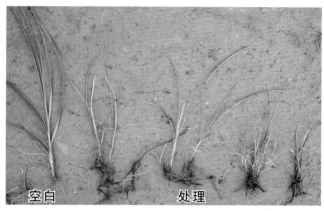

图3-123 烟嘧磺隆生长期施药防治香附子14天后的中毒症状。生长缓慢，茎叶逐渐枯萎死亡。

图3-124 烟嘧磺隆生长期施药防治香附子的中毒死亡过程。6天后心叶黄化，生长受到明显抑制；14天后心叶黄化、枯死，全株低矮，开始出现死亡症状。

图3-125 烟嘧磺隆生长期施药防治香附子14天后地下块茎的中毒症状。地下块茎变褐腐烂，没有再发新芽的能力。

图3-126 未受药剂处理的香附子。地下块茎肥大发白，不断发出新苗。

（2）**安全应用原则与作物药害症状**　该类除草剂均有较好的选择性，多数除草剂对靶标作物较为安全；但部分品种在高温、干旱等不良环境条件下对靶标作物也可能产生药害。由于误用、飘移也会对周围作物发生药害。该类除草剂中部分品种残留期较长，易对后茬作物发生药害，应用时务必高度注意。作物受害后的药害主要表现为根、茎、叶生长停滞，生长点部位失绿、黄化、畸形、生长停滞、枯萎死亡。典型药害症状见图3-127至图3-139。

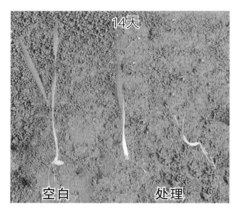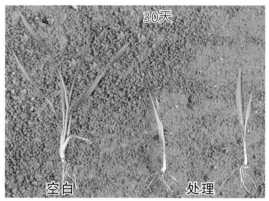

图3-127　在小麦播后芽前过量施用甲磺隆的药害表现过程。14天后生长受抑制，根系弱小，茎叶发黄矮缩、畸形；25天后生长受抑制，根系弱小，但生长开始有所恢复；30天后生长有所恢复，但较空白对照长势较差。

图3-128　在玉米田施用烟嘧磺隆过晚过量的残留对小麦的药害症状。小麦生长明显受到抑制，心叶黄化、矮缩。

图3-129　在玉米芽前施用过量噻磺隆对玉米的药害症状。玉米生长明显受到抑制，植株矮缩、叶片黄化。

图3-130　在玉米芽前施用过量噻磺隆对玉米的药害症状。玉米生长明显受到抑制，心叶黄化、矮缩。

图3-131 在玉米生长期施用过量烟嘧磺隆对玉米的药害症状。玉米叶片出现枯黄斑点，尤以玉米心叶较多。

图3-132 在玉米生长期施用过量烟嘧磺隆对玉米的药害症状。在施用剂量明显超量时，玉米叶片出现枯黄斑点，心叶皱缩，并严重抑制玉米生长，甚至导致玉米畸形死亡。

图3-133 在玉米生长期施用过量烟嘧磺隆对玉米的药害症状。玉米叶片出现枯黄斑点，轻者几天后恢复，重者可以维持到生长后期，且抑制玉米生长。

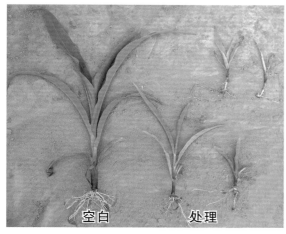

图3-134 在玉米芽前施用过量噻磺隆对玉米的药害症状。玉米生长明显受到抑制，轻者心叶黄化、矮缩，重者可致玉米枯萎死亡。

图3-135 在玉米生长期施用过量烟嘧磺隆对玉米穗的药害症状。玉米穗的生长发育受到明显抑制，穗明显变小、穗粒数明显减少，有的玉米穗出现畸形。

图3-136 在麦田施用甲磺隆的残留对后茬花生的药害症状。花生生长明显受到抑制，心叶黄化、矮缩，重者可致死亡。

图3-137　在麦田施用甲磺隆的残留对后茬花生的药害症状。花生生长明显受到抑制，基本上没有花生果，植株矮缩，重者可致死亡。

图3-138　在麦田施用绿磺隆的残留对大豆的药害症状。大豆生长明显受到抑制，心叶黄化、矮缩，重者可致死亡。

图3-139　在麦田施用绿磺隆的残留对大豆叶片的药害症状。药害大豆心叶发黄、叶脉发红发紫。

3．抑制谷氨酰胺合成酶

谷氨酰胺合成酶是一个对植物氮代谢很重要的酶。它能催化氨和谷氨酸合成谷氨酰胺，谷氨酰胺在几种氨基酸生物合成过程中丙酮酸转氨作用中发挥着重要作用。同时，它也是维持植物细胞中较低水平氨的有效方法。该酶可以被草铵膦、双丙氨酰膦等竞争性抑制。

4.抑制组氨酸的生物合成

组氨酸是植物蛋白质合成中的一种重要氨基酸，在其生物合成过程中，咪唑基磷酸丙三醇脱氢形成咪唑基磷酸乙酸的重要反应过程是由咪唑磷酸丙三醇脱氢酶催化完成的。咪唑磷酸丙三醇脱氢酶(简称IGPD)的强烈抑制剂有三唑类的杀草强等。

（三）干扰内源激素

激素调节着植物的生长、分化、开花和成熟等，有些除草剂可以作用于植物的内源激素，抑制植物体内广泛的生理生化过程。苯氧羧酸类和苯甲酸类是典型的激素类除草剂。

苯氧羧酸类和苯甲酸类除草剂的作用途径类似于吲哚乙酸(IAA)，微量的2,4-滴可以促进植物的伸长，而高剂量时则使分生组织的分化被抑制，伸长生长停止，植株产生横向生长，导致根、茎膨胀，堵塞输导组织，从而导致植物死亡。

吡啶羧酸类毒莠定、使它隆、绿草定、氟啶酮等，也具有生长激素类除草机制，至于其具体作用机制尚不清楚。

最近研究发现，喹啉羧酸衍生物，如二氯喹啉酸、氯甲喹啉酸，可以有效地促进乙烯的生物合成，导致大量脱落酸的积累，使气孔缩小、水蒸发减少、CO_2吸收减少、植物生长速度减慢，有趣的是二氯喹啉酸可以有效地防治稗草，氯甲喹啉酸可以有效地防治猪殃殃。另外，草除灵等也是通过干扰植物激素而发挥除草作用的。

(1)杂草中毒症状　激素类除草剂，它们主要是诱导作物致畸，导致根、茎、叶、花和穗的生长产生明显的畸形变化，并逐渐枯萎、死亡。具体中毒症状见图3-140至图3-145。

图3-140　2,4-滴丁酯施药后播娘蒿的中毒死亡过程。2天后杂草畸形卷缩，生长受抑制；5天后植株严重畸形卷缩，生长受抑制；7天后开始逐渐枯萎；17天后植株卷缩、枯死。

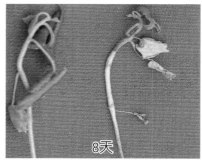

图3-141　氯氟吡氧乙酸施药后苘麻的中毒死亡过程。2天后植株畸形卷缩、枯黄，生长受抑制；5天后严重卷缩、枯黄，生长受到显著抑制；8天后开始枯萎死亡。

图3-142 2,4-滴丁酯施药后7天荠菜的中毒症状。植株严重畸形卷缩、枯黄，生长受抑制，并开始逐渐枯死。

图3-143 氯氟吡氧乙酸施药后5天猪殃殃的中毒症状。杂草畸形卷缩、生长受到抑制，并逐渐枯萎死亡。

图3-144 草除灵施药后3天反枝苋的中毒症状。茎叶畸形卷缩，生长受到显著抑制。

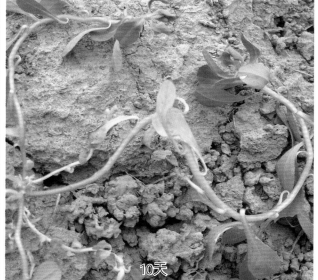

1天　　　　　　3天　　　　　　10天

图3-145 2,4-滴丁酯施药后泽漆的中毒死亡过程。1天后植株畸形卷缩，生长受抑制；3天后畸形卷缩、枯黄；10天后开始逐渐卷缩枯萎死亡。

（2）安全应用原则与作物药害症状 该类除草剂对作物选择性较强，对靶标作物相对安全；但生产中施用不当，或生育期与环境条件把握不好会发生药害。苯氧羧酸类除草剂系激素型除草剂，它们诱导作物致畸，不论是根、茎、叶、花及穗均产生明显的畸形现象，并长久不能恢复正常。药害症状持续时间较长，而且生育初期所受的影响，直到作物抽穗后仍能显现出来。受害植物不能正常生长，敏感组织出现萎黄、生长发育缓慢、萎缩死亡。典型药害症状见图3-146至图3-149。

图3-146 在小麦开始拔节期，过晚喷施2,4-滴丁酯的药害症状。小麦茎叶畸形不能抽穗，或抽穗后麦穗畸形，发育不良。

图3-147 在玉米苗期，过早（4叶期以前）施用2甲4氯钠盐的药害症状。玉米畸形扭曲，倒伏，轻者可恢复，重者生长受到显著抑制。

图3-148 在玉米大喇叭口期，气生根开始发生，过晚施用2甲4氯钠盐后期的药害症状。气生根发育受阻，不能继续发出，根系发育畸形，根系弱小。

图3-149 在棉花生长期，模仿飘移喷施少量2,4-滴丁酯的药害症状。茎叶畸形卷缩，不能正常发育，生长受到抑制，重者逐渐卷缩死亡。

(四)抑制脂类的生物合成

植物体内脂类是膜的完整性与机能以及一些酶活性所必需的物质，其中包括线粒体、质体与胞质脂类，每种脂类都是通过不同途径进行合成。通过大量的研究，目前已知影响酯类合成的除草剂有4类：硫代氨基甲酸酯类(thiocarbamate)；酰胺类(amides)；环己烯酮类(cyclohexanedione oximes)；芳氧基苯氧基丙酸类(aryloxyphenoxypropionates)。其中芳氧基苯氧基丙酸类、环己烯酮类除草剂则是通过对乙酰辅酶A羧化酶抑制脂肪酸合成而导致脂类合成受抑制；硫代氨基甲酸酯类和酰胺类主要抑制脂肪酸的生物合成。

1. 乙酰辅酶A羧化酶抑制剂

(1)杂草中毒症状　芳氧基苯氧基丙酸类、环己烯酮类等除草剂的主要作用机制是抑制乙酰辅酶A合成酶，从而干扰脂肪酸的生物合成，影响植物的正常生长。它的主要作用部位是植物的分生组织，一般于施药后48小时即开始出现药害症状，生长停止、心叶和其他部位叶片变紫变黄，最明显的症状是叶片基部坏死、茎节腐烂，而后逐渐枯萎死亡。杂草中毒症状见图3-150至图3-153。

图3-150　精噁唑禾草灵施药后野燕麦的中毒死亡过程。 7天后杂草茎节枯萎、变褐，生长受到抑制；10天后茎节枯萎坏死、变褐，生长严重受抑制；14天后心叶枯萎死亡，全株逐渐坏死。

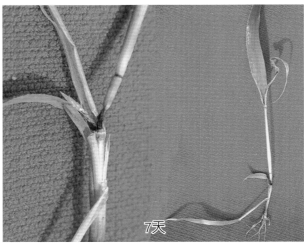

图3-151　精喹禾灵施药后狗尾草的中毒死亡过程。 5天后茎节枯萎变色，生长受到抑制；7天后茎节枯萎、变褐色，茎节点逐渐坏死，生长受抑制；12天后植株逐渐死亡。

图3-152　稀禾啶施药后牛筋草的中毒死亡过程。 5天后茎节枯萎变色，生长受到抑制；7天后心叶萎黄，茎节枯萎、变褐色，生长受抑制；10天后心叶变黄枯萎，茎节点变褐坏死，生长严重受抑制；14天后心叶坏死，茎节点腐烂，植株基本枯萎死亡。

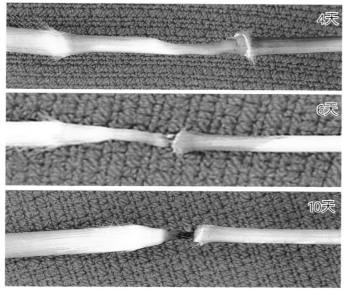

图3-153　精恶唑禾草灵施药后马唐的中毒死亡过程。 4天后茎节枯萎变色；6天后茎节枯萎变黑，生长严重受抑制；10天后逐渐死亡。

　　(2)安全应用原则与作物药害症状　芳氧基苯氧基丙酸类、环己烯酮类、苯基吡唑啉类除草剂对阔叶作物高度安全，但对禾本科作物易发生药害，生产中由于误用或飘移可能发生药害。但其中禾草灵、精恶唑禾草灵加入安全剂后也可以用于小麦，对小麦相对安全。该类除草剂对作物的药害症状表现为受害后植物迅速停止生长，幼嫩组织的分裂组织停止生长，而植物全部死亡所需时间较长；植物受害后的第一症状是叶色萎黄，特别是嫩叶最早开始萎黄，而后逐渐坏死，最明显的症状是叶片基部坏死、茎节坏死，导致叶片萎黄死亡，部分禾本科植物叶片卷缩、叶色发紫，而后枯死。药害症状见图3-154至图3-159。

图3-154　在小麦生长期过量施用精恶唑禾草灵4~6天的药害症状。 小麦叶片中间部位出现斑点失绿黄化。

图3-155 在小麦生长期过量施用精恶唑禾草灵9天后的药害症状。叶片出现部分斑点性黄化，一般情况下对小麦影响不大，但重者可致小麦枯死。

图3-156 在小麦生长期过量施用精恶唑禾草灵11天后的药害症状。叶片出现部分斑点性黄化，一般情况下对小麦影响不大，但重者可影响小麦生长。

图3-157 在小麦生长期过量施用精恶唑禾草灵26天后的药害症状。叶片出现大片枯黄，重者可致小麦枯死。

空白　　　　　　　处理

图3-158 在玉米生长期烯草酮误用或飘移9天后的药害症状。叶片黄化并伴有紫化，生长受到抑制。

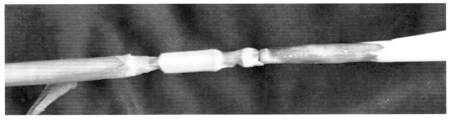

图3-159 在玉米生长期烯草酮误用或飘移9天后的药害症状。生长受到严重抑制，茎节点坏死，枯萎死亡。

2．脂肪酸合成抑制剂

(1)杂草中毒症状 硫代氨基甲酸酯类和酰胺类等除草剂的主要作用机制是抑制脂肪酸的生物合成，影响植物种子的发芽和生长。该类除草剂主要是土壤封闭除草剂，其症状就是杂草种子不能发芽而坏死，施药后在土表难以直接观察死草症状。杂草中毒症状见图3-160和图3-161。

图3-160 异丙草胺在芽前施药后马唐的中毒症状。幼芽畸形卷缩，不能正常发芽出苗而卷缩死亡。

图3-161 丙草胺在芽前施药后马唐的中毒症状。幼芽畸形卷缩，不能正常发芽出苗生长而卷缩死亡。

(2)安全应用原则与作物药害症状 该类除草剂中大多数品种是土壤处理的除草剂，其除草效果和安全性均与土壤特性，特别是有机质含量及土壤质地有密切关系。施药后如遇持续低温及土壤高湿，会对作物产生一定的药害。该类除草剂可以用于多种作物，但对不同作物的安全性差异较大，应用不当易发生药害。该类除草剂主要抑制根与幼芽生长，造成幼苗矮化与畸形，幼芽和幼叶不能完全展开，玉米叶鞘不能正常抱茎；大豆叶片中脉变短，叶片皱缩、粗糙，产生心脏形叶，心叶变黄，叶缘生长受抑制，出现杯状叶；花生叶片变小，出现白色坏死斑。药害症状出现于作物萌芽与幼苗期，一般情况下，随着环境条件的改善和作物生长，药害可能恢复。药害症状见图3-162至图3-181。

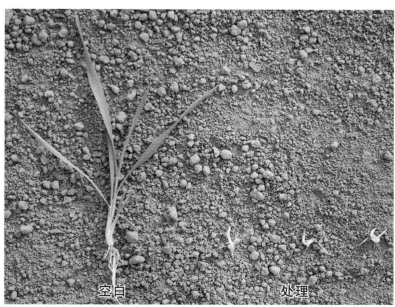
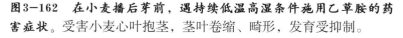

图3-162 在小麦播后芽前，遇持续低温高湿条件施用乙草胺的药害症状。受害小麦心叶抱茎，茎叶卷缩、畸形，发育受抑制。

图3-163 在小麦播后芽前，遇持续低温高湿条件施用乙草胺的药害症状。受害小麦苗后生长缓慢，畸形矮缩，发育受到抑制。

图 3-164 在小麦播后芽前，遇持续低温高湿条件施用乙草胺的药害症状。受害小麦苗后生长缓慢，畸形矮缩，虽可以有所恢复，但较正常小麦发育明显受到抑制。

处理　空白

图3-165 在水稻芽期苗床施用丁草胺的药害症状。受害水稻心叶抱茎，茎叶卷缩、畸形、枯黄，发育受抑制。

空白　处理

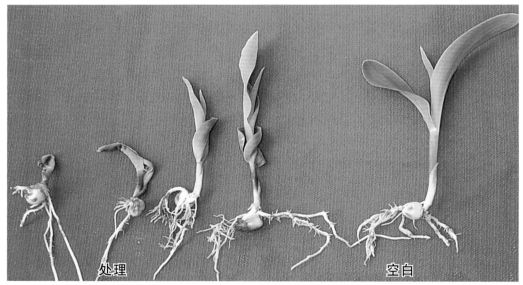

图3-166 在玉米播后芽前，遇持续低温高湿的条件，施用乙草胺6天后的药害症状。受害玉米心叶抱茎、茎叶卷缩、畸形，生长受到抑制。

处理　空白

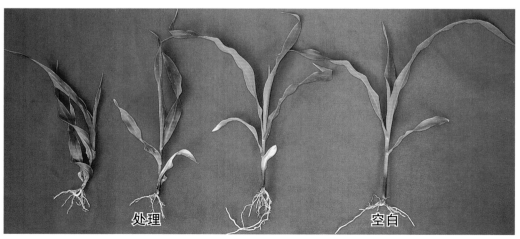

图3-167 在玉米播后芽前，遇持续低温高湿的条件，施用乙草胺18天后的药害症状。受害玉米心叶抱茎，茎叶卷缩、畸形，生长受到抑制，但一般情况下随着环境条件的改善和玉米的生长会逐渐恢复。

处理　空白

5天

7天

图3-168 在玉米生长期，特别是遇到高温干旱的条件，茎叶喷施异丙草胺的药害症状。5天后玉米叶片出现枯黄斑，一般情况下不影响玉米的生长，不影响新叶抽出，玉米很快就能够恢复生长；7天后心叶皱缩、畸形，发育失常，轻者随着生长可以缓慢恢复，重者可出现矮化、卷缩畸形以致死亡。

处理

空白

图3-169 在花生播后芽前，遇持续低温高湿条件，施用乙草胺12天后的药害症状。花生根和茎叶生长受抑制。

处理

空白

图3-170 在花生播后芽前，遇持续低温高湿条件，施用过量乙草胺的药害症状。受害花生生长缓慢、植株矮小、下胚轴粗大、根系较少。

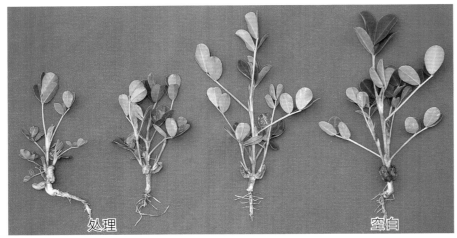

图3-171　在花生播后芽前，遇持续低温高湿条件，施用乙草胺18天后的药害症状。受害花生随着条件改善和生长长势逐渐恢复。

图3-172　在大豆播后芽前，遇持续低温高湿条件，施用丁草胺9天后的药害症状。受害大豆叶片皱缩，生长受到抑制，一般情况下会逐渐恢复。

图3-173　在豇豆播后芽前，遇持续低温高湿条件，施用乙草胺的药害症状。受害豇豆叶片皱缩，生长受抑制，轻度药害很快可以恢复。

图3-174　在豇豆播后芽前，遇持续低温高湿条件，施用过量乙草胺的药害症状。受害豇豆叶片皱缩，心叶畸形卷缩，生长受到严重抑制，多数需很长时间才能恢复，重者矮缩死亡。

图3-175 大豆施用异丙草胺的药害表现过程。播后芽前受害大豆新叶皱缩，生长受到抑制，一般会恢复；4天后受害叶片出现枯黄斑；15天后出现枯黄斑，轻者不影响新叶发出；17天后出现大量枯黄斑，重者矮缩死亡。

图3-176 在黄瓜播后芽前施用50%乙草胺乳油，遇持续低温高湿条件，或施用过量的药害症状。受害黄瓜发育缓慢，生长受到抑制。

图3-177 在黄瓜播后芽前施用50%乙草胺乳油，遇持续低温高湿条件，或施用过量的药害恢复情况。受害黄瓜发育缓慢，生长受到抑制，轻度药害很快可以恢复。

图3-178 在辣椒播后芽前，遇持续低温高湿天气，施用50%禾草丹乳油18天后的药害症状。辣椒发育缓慢，药害轻者会逐恢复生长。

图3-179　在番茄生长期施用敌草胺的药害症状。受害番茄心叶卷缩，轻者逐渐恢复生长，重者逐渐矮缩死亡。

图3-180　在油菜播后芽前施用乙草胺，遇持续低温高湿条件，或施用过量的药害症状。受害油菜发育缓慢，生长受到抑制，轻度药害很快可以恢复，重者矮缩死亡。

图3-181　在大蒜播后芽前施用乙草胺，遇持续低温高湿条件，或施用过量的药害症状。大蒜生长矮化、叶片卷缩，轻度药害很快可以恢复。

（五）抑制细胞分裂

　　细胞自身具有增殖能力，是生物结构体功能的基本单位。细胞在不断地世代交替，即有一定的细胞发生周期，不断地进行DNA合成、染色体的复制，从而不断地进行细胞分裂、繁殖。很多除草剂对细胞分裂产生抑制作用，包括一些直接和间接的抑制过程。

　　二硝基苯胺类和磷酰胺类除草剂是直接抑制细胞分裂的化合物。二硝基苯胺类除草剂的氟乐灵和磷酰胺类的胺草磷是抑制微管的典型代表，它们与微管蛋白结合并抑制微管蛋白的聚合作用，造成纺锤体微管丧失，使细胞有丝分裂停留于前期或中期，产生异常多核型。氨基甲酸酯类除草剂作用于微管形成中心，阻碍微管的正常排列。同时，它还通过抑制RNA的合成从而抑制细胞分裂。

　　氨基甲酸酯类具有抑制微管组装的作用。

　　氯乙酰胺类具有抑制细胞分裂的作用。

　　另外，二苯醚类中的环庚草醚、氧乙酰胺类的苯噻酰草胺、乙酰胺类的双苯酰草胺、萘丙胺，哒嗪类的氟硫草定等除草剂也有抑制细胞分裂的作用。

　　(1)杂草中毒症状　该类除草剂的主要作用机制是抑制细胞分裂，从而影响植物种子的发芽和生长。

该类除草剂主要是土壤封闭除草剂，其作用症状就是杂草种子不能发芽而坏死，施药后在土表难以直接观察死草症状。典型杂草中毒症状表现见图3-182至图3-184。

图3-182 地乐胺在马唐芽前施药后药害症状。马唐幼芽畸形卷缩，不能正常发芽出苗而卷缩死亡。

图3-183 地乐胺在马唐芽前施药后药害症状。马唐幼芽畸形卷缩，不能正常进行发芽出苗生长而卷缩死亡。

图3-184 二甲戊乐灵在苘麻芽前施药后药害症状。苘麻出苗时幼根受到抑制而不能出苗或出苗后生长缓慢而逐渐死亡。

(2)**安全应用原则与作物药害症状** 该类除草剂中大多数品种是土壤处理的除草剂，其除草效果和安全性均与土壤特性，特别是有机质含量及土壤质地有密切关系。施药后如遇持续低温及土壤高湿，对作物会产生一定的药害。该类除草剂可以用于多种作物，但对不同作物的安全性差异较大，应用不当易发生药害。该类除草剂严重抑制细胞的有丝分裂与分化，破坏核分裂，被认为是一种核毒剂。其破坏细胞正常分裂，根尖分生组织内细胞变小或伸长区细胞未明显伸长，特别是皮层薄壁组织中细胞异常增大，胞壁变厚。由于细胞极性丧失，细胞内液泡形成逐渐增强，因而在最大伸长区开始放射性膨大，从而造成通常所看到的根尖呈鳞片状。该类药剂的药害症状是抑制幼芽的生长和次生根的形成，具体药害症状是根短而粗、无次生根或次生根稀疏而短、根尖肿胀成棒头状、芽生长受到抑制、下胚轴肿胀、受害植物芽鞘肿胀、接近土表处出现破裂、植物出苗畸形、缓慢死亡。典型药害症状见图3-185至图3-187。

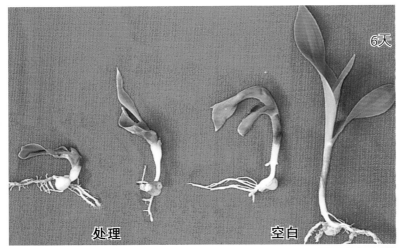

图3-185　在玉米播后芽前，过量喷施二甲戊乐灵后的药害症状。6天后出苗稀疏、根系发育受抑制、茎叶矮小、卷缩、畸形，生长受到严重抑制；18天后受害玉米生长受抑制，根系发育受抑制，茎叶矮小、卷缩、畸形。一般轻度药害可以恢复，重者严重矮化、矮缩。

图3-186　在花生播后芽前，过量喷施氟乐灵后的药害症状。8天后受害花生根系较弱、茎叶矮小，生长受到严重抑制；18天后受害花生逐渐恢复，重者矮小，生长受到严重抑制。

图3-187　在黄瓜播后芽前，过量喷施48%氟乐灵乳油25天后的药害症状。受害黄瓜根系较弱、茎叶皱缩，生长受到严重抑制；轻者逐渐恢复，重者根系弱小、茎叶皱缩，甚至矮缩死亡。

三、除草剂的选择性

农田应用的除草剂必须具有良好的选择性，即在一定用量与使用时期范围内，能够防治杂草而不伤害作物；由于化合物类型与品种的不同，形成了多种方式的选择性。

（一）形态选择性

不同种植物形态差异造成的选择性比较局限，安全幅度较窄。如叶片特性，叶片特性对作物能起一定程度保护作用，小麦、水稻等禾谷类作物的叶片狭长，与主茎间角度小，向上生长，因此，除草剂雾滴不易黏着于叶表面，而阔叶杂草的叶片宽大，在茎上近于水平展开，能截留较多的药液雾滴，有利于吸收；生长点位置，禾谷类作物节间生长，生长点位于植株基部并被叶片包被，不能直接接触药液，而阔叶杂草的生长点裸露于植株顶部及叶腋处，直接接触除草剂雾滴，极易受害；生育习性，如大豆、果树等根系庞大，入土深而广，难以接触和吸收施于土表的除草剂，一年生杂草种子小，在表土层发芽，处于药土层，故易吸收除草剂，这种生育习性的差异往往导致除草剂产生位差选择性。

(二)生理选择性

生理选择性是不同植物对除草剂吸收及其在体内运转差异造成的选择性。

不同种植物及同种植物的不同生育阶段对除草剂的吸收不同；叶片角质层特性、气孔数量与开张程度、茸毛等均显著影响吸收，角质层特性因植物种类、年龄及环境条件而异，幼嫩叶片及遮阴处生长的叶片角质层比老龄叶片及强光下生长的叶片薄，易吸收除草剂；气孔数量因植物而异，其开张程度则因环境条件而变化，同种植物的同一叶片，其下表皮气孔数远超过上表皮，二者差10倍以上，气孔大小相差5~6倍，凡是气孔数多、开张程度大的植物易吸收除草剂。

除草剂在不同种类植物体内运转速度的差异是其选择性因素之一，禾草特在水稻体内仅向上运转，而在稗草体内既向上也向下运转，并分布于植株各部位；大豆不同品种对嗪草酮的敏感性差异也与运转有关。

(三)生物化学选择性

生物化学选择性是除草剂在不同植物体内通过一系列生物化学变化造成的选择性，大多数这样的变化是酶促反应。

活性化机制差异的选择性，2甲4氯丁酸在荨麻等敏感性阔叶杂草体内通过氧化作用转变为2甲4氯，从而受害死亡，但在三叶草、芹菜体内由于不存在氧化作用，所以虽然吸收药剂也不受害。

氧化与还原反应，作物吸收除草剂后，在体内进行氧化与还原作用，使其丧失活性；氧化反应系微粒体多功能氧化酶及过氧化氢酶诱导的解毒反应，大多数除草剂都能进行此种反应；还原作用系硝基还原酶诱导的反应，二硝基苯胺及硝基二苯醚除草剂多进行此种反应。

水解反应，水解反应是若干重要类型除草剂在抗性作物中的重要解毒机制，如敌稗在水稻体内通过芳基酰胺酶诱导，迅速水解产生3,4-二氯苯胺与丙酸，使其活性丧失，稗草体内由于缺乏此种酶而不能水解，故受害死亡。

结合作用，结合作用是许多除草剂的重要选择性机制，除草剂往往与谷胱甘肽、葡萄糖、氨基酸等多种物质结合。分子结构中含酚、N-芳胺或羧酸的除草剂以及通过氧化、还原、水解而代谢为酚、苯胺或酸的除草剂均能与糖类结合，如苯达松、禾草丹、禾草灵等，其中以葡萄糖结合物最普遍。

谷胱甘肽结合作用是许多除草剂的重要选择性机制，因为这种反应具有广泛的基质，谷胱甘肽结合作用多为谷胱甘肽-S-转移酶催化的反应，这种反应与酶活性强弱有关，而氯代乙酰胺除草剂则为非酶促反应，在这种情况下，植物抗性强弱与其谷胱甘肽或高谷胱甘肽含量密切相关。

(四)人为选择性

人为选择性是根据除草剂特性，利用作物与杂草生育特性的差异，在使用技术上造成的选择性，这种选择性的安全幅度小，要求一定的条件。

位差选择性，利用作物与杂草根系及种子萌发所处土层的差异造成的选择性，如水稻插秧返青后，将丁草胺拌土撒施，药剂接触水层后扩散、下沉于表土层被吸附，不向下移动，稗草幼芽接触药剂吸收而死亡，水稻根系处于药土层之下，叶片在水层之上，故不受害。果树根系入土深，一年生杂草种子多在表土层发芽，所以在果园可以安全应用长持效性除草剂莠去津、西玛津等。

时差选择性，利用作物与杂草发芽出土时期的差异，在使用时期上人为造成选择性，如水稻机械免耕栽培中，稗草出苗比水稻早，待大部分稗草及其他杂草出苗后，喷洒合适的药剂，药剂接触土壤后迅速失效，故不影响其后水稻出苗与生育。

局部选择性，在作物生育期采用保护性装置喷雾或定向喷雾，消灭局部杂草，如在喷嘴上安装保护罩防治果园树干周围的杂草。

四、除草剂的降解

作为人工合成的化学除草剂，在农业生产中施用后，在防治杂草的同时，必然进入生态环境中；了解除草剂在环境中的归趋，不仅有利于安全使用，而且对于防止其在环境中蓄积与污染也是十分重要的。通常，除草剂施用后，通过物理、化学与生物学途径逐步消失。

（一）光解

施于植物及土壤表面的除草剂，在日光照射下进行光化学分解，此种光解作用是由紫外光引起的，光解速度决定于除草剂类型、品种及其分子结构、紫外光供应量、除草剂分子对光的吸收容量及温度。

大多数除草剂溶液都能进行光解，其所吸收的主要是220~400nm的光谱；不同类型除草剂的光解速度差异很大，二硝基苯胺除草剂特别是氟乐灵最易光解，其他各类除草剂光解缓慢。为防止光解，喷药后应耙地将药剂混拌于土壤中。

（二）挥发

挥发是除草剂特别是土壤处理除草剂消失的重要途径之一，挥发性强弱与化合物的物理特性、特别是饱和蒸汽压密切相关，同时也受环境条件制约；饱和蒸汽压高的除草剂，其挥发性强；二硝基苯胺类除草剂品种的饱和蒸汽压最高，其次是硫代氨基甲酸酯类除草剂，这些除草剂喷洒于土表后，迅速挥发，使活性丧失，而挥发的气体还易伤害敏感作物。同一品种的酯类比盐及酸挥发性强，如2,4-滴丁酯用于麦田除草时，由于挥发而易于伤害麦田附近的向日葵、瓜类、蔬菜及树木。

在环境因素中，温度与土壤湿度对除草剂挥发的影响最大：温度上升，饱和蒸汽压增大，挥发愈强。土壤湿度高，有利于解吸附作用，使除草剂易于释放于土壤溶液中成游离态，故易汽化而挥发。

（三）土壤吸附

吸附作用与除草剂的生物活性及其在土壤中残留与持效期有密切关系。除草剂在土壤中主要被土壤胶体吸附，其中有物理吸附与化学吸附。土壤对除草剂的吸附一方面决定于除草剂分子结构，另一方面决定于土壤有机质与黏粒含量，脲类、均三氮苯类、硫代氨基酸酯类等许多类型除草剂在土壤中易被吸附，而磺酰脲类与咪唑啉酮类除草剂不易被吸附；土壤有机质与黏粒含量高的土壤对除草剂吸附作用强。在土壤处理除草剂的使用中，应当考虑使土壤胶体对除草剂的吸附容量达到饱和，因而单位面积用药量应随土壤有机质及黏粒含量而增减，也可进行灌溉，以促进除草剂进行解吸附作用而提高除草效果。

（四）淋溶

淋溶是除草剂在土壤中随水分移动在土壤剖面的分布，除草剂在土壤中的淋溶决定于其特性与水溶度，土壤结构组成、有机质含量、pH值、透性以及水流量等。水溶度高的品种易淋溶，同种化合物的盐类比酯类淋溶性强；土壤不同，导致其表面积差异很大，黏粒与有机质含量高的土壤对除草剂吸附作用强，使其不易淋溶；反之，沙质土及沙壤土透性强，吸附作用差，故有利于淋溶。土壤pH值主要通过影响吸附及除草剂与土壤成分进行的化学反应而间接影响除草剂的淋溶，磺酰脲类除草剂在土壤中的淋溶随pH值上升而增强，故在碱性土中比酸性土易于淋溶。

淋溶性强的除草剂易渗入土壤剖面下层，不仅降低除草效果，而且易在土壤下层积累或污染地下水。在利用位差选择性时，由于淋溶使除草剂进入作物种子所在土层，易造成药害，因此，应根据除草剂品种水溶度及移动性强弱、土壤特性及其他影响水分移动的有关因素，确定最佳施药方法与单位面积用药量，以提高除草效果，并防止对土壤及地下水的污染。

（五）化学分解

化学分解是除草剂在土壤中消失的重要途径之一，其中包括氧化、还原、水解以及形成非溶性盐类与络合物。磺酰脲类除草剂在酸性土壤中就是通过水解作用而逐步消失的。当土壤中高价金属离子Ca^{2+}、Mg^{2+}、Fe^{2+}等含量高时，一些除草剂能够与这些离子反应，形成非溶性盐类；有的除草剂则与土壤中的钴、铜、铁、镁、镍形成稳定的络合物而残留于土壤中。

（六）生物降解

除草剂的生物降解包括土壤微生物降解与植物吸收后在其体内的降解。

微生物降解是大多数除草剂在土壤中消失的最主要途径。真菌、细菌与放线菌参与降解。在微生物作用下，除草剂分子结构进行脱卤、脱烷基、水解、氧化、环羟基化与裂解、硝基还原、缩合以及形成轭合物，通过这些反应使除草剂活性丧失。

土壤湿度、温度、pH值、有机质含量等显著影响除草剂的微生物降解，适宜的高温与土壤湿度促进降解，一些长残效性除草剂如莠去津与西玛津在我国南方地区由于环境条件适于其降解，故持效期比东北地区短。同一除草剂品种在同等用药量情况下，由于气候条件特别是温度与降雨的变化，也会造成年际间持效期长短的差异；因此，不同地区必须深入了解除草剂的降解速度与半衰期，以便合理使用并正确安排后茬作物。

被作物与杂草吸收的除草剂，通过一系列生物代谢而消失，这些代谢反应包括氧化、还原、水解、脱卤、置换、酰化、环化、同分异构、环裂解及结合，其中主要反应是氧化、还原、水解与结合。

第四章 除草剂的分类与类型

随着除草剂的生产与应用的不断发展，新型除草剂不断涌现，应用于农田的除草剂种类也越来越多，为便于科学地应用除草剂，应将除草剂进行科学分类。对于除草剂的分类，也有许多方法，如作用方式、输导性能、施用方法及化学结构等。

一、按除草剂的作用方式分类

依据除草剂对杂草的选择性作用方式，可将除草剂分为选择性和灭生性除草剂。

(1)选择性除草剂 除草剂在不同的植物间具有选择性，即能毒害或杀死杂草而不伤害作物，甚至只毒杀某种或某类杂草，而不损害作物和其他杂草，凡具有这种选择性作用的除草剂称为选择性除草剂。如甲咪唑烟酸、硝磺草酮、2甲4氯钠盐、苯达松、敌稗、禾草灵等(图4-1和图4-2)。

图4-1　花生田施用甲咪唑烟酸后，田间杂草逐渐死亡，花生生长良好

图4-2　在玉米苗期，施用硝磺草酮除草效果，杂草白化死亡，玉米生长良好

(2)灭生性除草剂 这类除草剂对植物缺乏选择性或选择性小，草苗不分，"见绿就杀"。这类除草剂一般不能直接用于处于生长期的农田，如百草枯、草甘膦等(图4-3和图4-4)。

图4-3　百草枯施用不当，
飘移到玉米上的药害症状

图4-4　玉米生长期，草甘膦错误用药后的药害症状

二、按输导性能分类

根据除草剂在植物体内输导性的差异，可以将除草剂分为触杀型和输导型。

（1）触杀型除草剂　此类除草剂接触植物后不在植物体内传导，只限于对接触部位的伤害。在应用这类除草剂时应注意喷施均匀。如氟磺胺草醚、百草枯等（图4-5和图4-6）。

图4-5　生长期喷施25%氟磺胺草醚水剂100ml/亩对藜的中毒症状表现与恢复过程比较。施用2~6天，藜叶片大量干枯死亡，但以后未死心叶和嫩枝又会恢复生长，生产上复发现象严重。

图4-6 百草枯防治田间杂草死亡表现，施药
不匀时，部分叶片和未能接触药剂的会出现大
量复发。

(2)输导型除草剂 这类除草剂被植物茎
叶或根部吸收后，能够在植物体内输导，将
药剂输送到其他部位，甚至遍及整个植株。
如2,4-滴丁酯、草净津、苄嘧磺隆等(图4-
7和图4-8)。

图4-7 2甲4氯钠盐防治杂草的死亡症状。茎
叶扭曲、枯萎、黄化、死亡。

图4-8 10%苄嘧磺隆可湿性粉剂不同剂量防治荠菜的效果和中毒死亡症状比较

三、按施用方法分类

除草剂按施用方法的不同可以分为土壤处理剂和茎叶处理剂。

(1)土壤处理剂 以土壤处理法施用的除草剂称为土壤处理剂。这类除草剂是通过杂草的根、芽鞘或下胚轴等部位吸收而发挥除草作用，如甲草胺、乙草胺、氟乐灵、地乐胺等(图4-9和图4-10)。

图4-9　播后芽前土壤处理

图4-10　地乐胺在马唐芽前施药后药害症状。马唐幼芽畸形卷缩，不能正常发芽出苗生长而卷缩死亡。

(2)茎叶处理除草剂 以茎叶处理法施用的除草剂称之为茎叶处理剂。这类除草剂一般能为杂草的茎叶或根系吸收。如2,4-滴丁酯*、草甘膦、草净津、甲咪唑烟酸水剂等(图4-11和图4-12)。

图4-11　花生生长期，喷施除草剂

图4-12　花生生长期，甲咪唑烟酸防治香附子的效果症状

*根据最新《农药管理条例》规定，该药已在全国范围内禁止使用。

四、按化学结构分类

依据除草剂的化学结构分类，除草剂可以分为如下类型：酰胺类、均三氮苯类、磺酰脲类、二苯醚类、脲类、氨基甲酸酯类、硫代氨基甲酸酯类、苯氧羧酸类、苯甲酸类、芳氧基苯氧基丙酸类、联吡啶类、二硝基苯胺类、有机磷类、咪唑啉酮类、哒嗪酮类、三氮苯酮类、脲嘧啶类、吡啶羧酸类、环己烯酮类、腈类、恶二唑类、磺酰胺类、嘧啶水杨酸类等，见表4-1。

表4-1　除草剂的主要类型、作用靶标及其主要品种

除草剂类型	作用靶标	主要品种
1.酰胺类 (amides)	脂类合成 (ipid ysthesis)	乙草胺、异丙甲草胺、甲草胺、丙草胺、克草胺、萘丙酰草胺、杀草胺、毒草胺、丁草胺、苯噻草胺、异丙草胺
	光合系统Ⅱ (photosynthesis system Ⅱ)	敌稗
2.均三氮苯类 (triazines)	光合系统Ⅱ (photosynthesis system Ⅱ)	莠去津、西玛津、扑草净、氰草净、西草净、扑草津、异丙净、氟草净
3.磺酰脲类 (sulfonylureas)	乙酰乳酸合成酶 (acetolactate synthase, ALS或AHAS)	噻磺隆、绿磺隆*甲磺隆*苯磺隆、醚苯磺隆、苄嘧磺隆、醚磺隆、氯嘧磺隆*嘧磺隆、吡嘧磺隆、烟嘧磺隆、胺苯磺隆*氟嘧磺隆
4.二苯醚类 (diphenylethers)	原卟啉氧化酶 (protoporphyrinogen)	乙氧氟草醚、三氟羧草醚、乳氟禾草灵、甲羧除草醚、氟磺胺草醚
5.脲类 (ureas)	光合系统Ⅱ (photosynthesis system Ⅱ)	绿麦隆、异丙隆、利谷隆、灭草隆、伏草隆、环己隆
6.氨基甲酸酯类 (carbamates)	(1)细胞分裂抑制剂 (2)光合系统Ⅱ (photosynthesis system Ⅱ)	灭草灵、甜菜安、甜菜宁、磺草灵、燕麦灵、氯苯胺灵
7.硫代氨基甲酸酯类 (thiocarbamates)	脂类合成 (lipid ysthesis)	丁草特、禾草丹、灭草猛、禾草特、环草敌、燕麦畏、丙草丹、安磺灵
8.苯氧羧酸类 (phenoxy carboxylic acid)	合成激素 (synthetic auxins)	2,4-滴丁酯*2,4-滴、2甲4氯钠盐、2甲4氯
9.苯甲酸类 (benzoic acid)	合成激素 (synthetic auxins)	麦草畏、豆科畏、敌草索
10.芳氧基苯氧基丙酸类 (aryloxyphenoxy propionic acid)	乙酰辅酶A羧化酶 (acetyl-CoA carboxylase, ACCase)	禾草灵、恶唑禾草灵、精吡氟禾草灵、高效氟吡甲禾灵、精喹禾灵、精恶唑禾草灵
11.苯基吡唑啉类 (Phenylpyrazoline)	乙酰辅酶A羧化酶 (acetyl-CoA carboxylase, ACCase)	唑啉草酯
12.联吡啶类 (bipyridyliums)	光合系统Ⅰ，电子转移抑制剂 (photosynthesis system Ⅰ)	百草枯、敌草快

除草剂类型	作用靶标	主要品种
13.二硝基苯胺类 (dinitroanilines)	作用于微管系统，抑制细胞分裂 (microtuble assembly)	二甲戊灵、地乐胺、氟乐灵
14.有机磷类 (organophosphoruses)	5-烯醇丙酮酰-莽草酸-3-磷酸合成酶 (EPSP synthase)	草甘膦
	谷氨酰胺合成酶 (glutamine synthase)	草铵膦
	作用于微管系统,抑制细胞分裂 (microtuble assembly)	哌草膦、胺草膦、莎稗膦
15.咪唑啉酮类 (imidazolinones)	乙酰乳酸合成酶 (acetolactate synthase,ALS或AHAS)	咪唑喹啉酸、咪唑烟酸、咪唑乙烟酸、咪草酯
16.哒嗪酮类 (pyridazinones)	光合系统Ⅱ (photosynthesis system Ⅱ)	辟哒酮、杀莠敏、抑芽丹、哒草特
	类胡萝卜素生物合成 (carotenoid biosynthesis)	哒草灭
17.三氮苯酮类 (triazinones)	光合系统Ⅱ (photosynthesis system Ⅱ)	嗪草酮、环嗪酮、苯嗪草酮
18.脲嘧啶类 (uracils)	光合系统Ⅱ (photosynthesis system Ⅱ)	特草定、环草定、除草定
19.吡啶羧酸类 (Pyridine-carboxylic acids)	合成激素 (synthetic auxins)	氨氯吡啶酸、氯氟吡氧乙酸、三氯吡氧乙酸、二氯吡啶酸
20.环己烯酮类 (cyclohexanediones)	乙酰辅酶A羧化酶 (acetyl-CoA carboxylase，ACCase)	稀禾啶、烯草酮、噻草酮、肟草酮
21.腈类 (nitriles)	光合系统Ⅱ (photosynthesis system Ⅱ)	溴苯腈、碘苯腈
22.恶二唑类 （Oxadiazoles）	原卟啉氧化酶 (protoporphyrinogen)	恶草酮、丙炔恶草酮
23.磺酰胺类 (sulfonamide)	乙酰乳酸合成酶 (acetolactate synthase,ALS或AHAS)	唑嘧磺草胺、五氟磺草胺、啶黄草胺
24.嘧啶水杨酸类 (pyrimidinylsalicylid acid)	乙酰乳酸合成酶 (acetolactate synthase,ALS或AHAS)	嘧草硫醚
25.吡啶类 （Pyridines）	微管系统 (microtuble assembly)	氟硫草定
26.苯并噻二唑类 (benzothiadiazole)	光合系统Ⅱ (photosynthesis system Ⅱ)	苯达松
27.三唑类 (trizole)	类胡萝卜素生物合成 (carotenoid biosynthesis)	杀草强
28.异恶唑烷二酮类 (isoxazolidinone)	双萜合成 (diterpenes)	异恶草酮

*禁用农药

五、除草剂的主要类型和代表品种

除草剂主要类型和品种见表4-2至表4-24。

表4-2　酰胺类除草剂的主要品种及其应用

除草剂通用名	除草剂别名	施药方式	施药适期	适用作物	有效成分用量(g/亩)	防除对象
1.乙草胺 Acetochlor	禾耐斯	土壤处理	播后芽前	玉米、花生、棉花、大豆、甘薯、水稻、油菜、马铃薯及十字花科、茄科、豆科、菊科、伞形花科蔬菜	50~100	防除一年生禾本科杂草和部分阔叶杂草
2.异丙甲草胺 Metolachlor	都尔、稻乐斯、屠莠胺	土壤处理	播后芽前	玉米、花生、棉花、大豆、甘薯、油菜、高粱、甜菜、甘蔗、向日葵	75~100	防除一年生禾本科杂草和部分阔叶杂草
3.精异丙甲草胺 S-metolachlor	金都尔	土壤处理	播后芽前	玉米、花生、棉花、大豆、甘薯、油菜、高粱、甜菜、甘蔗、向日葵	57~96	防除一年生禾本科杂草和部分阔叶杂草
4.甲草胺 Alachlor	拉索、草不绿	土壤处理	播后芽前	花生、棉花、大豆、玉米、油菜、马铃薯	100~200	防除一年生禾本科杂草和部分阔叶杂草
5.丙草胺 Pretilachlor	扫弗特	土壤处理 拌土撒施	水稻秧田和本田插秧后早期	水稻秧田和本田	水稻秧田和插秧后早期30~35	防除一年生禾本科杂草、莎草和部分阔叶杂草
6.萘丙酰草胺 Napropamide	萘氧丙草胺、大惠利、敌草胺、草萘胺	土壤处理	播后苗前	大豆、花生、烟草、油菜、十字花科蔬菜、茄果类蔬菜、葫芦科蔬菜、果园、茶园	大田50~130 果园200~250	防除一年生禾本科杂草；部分阔叶杂草，如猪殃殃、马齿苋、野苋、藜等
7.敌稗 Propanil		茎叶处理	稗草1叶1心期	水稻秧田、本田	秧田150~200 本田50~100	稗草
8.丁草胺 Butachlor	灭草特、去草胺、马歇特	土壤处理	播后芽前、水稻秧田和本田插秧后早期	水稻秧田和本田、花生、棉花、大豆、玉米、油菜、马铃薯及蔬菜田	水稻秧田和插秧后早期45~60、花生等50~75	防除一年生禾本科杂草、莎草和部分阔叶杂草
9.异丙草胺 Propisochlor		土壤处理	播后芽前	玉米、大豆	72~96	一年生禾本科、阔叶草
10.苯噻酰草胺 Mefenacet	环草胺	茎叶处理 土表处理	生长期 播后芽前	水稻本田	30~40	禾本科杂草，对稗草有特效

除草剂通用名	除草剂别名	施药方式	施药适期	适用作物	有效成分用量(g/亩)	防除对象
11.双苯酰草胺 Diphenamid	草乃敌、双苯胺	土壤处理	播后芽前	花生、甘薯、草莓、烟草、棉花、大豆、油菜、马铃薯及苹果、桃、柑橘	50~100	防除一年生禾本科杂草和部分阔叶杂草

表4-3 均三氮苯类除草剂的主要品种及其应用

除草剂通用名	除草剂别名	施药方式	施药适期	适用作物	有效成分用量(g/亩)	防除对象
1.莠去津 Atrazine	阿特拉津	土壤处理	播后芽前、玉米2~4叶期	玉米、高粱、甘蔗、果园、林地	有机质含量1%~2%时60~80、有机质含量3%~5%时80~100	防除一年生阔叶杂草及一些禾本科杂草
2.扑草净 Prometryne	扑蔓尽、割草佳	土壤处理	水稻本田、插秧后早期、旱田播后芽前	水稻、玉米、花生、大豆、棉花、小麦、薯类和果园	稻田20~30 旱田25~50	防除一年生阔叶杂草及一些禾本科杂草
3.氰草净 Cyanazine	百得斯、草净津	土壤处理	播后芽前、玉米2~4叶期	玉米、豌豆、蚕豆、马铃薯、棉花、果园	75~100	防除一年生阔叶杂草及一些禾本科杂草
4.莠灭净 Ametryn	阿灭净	土壤处理 茎叶处理	播后芽前、生长前期	玉米、大豆、甘蔗、果园	50~100	防除一年生阔叶杂草及一些禾本科杂草
5.特丁津 Terbuthylazine		土壤处理	播后芽前	玉米、大豆、高粱、果园	80~120	防除一年生阔叶杂草及一些禾本科杂草

表4-4 磺酰脲类除草剂的主要品种及其应用

除草剂通用名	除草剂别名	施药方式	施药适期	适用作物	有效成分用量(g/亩)	防除对象
1.噻磺隆 Thifensulfuron	阔叶散、宝收	土壤处理 茎叶喷雾	播后芽前 生长前期	小麦、玉米、大豆	1~2	防除多种一年生阔叶杂草
2.苯磺隆 Tribenuron	阔叶净、巨星、麦磺隆	土壤处理 茎叶喷雾	播后芽前 生长前期	小麦	0.75~1.5	防除多种一年生阔叶杂草
3.苄嘧磺隆 Bensulfuron-methyl	农得时、苄磺隆、稻无草	喷施、撒施	生长期	水稻本田	1~2	防除莎草、阔叶杂草，对禾本科杂草效果差
4.醚苯磺隆 Triasulfuron		土壤处理 茎叶喷雾	播后芽前 生长前期	小麦	0.5~1.5	防除多种一年生阔叶杂草和禾本科杂草

除草剂通用名	除草剂别名	施药方式	施药适期	适用作物	有效成分用量(g/亩)	防除对象
5.醚磺隆 Cinosulfuron	莎多伏	喷施、 撒施	生长期	水稻秧田、 本田	0.5~1	防除莎草、阔叶杂草，对禾本科杂草效果差
6.吡嘧磺隆 Pyrazosulfuron	草克星、 水星	喷施、 撒施	生长期	水稻秧田、 本田	1~1.5	防除莎草、阔叶杂草，对稗草也有一定的抑制作用
7.烟嘧磺隆 Nicosulfuron	玉农乐、 烟磺隆	茎叶喷雾	生长前期	玉米	2~3	防除一年生、多年生禾本科杂草和一些阔叶杂草

表4-5 二苯醚类除草剂的主要品种及其应用

除草剂通用名	除草剂别名	施药方式	施药适期	适用作物	有效成分用量(g/亩)	防除对象
1.乙氧氟草醚 Oxyflurofen	果尔	土壤处理 毒土撒施	播后芽前 稻插秧后	水稻本田、小麦、玉米、甘薯、棉花、甘蔗、花生、大豆、大蒜、果园	稻田3~4 旱田3~6	防除多种阔叶杂草和禾本科杂草
2.三氟羧草醚 Acifuorfensodium	杂草焚、 达克尔	茎叶处理	生长前期	大豆、花生	12~18	防除多种阔叶杂草
3.乳氟禾草灵 Lactofen	克阔乐	茎叶处理	生长前期	大豆、花生	6~12	防除多种阔叶杂草
4.氟磺胺草醚 Fomesafen	虎威、 除豆荠	茎叶处理	生长前期	大豆	13~18	防除多种阔叶杂草
5.乙羧氟草醚 Fluoroglycofen—ethyl		茎叶处理	生长前期	大豆、花生	1~3	防除多种阔叶杂草

表4-6 脲类除草剂的主要品种及其应用

除草剂通用名	除草剂别名	施药方式	施药适期	适用作物	有效成分用量(g/亩)	防除对象
1.绿麦隆 Chortoluron	果尔	土壤处理	播种前播后芽前	小麦、玉米	50~75	防除多种一年生阔叶杂草和禾本科杂草
2.异丙隆 Isoproturon		土壤处理	播种前播后芽前	小麦、玉米等	75~100	防除多种一年生阔叶杂草和禾本科杂草
3.利谷隆 Linuron		土壤处理	播种前播后芽前	小麦、玉米、棉花等	50~75	防除多种一年生阔叶杂草和禾本科杂草
4.敌草隆 Diuron	地草净	土壤处理、 毒土撒施	播后芽前 稻田插秧后	棉花、大豆、花生、玉米、水稻、果园	旱田50~100 水田10~15	防除多种一年生阔叶杂草和禾本科杂草
5.莎扑隆 Dimuron	杀草隆	土壤处理	毒土撒施	水稻	50~100	防除莎草等

表4-7 氨基甲酸酯类除草剂的主要品种及其应用

除草剂通用名	除草剂别名	施药方式	施药适期	适用作物	有效成分用量(g/亩)	防除对象
1.甜菜宁 Phenmedipham	凯米丰、苯草敌	茎叶处理	生长前期	甜菜、草莓	50～65	防除阔叶杂草
2.甜菜安 Desmedipham	甜菜灵	茎叶处理	生长前期	甜菜、草莓	50～65	防除阔叶杂草
3.氯苯胺灵 Chlorpropham	戴科	土壤处理 茎叶处理	播后芽前 生长前期	小麦、玉米、大豆	150～300	防除一年生禾本科杂草和部分阔叶杂草
4.燕麦灵 Barban	巴尔板	茎叶处理	生长前期	小麦	35～45	防除野燕麦、对看麦娘、早熟禾也有效

表4-8 硫代氨基甲酸酯类除草剂的主要品种及其应用

除草剂通用名	除草剂别名	施药方式	施药适期	适用作物	有效成分用量(g/亩)	防除对象
1.禾草丹 Thiobencarb	杀草丹 灭草丹 稻草完 稻草丹 除田莠	毒土撒施	秧田播后芽前、插秧后	稻秧田、稻本田	秧田65～75 本田100～125	防除一年生禾本科杂草、莎草
2.燕麦畏 Triallate	阿畏达 野燕畏 野麦畏	土壤处理 茎叶喷雾	播种前、播后芽前、生长前期	小麦、大麦、大豆、甜菜	播种前60～80 播后芽前30 生长期30	野燕麦
3.哌草丹 Dimepiperate	优克稗 哌啶酯	毒土撒施	秧田播后芽前、插秧后	稻秧田、稻本田	秧田75～100 本田75～130	防除稗草、牛毛草

表4-9 苯氧羧酸和苯甲酸类除草剂的主要品种及其应用

除草剂通用名	除草剂别名	施药方式	施药适期	适用作物	有效成分用量(g/亩)	防除对象
1.2甲4氯钠盐 MCPA-Na		茎叶喷雾	生长期	小麦、水稻	小麦50～60 水稻30～60	防除阔叶杂草
2.麦草畏 Dicamba	百草敌	茎叶喷雾	生长前期	小麦、玉米、水稻	小麦10～12 玉米13～20	防除阔叶杂草

表4-10 芳氧基苯氧基丙酸类除草剂的主要品种及其应用

除草剂通用名	除草剂别名	施药方式	施药适期	适用作物	有效成分用量(g/亩)	防除对象
1.精吡氟禾草灵 Fluazifop-p-butyl	精稳杀得	茎叶喷雾	生长期	花生、大豆、棉花、油菜等阔叶作物	7.5～10	防除禾本科杂草
2.高效氟吡甲禾灵 Haloxyfop-R-methyl	高效盖草能	茎叶喷雾	生长期	花生、大豆、棉花、油菜等阔叶作物	2～3.5	防除禾本科杂草
3.精喹禾灵 Quizalofop-p-ethyl	精禾草克	茎叶喷雾	生长期	花生、大豆、棉花、油菜等阔叶作物	2～4	防除禾本科杂草
4.精噁唑禾草灵 Fenoxaprop-p-ethyl	威霸、骠马	茎叶喷雾	生长期	花生、大豆、油菜等	3～5	防除禾本科杂草
5.喔草酯 Propaquizafop	Agil、爱捷	茎叶喷雾	生长期	花生、大豆、油菜等	4～10	防除禾本科杂草
6.氰氟草酯 Cyhalofop-butyl	千金	茎叶喷雾	生长期	水稻	5～7	千金子等部分禾本科杂草

表4-11 联吡啶类除草剂的主要品种及其应用

除草剂通用名	除草剂别名	施药方式	施药适期	适用作物	有效成分用量(g/亩)	防除对象
1.百草枯 Paraquat	克芜踪 对草快	茎叶喷雾	生长期	非耕地	30～40	防除多种杂草
2.敌草快 Diquat	利农	茎叶喷雾	生长期	非耕地	30～40	防除多种杂草

表4-12 二硝基苯胺类除草剂的主要品种及其应用

除草剂通用名	除草剂别名	施药方式	施药适期	适用作物	有效成分用量(g/亩)	防除对象
1.二甲戊乐灵 Pendimethalin	除芽通 施田补 除草通	土壤处理	播后芽前	玉米、棉花、大豆、油菜、甘薯、马铃薯、果园和部分蔬菜	60～100	防除一年生禾本科杂草和阔叶杂草
2.地乐胺 Dibutralin	双丁乐灵 butralin	土壤处理	播后芽前	棉花、大豆、玉米、花生、油菜、甘薯、马铃薯	100～150	防除一年生禾本科杂草和阔叶杂草
3.氟乐灵 Trifluralin	氟特力 茄科宁 特福力	土壤处理	播后芽前	棉花、玉米、大豆、油菜、甘薯、马铃薯、果园和一些蔬菜	40～60	防除一年生禾本科杂草和阔叶杂草

表4-13 有机磷类除草剂的主要品种及其应用

除草剂通用名	除草剂别名	施药方式	施药适期	适用作物	有效成分用量(g/亩)	防除对象
1.草甘膦 Glyphosate	农达 镇草宁	茎叶喷雾	生长期	非耕地、免耕地	50~100	防除多种一年生和多年生杂草
2.哌草膦 Piperophos	威罗生	毒土撒施 土壤处理	播后苗前 生长期	水稻、玉米、棉花等	4.5~6	防除一年生禾本科杂草、莎草科杂草
3.胺草膦 Amiprophos	甲基胺草膦	土壤处理	播后苗前	水稻、棉花、花生等	130~200	防除一年生禾本科杂草和阔叶杂草
4.莎稗磷 Anilofos	阿罗津	毒土撒施	播后苗前 生长期	水稻	20~25	防除一年生禾本科杂草、莎草科杂草

表4-14 咪唑啉酮类除草剂的主要品种及其应用

除草剂通用名	除草剂别名	施药方式	施药适期	适用作物	有效成分用量(g/亩)	防除对象
1.咪唑啉酸 Imazaquin	Scepter	土壤处理 茎叶喷雾	播后芽前 生长前期	大豆、烟草	5~15	防除一年生禾本科杂草和一年生阔叶杂草
2.咪唑烟酸 Imazapyr	Arsenal	土壤处理 茎叶喷雾	芽前 生长期	林地、非耕地	15~150	防除一年生禾本科杂草和一年生阔叶杂草
3.咪唑乙烟酸 Imazethapyr	普杀特 普施特 豆草唑	土壤处理 茎叶喷雾	播后芽前 生长前期	大豆	5~7	防除一年生禾本科杂草和一年生阔叶杂草
4.咪草酯 Imazamethabenz	Asser	茎叶喷雾	生长前期	小麦、大麦	30~60	防除一年生禾本科杂草和一年生阔叶杂草
5.甲氧咪草烟 Imazamox	金豆	土壤处理 茎叶喷雾	播后芽前 生长前期	大豆		防除一年生禾本科杂草和一年生阔叶杂草
6.甲咪唑烟酸 Imazapic	百垄通	土壤处理 茎叶喷雾	播后芽前 生长前期	花生	5~7	防除一年生禾本科杂草和一年生阔叶杂草

表4-15　　三氮苯酮类除草剂的主要品种及其应用

除草剂通用名	除草剂别名	施药方式	施药适期	适用作物	有效成分用量(g/亩)	防除对象
1.嗪草酮 Metribuzin	赛克津 特丁嗪 赛克 立克除	土壤处理	播后芽前	玉米、大豆、甘蔗	30～40	防除多种一年生杂草、灌木
2.环嗪酮 Hexazinone	威尔柏	土壤处理	芽前	林地、非耕地	100	防除一年生阔叶杂草和一年生禾本科杂草
3.苯嗪草酮 Metamitron	甲苯嗪 苯甲嗪	土壤处理	播后芽前	甜菜	200～300	防除一年生阔叶杂草和一年生禾本科杂草

表4-16　　吡啶羧酸类除草剂的主要品种及其应用

除草剂通用名	除草剂别名	施药方式	施药适期	适用作物	有效成分用量(g/亩)	防除对象
1.氨氯吡啶酸 Picloram	毒草定	茎叶喷雾	生长期	小麦、玉米、林地	小麦8～15 玉米20	防除阔叶杂草
2.氯氟吡氧乙酸 Fluroxypyr	使它隆 治莠灵 氟草定	茎叶喷雾	生长期	小麦、玉米	小麦10～15 玉米15～20	防除阔叶杂草
3.二氯吡啶酸 Clopyralid	敌草定	茎叶喷雾	生长期	小麦、玉米、林地	5～10	防除阔叶杂草

表4-17　　环己烯酮类除草剂的主要品种及其应用

除草剂通用名	除草剂别名	施药方式	施药适期	适用作物	有效成分用量(g/亩)	防除对象
1.稀禾啶 Sethoxydim	拿捕净	茎叶喷雾	生长期	大豆、棉花、花生、油菜等阔叶作物	10～15	防除一年生和多年生禾本科杂草
2.烯草酮 Clethodim	赛乐特 收乐通	茎叶处理	生长期	大豆、棉花、花生、油菜等阔叶作物	5～10	防除一年生和多年生禾本科杂草

表4-18　　腈类除草剂的主要品种及其应用

除草剂通用名	除草剂别名	施药方式	施药适期	适用作物	有效成分用量(g/亩)	防除对象
1.溴苯腈 Bromoxynil	伴地农	茎叶喷雾	生长前期	小麦、玉米、高粱、亚麻	小麦20～40 玉米20～30	防除阔叶杂草
2.碘苯腈 Ioxynil	Certrol	茎叶喷雾	生长前期	小麦、玉米	20～50	防除阔叶杂草

表4-19 磺酰胺类除草剂的主要品种及其应用

除草剂通用名	除草剂别名	施药方式	施药适期	适用作物	有效成分用量(g/亩)	防除对象
1.唑嘧磺草胺 Flumetsulam	阔草清	土壤处理 茎叶喷雾	播后芽前 茎叶喷雾	玉米、大豆和麦类	小麦1.5~2 玉米2.5~4 大豆播后芽前 2.5~4、生长 期1.5~2	防除大多数阔叶杂草，对禾本科杂草的防效较差
2.双氟磺草胺 Florasulam	普瑞麦	土壤处理 茎叶喷雾	播后芽前 茎叶喷雾	小麦、玉米	0.2~0.3	阔叶杂草
3.五氟磺草胺 Penoxsuam	稻杰	土壤处理 茎叶喷雾	播后芽前 茎叶喷雾	水稻	1~2	稗草等一年生杂草

表4-20 嘧啶氧(硫)苯甲酸酯类除草剂的主要品种及其应用

除草剂通用名	除草剂别名	施药方式	施药适期	适用作物	有效成分用量(g/亩)	防除对象
1.双草醚 Bispyribac	双嘧草醚 农美利	茎叶喷雾	茎叶喷雾	稻	12.5~15	一年生禾本科、莎草科及部分阔叶杂草
2.环酯草醚 Pyriftalid		土壤处理 茎叶喷雾	播后芽前 茎叶喷雾	水稻	0.2~0.3	阔叶杂草
3.嘧草醚 Pyriminobac-methyl	必利必能	茎叶喷雾	苗后	水稻	2~3	稗草
4.嘧硫草醚 Pyrithiobac	嘧草硫醚	土壤处理 茎叶喷雾	播后芽前 茎叶喷雾	棉花	0.6~1.8	一年生杂草

表4-21 三酮类除草剂的主要品种及其应用

除草剂通用名	除草剂别名	施药方式	施药适期	适用作物	有效成分用量(g/亩)	防除对象
1.甲基磺草酮 Mesotrione		土壤处理 茎叶喷雾	播后芽前 茎叶喷雾	玉米	7.5~10	一年生禾本科、莎草科及阔叶杂草
2.磺草酮 Sulcotrione		土壤处理 茎叶喷雾	播后芽前 茎叶喷雾	玉米	30~37.5	一年生禾本科、莎草科及阔叶杂草

表4-22 恶二唑酮类除草剂的主要品种及其应用

除草剂通用名	除草剂别名	施药方式	施药适期	适用作物	有效成分用量(g/亩)	防除对象
1.恶草酮 Oxadiazon	恶草灵 农思它	土壤处理	播后芽前	水稻、大豆、花生、棉花	15~20	防除一年生禾本科杂草、阔叶杂草、莎草
2.丙炔恶草酮 Oxadiargyl	稻思达 快恶草酮	土壤处理 毒土撒施	播后芽前	水稻	4~7	防除一年生禾本科杂草、阔叶杂草、莎草

表4-23 N-苯基酞酰亚胺类除草剂的主要品种及其应用

除草剂通用名	除草剂别名	施药方式	施药适期	适用作物	有效成分用量(g/亩)	防除对象
1.氟烯草酸 Flumicloracpentyl	氟胺草酯 利收 氟亚胺草酯	土壤处理	播后芽前	大豆	3～4	防除阔叶杂草
2.丙炔氟草胺 Flumioxazin	速收	土壤处理	播后芽前	大豆、花生	4～6	防除一年生阔叶杂草

表4-24 其他类除草剂的主要品种及其应用

除草剂通用名	除草剂别名	作用机制	施药方式	施药适期	适用作物	有效成分用量(g/亩)	防除对象
1.双苯唑快 Difenzoquat	野燕枯 野麦枯	抑制脂类合成	茎叶喷雾	生长期	小麦	30～60	防除野燕麦
2.异恶唑草酮 Isoxaflutole	百农思		喷雾处理	播后苗前	玉米	6～7.5	一年生杂草
3.嗪草酸甲酯 Fluthiacet-methyl	氟噻乙草酯 嗪草酸		茎叶喷雾	苗后	玉米、大豆	8～12	一年生阔叶杂草
4.四唑酰草胺 Fentrazamide	拜田净	抑制细胞分裂	拌土撒施	苗后	稻	6.5～13	禾本科杂草、莎草科杂草和阔叶杂草
5.氟唑草酮 Carfentrazone-ethyl	快灭灵 唑酮草酯 唑草酮		茎叶喷雾	生长期	小麦、玉米等禾本科作物	小麦2～3 玉米1～2	防除阔叶杂草
6.异恶草酮 Clomazone	广灭灵 异恶草松	抑制双萜合成，导致叶绿素和质体色素合成受阻	土壤处理	播后芽前	大豆	40～80	防除一年生禾本科杂草和阔叶杂草
7.苯达松 Bentazon	灭草松 排草丹	抑制光合作用	茎叶喷雾	生长期	玉米、水稻、小麦、花生、大豆	40～100	防除阔叶杂草、莎草
8.草除灵 Benazolin-ethyl	高特克 benazolin	激素类除草剂	茎叶喷雾	生长期	小麦油菜	10～15	防除一年生阔叶杂草
9.二氯喹啉酸 Quinclorac	快杀稗	激素类除草剂	茎叶喷雾	生长期	水稻	13～25	稗草
10.环庚草醚 Cinmethylin	艾割 仙治 恶庚草烷	抑制分生组织生长	茎叶喷雾 毒土撒施	播后芽前 生长前期	水稻、大豆、棉花、花生	稻田2～3 旱田40～60	防除一年生禾本科杂草及部分阔叶杂草

第五章 除草剂的应用技术

一、除草剂品种的选择

杂草防治的目的不是杀死所有杂草，而是人为干扰生态平衡，防止杂草为害，促进作物良好发育。而使用除草剂的目的是选择性控制杂草，减轻或消除其为害，以达到高产与稳产。

杂草与作物的生长环境、生育习性十分近似，这不同于杀虫剂和杀菌剂，害虫、病害与植物的差异则很大，因而除草剂与其他农药比较，除草剂应用难度相对较大；对于选择性的要求更为严格；但是，除草剂对人、畜的毒性远比杀虫剂与杀菌剂低，故在使用中，对人、畜的安全性相对较高。

杂草与作物生长于同一农田生态环境中，其生长与发育受土壤环境及气候因素的影响。因此，为了取得最大的防治效果，应根据杂草与作物种类、生育阶段与状况，结合环境条件与除草剂特性，采用适宜的使用技术与方法；在使用除草剂时，首先必须考虑以下几个问题：一是正确选用除草剂品种，由于不同除草剂品种作用特性、防治对象不同，所以应根据作物种类以及田间杂草发生、分布与群落组成，选用适宜的除草剂品种。二是根据除草剂品种特性、杂草生育状况、气候条件及土壤特性，确定单位面积最佳用药量。三是选用最佳使用技术，达到喷洒均匀、不重喷、不漏喷。因此，喷药前应调节好喷雾器，特别是各个喷嘴流量应保持一致，使喷雾器处于最佳工作状态。四是做好喷药计划，应根据地块面积大小、作物与杂草状况，排出喷药顺序。五是由于连年使用单一除草剂品种时，杂草群落发生演替，逐步产生抗药性，故应结合作物种类及轮作类型，设计不同类型与品种除草剂的交替轮换使用。六是虽然除草剂对人与动物的毒性最低，但一些溶剂与载体的毒性却远超过化合物本身，故使用中应注意安全保护问题。

二、除草剂的应用方法

除草剂使用方法与技术因品种特性、剂型、作物及环境条件而异，生产中选择使用方法时，首先应考虑防治效果及对作物的安全性，其次要求经济、使用方法简便易行。

（1）**播前混土**　主要适用于易挥发与光解的除草剂，一般在作物播种前施药，并立即采用圆盘耙或旋转锄交叉耙地，将药剂混拌于土壤中，然后耧平、镇压，进行播种，混土深度4～6cm。我国东北地区国有农场大豆地应用氟乐灵与灭草猛多采用此种方法。

（2）**播后苗前使用**　凡是通过根或幼芽吸收的除草剂往往在播后苗前施用，即在作物播种后，将药剂均匀喷洒于土表，如大豆、油菜、玉米等作物使用甲草胺、乙草胺、异丙甲草胺；玉米、高粱与糜子应用莠去津等多采用此种使用方法。喷药后，如遇干旱，可进行浅混土以促进药效的发挥，但耙地深度不能超过播种深度。

（3）**苗后茎叶喷雾**　与土壤处理比较，茎叶喷雾受土壤类型、有机质含量的影响相对较小，可看草施药，机动灵活；但不像土壤封闭除草剂，多数茎叶处理除草剂持效期较短或没有持效期，所以只能杀死已出苗的杂草；因此，施药适期是一个关键问题。施药过早，大部分杂草尚未出土，难以收到较好的防治效果；施药过晚，作物与杂草长至一定高度，相互遮蔽，不仅杂草抗药性增强，而且阻碍药液雾滴均匀附着于杂草上，使防治效果下降。喷液量直接影响茎叶喷雾的效果，触杀性除草剂的喷液量比内吸、传导性除草剂要严格得多，一般用水量为30kg/亩，加水过多药效降低，加水过少易发生药害。

（4）**苗后全田喷雾和定向喷雾** 最常用的喷药方法是全田喷雾，即全田不分杂草多少，依次全面处理，这种施药方法应注意喷雾的连接问题，防止重喷与漏喷；其次是苗带喷药与行间定向喷雾，与全面喷雾比较，可节省用药量1/3～1/2、保证作物安全。但需改装或调节好喷嘴及喷头位置，使喷嘴对准苗带或行间。特别是要注意部分除草剂，易对作物茎叶或根系发生药害，施药时要戴上防护罩，选择无风晴天，将药剂喷施到地面杂草上，切勿飘移到作物茎叶或特别要求的部位。

（5）**涂抹施药** 这是经济、用药量少的施药方法，利用特制的绳索或海绵携带药液进行涂抹，主要防治高于作物的成株杂草，需选用传导性强的除草剂品种，所用除草剂浓度要高，一般药剂与水的比例为1∶2～10。目前应用的涂抹器有人工手持式、机械吊挂式及拖拉机带动的悬挂式涂抹器。

（6）**甩施** 甩施是稻田除草剂的使用方法之一，它不需要喷雾器械，使用方便、简单、效率高，每人每天可甩施7～8hm²。目前甩施的除草剂有瓶装12%恶草酮乳油，施用方法：水耙地后田间保水4～6cm，打开瓶盖，手持药瓶，每前进4～5步，向左、向右各甩动药瓶1次，返回后，与第1次人行道保持6～10m距离，再进行甩施。甩施时，行走步伐及间距要始终保持一致，甩施后，药剂接触水层迅速扩散，均匀分布于全田，形成药膜，插秧时人踩破药膜，但由于药剂的可塑性很强，一旦人脚从土壤中拔出，药膜又恢复原状。

（7）**撒施** 撒施是当前稻田广泛应用的一种方法，简而易行，省工，效率高，并能提高除草剂的选择性，增强对水稻的安全性。除草剂颗粒剂可直接撒施，乳油与可湿性粉剂可与旱田过筛细土混拌均匀后人工撒施，也可与化肥混拌后立即撒施。施药前，稻田保持水层4～6cm，施药后1周内停止排灌，如缺水可细水缓灌，但不宜排水；丁草胺、禾草特、苄嘧磺隆、乙氧氟草醚等大多数除草剂都采用撒施法。

（8）**泼浇** 将除草剂稀释成一定浓度的溶液，用盆、桶或其他容器将药液泼入田间，通过水层逐步扩散、下沉于土壤表层。进行泼浇施药时，要求除草剂在水中的扩散性能好。目前，苄嘧磺隆、吡嘧磺隆等除草剂可采用这种施药方法，但泼浇法不如撒施均匀。

（9）**滴灌** 滴灌施药法是利用除草剂的扩散性将其滴注于水流中进入田间，扩散并下沉于土壤表层，这种施药方法简便、节省人工。禾草特可采用滴灌法施药。

应用滴灌施药时，田面应平整。单排单灌，水的流量与流速应尽量保持一致，施药前必须彻底排水，以便于药剂随灌溉水进入田间后，能均匀渗入表土层；在滴灌过程中，应保证药剂滴注均匀，确保水中药液浓度一致。

常用的滴注器是金属管状滴定器，上端与药桶相连，下端为滴口和穿孔小圆片，调节孔的大小可控制滴出药量的多少。此外，还有虹吸管式滴定器。将上述滴定器置于进水口处，使药液准确地滴入灌溉水中，滴管的出口与水口距离保持20cm。

应用滴灌施药时，应校准滴出量，首先丈量施药田面积，再测算灌溉水流量，计算出施药田块进行滴灌所需时间、计算每分钟除草剂滴出量。

（10）**点状施药** 根据田间杂草发生情况，有目的地进行局部喷药，一般适用于防治点片发生的一些特殊杂草与寄生性杂草以及果园内树干周围的杂草。

三、除草剂药效的影响因素

除草剂是具有生物活性的化合物，其药效的发挥既决定于杂草本身，又受制于环境条件与田间使用方法。

(1)杂草　作为除草剂防治对象的杂草，其生育状况、叶龄及株高对药效的影响很大。土壤处理剂往往是防治杂草幼芽的，如氟乐灵、灭草猛、禾草丹、丁草胺、乙草胺等，施用后，杂草在萌芽过程中接触药剂，受害而死亡。有的土壤处理剂如光合作用抑制剂莠去津、利谷隆、绿麦隆等，主要是通过杂草的根系吸收，对杂草发芽出苗没有影响，杂草出苗见光后逐渐死亡，一般对幼芽和幼苗高效，杂草较大时药效下降。因此，一旦杂草出苗后，再施用土壤处理剂，药效便显著下降。

茎叶处理剂的药效与杂草叶龄及株高关系密切。一般杂草在幼龄阶段，根系少，次生根尚未充分发育，抗性差，对药剂敏感；随着植株生育，对除草剂的抗性增强，因而药效下降。如水稻田应用敌稗与禾大壮时，稗草叶龄是喷药的主要依据，超过3.5叶期，除稗效果便显著下降；其他如烯禾啶、精吡氟禾草灵等防治禾本科杂草时，在杂草2～4叶期、株高8～12cm时喷药效果最好。

(2)施药方法　正确的用量、施药方法及喷雾技术是发挥药效的基本保证，由于除草剂类型及品种不同。其用量与施用方法差异较大，磺酰脲类除草剂用量仅0.7～2g/亩，禾草特与甲草胺用量则达133～266g/亩，特别是土壤处理剂因土壤有机质含量及结构组成而用量显著不同。生产中应根据药剂特性、杀草原理、杂草类型、生育期以及环境条件，选择适宜的用量与施药方法。

茎叶处理剂的药效与雾滴沉降规律及其在叶片上的覆盖面积密切相关，其所要求的雾滴密度比土壤处理剂及杀虫、杀菌剂大，低容量喷雾的良好覆盖面积为80%，这就涉及喷雾器械及喷雾技术的改进与提高，从安全、经济及能源考虑，要求喷雾系统能准确地将药剂施于靶标上，尽量减少雾滴飘移，以确保除草剂更精确的施用，提高药效和降低成本。因为新开发的像磺酰脲类这样的超高效除草剂，对施药部位和控制非靶沉落的精度要求进一步提高，故更需要改进施药器械的性能并研制能精确施药的新技术，在这样的要求下，研制出了控制雾滴喷雾器与静电喷雾器，前者可消除小于150μm的雾滴以减少脱靶飘移，消除大于300μm雾滴，以造成低容量的良好覆盖。后者是用高伏静电使除草剂颗粒带电，将其压向靶标，使叶面上雾滴附着明显增加，并改善带电液滴穿入植物覆盖层的能力，喷液量可少于67ml/亩。目前，我国正在进行传感器的开发研究，即在田间施药时，可连续检测土壤有机质含量，反射光通过光的干涉过滤器进入光电晶体管，把反射光变换成与土壤有机质含量成比例的电量，这样在田间喷药时，通过微机把放大信号准确地送到步进电机中来自动控制施用量。

(3)土壤条件　土壤条件不仅直接影响土壤处理剂的杀草效果，而且对茎叶处理剂也有影响。由于土壤有机质与黏粒对除草剂吸附强烈而使其难以被杂草吸收，从而降低药效；同时土壤含水量的增多又会促使除草剂进行解吸附而有利于杂草对药剂的吸收，从而提高药效。因此，土壤处理剂的用量应首先考虑满足土壤缓冲容量所需除草剂数量。

土壤条件不同，会造成杂草生育状况的差异，在水分与养分充足条件下，杂草生育旺盛，组织柔嫩，对除草剂敏感性强，药效提高；反之，在干旱、瘠薄条件下，植物本身通过自我调节作用，抗逆性增强，叶表面角质层增厚，气孔开张程度小，不利于除草剂吸收，使药效下降。

(4)气候条件 各种气象因子相互影响，它们既影响作物与杂草的生育，同时也影响杂草对除草剂的吸收、传导与代谢，这些影响是在生物化学水平上完成的，并且以植物的大小、形状和生理状态等变化而表现出来，如气候因子通过影响雾滴滞留、分布、展布、吸收等而影响除草剂活性的发挥与药效。

①温度 温度是影响除草剂药效的重要因素，在较高温度条件下，杂草生长迅速，雾滴滞留增加；温度通过对叶表皮的作用，特别是通过对叶片可湿润性的毛状体体积大小的影响而影响雾滴滞留。此外，温度也显著促进除草剂在植物体内的传导，如在高温条件下，草甘膦迅速向匍匐冰草的根茎及植株顶端传导，而在根茎中积累的数量最大。高温促使蒸腾作用增强，有利于根吸收的除草剂沿木质部向上传导。在低温与高湿条件下，往往使除草剂的选择性下降。

②湿度 空气湿度显著影响叶片角质层的发育，从而对除草剂雾滴在叶片上的干燥、角质层水化以及蒸腾作用产生影响。在高湿条件下，雾滴的挥发能够延缓水势降低，促使气孔开放，有利于对除草剂的吸收。叶片高含水量可使叶片内的水连续体接近叶表面，为除草剂分子进入质体创造一个连续通路，进而进入共质体。由于原生质中膨压较高，导致原生质流活性增强，从而加快除草剂在韧皮部筛管中的吸收传导。

③光照 光照不仅为光合作用提供能量，而且光强、波长及光照时间也影响植物茸毛、角质层厚度与特性、叶形和叶的大小以及整个植株的生育，并使除草剂雾滴在叶面上的滞留及蒸发产生变化。此外，光照通过对光合作用、蒸腾作用、气孔开放与光合产物的形成而影响除草剂的吸收与传导，特别是抑制光合作用的除草剂与光照更有密切关系；在强光下，光合作用旺盛，形成的光合产物多，有利于除草剂的传导及其活性的发挥。

④降水 大多数茎叶处理除草剂在喷雾后遇大雨，往往造成雾滴被冲洗而降低药效。由于除草剂品种不同，降水对药效的影响存在一定差异，通常降水对除草剂乳油及浓乳剂的影响比水剂与可湿性粉剂小，对大多数易被叶片吸收的除草剂影响小，如茅草枯在喷药后5分钟内大部分药剂已被吸收，喷药后24小时降水对草甘膦药效没有影响。

⑤其他 风速、介质反应、露水等对除草剂药效均有影响。

四、除草剂药效试验调查和计算方法

(一)除草剂田间试验的选择和试验设计

试验田应选择地势平坦、田间管理水平一致、肥力均匀中等、杂草为害偏重、杂草群落具有代表性的地块。同时，要了解试验地块的土质、有机质含量和pH值。每一处理重复不少于4次，要设作物安全性试验。小区面积20~50m²，采取随机区组方式排列。施药时按照试验设计折合各小区用药量，土壤处理一般对水量按40~50kg/亩药液计算；茎叶喷雾一般对水量为15~20kg/亩，均匀喷施。

(二)除草剂田间试验的调查方法

施药后两周做一次除草效果调查，采用目测估计值调查法。分级调查、记载。杂草防除效果分级标准如下：

1级无草；

2级相当于空白对照区杂草的0 ~ 2.5%；

3级相当于空白对照区杂草的2.5% ~ 5%；

4级相当于空白对照区杂草的5% ~ 10%；

5级相当于空白对照区杂草的10% ~ 15%；

6级相当于空白对照区杂草的15% ~ 25%；

7级相当于空白对照区杂草的25% ~ 35%；

8级相当于空白对照区杂草的35% ~ 67.5%；

9级相当于空白对照区杂草的67.5% ~ 100%。

对土壤封闭处理，一般在施药后45 ~ 60天，杂草正处于旺盛生长时进行调查；对于茎叶处理除草剂，一般在施药后30 ~ 40天进行调查。采用绝对数调查法，每小区固定3个点取样，每点1m²，拔净上述固定点内杂草，分种类计算株数、称量鲜重，计算株防效和杂草鲜重防效。

（三）除草剂田间试验结果的计算方法

1. 土壤封闭处理的除草剂防效计算公式

$$除草效果(\%) = \frac{对照区杂草鲜重(或株数) - 处理区杂草鲜重(或株数)}{对照区杂草鲜重(或株数)} \times 100$$

2. 茎叶处理除草效果计算公式

$$鲜重防效(\%) = \frac{对照区杂草鲜重 - 处理区杂草鲜重}{对照区杂草鲜重} \times 100$$

$$株防效(\%) = \frac{处理前杂草株数 - 处理后杂草株数}{处理前杂草株数} \times 100$$

$$\begin{array}{c}校正防效(\%) \\ （株防效）\end{array} = (1 - \frac{对照区施药前杂草株数 \times 处理区施药后杂草株数}{对照区施药后杂草株数 \times 处理区施药前杂草株数}) \times 100$$

（四）除草剂田间试验中产量和安全性调查

（1）产量调查方法　在作物成熟后，每小区3点取样，每点1m²，单独收晒、称量，计算作物的产量和增产率。

（2）作物安全性观察　于施药后第3天、第15天、第30天、第60天，对各小区作物生长情况进行全面观察叶色、株高的变化，并认真观察各生育期内的情况；对邻近作物田的影响，全面观察生长发育情况。

五、除草剂的复配应用方法

（一）除草剂混用的概念

将两种或两种以上的除草剂混配在一起应用的施药方式，叫除草剂混用。

除草剂的混用包括3种使用形式：一是除草混剂，是由两种或两种以上的有效成分、助剂、填料等按一定配比，经过一系列工艺加工而成的农药制剂。它是由农药生物学专家进行认真配比筛选、农药化工专家进行混合剂型研究，并由农药生产工厂经过精细加工、包装而成的一种商品农药，农民可以依照商品的标签直接应用。二是现混现用，习惯上简称除草剂混用，是农民在施药现场，针对杂草的发生情况，依据一定的技术资料和施药经验，临时将两种除草剂混合在一起，并立即喷洒的施药方式，这种施药方式带有某些经验性，除草效果不够稳定。三是桶混剂，是介于除草混剂和现混现用之间的一种施药方式。它是农药生产厂家加工与包装而成的一种容积相对较大、标签上注明由大量农药应用生物学家提供的最佳除草剂混用配方，农民在施药现场临时混合在一起喷洒的施药方式。在这3种除草剂混用方式中，除草混剂具有稳定的除草效果，但一般价格较贵、使用成本较高；除草剂现混现用可以减少生产环节，降低应用成本，但除草效果不稳定，且往往降低除草效果、作物发生药害；除草剂桶混具有除草混剂的应用效果，同时应用方便、施药灵活、成本低廉，是以后除草剂应用的发展方向。

（二）除草剂混用的意义

除草剂混用是杂草综合治理中的重要措施之一，通过除草剂的混用可以扩大除草谱、提高除草效果、延长施药适期、降低药害、减少残留活性、延缓除草剂抗药性的发生与发展，是提高除草剂应用水平的一项重要措施。

（1）扩大杀草谱 各种除草剂的化学成分、结构及理化性质都是有区别的，因此它们的杀草能力及范围也不一样。例如，苯氧羧酸类除草剂防治双子叶杂草效果突出，氨基甲酸酯类除草剂对单子叶杂草的毒力高；就是同类除草剂，其杀草能力及范围也不完全相同，这些除草剂间混用均可不同程度地扩大杀草谱。一般说来，同类除草剂间混用也可以扩大除草谱，但杀草谱扩大范围较小；而不同类除草剂间混用往往可以明显扩大除草谱范围。

某些除草剂杀草谱较窄，但有独到之处，能根除用其他除草剂难以消灭的杂草。例如，杀草隆对莎草科杂草，尤其是多年生莎草科杂草防治效果优异，但对禾本科杂草活性不高，也不能防除阔叶杂草。在各类杂草丛生的稻田里，只施用杀草隆显然不能达到满意的除草效果；而杀草隆与草枯醚混合施用，在稻田中既能防治各种一年生杂草，又能防治多年生莎草科杂草。

目前农业生产中推广的除草混剂几乎都有扩大杀草谱的作用，而且许多混剂品种能够防除某些作物田中的几乎所有主要杂草，对作物十分安全，只用一种除草混剂就能达到灭草增产效果。

（2）提高除草效果 许多除草剂混用后具有明显的增效作用。这些具有增效作用的除草剂混用配方多数是由不同类型的除草剂组成的，也有一些同类型的除草剂混用产生增效作用，具体实例可见以后各章节中的介绍。利用除草剂混用的增效作用能提高除草效果，降低单位面积上的用药量，减少用药成本。

（3）延长施药适期 当两种或几种对杂草不同生育期有防治效果的除草剂混用时，有延长施药适期的作用。例如，禾草丹–西草净颗粒混剂，禾草丹在水稻插秧后4～10天，稗草1.5叶期以前施用才能获得良好的除草效果；西草净的施药适期是在插秧后5～10天；而禾草丹–西草净颗粒混剂的施药适期可以延长到插秧后6～15天。

（4）降低对作物的药害 很多除草剂在作物和杂草之间选择性较差，用药时稍不注意就有可能对作物产生药害，有的除草剂通过与其他除草剂混用可以提高它们在作物和杂草之间的选择性，提高对作物的安全性。例如，嗪草酮是豆田出苗前用的除草剂，它的水溶性较大，易被豆苗吸收，土壤pH值较高、沙性较大时易产生药害；而氟乐灵和嗪草酮混用，在增加除草效果的同时，对大豆还表现出拮抗作用，保护大豆免受嗪草酮的药害。

(5)减少残留活性 一些除草剂在常用剂量下具有很长的残效期，会影响下茬作物的安全生长，这个问题可以通过除草剂混用来解决。例如，莠去津是用于玉米田的优良除草剂，对玉米安全，对大多数杂草均具有较好的除草效果。但是，它的残留活性较长，用1～2kg/hm²即会对下茬作物产生影响；而甲草胺、乙草胺、利谷隆等与莠去津混用，可以减少莠去津的用药量，显著减轻对下茬作物产生的药害。

(6)延缓除草剂抗药性的发生和发展 混合使用具有不同作用方式的除草剂是避免、延缓和控制杂草产生抗药性的最基本方法。使用一定配比的混用除草剂可以明显降低抗药性杂草的出现频率，降低选择压，从而达到降低除草剂抗性发生与发展的目的。

(三)除草剂混用后的联合作用方式

两种或多种除草剂混用，对杂草的防治效果可以增加或降低，混用后的联合作用方式主要表现为以下3个方面。

(1)相加作用 两种或几种除草剂混用后的药效表现为各药剂单用效果之和。一般化学结构类似、作用机制相同的除草剂混用时，多表现为相加作用。生产中这类除草剂的混用，主要考虑各品种间的速效性、残留活性、杀草谱、选择性及价格等方面的差异，将这些品种混用可以取长补短、增加效益。

(2)增效作用 两种或几种除草剂混用后的药效大于各药剂单用效果之和。一般化学结构不同、作用机制不同的除草剂混用时，表现为增效作用的可能性大。生产中这类除草剂的混用，可以提高除草效果，降低除草剂用量。

(3)拮抗作用 两种或几种除草剂混用后的药效低于各药剂单用效果之和。生产中这类除草剂的混用，对杂草的防治效果下降，有时还会加重药害，生产中注意避免。

(四)除草剂间混用品种的选择

除草剂混用具有很多优越性，它是合理应用除草剂和提高除草剂应用水平的最有效手段。

两种除草剂能否混用，最好做一次兼容性试验。试用时以水为载体，将要混合的除草剂依次加入，顺序应为水剂、可湿性粉剂、悬浮剂、乳剂，每加入一种药剂要充分搅拌，静置30分钟，如乳化、分散、悬浮性能良好即可混用。除草剂间混用品种的选择应考虑以下几个方面的因素：一是两个或两个以上除草剂间混用时，除草剂相互之间应具有增效作用或相加作用，还必须物理、化学性能兼容，混用后不能出现沉淀、分层、凝结现象。二是两个或两个以上除草剂间混用时，除草剂相互之间不能产生拮抗作用，混用后对作物的药害不易增加。三是混用的除草剂品种最好为不同类除草剂，或具有不同的作用机制，以最大限度地提高除草效果，最大限度地延缓抗药性的发生与发展。四是混用的除草剂品种间除草谱应有所不同或对杂草的生育阶段敏感性不同。五是混用的除草剂品种间应尽可能考虑速效性和缓效性相结合、持效期长和持效期短相结合、土壤中易扩散和难扩散的相结合、作用部位不同的除草剂品种相结合。六是混用除草剂的品种选择和用药量的确定，应根据田间杂草种类、发生程度、土壤质地、土壤有机质含量、作物种类、作物生育状况等因素综合确定。

除草剂混用后的除草效果，受各方面因素的影响，在大面积应用前，应按不同比例、不同用量先进行试验、示范，或在具体的技术指导下进行。

第六章 除草剂的药害

一、除草剂药害产生的原因

任何作物对除草剂都不具有绝对的耐性或抗性，而所有除草剂品种对作物与杂草的选择性也都是相对的，在具备一定的环境条件与正确的使用技术时，才能显现出选择性而不伤害作物。在除草剂大面积使用时，作物产生药害的原因多种多样，其中有的是可以避免的，有的则是难以避免的。

(1)雾滴挥发与飘移 高挥发性除草剂，如短侧链苯氧羧酸酯类、二硝基苯胺类、硫代氨基甲酸酯类、苯甲酸类等除草剂，在喷洒过程中，小于$100\,\mu m$的药液雾滴极易挥发与飘移，致使邻近被污染的敏感作物及树木受害(图6-1和图6-2)。而且，喷雾器压力越大，雾滴越细，越容易飘移。在这几类除草剂中，特别是短侧链苯氧羧酸酯类的2,4-滴丁酯表现最为严重与突出，在地面喷洒时，其雾滴可飘移$1\,000\sim2\,000m$；而麦草畏在地面喷洒时，雾滴可飘移500m以上。若采取航空喷洒，雾滴飘移的距离更远。

图6-1 麦田生长期，错误施药，2,4-滴丁酯飘移到油菜上的药害症状

图6-2 在豇豆生长期，2,4-滴丁酯飘移造成的药害症状

(2)**土壤残留**　在土壤中持效期较长、残留时间较久的除草剂易对轮作中敏感的后茬作物造成伤害(图6-3和图6-4)，如玉米田施用西玛津或莠去津，对后茬大豆、甜菜、小麦等作物有药害；大豆田施用异噁草酮、咪唑乙烟酸、氟乐灵，对后茬小麦、玉米有药害；小麦田施用绿磺隆，对后茬甜菜有药害。这种现象在农业生产中易发生而造成不应有的损失。

图6-3　在华北旱作麦区，小麦田施用绿磺隆对后茬玉米的田间药害症状

图6-4　在麦套花生田，小麦田施用苯磺隆过晚时花生田间药害症状

(3)**混用不当**　不同除草剂品种间以及除草剂与杀虫剂、杀菌剂等其他农药混用不当，也易造成药害(图6-5)，如磺酰脲类除草剂与磷酸酯类杀虫剂混用，会严重伤害棉花幼苗；敌稗与2,4-滴、有机磷、氨基甲酸酯及硫代氨基甲酸酯农药混用，能使水稻受害等。此类药害，往往是由于混用后产生的加成效应或干扰与抑制作物体内对除草剂的解毒系统所造成。有机磷杀虫剂、硫代氨基甲酸酯杀虫剂能严重抑制水稻植株内导致敌稗水解的芳基酰胺酶的活性。因此，将其与敌稗混用或短时期内间隔使用时，均会使水稻受害。

(4)**药械性能不良或作业不标准**　如多喷头喷雾器喷嘴流量不一致、喷雾不匀、喷幅联结带重叠、喷嘴后滴等，造成局部喷液量过多，使作物受害(图6-6)。

(5)**误用**　过量使用以及使用时期不当，如在小麦拔节期使用麦草畏或2,4-滴丁酯，直播水稻田前期使用丁草胺、甲草胺等，往往会造成严重药害(图6-7)。

图6-5　在水稻移栽返青后，茎叶混合喷施20%敌稗乳油1 000ml/亩和40%辛硫磷乳油50ml/亩10天的药害症状

图6-6 在小麦播后芽前，高湿低温条件下，田间乙草胺施药不匀的药害症状。施用剂量偏大的区域小麦矮化、茎叶出现卷缩、生长缓慢、分蘖减少，田间小麦长势不匀。

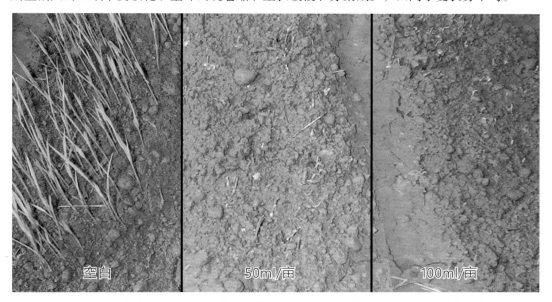

空白　　　50ml/亩　　　100ml/亩

图6-7 水稻育秧田，水稻发芽出苗期，施用50%丁草胺乳油5天后的药害症状

(6)**除草剂降解产生有毒物质** 在通气不良的嫌气性水稻田土壤中，过量或多次使用杀草丹，形成脱氯杀草丹，严重抑制水稻生育，结果造成水稻矮化(图6-8)。

(7)**异常不良的环境条件** 在大豆田使用甲草胺、异丙甲草胺以及乙草胺时，喷药后如遇低温、多雨、寡照、土壤过湿等，会使大豆幼苗受害，严重时还会出现死苗现象(图6-9)。

图6-8　在水稻移栽返青后，遇冷湿天气，施用50%禾草丹乳油15天后的药害症状

图6-9　在大豆播后芽前，遇高湿条件，施用50%异丙甲草胺后的药害症状

二、除草剂的药害类型

除草剂是通过干扰与抑制植物的生理代谢而造成杂草死亡，其中包括光合作用、细胞分裂、蛋白质及脂类合成等，这些生理过程往往由不同的酶系统所引导；除草剂通过对靶标酶的抑制，而干扰杂草的生理作用。植物受除草剂作用后的形态变化，如失绿、坏死等症状，均是植物生理变化的外部表现，是诊断药害的基本依据。

任何作物对除草剂都不具有绝对的耐性或抗性，而所有除草剂品种对作物与杂草的选择性也都是相对的，在具备一定的环境条件与正确的使用技术时，才能显现出选择性而不伤害作物。在除草剂大面积使用中，作物产生药害的原因多种多样，其中多数是可以避免的。

（一）除草剂药害的分类

除草剂对作物可能会产生形形色色的药害，由于除草剂的种类、施用时期、施药方法及作物生育时期的不同引起作物不同的生理生化变化，可能产生不同形式的药害症状。根据分类方法的不同，除草剂药害可以分为以下几个主要类型。

1．按除草剂药害的发生时期分类

直接药害：使用除草剂不当，对当时、当季作物造成药害。如在小麦3叶期以前或拔节期以后使用麦草畏对小麦造成的药害(图6-10)。

图6-10　在小麦2叶期，过早过量喷施48%麦草畏水剂50ml/亩后的药害症状

间接药害：因使用除草剂不当对周围作物造成的药害；或者是前茬使用的除草剂残留，引起下茬作物药害。如麦田使用绿磺隆对下茬作物产生的药害等(图6-11)。

图6-11　在华北旱作麦区，小麦田施用绿磺隆后，下茬的田间药害症状。花生可以正常出苗，但苗后生长受到抑制，心叶黄化，植株矮小，缓慢死亡。

2．按发生药害的时间和速度分类

急性药害：施药后数小时或几天内即表现出症状的药害。如百草枯飘移到农作物的药害(图6-12)。

慢性药害：施药后几天或更长时间，甚至在作物收获时才表现出症状的药害。如2甲4氯钠盐水剂过晚施用于稻田，至水稻抽穗或成熟时才表现出症状(图6-13)。

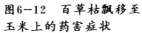

图6-12　百草枯飘移至玉米上的药害症状

图6-13　在水稻生长期，叶面喷施20%2甲4氯钠盐水剂后药害症状。受害水稻叶片黄化、部分叶片枯死，长势受到一定的影响。

3．按药害症状的表现分类

隐患性病害：药害并没在形态上明显表现出来，难以直观测定，但最终造成产量和品质下降。如丁草胺对水稻根系的影响而使每穗粒数、千粒重等下降(图6-14)。

可见性药害：肉眼可分辨的在作物不同部位形态上的异常表现。这类药害还可分为激素型药害和触杀型药害。激素型药害主要表现为叶色反常变绿或黄化，生长矮缩、茎叶扭曲等症状(图6-15)。

图6-14　在水稻移栽返青后，茎叶喷施60%丁草胺乳油15天后的药害症状

图6-15　2,4-滴丁酯对棉花的药害症状

4．按除草剂的作用机制分类

综合除草剂的作用机制和药害症状表现，可以把除草剂药害分为五大类型：

a. 光合作用抑制剂类除草剂的药害；

b. 氨基酸生物合成抑制剂类除草剂的药害；

c. 脂类生物合成抑制剂类除草剂的药害；

d. 激素干扰抑制剂类除草剂的药害；

e. 细胞分裂抑制剂类除草剂的药害。

（二）光合作用抑制剂的药害

光合作用是高等绿色植物特有的、赖以生存的重要生命过程，是绿色植物吸收太阳光的能量，同化二氧化碳和水，制造有机物质并释放氧的过程。

（1）作用于光合系统Ⅰ的除草剂药害 作用于光合系统Ⅰ的除草剂有联吡啶类除草剂，代表品种有百草枯。

联吡啶类除草剂可以被植物茎叶迅速吸收，但传导性差，是一种触杀型、灭生性除草剂。在光照条件下，处理后数小时植物便斑点性枯黄、死亡；而在黑暗条件下，死亡较慢或几乎不受影响，再置于光照条件下，植物非常迅速地死亡。作物药害发生迅速，生产上由于误用或飘移后易发生药害，但未死部分仍然可以复活(图6-16至图6-18)。

图6-16 在大豆生长期，百草枯飘移到大豆上的药害症状

8小时　　　5天　　　10天

图6-17　在玉米生长期，喷施20%百草枯水剂50ml/亩后的药害表现过程。施药几小时后叶片出现水浸状斑，以后受害叶片黄化，枯死，个别未死心叶，仍可以发出新叶。

(2)作用于光合系统Ⅱ的除草剂药害　作用于光合系统Ⅱ的除草剂较多，主要类型：均三氮苯类(莠去津、西玛津、扑草津、氰草净、西草净等)、脲类(绿麦隆、异丙隆、利谷隆、莎扑隆)、酰胺类(敌稗)、腈类(溴苯腈)、三嗪酮类(嗪草酮、环嗪酮、苯嗪草酮)、哒嗪酮类(甜菜灵、哒草特)、苯并噻二唑类(苯达松)。

抑制光合作用系统Ⅱ的除草剂，多数品种具有较强的选择性，应用时要根据适用作物和适宜的施药时期用药；另外该类药剂的安全性受光照、温度和土壤墒情的影响较大，施用时应加以注意。生产中施药不当，或误用、飘移到其他非靶标作物后会产生严重药害，重者可致作物死亡。受害后的典型症状是叶片失绿、坏死与干枯死亡。该类除草剂不抑制种子发芽，也不直接影响根系的发育，在植物出苗见光后才产生中毒症状死亡(图6-19至图6-23)。

图6-18　在棉花生长期，百草枯飘移至棉花上的药害症状

图6-19 小麦播种芽前，喷施50%扑草净可湿性粉剂30天后的药害症状。小麦叶片逐渐失绿黄化、枯死，小麦基本上绝收。

图6-20 玉米生长期，遇高温干旱天气，叶面喷施溴苯腈后的药害症状。受害后叶片呈水浸状失绿，枯萎。

图6-21 大豆播后芽前，高湿条件下，喷施50%嗪草酮可湿性粉剂后的药害症状。受害植株从心叶、叶尖和叶缘开始逐渐黄化、枯死，重者真叶发生后，即失绿枯死。

图6-22　在花生播后芽前，喷施50%异丙隆可湿性粉剂100g／亩的典型药害症状。花生出苗后叶片黄化，部分叶片边缘枯焦，重者枯死。

图6-23　在花生生长期，叶面喷施48%苯达松水剂3天后的药害症状。叶片上产生黄褐斑，部分叶尖和叶缘枯死。

(3)类胡萝卜素生物合成抑制剂 哒嗪酮类的氟草敏等，能够抑制催化八氢番茄红素向番茄红素转换过程的去饱和酶(脱氢酶)，从而抑制类胡萝卜素的生物合成。也有一些除草剂也能抑制类胡萝卜素的生物合成，如三唑类除草剂杀草强、恶唑烷二酮类的异恶草酮。类胡萝卜素在光合作用过程中发挥着重要作用，它可以收集光能，同时还有防护光照伤害叶绿素的功能。

4-羟基苯基丙酮酸双加氧酶抑制剂(简称HPPD抑制剂)，如三酮类除草剂的磺草酮(sulcotrione)、异恶唑类除草剂的异恶草酮等。该酶可以催化4-羟基苯基丙酮酸转化为2,5-二羟基乙酸，HPPD抑制剂是抑制HPPD的合成，导致酪氨酸(tryrosine)和生育酚(a-topherol)的生物合成受阻，从而影响类胡萝卜素的生物合成。HPPD抑制剂与类胡萝卜素生物合成抑制剂的作用症状相似。

该类除草剂选择性较强，但应用不当、残留或飘移到其他作物田，易于发生药害。施药后药害表现迅速，中毒后失绿、黄化、白化，而后枯萎死亡 (图6-24至图6-31)。

图6-24　在玉米生长期，模仿飘移或错误用药，喷施48%异恶草酮20ml／亩乳油后药害症状。玉米心叶黄化、白化、逐渐萎缩死亡。

图6-25 异恶草酮残留对小麦的田间药害症状。小麦正常出苗，苗后黄化，而后发白、生长缓慢，重者死亡。

图6-26 在花生播后芽前，喷施48%异恶草酮乳油后药害症状。施药后花生可以正常出苗，苗后叶片黄化、白化、生长受到抑制，高剂量下叶片枯死。

图6-27 在棉花播后芽前，模仿残留或错误用药，喷施48%异恶草酮乳油后药害症状 棉花正常发芽出苗，苗后叶片白化、生长受到抑制，以后逐渐死亡。

图6-28　在大豆播后芽前，遇低温高湿情况下，喷施48%异恶草酮乳油40ml/亩后23天药害症状。大豆叶片复绿，恢复生长，但新叶皱缩，生长受到严重抑制。

图6-29　在小麦播后生长期，错误用药，施用75%异恶唑草酮水分散粒剂10g/亩后的药害表现过程。施药后小麦生长缓慢，茎叶白化、枯萎。

图6-30　30%磺草酮悬浮剂400ml/亩对玉米药害的症状发展过程。磺草酮3～5天玉米叶片失绿，以后从叶缘开始逐渐条状白化，一般2周后逐渐恢复。

图6-31　在大豆播后芽前，错误用药，施用75%异恶唑草酮水分散粒剂22天后的药害症状。施药后出苗基本正常，出苗后茎叶黄化、发白，并开始枯萎、逐渐死亡。

(4)原卟啉氧化酶抑制剂　原卟啉氧化酶抑制剂，在叶绿素生物合成过程中，在其合成血红素或叶绿素的支点上有一个关键性的酶，即原卟啉氧化酶，通过对该酶的抑制可以导致叶绿素的前体物质原卟啉IX的大量瞬间积累，导致细胞质膜破裂、叶绿素合成受阻，而后植物叶片细胞坏死，叶片发褐、变黄、快速死亡。主要除草剂类型及代表品种有二苯醚类(三氟羧草醚、乙羧氟草醚、氟磺胺草醚、乳氟禾草灵、乙氧氟草醚)、恶二唑类(丙炔氟草胺、氟烯草酸、恶草酮、丙炔恶草酮、氟唑草酮)、N-苯基酰酰亚胺类（丙炔氟草胺）。

该类药剂选择性强，对靶标作物虽然可能会发生触杀性药害，但一般短期内即可以恢复，对作物生长影响不大；但是，在高温干旱等不良环境、或飘移、误用条件下仍然可以发生药害。芽前使用的除草剂，选择性是靠位差和生化选择性，因而播种过浅、积水时，均易发生药害。茎叶处理的除草剂种类，在药剂接触到叶片时起触杀作用，其选择性主要是由于目标作物可以代谢分解这类除草剂；因而在温度过高、过低时，作物的代谢能力受到影响，作物的耐药能力也随之降低，易于发生药害。该类除草剂主要起触杀作用，受害植物的典型症状是产生坏死斑，特别是对幼嫩分生组织的毒害作用较大。药害速度迅速，药害症状初为水浸状，后呈现褐色坏死斑，而后叶片出现红褐色坏死斑，逐渐连片死亡。未伤生长点的植物，经几周后会恢复生长，但长势受到不同程度的抑制(图6-32至图6-36)。

图6-32　在小麦生长期，错误用药，叶面喷施25%氟磺胺草醚乳油20ml/亩的药害症状。小麦受药叶片斑点状黄化、枯死，药害轻时心叶不死，随着生长会继续发出新叶，但小麦生长会受到严重的抑制；药害严重时，可致全株枯死。

图6-33　在玉米生长期，模仿飘移或错误用药，叶面喷施24%乙氧氟草醚乳油20ml/亩的药害症状。施药后1天受害玉米叶片如水浸状、失绿、出现暗褐色，以后受害玉米茎叶枯死、叶片有大量黄褐色斑点，但药害轻时，会不断发出新叶，玉米生长缓慢。

图6-34　在大豆播后芽前，遇持续低温高湿条件，于大豆萌芽期喷施50%丙炔氟草胺可湿性粉剂23天后的药害症状。药后茎叶扭曲、畸形，生长缓慢。药害较重时，叶片扭曲、脆弱、缓慢死亡。

图6-35　在花生生长期，叶面喷施24%乙氧氟草醚乳油30ml/亩后药害症状。施药后叶片迅速失绿、斑状枯黄，部分叶片枯死，以后还会发出新叶，逐渐恢复生长。

图6-36　在水稻催芽播种后，秧畦喷施24%乙氧氟草醚乳油20ml/亩的药害症状。受害水稻部分出苗，水稻出苗后叶尖即干枯，以后随着生长发出的叶片卷缩，茎基部黄褐色，叶部有黄褐色斑状。

(三)氨基酸生物合成抑制剂的药害

(1)芳香族氨基酸生物合成抑制剂的药害　莽草酸途径是一个重要的生化代谢路径，一些芳香族氨基酸如色氨酸、酪氨酸、苯丙氨酸和一些次生代谢产物如类黄酮、花色糖苷(anthocyanins)、激素(auxins)、生物碱(alkaloids)的生物合成都与莽草酸有关。在这类物质的生物合成过程中，5-烯醇丙酮酸基莽草酸-3-磷酸合成酶(5-enolpyruvyl shikimate-3-phosphate synthase，EPSP synthase)发挥着重要的作用。草甘膦可以抑制5-烯醇丙酮酸基莽草酸-3-磷酸合成酶，从而阻止芳香族氨基酸的生物合成，是该类典型的除草剂。

草甘膦主要抑制植物分生组织的代谢和蛋白质生物合成过程，植物生长受抑制，最终死亡。受害后生长点部分首先失绿、黄化，随着黄化而逐渐生长停滞、全株枯萎死亡。从施药到完全死亡所需时间较长，一般情况下死亡需要7～10天(图6-37)。

图6-37　在大豆生长期，模仿飘移或错误用药，低量喷施10%草甘膦100ml/亩的药害症状。受害茎叶失绿、黄化、逐渐枯死，但一般彻底死亡所需时间较长。

(2)支链氨基酸生物合成抑制剂的药害　支链氨基酸如亮氨酸、异亮氨酸、缬氨酸是蛋白质生物合成中的重要组成成分，这些支链氨基酸的生物合成过程中具有一个重要的酶，即乙酰乳酸合成酶(简称ALS)。很多除草剂可以抑制乙酰乳酸合成酶，从而导致蛋白质合成受阻，植物生长受抑制而死亡。

抑制乙酰乳酸合成酶的除草剂主要有以下几类：磺酰脲类(噻磺隆、苯磺隆、绿磺隆、醚磺隆、烟嘧磺隆、砜嘧磺隆、苄嘧磺隆、氯嘧磺隆、嘧磺隆、吡嘧磺隆、胺苯磺隆（禁用）、乙氧嘧磺隆、酰嘧磺隆、环丙嘧磺隆)、咪唑啉酮类(咪唑乙烟酸、甲氧咪草酸)、磺酰胺类(唑嘧磺草胺)、嘧啶水杨酸类(双嘧苯甲酸钠、嘧啶水杨酸)。

　　抑制乙酰乳酸合成酶的除草剂主要抑制植物生物合成过程，植物生长点受抑制，最终死亡(图6-38至图6-44)。受害后的杂草根、茎叶生长停滞，生长点部位失绿、黄化、畸形，逐渐生长停滞、枯萎死亡。该类除草剂对杂草作用迅速，施药后很快抑制杂草生长，但从施药到完全死亡所需时间较长，一般情况下死亡需要10～30天。

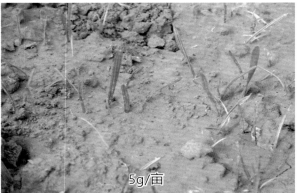

图6-38　在小麦播后芽前，模仿残留或错误用药，施用10%氯嘧磺隆*可湿性粉剂30天后对小麦的药害症状。小麦出苗稀疏，苗后生长受到严重抑制，茎叶条状黄化，矮缩，从新叶叶尖开始逐渐枯死。

空白　　　　2.5g/亩　　　　5g/亩　　　　10g/亩

图6-39　在水稻移栽返活后，模仿残留或错误用药，喷施10%甲磺隆*可湿性粉剂15天后的药害症状。水稻叶尖黄化、稻苗生长缓慢，生长受到严重抑制。

10g/亩　　　　5g/亩　　　　40g/亩　　　　20g/亩

图6-40　在玉米播后芽前，模仿飘移或错误用药，喷施10%苄嘧磺隆可湿性粉剂对玉米的药害症状。玉米出苗基本正常，苗后生长缓慢，重者心叶发黄、卷缩，逐渐枯萎。

*根据最新《农药管理条例》规定，该药已在全国范围内禁止使用。

图6-41　在花生播后芽前，模仿残留或错误用药，喷施15%氯嘧磺隆可湿性粉剂的药害症状。花生可以正常出苗，但苗后生长受到抑制，根系发育受阻、叶片发黄，心叶发育畸形，缓慢死亡。

图6-42　在大豆生长期，错误用药，叶面喷施10%胺苯磺隆*可湿性粉剂16天的药害症状。大豆长势明显弱于对照，心叶黄化，生长受到严重抑制，以后会缓慢死亡。

图6-43　在棉花播后芽前，模仿飘移或错误用药，喷施10%甲磺隆可湿性粉剂16天的药害症状。棉花基本上出苗，苗后生长受到严重抑制，心叶黄化、坏死。

图6-44　在油菜播后芽前，模仿飘移或错误用药，喷施10%甲磺隆可湿性粉剂的药害症状。油菜基本上正常出苗，苗后生长受到抑制，心叶坏死，叶片黄化死亡。

*根据最新《农药管理条例》规定，该药已在全国范围内禁止使用。

（四）激素干扰抑制剂的药害

　　激素调节着植物的生长、分化、开花和成熟等，有些除草剂可以作用于植物的内源激素，抑制植物体内广泛的生理生化过程。苯氧羧酸类和苯甲酸类除草剂的作用途径类似于吲哚乙酸(IAA)，微量下可以促进植物的伸长，而高剂量时则使分生组织的分化被抑制，伸长生长停止，植株产生横向生长，导致根、茎膨胀，堵塞输导组织，从而导致植物死亡。吡啶羧酸类毒莠定、使它隆、绿草定、氟啶酮等，也具有生长激素类除草机制，至于其具体作用机制尚不清楚。喹啉羧酸衍生物，如二氯喹啉酸、氯甲喹啉酸，可以有效地促进乙烯的生物合成，导致大量脱落酸的积累，导致气孔缩小、水蒸发减少、CO_2吸收减少、植物生长减慢，二氯喹啉酸可以有效地防治稗草、氯甲喹啉酸可以有效地防治猪殃殃。另外，草除灵等也是通过干扰植物激素而发挥除草作用的。

　　该类除草剂对作物选择性较强，对靶标作物相对安全；但生产中施用不当，或生育期与环境条件把握不好会发生药害。苯氧羧酸类除草剂系激素型除草剂，它们诱导作物致畸，不论是根、茎、叶、花及穗均产生明显的畸形现象，并长久不能恢复正常。药害症状持续时间较长，而且生育初期所受的影响，直到作物抽穗后仍能显现出来。受害植物不能正常生长，敏感组织出现萎黄、生长发育缓慢、萎缩死亡(图6-45和图6-46)。

空白　　　　　　　　50ml/亩

图6-45　在玉米大喇叭口期、气生根开始发生前期，过晚喷施72%2,4-滴丁酯乳油50ml/亩早期的药害症状。施药初期，气生根发出畸形嫩芽，以后气生根发育畸形、根系弱小。因为气生根本身是玉米生长的营养根，故玉米生长受到抑制。

1天

4天

图6-46　在大豆生长期，错误用药，低量喷施20%氯氟吡氧乙酸乳油后的药害症状。受害后茎叶扭曲、叶片变黄枯萎死亡。

(五)脂类生物合成抑制剂的药害

植物体内脂类是膜的完整性与机能以及一些酶活性所必需的物质，其中包括线粒体、质体与胞质脂类，每种脂类都是通过不同途径进行合成。通过大量的研究，目前已知影响酯类合成的除草剂有5类：一是硫代氨基甲酸酯类(thiocarbamate)；二是酰胺类(amides)；三是环己烯酮类(cyclohexanedione oximes)；四是芳氧基苯氧基丙酸类(aryloxyphenoxypropionates)；五是苯基吡唑啉类(Phenylpyrazoline)。其中芳氧基苯氧基丙酸类、环己烯酮类以及苯基吡唑啉类除草剂则是通过对乙酰辅酶A羧化酶、抑制脂肪酸合成而导致脂类合成受抑制；硫代氨基甲酸酯类和酰胺类主要抑制脂肪酸的生物合成。

(1)乙酰辅酶A羧化酶抑制剂 芳氧基苯氧基丙酸类、环己烯酮等类除草剂的主要作用机制是抑制乙酰辅酶A合成酶，从而干扰脂肪酸的生物合成，影响植物的正常生长。

苯氧基芳氧基丙酸类、环己烯酮类以及苯基吡唑啉类除草剂对阔叶作物高度安全，但对禾本科作物易于发生药害，生产中由于误用或飘移可能发生药害，但其中禾草灵、精恶唑禾草灵加入安全剂后也可以用于小麦，对小麦相对安全。该类除草剂对作物的药害症状表现为受药后植物迅速停止生长，幼嫩组织的分裂组织停止生长，而植物全部死亡所需时间较长，植物受害后的第一症状是叶色萎黄，特别是嫩叶最早开始萎黄，而后逐渐坏死，最明显的症状是叶片基部坏死、茎节坏死，导致叶片萎黄死亡，部分禾本科植物叶片卷缩、叶色发紫，而后枯死(图6-47和图6-48)。

图6-47 在小麦生长期，过量施用10%精喹禾灵乳油50ml/亩的药害表现过程。受害叶片黄化，叶片中部和基部出现失绿、黄化斑点，以后从叶片基部逐渐坏死。

图6-48 在玉米生长期，模仿错误用药，叶面喷施10.8%高效氟吡甲禾灵乳油11天后的药害症状。受害玉米茎叶紫红色、心叶枯死、部分叶片枯死、玉米茎节变褐枯死。

(2)脂肪酸合成抑制剂　硫代氨基甲酸酯类和酰胺类等除草剂的主要作用机制是抑制脂肪酸的生物合成，影响植物种子的发芽和生长。该类除草剂主要是土壤封闭除草剂，其作用症状就是杂草种子不能发芽而坏死，施药后在土表难于直接观察死草症状。

该类除草剂中大多数品种是土壤处理的除草剂，其除草效果和安全性均与土壤特性，特别是有机质含量及土壤质地有密切关系。施药后如遇持续低温及土壤高湿，对作物会产生一定的药害，该类除草剂可以用于多种作物，但对不同作物的安全性差异较大，应用不当易发生药害(图6-49至图6-51)。该类除草剂主要抑制根与幼芽生长，造成幼苗矮化与畸形，幼芽和幼叶不能完全展开，玉米叶鞘不能正常抱茎；大豆叶片中脉变短，叶片皱缩、粗糙，产生心脏形叶，心叶变黄，叶缘生长受抑制，出现杯状叶，花生叶片变小，出现白色坏死斑。药害症状出现于作物萌芽与幼苗期，一般情况下随着环境条件改善和作物生长药害可能恢复。

图6-49　在玉米播后芽前，高湿低温条件，过量施用乙草胺6天后的药害症状。玉米叶鞘抱茎、茎叶和根系发育受阻。

图6-50　在花生播后芽前，高湿条件下，施用72%异丙甲草胺18天后的药害症状。花生茎基畸形膨胀，根系较弱，发育缓慢；剂量过大时，茎基部、根系黄褐色坏死。

图6-51　在大豆播后芽前，遇持续低温高湿条件，施用异丙甲草胺8天后药害症状。大豆新叶畸形皱缩，根系较弱，发育缓慢，生长受抑制，随着温度回升会逐渐恢复生长。

（六）细胞分裂抑制剂的药害

细胞自身具有增殖能力，是生物结构功能的基本单位。细胞在不断地世代交替，不断地进行DNA合成、染色体的复制，从而不断地进行细胞分裂、繁殖。很多除草剂对细胞分裂产生抑制作用，包括一些直接和间接的抑制过程。

二硝基苯胺类和磷酰胺类除草剂是直接抑制细胞分裂的化合物。二硝基苯胺类除草剂的氟乐灵和磷酰胺类的胺草膦是抑制微管的典型代表，它们与微管蛋白结合并抑制微管蛋白的聚合作用，造成纺锤体微管丧失，使细胞有丝分裂停留于前期或中期，产生异常多型核。氨基甲酸酯类除草剂作用于微管形成中心，阻碍微管的正常排列；同时它还通过抑制RNA的合成从而抑制细胞分裂。氨基甲酸酯类具有抑制微管组装的作用。氯乙酰胺类具有抑制细胞分裂的作用。另外，二苯醚类中的环庚草醚，氧乙酰胺类的苯噻酰草胺，乙酰胺类的双苯酰草胺、萘丙酰胺，哒嗪类的氟硫草定等类除草剂也有抑制细胞分裂的作用。

该类除草剂中大多数品种是土壤处理的除草剂，其除草效果和安全性均与土壤特性、特别是有机质含量及土壤质地有密切关系。施药后如遇持续低温及土壤高湿，对作物会产生一定的药害，该类除草剂可以用于多种作物，但对不同作物的安全性差异较大，应用不当易于发生药害(图6-52和图6-53)。该类除草剂严重抑制细胞的有丝分裂与分化，破坏核分裂，被认为是一种核毒剂。其破坏细胞正常分裂，根尖分生组织内细胞变小或伸长区细胞未明显伸长，特别是皮层薄壁组织中细胞异常增大，胞壁变厚；由于细胞极性丧失，细胞内液泡形成逐渐增强，因而在最大伸长区开始放射性膨大，从而造成通常所看到的根尖呈鳞片状。该类药剂的药害症状是抑制幼芽的生长和次生根的形成。具体药害症状是根短而粗，无次生根或次生根稀疏而短，根尖肿胀成棒头状，芽生长受到抑制，下胚轴肿胀，受害植物芽鞘肿胀、接近土表处出现破裂，植物出苗畸形、缓慢或死亡。

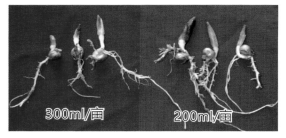

图6-52　在玉米播后芽前，遇持续低温高湿情况下，喷施33%二甲戊乐灵乳油30天后的药害症状。受害后出苗缓慢、稀疏、根系发育受抑、须根少、茎叶矮小、卷缩、畸型，生长受到严重抑制，重者缓慢死亡。

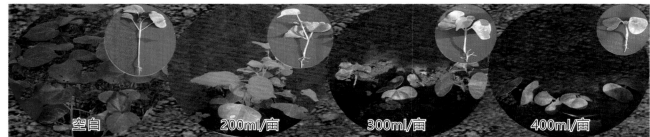

图6-53　在棉花播后芽前，低温高湿条件下，喷施48%氟乐灵乳油16天后的药害症状。受害后出苗缓慢，根系受抑制、心叶卷缩、畸形、子叶肥厚，下胚轴肿大，脆弱，生长受到严重抑制。

　　除草剂能够诱导植物产生一系列生理生化以及形态变化。组织解剖与生物化学反应是植物组织内部的变化，诊断比较困难；个别生理变化的结果，如失绿、坏死，在田间能够观察，是组织解剖和生物化学反应后植物外表的变化，较易发现与鉴别。因而，形态变化是诊断药害的基本依据。除草剂引起植物各部位的药害症状分类描述见表6-1。

表6-1　除草剂药害症状分类（按作物受害部位分类）

受害部位	典型症状	引发药害的除草剂种类
整株	整体生长缓慢，叶片黄化	非目标作物遇低剂量的三氮苯类除草剂
	整体生长缓慢，生长点黄化	非目标作物遇低剂量的磺酰脲类除草剂
	整体生长缓慢，心叶畸形	作物发芽出苗时施用酰胺类、二硝基苯胺类除草剂
叶片	叶片羽毛状、皮带状畸形	2,4-滴丁酯、2甲4氯钠盐
	生长点缩小、肿胀，叶片向上卷缩	百草敌、毒莠定
	叶片卷成杯状	2,4-滴丁酯、2甲4氯钠盐、百草敌
	叶片皱缩，禾本科作物叶片难于从芽鞘中抽出，植株矮小	硫代氨基甲酸酯类除草剂，如灭草猛
	叶片翻卷、皱缩	酰胺类、二硝基苯胺类除草剂
	叶缘枯黄、顶部叶片黄化，部分叶片呈白色、黄褐色、紫色或桃红色	草甘膦、环己烯酮类、苯氧基芳氧基丙酸类除草剂
	叶脉枯黄，而后全叶枯黄	脲类、腈类、三氮苯酮类除草剂
	叶脉间发黄，致全叶枯黄	均三氮苯类除草剂
	几乎全部叶缘褪绿、枯黄，像个"晕圈"	叶面喷施三氮苯类除草剂
	不规则的出现失绿、枯黄斑点，部分叶片皱缩	部分硫代氨基甲酸酯类和酰胺类除草剂如磺草灵

受害部位	典型症状	引发药害的除草剂种类
叶片	白化，多从叶缘开始	异噁唑烷二酮类除草剂，如异噁草酮
	叶缘疤状坏死、枯黄	叶面过量施用嗪草酮、三氮苯类除草剂
	叶片不规则地出现疤状枯黄斑点	叶面喷施二苯醚等触杀性除草剂
茎	向上性茎或叶柄向上弯曲生长、茎过长生长、茎畸形扭曲	苯氧羧酸、苯甲酸、吡啶羧酸类除草剂，如2,4-滴丁酯、2甲4氯钠盐、麦草畏、氯氟吡氧乙酸
	茎或胚芽鞘、胚轴肿胀	芽前施用二硝基苯胺类、酰胺类除草剂
根系	气生根畸形	苯氧羧酸、苯甲酸、吡啶羧酸类除草剂，如2,4-滴丁酯、2甲4氯钠盐、麦草畏、氯氟吡氧乙酸
	根系肿胀、缩短、生长迟缓	芽前施用二硝基苯胺类、酰胺类除草剂、硫代氨基甲酸酯类除草剂
	根系生长点受抑、发育缓慢、无根毛	磺酰脲类、咪唑啉酮类、磺酰胺类除草剂

三、除草剂药害症状表现与调查

（一）除草剂药害的症状表现

除草剂对作物造成的药害症状多种多样，这些症状与除草剂的种类、除草剂的施用方法、作物生育时期、环境条件密切相关。现将除草剂的药害症状表现归类总结如下。

（1）除草剂药害在茎叶上的症状表现 用作茎叶喷雾的除草剂需要渗透通过叶片茸毛和叶表的蜡质层进入叶肉组织才能发挥其除草效果或在作物上造成药害；用作土壤处理的除草剂，也需植物的胚芽鞘或根的吸收进入植株体内才会发生作用。当然，叶面喷雾的除草剂与经由根部吸收的除草剂，其药害症状的表现有很大差异。

茎叶上的药害症状主要有以下几种。

褪绿：褪绿是叶片内叶绿体崩溃、叶绿素分解。褪绿症状可以发生在叶缘、叶尖、叶脉间或叶脉及其近缘，也可全叶褪绿。褪绿的色调因除草剂种类和植物种类的不同而异，有完全白化苗、黄化苗，也有的仅仅是部分褪绿。三氮苯类、脲类除草剂是典型的光合作用抑制剂，多数作物的根部吸收除草剂后，药剂随蒸腾作用向茎叶转移，首先是植株下部叶片表现症状，沿叶脉出现黄白化。这类除草剂用作茎叶喷雾时，在叶脉间出现褪绿黄化症状，但出现症状的时间要比用作土壤处理的快。

坏死：坏死是作物的某个器官、组织或细胞的死亡。坏死的部位可以在叶缘、叶脉间或叶脉及其近缘，坏死部分的颜色差别也很大。例如，需光型除草剂草枯醚等，在水稻移栽后数天内以毒土法施入水稻田，水中的药剂沿叶鞘呈毛细管现象上升，使叶鞘表层呈现黑褐色，这种症状一般称为叶鞘变色。又如，氟磺胺草醚(虎威)应用于大豆时，在高温强光下，叶片上会出现不规则的黄褐色斑块，造成局部坏死。

落叶：褪绿和坏死严重的叶片，最后因离层形成而落叶。这种现象在果树上，特别是在柑橘上最易见到，大田作物的大豆、花生、棉花等也常发生。

畸形叶：与正常叶相比，叶形和叶片大小都发生明显变化，成畸形。例如，苯氧羧酸类除草剂在非禾本科作物上应用，会出现类似激素引起的柳条叶、鸡爪叶、捻曲叶等症状，部分组织异常膨大，生长点枯死，周缘腋芽丛生。又如，抑制蛋白质合成的除草剂应用于稻田，在过量使用情况下会出现植株矮化、叶片变宽、色浓绿、叶身和叶鞘缩短、出叶顺序错位、抽出心叶常呈蛇形扭曲。这类症状也是畸形叶的一种。

植株矮化：对于禾本科作物，其叶片生长受抑制也就伴随着植株矮化。但也有仅仅是植株节间缩短而矮化的例子。例如，水稻生长中后期施用2,4-滴丁酯、2甲4氯钠盐时混用异稻瘟净，使稻株秆壁增厚，硅细胞增加，节间缩短，植株矮化。

除草剂在茎叶上的药害症状主要表现为叶色、叶形变化，落叶和叶片部分缺损以及植株矮化。

(2)除草剂药害在根部的症状表现 除草剂药害在根部的表现主要是根数变少，根变色或成畸形根。二硝基苯胺类除草剂的作用机制是抑制次生根的生长，使次生根肿大，继而停止生长；水稻田使用过量的2甲4氯丁酸后，水稻须根生长受阻，稻根呈疙瘩状。

(3)除草剂药害在花、果部位的症状表现 除草剂的使用时间一般都是在种子播种前后或在作物生长前期，在开花结实(果)期很少使用。在作物生长前期如果使用不当，也会对花果造成严重影响，有的表现为开花时间推迟或开花数量减少，甚至完全不开花。例如，麦草畏在小麦花药四分体时期应用，开始对小麦外部形态的影响不明显，但抽穗推迟，抽穗后绝大多数为空瘪粒。果园使用除草剂时，如有部分药液随风漂移到花或果实上，常常会造成落花、落果、畸形果或者果实局部枯斑，果实着色不匀，造成水果品质和商品价值的下降。

上述的药害症状，在实际情况下，单独出现一种症状的情况是较少的，一般都表现出几种症状。例如，褪绿和畸形叶常常是同时发生的。同一种除草剂在作物的不同生育期使用时，会产生不同的药害症状；同一种药剂，同一种作物，有时因使用方法和环境条件不同，药害症状的表现会有差异。尤其值得注意的是，药害症状的表现是有一个过程的，随着时间推移，症状表现也随之变化，因而在识别除草剂的药害时要注意药害症状的变化过程。

作物的茎叶、根或花果上形成的药害症状，是由于除草剂进入植物体内改变植物正常的细胞结构和生理生化活动的综合表现。例如，用百草枯处理植物叶片后，在电子显微镜下观察，其原生质膜、核膜、叶绿体膜、质体片层、线粒体膜等细胞膜系会先出现油滴状、电子密度高的颗粒，以后整个膜系都消失；从生理学上看，百草枯在植物体内参与光合作用的电子传递，在绿色组织通过光合和呼吸作用被还原成联吡啶游离基，又经自氧化作用使叶组织中的水和氧形成过氧化氢和过氧游离基。这类物质对叶绿体膜等细胞膜系统破坏力极强，最终使光合作用和叶绿体合成中止，表现为叶片黄化、坏死斑。

(二)除草剂药害的调查内容

在诊断除草剂药害时，仅凭症状还不够，应了解药害发生的原因。因此，调查、收集引起药害的因素是必要的，一般要分析如下几个方面。

(1)作物栽培和管理情况 调查了解栽培作物的播种期、发育阶段、品种情况；土壤类型、土壤墒情、土壤质地及有机质含量；温度、降雨、阴晴、风向和风力；田间化肥、有机肥施用情况；除草剂种类、用量、施药方法、施用时间。

(2)**药害在田间的分布情况** 除草剂药害的发生数量(田间药害的发生株率)、发生程度(每株药害的比例)、发生方式(是成行药害、成片药害),了解药害的发生与施药方式、栽培方式、品种之间的关系。

(3)**药害的症状及发展情况** 调查药害症状的表现,如出苗情况、生长情况、叶色表现、根茎叶及芽、花、果的外观症状;同时,了解药害的发生、发展、死亡过程。

(三)除草剂药害程度的调查分级

调查药害的指标应根据药害发生的特点加以选择使用。除草剂药害所表现的症状归纳起来有两类:一类是生长抑制型,如植株矮化、茎叶畸形、分蘖和分枝减少等;另一类是触杀型,如叶片黄化、叶片枯死等。对全株性药害,一般采用萌芽率、出苗数(率)、生长期提前或推迟的天数、植株高度和鲜重等指标来表示其药害程度。对于叶片黄化、枯斑型药害,通常用枯死(黄化)面积所占叶片全面积百分率来表示其药害程度,并计算药害指数。

江荣昌(1987)把除草剂分为生长抑制型和触杀型两大类。这两类除草剂造成的作物药害均分成0~Ⅳ级,最后统计药害指数,见表6-2。魏福香(1992)综合全株性药害症状(生长抑制等)和叶枯性(包括变色)症状,制订了0~5级和0~10级(百分率)的药害分级标准,见表6-3和表6-4。

表6-2 除草剂药害分级标准(江荣昌,1987)

药害分级	生长抑制型	触杀型
0	作物生长正常	作物生长正常
Ⅰ	生长受到抑制(不旺、停顿)	叶片1/4枯黄
Ⅱ	心叶轻度畸形,植株矮化	叶片1/2枯黄
Ⅲ	心叶严重畸形,植株明显矮化	叶片3/4枯黄
Ⅳ	全株死亡	叶片3/4枯黄至死亡

$$药害指数 = \frac{\sum (各级级数 \times 株数)}{调查总株数 \times 最高级数} \times 100$$

表6-3 0~5级药害分级(魏福香,1992)

药害分级	分级描述	症状
0	无	无药害症状,作物生长正常
1	微	微见症状,局部颜色变化,药斑占叶面积或叶鞘10%以下,恢复快,对生育无影响
2	小	轻度抑制或失绿,斑点占叶面积及叶鞘1/4以下,能恢复,推测减产率0~5%
3	中	对生育影响较大,畸形叶,株矮或枯斑占叶面积1/2以下,恢复慢,推测减产6%~15%
4	大	对生育影响大,叶严重畸形,抑制生长或叶枯斑3/4,难以恢复,推测减产16%~30%
5	极大	药害极重,死苗,减收率31%以上

表6-4　作物受害0～10级(百分率)分级(魏福香，1992)

分级	百分率(%)	症　状
0	0	无影响
1	10	可忽略，微见变色、变形，或几乎未见生长抑制
2	20	轻，清楚可见有些植物失色、倾斜，或生长抑制，很快恢复
3	30	植株受害更明显，变色，生长受到抑制，但不持久
4	40	中度受害，褪绿或生长受到抑制，可恢复
5	50	受害持续时间长，恢复慢
6	60	几乎所有植株伤害，不能恢复，死苗<40%
7	70	大多数植物伤害重，死苗40%～60%
8	80	严重伤害，死苗60%～80%
9	90	存活植株<20%，几乎都变色、畸形、永久性枯干
10	100	死亡

注：药害恢复程度分3级，即速(处理后7～10天恢复)；中(处理后10～20天恢复)；迟(处理后20天以上恢复)。

四、除草剂药害的预防与事故处理

近年来，除草剂药害发生频繁，它不仅制约着除草剂的进一步推广应用；同时，由于除草剂药害的发生带来了巨大的经济损失，它日益暴露出复杂的社会问题，每年群众上访、进法院告状事件很多，严重影响着干群关系和社会安宁。

随着除草剂的广泛应用，除草剂给农作物带来药害的问题将愈来愈多，针对不同除草剂发生的药害，调查、分析引起药害的原因，及时采取相应的措施、明确造成药害的责任人。

(一)除草剂药害预防与处理措施

在除草剂大面积使用中，作物产生药害的原因多种多样，有些除草剂易于对作物造成触杀性或抑制性药害，或是遇到暂时的不良环境条件对作物发生短期药害，而且这些药害通过加强田间管理短时间可以恢复；部分除草剂品种，对作物造成的药害发展缓慢，前期症状只有专业人员才能观察到，明显症状到作物成熟时才表现出来，而且药害带来的损失多是毁灭性的；部分除草剂作用迅速，误用了这些除草剂后作物短时间内即死亡，生产中根本没有时间抢救。

根据除草剂的作用方式、药害表现可以分成如下3种类型，并分别采取相应的补救措施。

(1)除草剂的自身特性 在生产中，有些除草剂易对作物造成触杀性或抑制性药害，或是遇到不良环境条件对作物产生短期药害，而且这些药害短时间可以恢复。

如酰胺类除草剂、二硝基苯胺类除草剂，在适用作物、适宜剂量下施用，遇持续低温高湿时，可能产生药害，特别是大豆播后芽前施用，易产生药害。一般剂量下，这些药害在天气正常后，7～15天基本上可以恢复。

二苯醚类除草剂是最易产生药害的一类除草剂。在大豆生长期施用氟磺胺草醚、三氟羧草醚、乳氟禾草灵、乙羧氟草醚后1~5天，大豆茎叶有触杀性褐色斑点，而不影响新叶的生长，对大豆的产量一般没有影响。如大豆田用乙羧氟草醚1天后，大豆很多叶片黄化，4~6天后多数叶片复绿，8~10天后基本正常，一般剂量下对大豆生长没有影响。在花生生长期施用三氟羧草醚、乳氟禾草灵后1~5天，花生茎叶有触杀性褐色斑点，而不影响新叶的生长，对大豆的产量一般没有影响。乙氧氟草醚在大豆、花生、棉花田播后芽前施用后，对新出真叶易出现触杀性褐色斑，暂时抑制生长，正常剂量下，短时间内即可以恢复。

溴苯腈用于小麦田，在低温情况下施用，部分小麦叶片出现枯死，气温回升后逐渐恢复生长，对小麦影响不重。

唑酮草酯用于小麦田，易出现黄褐色斑点，在正常剂量下，对小麦生长发育和产量没有影响。

对于这类除草剂药害，生产中不应惊慌失措，对作物生长和产量没有影响。必要时，可以加强肥水管理，促进生长。

(2)速效性除草剂的误用　速效性除草剂，作用迅速，误用了这些除草剂后作物短时间内即死亡，生产中根本没有时间来救，应及时的采取毁田补种措施。

如二苯醚类除草剂，氟磺胺草醚、三氟羧草醚、乳氟禾草灵、乙羧氟草醚、乙氧氟草醚误用于非靶标作物，1~3天即全部死亡。这类药剂没有内吸、传导作用，如果是飘移药害，作物少数叶片死亡，一般作物还会恢复生长。

百草枯、溴苯腈、快灭灵误用或飘移到其他作物，短时间内即全部死亡。

(3)迟效性除草剂的误用　多数除草剂品种，对作物造成的药害发展缓慢，有的甚至到作物成熟时才表现出来，而且药害带来的损失多是毁灭性的。

如误用磺酰脲类除草剂、咪唑啉酮类除草剂等，剂量较高的药害也需5~7天才表现出症状，7~20天作物死亡；而磺酰脲类除草剂、咪唑啉酮类除草剂的残留、飘移等低剂量下发生的药害，往往15~40天后症状才完全表现出来，死亡速度缓慢。苯氧羧酸类除草剂、苯甲酸类除草剂引发的药害，往往不是马上表现出药害，而是到小麦抽穗、成熟时才表现出来。在生产中，对于这类除草剂造成的药害，应加强诊断、及时采取补救或补种其他作物。在补救中，不要盲目地施用补救剂，应在技术部门指导下，选用适宜的药剂，进行解毒、补偿生长。毁田补种时，应在技术部门指导下进行，补种对除草剂耐性强、生育期适宜的作物，避免发生第二次药害。

(二)酰胺类除草剂药害预防与事故处理

酰胺类除草剂是一类重要的芽前土壤封闭处理剂，是防治一年生禾本科杂草的特效除草剂，对阔叶杂草的防效较差。土壤中的持效期中等，一般为1~3个月。

(1)酰胺类除草剂的安全应用技术　该类药剂除草效果和安全性均与土壤特性、特别是墒情、有机质含量及土壤质地有密切关系。通常在温度较高、墒情较好的条件下，除草效果好，且对作物比较安全；但施药后遇低温、土壤高湿，对作物会产生一定的药害，表现为叶片褪色、皱缩、生长缓慢，随着温度的升高，一般会逐步恢复正常生长。

(2)酰胺类除草剂的药害补救措施　酰胺类除草剂对作物相对安全，生产中由于用药量过大或环境条件不良而产生的药害，应分不同情况采取相应的措施。

在作物播后芽前，施药后遇降雨、漫灌大水，这时作物正处于出苗发芽期，作物易发生药害，一般情况下作物会受到暂时的药害，15～20天症状基本上可以恢复，生产上不便采取补救措施。如果这一时期继续灌水、施用氮肥，往往会加重药害。对于部分积水处作物可能发生药害较重，应及时补种，播种深度应适当加大。

对于药害较轻、生长受到暂时抑制的作物，应加强田间管理，也可以补施叶面肥和生长调节剂。可以及时喷施1～2次芸苔素内酯和复硝酚钠。

(3)酰胺类除草剂的药害案件处理 田间发生药害后，应及时进行症状观察与药害发生原因分析。

首先，要了解田间作物的药害的症状与药害症状的发生与发展过程是否与前文中酰胺类除草剂的药害症状符合。因为，有些上茬作物的除草剂残留，也能抑制作物的发芽和生长，但症状伴有叶色和叶型的变化，症状是不同的，要认真加以分析。也不能排除产品自身中含有其他除草剂成分或杂质，要核对产品标签中的成分说明。

其次，要调查施药时的天气、土壤墒情和土壤质地、作物播种深度。因为，酰胺类除草剂的药害与施药条件关系最大，特别是一些蔬菜和经济作物对酰胺类除草剂耐药性较差，生产上经常发生药害。

如果在产品的标签中，没能明确注明适用作物和相应作物的施药剂量、施药方法等上文中的有关注意事项，生产企业要对药害负责；否则，所发生的药害由使用者负责。

(三)均三氮苯类除草剂药害预防与事故处理

均三氮苯类除草剂多是土壤处理剂，主要通过根部吸收，个别品种也能被茎叶吸收，影响植物的光合作用。防除一年生及种子繁殖的多年生杂草，其中对双子叶杂草的防效优于单子叶杂草。水溶性较高，易于被雨水淋溶，土壤中残效期差异较大，莠去津、西玛津残效期较长。

(1)均三氮苯类除草剂的安全应用技术 均三氮苯类除草剂对杂草种子无杀伤作用，也不影响种子发芽，它们主要防治杂草幼芽，故应在作物种植后、杂草萌芽前使用，有些品种虽然也可在苗后应用，但应在杂草幼龄阶段用药。

使用药量应视土壤质地、应用时期而定。在播后芽前施药时，如遇土壤干旱除草效果下降；生长期施药时，如遇高温干旱、高温高湿天气时，易于发生药害。在土壤特性中，对均三氮苯类除草剂活性影响最大的是土壤有机质与黏粒含量。土壤酸度也是影响均三氮苯类除草剂吸附作用的重要因素。

均三氮苯类除草剂中莠去津、西玛津等品种残效期较长，易于对下茬作物发生药害，在生产应用中一定要按使用说明或在技术部门的指导下进行。

部分均三氮苯类除草剂安全性较差，如扑草净、西草净、氰草津等，应严格把握施药条件。

(2)均三氮苯类除草剂的药害补救措施 均三氮苯类除草剂的选择性较强，对玉米等少数几种作物安全，生产中易对其他作物发生药害，而且药害发展迅速，损失严重。对待这一类除草剂的药害主要通过除草剂的安全应用技术加以防范，遇到药害后应视药害程度不同采取不同的补救措施。对于药害较轻的情况，可以通过加强肥水管理，喷施叶面肥、光合作用促进剂，如亚硫酸氢钠、芸苔素内酯(天丰素)、复硝酚钠等，一般短期内可以恢复；对于药害较重地块，应及时深翻、灌水，而后补种对该类除草剂不敏感作物。

(3)均三氮苯类除草剂的药害案件处理 田间发生药害后，应及时进行症状观察与施药情况调查。因为这类除草剂的药害发生与发展过程较快，尽可能观察了解到施药2周内的药害症状。了解田间作物药害的症状与药害症状的发生与发展过程是否与前文中均三氮苯类除草剂的药害症状符合；了解叶色和长势的变化过程，认真加以分析。

其次，要调查施药的方式、施药剂量、作物播种时期和施药时期。因为，该类除草剂的药害与施药适期关系最大，特别是扑草净、氰草津等品种，在作物芽期和生长期(部分除草剂在5叶后)耐药性较差，生产上经常发生严重的药害。

如果在产品的标签中，没能明确注明适用作物和相应作物的施药剂量、施药适期等上文中的有关注意事项，生产企业要对药害负责；反之，所发生的药害由使用者负责。

(四)磺酰脲类除草剂药害预防与事故处理

磺酰脲类除草剂是开发进展最快的一类超高效除草剂杀草谱广，可以防治大多数阔叶杂草及一年生禾本科杂草；选择性强，对作物高度安全；使用方便，既可以土壤处理，也可以进行茎叶处理；部分品种在土壤中的持效期较长，可能会对后茬作物产生药害。

(1)磺酰脲类除草剂的安全应用技术 磺酰脲类除草剂的选择性强，每种除草剂均有特定的适用作物和施药适期、有效的防治杂草种类。如绿磺隆、苄嘧磺隆、醚苯磺隆、苯磺隆、噻磺隆是防除麦田杂草的除草剂品种，小麦、大麦和黑麦等对它们具有较高的耐药性，可以用于小麦播后芽前、出苗前及出苗后。其中的苯磺隆和噻磺隆在土壤中的持效期短，一般推荐在作物出苗后至分蘖中期、杂草苗期应用。这些品种可用于麦田防除多种阔叶杂草，对部分禾本科杂草有一定的抑制作用。吡嘧磺隆、醚磺隆是稻田除草剂。可以有效防除莎草和多种阔叶杂草。氯嘧磺隆可以用于豆田防除多种一年生阔叶杂草。烟嘧磺隆可以用于玉米田防除多种一年生和多年生禾本科杂草和一些阔叶杂草。胺苯磺隆、氟嘧磺隆可以用于油菜田防除多种阔叶杂草和部分禾本科杂草。甲嘧磺隆主要用于林地防除多种杂草。

磺酰脲类除草剂的残效期在土壤中的差异性较大，一般的持效期为4~6周，偏酸性土壤的持效期相对较短，而在碱性土壤中持效期相对较长。不同品种在土壤中的持效期：绿磺隆>嘧磺隆≌甲磺隆≌醚苯磺隆≌绿嘧磺隆>噻磺隆≌苯磺隆。空气湿度与土壤含水量是影响磺酰脲类除草剂药效与药害的重要因素，一般来说，空气湿度高、土壤含水量大时除草效果相对较好。在同等温度条件下，空气相对湿度为95%~100%时药效大幅度提高；施药后降雨会降低茎叶处理除草剂的杀草效果。对于土壤处理除草剂，施药后土壤含水量高比含水量低时的除草效果高；施药后土壤含水量比施药前含水量高时更能提高除草效果。

(2)磺酰脲类除草剂的药害补救措施 磺酰脲类除草剂，是近几年出现药害现象最多、药害损失最重的一类品种，生产中应加强安全应用，在出现药害问题后应及时采取如下措施：轻度药害时，应及时喷施萘二酸酐等药害补救剂、或喷施芸苔素内酯以提高作物的抗逆能力，同时加强肥水管理；对药害严重地块，应及时与技术部门联系，对土壤进行酸洗、深翻，播种对该除草剂不敏感的作物。

(3)磺酰脲类除草剂的药害案件处理 该类除草剂药害发展缓慢，田间出现药害症状时，一般药害损失都比较严重。应深入调查研究，调查施药的方式、施药剂量、作物播种时期和施药时期，及时准确地掌握施药条件，封存药样，请有关专家和农药管理部门进行药害鉴定与案件处理。如果在产品的标签中，没能明确注明适用作物和相应作物的施药剂量、施药适期、安全间隔期、施药方法等上文中的有关注意事项，生产企业要对药害负责；反之，所发生的药害由使用者负责。

(五)二苯醚类除草剂药害预防与事故处理

二苯醚类除草剂部分品种是土壤封闭处理剂，主要防治一年生杂草幼芽，而且防治阔叶杂草的效果优于禾本科草，多在杂草萌芽前施用，水溶度低，被土壤胶体强烈吸附，故淋溶性小，在土壤中不易移动，持效期中等；也有一些品种为茎叶处理剂，施入土壤中无效，可以有效防除多种一年生和多年生阔叶杂草。主要起触杀作用，在植物体内传导性很差或不传导，即使作物受害，也是局部性药害，易于恢复。

(1)二苯醚类除草剂的安全应用技术　二苯醚类除草剂具有较高的选择性，每个品种均有较为明确的适用作物、施药适期和除草谱，施药时必须严格选择除草剂种类、施药剂量和施药方法，施用不当会产生严重的药害，达不到理想的除草效果。

大多数二苯醚类除草剂品种在植物体内传导性差，主要起触杀作用。施药后易对作物产生药害，可能会出现褐色斑点，施药时务必严格掌握用药量，喷施务必均匀，最好在施药前先试验后推广。大豆3片复叶以后，叶片遮盖杂草，在此时喷药会影响除草效果。同时，作物叶片接触药剂多，抗药性减弱，会加重药害。大豆如果生长在不良环境中，如干旱、水淹、肥料过多、寒流、霜害、土壤含盐过多、大豆苗已遭病虫为害以及下雨前，不宜施用此药。施用此药后48小时会引起大豆幼苗灼伤，呈黄色或黄褐色焦枯状斑点，几天后可以恢复正常，田间未发现有死亡植株。勿用超低容量喷雾。最高气温低于21℃或土温低于15℃，均不应施用。

土壤特性直接影响封闭除草剂的药剂效果，土壤黏重、有机质含量高，则单位面积用药量宜加大；反之，沙土及沙壤土用药量宜低。我国南方地区，气温高、湿度大，单位面积用药量比北方地区低。温度既影响杂草萌发，又影响药剂的生物活性。日光充足，气温与土温高，杂草萌芽快，所以水稻插秧后应提早施药，否则施药应晚些。水层管理对二苯醚类除草剂稻田应用品种防治稻田杂草的效果影响极大，施药后水层保持时间越长，药效越稳定。通常在施药后，应保持4～6cm深水层5～7天。草枯醚、甲氧醚是目前二苯醚除草剂中在稻田使用面积较大的品种，其杀草谱比除草醚广，对水稻的安全性比除草醚高，温度与土壤类型对其效果的影响小，故在寒地稻区有较大意义。

(2)二苯醚类除草剂的药害补救措施　二苯醚类除草剂对作物易于发生药害，但该类除草剂对作物的药害是触杀性的，一般不会对作物造成严重的损失。轻度的药害，随着作物生长药害的影响逐渐消失，可以适当加强肥水管理、喷施叶面肥等；但生产中由于误用，喷施到敏感作物，因为这类除草剂对作物杀伤速度快，生产上不可能采取补救措施，应视作物死亡情况及时补种。

(3)二苯醚类除草剂的药害案件处理　该类除草剂药害发生迅速，药害过程短暂，田间发生药害后，应及时进行症状观察与药害发生原因调查分析。

首先，要了解田间作物的药害症状与药害症状的发生与发展过程是否与前文中二苯醚类的药害症状是否符合。因为，有些施肥、喷施杀虫剂和杀菌剂，也能在作物叶片上出现枯死状斑点或大片叶片灼烧状枯死，要认真加以分析。

其次，要调查施药时的天气、墒情和施药剂量、施药方法、施药时期。因为，二苯醚类除草剂具有较高的选择性，每个品种均有较为明确的适用作物、施药适期和施药剂量，除草剂的药害与施药方法关系最大，生产上经常发生药害。

如果在产品的标签中，没能明确注明适用作物和相应作物的施药适期、施药剂量等上文中的有关注意事项，生产企业要对药害负责；反之，所发生的药害由使用者负责。

（六）苯氧羧酸和苯甲酸类除草剂药害预防与事故处理

苯氧羧酸和苯甲酸类除草剂选择性强、杀草谱广、成本低，是一类重要的除草剂。通常用于进行茎叶处理防治一年生与多年生阔叶杂草(非禾本科杂草)。通过土壤微生物进行降解，在温暖而湿润的条件下，它们在土壤中的持效期为1～4周，而在冷凉、干燥的气候条件下，持效期较长，可达1～2个月。

(1)苯氧羧酸和苯甲酸类除草剂的安全应用技术 苯氧羧酸和苯甲酸类除草剂主要应用于禾本科作物，特别广泛用于麦田、稻田、玉米田除草。高粱、谷子抗性稍差。

寒冷地区水稻对2,4-滴丁酯的抗性较低，特别是在喷药后遇到低温时，抗性更差。而应用2甲4氯的安全性相对较高。

小麦不同品种以及同一品种的不同生育期对该类除草剂的敏感性不同，在小麦生育初期即2叶期(穗分化的第二阶段与第三阶段)，对除草剂很敏感，此期用药，生长停滞、干物质积累下降、药剂进入分蘖节并积累，抑制第一和第二层次生根的生长，穗原始体遭到破坏；在穗分化第三期用药，则小穗原基衰退。但在穗分化的第四与第五期即分蘖盛期至孕穗初期，植株抗性最强，这是使用除草剂的安全期。研究证明，禾谷类作物在5～6叶期由于缺乏传导作用，故对苯氧羧酸类除草剂的抗性最强。施药时应严格把握施药适期，小麦、水稻4叶前和拔节后禁止使用，玉米4叶前和8叶气生根开始发生后禁止施用，否则，可能会发生严重的药害。

环境条件对药效和安全性的影响较大。高温与强光促进植物对2,4-滴丁酯等苯氧羧酸类除草剂的吸收及其在体内的传导，故有利于药效的发挥，施药时温度过低(低于10℃)、过高(高于30℃)均易产生药害。因此，应选择晴天、适宜温度时施药。空气湿度大时，药剂液滴在叶表面不易干燥，同时气孔开放程度也大，有利于药剂吸收。喷药时，土壤含水量高，有利于药剂在植物体内传导。

喷药时应选择晴天无风天气，不能离敏感作物太近，药剂飘移对双子叶作物威胁极大，应尽量避开双子叶作物地块。特别是2,4-滴丁酯的挥发性强，施药作物田要与敏感的作物如棉花、油菜、瓜类、向日葵等有一定的距离，特别是大面积使用时，应设50～100m以上的隔离区，还应在无风或微风的天气喷药，风速≥3m/s时禁止施药。施药后12小时内如降中到大雨，需重喷1次。

(2)苯氧羧酸和苯甲酸类除草剂的药害补救措施 苯氧羧酸类除草剂的安全性较差，对适用作物易于发生药害，对阔叶作物也易因误用、飘移等原因而发生药害，该类药剂的药害发展较慢，损失严重，而且生育初期的药害到中后期才表现出来。对待这类除草剂的药害主要通过除草剂的安全应用技术加以防范，遇到药害后应视药害程度而采取不同的补救措施。对药害较轻的情况，可通过加强肥水管理，喷施叶面肥、植物生长调节剂，如芸苔素内酯、复硝酚钠等，一般短期内可以恢复；对于药害较重地块，应及时补种作物，因该类除草剂土壤活性低，补种作物应视季节而定，除草剂的残留影响较小。

(3)苯氧羧酸和苯甲酸类除草剂的药害案件处理 该类除草剂药害出现速度与药害为害程度因药量不同而不同，但一般药害持续时间长、药害程度重。田间发生药害后，应及时进行症状观察与施药时期、施药方法调查。

该类除草剂药害症状特殊，一般较易区别，首先，要了解田间作物药害症状与药害症状的发生与发展过程是否与前文中所述的药害症状符合；同时，要针对作物生育时期，了解药害的程度和药害的发生发展阶段。

其次，要调查施药时的天气、作物生长发育阶段、施药方法。因为，该类除草剂的药害与施药时期、施药时温度关系很大，生产上易于发生药害。

如果在产品的标签中，没能明确注明适宜的施药时期、适宜温度等上文中的有关注意事项，生产企业要对药害负责；反之，所发生的药害由使用者负责。

农药销售人员和技术推广人员对之介绍不准确，要承担相应的责任。

(七)其他类除草剂药害预防与事故处理

(1)除草剂的药害补救措施 随着除草剂的广泛应用，生产上出现了多种多样的除草剂药害。对其他除草剂出现的药害，可以参照上述5类除草剂的药害情况，认真调查分析、区别对待，及时采取相应的补救措施。

(2)除草剂药害的案件处理 除草剂对作物造成的药害症状多种多样，这些症状与除草剂的种类、除草剂的施用方法、作物生育时期、环境条件密切相关。在诊断除草剂药害时，应了解药害发生的程度、药害发生的原因和引发药害的责任，因此，应调查、收集如下几个方面的材料。

深入调查田间药害的发生症状。调查药害症状的表现，如出苗情况、生长情况、叶色表现、根茎叶及芽、花、果的外观症状；同时，了解药害的发生、发展、死亡过程。除草剂药害的发生数量(田间药害的发生株率)、发生程度(每株药害的比例)、发生方式(是成行药害、成片药害)，了解药害的发生与施药方式、栽培方式、品种之间的关系。

产品的三证是否齐全，产品的有效成分。了解田间药害的症状，并对照前文中的药害症状与田间所发生的药害症状是否相符合。如果实际药害症状与前文所述药害症状不符合，就可能是产品中含有杂质或其他除草剂成分(如赠送的助剂)，产品质量存在问题；也可能上茬除草剂残留等其他因素所致。

作物栽培管理情况和施药情况。调查了解栽培作物的播种期、发育阶段、品种情况；土壤类型、土壤墒情、土壤质地及有机质含量；温度、降雨、阴晴、风向和风力；田间化肥、有机肥施用情况；除草剂种类、用量、施药方法、施用时间。

如果在产品的标签中，没能明确注明适用作物和相应作物的施药剂量、施药适期、安全间隔期、施药方法等上文中的有关注意事项，生产企业要对药害负责；反之，所发生的药害由使用者负责。

第七章 麦田杂草防治新技术

一、麦田杂草的发生为害状况

据资料报道，我国麦田杂草种类有300多种，草害面积占小麦种植面积的80%以上，损失约占小麦总产的15%，其中野燕麦、猪殃殃、播娘蒿、看麦娘、牛繁缕等为害面积均在3 000万亩以上。近年来，麦田杂草蔓延迅速，严重影响小麦的丰产与丰收。

小麦耐寒、耐旱，适应能力强，栽培广泛。根据生态环境、品种类型和耕作栽培制度的不同，全国麦田杂草可以分为4个大的草害区，即亚热带冬麦草害区、暖温带冬麦草害区、温带和高寒带春麦草害区和云贵川高原春麦草害区。

1.亚热带冬麦草害区 指淮河以南，主要分布于长江流域冬麦区和南方麦区，包括广东、广西、福建至江苏连云港和新沂，并向西延伸到皖中、豫南、湖北、陕西汉中盆地及四川。属亚热带和暖温带气候，年平均气温在15℃以上，年降水量在1 000mm以上。以种植水稻为主，一年2～3熟，多为稻麦轮作或稻油轮作。10—11月播种，翌年4—5月收获，麦田杂草在秋、冬、春季均有萌发生长，但萌发高峰在秋末冬初和早春，常常在小麦播种时田间杂草丛生。主要杂草有看麦娘、牛繁缕，其他杂草有猪殃殃、日本看麦娘、繁缕、大巢菜、春蓼、雀舌草、碎米荠、菵草、硬草、早熟禾、棒头草、泥胡菜、婆婆纳等。该区麦田杂草发生严重，必须进行化学防治，发生面积在90%以上。

2.暖温带冬麦草害区 主要包括黄淮海流域和陕西、山西中北部黄土高原到长城以南麦区，这是我国小麦主产区。该区处于亚热带和北温带过渡地带，各地杂草发生差别较大，以其自然条件又可以分为2个草害区，如果细分还可以分成若干小区。

(1)黄淮海冬小麦草害区 主要包括河南中北部、苏北和安徽北部、河北、山东大部、晋中南和陕西关中地区，年平均气温在10～14℃，年降水量500～700mm。一年2熟，以小麦和玉米、或花生、大豆、棉花等轮作。本区是小麦主产区，耕作精细，历史上多进行麦田人工除草。麦田主要杂草种类有播娘蒿、荠菜、猪殃殃、佛座、泽漆、离子草、扁蓄、狼紫草、牛繁缕、野燕麦、婆婆纳、大巢菜、野豌豆、王不留行、小蓟、藜、打碗花。该区麦田草害面积占74%以上，中等以上面积达50%；该区播娘蒿、荠菜发生普遍严重，尤其在经济欠发达、除草剂应用较少的中北部地区的麦田主要杂草；在伊洛河流域猪殃殃、佛座发生严重；河南至关中平原，野燕麦、猪殃殃发生严重；在该区中北部随着磺酰脲类除草剂在麦田的应用，泽漆发生日趋严重。

(2)陕西、山西中北部黄土高原到长城以南高原小麦草害区 由于该区气温低、雨量少、水土流失严重、土壤瘠薄，麦田杂草发生较轻。主要杂草有野燕麦、独行菜、离子草、小蓟、小藜。

3.温带和高寒带春麦草害区 该区冬季低温，麦苗不能越冬，生产上只能种春麦。由于春麦与杂草同时出苗，因此易造成为害。该区分为3个亚区，即温带春麦草害区，包括长城以北的辽宁中北部、吉林、黑龙江和内蒙古东部；高寒春麦草害区，包括青海、西藏及四川的高海拔地区；西北灌溉春麦草害区，包括新疆、陇西、宁夏等地。

4.云贵川高原春麦草害区　该区气温差异较大，地形复杂，小麦分布于不同海拔的坝田坡地。主要杂草有看麦娘、牛繁缕、碎米荠、雀舌草、棒头草、猪殃殃、野燕麦等。

二、麦田主要杂草的生物学特点及其发生规律

（一）麦田主要杂草的生物学特点

黄淮海冬麦区，90%以上的杂草为种子繁殖，少数为根茎繁殖；种子出苗深度一般为0～3cm，个别杂草出苗深度达5～10cm；杂草多以冬前出苗，4—5月开花结实，其生育周期与小麦相似，严重影响小麦的生长发育。现将黄淮海冬麦区主要杂草的生物学特点归结见表7-1。

表7-1　黄淮海冬麦区主要杂草及其生物学特点

杂草名称	繁殖方式	种子出苗深度（最适值）(cm)	冬前出苗期（第一出苗高峰）(月)	春天出苗期（第二出苗高峰）(月)	开花成熟期（月)
看麦娘	种子	0～3(0.6～2)	10—11	3—4少量	4—5
野燕麦	种子	1～20(3～7)	9—10		4—5
硬草	种子	0.1～2.4	10		4中—5下
播娘蒿	种子	1～7(1～3)	9—11(10中下最多)	3—4少量	4—5
荠菜	种子	1～5	10—11(10中最多)	3—4少量	3—5
扁蓄	种子	0～4		3—4	5—10
猪殃殃	种子	0～3	9—11(11中最多)	3—4少量	4—5
牛繁缕	种子	0～3(0～1)	9—11(10下—11上最多)	3—4少量	4—5
婆婆纳	种子	0～3	10—11	3—4少量	3—5
小蓟	种子、根茎	0～5	7—10少量发生	3—4大量发生	5—6
打碗花	根茎、种子			3—4	9—11
泽漆	种子	0～3	10—11	3—4少量	4—5
佛座	种子	1～3	9—11(10下最多)	2—3	4—6

（二）麦田杂草的发生规律

麦田杂草在田间萌芽出土的高峰期一般以冬前为多，只有个别种类在次年返青期还可以出现一次小高峰。各地麦田杂草的发生规律差别较大，与各地气候、栽培方式关系较大，以郑州旱作冬小麦为例，麦田杂草的发生规律见图7-1。大多数杂草出苗高峰期都在小麦播种后15～20天出苗，即10月下旬至11月中旬是麦田杂草出苗的高峰期，此期间出苗的杂草约占杂草总数的95%，部分杂草在翌年的3月间还可能

出现一次小的出苗高峰期，但北方麦区，小麦返青拔节期杂草发生较多。

据田间观察，麦田杂草的发生与播种期、土壤状况关系较大，多种环境条件影响着麦田杂草的发生量和发生期，一般随小麦出苗而相继发生。

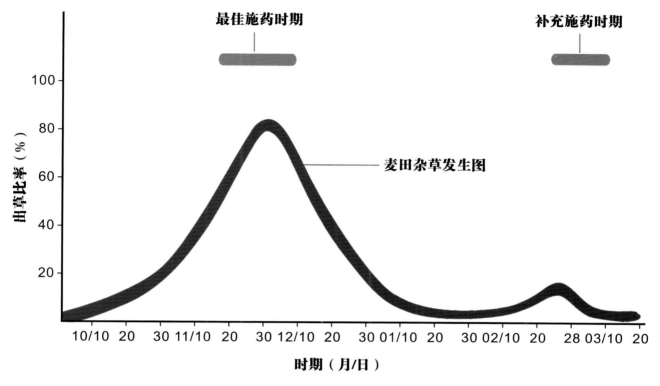

图7-1　麦田杂草出苗施药时期图

（三）麦田杂草的防治适期

麦田杂草出苗高峰期在小麦播种后15～20天，这是麦田杂草出苗的第一个高峰期，也是最大的高峰；部分杂草在翌年的3月间还可能出现一次小的出苗高峰期。

通过大量试验观察，麦田杂草防治适期有3个时期。小麦播种后至出苗前是麦田杂草防治的一个重要时期，小麦幼苗期(11月中下旬)是防治麦田杂草的最佳时期，小麦返青期(2月下旬至3月中旬，河北等地可能适当偏晚)是麦田杂草防治的补充时期。小麦幼苗期施药效果最佳，此时杂草已基本出土，麦苗较小，杂草组织幼嫩、抗药性弱，气温较高(日平均温度在10℃以上)，药剂能充分发挥药效。

三、麦田主要除草剂性能比较

在麦田登记使用的除草剂单剂约40个(表7-2)。目前，以苯磺隆、噻磺隆、氯氟吡氧乙酸、2甲4氯钠盐、异丙隆等的使用量较大。以防除对象来分，以防除阔叶杂草的品种较多，防除禾本科杂草的较少。以施药时间来分，以苗后茎叶处理为主。现有的国产及进口除草剂品种基本上能满足农业生产的需要。

表7-2 麦田登记的除草剂单剂

序号	通用名称	制剂	登记参考制剂用量(g、ml/亩)
1	绿麦隆	25%可湿性粉剂	300～600
2	异丙隆	50%可湿性粉剂	120～150
3	2甲4氯钠	56%可溶粉剂	100～120
4	2甲4氯异辛酯	20%乳油	200～300
5	2甲4氯胺盐	75%水剂	50～60
6	2,4-滴异辛酯	55%水乳剂	60～80
7	2,4-滴钠盐	85%可溶粉剂	85～125
8	2,4-滴二甲胺盐	50%水剂	80～120
9	麦草畏	480g/L水剂	20～27
10	氯氟吡氧乙酸	20%乳油	50～75
11	二氯吡啶酸	30%水剂	45～60
12	苯磺隆	10%可湿性粉剂	10～15
		75%水分散粒剂	1.4～1.8
13	噻吩磺隆	15%可湿性粉剂	10～15
		75%水分散粒剂	2～3
14	单嘧磺酯	10%可湿性粉剂	12～15
15	苄嘧磺隆	10%可湿性粉剂	30～40
16	环丙嘧磺隆	10%可湿性粉剂	20～30
17	甲基二磺隆	3%油悬浮剂	20～35
18	酰嘧磺隆	50%水分散粒剂	3～4
19	醚苯磺隆	75%水分散粒剂	1.5～2
		10%可湿性粉剂	12～16
20	氟唑磺隆	70%水分散粒剂	2～4
21	吡氟酰草胺	30%悬浮剂	25～30
22	氟噻草胺	41%悬浮剂	60～90
23	砜吡草唑	40%悬浮剂	25～30
24	双氟磺草胺	50g/L悬浮剂	5～6
25	唑嘧磺草胺	80%水分散粒剂	2～2.5
26	啶磺草胺	7.5%水分散粒剂	10～12.5
27	氟唑草酮	40%水分散粒剂	4～5
28	吡草醚	2%悬浮剂	30～40
29	溴苯腈	225g/L乳油	100～140
30	辛酰溴苯腈	25%乳油	120～187.5
31	R-左旋敌草胺	25%可湿性粉剂	50～60
32	乙羧氟草醚	10%乳油	40～60(登记用量高)
33	精恶唑禾草灵	6.9%水乳剂	40～50

序号	通用名称	制剂	登记参考制剂用量(g、ml/亩)
34	三氯吡氧乙酸	480g/L乳油	30～50
35	炔草酯	15%可湿性粉剂	60～100
36	唑啉草酯	5%乳油	75～125
37	野燕枯	64%可溶性粉剂	133～200
38	哒草特	45%可湿性粉剂	150～200
39	野麦畏	400g/L乳油	200
40	苯达松	25%水剂	160～240
41	特丁净	50%悬浮剂	

注：表中用量未标明春小麦、冬小麦田用量，施药时务必以产品标签或当地实践用量为准。

四、不同类型麦田杂草防治技术

麦田杂草发生严重，麦田杂草种类较多、草相差异较大；同时，各地小麦的生长情况和栽培模式不同，除草剂的应用历史不同；另外，还要考虑土质、环境条件等因素，应针对不同情况正确地选择麦田除草剂品种。

（一）南方稻麦轮作麦田禾本科杂草防治

长江流域稻麦轮作田，主要是看麦娘等禾本科杂草和牛繁缕等阔叶杂草，但以禾本科杂草为主，看麦娘、日本看麦娘、菵草等杂草发生严重，另外，还有少量的棒头草、长芒棒头草、蜡烛草、纤毛鹅观草等，这些禾本科杂草发生早，在小麦播种后很快形成出苗高峰，难于控制，严重地为害小麦的生长(图7-2)。部分地区的农民防治方法不当，常对后茬作物发生药害，也有些农民施药2～3次(播后芽前施封闭药，冬前施药、返青期补治)，生产上应在小麦苗后冬前进行及时防治，正确地选用除草剂种类和施药方法，一次施药有效地控制杂草的为害。

图7-2 长江流域稻麦轮作区小麦田禾本科杂草的发生为害情况

　　在南方部分麦田，前茬水稻腾茬早、雨水大，在播前就有大量看麦娘等杂草出土的田块(图7-3)，需要在播前灭茬除草，可以在播前4～7天施药防治，可以用41%草甘膦水剂100ml/亩；150g/升敌草快水剂214～250ml/亩；加水30kg，喷施，防治这些已出苗杂草，播后视草情再用其他麦田除草剂。该期施用草甘膦后，最好间隔7～14天，不要马上播种小麦。延长施药与播种的间隔时间，可以提高杀草效果；同时，现在田间有机质下降，草甘膦分解缓慢，间隔期太短，易对小麦发生药害。

　　一般性麦田，应在前茬收获后进行翻耕、整地(图7-4)。主要是在播后芽前施药。此间针对草情可以选择如下一些药剂。

图7-3　稻茬小麦播种前发生大量杂草

图7-4　小麦播种前地平墒好

在小麦播后苗前，在墒情较好情况下，可以使用：

40%砜吡草唑悬浮剂25～30g/亩；

30%吡氟酰草胺悬浮剂25～30g/亩；

41%氟噻草胺悬浮剂60～90g/亩；

50%异丙隆可湿性粉剂100～150g/亩；

50%利谷隆可湿性粉剂100～130g/亩；

60%丁草胺乳油50ml/亩+25%绿麦隆可湿性粉剂150g/亩；

50%乙草胺乳油50ml/亩+50%异丙隆可湿性粉剂80～100g/亩；

60%丁草胺乳油50ml/亩+50%异丙隆可湿性粉剂80～100g/亩；

加水30kg，均一喷雾进行土壤处理。对于湿度较大、气温较低的麦田(图7-5)，用乙草胺、丁草胺可能会出现药害(图7-6至图7-8)。特别是小麦播后芽前田间施用乙草胺、丁草胺后，遇持续低温、高湿条件，或施药量过大、小麦播种过浅，可能会出现药害，暂时性抑制小麦的生长，重者出苗缓慢、幼苗畸形、不能出苗，施药时应加以注意，尽量避免施用。绿磺隆残效期较长，不能随意加大剂量，后茬不宜种植敏感作物。

酰胺类除草剂中乙草胺、丁草胺等多个品种可以用于麦田防治看麦娘、野燕麦、早熟禾、硬草等一年生禾本科杂草和部分阔叶杂草，对小麦相对不是很安全。这些品种虽然没有在麦田单独登记使用，但乙草胺+异丙隆、丁草胺+绿麦隆等复配剂在麦田均有登记。酰胺类除草剂施用于麦田，遇持续低温、高湿条件，或施药量过大、小麦播种过浅，可能产生药害。药害表现为出苗缓慢、幼苗畸形、严重时不能出苗；在小麦苗期施用量过大时也会发生药害。

图7-5 稻茬小麦播种前土壤水多地湿

图7-6　在小麦播后苗前，高湿低温条件下，过量施用50%乙草胺乳油200ml/亩30天后的药害症状。施用除草剂处理的小麦出苗较晚，小麦芽鞘抱茎、茎叶出现畸形卷缩、出苗缓慢，矮化，麦叶不能抽出。

图7-7　在小麦播后苗前，高湿低温条件下，田间乙草胺施药不匀或过量的药害症状。施用剂量偏大的区域小麦矮化，茎叶出现畸形卷缩、生长缓慢，分蘖减少，田间小麦长势不匀。

图7-8　在小麦苗期，茎叶喷洒50%乙草胺乳油100ml/亩的药害症状。5天后叶片开始出现斑点状黄褐斑，11天后小麦药害症状进一步加强特别是叶片基部药害较重，出现叶片折断、枯死现象。

对于前期未能及时防治的情况(图7-9和图7-10)，应在小麦冬前期11月至12月上旬，或2月下旬至3月上旬及时采取防治措施。

图7-9　小麦冬前苗期禾本科杂草发生为害情况

图7-10　小麦冬前苗期禾本科杂草发生为害情况

在小麦冬前期，对于信阳等长江流域稻作麦区，是麦田防治杂草的最好时期，这一时期杂草基本出齐，且多处于幼苗期，防治目标明确，应视杂草的生长情况，于11月中下旬至12月上旬施药，防治一次即可达到较好的防治效果。

对于以看麦娘等禾本科杂草为主的地块，在杂草发生较早的时期，且大量杂草已出苗时，可以用：

50%异丙隆可湿性粉剂150~200g/亩；

50%异丙隆可湿性粉剂100~120g/亩+15%炔草酸可湿性粉剂15~30g/亩；

对水30kg，均一喷雾进行土壤处理。

对于以看麦娘等禾本科杂草为主的地块，但杂草发生较晚较大时(如图7-11)，可以用：

6.9%精恶唑禾草灵水乳剂75~100ml/亩；

10%精恶唑禾草灵乳油75~100ml/亩；

50%异丙隆可湿性粉剂120~150g/亩+6.9%精恶唑禾草灵水乳剂50~100ml/亩；

70%氟唑磺隆水分散粒剂3~5g/亩+助剂10g/亩；

15%炔草酯可湿性粉剂25~50g/亩；

5%唑啉·炔草酯乳油60~100ml/亩；

对水30kg，均匀喷施。

对于以日本看麦娘、菵草等为主的地块，尽量在杂草基本出齐、且处于幼苗期时及时施药，可以用：

3%甲基二磺隆油悬剂25~30ml/亩(并加入助剂)；

5%唑啉草酯乳油60~80ml/亩；

7.5%啶磺草胺水分散粒剂12g/亩；

对水30kg，均一喷雾进行处理。绿磺隆残效期较长，不能随意加大剂量，后茬不宜种植敏感作物。

图7-11 小麦冬前苗期禾本科杂草发生较大时为害情况

冬前期施药时，应选择杂草基本出齐、杂草处于幼苗期、温度较高、墒情较好时及时施药，可以达到较好的除草效果(图7—12至图7-19)，施药时一定要把握好施药时期和除草剂使用技术。

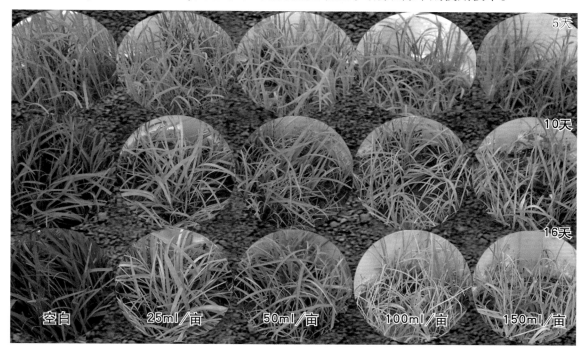

图7—12 **10%精恶唑禾草灵乳油施药防治看麦娘的效果比较**。精恶唑禾草灵防治看麦娘的效果较好，施药后5～10天茎叶黄化、节点坏死，10天后高剂量处理开始大量枯萎，以后逐渐枯萎死亡。

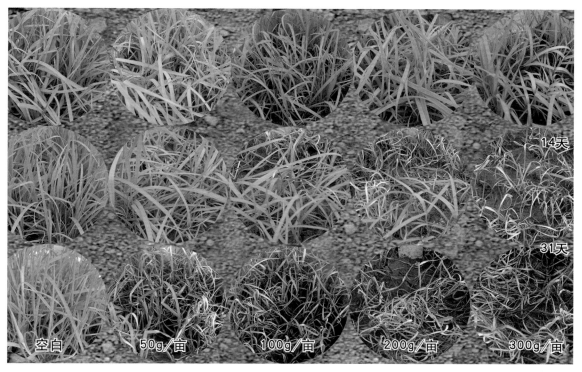

图7—13 **在看麦娘生长期喷施50%异丙隆可湿性粉剂后除草活性比较**。在看麦娘幼苗期施用异丙隆的效果突出，施药后7～10天开始出现中毒症状，杂草黄化，生长开始受到抑制，以后逐渐地黄化、枯死，以100g/亩即可达到较好的除草效果。

图7-14　10%精恶唑禾草灵乳油施药防治日本看麦娘的效果比较。精恶唑禾草灵防治日本看麦娘的效果较差，施药后5～10天高剂量处理茎叶开始黄化、茎节点变褐，10天后高剂量处理开始大量黄化，以后高剂量处理逐渐枯萎死亡，低剂量下效果较差。

图7-15　在菵草生长期喷施50%异丙隆可湿性粉剂后除草活性比较。在菵草幼苗期施用异丙隆2周后生长受到抑制，叶片开始黄化，以后高剂量区杂草逐渐死亡，一般情况下200g/亩以上才能达到较好的除草效果。

图7-16　10%精恶唑禾草灵乳油施药菌草的效果比较。精恶唑禾草灵可以防治菌草，施药后5～10天高剂量处理茎叶开始黄化、茎节点变褐，10天后中高剂量处理开始大量黄化、死亡，低剂量下效果较差。

图7-17　3%甲基二磺隆油悬剂生长期施药防治菌草的效果和中毒死亡症状比较。甲基二磺隆在菌草较大时施药效果较差，施用后生长即受到抑制，高剂量下2～4周逐渐枯萎死亡。

图7-18　3%甲基二磺隆油悬剂30ml/亩生长期施药防治看麦娘的效果和中毒死亡过程。在正常温度下，甲基二磺隆在看麦娘生长期施用后4～5天生长即受到抑制，7～14天开始叶片黄化，2～4周逐渐枯萎死亡。

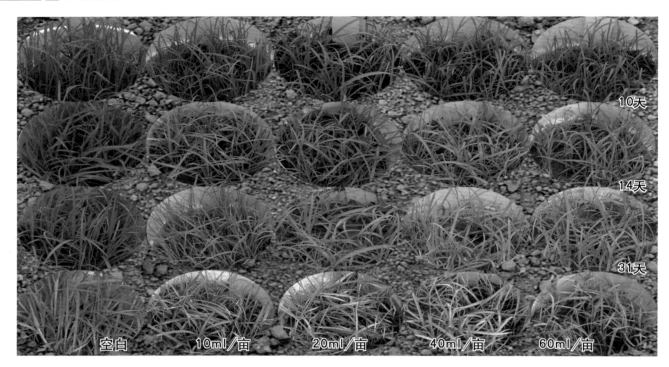

图7-19　3%甲基二磺隆油悬剂生长期施药防治看麦娘的效果和中毒死亡症状比较。 甲基二磺隆在看麦娘生长期施用具有突出的效果，施药后4～5天生长即受到抑制，叶片黄化，2周以后逐渐枯萎死亡。

在小麦返青期，杂草快速生长，前期防治效果不好的田块，应于2月中下旬杂草充分返青且未太大时及时施药(图7-20)。

对于以看麦娘等禾本科杂草为主的地块，可以用：

6.9%精恶唑禾草灵水乳剂75～100ml/亩；

10%精恶唑禾草灵乳油75～100ml/亩；

70%氟唑磺隆水分散粒剂4～5g/亩+助剂10g/亩；

15%炔草酯可湿性粉剂25～50g/亩；

5%唑啉·炔草酯乳油80～100ml/亩；

对水30kg，均匀喷施。

图7-20　小麦返青期禾本科杂草发生为害情况

对于以日本看麦娘、菵草等为主的地块(图7-21)，防治适期已过，一般情况下难以达到理想的防治效果，应选择高效除草剂及时施用，可以用下列除草剂：

70%氟唑磺隆水分散粒剂4~6g/亩+助剂10g/亩；

3%甲基二磺隆油悬剂25~30ml/亩(并加入助剂)；

15%炔草酯可湿性粉剂20~25g/亩；

7.5%啶磺草胺水分散粒剂15g/亩；

6.9%精恶唑禾草灵水乳剂75~100ml/亩+15%炔草酯可湿性粉剂15~20g/亩；

对水30kg，均一喷雾进行土壤处理。因为精恶唑禾草灵对小麦有一定的药害，施药时务必均匀施药；选择药剂时应选择质量较好的产品；同时，考虑安全剂加入要足量。

图7-21　小麦返青期日本看麦娘等禾本科杂草发生为害情况

芳氧基苯氧基丙酸类除草剂中恶唑禾草灵(加入安全剂)、禾草灵等可以用于麦田防治多种禾本科杂草，对小麦相对安全，但药量过大或部分厂家由于安全剂加入量不够也会发生药害(图7-22和图7-23)。甲基二磺隆对小麦易产生药害，特别是小麦开始拔节后或遇低温情况下易于产生药害(图7-24至图7-27)。

图7-22　在小麦生长期，过量喷施6.9%精恶唑禾草灵悬乳剂(加入安全剂)150ml/亩后的药害症状。受害小麦叶片黄化、叶片中部、叶基部出现黄斑，以后全株显示黄化，多数以后可恢复生长。

图7-23 在小麦生长期，过量喷施6.9%精恶唑禾草灵悬乳剂(加入安全剂)100ml/亩15天后的药害症状。受害小麦叶片黄化、生长受到一定的抑制，但一般情况下对生长影响不大。

图7-24 甲基二磺隆在小麦苗期施用不当对小麦的药害表现。小麦苗期施用甲基二磺隆过晚、施药量过大、施药不匀，或环境条件不利于小麦生长时易于发生药害，生长受到严重抑制，茎叶黄化、矮缩，重者小麦心叶逐渐死去，出现缺苗断垄现象。

图7-25 甲基二磺隆在小麦苗期施用不当对小麦的典型药害症状。小麦生长受到严重抑制，茎叶黄化、心叶枯萎、畸形卷缩、坏死。

图7-26　在小麦拔节期过量施用甲基二磺隆对小麦的药害症状表现过程。小麦生长会受到严重抑制，植株矮缩，轻者会逐渐恢复生长，重者小麦心叶黄化、畸形卷缩、逐渐死去。

图7-27　在小麦苗期过量施用3%甲基二磺隆油悬剂45ml/亩对小麦的药害症状表现过程。小麦苗期施用甲基二磺隆剂量过大，小麦生长会受到严重抑制，茎叶黄化、矮缩，重者小麦心叶逐渐死去。

(二)南方稻麦轮作麦田禾本科杂草和牛繁缕等混生麦田杂草防治

长江流域稻麦轮作田，看麦娘、日本看麦娘、菵草等杂草发生严重；另外，还有少量的早熟禾、硬草、雀麦、棒头草、长芒棒头草、蜡烛草、纤毛鹅观草、碱茅等；同时，田间还有牛繁缕、碎米荠、大巢菜等阔叶杂草，这些杂草发生早，在水稻收割小麦播种后很快形成出苗高峰(图7-28)，应在小麦冬前早期进行及时防治。

图7-28 小麦田禾本科杂草和牛繁缕等混生杂草为害情况

在一些腾茬早，在播前就有大量看麦娘、牛繁缕、碎米荠等杂草出土的田块，播前2~4天用41%草甘膦水剂100ml/亩，加水30kg喷施，防治这些已出苗杂草，播后视草情再用其他麦田除草剂。该期施用草甘膦后，最好不要马上撒播小麦，以免发生药害。

一般性麦田，应在前茬收获后进行翻耕、整地。在小麦播后苗前，田间为看麦娘、日本看麦娘、菵草、棒头草、长芒棒头草、蜡烛草、纤毛鹅观草、牛繁缕、碎米荠、大巢菜等杂草，在墒情较好情况下，可以用：

50%乙草胺乳油50~100ml/亩+50%异丙隆可湿粉120~150g/亩；

50%异丙隆可湿性粉剂150~200g/亩；

对水30kg，均一喷雾，进行土壤处理。对于湿度较大、气温较低的麦田，用乙草胺、丁草胺可能会出现暂时性抑制小麦的生长，施药时应加以注意，尽量避免施用。绿磺隆残效期较长，不能随意加大剂量，后茬不宜种植敏感作物。

对于前期未能及时防治的麦田，应在小麦冬前期11月至12月上旬，或2月下旬至3月上旬及时采取防治措施。

在小麦冬前期，对于信阳等长江流域稻作麦区，可于11月中下旬至12月上旬，这一时期杂草基本出齐，且多处于幼苗期，防治目标明确，是防治上比较有利的时期(图7-29)。施药过晚药效下降，且易于发生药害；施药过早药效不稳定。

图7-29 小麦冬前苗期禾本科杂草和牛繁缕等混生杂草发生为害情况

对于以看麦娘、牛繁缕、碎米荠、大巢菜等杂草为主的地块，可以用下列除草剂：

6.9%精恶唑禾草灵水乳剂50~75ml/亩+10%苯磺隆可湿性粉剂10~20g/亩；

10%精恶唑禾草灵乳油50~75ml/亩+10%苄嘧磺隆可湿性粉剂30~40g/亩；

50%异丙隆可湿性粉剂120~175g/亩+10%苄嘧磺隆可湿性粉剂30~40g/亩；

70%氟唑磺隆水分散粒剂4~5g/亩+助剂10g/亩+10%苄嘧磺隆可湿性粉剂30~40g/亩；

15%炔草酯可湿性粉剂18~22g/亩+10%苄嘧磺隆可湿性粉剂30~40g/亩；

对水30kg，均匀喷施。

对于以日本看麦娘、菵草、牛繁缕、碎米荠、大巢菜等为主的地块，可以用下列除草剂：

10%苄嘧磺隆可湿性粉剂30g/亩+3%甲基二磺隆油悬剂25~30ml/亩加入助剂；

70%氟唑磺隆水分散粒剂4~5g/亩+助剂10g/亩+10%苄嘧磺隆可湿性粉剂30~40g/亩；

对水30kg，均一喷雾，进行土壤处理。因为磺酰脲类除草剂对后茬有一宣的影响，不能随意加大剂量，后茬不宜种植其他敏感作物。

在小麦返青期，杂草快速生长，前期防治效果不好的田块，应于2月中下旬杂草充分返青且未太大时及时施药(图7-30)。

图7-30　小麦返青期禾本科杂草和牛繁缕等混生杂草发生为害情况

对于以看麦娘、牛繁缕、碎米荠、大巢菜等杂草为主的地块，可以用：

6.9%精恶唑禾草灵水乳剂75~100ml/亩+10%苯磺隆可湿性粉剂10~20g/亩；

10%精恶唑禾草灵乳油75~100ml/亩+10%苄嘧磺隆可湿性粉剂30~40g/亩；

70%氟唑磺隆水分散粒剂4~5g/亩+助剂10g/亩+10%苄嘧磺隆可湿性粉剂30~40g/亩；

15%炔草酯可湿性粉剂18~22g/亩+10%苄嘧磺隆可湿性粉剂30~40g/亩；

对水30kg，均匀喷施。

对于以日本看麦娘、茵草、牛繁缕、碎米荠、大巢菜等为主的地块，可以用下列除草剂：

10%苄嘧磺隆可湿性粉剂30g/亩+3%甲基二磺隆油悬剂25~30ml/亩加入助剂；

70%氟唑磺隆水分散粒剂4~6g/亩+助剂10g/亩+10%苄嘧磺隆可湿性粉剂30~40g/亩；

15%炔草酯可湿性粉剂18~22g/亩+10%苄嘧磺隆可湿性粉剂30~40g/亩；

6.9%精恶唑禾草灵水乳剂100~125ml/亩+10%苄嘧磺隆可湿性粉剂30~40g/亩；

加水30kg，均一喷雾进行处理。因为精恶唑禾草灵对小麦有一定的药害，施药时务必均匀施药；选择药剂时应选择质量较好的产品；同时，考虑安全剂加入要足量。

(三)南方稻麦轮作麦田禾本科杂草和猪殃殃等混生麦田杂草防治

长江流域稻麦轮作田，对于长期施用除草剂的田块，特别是高处积水较少的地块，田间日本看麦娘、茵草、猪殃殃等杂草发生严重(图7-31)；另外，还有看麦娘、早熟禾、硬草、雀麦、长芒棒头草、蜡烛草、纤毛鹅观草、节节麦、碱茅、牛繁缕、碎米荠、大巢菜、婆婆纳等杂草。该类草相主要发生在皖中北部、苏北、豫南等地，这些杂草发生早，在水稻收割小麦播种后很快形成出苗高峰，应抓好早期防治。一般于冬前期防治除草效果最好。

图7-31 小麦田禾本科杂草和猪殃殃等混生杂草发生为害情况

一般性麦田，应在前茬收获后进行翻耕、整地。在小麦播后苗前，田间为日本看麦娘、茵草、猪殃殃、婆婆纳、棒头草、看麦娘、长芒棒头草、蜡烛草、纤毛鹅观草、节节麦、牛繁缕、碎米荠、大巢菜等杂草，在墒情较好情况下，可以用下列除草剂：

50%异丙隆可湿性粉剂150~200g/亩+10%苄嘧磺隆可湿性粉剂30~40g/亩；

50%利谷隆可湿性粉剂100~130g/亩+10%苯磺隆可湿性粉剂15~20g/亩；

加水30kg，均一喷雾，进行土壤处理。甲磺隆和绿磺隆残效期较长，不能随意加大剂量，后茬不宜种植敏感作物。

在小麦冬前期11月至12月上旬防治比较有利，应及时采取防治措施。

在小麦冬前期，对于信阳等长江流稻作麦区，可于11月中旬至12月上旬，这一时期杂草基本出齐，且多处于幼苗期(图7-32)，防治目标明确。

图7-32 小麦冬前苗期禾本科杂草和猪殃殃等混生杂草发生为害情况

对于以看麦娘、猪殃殃、婆婆纳、牛繁缕、碎米荠、大巢菜等杂草为主的地块，可以用以下除草剂：

6.9%精恶唑禾草灵水乳剂50～75ml/亩+10%苯磺隆可湿性粉剂15～20g/亩；

10%精恶唑禾草灵乳油50～75ml/亩+10%苄嘧磺隆可湿性粉剂30～40g/亩；

70%氟唑磺隆水分散粒剂4～5g/亩+助剂10g/亩+10%苄嘧磺隆可湿性粉剂30～40g/亩；

15%炔草酯可湿性粉剂18～22g/亩+10%苄嘧磺隆可湿性粉剂30～40g/亩；

加水30kg/亩均一喷雾，进行土壤处理。

对于以日本看麦娘、菵草、猪殃殃、婆婆纳、牛繁缕、碎米荠、大巢菜等为主的地块，可以用以下除草剂：

70%氟唑磺隆水分散粒剂4～5g/亩+助剂10g/亩+10%苄嘧磺隆可湿性粉剂30～40g/亩；

15%炔草酯可湿性粉剂20～30g/亩+10%苄嘧磺隆可湿性粉剂30～40g/亩；

5%唑啉草酯乳油60～100ml/亩+10%苄嘧磺隆可湿性粉剂30～40g/亩；

加水30kg均一喷雾，进行土壤处理。磺酰脲类除草剂对后茬其他作物的安全性较差，不能随意加大剂量，后茬不宜种植其他敏感作物。

在小麦返青期，杂草快速生长，前期防治效果不好的田块(图7-33)，应于2月中下旬杂草充分返青且未太大时(图7-34)及时施药，施药过晚效果下降。

图7-33 小麦返青期禾本科杂草和猪殃殃等混生杂草发生为害情况

图7-34　小麦返青期禾本科杂草和猪殃殃等混生杂草发生为害情况

对于以看麦娘、猪殃殃、婆婆纳、牛繁缕、碎米荠、大巢菜等杂草为主的地块，可以用以下除草剂配方：

6.9%精恶唑禾草灵水乳剂75～100ml/亩+10%苄嘧磺隆可湿性粉剂30～40g/亩+20%氯氟吡氧乙酸乳油40～60ml/亩；

15%炔草酯可湿性粉剂20～30g/亩+10%苄嘧磺隆可湿性粉剂30～40g/亩+20%氯氟吡氧乙酸乳油40～60ml/亩；

加水30kg，均一喷雾。因为精恶唑禾草灵对小麦有一定的药害，施药时务必均匀；同时，考虑安全剂加入要足量。施药不宜过晚，小麦拔节期可能会发生一定程度的药害。

对于以日本看麦娘、茵草、猪殃殃、婆婆纳、牛繁缕、碎米荠、大巢菜等杂草为主的地块，可以用以下除草剂配方：

70%氟唑磺隆水分散粒剂4～5g/亩+助剂10g/亩+20%氯氟吡氧乙酸乳油40～60ml/亩；

7.5%啶磺草胺水分散粒剂10～12g/亩+10%苄嘧磺隆可湿性粉剂30～40g/亩+20%氯氟吡氧乙酸乳油40～60ml/亩；

加水30kg，均一喷雾。因为精恶唑禾草灵对小麦有一定的药害，施药时务必均匀；选择药剂时应选择质量较好的产品；同时，考虑安全剂加入要足量。施药不宜过晚，小麦拔节后施药可能会发生一定程度的药害。

（四）南方稻麦轮作麦田禾本科杂草和稻槎菜等混生麦田杂草防治

长江流域稻麦轮作田，对于长期施用除草剂的田块，田间日本看麦娘、茵草、稻槎菜等杂草发生严重；另外，还有看麦娘、早熟禾、硬草、雀麦、棒头草、长芒棒头草、蜡烛草、纤毛鹅观草、节节麦、碱茅、牛繁缕、碎米荠、大巢菜等杂草。该类草相主要发生在安徽中北部、苏北、豫南等稻麦轮作区麦田，这些杂草发生严重、防治上比较困难，一般应抓好冬前期防治。

在小麦冬前期，杂草大量发生，11月至12月上旬杂草基本出齐、且多处于幼苗期时防治比较有利(图7-35)，应及时采取防治措施。对于以看麦娘、稻槎菜、牛繁缕、碎米荠、大巢菜等杂草为主的地块，可以用以下除草剂：

图7-35 小麦冬前苗期禾本科杂草和稻槎菜等杂草发生为害情况

15%炔草酯可湿性粉剂20～30g/亩+10%苄嘧磺隆可湿性粉剂30～40g/亩++20%氯氟吡氧乙酸乳油40～60ml/亩；

70%氟唑磺隆水分散粒剂4～5g/亩+助剂10g/亩+20%氯氟吡氧乙酸乳油40～60ml/亩；

加水30kg均一喷雾。因为精恶唑禾草灵对小麦有一定的药害，施药时务必均匀；同时，考虑安全剂加入要足量。施药不宜过早，因为两种除草剂没有封闭除草效果，杂草未出苗时无效；也不能施药过晚，进入低温后除草效果和安全性均大大降低。

在小麦返青期，杂草快速生长，前期防治效果不好的田块，应于2月中下旬杂草充分返青且未太大时及时施药(图7-36)。

图7-36 小麦返青期禾本科杂草和稻槎菜等杂草发生为害情况

对于以看麦娘、日本看麦娘、蔺草、稻槎菜、牛繁缕、碎米荠、大巢菜等杂草为主的地块，可以用以下除草剂配方：

5%唑啉草酯乳油60~100ml/亩+10%苄嘧磺隆可湿性粉剂30~40g/亩+20%氯氟吡氧乙酸乳油40~60ml/亩；

70%氟唑磺隆水分散粒剂4~5g/亩+助剂10g/亩+20%氯氟吡氧乙酸乳油40~60ml/亩；

15%炔草酯可湿性粉剂20~30g/亩+10%苄嘧磺隆可湿性粉剂30~40g/亩+20%氯氟吡氧乙酸乳油40~60ml/亩；

加水30kg，均一喷雾。施药不宜过晚，小麦拔节期可能会发生一定程度的药害。

（五）沿黄稻麦轮作麦田硬草等杂草防治

沿黄稻麦轮作田，硬草发生量大，一般年份在小麦播种后2周后开始大量发生，个别干旱年份发生较晚。在小麦返青后开始快速生长，难于防治，常对小麦造成严重的为害(图7-37)。生产上应主要抓好冬前期防治，对于雨水较大的年份则应抓好播后芽前期施药防治；因为沿黄稻作麦区温度较低，小麦返青期及时防治也能收到较好的防治效果。

图7-37 沿黄稻麦轮作麦田硬草等杂草发生为害情况

在小麦播后苗前，可以施用封闭除草剂进行防治，可以用下列除草剂：

50%异丙隆可湿性粉剂120~150g/亩；

50%乙草胺乳油50~75ml/亩+50%异丙隆可湿性粉剂80~100g/亩；

加水30kg均一喷雾。遇连阴雨或低洼积水地块，对于湿度较大、播种较晚的麦田，用丁草胺、乙草胺可能会出现暂时性抑制小麦的生长，重的可致小麦不能发芽出苗。

对于前期未能及时有效进行杂草防治的田块，应在小麦冬前期11月至12月上旬，或翌年3月上旬小麦返青期及时采取防治措施。在小麦冬前期，对于沿黄稻作麦区是杂草防治的最好时期，对于水稻收获后整地播种的小麦，在小麦出苗后3~5周内，即11月上中旬，硬草幼苗时施药最好(图7-38)。

图7-38　小麦冬前苗期硬草发生为害情况

小麦冬前期11月中旬至12月上旬，麦田杂草基本出齐、且处于幼苗期，温度适宜，对于沿黄稻作麦区是杂草防治的最好时期，应及时采取防治措施。

对于以硬草为主的地块，可以用下列除草剂：

50%异丙隆可湿性粉剂150~175g/亩；

3%甲基二磺隆油悬剂25~30ml/亩+助剂；

7.5%啶磺草胺水分散粒剂9~12g/亩；

5%唑啉·炔草酯乳油60~100ml/亩；

对水30~45kg喷施，可以取得较好的除草效果(图7-39至图7-43)。注意不要施药太晚，低温下施药效果差，对小麦的安全性降低，会出现黄化、枯死现象(图7-44和图7-45)。部分地区农民为了争取农时和墒情，习惯于对小麦种子撒播于水稻行间(图7-46)，这种小麦栽培模式下麦田除草剂不宜施药过早，应在水稻收获后让小麦充分炼苗，生长2~3周后麦苗恢复健壮生长时施药，施药过早小麦易于发生药害、小麦黄化，生长受抑制(图7-47)。

图7-39 3%甲基二磺隆油悬剂生长期施药防治硬草的效果和中毒死亡症状比较。甲基二磺隆在硬草生长期施药具有突出的效果，施药后4~5天生长即受到抑制，2周以后叶片黄化、逐渐枯萎死亡。

图7-40 在播娘蒿生长期喷施50%异丙隆可湿性粉剂100g/亩后中毒死亡过程。在播娘蒿幼苗期施用异丙隆，5~7天后播娘蒿叶片开始黄化，叶尖叶缘处枯黄；施药2周后大量黄化、枯死，防治效果较好。

图7-41 3%甲基二磺隆油悬剂生长期施药防治播娘蒿的效果和中毒死亡症状比较。甲基二磺隆在播娘蒿生长期施药具有突出的效果，施药后5~7天生长即受到抑制，以后叶片黄化、逐渐枯萎死亡。

图7-42 在硬草生长期喷施50%异丙隆可湿性粉剂后除草活性比较。在硬草幼苗期施用异丙隆的效果较好，施药后5～10天生长受到抑制，施药2～4周后大量黄化、枯死，以100～200g/亩即可达到较好的除草效果。

图7-43 在荠菜生长期喷施50%异丙隆可湿性粉剂后除草活性比较。在荠菜幼苗期施用异丙隆的效果较好，施药后5～9天即大量黄化、生长受到抑制，2周后逐渐枯萎死亡。

图7-44 在小麦幼苗期，特别是遇低温情况下过量喷洒50%异丙隆可湿性粉剂150g／亩对小麦的药害症状。受害小麦叶片发黄，部分叶片从叶尖和叶缘开始枯死。

图7-45 异丙隆对稻茬小麦的药害症状

图7-46 小麦种子撒播于水稻行间的栽培模式

图7-47 麦苗过弱时施用异丙隆的药害情况

对于杂草较多、防治较晚地块(图7-48)，应在11月中旬至12月上旬或翌年3月上中旬小麦返青期，温度适宜时，及时采取防治措施。

图7-48 小麦冬前苗期硬草较大时发生为害情况

对于以硬草、播娘蒿、荠菜为主的地块，可以用下列除草剂：

50%异丙隆可湿性粉剂150～175g/亩；

3%甲基二磺隆油悬剂25～30ml/亩+助剂；

70%氟唑磺隆水分散粒剂4～5g/亩+助剂10g/亩；

对水30kg，均匀喷施。注意不要冬前施药太晚或返青期施药过早，低温下施药效果差，对小麦的安全性降低，会出现黄化、枯死现象(图7-44和图7-45)。

对于沿黄稻作麦区以硬草、播娘蒿、荠菜为主的地块(图7-49)，在小麦冬前期，是杂草防治的最好时期，对于水稻收获后整地播种的小麦，在小麦出苗后5～7周，即11月中下旬，可以用下列除草剂：

50%异丙隆可湿性粉剂100～150g/亩+10%苄嘧磺隆可湿性粉剂30～40g/亩；

50%炔草酯可湿性粉剂30～50g/亩+10%苯磺隆可湿性粉剂15～20g/亩；

15%炔草酯可湿性粉剂20～30g/亩+10%苯磺隆可湿性粉剂15～20g/亩；

70%氟唑磺隆水分散粒剂4～5g/亩+助剂10g/亩+10%苄嘧磺隆可湿性粉剂30～40g/亩；

3%甲基二磺隆油悬剂25～30ml/亩+助剂+10%苯磺隆可湿性粉剂15～20g/亩；

对水30～45kg，喷施。注意不要施药太晚，低温下施药效果差，对小麦的安全性降低，会出现黄化、枯死现象。

图7-49 小麦冬前苗期硬草和其他阔叶杂草发生为害情况

在小麦返青期，沿黄稻作麦区小麦返青较慢，一般在3月上中旬开始施药。因为这一时期由于天气多变、气温不稳定，应根据天气情况选择药剂及时施药。

对于硬草、播娘蒿、荠菜、牛繁缕为主的地块(图7-50)，可以用下列除草剂：

6.9%精恶唑禾草灵水乳剂75～100ml/亩+10%苯磺隆可湿性粉剂15～20g/亩；

10%精恶唑禾草灵乳油75～100ml/亩+10%苄嘧磺隆可湿性粉剂30～40g/亩；

15%炔草酯可湿性粉剂15～20g/亩+10%苄嘧磺隆可湿性粉剂30～40g/亩；

3%甲基二磺隆油悬剂25～30ml/亩+助剂；

对水30～45kg，喷施。硬草较大密度较高时，会降低除草效果，施药时应适当加大施药水量和药剂量。

图7-50　小麦返青期硬草和其他阔叶杂草发生为害情况

在小麦返青期，沿黄稻作麦区小麦返青较慢，一般在3月上中旬开始施药。因为这一时期由于天气多变、气温不稳定，应根据天气情况选择药剂及时施药。对于以硬草、猪殃殃为主的地块(图7-51)，可以用下列除草剂：

图7-51　小麦返青期硬草和猪殃殃等阔叶杂草发生为害情况

10%精恶唑禾草灵乳油75～100ml/亩+10%苄嘧磺隆可湿性粉剂35～45g/亩+20%氯氟吡氧乙酸乳油40～60ml/亩；

15%炔草酯可湿性粉剂20～30g/亩+10%苄嘧磺隆可湿性粉剂35～45g/亩+20%氯氟吡氧乙酸乳油40～60ml/亩；

对水30～45kg，喷施。硬草等杂草较大和密度较高时，会降低除草效果，施药时应适当加大施药水量和药剂量。

（六）北方旱田野燕麦和阔叶杂草混生麦田杂草防治

在我国西北、华北等地，麦田野燕麦发生较重，对于以野燕麦和阔叶杂草混用的麦田应抓好小麦播后芽前和冬前期防治的有利时期，小麦拔节后防治比困难(图7-52)。

图7-52 小麦田野燕麦发生为害情况

在小麦播后芽前，对于以野燕麦为主的麦田，可以用下列除草剂：

40%野麦畏乳油150～200ml/亩(施药后立即浅混土)；

50%异丙隆可湿性粉剂125～175g/亩；

50%乙草胺乳油50～75ml/亩+50%异丙隆可湿性粉剂120～150g/亩；

加水40kg，均匀喷施。野麦畏、乙草胺对小麦安全性较差，施药时药量过大或施药期间低温高湿均会加重药害(图7-53)。

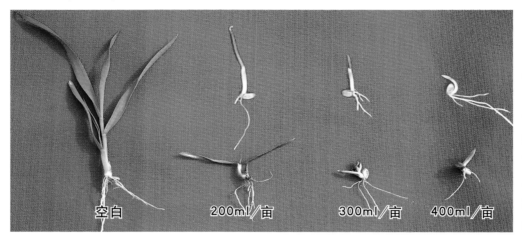

图7-53 在小麦播后芽前，遇持续低温高湿条件下，过量施用40%野麦畏乳油后的药害症状。施药后第7天低剂量开始出苗，叶尖干枯，以后小麦出苗稀疏，发育缓慢，小麦根系发育受阻、茎叶弱小、畸形、暗绿色。

空白　　200ml/亩　　300ml/亩　　400ml/亩

在小麦冬前期或小麦返青期，对于野燕麦为主的地块(图7-54)，在野燕麦3~4片叶到分蘖期，可以用下列除草剂：

图7-54 小麦苗期田间野燕麦发生为害情况

50%异丙隆可湿性粉剂125~175g/亩；

6.9%精恶唑禾草灵水乳剂75~100ml/亩；

10%精恶唑禾草灵乳油75~100ml/亩；

15%炔草酯可湿性粉剂20~30g/亩；

3%甲基二磺隆油悬剂25~30ml/亩+助剂；

5%唑啉·炔草酯乳油60~100ml/亩；

对水25～30kg，茎叶喷雾处理，可以达到较好的除草效果(图7-55和图7-56)，但施药过晚药效下降。

空白　　　　4天　　　　7天　　　　12天

图7-55　在野燕麦生长期田间喷施50%异丙隆可湿性粉剂150g/亩后中毒死亡过程。在野燕麦幼苗期施用异丙隆，7天后野燕麦叶片开始黄化，叶尖叶缘处枯黄；施药2周后生长受到抑制，叶片大量黄化，施药2～4周大量黄化、枯死。

21天

空白　　　50g/亩　　　100g/亩　　　200g/亩　　　300g/亩

图7-56　在野燕麦生长期喷施50%异丙隆可湿性粉剂后除草活性比较。在野燕麦较大时施用异丙隆的效果一般较差，施药2周后生长受到抑制，叶片大量黄化，施药2～4周后大量黄化、枯死，以200g/亩以上可达到较好的除草效果。

在小麦冬前期或小麦返青期，对于野燕麦、播娘蒿、荠菜为主的地块，可以用下列除草剂：

6.9%精恶唑禾草灵水乳剂75～100ml/亩+15%噻磺隆可湿性粉剂10～20g/亩+20%氯氟吡氧乙酸乳油40～60ml/亩；

15%炔草酯可湿性粉剂20～30g/亩+10%苯磺隆可湿性粉剂10～20g/亩+20%氯氟吡氧乙酸乳油40～60ml/亩；

对水25～30kg，茎叶喷雾处理。冬前不宜施药过早，杂草未出齐时效果下降；冬前施药太晚、气温较低，杂草生长缓慢施药效果较差，且小麦易于发生药害。小麦返青期施药时，施药过早、气温较低，杂草未充分返青和开始生长时施药除草效果和小麦安全性下降；施药太晚、杂草较大时，施药效果较差。

(七)北方麦田节节麦和雀麦的防治

在我国河北、京津等地，麦田节节麦、雀麦等恶性杂草发生较重，应抓好小麦冬前和返青期防治的有利时期，小麦拔节后防治比较困难(图7-57)。

图7-57　小麦田节节麦发生为害情况

在小麦冬前期或小麦返青期，对于节节麦、雀麦发生较重的地块(图7-58和图7-59)，在节节麦、雀麦3~4片叶到分蘖期，可以用下列除草剂：

图7-58　小麦返青期节节麦发生为害情况

图7-59　小麦返青期雀麦发生为害情况

3%甲基二磺隆油悬剂25~30ml/亩+助剂；

70%氟唑磺隆水分散粒剂4~5g/亩+助剂10g/亩；

对水25~30kg，茎叶喷雾处理，可以达到较好的除草效果，但施药过晚药效下降。甲基二磺隆对小麦安全性较差，低温、施药不匀、施药量过大易于发生药害。

(八)播娘蒿、荠菜等混生麦田杂草防治

在黄淮海流域冬小麦产区，特别是中北部地区，麦田主要是播娘蒿、荠菜，个别地块有少量米瓦罐、麦家公、猪殃殃、佛座、泽漆等，杂草种类较多，但播娘蒿和荠菜占有绝对优势(图7-60)。特别是近年来，播娘蒿的抗药性增强而难于防治，必须针对杂草的发生时期合理配方，才能达到较好的除草效果。一般年份在小麦播种后2~3周杂草开始发生，墒情好时杂草发生量大；个别干旱年份发生较晚，杂草发生量较小，多数于11月中下旬到12月上旬基本出苗，幼苗期易于防治；在小麦返青后开始快速生长，难于防治，常对小麦造成严重的为害。生产上应主要抓好冬前期防治。

图7-60　小麦田播娘蒿发生为害情况

在小麦冬前期(图7-61)，于11月下旬，选择墒情较好、杂草长势较旺较绿、气温较高且较稳定、5～7天无寒流时施药除草效果较好。可以用下列除草剂：

图7-61　小麦冬前期田间播娘蒿发生为害情况

10%苯磺隆可湿性粉剂10～20g/亩+20%氯氟吡氧乙酸乳油20～30ml/亩；

15%噻磺隆可湿性粉剂10～20g/亩+20%氯氟吡氧乙酸乳油20～30ml/亩；

对水30～45kg，均匀喷施，可以有效防治杂草，基本上可以控制小麦整个生育期的杂草为害。施药过早时除草效果不好，杂草未出齐、天气干旱时除草效果下降；冬前施药过晚、气温下降、杂草色泽变暗入冬时施药效果不好。

在小麦返青期，杂草开始返青并旺盛生长时(图7-62)，一般驻马店、漯河等中南部麦区于2月下旬至3月上旬施药，豫北可在3月上旬施药。这一时期由于天气多变、气温不稳定，应根据天气情况选择药剂及时施药。一般情况下可以用下列除草剂：

图7-62　小麦返青期田间播娘蒿发生为害情况

10%苯磺隆可湿性粉剂10~15g/亩+20%氯氟吡氧乙酸乳油30~50ml/亩；

15%噻磺隆可湿性粉剂10~15g/亩+20%氯氟吡氧乙酸乳油30~50ml/亩；

对水30~45kg，均匀喷施，可以有效防治麦田杂草(图7-63至图7-65)。小麦返青期施药时，施药过早、气温较低，杂草未充分返青和开始生长时施药除草效果和小麦安全性下降；施药太晚、杂草较大时，施药效果较差。

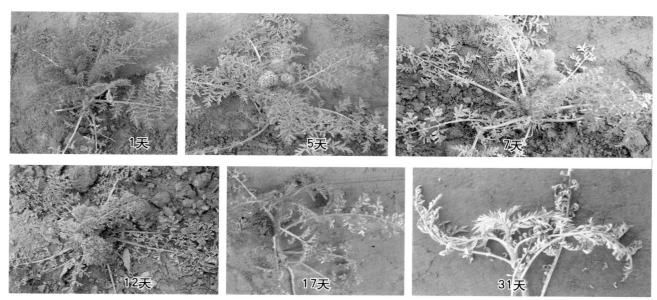

图7-63 噻磺隆施药后播娘蒿的中毒死亡过程。噻磺隆对播娘蒿作用迅速、效果突出，但植株完全死亡症状表现速度较慢。施药后第3~5天播娘蒿心叶发黄，与空白对照相比生长受到抑制；施药后第7天，心叶和部分下部叶片明显黄化、植株矮化，生长受到明显的抑制，基本上丧失与作物争夺吸收养分的功能；但播娘蒿完全死亡需2~4周的时间。

图7-64 15%噻磺隆可湿性粉剂不同剂量防治荠菜的效果和中毒死亡症状比较。噻磺隆对荠菜效果突出，各剂量下均表现突出的效果，施药后第7天部分叶片黄化、植株明显矮化，生长受到抑制；施药后14天荠菜开始死亡。

图7-65　10%苯磺隆可湿性粉剂不同剂量防治播娘蒿的效果和中毒死亡症状比较。苯磺隆对播娘蒿效果突出，但使植株死亡速度较慢。各剂量下均表现突出的效果，施药后第7天，心叶和部分下部叶片明显黄化、植株明显矮化，生长受到明显的抑制；施药后2～3周播娘蒿开始大量死亡。

在小麦返青后拔节前，3月上中旬杂草较大时，天气晴朗、气温高于10℃，且天气预报未来几天天气较好的情况下，一般可以用下列除草剂：

10%苯磺隆可湿性粉剂10～15g/亩+20%氯氟吡氧乙酸乳油40～60ml/亩；

15%噻磺隆可湿性粉剂10～15g/亩+20%氯氟吡氧乙酸乳油40～60ml/亩；

10%苯磺隆可湿性粉剂10～15g/亩+56%2甲4氯钠盐可溶粉剂30～50g/亩；

10%苯磺隆可湿性粉剂10～15g/亩+48%麦草畏水剂15～20ml/亩

10%苯磺隆可湿性粉剂10～15g/亩+25%溴苯腈乳油75～100ml/亩。

对水30kg均匀喷施，可以有效防治播娘蒿、荠菜等杂草的为害(图7-66至图7-74)。在小麦4叶之前或拔节后不能施用，低温下也不能施用；否则，可能对小麦发生严重的药害(图7-75至图7-80)。

图7-66　25%溴苯腈乳油对播娘蒿的防治效果比较。溴苯腈对播娘蒿防效较好，施药后1～2天茎叶黄化、枯死，但部分未死心叶以后可能发出新叶。

 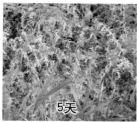  

图7-67 **25%溴苯腈乳油150ml/亩防治播娘蒿的田间死亡过程比较。** 溴苯腈对播娘蒿防效较好，施药后1～3天茎叶黄化、触杀性枯死，但部分未死心叶经一周以后可能发出新叶。

图7-68 **48%麦草畏水剂20ml/亩防治播娘蒿的中毒过程。** 麦草畏防治播娘蒿药效比较迅速，一般在施药后1天即有中毒表现，3～5天杂草开始死亡，但是杂草彻底死亡需要1～2周。

图7-69 **56%2甲4氯钠盐可溶粉剂100g/亩防治播娘蒿的田间死亡过程。** 防治播娘蒿药效比较迅速，一般在施药后1天即有中毒表现，3～5天杂草开始死亡，但是杂草彻底死亡需要时间较长。

图7-70 **20%2甲4氯钠盐水剂200ml/亩防治播娘蒿的中毒过程。** 2甲4氯钠盐防治播娘蒿药效比较迅速，一般在施药后1天即有中毒表现，4～6天杂草开始死亡，但是杂草彻底死亡需要1～2周。

图7-71 **20%2甲4氯钠盐水剂200ml/亩防治荠菜的中毒过程。**2甲4氯钠盐防治荠菜的药效比较迅速，一般在施药后1天即有中毒表现，4~6天杂草开始死亡，但是彻底死亡需较长的时间。

图7-72 **20%氯氟吡氧乙酸乳油50ml/亩防治播娘蒿的田间中毒死亡过程。**氯氟吡氧乙酸可以防治播娘蒿，田间施药后1~3天播娘蒿即表现出中毒症状，茎叶扭曲，以后茎叶扭曲加重、枯萎、死亡。

图7-73 **20%氯氟吡氧乙酸乳油防治播娘蒿的效果比较。**氯氟吡氧乙酸可以防治播娘蒿，田间施药1天后播娘蒿即表现出中毒症状，茎叶扭曲，以后茎叶扭曲加重、枯萎、死亡，低剂量下效果较差，50~100ml/亩才能取得较好的防治效果。

图7-74 20%氯氟吡氧乙酸乳油50ml/亩防治荠菜的效果比较。氯氟吡氧乙酸可以防治荠菜，施药后中毒症状表现较快，茎叶扭曲，以后高剂量下茎叶扭曲加重、枯萎、死亡。

图7-75 在小麦2叶期，过早过量喷施48%麦草畏水剂18天后的药害症状。受害小麦叶片茎叶扭曲、卷缩、畸形、倒伏。

图7-76 在小麦3叶期，过早过量喷施20%2甲4氯钠盐水剂11天后的田间药害症状。受害小麦叶片发黄、茎叶扭曲、畸形、倒伏。

图7-77 在小麦开始拔节期，过晚喷施麦草畏后田间典型药害症状。受害小麦倒伏，茎叶卷缩、扭曲，从田间症状可以明显看出麦丛松散、倾斜，叶色暗绿、无光泽，以后药害会逐渐加重。

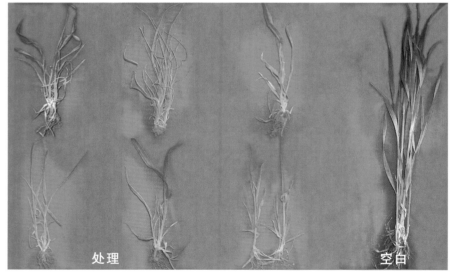

处理　　　　空白

图7-78 在小麦4叶前施药过早，或拔节期施药过晚，喷施苯氧羧酸类除草剂药害较为严重时症状。小麦受害后药害并不立即表现，有时苗期药害症状到很晚时才表现出来。受害小麦叶色发暗，茎叶扭曲畸形，麦穗不能正常进行抽出。

图7-79 在小麦4叶前施药过早，或拔节期施药过晚，喷施2甲4氯钠盐后药害较轻时田间症状。小麦受害较轻时，小麦仍能抽穗，但抽穗后出现畸形，麦穗扭曲，产量降低。

图7-80　在小麦开始拔节期，过晚喷施苯氧羧酸类除草剂后对麦穗的药害症状。药害较轻的小麦，可以抽穗，但小麦穗的发育受抑制，小麦株矮、穗小、籽少、籽秕。

在小麦返青后拔节前，田间播娘蒿较大时(图7-81)，特别是近年来播娘蒿和荠菜等杂草抗药性增强，传统的施药方法效果不好、安全性下降，应正确地选择除草剂品种和施药方法。应于3月上中旬，天气晴朗、杂草叶色浓绿、气温高于10℃，且天气预报未来几天天气较好的情况下，可以用下列除草剂：

图7-81　小麦返青期田间播娘蒿较大时发生为害情况

10%苯磺隆可湿性粉剂10～15g/亩+10%乙羧氟草醚乳油10～15ml/亩；

15%噻磺隆可湿性粉剂15～20g/亩+10%乙羧氟草醚乳油10～15ml/亩；

10%苄嘧磺隆可湿性粉剂30～40g/亩+10%乙羧氟草醚乳油10～15ml/亩；

10%苯磺隆可湿性粉剂10～15g/亩+40%氟唑草酮水分散粒剂3～4g/亩；

15%噻磺隆可湿性粉剂15～20g/亩+40%氟唑草酮水分散粒剂3～4g/亩；

10%苄嘧磺隆可湿性粉剂30～40g/亩+40%氟唑草酮水分散粒剂3～4g/亩；

10%苯磺隆可湿性粉剂10～15g/亩+10%乙羧氟草醚乳油10～15ml/亩+20%2甲4氯水剂75～120ml/亩；

10%苯磺隆可湿性粉剂10～15g/亩+25%溴苯腈乳油120～150ml/亩；

10%苯磺隆可湿性粉剂10～15g/亩+20%2甲4氯水剂150～200ml/亩；

10%苯磺隆可湿性粉剂10～15g/亩+72%2,4-滴丁酯乳油50ml/亩；

10%苯磺隆可湿性粉剂10～15g/亩+20%氯氟吡氧乙酸乳油40～50ml/亩；

对水30kg/亩均匀喷施，在小麦拔节后不能施用。

在小麦返青后拔节封行前，田间播娘蒿较大时，应正确选择除草剂品种、正确的施药时期和施药方法，充分了解除草剂的防治对象和施药技术要求，施药不当会降低除草效果(图7-82至图7-84)，也有可能影响小麦的安全性和产量(图7-85)；施药得当时，除草迅速而彻底，对小麦生长安全(图7-86至图7-89)。

图7-82　苯磺隆防治播娘蒿的田间死草过程

图7-83　在麦田播娘蒿较大时苯磺隆防治效果。播娘蒿死亡不彻底，个别有复活的现象。

图7-84　在麦田播娘蒿较大时苯磺隆防治播娘蒿的死草症状。播娘蒿心叶黄化、生长缓慢、叶色暗淡，但整株不能彻底死亡，个别有复活的现象。

**图7-85 苯氧羧酸类除草剂防治麦田播娘蒿的田间
效果**。苯氧羧酸类除草剂对播娘蒿防治效果较好，
杀草迅速，但施药较晚时，小麦易出现药害。

图7-86 苯磺隆和乙羧氟草醚混用防治播娘蒿的死草过程

图7-87 苯磺隆防治播娘蒿的死草过程

图7-88　乙羧氟草醚防治播娘蒿的死草过程

图7-89　苯磺隆和乙羧氟草醚混用防治播娘蒿的死草过程

（九）猪殃殃、播娘蒿、荠菜等混生麦田杂草防治

在华北冬小麦产区，近几年麦田杂草群落发生了较大的变化，猪殃殃等恶性杂草逐年增加，麦田杂草主要是猪殃殃、佛座、播娘蒿、荠菜，另外还有麦家公、米瓦罐等。这类作物田杂草难于防治，必须针对不同地块的草情选择适宜的除草剂种类和适宜的施药时期，否则，就不能达到较好的除草效果。一般年份在小麦播种后2～3周杂草开始发生，个别干旱年份发生较晚，多数于11月中旬到12月上旬基本出苗，幼苗期易于防治；在小麦返青后开始快速生长，难于防治，常对小麦造成严重为害(图7-90)。生产上应主要抓好冬前期防治。

图7-90　小麦田猪殃殃、播娘蒿、荠菜等发生为害情况

在小麦冬前期，对于墒情较好田块，于11月中旬，杂草基本出齐且处于幼苗期、温度适宜时，是防治上的最佳时期(图7-91)，应及时进行施药除草。可以用下列除草剂：

10%苯磺隆可湿性粉剂15～25g/亩+20%氯氟吡氧乙酸乳油20～30ml/亩；

15%噻磺隆可湿性粉剂15～25g/亩+20%氯氟吡氧乙酸乳油20～30ml/亩；

5%双氟磺草胺悬浮剂8～10ml/亩+20%氯氟吡氧乙酸乳油20～30ml/亩；

对水30～45kg，均匀喷施，可以有效防治杂草，基本上可以控制小麦整个生育期的杂草为害。根据杂草种类和大小适当调整除草剂用量；对于猪殃殃较多的地块，可以适当增加药剂用量。注意不宜施用氯氟吡氧乙酸过早，氯氟吡氧乙酸在小麦4叶前施药，对小麦会有一定程度的药害。

图7-91 小麦冬前期田间猪殃殃、播娘蒿发生为害情况

在小麦冬前期杂草较大时，或在小麦返青期，对于猪殃殃发生较多的地块防治适期已过；但在前期又未能进行有效防治的麦田，应在11月下旬至12月上旬、2月下旬至3月上旬气温较高、杂草青绿旺盛时(图7-92)及时施药。可以使用下列除草剂：

图7-92 小麦冬前晚期或返青期田间猪殃殃、播娘蒿发生为害情况

10%苯磺隆可湿性粉剂15～20g/亩+40%唑草酮水分散粒剂2g/亩+20%氯氟吡氧乙酸乳油30～40ml/亩；

5%双氟磺草胺悬浮剂8～10ml/亩+40%唑草酮水分散粒剂2g/亩+20%氯氟吡氧乙酸乳油20～30ml/亩；

15%噻磺隆可湿性粉剂15～20g/亩+40%唑草酮水分散粒剂2～4g/亩+20%氯氟吡氧乙酸乳油30～40ml/亩；

10%苄嘧磺隆可湿性粉剂20～30g/亩+40%唑草酮干悬浮剂2～4g/亩+20%氯氟吡氧乙酸乳油30～40ml/亩；

10%苯磺隆可湿性粉剂15～20g/亩+10%乙羧氟草醚乳油10～15ml/亩+20%氯氟吡氧乙酸乳油30～40ml/亩；

15%噻磺隆可湿性粉剂15～20g/亩+10%乙羧氟草醚乳油10～15ml/亩+20%氯氟吡氧乙酸乳油30～40ml/亩；

对水30～45kg，均匀喷施，可以有效防治杂草(图7-93至图7-99)，基本上可以控制小麦整个生育期的杂草为害。因为这一时期天气多变、气温不稳定，应根据天气情况选择药剂及时施药。田间小麦未封行、猪殃殃不高时，可以用苯磺隆或噻磺隆加入氟唑草酮或乙羧氟草醚；对于猪殃殃较多较大的地块，最好加入20%氯氟吡氧乙酸乳油30～50ml/亩，对水30～45kg，均匀喷施，但小麦冬前不能施药太晚、小麦返青后不能施药太早，否则效果下降，安全性差；同时小麦返青后不能施药过晚，小麦拔节后施药，对小麦会有一定程度的药害。

图7-93　15%噻磺隆可湿性粉剂不同剂量防治猪殃殃的效果和中毒死亡症状比较。噻磺隆对猪殃殃各剂量下的效果均不理想，施药后9天部分叶片黄化，植株矮化，生长受到抑制；重者部分死亡。

图7-94　10%苯磺隆可湿性粉剂防治猪殃殃的死亡过程。在猪殃殃幼苗期施用苯磺隆具有较好的防治效果，施药后6天开始出现中毒症状，部分叶片黄化，植株矮化，生长受到抑制，逐渐死亡。

图7-95 猪殃殃幼苗期施用15%噻磺隆可湿性粉剂的效果比较。在猪殃殃幼苗期或温度较高的情况下，加大剂量施药可以取得较好的防治效果，施药后13天部分叶片黄化，植株矮化，生长受到明显抑制，高剂量下部分植株开始死亡。

图7-96 10%苯磺隆可湿性粉剂不同剂量防治猪殃殃的效果和中毒死亡症状比较。苯磺隆对猪殃殃各剂量下的效果均不理想，施药后9天部分叶片黄化，植株矮化，生长受到抑制；以后缓慢生长，重者部分死亡。

图7-97 10%苄嘧磺隆可湿性粉剂不同剂量防治猪殃殃的效果和中毒死亡症状比较。苄嘧磺隆对猪殃殃具有较好的防治效果，施药后第9天部分叶片黄化，植株矮化，生长受到抑制；以后缓慢的死亡。

图7-98　20%氯氟吡氧乙酸乳油防治猪殃殃的中毒死亡过程。施药后1~3天即表现出中毒症状，茎叶扭曲，以后茎叶扭曲加重、枯萎、死亡。

图7-99　20%氯氟吡氧乙酸乳油防治猪殃殃的效果比较。施药后中毒症状表现较快，茎叶扭曲，以后高剂量下茎叶扭曲加重、枯萎、死亡。

（十）猪殃殃等严重发生的麦田杂草防治

在黄淮海冬小麦产区，特别是中南部除草剂应用较多的地区，近几年麦田杂草群落发生了较大的变化，猪殃殃等恶性杂草逐年增加，麦田杂草主要是猪殃殃，另外还发生有佛座、播娘蒿、荠菜、麦家公、米瓦罐等。这类作物田杂草难于防治，必须针对不同地块的草情和生育时期选择适宜的除草剂种类和适宜的施药剂量，否则就不能达到较好的除草效果，对小麦为害严重(图7-100)。该区常年温度较高，进入冬季后温度也比较高，麦田冬前杂草适宜发生和生长的时期较长，一般年份在小麦播种后2~3周杂草开始发生，多数于11月中下旬达到出苗高峰，一般年份到12月上旬还有大量猪殃殃等阔叶杂草不断地发芽出苗旺盛生长，杂草发生适期较华北麦区明显延长，为麦田杂草的防治增加了困难。该区小麦返青期开始的较早、春节后气温回升较快，前期未能防治的杂草，在小麦返青后开始快速生长，难于防治，常对小麦造成严重为害。该区域麦田杂草的防治应分为3个阶段，针对每一阶段的特点采取相应的防治措施，生产上抓好冬前期防治特别关键。

第一阶段：对于黄淮海中南部除草剂应用较多的冬小麦产区，小麦冬前早期，于11月中旬，对于适期播种的小麦，猪殃殃等阔叶杂草基本出苗(图7-101)，防治上比较有利，应及时进行施药除草；但是，

图7-100 小麦田猪殃殃发生为害情况

施药防治后易于复发。对于豫南、皖中等黄淮中南部麦区，气温较高，在小麦冬前期，于11月中旬，小麦播种出苗后猪殃殃等阔叶杂草大量出苗，本期施药一般可以取得较好的除草效果；但施药量偏低时，以后还会有杂草发生，影响整体除草效果；所以在小麦冬前早期(11月上中旬)施药必须考虑在杀死出苗杂草的同时，还要封闭住未来一个多月内(即11月中旬至12月上旬)不出杂草，兼有封闭和杀草双重功能。这一时期可以使用下列除草剂：

图7-101 黄淮海中南部麦区早期猪殃殃发生情况

10%苄嘧磺隆可湿性粉剂30～40g/亩；

对水30～45kg，均匀喷施，可以有效防治杂草，基本上可以控制小麦整个生育期的杂草为害。该期施药应注意墒情、杂草大小和施药时期，适当调整药剂种类和剂量，施药越早药量越应适当加大。

第二阶段：小麦冬前期，于11月中下旬到12月上旬，是防治上比较有利的时期，这一时期杂草已基本出齐，气温较高，应及时进行施药除草。但对于猪殃殃发生较重、较大的麦田(图7-102)，应注意采用一些速效除草剂，这一时期可以使用下列除草剂：

10%苯磺隆可湿性粉剂15～20g/亩+40%氟唑草酮干悬浮剂2～4g/亩；

15%噻磺隆可湿性粉剂15～20g/亩+40%氟唑草酮干悬浮剂2～4g/亩；

10%苄嘧磺隆可湿性粉剂20～30g/亩+40%氟唑草酮干悬浮剂2～4g/亩；

10%苯磺隆可湿性粉剂15～20g/亩+10%乙羧氟草醚乳油10～15ml/亩+20%氯氟吡氧乙酸乳油30～40ml/亩；

图7-102　麦田冬前期猪殃殃发生情况

15%噻磺隆可湿性粉剂15～20g/亩+10%乙羧氟草醚乳油10～15ml/亩+20%氯氟吡氧乙酸乳油30～40ml/亩；

5%双氟磺草胺悬浮剂8～10ml/亩+10%唑草酮水分散粒剂10～15g/亩+20%氯氟吡氧乙酸乳油30～40ml/亩；

对水30～45kg，均匀喷施，可以有效防治杂草(图7-103和图7-104)，基本上可以控制小麦整个生育期的杂草为害。该期施药应注意墒情、杂草大小和施药时期，适当调整药剂种类和剂量；施药过早时药量应适当加大，施药过晚、猪殃殃过大时可用20%氯氟吡氧乙酸乳油30～50ml/亩以提高除草效果；该期不能施药过晚，在气温低于8℃时，除草效果降低，对小麦的安全性较差或出现药害现象。

图7-103 苯磺隆与乙羧氟草醚防治猪殃殃效果比较

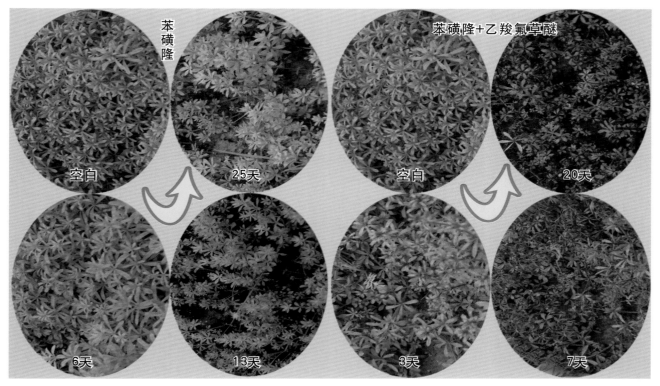

图7-104 苯磺隆与苯磺隆+乙羧氟草醚防治猪殃殃效果比较

第三阶段：对于豫南、皖中北部麦区，在小麦返青期，对于猪殃殃发生较多的地块防治适期已过(图7-105)；但在前期未能进行有效防治的麦田，应在2月下旬至3月上旬尽早施药。

图7-105　南部麦区小麦返青期猪殃殃发生情况

对于田间小麦未封行、猪殃殃不高时，一般情况下可以用下列除草剂：

15%噻磺隆可湿性粉剂15～20g/亩+20%氯氟吡氧乙酸乳油40～60ml/亩；

10%苯磺隆可湿性粉剂15～25g/亩+20%氯氟吡氧乙酸乳油40～60ml/亩；

5%双氟磺草胺悬浮剂8～10ml/亩+10%氟唑草酮水分散粒剂10～15g/亩+20%氯氟吡氧乙酸乳油40～60ml/亩；

10%苯磺隆可湿性粉剂15～25g/亩+10%唑草酮干悬浮剂10～15g/亩+20%氯氟吡氧乙酸乳油30～50ml/亩；

对水30～45kg，均匀喷施，一般情况下可以达到较好的防治效果(图7-106至图7-108)。应根据草情和后茬作物调整药剂种类和剂量，不宜施药过早，杂草未充分返青时药效不好；也不宜施药过晚，杂草过大时效果下降；施药过早和过晚均影响对小麦的安全性。

图7-106　在猪殃殃较大时，田间施用苯磺隆＋氯氟吡氧乙酸防治麦田猪殃殃田间效果

图7-107 在猪殃殃较大时，施用氯氟吡氧乙酸防治麦田猪殃殃死草症状效果比较

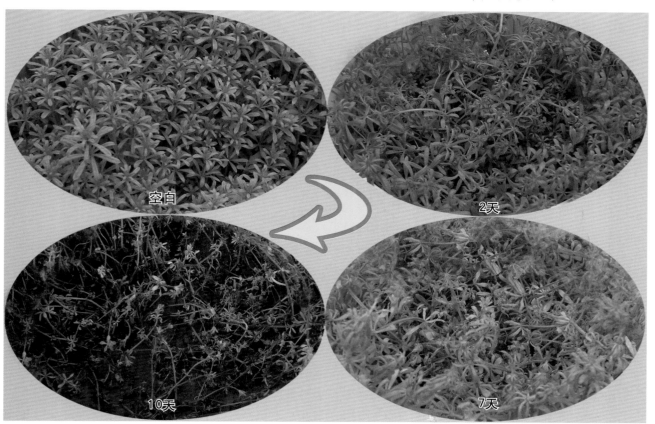

图7-108 在猪殃殃较大时，施用苯磺隆+氯氟吡氧乙酸防治麦田猪殃殃死草症状效果比较

（十一）猪殃殃、佛座、播娘蒿、荠菜等混生麦田杂草防治

在黄淮海冬小麦产区，特别是中部除草剂应用较多的部分麦区，如河南省的漯河、平顶山、许昌、周口等地市，安徽省北部、江苏徐州等地，近几年麦田杂草群落发生了较大的变化，猪殃殃、佛座发生量较大，防治比较困难（图7-109），必须针对不同地块的草情和生育时期选择适宜的除草剂种类和适宜的施药剂量，否则就不能达到较好的除草效果。一般年份在小麦播种后2~3周杂草开始发生，多数于11月中下旬达到出苗高峰，应抓好冬前期杂草的防治，在小麦返青后开始快速生长，难于防治，常对小麦造成严重为害。

图7-109 小麦田猪殃殃、佛座、播娘蒿、荠菜等杂草发生为害情况

小麦冬前早期，于11月中旬，对于适期播种，墒情较好的小麦田，猪殃殃、佛座、播娘蒿、荠菜、麦家公、米瓦罐等阔叶杂草大量出苗、且多处于幼苗期（图7-110），防治上比较有利，应及时进行施药除草。对于施药较早、杂草较小时，可以使用下列除草剂：

10%苯磺隆可湿性粉剂15~25g/亩+10%乙羧氟草醚乳油10~15ml/亩；

10%苯磺隆可湿性粉剂15~25g/亩+40%氟唑草酮水分散粒剂2~4g/亩；

15%噻磺隆可湿性粉剂15~25g/亩+40%氟唑草酮水分散粒剂2~4g/亩；

对水30~45kg，均匀喷施，可以有效防治杂草，基本上可以控制小麦整个生育期的杂草为害。该期施药应注意墒情、杂草大小和施药时期，适当调整药剂种类和剂量，施药越早越应适当加大药量。

图7-110 麦田冬前期猪殃殃、佛座、播娘蒿、荠菜等杂草发生情况

小麦冬前期，于11月下旬，对于适期播种的小麦，猪殃殃、佛座、播娘蒿、荠菜、麦家公、米瓦罐等阔叶杂草基本齐苗且不太大，防治上比较有利(图7-111)，应及时进行施药除草。对于施药较晚，杂草较大较多时，可以使用下列除草剂：

图7-111 麦田冬前晚期猪殃殃、佛座、播娘蒿、荠菜等杂草发生情况

10%苯磺隆可湿性粉剂15～20g/亩+40%唑草酮干悬浮剂3g/亩+20%氯氟吡氧乙酸乳油20～30ml/亩；

15%噻磺隆可湿性粉剂15～20g/亩+40%唑草酮干悬浮剂3g/亩+20%氯氟吡氧乙酸乳油20～30ml/亩；

10%苄嘧磺隆可湿性粉剂20～30g/亩+40%唑草酮干悬浮剂3g/亩+20%氯氟吡氧乙酸乳油20～30ml/亩；

10%苯磺隆可湿性粉剂15～20g/亩+10%乙羧氟草醚乳油10～15ml/亩+20%氯氟吡氧乙酸乳油20～30ml/亩；

对水30kg，均匀喷施，可以有效防治杂草，基本上可以控制小麦整个生育期的杂草为害。该期施药应注意墒情、杂草大小和施药时期，适当调整药剂种类和剂量；施药过早时药量应适当加大，施药过晚、猪殃殃过大时可用20%氯氟吡氧乙酸乳油30～50ml/亩以提高除草效果；该期不能施药过晚，在气温低于8℃时，除草效果降低，对小麦的安全性较差或出现药害现象。

在小麦返青期，对于猪殃殃、佛座发生较多的地块防治适期已过，佛座入春后即开花成熟，难于防治(图7-112)；对前期未能进行有效防治的麦田，杂草充分返青且不太大时(图7-112左图)，应在2月下旬至3月上旬尽早施药，以尽量减轻杂草的为害。

对于田间小麦未封行、猪殃殃和佛座较小时，一般情况下可以用下列除草剂：

10%苯磺隆可湿性粉剂15～20g/亩+40%唑草酮干悬浮剂4g/亩+20%氯氟吡氧乙酸乳油40～60ml/亩；

15%噻磺隆可湿性粉剂15～20g/亩+40%唑草酮干悬浮剂4g/亩+20%氯氟吡氧乙酸乳油40～60ml/亩；

10%苄嘧磺隆可湿性粉剂20～30g/亩+40%唑草酮干悬浮剂4g/亩+20%氯氟吡氧乙酸乳油40～60ml/亩；

10%苯磺隆可湿性粉剂15～20g/亩+10%乙羧氟草醚乳油10～15ml/亩+20%氯氟吡氧乙酸乳油40～60ml/亩；

15%噻磺隆可湿性粉剂15～20g/亩+10%乙羧氟草醚乳油10～15ml/亩+20%氯氟吡氧乙酸乳油40～60ml/亩；

10%苄嘧磺隆可湿性粉剂20～30g/亩+10%乙羧氟草醚乳油10～15ml/亩；

对水30～45kg，均匀喷施。应根据草情和后茬作物调整药剂种类和剂量。因为这一时期天气多变、气温不稳定，应根据天气情况选择药剂及时施药。施药过早，杂草未充分返青时，施药效果不好；杂草太大、小麦封行时除草效果下降，且小麦易于发生斑点性药害。

图7-112　麦田冬前晚期或返青期猪殃殃、佛座、播娘蒿、荠菜等杂草发生情况

（十二）婆婆纳、播娘蒿、荠菜等阔叶杂草混生麦田杂草防治

在黄淮海冬小麦产区，部分除草剂应用较多的麦区，近几年麦田杂草群落发生了较大的变化，婆婆纳发生量较大，防治比较困难(图7-113)，必须针对不同地块的草情和生育时期选择适宜的除草剂种类和适宜的施药剂量，否则就不能达到较好的除草效果。一般年份在婆婆纳小麦播种后2～3周开始发生，多数于11月达到出苗高峰，小麦返青期婆婆纳快速生长，3月即逐渐开花成熟。防治时应抓好冬前期杂草的防治，在小麦返青后开始快速生长，难于防治。

图7-113　小麦田婆婆纳、播娘蒿、荠菜等杂草发生为害情况

小麦冬前期，对于中南部麦区，气温较高，于11月中旬，对于适期播种的小麦，婆婆纳、播娘蒿、荠菜、猪殃殃、麦家公、米瓦罐等阔叶杂草基本出苗，且多处于幼苗期，防治上比较有利(图7-114)，应及时进行施药除草。对于施药较早、杂草较小时，可以使用下列除草剂：

图7-114　小麦冬前期婆婆纳、播娘蒿、荠菜等杂草发生为害情况

10%苯磺隆可湿粉15～25g/亩+10%乙羧氟草醚乳油10～15ml/亩；

15%噻磺隆可湿粉15～25g/亩+40%氟唑草酮干悬浮剂3～4g/亩；

10%苄嘧磺隆可湿粉30～40g/亩+40%氟唑草酮干悬浮剂3～4g/亩；

对水30～45kg，均匀喷施，可以有效防治杂草，基本上可以控制小麦整个生育期的杂草为害。该期施药应注意墒情、杂草大小和施药时期，适当调整药剂种类和剂量，施药越早药量越大。

小麦冬前期，对于中南部麦区，气温较高，于11月下旬到12月上旬；对于华北麦区10月下旬到11月上中旬，对于适期播种的小麦，婆婆纳、播娘蒿、荠菜、猪殃殃、麦家公、米瓦罐等阔叶杂草大量出苗，且杂草较大、较多时(图7-115)，应及时进行防治。

图7-115　小麦冬前较晚时婆婆纳、播娘蒿、荠菜等杂草发生为害情况

对于施药较晚，可以使用下列除草剂：

10%苯磺隆可湿性粉剂15～20g/亩+10%乙羧氟草醚乳油10～15ml/亩+20%氯氟吡氧乙酸乳油20～30ml/亩；

15%噻磺隆可湿性粉剂15～20g/亩+10%乙羧氟草醚乳油10～15ml/亩+20%氯氟吡氧乙酸乳油20～30ml/亩；

10%苄嘧磺隆可湿性粉剂20～30g/亩+10%乙羧氟草醚乳油10～15ml/亩；

10%苯磺隆可湿性粉剂15～20g/亩+40%氟唑草酮干悬浮剂3～4g/亩+20%氯氟吡氧乙酸乳油20～30ml/亩；

15%噻磺隆可湿性粉剂15～20g/亩+40%氟唑草酮干悬浮剂3～4g/亩+20%氯氟吡氧乙酸乳油20～30ml/亩；

10%苄嘧磺隆可湿性粉剂20～30g/亩+40%氟唑草酮干悬浮剂3～4g/亩；

对水30～45kg，均匀喷施，可以有效防治杂草，基本上可以控制小麦整个生育期的杂草为害。该期施药应注意墒情、杂草大小和施药时期，适当调整药剂种类和剂量；对于中南部麦区施药过早时药量应适当加大；该期不能施药过晚，在气温低于8℃、杂草色泽暗黑开始入冬时，除草效果降低，对小麦的安全性较差或出现药害现象。

在小麦返青期，对于婆婆纳发生较多的地块防治适期已过，婆婆纳入春后即开花成熟，难于防治；对前期未能进行有效防治的麦田(图7-116)，应在2月下旬至3月上旬尽早施药，以尽量减轻杂草为害。对于田间小麦未封行、婆婆纳较小时，一般情况下可以用下列除草剂：

图7-116 小麦返青期婆婆纳、播娘蒿、荠菜等杂草发生为害情况

10%苯磺隆可湿性粉剂15~20g/亩+10%乙羧氟草醚乳油10~15ml/亩；

15%噻磺隆可湿性粉剂15~20g/亩+10%乙羧氟草醚乳油10~15ml/亩；

10%苄嘧磺隆可湿性粉剂20~30g/亩+10%乙羧氟草醚乳油10~15ml/亩；

10%苯磺隆可湿性粉剂15~20g/亩+40%氟唑草酮干悬浮剂3~4g/亩；

15%噻磺隆可湿性粉剂15~20g/亩+40%氟唑草酮干悬浮剂3~4g/亩；

10%苄嘧磺隆可湿性粉剂20~30g/亩+40%氟唑草酮干悬浮剂3~4g/亩；

对水30~45kg，均匀喷施。应根据草情和后茬作物调整药剂种类和剂量。因为这一时期天气多变、气温不稳定，应根据天气情况选择药剂及时施药。

(十三)麦家公、婆婆纳等阔叶杂草混生麦田杂草防治

在黄淮海冬小麦产区，部分除草剂应用较多的麦区，近几年麦田杂草群落发生了较大的变化，麦家公、婆婆纳发生量较大，防治比较困难(图7-117)，必须针对不同地块的草情和生育时期选择适宜的除草剂种类和适宜的施药剂量，否则就不能达到较好的除草效果。一般年份麦家公、婆婆纳在小麦播种后2~3周开始发生，多数于11月达到出苗高峰，小麦返青期麦家公、婆婆纳快速生长，3月即逐渐开花成熟。防治时应抓好冬前期杂草的防治，否则，在小麦返青后开始快速生长，难于防治。

图7-117　小麦田麦家公、婆婆纳等杂草发生为害情况

小麦冬前期，对于中南部麦区，气温较高，于11月中下旬到12月上旬；对于华北麦区10月下旬到11月上中旬，对于适期播种的小麦，麦家公、婆婆纳、播娘蒿、荠菜、猪殃殃、米瓦罐等阔叶杂草大量出苗，且杂草较大、较多时(图7-118)，应及时进行防治。可以使用下列除草剂：

10%苯磺隆可湿性粉剂15～20g/亩+40%氟唑草酮干悬浮剂2～4g/亩；

15%噻磺隆可湿性粉剂15～20g/亩+40%氟唑草酮干悬浮剂2～4g/亩；

10%苯磺隆可湿性粉剂15～20g/亩+40%氟唑草酮干悬浮剂2～4g/亩+20%氯氟吡氧乙酸乳油40～60ml/亩；

10%苯磺隆可湿性粉剂15～20g/亩+10%乙羧氟草醚乳油10～15ml/亩；

15%噻磺隆可湿性粉剂15～20g/亩+10%乙羧氟草醚乳油10～15ml/亩；

10%苄嘧磺隆可湿性粉剂20～30g/亩+10%乙羧氟草醚乳油10～15ml/亩；

对水30～45kg，均匀喷施，可以有效防治杂草(图7-119至图7-122)，基本上可以控制小麦整个生育期的杂草为害。该期施药应注意墒情、杂草大小和施药时期，适当调整药剂种类和剂量；对于中南部麦区施药过早时药量应适当加大，不要用氟唑草酮和乙羧氟草醚；该期不能施药过晚，在气温低于8℃时，除草效果降低，对小麦的安全性较差或出现药害现象。

图7-118　小麦冬前期麦家公、婆婆纳等杂草发生为害情况

图7-119　苯磺隆+乙羧氟草醚防治婆婆纳的死草情况

图7-120 苯磺隆防治婆婆纳的死草过程

图7-121 苯磺隆防治麦家公的死草情况

6天

14天

空白　　　　　　10g/亩　　　　　　20g/亩

图7-122　苯磺隆+乙羧氟草醚防治麦家公的死草情况

　　在小麦返青期，对于麦家公、婆婆纳发生较多的地块防治适期已过，麦家公、婆婆纳入春后即开花成熟，难于防治；对前期未能进行有效防治的麦田，应在2月下旬至3月上旬尽早施药，以尽量减轻杂草的为害。对于田间小麦未封行、麦家公和婆婆纳等杂草较小时(图7-123)，一般情况下可以用下列除草剂：

图7-123　小麦返青期麦家公、婆婆纳等杂草发生为害情况

10%苯磺隆可湿粉15～20g/亩+40%氟唑草酮干悬浮剂3～4g/亩；

15%噻磺隆可湿粉15～20g/亩+40%氟唑草酮干悬浮剂3～4g/亩；

10%苯磺隆可湿粉15～20g/亩+10%乙羧氟草醚乳油10～15ml/亩；

10%苯磺隆可湿粉15～20g/亩+25%溴苯腈乳油100～150ml/亩；

对水30～45kg，均匀喷施。应根据草情和后茬作物调整药剂种类和剂量。因为这一时期天气多变、气温不稳定，应根据天气情况选择药剂及时施药。麦家公等杂草较大时，除草效果下降或没有除草效果。

（十四）泽漆、播娘蒿、荠菜等混生麦田杂草防治

在华北冬小麦产区，特别是中北部除草剂应用较多的地区，近几年麦田杂草群落发生了较大的变化，泽漆等恶性杂草逐年增加，麦田杂草主要是泽漆、播娘蒿、荠菜，另外还会有狼紫草、麦家公、米瓦罐等(图7-124)。这类作物田杂草难于防治，必须针对不同地块的草情选择适宜的除草剂种类和适宜的施药时期。泽漆多在10—11月发生，但有一部份在2—3月发芽出苗。对于雨水较多或墒情较好的年份应抓好冬前期防治，但一般在小麦返青期防治效果更好。

图7-124 小麦田泽漆发生为害情况

在小麦冬前期，对于正常播种的麦田，如果田间泽漆等杂草大量发生，泽漆、播娘蒿、荠菜、麦家公、狼紫草等发生较多(图7-125)，可以于11月中下旬进行施药防治。可以施用下列除草剂：

20%氯氟吡氧乙酸乳油40～50ml/亩；

10%苯磺隆可湿性粉剂15～20g/亩+20%氯氟吡氧乙酸乳油30～40ml/亩；

15%噻磺隆可湿性粉剂15～20g/亩+20%氯氟吡氧乙酸乳油30～40ml/亩；

10%苄嘧磺隆可湿性粉剂20～30g/亩+20%氯氟吡氧乙酸乳油30～40ml/亩；

10%苯磺隆可湿性粉剂15～20g/亩+10%乙羧氟草醚乳油10～15ml/亩；

15%噻磺隆可湿性粉剂15～20g/亩+10%乙羧氟草醚乳油10～15ml/亩；

10%苄嘧磺隆可湿性粉剂20～30g/亩+10%乙羧氟草醚乳油10～15ml/亩；

对水30kg喷施，可以有效地防治泽漆等杂草的为害(图7-126和图7-127)。注意不要施药太早，泽漆未出齐时药效不好；也不要施药过晚，气温下降后药效下降，对小麦的安全性不好，易于发生药害。

图7-125　小麦冬前期田间泽漆发生为害情况

图7-126　20%氯氟吡氧乙酸乳油防治泽漆的效果比较。施药后中毒症状表现较快，茎叶扭曲，以后高剂量下茎叶扭曲加重、枯萎、死亡，低剂量下生长受到严重抑制。

图7-127　20%氯氟吡氧乙酸乳油50ml/亩防治泽漆的中毒症状过程。施药后1～3天即表现出中毒症状，茎叶扭曲，以后茎叶扭曲加重、变黄、枯萎、死亡。

在小麦冬前期，对于正常播种的麦田，如果田间泽漆等杂草大量发生，泽漆、播娘蒿、荠菜、麦家公、狼紫草等发生较多，于11月中下旬小麦4叶期以后可以用，选择墒情较好、天气晴朗、气温高于10℃，且天气预报未来几天天气较好的情况下，可以用下列除草剂：

10%苯磺隆可湿性粉剂15~20g/亩+20%2甲4氯钠盐水剂150~200ml/亩；

15%噻磺隆可湿性粉剂15~20g/亩+20%2甲4氯钠盐水剂150~200ml/亩；

10%苯磺隆可湿性粉剂15~20g/亩+20%氯氟吡氧乙酸乳油40~60ml/亩；

对水30kg，均匀喷施，可以有效地防治泽漆等杂草的为害(图7-128至图7-129)。施药后如遇持续低温易于发生药害。

图7-128　20%2甲4氯钠盐水剂防治泽漆的中毒过程。 一般在施药1天后叶片即开始卷缩，施药后第6天严重卷缩，生长受到抑制，严重者逐渐死亡。

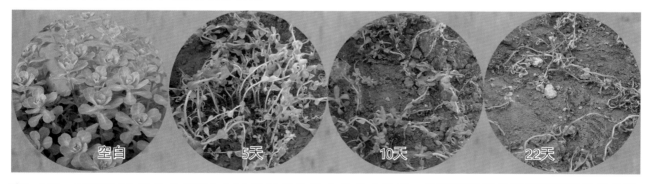

图7-129　20%2甲4氯钠盐水剂200ml/亩防治泽漆的中毒死亡过程。 施药后泽漆很快即出现茎叶扭曲现象，施药后1~2周泽漆严重卷缩，以后逐渐死亡，但一般完全枯死所需时间较长。

对于泽漆、播娘蒿、荠菜、麦家公、狼紫草等杂草发生较多的田块(图7-130)，应抓好小麦返青期的防治，一般在3月上旬开始施药。因为这一时期天气多变、气温不稳定，应根据天气情况选择药剂及时施药。一般情况下可以用下列除草剂：

　　10%苯磺隆可湿性粉剂15～20g/亩+20%氯氟吡氧乙酸乳油30～50ml/亩；

　　15%噻磺隆可湿性粉剂15～20g/亩+20%氯氟吡氧乙酸乳油30～50ml/亩；

　　10%苯磺隆可湿性粉剂15～20g/亩+10%吡草醚乳油10～15ml/亩+20%氯氟吡氧乙酸乳油30～50ml/亩；

　　15%噻磺隆可湿性粉剂15～20g/亩+10%吡草醚乳油10～15ml/亩+20%氯氟吡氧乙酸乳油30～50ml/亩；

　　对水30kg，均匀喷施，可以有效地防治泽漆等杂草的为害(图7-131至图7-135)。

图7-130　小麦返青期田间泽漆发生为害情况

空白对照　　　　　　　　　　　　　　　　　　施药处理

图7-131　小麦返青期施用苯磺隆+乙羧氟草醚防治泽漆等杂草的田间效果

图7-132 苯磺隆防治泽漆效果

图7-133 小麦返青期施用苯磺隆+氯氟吡氧乙酸防治泽漆等杂草的田间效果比较

图7-134 苯磺隆+乙羧氟草醚防治泽漆效果比较

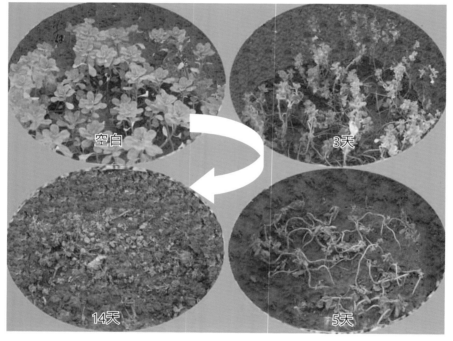

图7-135 苯磺隆+氯氟吡氧乙酸防治泽漆效果比较

注意不要施药太早，温度较低(低于10℃)、泽漆未返青时药效不好，小麦易于发生药害；也不要施药过晚，杂草过大、小麦拔节后施药，药效下降，对小麦的安全性不好，易于发生药害。

对于泽漆发生严重而小麦未封行前的田块(图7-136)，应抓好小麦返青期泽漆返青后及时施药的防治，一般在3月上旬开始施药。因为这一时期天气多变、气温不稳定，一定要选择天气晴朗、气温高于10℃，且天气预报未来几天天气较好时，应根据天气情况选用下列除草剂：

10%苯磺隆可湿性粉剂15～20ml/亩+20%氯氟吡氧乙酸乳油40～60ml/亩；

10%苯磺隆可湿性粉剂15～20g/亩+10%乙羧氟草醚乳油10～15ml/亩+20%氯氟吡氧乙酸乳油30～50ml/亩；

对水30kg，均匀喷施，一定要注意天气和小麦生育时期。注意不要施药太早，温度较低(低于10℃)、

图7-136　小麦返青期田间泽漆严重发生为害情况

泽漆未返青时药效不好，小麦易于发生药害；也不要施药过晚，杂草过大、小麦拔节后施药，药效下降，对小麦的安全性不好，易于发生严重的药害。

(十五)猪殃殃、婆婆纳、泽漆、播娘蒿、荠菜等混生麦田杂草防治

在除草剂长期广泛应用的冬小麦产区，麦田杂草群落发生了严重的变化，猪殃殃、泽漆、婆婆纳等多种除草剂均难于防治的恶性杂草逐年增加。麦田杂草主要有猪殃殃、泽漆、婆婆纳，另外还有麦家公、米瓦罐、狼紫草等(图7-137)。目前，这类地块较少，主要集中在华北经济发达、农业生产条件较好的麦田；但是，该类杂草防治较为困难，一般药剂基本上没有防治效果。生产上应针对不同情况，采取幼苗期施药、分期挑治的方法，针对不同地块的草情选择适宜的除草剂种类和适宜的施药时期。这些杂草多在10—11月发生，但有一部分在2—3月发芽出苗。对于雨水较多或墒情较好的年份应抓好冬前期防治，但一般泽漆较多的地块在小麦返青期防治效果更好。

图7-137　小麦田间猪殃殃、婆婆纳、泽漆混合发生为害情况

在小麦冬前期，对于正常播种的麦田，如果田间猪殃殃、婆婆纳、泽漆等杂草大量发生，播娘蒿、荠菜、麦家公、狼紫草等发生较多(图7-138和图7-139)。田间杂草基本出齐、且处于幼苗期，视天气情况于11月中下旬温度较高时及时进行施药防治。可以施用下列除草剂：

10%苯磺隆可湿性粉剂15～20g/亩+10%乙羧氟草醚乳油10～15ml/亩+20%氯氟吡氧乙酸乳油20～30ml/亩；

图7-138　小麦冬前期田间泽漆发生为害情况

图7-139　适期播种麦冬前期田间泽漆发生为害情况

15%噻磺隆可湿性粉剂15～20g/亩+10%乙羧氟草醚乳油10～15ml/亩+20%氯氟吡氧乙酸乳油20～30ml/亩；

10%苯磺隆可湿性粉剂15～20g/亩+40%氟唑草酮干悬浮剂3～4g/亩+20%氯氟吡氧乙酸乳油20～30ml/亩；

对水30kg，喷施，注意不要施药太早，杂草未出齐时药效不好；也不要施药过晚，气温下降后药效下降，对小麦的安全性不好，易于发生药害。

在小麦返青期，对于猪殃殃、婆婆纳、泽漆发生较多的地块防治适期已过，对前期未能进行有效防治的麦田(图7-140)，应在2月下旬至3月上旬尽早施药，以尽量减轻杂草的为害。对于田间小麦未封行、田间杂草较小时，一般情况下可以用下列除草剂：

10%苯磺隆可湿性粉剂15～20g/亩+40%氟唑草酮干悬浮剂3～4g/亩+20%氯氟吡氧乙酸乳油30～50ml/亩；

15%噻磺隆可湿性粉剂15～20g/亩+40%氟唑草酮干悬浮剂3～4g/亩+20%氯氟吡氧乙酸乳油30～50ml/亩；

10%苯磺隆可湿性粉剂15～20g/亩+10%吡草醚乳油10～15ml/亩+20%氯氟吡氧乙酸乳油30～50ml/亩；

15%噻磺隆可湿性粉剂15～20g/亩+10%吡草醚乳油10～15ml/亩+20%氯氟吡氧乙酸乳油30～50ml/亩；

对水30～45kg，均匀喷施。应根据草情和后茬作物调整药剂种类及剂量。因为这一时期天气多变、气温不稳定，应根据天气情况选择药剂及时施药。

图7-140　小麦返青期泽漆、猪殃殃、婆婆纳混合发生为害情况

(十六)麦田中后期打碗花、小蓟等杂草防治

在华北冬小麦产区，特别是中北麦区，近几年随着除草剂的推广应用，麦田杂草群落发生了较大的变化，麦田杂草主要是播娘蒿、荠菜、泽漆、婆婆纳，另外还有狼紫草、麦家公、米瓦罐等；往往在小麦返青后，田间会发生大量的打碗花、小蓟，影响小麦的生长。必须针对不同地块的草情选择适宜的除草剂种类及时防治(图7-141)。

图7-141　麦田打碗花、小蓟等杂草发生为害情况

　　在小麦返青期，如果打碗花、小蓟大量发生(图7-142)，一般在3月上中旬开始施药。这一时期天气多变、气温不稳定，应根据天气情况选择药剂及时施药。在天气晴朗、气温高于10℃，且天气预报未来几天天气较好的情况下，可以用下列除草剂：

图7-142　小麦返青期杂草发生为害情况

20%氯氟吡氧乙酸乳油50ml/亩；

10%苯磺隆可湿性粉剂15～20g/亩+20%氯氟吡氧乙酸乳油30～50ml/亩；

10%苯磺隆可湿性粉剂15～20g/亩+10%乙羧氟草醚乳油10～15ml/亩+20%氯氟吡氧乙酸乳油30～50ml/亩；

对水30kg，均匀喷施，一定要注意天气和小麦生育时期。注意不要施药太早，温度较低(低于10℃)、麦和杂草浓绿，泽漆未返青时药效不好，小麦易于发生药害；也不要施药过晚，杂草过大、小麦拔节后施药，药效下降，对小麦的安全性不好，易于发生严重的药害。

在小麦拔节抽穗后，麦田打碗花、小蓟、藜大量发生，影响小麦的生长，该期施药效果下降，对小麦安全性较差，应尽早施用除草剂，可以用20%氯氟吡氧乙酸乳油50～75ml/亩，对水30kg，均匀喷施，压低喷头喷到麦行间下部杂草上，注意不能喷到上部嫩穗上。该期施药对小麦有一定的药害，尽量采用人工锄草的方法。

(十七)北方麦田藜等杂草防治

在华北北部冬小麦产区，麦田杂草种类较多。河北等地部分麦田在小麦返青拔节后，田间开始发生藜、小藜、播娘蒿、荠菜、泽漆、狼紫草、米瓦罐等(图7-143)；往往在小麦返青后快速生长。必须针对不同地块的草情选择适宜的除草剂种类及时防治。

图7-143　小麦田藜发生为害情况

在小麦返青期，藜、播娘蒿、荠菜、泽漆大量发生(图7-144)，根据区域温度回升和冬小麦长势，在小麦返青后、温度明显回暖，在天气晴朗、气温高于10℃，且天气预报未来几天天气较好的情况下，一般可以用下列除草剂：

10%苯磺隆可湿性粉剂15~20g/亩+20%氯氟吡氧乙酸乳油50ml/亩；

15%噻磺隆可湿性粉剂15~20g/亩+20%氯氟吡氧乙酸乳油30~50ml/亩；

对水30kg，均匀喷施，一定要注意天气和小麦生育时期。注意不要施药太早，温度较低(低于10℃)、泽漆未返青时药效不好，小麦易于发生药害；也不要施药过晚，杂草过大、小麦拔节后施药，药效下降，对小麦的安全性不好，易于发生严重的药害。

在小麦拔节抽穗后，麦田藜大量发生(图7-145)，影响小麦的生长，该期施药效果下降，对小麦安全性较差，应尽早施用下列除草剂：

20%氯氟吡氧乙酸乳油50~75ml/亩，对水30kg，均匀喷施，压低喷头喷到麦行间下部杂草上，注意不能喷到上部嫩穗上。该期施药对小麦有一定的药害，尽量采用人工锄草的方法。

图7-144　小麦返青期藜发生为害情况

图7-145　小麦拔节期藜发生为害情况

(十八)麦棉套作麦田杂草防治

在冬小麦产区，麦棉套作栽培方式较为普遍。该类麦区麦田主要是播娘蒿、荠菜，个别地块有少量米瓦罐、麦家公、猪殃殃、佛座、泽漆等(图7-146)。该类麦区小麦播种较晚、杂草发生规律性较差，冬前防治往往不被重视；小麦返青期盲目使用除草剂，经常性出现药害。生产上应注意选择除草剂品种和施药技术。

在小麦冬前期，要注意选择持效期相对较短的除草剂品种(图7-147)。于11月中下旬到12月上旬，选择墒情较好、气温稳定在8℃时施药除草效果较好，可以用下列除草剂：

15%噻磺隆可湿性粉剂10~15g/亩+25%溴苯腈乳油120~150ml/亩；

10%乙羧氟草醚乳油10~15ml/亩+20%氯氟吡氧乙酸乳油30~50ml/亩；

对水30kg，均匀喷施，可以有效防治杂草，基本上可以控制小麦整个生育期的杂草为害。

图7-146　小麦与棉花套播田杂草发生为害情况

图7-147　麦棉套作田小麦冬前期杂草发生为害情况

在小麦返青后拔节前(图7-148)，一般在3月上中旬开始施药。因为这一时期天气多变、气温不稳定，应根据天气情况选择药剂及时施药。在天气晴朗、气温高于10℃，且天气预报未来几天天气较好的情况下，可以用下列除草剂：

25%溴苯腈乳油120～150ml/亩+20%氯氟吡氧乙酸乳油50～75ml/亩；

10%乙羧氟草醚乳油10～15ml/亩+20%氯氟吡氧乙酸乳油30～50ml/亩；

对水30kg，均匀喷施，一定要注意天气和小麦生育时期。注意不要施药太早，温度较低(低于10℃)、泽漆未返青时药效不好，小麦易于发生药害；也不要施药过晚，杂草过大、小麦拔节后施药，药效下降，对小麦的安全性不好，易于发生严重的药害。

图7-148　麦棉套作田小麦返青期杂草发生为害情况

(十九)麦花生轮套作麦田杂草防治

在冬小麦产区，麦花生套作方式较为普遍。该类麦区麦田主要是播娘蒿、荠菜，个别地块有少量米瓦罐、麦家公、猪殃殃、佛座、泽漆等(图7-149)。该类麦区小麦播种较晚，又多为沙壤土或沙碱地，常常由于墒情、天气、管理等方面存在较大差异，杂草发生规律性较差，冬前防治往往不被重视；同时，在麦花生套作区，花生常在小麦收获前点播在小麦行间，小麦返青期盲目使用除草剂，经常性出现药害。生产上应注意选择除草剂品种和施药技术。

图7-149　小麦与花生轮作或套播田杂草发生为害情况

在小麦冬前期(图7-150)，要注意选择持效期相对较短或对花生安全的除草剂品种。于11月中下旬到12月上旬，选择墒情较好、气温稳定在8℃时施药除草效果较好，可以用下列除草剂：

15%噻磺隆可湿性粉剂10～15g/亩+20%氯氟吡氧乙酸乳油20～30ml/亩；

对水30kg，均匀喷施，可以有效防治杂草，基本上可以控制小麦整个生育期的杂草为害。

图7-150 小麦与花生轮作或套播田冬前期杂草发生为害情况

在小麦返青期(图7-151)，一般在3月上中旬开始施药。因为这一时期于天气多变、气温不稳定，应根据天气情况选择药剂及时施药。一般情况下可以用下列除草剂：

15%噻磺隆可湿性粉剂10～15g/亩+20%氯氟吡氧乙酸乳油30～50ml/亩；

图7-151 小麦与花生轮作或套播田返青期杂草发生为害情况

对水30kg，均匀喷施。

在天气晴朗、气温高于10℃，且天气预报未来几天天气较好的情况下，可以用15%噻磺隆可湿性粉剂10～15g/亩+20%2甲4氯水剂150～200ml/亩，对水30kg，均匀喷施，一定要注意天气和小麦生育时期。注意不要施药太早，温度较低(低于10℃)、泽漆未返青时药效不好，小麦易于发生药害；也不要施药过晚，杂草过大、小麦拔节后施药，药效下降，对小麦的安全性不好，易于发生严重的药害。

(二十)麦、烟叶、辣椒等轮套作麦田杂草防治

在冬小麦产区，烟叶、辣椒等经济作物和蔬菜栽培面积较大，农民习惯于麦与烟叶、辣椒等套作方式(图7-152)。该类麦区麦田主要是播娘蒿、荠菜，个别地块有少量米瓦罐、麦家公、猪殃殃、佛座、泽漆等。该类麦区小麦播种较晚、杂草发生规律性较差，冬前防治往往不被重视；小麦返青期盲目使用除草剂，经常性出现药害。生产上应注意选择除草剂品种和施药技术。

图7-152　小麦与烟叶轮作套播田杂草发生为害情况

在小麦冬前期(图7-153至图7-154)，要注意选择持效期相对较短或对后茬安全的除草剂品种。于11月中下旬到12月上旬，选择墒情较好、气温稳定在8℃时施药除草效果较好，可以用下列除草剂：

25%溴苯腈乳油120～150ml/亩+20%氯氟吡氧乙酸乳油30～40ml/亩；

10%乙羧氟草醚乳油10～15ml/亩+20%氯氟吡氧乙酸乳油30～50ml/亩；

对水30kg，均匀喷施，可以有效防治杂草，持效期较短，对后茬相对比较安全。

图7-153 麦烟叶套作田小麦冬前期杂草发生为害情况

图7-154 麦烟叶套作田小麦返青期杂草发生为害情况

25%溴苯腈乳油120~150ml/亩+20%氯氟吡氧乙酸乳油50~75ml/亩;

10%乙羧氟草醚乳油10~15ml/亩+20%氯氟吡氧乙酸乳油30~50ml/亩

10%乙羧氟草醚乳油10~15ml/亩+20%2甲4氯水剂150~200ml/亩;

对水30kg,均匀喷施,一定要注意天气和小麦生育时期。注意不要施药太早,温度较低(低于10℃)、泽漆未返青时药效不好,小麦易于发生药害;也不要施药过晚,杂草过大、小麦拔节后施药,药效下降,对小麦的安全性不好,易于发生严重的药害。

第八章 稻田杂草防治新技术

一、稻田杂草的发生为害状况

我国所有稻作区的稻田，历来都有大量杂草发生。据统计，全国稻田杂草有200余种，早在20世纪80年代，调查发现我国稻田杂草有62种，其中被列入中国十大害草之中的稻田杂草有稗草、扁秆藨草、眼子菜和鸭舌草。被列入重要杂草之中的有稻稗、异型莎草。被列入主要杂草之中的有萤蔺、牛毛毡、水莎草、碎米莎草、野慈姑、矮慈姑、节节菜、空心莲子草和四叶萍等。

近10年来，由于农村劳动力大量转移到城市就业，水稻栽培方式逐步向劳动力需求量少的免（少）耕直播、机械直播、机械插秧等发展，普遍依赖化学除草剂防除杂草。一年生的千金子、杂草稻、水苋、耳叶水苋等，多年生的双穗雀稗、假稻属（假稻、李氏禾、秕壳草）、匍茎剪股颖、野荸荠、水竹叶和疣草等为害逐年加重，成为重要杂草，抗药性杂草稗草、雨久花等在局部地区成为优势杂草。

我国幅员辽阔，不同地区气候、土壤、耕作等条件各异，各地稻田杂草的种类、发生情况不同，稻田草害可以划分成5个区。

1．热带和南亚热带2～3季稻草害区

包括海南、云南、福建、广东和广西的岭南地区，年平均气温20～25℃，年降水量1 000mm以上。主要杂草种类有稗草、异型莎草、节节菜、尖瓣花、千金子、鸭舌草、日照飘拂草、草龙等。在海南有千金子和日照飘拂草、圆叶节节菜等，局部还有杂草稻。在广东有千金子、杂草稻、日照飘拂草、圆叶节节菜、尖瓣花和水龙等。在广西，有扁穗牛鞭草、畦畔莎草、圆叶节节菜、胜红蓟、水龙和少花鸭舌草、千金子、双穗雀稗、碎米莎草、日照飘拂草、两歧飘拂草、草龙、酸模叶蓼和野慈姑等。在福建有沼针蔺、水葱和谷精草、千金子、圆叶节节菜、水龙、日照飘拂草、草龙和鳢肠等。

2．中北部亚热带1～2季稻草害区

主要是华中长江流域，是我国主要稻作区。包括闽北、江西、湖南南部直到江苏、安徽、湖北、四川的北部，及河南和陕西的南部。年平均气温14～18℃，年降水量1 000mm左右。该区稻田杂草为害面积约占72%，其中中等以上为害面积占45.6%。发生普遍、为害严重的杂草有稗草、异型莎草、牛毛毡、水莎草、扁秆藨草、碎米莎草、眼子菜、鸭舌草、矮慈姑、节节菜、水苋菜、千金子、双穗雀稗、野慈姑、空心莲子草、鳢肠、陌上菜、刚毛荸荠、萤蔺等。在江西鄱阳湖稻区有千金子、双穗雀稗、假稻、日照飘拂草、野荸荠、雨久花、水竹叶、野慈姑、水苋菜、鳢肠、泽泻和田皂角等。在湖南有长芒稗（孔雀稗）、千金子、双穗雀稗、水虱草、丁香蓼和鳢肠等。在浙江北部稻区有千金子、假稻、秕壳草、牛筋草、扁穗莎草、野荸荠、日照飘拂草、丁香蓼、陌上菜、雨久花、水苋菜和田菁（田皂角）等。在浙江南部稻区有双穗雀稗、千金子、假稻屑（秕壳草）、圆叶节节菜、水竹叶和丁香蓼等。在上海有假稻、双穗雀稗、

杂草稻、水苋菜、耳叶水苋、鳢肠和丁香蓼。在江苏省沿江稻区有千金子、牛筋草、野荸荠、鳢肠、耳叶水苋和水苋菜等。在安徽省沿江稻区有千金子、双穗雀稗、野荸荠和鳢肠等。在湖北有千金子、双穗雀稗、假稻、李氏禾、野荸荠、陌上菜、鳢肠、丁香蓼和田菁等。在四川有双穗雀稗、鳢肠和草龙等。在重庆有千金子、乱草、野荸荠、水筛、小茨藻、水蓼和陌上菜等。

3．暖温带单季稻草害区

主要指长城以南的黄淮海流域，包括江苏、安徽的北部，河南的中北部，陕西的秦岭以北直至长城以南及辽宁南部，多为稻麦轮作区。年平均气温10～14℃，年降水量600mm左右。稻田杂草为害面积约占91％，为害中等以上程度占71.5％。其中发生普遍、为害严重的有稗草、异型莎草、扁秆藨草、牛毛毡、野慈姑、水苋菜、鳢肠、眼子菜和鸭舌草等。

4．温带稻田草害区

主要指长城以北的东北三省和西北、华北北部。年平均气温2～8℃，年降水量50～700mm。该区水稻面积较小，杂草发生相对南方为轻。主要杂草有稗草、扁秆藨草、眼子菜、牛毛毡、异型莎草等。在黑龙江有稻稗、长芒野稗、匍茎剪股颖、李氏禾、芦苇、针蔺、雨久花、野慈姑、日本藨草、狼巴草、三江藨草、两色蓼、泽泻、小茨藻和水绵等，局部还有杂草稻。在吉林有千金子、李氏禾、雨久花、野慈姑、狼巴草和泽泻等。在辽宁有狼把草、羽叶鬼针草、聚穗莎草、长芒稗、匍茎剪股颖、疣草、雨久花、野慈姑、水绵和苦草等，局部还有杂草稻。在辽宁丹东稻区分布最广的重要杂草有长芒稗、雨久花和鸭舌草，分布较广的常见杂草有牛毛毡、无芒稗和杂草稻等，局部还可见水蓼和水苋菜等。

5．云贵高原稻田草害区

包括云南、贵州、四川西南地区。年平均气温14～16℃，年降水量1 000mm左右，地形地势复杂。主要杂草有稗草、异型莎草、眼子菜、鸭舌草、泽泻、野慈姑、四叶萍、萤蔺、牛毛毡、扁秆藨草等。在贵州有球穗扁莎、野荸荠、泽泻、野慈姑、狼巴草、水芹菜、水蓼和黑藻等。在云南有茨藻、过江藤、长瓣慈姑、罗氏草、尖瓣花、圆叶节节菜、双穗雀稗、假稻、木贼状荸荠、刚毛荸荠、畦畔莎草、滇藨草、狼巴草、冠果草、石龙芮、长瓣慈姑、水苋菜、泽泻、水芹菜、水车前、槐叶萍、金鱼藻和水绵等。

二、稻田主要杂草的生物学特点及其发生规律

(一)稻田主要杂草的生物学特点

稻田主要杂草的生物学特点与发生规律见表8-1。

(二)稻田杂草的发生规律

北方地区，一般4月中旬地温平均达到7.3～10℃，有充足水分及氧气时稗草即开始萌发，4月末到5月初部分出土，5月末进入为害期；5月末到6月初土层10cm深处，地温达15℃时，以扁秆藨草为主的莎草科杂草开始出土；6月上中旬气温上升，慈姑、泽泻、鸭舌草、雨久花、眼子菜、牛毛毡等杂草开始大量发生，6月下旬至7月初进入为害期。

稻田杂草发生高峰期，受温度、湿度、栽培措施的影响较大，多于播种后或水稻移栽后开始大量发

表8-1　稻田主要杂草的生物学特点与发生规律(华北地区)

杂草名称	繁殖方式	出苗适温(℃)	出苗期(月)	开花成熟期(月)
丁香蓼	种子		6—8	8—9
水苋菜	种子		5—9	7—10
节节草	种子、匍匐茎		6—9	8—11
空心莲子草	根茎、种子	15～35	5—6	7—10
眼子菜	根茎、种子	20～25	6—9	7—10
泽泻	种子、球茎		4—6	7—9
矮慈姑	种子	20～22	6	7—9
稗草	种子	20～30	5—6	7—10
千金子	种子		5—6	8—11
陌上菜	种子		6—7	8—9
水莎草	种子、根茎	20～30	6—7	7—9
异型莎草	种子	30～40	5—8	8—10
扁秆藨草	根茎	20～25	4—7	7—10
日照飘拂草	种子	30～40	5—6	8—10
紫萍	种子、芽		6	6—8
鸭舌草	种子	20～40	6—7	8—9
鳢肠	种子		5—6	7—10

生。就时间上划分，一般稻田杂草发生高峰期大致可以分为3次，第一次高峰在5月末至6月初，主要以稗草、千金子等禾本科杂草为主，占总发生量的45%～75%；第二次发生高峰在6月下旬，为扁秆藨草、慈姑、泽泻等阔叶杂草和莎草科杂草发生期；第三次高峰期在6月下旬至7月，为眼子菜、鸭舌草、水绵等杂草的发生期。

　　稻田杂草的发生规律，一般是播种(移栽)后杂草陆续出苗，播种(移栽)后7～10天出现第一次杂草萌发高峰，这批杂草主要是稗草、千金子等禾本科杂草和异型莎草等一年生莎草科杂草；播种(移栽)后20天左右出现二次萌发高峰，这批杂草以莎草科杂草和阔叶杂草为主。由于第一高峰杂草数量大、发生早，故这些杂草为害性大，是杂草防治主攻目标。

三、稻田主要除草剂性能比较

　　在稻田登记使用的除草剂单剂约50个(表8-2)。目前，以丁草胺、苄嘧磺隆、吡嘧磺隆、二氯喹啉酸、氯氟吡氧乙酸、氰氟草酯等的使用量较大。以防除对象来分，以防除稗草、莎草科杂草的品种较多。以施药时间来分，品种比较齐全，封闭、苗后撒施处理较多。

表8-2 稻田登记的除草剂单剂

序号	通用名称	制剂	登记参考制剂用量(g，ml/亩)
1	丁草胺	900g/L乳油	45～67
2	乙草胺	20%可湿性粉剂	30～37.5
3	双唑草腈	2%颗粒剂	550～700
4	丙草胺	30%乳油	100～116
5	异丙草胺	50%乳油	15～20
6	异丙甲草胺	70%乳油	10～20
7	克草胺	47%乳油	75～100
8	苯噻酰草胺	50%可湿性粉剂	60～80
9	双环磺草酮	25%悬浮剂	40～60
10	恶唑酰草胺	10%乳油	60～80
11	敌稗	34%乳油	550～830
12	扑草净	50%可湿性粉剂	60～120
13	西草净	25%可湿性粉剂	200～250
14	苄嘧磺隆	30%可湿性粉剂	10～15
15	吡嘧磺隆	10%可湿性粉剂	10～20
16	丙嗪嘧磺隆	9.5%悬浮剂	35～55
17	嘧苯胺磺隆	50%水分散粒剂	8～10
18	醚磺隆	20%水分散粒剂	6～10
19	乙氧磺隆	15%水分散粒剂	3～5
20	氟吡磺隆	10%可湿性粉剂	13～20
21	氯吡嘧磺隆	12%可分散油悬浮剂	15～25
22	唑草酮	10%可湿性粉剂	10～15
23	禾草丹	90%乳油	150～222
24	氟酮磺草胺	19%悬浮剂	8～12
25	二甲戊乐灵	330g/L乳油	150～200
26	仲丁灵	48%乳油	200～250
27	五氟磺草胺	25g/L油悬浮剂	40～80
28	嘧啶肟草醚	5%乳油	40～50
29	双草醚	100g/L悬浮剂	15～20
30	二氯喹啉酸	50%可湿性粉剂	30～50
31	恶嗪草酮	1%悬浮剂	200～250
32	氰氟草酯	100g/L乳油	50～70
33	2.44氯钠盐	13%水剂	230～500
34	2甲4氯胺盐	75%水剂	40～50
35	2,4-滴丁酯	72%乳油	28～48
36	2,4-滴二甲胺盐	860g/L水剂	150～250

序号	通用名称	制剂	登记参考制剂用量(g, ml/亩)
37	氯氟吡氧乙酸	20%乳油	50～60
38	氯氟吡啶酯	3%乳油	40～80
39	恶草酮	12%乳油	200～266
40	莎稗磷	30%乳油	50～60
41	丙炔恶草酮	80%水分散粒剂	6
42	环庚草醚	100g/L乳油	13～20
43	环酯草醚	250g/L悬浮剂	50～80
44	苯达松	48%水剂	150～200
45	草甘膦异丙胺盐	30%水剂	200～400
46	乙氧氟草醚	20%乳油	12.5～25

注：表中用量未标明直播田、移栽田用量，施药时务必以产品标签或当地实践用量为准。

稻田常用除草剂性能比较(表8-3)。

表8-3　各种除草剂单用对稻田主要杂草的防除效果

除草剂	马唐	狗尾草	千金子	稗草	异型莎草	水莎草	扁秆藨草	四叶萍	鳢肠	鸭舌草	丁香蓼	眼子菜	泽泻	野慈姑
丁草胺	6	6	6	6	5	4	1	3	4	3	3	3	2	1
丙草胺	6	6	6	5	6	5	2	6	4	6	5	5	2	1
异丙甲草胺	6	6	6	6	6	4	1	4	4	5	4	3	2	1
敌稗	3	3	3	6	1	1	1	1	1	2	1	1	1	1
克草胺	6	6	6	6	5	1	1	4	5	3	4	3	1	1
扑草净	6	5	4	4	5	1	1	6	6	6	6	5	3	3
西草净	5	4	4	4	4	1	1	5	5	6	6	6	5	5
苄嘧磺隆	4	3	2	2	6	4	2	5	5	6	6	6	5	5
吡嘧磺隆	4	4	5	3	6	3	3	6	6	6	6	6	5	4
乙氧氟草醚	6	6	6	6	6	1	5	5	5	5	6	3	1	1
禾草丹	6	6	6	6	3	1	2	5	5	5	6	2	2	1
禾草特	5	4	5	6	1	1	1	1	1	1	1	1	1	1
哌草丹	3	3	3	6	3	1	1	1	1	1	1	1	1	1
2甲4氯钠盐	1	1	1	1	5	4	4	5	6	6	6	5	4	
恶草酮	6	6	6	6	1	6	3	6	6	6	6	5	2	1
苯达松	1	1	1	1	6	6	6	6	6	6	6	5	6	6
二氯喹啉酸	1	1	1	1	5	4	5	5	5	4	5	4	2	1

注：1－无效；2－效果差，防效50%以下；3－有一定除草效果，防效51%～75%；4－除草效果一般，防效76%～85%；5－除草效果好，防效86%～95%；6－除草效果极好，防效达95%～100%。

四、不同类型稻田杂草防治技术

水稻栽培方式多种多样，有水育秧田、旱育秧田、湿润育秧田、水直播田、旱直播田、移栽田等，应针对各地特点，选择正确的杂草防治策略和除草剂安全高效应用技术。

(一)水稻秧田杂草防治

1.秧田杂草的发生特点

秧田杂草种类很多，但为害较大的主要是稗草、莎草科杂草，以及节节菜、陌上菜、眼子菜等主要杂草。一般来说，稗草的为害最为普遍而且严重，它与水稻很难分清，不易人工剔除，常常作为"夹心稗"移入本田；另外在秧田为害较为普遍的是莎草科杂草，如扁秆藨草等，其块茎发芽生长极快，不仅严重影响秧苗的生长，而且影响拔秧的速度和质量；牛毛毡、藻类也形成某些地区性的严重为害(图8-1)。

图8-1 水稻秧田生长情况

在秧田杂草的发生时间上，稗草、异型莎草、牛毛毡一般在播后一星期内陆续发生，而扁秆藨草、眼子菜等杂草要在播后10天左右才开始发生。

稗草的发生受气温影响很大。一般田间气温达到10℃以上时，在湿润的表土层内，稗草种子就能吸水萌发，随着气温的升高，萌发生长加快。据调查，在华北地区从4月中旬就开始出土，到5月上旬便达到出土的高峰，以后由于秧苗的生长，形成荫蔽的秧床而使杂草的发生量下降。稗草的发生历期(17.3～17.6℃)分别为针前期5天、针期2天、1叶期1天、2叶期5～4天、3叶期6～5天、4叶期7～5天。莎草科杂草，扁秆藨草的越冬块茎发芽较快，但一般要在10℃以上的平均气温时才能发芽，气温高发芽生长也会加快。

我国目前育秧田类型主要有水育秧田、湿润(半干旱)育秧田和旱育秧田三种(图8-2)。不同育秧方式，因其水层管理的差异，杂草种类和发生规律亦不尽相同。

图8-2 水稻育秧类型对比

(1) 水育秧田 在育秧过程中，秧板经常保持水层，由于稗草及其他湿生杂草种子萌发需要足够的氧气，因此能有效地抑制杂草的发生；但水分充足，秧苗生长迅速，秧苗较嫩弱，扎根不牢，如播后芽前遇低温，易倒秧、烂秧。水育秧田仅在南方各省早春气温较高且比较稳定的稻田使用。

(2) 湿润育秧田 湿润育秧田是我国使用面积较大、历史较长的育秧方式。在播种出苗的一段时间内，秧板不建水层，而采取沟灌渗水来维持秧板湿润状态，供应稻种发芽所需水分，直到一叶一心期，才建立稳定的水层，并适当地落干晒田。在这种湿润、薄水条件下，秧苗生长缓慢，但较为苗壮，有利于培育壮苗；但是，在湿润秧田中，杂草种类及数量均大大增加，尤其是稗草及湿生杂草的种子，在湿润无水层的条件下，较深层的种子也能取得所需氧气而萌发出土，不仅增加了杂草的数量，而且由于萌发深度不一，发生期和高峰期亦有延长。秧板满水以后，虽然抑制了部分稗草及湿生杂草的萌发，而水生的双子叶杂草如节节菜、水苋菜等很快萌发，出现秧田第二次出草高峰。

(3) 旱育秧田 旱育秧田是近年来推广的省地、省水、省工的育秧方式，目前已普遍应用。整地时施足底肥，苗床做好后浇透水，播种，播量较湿润秧田为大。播后盖经筛的细土，然后盖膜。出苗后(播种后8～10天)揭膜，以后正常管理。旱育秧田杂草种类增加，出现大量湿生和旱生杂草，包括大量一年生禾本科杂草和莎草科杂草，各地杂草种类差异较大。

2. 秧田杂草的防治技术

(1)水育秧田　水育秧田比较有利于杂草的发生(图8-3)，要加强秧田杂草的防治。要加强水层管理，促进秧苗生长迅速、健壮，如播后芽前遇低温，易倒秧、烂秧，除草剂药害加重。

图8-3　水稻水育秧田生长与杂草发生情况

水育秧田，可以用下列除草剂种类和施药方法：

30%丙·苄可湿性粉剂60～90g/亩或　10%苄嘧磺隆可湿性粉剂6～25g/亩＋30%丙草胺乳油50～75ml/亩，在播后2～4天用药，掌握在稗草萌芽至立针期施药除草效果最佳。施药时要用浅水层，并保持水层4～6天。

2.5%五氟磺草胺油悬剂30～50ml/亩，在水稻秧苗2叶1心期，对水15～30kg喷雾，掌握在稗草1.5～2.5叶期最好，施药前要排干水，施药后1天及时灌水，并保持3～5cm水层5～7天。

17.2%苄·哌丹可湿性粉剂200～250g/亩或10%苄嘧磺隆可湿性粉剂10～20g/亩＋50%哌草丹乳油25～30ml/亩，在水稻秧田立针期，加水40kg喷雾，水育秧田施药前将田水排干喷药，秧苗2叶1心期保持畦面湿润，3叶期后灌水上畦面。播种前，秧厢畦面应尽量平整，秧苗立针期前，秧板保持湿润，不积水是确保安全用药的关键技术。种子未扎根出苗，如遇大雨淹没种子，则应立即排水护种保苗，重新施药。

45%苄·禾敌细粒剂180g/亩拌毒土15kg，在水稻秧苗2叶1心期，均匀撒施。施药后应注意保持水层，缺水时应缓灌补水，切勿排水；施药后田间水层不宜过深，严禁水层淹过水稻心叶。

32%苄·二氯可湿性粉剂，60~75g/亩，秧苗2叶1心期，稗草2叶期时施药最佳，排干田间水层后，对适量水均匀细喷雾，药后一天田间建立并保持水层。注意要用准药量，如草量草龄较大时要适当加大用药量。

(2)湿润育秧田   湿润育秧田(图8-4)是一种重要的育秧方法。可以进行播前和播种后苗前土壤处理及苗期茎叶处理。秧田杂草的防治策略：第一，防除秧田稗草是防除稻田稗草的关键所在，要抓好秧田稗草的防除；第二，秧田早期必须抓好以稗草为主兼治阔叶杂草的防除；第三，加强肥水管理，促进秧苗早、齐、壮，防止长期脱水、干田是秧田杂草防除的重要农业措施。

图8-4　水稻湿润育秧田生长与杂草发生情况

生产中，湿润育秧田通常在播后芽前和苗期进行施药除草。

播种前处理，在整好苗床(秧板)后，以喷雾法(个别药剂用撒施法)将配制好的药剂(或药土)施于床面，间隔适当时间，润水播种，用药液量通常为30～40kg/亩。

播后苗前处理，露地湿润育秧田，由于播后苗前不具有水层，厢(床、畦)面裸露而难维持充分湿润，因此用药量要比覆盖湿润育秧田提高20%～30%。用药种类，应选择水旱兼用或对水分要求不严格的丁恶混剂、杀草丹、哌草丹、苄嘧磺隆和丁草胺等，以保持稳定的药效；而丙草胺和禾草特，对水分条件要求比较严格，不宜在这种育秧田的播后苗前施用。

常用除草剂品种及应用技术如下。

20%丁·恶(丁草胺+恶草酮)乳油，以20%乳油100～150ml/亩，配成药液喷施，施药后2～3天播种。秧板和苗床不积水，勿露籽，适当盖土。

17.2%苄·哌丹可湿性粉剂200～250g/亩或10%苄嘧磺隆可湿性粉剂10～20g/亩+50%哌草丹乳油25～30ml/亩，在水稻秧田立针期，加水40kg喷雾，水育秧田施药前将田水排干喷药，秧苗2叶1心期保持畦面湿润，3叶期后灌水上畦面。

45%苄·禾敌细粒剂180g/亩拌细土15kg，在水稻秧苗2叶1心期，均匀撒施。施药后应注意保持水层，缺水时应缓灌补水，切勿排水；施药后田间水层不宜过深，严禁水层淹过水稻心叶。

32%苄·二氯可湿性粉剂60～75g/亩，秧苗2叶1心期，稗草2叶期时施药最佳，排干田间水层后，对适量水均匀细喷雾，药后一天田间建立并保持水层。注意要用准药量，如杂草数量和草龄较大时要适当加大用药量。

恶草酮，以12%乳油100～150ml/亩，或25%乳油50～75ml/亩，配成药液喷施，施药后2～3天播种。

丁草胺，以60%丁草胺乳油80～100ml/亩，配成药液喷施，施药后2～3天播种。可以有效防除稗草、莎草等一年生禾本科和莎草科杂草，也能防治部分阔叶杂草。秧田使用丁草胺的技术关键为播前施药，在齐苗前秧板上切忌积水，否则会产生严重的药害，影响出苗率和秧苗的素质；秧田要平，秧苗1叶1心期施药时，要灌浅水层，灌不到水的地段除草效果差，深灌的地段易产生药害(丁草胺在秧田施用安全性差，在未探明其安全使用技术之前，一般不宜在秧田大量推广使用丁草胺)。

禾草特，在稗草1.5～2叶期，用96%禾草特乳油100～150ml/亩，拌细土或细沙撒施，主要防除稗草，其次抑制牛毛毡和异型莎草。当气温稳定在12～15℃、阴雨天数多、日照不足的情况下，使用禾草特后一周左右，水稻秧苗幼嫩叶首先出现褐色斑点，然后所有叶片均出现斑点，天气转晴、气温升高，斑点将自然消失。禾草特施药后如遇大雨易形成药害，水层太深，漫过秧心，易造成药害。秧苗生长过弱施药时也易产生药害。

苯达松，在稻苗3～4叶期，用48%苯达松水剂100～150ml/亩，配成药液，排干水层后喷施，药后一天复水。可以防除莎草科杂草、鸭舌草、矮慈姑、节节菜等。

丁草胺+丙草胺，在水稻播种后2天用60%丁草胺乳油60ml/亩+30%丙草胺乳油60ml/亩，配成药液喷雾，常规管理，可以有效防除一年生禾本科、莎草科和阔叶杂草。二者复配除草效果好，而且对作物安全。

丁草胺+禾草特，在水稻播种后2天用60%丁草胺乳油60ml/亩+96%禾草特乳油100ml/亩，配成药液喷雾，常规管理，可以有效防除一年生禾本科、莎草科和阔叶杂草。二者复配虽没有增效作用，但可以扩大杀草谱，而且对作物安全。

(3)旱育秧田　部分地区水源较缺、水源没有保证时，农民常采用旱育秧的方式(图8-5)。旱育苗床的杂草多为旱地杂草，种类复杂，为害较大，在防治上要抓好适期。生产中，通常在播后芽前和苗期进行施药除草。

图8-5　水稻旱育秧田生长与杂草发生情况

旱育苗床，在播种盖土后苗前施药，可以用下列除草剂：

20%丁·恶(丁草胺＋恶草酮)乳油，以20%乳油100～150ml/亩，配成药液喷施，施药后2～3天播种。注意播种时勿露籽，适当盖土。

35.75%苄·禾可湿性粉剂100～120g/亩或10%苄嘧磺隆可湿性粉剂10～20g/亩＋50%禾草丹乳油25～30ml/亩，施药适期在播种当天至1叶1心期，覆膜秧田宜在秧苗1叶1心期施药，施药时，板面保持湿润，但不可积水或有水层，待秧苗长到2叶1心期后才可灌浅水层。

30%丙·苄可湿性粉剂60～90g/亩或10%苄嘧磺隆可湿性粉剂6～25g/亩＋30%丙草胺乳油50～75ml/亩，在播后2～4天用药。用药量要准确，施药前要盖土均匀，不能有露籽，施药要均匀。

在水稻发芽出苗后，稗草1～3叶期，可以用下列除草剂：

32%苄·二氯可湿性粉剂60～75g/亩，秧苗2叶1心期，稗草2叶期时施药最佳，排干田间水层后，对适量水均匀细喷雾，药后一天田间建立并保持水层。注意要用准药量，如草量草龄较大时要适当加大用药量。

2.5%五氟磺草胺油悬剂40～60ml/亩，秧苗2叶1心期，稗草2叶期时施药最佳，施药前要排干水，施药后1天及时灌水，并保持水层，注意要用准药量，如草龄较大时要适当加大用药量。

（二）水直播稻田杂草防治

水直播稻田省去了育秧移栽的环节，因而具备省水、省田、省工、省时的特点，另外还可以推迟水稻播期以避开灰飞虱的迁入为害高峰，控制条纹叶枯病的发生，深受广大稻农的喜爱(图8-6)。但由于直播稻前期采取干干湿湿管理，秧苗与杂草同步生长，田间旱生杂草与湿生甚至水生杂草混生，草相复杂、草害严重，除草难度大，很大程度上制约了直播稻发展。

图8-6 直播稻田杂草发生情况

1．水直播稻田杂草的发生特点

水直播稻田杂草发生时间长，整个出草时间长达50多天，基本上与水稻同步生长。直播田稗草及千金子数量明显高于移栽田；杂草密度大，杂草与水稻的共生期长，且前期秧苗密度低，杂草个体生长空间相对较大，有利于杂草生长，为害秧苗。经过大量观察，直播稻田杂草具有两个明显的萌发高峰。水稻播后3～5天就有杂草出土，水稻播后10～15天出现第一个出草高峰，该期以稗草、千金子、马唐、鳢肠等湿生杂草为主；播后20～25天出现第二个出草高峰，该期主要是异型莎草、球花碱草、鸭舌草、水蓼、节节菜等莎草科和阔叶类杂草。

2．水直播稻田杂草的防治技术

化学除草是水直播稻田除草最有效的手段，水直播稻田除草通常采用"一封二杀三补"的治草策略。

"一封"：主要是指在水稻播种后到出苗前，利用杂草种子与水稻种子的土壤位差，针对杂草基数较大的田块，选择一些杀草谱宽、土壤封闭效果好的除草剂或配方来全力控制第一个出草高峰的出现，这阶段可选用的药剂主要有：

36%丁·恶乳油150～180ml/亩；

16%丙草·苄可湿性粉剂100g/亩；

30%丙草胺(含安全剂)乳油100ml/亩+10%苄嘧磺隆可湿性粉剂10～20g/亩；土表均匀喷雾，对前期杂草可以取得理想的防效。浸种后露白播种可以加快水稻出苗，争取齐苗提前，拉大出苗与出草的时间差，促进秧苗先于杂草形成种群优势，在一定程度上达到压低杂草基数和抑制杂草生长的效果。直播稻播后7～20天是杂草萌发的第一个高峰期，其出草量一般会占总出草量的65%，因此，控制第一出草高峰是直播稻田化学除草的关键。

"二杀"，是指在水稻3叶期、杂草2～3叶期前后，此时田间已建立水层，这时期除草意义重大：既可有效防除前期残存的大龄杂草，同时又可有效控制第二个出草高峰，这时期可以选用的除草剂主要有：

50%二氯喹啉酸可湿性粉剂30～50g/亩，对水30kg，进行茎叶喷雾处理，可以有效防除稗草；

10%氰氟草酯乳油40～60ml/亩，对水30kg，进行茎叶喷雾处理，可以有效防除千金子；

2.5%恶唑酰草胺悬剂40～60ml/亩，对水30kg，茎叶喷雾处理，可有效防除稗草、莎草科杂草及部分阔叶杂草。

32%苄·二氯可湿性粉剂60~75g/亩，秧苗2叶1心期，稗草2叶期时施药最佳，可以有效防治稗草、莎草科杂草和双子叶杂草；

施药时排干田间水层后，药后2~3天田间建立并保持水层。注意要用准药量，如草量草龄较大时要适当加大用药量。

"三补"，对那些恶性杂草和有第二出草高峰的杂草，应根据"一封""二杀"后除草效果，于播后30~35天有针对性地选择相关除草剂进行挑治或补杀。挑治、补治残草，这时草龄往往较大，适用的高效又安全的除草剂较少，用药量应适当加大。

防除千金子，可以用10%氰氟草酯乳油80~100ml/亩；

防除稗草、莎草及部分阔叶杂草，可用2.5%五氟磺草胺油悬剂60~80ml/亩；

防除空心莲子草等阔叶杂草、莎草，可以用20%2甲4氯钠盐水剂250~300ml/亩，或选用20%氯氟吡氧乙酸乳油40~60ml/亩。

以上药剂对水30kg，进行茎叶喷雾处理，施药时排干田间水层后，药后2~3天田间建立并保持水层。

加强水层管理以水控制杂草的发生，在水层管理上，2叶期前坚持湿润灌溉，促进出苗扎根，2叶期开始建立浅水层。既促进秧苗生长，又抑制杂草生长。

（三）旱直播稻田杂草防治

水稻旱直播栽培是近年来发展起来的一种栽培方式，可以有效节约育秧成本、减轻劳动强度、避开稻飞虱为害高峰等独特优势，具有省工、投资少、节水抗灾能力强等优点(图8-7)。近年来，北方地区常年出现季节性干旱，导致水稻生产不稳定，有些年份个别地区甚至导致水田弃耕，所以北方地区发展抗旱抗灾的旱直播稻具有较好的前景。但是，旱稻草相复杂、草害严重，除草难度大，严重影响着旱稻的发展。

图8-7　旱直播稻田杂草发生情况

1. 旱直播稻田杂草的发生特点

旱直播稻田的杂草问题日益突出。由于旱直播稻前期田间无水、以湿润为主，田间旱生杂草与湿生杂草混生，草相复杂、杂草种类一般要多于移栽稻田，杂草为害严重，且有2～3个出草高峰，防除杂草难度加大，严重影响秧苗素质及水稻产量，因此，能否科学掌握直播田杂草发生规律、明确直播稻田杂草防除技术，对促进直播稻发展具有非常重要的现实意义。

旱直播稻田的杂草不齐，一般可以分为3个出草高峰，第一个出草高峰一般在水稻播后5～7天，主要为稗草、千金子、马唐、牛筋草、鳢肠等禾本科杂草，出草数量占整个生育期的50%以上；第二个出草高峰一般在播后15～20天，主要为异型莎草、陌上菜、鸭舌草等莎草科杂草以及一些阔叶杂草为主；第3个出草高峰，一般在播后20～30天，主要杂草为萤蔺、水莎草为主的杂草。

2. 旱直播稻田杂草的防治技术

化学除草是旱直播稻田除草最有效的手段，旱直播稻田除草通常采用"一封二杀三补"的治草策略。针对旱直播稻田杂草种类多、为害重、出草早、出草期长的特点，一次施药除草效果较差，应做到"一封、二杀、三补"的防治方法。

"一封"：就是在播后苗前进行土壤处理。这是旱直播稻田杂草防除的最关键一步，封闭的好坏直接影响整个季节的田间除草效果，应选用杀草谱广、土壤封闭效果好的除草剂。

36%丁·恶乳油150～180ml/亩，是生产上应用最广的旱直播田封闭除草剂，在旱直播稻播种后出苗前土表均匀喷雾，可以有效防治稻田多种一年生禾本科杂草和阔叶杂草。施药后3～5天遇大雨应及时排水，以免影响水稻的安全性。

也可以施用20%吡嘧·丙草胺可湿性粉剂80～120g/亩、16%丙草·苄可湿性粉剂100g/亩、或30%丙草胺(含安全剂)乳油100ml/亩+10%苄嘧磺隆可湿性粉剂10～20g/亩，在旱直播稻播种后出苗前土表均匀喷雾，对水稻安全，有效防治一年生禾本科杂草、阔叶杂草和莎草科杂草。

"二杀"，是指在水稻3叶期、杂草2～3叶期前后，这时期杂草已经出苗且处于幼苗期，易于取得较好的防治效果，应对前期未能有效除草的田块及时施药防治。既可有效防除前期残存的大龄杂草，同时又可有效控制第二个出草高峰，这时期可以选用的除草剂主要有：

2.5%五氟磺草胺油悬浮剂60～80ml/亩，对水30kg，进行茎叶喷雾处理，可以有效防除稗草、千金子、鳢肠等多种一年生禾本科杂草、阔叶杂草和莎草科杂草；该药对水稻安全，但不宜在水稻立针期施药，遇低温下施药对水稻的安全性下降，易于发生药害；

2.5%五氟磺草胺油悬浮剂60～80ml/亩+10%苄嘧磺隆可湿性粉剂10～15g/亩，对水30kg/亩，进行茎叶喷雾处理，可以有效防除稗草等多种一年生禾本科杂草、阔叶杂草和莎草科杂草；

50%二氯喹啉酸可湿性粉剂30～50g/亩，对水30kg，进行茎叶喷雾处理，可以有效防除稗草；

10%氰氟草酯乳油40～60ml/亩，对水30kg，进行茎叶喷雾处理，可以有效防除千金子；

32%苄·二氯可湿性粉剂60～75g/亩，秧苗2叶1心期，稗草2叶期时施药最佳，可以有效防治稗草、莎草科杂草和阔叶杂草；

"三补"，主要是对未防除的恶性杂草和第二、第三出草高峰的杂草，在水稻生长期有针对性地选择相关除草剂进行挑治或补治。挑治、补治残草，这时草龄往往较大，适用的高效又安全的除草剂较少，应注意药效和安全性。

防除千金子，可以用10%氰氟草酯乳油80～100ml/亩；

防除空心莲子草等阔叶杂草、莎草，可以用20%2甲4氯钠盐水剂250～300ml/亩，或选用20%氯氟吡氧乙酸乳油40～60ml/亩。以上药剂对水30kg，进行茎叶喷雾处理。

(四)水稻移栽田杂草防治

1．水稻移栽田杂草的发生特点

移栽稻田的特点是秧苗较大，稻根入土有一定的深度，抗药性强；但其生育期较秧田长，一般气温适宜，杂草种类多，交替发生；因此，施用药剂的种类和适期也不同。一年生杂草的种子因水层隔绝了空气，大多在1cm以内表土层中的种子才能获得足够的氧气而萌发；一般这类杂草在水稻移栽后3～5天，稗草率先萌发，1～2周达到萌发高峰。多年生杂草的根茎较深，可达10cm以上，出土高峰在移栽后2～3周(图8-8)。

图8-8　水稻移栽田生长情况

2．水稻移栽田杂草的防治技术

根据各种杂草的发生特点，对水稻移栽田杂草的化学防除策略是狠抓前期，挑治中、后期。通常是在移栽前或移栽后的前(初)期采取土壤处理；以及在移栽后的中后期采取土壤处理或茎叶处理。前期(移栽前至移栽后10天)，以防除稗草及一年生阔叶杂草和莎草科杂草为主；中后期(移栽后10～25天)则以防除扁秆藨草、眼子菜等多年生莎草科杂草和阔叶杂草为主。具体的施药方式可以分别在移栽前、移栽后前期和移栽后中后期3个时期进行。

对于矮慈姑等多年生恶性杂草发生严重的田块，在水稻移栽前一天，施用10%苄嘧磺隆可湿性粉剂15～20g/亩+60%丁草胺乳油100～150ml/亩，以药土法撒施。可以有效防除矮慈姑及其他多种阔叶杂草和莎草等。

在水稻移栽田移栽后施用除草剂，除必须排干水层喷洒到茎叶上的几种除草剂外，其他都应在保水条件下施用，并且大部分药剂施药后需要在5～7天内不排水、不落干，缺水时应补灌至适当深度。

扑草净、恶草酮、丁恶混剂和莎扑隆，在移栽前施用最好。因为移栽前施用可借拉板耢平将药剂赶匀，并附着于泥浆土的微粒下沉，形成较为严密的封闭层，比移栽后施用效果好而安全。水稻移栽前施用除草剂，多是在拉板耢平时，将已配制成的药土、药液或原液，就混浆水分别以撒施法、泼浇法或甩施法施到田里。撒施药土的用量为20kg/亩，泼浇药液的用量为30kg/亩。

移栽后前(初)期封闭土表的处理方法，已被广泛应用。移栽后的前期是各种杂草种子的集中萌发期，此时用药容易获得显著效果。但这一时期又恰是水稻的返青阶段，因此使用除草剂的技术要求严格，防止产生药害。施药时期，早稻一般在移栽后5～7天，中稻在移栽后5天左右，晚稻在移栽后3～5天。此外，还应根据不同药剂的特性、不同地区的气候而适当提前或延后。药剂安全性好，施药间气温较高、杂草发芽和水稻返青扎根较快，可以提前施药；反之，则适当延后。施药方法，以药土撒施或药液泼浇为主。大部分除草剂还可结合追肥掺拌化肥撒施。

水稻移栽后的中后期，如有稗草和莎草科杂草及眼子菜、鸭舌草、矮慈姑等一些阔叶杂草发生，可于水稻分蘖盛期至末期施用除草剂进行防治。

水稻田除草剂种类较多，使用方法差别较大，下面分别介绍一些常用除草剂的应用技术。

丁草胺，在移栽前1～2天，也可在移栽后5～7天，用60%丁草胺乳油100～150ml/亩，制成药土撒施或配成药液泼浇。

恶草酮，在水稻移栽前2～3天，用12%恶草酮乳油100～150ml/亩或25%恶草酮乳油50～75ml/亩；也可在移栽后5～7天，用12%恶草酮乳油100～150ml/亩，制成药土撒施或配成药液泼浇。

禾草丹，在移栽前2～3天或水稻移栽后3～7天，用50%禾草丹乳油200～400ml/亩，制成药土撒施或配成药液泼浇，还可用原液或加等量水配成母液甩施。在有机质含量过高或用稻草还田的地块，最好不用禾草丹，以免造成水稻矮化。

苄嘧磺隆，对于矮慈姑等发生严重的田块，在水稻移栽前一天，施用10%苄嘧磺隆可湿性粉剂15～20g/亩，以药土法撒施。可以有效防除矮慈姑及其他多种阔叶杂草、莎草。水稻移栽后，于一年生阔叶杂草和部分莎草科杂草2叶期左右，可单用10%苄嘧磺隆可湿性粉剂15～26g/亩，制成药土撒施，施药期间田间保水层2天左右。试验表明，水稻移栽后1～8天施药，此时杂草出芽前至2～3叶期，除草效果最好；在插秧后15天施药，除草效果开始下降。试验表明，以10%苄嘧磺隆可湿性粉剂15g/亩，可以有效地防除稻田中的节节菜、鸭舌草、矮慈姑、益母草、眼子菜等阔叶杂草，平均除草效果达96%；对水莎草、萤蔺等多年生莎草科杂草也有一定的除草效果，平均防效为71.0%，对稗草的防效较差。该药对水稻安全，对水稻分蘖有一定的促进作用。持效期一般为45～57天；正常情况下施药，对后茬小麦、油菜的生长无不良影响。

吡嘧磺隆，在稗草发生较少的稻田，于一年生阔叶杂草和部分莎草科杂草2叶期左右、稗草1.5～2叶期，可单用10%吡嘧磺隆可湿性粉剂10～18g/亩，制成药土撒施。据试验，施药后在土表淋水或灌一定深度的水层，可以明显提高防除效果。

禾草特，在移栽后5~10天，用96%禾草特乳油100~200ml/亩，制成药土撒施或配成药液泼浇。

哌草丹，在移栽后3~7天，用50%哌草丹乳油150~250ml/亩，制成药土撒施或配成药液泼浇。

乙氧氟草醚，大苗移栽田，在移栽后5~7天，用24%乙氧氟草醚乳油10~20ml/亩，配成细药沙撒施，或对水洒施，对稗草、异型莎草、鸭舌草、水苋菜、益母草、节节菜等一年生杂草有90%以上的除草效果。施药时要有一定水层，在施药田块内由于土地高低不平，往往水深处易发生药害，尤其在秧苗小、水浸到稻叶时药害更为严重，而水浅处可能由于受药量少而除草效果差。试验表明，不论水层深浅，小秧苗的药害比老壮秧苗药害重；处在深水层的秧苗药害比浅水层的重，尤其是小苗处于深水层，叶片常浸在水中，药害严重，但大苗在浅水层下用药，对秧苗的生长无明显的影响。施药后1天排水会降低药效，而施药后4天排水不影响药效。该药剂在田间分解快，对后茬无残留影响。用药量以有效成分2~2.5g/亩，在插秧后3~5天内用药的田块内，水稻株高、植株及根的鲜重和对照相近，并无抑制分蘖的现象；但用量有效成分达5g/亩，其水稻分蘖比对照减少3.2%~12.7%。插秧后4天内用药防除稗草效果达100%，主要是由于此时稻田内稗草种子刚萌芽，幼芽都浸在水内易被杀死；如在插秧后8天施药，部分稗草已顶出水面，防除效果明显降低；如在插秧后15天施药，大部分稗草已顶出水面，防除效果很差。

丙草胺，水稻移栽后5~7天，用50%丙草胺乳油60ml/亩，制成药土撒施。

二氯喹啉酸，在水稻移栽后7~15天、稗草2~3叶期，用50%二氯喹啉酸可湿性粉剂40g/亩，制成药土撒施或配成药液泼浇，而以药液喷雾效果最好。如药量加大50%，能防除4~6叶大稗草。二氯喹啉酸施药时对水层管理要求不太严格，田间保持3~6cm水层、浅水层、排干水均可，但以二氯喹啉酸施药时排干田间水层的除稗效果最佳。杀稗持效期一般可达28~35天，基本上可以达到一次施药控制整个生育期内的稗草为害。

苯达松，在移栽后10~20天，用48%苯达松水剂150~250ml/亩，以药液喷雾法施入，喷药前一天排水，喷药后一天复水。此药对水稻比较安全，如扁秆藨草发生比较严重，可以适当加大药量。

2甲4氯钠盐，在水稻移栽后15~25天，用20%2甲4氯钠盐水剂140~280ml/亩，以药液喷雾法施入。喷药前一天排水，喷药后一天灌水。

丁草胺+恶草酮，在水稻移栽前2~3天，用60%丁草胺乳油80ml/亩+25%恶草酮乳油40ml/亩，或20%丁恶(丁草胺和恶草酮的混剂)乳油100~150ml/亩，制成药土撒施或配成药液泼浇。

丁草胺+苄嘧磺隆，在移栽后5~7天，用60%丁草胺乳油80~100ml/亩+10%苄嘧磺隆可湿性粉剂15~20g/亩，制成药土撒施。可以有效防除稗草、牛毛毡、扁秆藨草、雨久花、慈姑、萤蔺等多种杂草。在粳稻移栽田施用，对水稻分蘖稍有抑制作用。

苄嘧磺隆+哌草丹，在移栽后5~7天，用50%哌草丹乳油150ml/亩+10%苄嘧磺隆可湿性粉剂15~20g/亩，制成药土撒施。

苄嘧磺隆+禾草丹，在移栽后5~7天，用50%禾草丹乳油200ml/亩+10%苄嘧磺隆可湿性粉剂15~20g/亩，制成药土撒施。

苄嘧磺隆+环庚草醚，在移栽后5~7天，用10%环庚草醚乳油10~15ml/亩+10%苄嘧磺隆可湿性粉剂15~20g/亩，制成药土撒施。

异丙甲草胺+苄嘧磺隆，在移栽后5~7天，用72%异丙甲草胺乳油15ml/亩+10%苄嘧磺隆可湿性粉剂15~20g/亩，制成药土撒施。异丙甲草胺与苄嘧磺隆混用在除草谱上表现出明显的互补性。在以禾本科和莎草为主的地区，单用异丙甲草胺就能有效地防除主要的一年生杂草；但在草相复杂、阔叶杂草种类和数量较多的地区，异丙甲草胺与苄嘧磺隆混用可以表现出优秀的除草效果。二者混用对水稻安全。

乙草胺＋苄嘧磺隆，在移栽后5~7天，用50％乙草胺乳油15ml/亩＋10％苄嘧磺隆可湿性粉剂15~20g/亩，制成药土撒施。

丁草胺＋吡嘧磺隆，在移栽后5~7天，用60％丁草胺乳油80~100ml/亩＋10％吡嘧磺隆可湿性粉剂10~15g/亩，制成药土撒施。

吡嘧磺隆＋哌草丹，在移栽后5~7天，用50％哌草丹乳油150ml/亩＋10％吡嘧磺隆可湿性粉剂10~15g/亩，制成药土撒施。

吡嘧磺隆＋禾草丹，在移栽后5~7天，用50％禾草丹乳油200ml/亩＋10％吡嘧磺隆可湿性粉剂10~15g/亩，制成药土撒施。

吡嘧磺隆＋环庚草醚，在移栽后5~7天，用10％环庚草醚乳油10~15ml/亩＋10％吡嘧磺隆可湿性粉剂10~15g/亩，制成药土撒施。

异丙甲草胺＋吡嘧磺隆，在移栽后5~7天，用72％异丙甲草胺乳油15ml/亩＋10％吡嘧磺隆可湿性粉剂10~15g/亩，制成药土撒施。

乙草胺＋吡嘧磺隆，在移栽后5~7天，用50％乙草胺乳油15ml/亩＋10％吡嘧磺隆可湿性粉剂10~15g/亩，制成药土撒施。

克草胺＋苄嘧磺隆，南方大苗移栽田，于移栽后5~7天，用25％克草胺乳油80~100ml/亩＋10％苄嘧磺隆可湿性粉剂15~20g/亩，制成药土喷施或配成药液喷施、泼浇。

克草胺＋吡嘧磺隆，南方大苗移栽田，于移栽后5~7天，用25％克草胺乳油80~100ml/亩＋10％吡嘧磺隆可湿性粉剂10~15g/亩，制成药土喷施或配成药液喷施、泼浇。

禾草特＋恶草酮，移栽后5~7天，用96％禾草特乳油100~150ml/亩＋25％恶草酮乳油50ml/亩，制成药土撒施或配成药液泼浇。

禾草特＋苄嘧磺隆，在移栽后7~10天、稗草3叶期左右，用96％禾草特乳油100ml/亩＋10％苄嘧磺隆可湿性粉剂15~20g/亩，制成药土撒施或配成药液泼浇。

禾草特＋吡嘧磺隆，在移栽后7~10天、稗草3叶期左右，用96％禾草特乳油100ml/亩＋10％吡嘧磺隆可湿性粉剂10~15g/亩，制成药土撒施或配成药液泼浇。

丁西(丁草胺＋西草净)，在早稻移栽后3~5天、晚稻移栽后2~4天，可以用5.3％丁西颗粒剂400~600g/亩，配成药土撒施于田中，施药时要求水层3~5cm，保水8~10天，放干田水后换上干净水，施药时及施药后田中不要有泥露出水面。可以有效防除稗草、眼子菜、牛毛毡、陌上菜、异型莎草、四叶萍、丁香蓼、萤蔺等杂草，对节节菜、鸭舌草、矮慈姑也有一定的防效。施药期间断水易发生药害。

稗草是稻田重要杂草(图8-9)，要及时进行防治。水稻移栽田稗草幼苗期杂草防治，稗草1~5叶期内，用50％二氯喹啉酸可湿性粉剂30~40g/亩，加水40kg，在田中无水层但湿润状态下喷雾，施药后24~48小时复水。稗草5叶期后应加大剂量。

水稻移栽田稗草3~5叶期，可以用2.5％五氟磺草胺油悬剂60~80ml/亩；施药前排干水，施药后24~72小时上水，保水5~7天。

部分水稻移栽田，鸭舌草发生严重(图8-10)。可以用48％苯达松水剂100~200ml/亩＋20％氯氟吡氧乙酸乳油40~50ml/亩或20％2甲4氯钠盐水剂140~280ml/亩，以药液喷雾法施入，喷药前一天排水，喷药后一天复水。此药对水稻比较安全，如扁秆藨草发生比较严重，可以适当加大药量。

部分水稻移栽田眼子菜发生较重(图8-11)，防除眼子菜，要抓好水稻分蘖盛期至分蘖末期(一般在移栽后20~30天)，眼子菜基本出齐，大部分叶片3~5叶期(叶片由茶褐色转为绿色)，保持浅水层，毒土法施药。

用5.3%丁西颗粒剂(丁草胺4%＋西草净1.3%)400～600g/亩，配成药土撒施于田中，施药时要求水层3～5cm，保水8～10天，放干田水后换上干净水，施药时及施药后田中不要有泥露出水面。在移栽后5～7天，用50%乙草胺乳油15ml/亩＋10%吡嘧磺隆可湿性粉剂10～15g/亩，制成药土撒施。施药时要求水层3～5cm，保水8～10天。

部分水稻移栽田空心莲子草发生严重(图8-12)，田间空心莲子草幼苗期，用20%氯氟吡氧乙酸乳油50ml/亩、或48%苯达松水剂150ml/亩＋56%2甲4氯钠盐原粉30～60g/亩，以药液喷雾法施入。喷药前一天排水，喷药后一天灌水。混用比单用苯达松成本低，比单用2甲4氯钠盐安全。

图8-9　水稻移栽田稗草发生情况

图8-10　水稻移栽田鸭舌草发生情况

图8-11　水稻移栽田眼子菜发生情况

图8-12　水稻移栽田空心莲子草发生情况

第九章 玉米田杂草防治新技术

一、玉米田杂草的发生为害状况

玉米田的杂草发生普遍，种类繁多。根据全国杂草普查结果，全国玉米田杂草有30科、130多种，如稗草、马唐、牛筋草、千金子、狗尾草、藜、反枝苋、马齿苋、苘麻、打碗花、苣荬菜、小蓟、苍耳、铁苋等。玉米苗期受草害最为严重，在玉米生长中后期杂草对产量的影响不大。苗期玉米受杂草为害时，植株矮小、秆细叶黄，导致中后期玉米生长不良，严重减产。研究表明，玉米田杂草轻度危害面积约占18.8%，中度危害面积约占27.1%，较严重危害面积约占20.9%，严重危害面积约占23.3%。就产量损失而言，轻度危害平均减产6%；中度危害平均减产15%；较严重危害平均减产22.7%；严重危害平均减产达31.4%。

玉米田杂草的分布与地理环境、气候条件、管理水平有着密切的关系。在地势低洼或水浇条件好，土壤肥力较高的地方还有黄颖莎草、鳢肠；在丘陵地区和浅山区有圆叶牵牛、裂叶牵牛、水棘针等。玉米栽培广泛，依据自然条件、耕作方式，玉米田杂草可以分为6个草害区。

北方春播玉米田草害区，包括黑龙江、吉林、辽宁、河北和山西的北部，一年一熟，多以玉米和麦、大豆、高粱轮作。主要杂草种类有马唐、稗草、龙葵、铁苋、狗尾草、葎草、苍耳、蓼、蓟等。草害面积占玉米播种面积的100%，严重草害面积占90%，玉米整个生育期都受到杂草的为害，生产中必须进行杂草防治。

黄淮海夏播玉米田草害区，包括河北中南部、山西南部、陕西关中、山东、河南、安徽和江苏北部。该地区属暖温带，一年二熟，多为玉米、小麦轮作，也有玉米与大豆、花生等套作。主要杂草种类有马唐、狗尾草、牛筋草、藜、马齿苋、田旋花、画眉草。该区玉米田草害面积达82%～96%，其中中等以上为害面积达64%～66%。近年来，随着玉米田酰胺类、三氮苯类除草剂及其复配剂的广泛应用，香附子、田旋花等逐渐上升为优势杂草。

长江流域玉米田草害区，包括江苏南通、上海、浙江北部。该区一年二熟或三熟，一般玉米与麦套种，玉米收获后种植水稻。主要杂草有马唐、牛筋草、千金子、凹头苋、马齿苋、臭矢菜、碎米莎草、粟米草、鳢肠、稗草、空心莲子草等。该区杂草面积达66%～98%，中等以上为害达43%～72%。

华南玉米田草害区，包括广东、广西、福建等丘陵地区。可以春秋二季。主要杂草有马唐、牛筋草、稗草、胜红蓟、香附子、绿狗尾、碎米莎草等。

云贵川玉米田草害区，大多数位于高海拔地区的山坡或坡地上，一年二熟或二年三熟。主要杂草有马唐、辣子草、毛臂形草、绿狗尾草、荠菜、蓼、苦蘵等。

西北玉米田草害区，包括甘肃的河西走廊以及新疆部分地区，一年一熟。主要杂草有藜、稗、田旋花、大蓟、灰绿藜等。

二、玉米田杂草的发生规律

根据播期分为春玉米和夏玉米，其杂草发生特点有明显的差异。

春播玉米播种时气温较低，一般日平均气温在10～12℃，玉米前期生长缓慢，田间空隙大，极其有利于杂草的发生；春玉米田杂草发生期长，自玉米播种后杂草就开始大发生，杂草和玉米几乎同步生长，随着气温上升，杂草发生进入高峰；一般发生期长，出苗不整齐。

夏玉米播期一般在6月上中旬，温度较高，玉米与杂草生长较快，在墒情较好时杂草发生集中，一般在播后10天即达出苗高峰，15天出苗杂草数可达杂草总数的90%，播后30天出苗97%左右。玉米田杂草的发生与多种因素有关，如遇灌水或降水，可以加快杂草的发生，易形成草荒，而干旱时出苗不齐。

不同栽培管理条件下玉米田的杂草发生种类和数量有所不同，不同耕作条件下，单子叶杂草、双子叶杂草及总杂草发生的消长趋势基本一致，杂草群落也均以单子叶杂草为主。但是，少耕条件下杂草发生数量高于免耕及常规耕作。降水对杂草的出苗有较大的影响，凡连续降水量大于10mm，3天后田间就可以出现一次出草小高峰。

玉米苗期受杂草的为害最重，中后期的玉米形成高大密闭的群体，杂草的发生与生长受到抑制，对产量的影响不大；玉米田杂草的化学防治应抓好播后苗前和苗后早期两个关键时期，及时进行化学除草。

三、玉米田主要除草剂性能比较

在玉米田登记使用的除草剂单剂30多个(表9-1)。目前，以乙草胺、莠去津、烟嘧磺隆、砜嘧磺隆、2甲4氯钠盐等的使用量较大。以防除对象来分，以防除一年生禾本科、阔叶杂草的品种较多。以施药时间来分，品种比较齐全，封闭、苗后茎叶处理较多。玉米田登记的除草剂复配剂种类较多、较乱，应用时必须加以注意。

表9-1　玉米田登记的除草剂单剂

序号	通用名称	制剂	登记参考制剂用量(g、ml/亩)
1	乙草胺	50%乳油	200～250
2	异丙甲草胺	72%乳油	150～200
3	精异丙甲草胺	960g/L乳油	50～85
4	异丙草胺	720g/L乳油	130～150
5	丁草胺	900g/L乳油	45～67
6	莠去津	38%悬浮剂	200～250
7	氟噻草胺	41%悬浮剂	80～100

序号	通用名称	制剂	登记参考制剂用量(g、ml/亩)
8	莠灭净	80%可湿性粉剂	120～180
9	特丁津	50%悬浮剂	80～120
10	西玛津	50%可湿性粉剂	300～400
11	烟嘧磺隆	80%可湿性粉剂	3.3～4.2
		40g/L可分散油悬浮剂	75～100
		8%油悬浮剂	40～50
		75%水分散粒剂	4.5～5.5
12	砜嘧磺隆	25%干悬浮剂	5～6.7
13	甲酰氨基嘧磺隆	22.5g/L悬浮剂	120～150
14	噻吩磺隆	25%可湿性粉剂	8～10
15	氯吡嘧磺隆	75%水分散粒剂	3～4
16	唑嘧磺草胺	80%水分散粒剂	2～4
17	二甲戊乐灵	330g/L乳油	180～220
18	硝磺草酮	100g/L悬浮剂	70～100
19	嗪草酸甲酯	5%乳油	8～12
20	2甲4氯钠	56%可溶性粉剂	107～125
21	2,4-滴异辛酯	62%乳油	70～100
22	2,4-滴二甲胺盐	35%水剂	150～200
23	麦草畏	480g/L水剂	25～40
24	氯氟吡氧乙酸	20%乳油	50～70
25	二氯吡啶酸	300g/L水剂	67～107
26	绿麦隆	25%可湿性粉剂	160～400
27	溴苯腈	80%可溶性粉剂	40～50
28	异恶唑草酮	75%水分散粒剂	8～10
29	草甘膦铵盐	75.7%可溶粒剂	66～145(春玉米行间)
30	草甘膦钾盐	613g/L水剂	80～180(春玉米行间)
31	草甘膦异丙胺盐	41%水剂	120～250(春玉米行间)
32	苯唑草酮	30%悬浮剂	5～6
33	苯唑氟草酮	6%可分散油悬浮剂	75～100
34	甲基碘磺隆钠盐	2%可分散油悬浮剂	20～25
35	氨唑草酮	70%水分散粒剂	20～30

注：表中用量未标明春玉米、夏玉米田用量，施药时务必以产品标签或当地实践用量为准。

玉米田主要除草剂的除草谱和除草效果比较(表9-2)。

表9-2 几种主要除草剂的除草谱和除草效果比较(制剂用量，g、ml/亩)

除草剂	剂量	马唐	狗尾草	牛筋草	旱稗	反枝苋	小藜	铁苋	马齿苋	苘麻	香附子
乙草胺50EC	150	优	优	优	优	良	良	差	差	中	无
异丙甲草胺72EC	150	优	优	优	优	良	良	差	差	中	无
异丙草胺72EC	150	优	优	优	优	良	良	差	差	中	无
丁草胺60EC	200	优	优	优	优	良	良	差	差	中	无
甲草胺48EC	200	优	优	优	优	良	良	差	差	中	无
莠去津38SC	150	优	优	优	良	优	优	良	优	优	无
草净津40SC	200	优	优	良	良	优	优	良	优	优	无
扑草净50WP	200	优	优	良	良	优	优	优	优	优	无
烟嘧磺隆4SC	100	优	优	优	优	中	中	中	中	中	优
砜嘧磺隆25DF	5	优	优	优	优	中	中	中	中	中	优
噻磺隆15WP	10	无	无	无	无	优	优	优	中	良	无
甲酰胺基嘧磺隆2.25OF	120	优	优	优	优	良	良	良	良	良	优
绿麦隆50WP	200	优	良	良	良	优	优	良	良	良	无
利谷隆50WP	100	优	良	良	良	优	优	良	良	良	无
2甲4氯钠盐20SL	300	无	无	无	无	优	优	优	优	优	优
二甲戊乐灵33EC	200	优	优	优	优	优	优	优	优	优	无
草甘膦41SL	100	优	优	优	优	优	优	优	优	优	无
嗪草酮50WP	50	优	优	优	优	优	优	优	优	优	无
溴苯腈25EC	150	无	无	无	无	优	优	优	中	良	无
磺草酮15SL	300	优	优	优	优	优	优	优	优	优	无
异恶唑草酮75DF	10	优	优	优	优	优	优	优	优	优	无
苯达松48SL	200	无	无	无	无	优	优	优	优	优	良

四、玉米田杂草防治技术

近几年来，随着农业生产的发展和耕作制度的变化，玉米田杂草的发生出现了很多变化。农田肥水条件普遍提高，杂草生长旺盛，但部分田也有灌溉条件较差的情况；小麦普遍采用机器收割，麦茬高、麦糠和麦秸多，影响玉米田封闭除草剂的应用效果，但也有部分玉米田在小麦收获前实行了行间点播；玉米田除草剂单一品种长期应用，部分地块香附子等恶性杂草大量增加。目前，不同地区、不同地块的栽培方式、管理水平和肥水差别逐渐加大，在玉米田杂草防治中应区别对待各种情况，选用适宜的除草剂品种和配套的施药技术。

玉米播后苗前施药的优点：在杂草萌芽之前施用除草剂，由于早期控制了杂草，可以推迟或减少中耕次数；因为田中没有作物，施药方便，也便于机械化操作；因为作物尚未出土，可供选用除草剂较多，对玉米安全性较高，价位也较低；施药混土能提高对土壤深层出土的一年生大粒阔叶杂草和某些难防治的禾本科杂草的防治效果。

播后苗前施药的缺点：使用药量与药效受土壤质地、有机质含量、pH值制约；在沙质土，遇大雨可能将某些除草剂(如嗪草酮、利谷隆)淋溶到玉米种子上产生药害；播后苗前土壤处理，土壤必须保持湿润才能使药剂发挥作用，如在干旱条件下施药，除草效果差，甚至无效。玉米播后芽前施药受很多条件的限制，也有的是由于三夏大忙、或人们在小麦收获前趁墒将玉米点播在小麦行间等原因，未能进行播后芽前施用除草剂的玉米田；同时，芽前施药不能有效控制杂草为害的玉米田，在玉米生长期化学除草可以作为杂草防治上的一个补充时期，也是玉米田杂草防治上的一个重要时期。

玉米生长期施药的优点：受土壤类型、土壤湿度的影响相对较小；看草施药，针对性强。生长期施药的缺点：有很多除草剂杀草谱较窄；喷药时对周围敏感作物易造成飘移为害；有些药剂对玉米生长期易产生药害；在干旱少雨、空气湿度较小和杂草生长缓慢的情况下，除草效果不佳；除草时间愈拖延，减产愈明显。

(一)南部多雨玉米田杂草防治

黄淮海中南部及其以南玉米田，在上茬收获后经常进行土地翻耕平整(图9-1)；同时，该区降水量偏大，常年降水量在1 000mm以上，杂草发生严重。

图9-1 南部玉米田栽培模式图

具备较好的水浇条件、墒情很好。以前未用过除草剂或施用除草剂历史较短，田间主要杂草为马唐、狗尾草、藜、反枝苋等。这些地块杂草防治比较有利，可以在玉米播后芽前用下列除草剂：

50%乙草胺乳油200~300ml/亩；

50%乙草胺乳油150~250ml/亩+38%莠去津悬浮剂75~100ml/亩；

对水40kg，均匀喷施。

部分时期，施药期间墒情较差时，还可以选用下列除草剂配方：

50%异丙草胺乳油200ml/亩+38%莠去津悬浮剂75~100ml/亩；

50%异丙草胺乳油200ml/亩+40%氰草津悬浮剂100ml/亩；

72%异丙甲草胺乳油200ml/亩+38%莠去津悬浮剂75~100ml/亩；

72%异丙甲草胺乳油200ml/亩+40%氰草津悬浮剂100ml/亩；

对水40kg，均匀喷施，也可用目前市场上常见的40%乙莠(配方比例为2：1)悬浮剂200~300ml/亩。该类除草剂混用配方或混剂，主要以芽吸收，可以有效防治一年生禾本科杂草和阔叶杂草，封闭除草效果突出，施药应在杂草出苗前进行。虽然该类除草剂对墒情要求较高，墒情差除草效果差；但是，该类除草剂较耐雨水冲刷，多雨地区或年份除草效果突出。田间尚有其他杂草时，应参照后面的介绍混用其他除草剂，或在苗后防治。生产上用药量不应过大，施药后如遇持续低温及土壤高湿，对玉米会产生一定的药害，表现为苗后茎叶皱缩、生长缓慢，随着温度的升高，一般会逐步恢复正常(图9-2和图9-3)；生长期茎叶喷施，特别是高温干旱情况下会产生烧伤斑(图9-4和图9-5)。

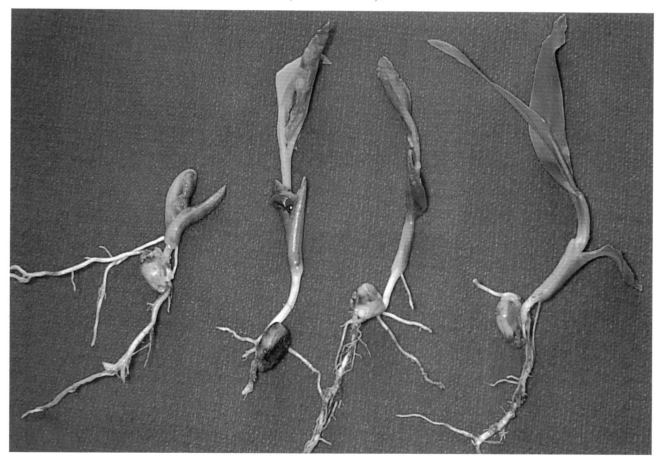

图9-2　酰胺类除草剂芽前施药对玉米的典型药害症状

图9-3　乙草胺不同剂量芽前施药后玉米药害症状恢复情况

图9-4　在玉米生长期，特别是遇高温干旱天气或晴天中午施药，茎叶喷施50%异丙草胺乳油3天后的药害症状。 玉米叶片出现斑点状黄褐斑，重者出现心叶坏死。

图9-5　在玉米生长期，特别是遇高温干旱天气或晴天中午施药，茎叶喷施50%异丙草胺乳油7天后的药害症状。 玉米下部叶片可见到斑点，并能发出新叶，剂量较轻的玉米心叶生长正常；药量较大的玉米老叶皱缩、心叶扭曲。

（二）华北干旱高麦茬玉米田播后芽前杂草防治

随着农业生产的发展，小麦机械化收割日益普遍，田间麦茬较高、麦秸和麦糠较多（图9-6），改变了玉米田的环境条件和杂草发生规律，20世纪90年代以前的传统封闭除草剂施药方法效果下降。该类玉米田杂草出苗受麦茬影响，一般杂草发生量有所减少、较无麦茬田块出苗晚、出苗不齐，但后期进入雨季后仍会发生大量杂草。在该类麦田前期施药效果不好，这主要是因为麦收后受麦茬和麦糠的影响杂草出草较晚、气温较高、土壤干旱，特别是麦茬和麦秸表面中午温度较高，施用的除草剂在麦茬和麦秸表面易于高温蒸发光解，影响除草效果；生产上，应相应推迟除草剂的施药时期，并根据田间实际情况调整除草剂的种类和用量。

图9-6 干旱高麦茬田麦茬变化情况

在小麦机器收割后急于施用除草剂，也没有条件进行灭茬处理的田块，应尽可能进行充分灌水，该类玉米田播后芽前选用除草剂时，尽可能选用理化性能稳定、根茎叶均能吸收、比较耐旱的除草混剂，施药时尽可能加大水量，使药剂能喷淋到土表。

部分地区和农户，在麦收后急于施用除草剂，特别是北方干旱高麦茬田块，将会影响除草效果；同时，麦茬田间还有不同草龄杂草，传统的封闭除草剂效果较差（图9-7）。对于这类田块，要施用耐旱、耐麦茬、耐高温不挥发、根茎叶吸收方便的除草剂；同时，要考虑杀死出苗的杂草，在玉米播后芽前可以用下列除草剂配方：

38%莠去津悬浮剂150～200ml/亩+4%烟嘧磺隆悬浮剂100～125ml/亩；

对水40～60kg，喷透喷匀。

图9-7　干旱高麦茬田玉米播后芽前田间密生杂草情况

部分地区和农户，对于灌水条件较好、土壤有机质含量较高、田间主要杂草为马唐、狗尾草、藜、反枝苋等杂草的田块(图9-8)，在麦收后进行灌水，在玉米播后芽前墒情较好时可以用下列除草剂：

图9-8　干旱高麦茬田麦茬情况

38%莠去津悬浮剂150～200ml/亩+4%烟嘧磺隆悬浮剂100ml/亩；

50%乙草胺乳油75～100ml/亩+38%莠去津悬浮剂100～150ml/亩+40%氰草津悬浮剂100～150ml/亩；

50%异丙草胺乳油100ml/亩+38%莠去津悬浮剂100～150ml/亩+40%氰草津悬浮剂200ml/亩；

72%异丙甲草胺乳油100ml/亩+38%莠去津悬浮剂100～150ml/亩+40%氰草津悬浮剂200ml/亩；

对水60kg，均匀喷施。

也可以选用目前市场上常见的：

48%乙莠(乙草胺和莠去津比例为2：3或1：2)悬浮剂200～300ml/亩；

40%异丙莠悬浮剂250～300ml/亩；

40%异丙甲莠悬浮剂250～300ml/亩；

30%氰莠悬浮剂250～400ml/亩；

40%扑莠悬浮剂250～300ml/亩；

该类除草剂混用配方或混剂，主要以芽、根系和茎叶吸收，可以有效防治一年生禾本科杂草和阔叶杂草，不仅具有较好的封闭除草效果；同时，也兼有较好防治杂草幼芽的除草效果。对于田间有大量香附子的田块，宜选用38%莠去津悬浮剂150～200ml/亩+4%烟嘧磺隆悬浮剂75～100ml/亩的配方。

部分地区和农户，正确把握施用除草剂的适期，一般视降水和灌水情况在麦收2～3周后施药，该期杂草部分开始出苗，雨季即将来临，田间麦茬经过风吹雨淋也有所枯萎(图9-9)，应视墒情及时选用除草剂。

图9-9　田间麦茬水淋风干后腐化情况

该期一般墒情有所缓解，特别关注中长期天气预报即将降雨前几天，应及时施用除草剂以免雨季形成草荒。该类玉米田播后芽前选用除草剂时，尽可能选用封闭效果稳定、比较耐雨水的除草混剂，施药时尽可能加大水量，使药剂能喷淋到土表。对于灌水条件较好、土壤有机质含量较高、田间主要杂草为马唐、狗尾草、藜、反枝苋等杂草的田块，可以在玉米播后芽前用下列除草剂配方：

50%乙草胺乳油120～200ml/亩+38%莠去津悬浮剂75～150ml/亩；

50%异丙草胺乳油200ml/亩+38%莠去津悬浮剂75～150ml/亩；

50%异丙草胺乳油200ml/亩+40%氰草津悬浮剂100ml/亩+38%莠去津悬浮剂75～150ml/亩；

对水60kg，均匀喷施。也可以选用目前市场上常见的48%乙莠(乙草胺和莠去津比例为2：1或1：1)悬浮剂200～300ml/亩、或40%绿乙莠悬浮剂250～300ml/亩等。该类除草剂混用配方或混剂，主要以芽、根系吸收，可以有效防治一年生禾本科杂草和阔叶杂草，具有较好的封闭除草效果。对于田间有大量香附子的田块，用50%乙草胺乳油150～200ml/亩+4%烟嘧磺隆悬浮剂100ml/亩、50%乙草胺乳油120～200ml/亩+38%莠去津悬浮剂75～100ml/亩+4%烟嘧磺隆悬浮剂75～100ml/亩的除草剂混用配方。

（三）华北地区玉米播后芽前田间有少量杂草防治

我国北方部分地区，玉米播后芽前田间发生有少量杂草(图9-10)，在播后芽前选用除草剂时，尽可能选用根茎叶均能吸收，且能杀死较大杂草的除草剂，施药时尽可能加大水量，使药剂能喷淋到土表。

图9-10　玉米播后芽前田间杂草生长情况

对于施药较晚，玉米播后芽前田间发生有部分杂草，田间主要杂草为马唐、狗尾草、藜、反枝苋等杂草的田块(图9-11)，可以在玉米播后芽前用下列除草剂配方：

50%乙草胺乳油100～150ml/亩+38%莠去津悬浮剂100～150ml/亩+4%烟嘧磺隆悬浮剂50～100ml/亩（加入烟嘧磺隆安全剂）；

对水60kg，均匀喷施。

也可以选用目前市场上常见的：

48%乙莠(乙草胺和莠去津比例为2：3或1：2)悬浮剂200ml/亩+4%烟嘧磺隆悬浮剂50～100ml/亩（加入烟嘧磺隆安全剂）；

40%异丙莠悬浮剂200ml/亩+4%烟嘧磺隆悬浮剂50～100ml/亩（加入烟嘧磺隆安全剂）；

40%异丙甲莠悬浮剂200ml/亩+4%烟嘧磺隆悬浮剂50～100ml/亩（加入烟嘧磺隆安全剂）；

40%绿乙莠250ml/亩悬浮剂+4%烟嘧磺隆悬浮剂50～100ml/亩（加入烟嘧磺隆安全剂）等。该类除草剂混用配方或混剂，主要以芽、根系和茎叶吸收，可以有效防治一年生禾本科杂草和阔叶杂草，不仅具有较好的封闭除草效果；同时，也兼有较好防治杂草幼苗的除草效果。

图9-11 玉米播后芽前田间出苗杂草生长情况

对于施药较晚或雨季即将到来、墒情较好，玉米播后芽前田间发生有部分杂草，田间主要杂草为香附子、马唐、狗尾草、藜、反枝苋等杂草的田块(图9-12)，可以在玉米播后芽前用下列除草剂配方：

图9-12 玉米播后芽前田间出苗杂草生长情况

50%乙草胺乳油100～150ml/亩+38%莠去津悬浮剂100～150ml/亩+4%烟嘧磺隆悬浮剂50～100ml/亩（加入烟嘧磺隆安全剂）；

50%异丙草胺乳油150～200ml/亩+38%莠去津悬浮剂100～150ml/亩+4%烟嘧磺隆悬浮剂50～100ml/亩（加入烟嘧磺隆安全剂）；

对水60kg，均匀喷施。

也可以选用目前市场上常见的：

乙莠(乙草胺和莠去津比例为2∶3或1∶2)悬浮剂200ml/亩+4%烟嘧磺隆悬浮剂50～100ml/亩（加入烟嘧磺隆安全剂）；

40%异丙莠悬浮剂200ml/亩+4%烟嘧磺隆悬浮剂50～100ml/亩（加入烟嘧磺隆安全剂）；

40%异丙甲莠悬浮剂200ml/亩+4%烟嘧磺隆悬浮剂50～100ml/亩（加入烟嘧磺隆安全剂）；

40%绿乙莠悬浮剂250ml/亩+4%烟嘧磺隆悬浮剂50～100ml/亩（加入烟嘧磺隆安全剂）。

该类除草剂混用配方或混剂，主要以芽、根系和茎叶吸收，除草谱宽，不仅能防治香附子，而且还可以有效防治一年生禾本科杂草和阔叶杂草，兼有杀草和封闭双重除草效果。

（四）东北地区玉米播后芽前田间有大量阔叶杂草防治

北方地区，特别是东北除草剂应用较多的地区，近年来田间阔叶杂草较多，特别是小蓟、苣荬菜等杂草发生较重，在玉米播种前田间杂草开始大量发生，生产上施药时应加以考虑，仅用一般芽前除草剂难以达到除草效果。

这类地块一般整地较早，播种前有大量阔叶杂草发生(图9-13)，这类地块施药时应考虑防治已出苗的小蓟、大蓟、抱茎苦荬菜、苦荬菜、苣荬菜、苦苣菜、山苦荬、散生木贼、问荆、草问荆、节节草，还要考虑封闭防治马唐、狗尾草、金狗尾草、虎尾草、画眉草、牛筋草、稗草、千金子、扁蓄、腋花蓼、酸模叶蓼、叉分蓼、藜、小藜、灰绿藜、刺藜、地肤、碱蓬、猪毛菜、凹头苋、刺苋、反枝苋、繁穗苋、苋菜、千穗谷、绿苋、腋花苋、青葙、马齿苋、铁苋、苘麻、野西瓜苗、龙葵、苦职、假酸浆、曼陀罗、苍耳、野塘蒿、小白酒草、飞廉、一年蓬、蒺藜、鸭跖草等杂草。可以在玉米播后芽前用下列除草剂种类和配方：

图9-13　玉米播后芽前田间阔叶杂草生长情况

50%乙草胺乳油100～200ml/亩+38%莠去津悬浮剂150～300ml/亩+72%2,4-滴异辛酯酯乳油50～75ml/亩；

50%异丙草胺乳油100～200ml/亩+38%莠去津悬浮剂150～300ml/亩+56%2甲4氯钠盐可湿性粉剂75～100g/亩；

50%异丙草胺乳油100～200ml/亩+40%氰草津悬浮剂150～300ml/亩+72%2,4-滴异辛酯乳油50～75ml/亩；

72%异丙甲草胺乳油100～200ml/亩+38%莠去津悬浮剂150～300ml/亩+56%2甲4氯钠盐可湿性粉剂75～100g/亩；

72%异丙甲草胺乳油100～120ml/亩+40%氰草津悬浮剂200～300ml/亩+72%2,4-滴异辛酯乳油50～75ml/亩；

48%甲草胺乳油100～120ml/亩+38%莠去津悬浮剂150～300ml/亩+56%2甲4氯钠盐可湿性粉剂75～100g/亩；

60%丁草胺乳油100～120ml/亩+38%莠去津悬浮剂150～300ml/亩+72%2,4-滴异辛酯乳油50ml/亩；

50%乙草胺乳油100～200ml/亩+50%扑草净可湿性粉剂50～100g/亩+56%2甲4氯钠盐可湿性粉剂75～100g/亩；

50%乙草胺乳油100～200ml/亩+80%莠灭净可湿性粉剂50～100g/亩+72%2,4-滴异辛酯乳油50～75ml/亩；

50%乙草胺乳油100～200ml/亩+50%西玛津可湿性粉剂100～200g/亩+56%2甲4氯钠盐可湿性粉剂75～100g/亩(一年一季，后茬种玉米，残留期长，易于对后茬发生药害)。

对水喷施，施药时最好在灌水或降雨后施药，施药时要适当加大喷药量至60kg/亩以上，均匀喷施。该类除草剂混用配方或混剂，主要以根系或茎叶吸收、也能为芽吸收，可以有效防治一年生禾本科杂草和阔叶杂草，封闭除草效果突出，施药应在杂草出苗前进行。虽然该类除草剂对墒情要求相对较低，但墒情差时除草效果也下降；但是，该类除草剂不耐雨水冲刷，遇到多雨年份除草效果下降，后期杂草发生较多。对于东北地区土壤有机质含量较高，应用高剂量；南方地区应推荐施用低限。

(五)玉米2～4叶期南方墒好多雨田杂草防治

在黄淮海流域中南部及以南地区，如驻马店、漯河、南阳、皖北、苏北等地，一般农业生产条件较好的地区或农户，在上茬收获后进行土地翻耕平整无杂物，具备较好的水利条件、墒情很好，常年降雨量较大，采用封闭除草剂一般可以达到较好的除草效果(图9-14)。但部分年份，由于降雨或其他原因，未能及时施药，应在玉米苗后2～4叶期及时施药。

图9-14 玉米幼苗期田间杂草生长情况

田间主要杂草为马唐、狗尾草、金狗尾草、虎尾草、画眉草、牛筋草、稗草、千金子、扁蓄、腋花蓼、酸模叶蓼、叉分蓼、藜、小藜、灰绿藜、刺藜、地肤、碱蓬、猪毛菜、凹头苋、刺苋、反枝苋、繁穗苋、苋菜、千穗谷、绿苋、腋花苋、青葙、马齿苋、铁苋、苘麻、野西瓜苗、龙葵、苦职、假酸浆、曼陀罗、苍耳、野塘蒿、小白酒草、飞廉、一年蓬、蒺藜、鸭跖草等杂草。可以在玉米苗后2~4叶期施用下列除草剂：

50%乙草胺乳油150~250ml/亩；

50%乙草胺乳油100~200ml/亩+38%莠去津悬浮剂75~100ml/亩；

50%异丙草胺乳油150~200ml/亩+38%莠去津悬浮剂75~100ml/亩；

72%异丙甲草胺乳油150~200ml/亩+38%莠去津悬浮剂75~100ml/亩；

60%丁草胺乳油150~200ml/亩+38%莠去津悬浮剂75~100ml/亩；

也可以选用目前市场上常见的40%乙莠(配方比例为1∶1或2∶1)悬浮剂150~200ml/亩。对水40kg，均匀喷施。该类除草剂混用配方或混剂，主要以芽吸收，可以有效防治一年生禾本科杂草和阔叶杂草，封闭除草效果突出，施药应在杂草出苗前进行。虽然该类除草剂对墒情要求较高，墒情差除草效果差，但是，该类除草剂较耐雨水冲刷，遇到多雨年份除草效果突出。

(六)玉米2~4叶期北方干旱麦茬、麦糠较多田杂草防治

华北冬小麦产区，一般在小麦收获时采用机器收割，田间麦茬、麦糠较多，墒情较差，降雨较少，部分地块由于干旱或其他原因，无法在玉米播后芽前及时施药。一般情况下，麦茬、麦糠较多的玉米田，杂草发生会受到一定程度的影响，杂草发生期会相应推迟，生产上应在降雨或灌水后、玉米苗后2~4叶期及时施药(图9-15)。

图9-15 麦茬玉米田生长情况

除草剂应用较多的地区或田块，田间主要杂草为马唐、狗尾草、金狗尾草、虎尾草、画眉草、牛筋草、稗草、藜、小藜、灰绿藜、刺藜、地肤、碱蓬、猪毛菜、凹头苋、刺苋、反枝苋、繁穗苋、苋菜、千穗谷、绿苋、腋花苋、青葙、马齿苋、铁苋、苘麻、野西瓜苗、龙葵等杂草。可以在玉米苗后2～4叶期施用下列除草剂种类和配方：

50%乙草胺乳油75～100ml/亩+38%莠去津悬浮剂100～150ml/亩；

50%异丙草胺乳油100～120ml/亩+38%莠去津悬浮剂100～150ml/亩；

72%异丙甲草胺乳油100～120ml/亩+38%莠去津悬浮剂100～150ml/亩；

48%甲草胺乳油100～120ml/亩+38%莠去津悬浮剂100～150ml/亩；

60%丁草胺乳油100～120ml/亩+38%莠去津悬浮剂100～150ml/亩；

38%莠去津悬浮剂100～200ml/亩+4%烟嘧磺隆悬浮剂50～100ml/亩（加入烟嘧磺隆安全剂）；

对水40kg，均匀喷施。也可以选用目前市场上常见的40%乙莠（配方比例为2：3）悬浮剂150～200ml/亩。最好在灌水或降雨后施药，施药时要适当加大喷药水量至60kg/亩以上，均匀喷施。施药时尽量避开干旱正午施药，不然玉米叶片可能会出现少量枯黄斑块。烟嘧磺隆、砜嘧磺隆和噻磺隆应在玉米2～4叶期施药，5叶期后施药易于发生药害，施药时应加入安全剂。施药时不能与有机磷或氨基甲酸酯类杀虫剂混用，也不能在前后间隔7天内施用，如需防治虫害，可以用其他杀虫剂替代。部分玉米品种如甜玉米、糯玉米和爆裂玉米等品种也不宜施用。该类除草剂混用配方或混剂，主要以根系或茎叶吸收、也能为芽吸收，可以有效防治一年生禾本科杂草和阔叶杂草，封闭除草效果突出，施药应在杂草出苗前施药。虽然该类除草剂对墒情要求相对较低，但墒情差时除草效果也下降；但是，该类除草剂不耐雨水冲刷，遇到多雨年份除草效果下降，后期杂草发生较多。

（七）玉米2～4叶期田间杂草较多时杂草防治

部分玉米地块由于天旱或其他原因，未能在玉米播后芽前及时施药，田间发生大量杂草(图9-16)。生产上应结合灌水或降雨、玉米苗后2～4叶期及时施药。

田间杂草较多(图9-17)，主要杂草为马唐、狗尾草、虎尾草、画眉草、牛筋草、稗草、千金子、扁蓄、腋花蓼、藜、小藜、灰绿藜、刺藜、地肤、反枝苋、繁穗苋、苋菜、绿苋、腋花苋、青葙、马齿苋、铁苋、苘麻、龙葵、苍耳、蒺藜、鸭跖草等杂草。可以在玉米苗后2～4叶期施用下列除草剂种类和配方：

50%乙草胺乳油75～100ml/亩+38%莠去津悬浮剂100～150ml/亩+4%烟嘧磺隆悬浮剂50～100ml/亩（加入烟嘧磺隆安全剂）；

50%异丙草胺乳油100～120ml/亩+38%莠去津悬浮剂100～150ml/亩+4%烟嘧磺隆悬浮剂50～100ml/亩（加入烟嘧磺隆安全剂）；

72%异丙甲草胺乳油100～120ml/亩+38%莠去津悬浮剂100～150ml/亩+4%烟嘧磺隆悬浮剂50～100ml/亩（加入烟嘧磺隆安全剂）；

60%丁草胺乳油100～120ml/亩+38%莠去津悬浮剂100～150ml/亩+4%烟嘧磺隆悬浮剂50～100ml/亩（加入烟嘧磺隆安全剂）；

38%莠去津悬浮剂100～200ml/亩+4%烟嘧磺隆悬浮剂75～100ml/亩（加入烟嘧磺隆安全剂）；

38%莠去津悬浮剂100～200ml/亩+15%硝磺草酮悬浮剂100～150ml/亩；

对水40kg，均匀喷施。也可以选用目前市场上常见的40%乙莠(配方比例为2：3)悬浮剂150～200ml/亩

图9-16　玉米田间发生大量杂草

图9-17　玉米2～4叶期田间杂草生长情况

加4%烟嘧磺隆悬浮剂75～100ml/亩。

　　最好在灌水或降雨后施药，施药时要适当加大喷药水量至45～60kg/亩，均匀喷施。尽量避开干旱正午施药，不然玉米叶片可能会出现少量枯黄斑块。烟嘧磺隆和砜嘧磺隆可能会对玉米发生药害(图9-18至图9-20)，应在玉米2～4叶期施药，5叶期后施药易于发生药害。施药时不能与有机磷或氨基甲酸酯类杀虫剂混用，也不能在前后间隔7天内施用，如需防治虫害，可以用其他杀虫剂替代。部分玉米品种如甜玉米、糯玉米和爆裂玉米等品种也不宜施用。该类除草剂混用配方或混剂，主要以根系或茎叶吸收、也能为芽吸收，可以有效防治一年生禾本科杂草和阔叶杂草，封闭除草效果突出，施药应在杂草出苗前进行。虽然该类除草剂对墒情要求相对较低，但墒情差时除草效果也下降；但是，该类除草剂不耐雨水冲刷，遇到多雨年份除草效果下降，后期杂草发生较多。

图9-18　烟嘧磺隆对玉米药害的田间症状

图9-19　烟嘧磺隆对玉米药害的后期症状

图9-20　烟嘧磺隆对玉米药害的症状发展过程

田间香附子较多（图9-21），在玉米苗后2~4叶期可以施用下列除草剂：

4%烟嘧磺隆悬浮剂75~100ml/亩（加入烟嘧磺隆安全剂）；

15%硝磺草酮悬浮剂100~150ml/亩；

对水40kg，均匀喷施。

图9-21　玉米2~4叶期田间香附子发生情况

部分玉米地块由于干旱或其他原因，未能在玉米播后芽前及时施药，在玉米苗后2~4叶期田间发生有大量香附子及其他多种杂草(图9-22)。生产上应结合灌水或降雨、玉米苗后及时施药。特别是在6月中下旬，雨季即将来临，应注意施用封闭、杀草双重功能的除草剂。该期宜用下列除草剂种类和配方：

50%乙草胺乳油150~200ml/亩+4%烟嘧磺隆悬浮剂75~100ml/亩（加入烟嘧磺隆安全剂）；

图9-22　玉米2~4叶期田间香附子与其他杂草混合发生情况

50%乙草胺乳油150～200ml/亩+38%莠去津悬浮剂75～100ml/亩+4%烟嘧磺隆悬浮剂75～100ml/亩（加入烟嘧磺隆安全剂）；

50%异丙草胺乳油150～200ml/亩+38%莠去津悬浮剂75～100ml/亩+4%烟嘧磺隆悬浮剂75～120ml/亩（加入烟嘧磺隆安全剂）；

72%异丙甲草胺乳油150～200ml/亩+38%莠去津悬浮剂75～100ml/亩+4%烟嘧磺隆悬浮剂75～120ml/亩（加入烟嘧磺隆安全剂）；

60%丁草胺乳油150～200ml/亩+38%莠去津悬浮剂75～100ml/亩+4%烟嘧磺隆悬浮剂75～120ml/亩（加入烟嘧磺隆安全剂）；

50%乙草胺乳油150～200ml/亩+38%莠去津悬浮剂100～200ml/亩+15%硝磺草酮悬浮剂100～150ml/亩；

对水40kg，均匀喷施。也可以选用目前市场上常见的40%乙莠(乙草胺和莠去津比例为2∶1)悬浮剂150～200ml/亩+4%烟嘧磺隆悬浮剂75～120ml/亩。

施药时应在玉米2～4叶期施药，5叶期后施药易于发生药害。施药时不能与有机磷或氨基甲酸酯类杀虫剂混用，也不能在前后间隔7天内施用，如需防治虫害，可以用其他杀虫剂替代。部分玉米品种如甜玉米、糯玉米和爆裂等玉米田也不宜施用。最好在灌水或降雨后施药，施药时要适当加大喷药水量至60kg/亩以上，均匀喷施。施药时尽量避开干旱正午施药，不然玉米叶片可能会出现少量枯黄斑块。该类除草剂混用配方或混剂，主要以根系或茎叶吸收、也能为芽吸收，可以有效防治一年生禾本科杂草和阔叶杂草，封闭除草效果突出，施药应在杂草出苗前进行。虽然该类除草剂对墒情要求相对较低，但墒情差时除草效果也下降；但是，该类除草剂不耐雨水冲刷，遇到多雨年份除草效果下降，后期杂草发生较多较大。

(八)玉米5～7叶期香附子较多时杂草防治

对于前期施用封闭除草剂未能有效防治香附子的田块，该期香附子基本上全部出苗，且香附子处于幼苗期，是防治上的一个有利时期(图9-23)。

图9-23　玉米5～7叶期田间香附子发生情况

可以在玉米苗后5～7叶期施用下列除草剂种类和配方：

56%2甲4氯钠盐可溶性粉剂80～120g/亩；

对水30kg，定向喷施，对香附子进行茎叶喷施，勿喷施到玉米心叶，可以达到较好的除草效果，还能兼治其他阔叶杂草(图9-24和图9-25)。施药时应重点喷施到香附子茎叶上，尽量少喷施到玉米上。施药时应严格施药适期，宜在玉米5～8叶期，以6～7叶期最佳，不宜过早和过晚，否则易于发生药害(图9-26至图9-28)；施药温度过高(32℃以上)(图9-29)，对玉米也易发生药害。施药时应选择墒情良好、无风晴天施药，注意不能飘移至其他阔叶作物上，否则，会发生严重的药害(图9-30和图9-31)。

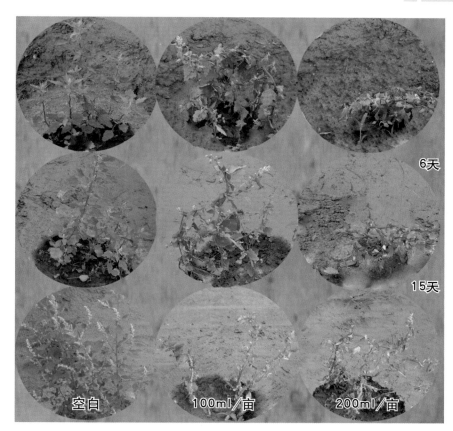

图9-24　20%2甲4氯钠盐水剂防治藜的效果比较。2甲4氯钠盐施药后藜很快即出现茎叶扭曲现象，施药后1～2周内藜严重卷缩、以后逐渐死亡，但一般完全枯黄死亡所需时间较长。

图9-25　56%2甲4氯钠盐可溶性粉剂防治香附子的效果比较。2甲4氯钠盐施药后5～7天香附子黄化，以后生长受到抑制、全株黄化、枯萎死亡。高剂量下地下根茎腐烂。

图9-26　在玉米3叶期，过早喷施2,4-滴丁酯5天后的田间药害症状。受害玉米茎叶扭曲、倒伏。

图9-27　在玉米2叶期，过早喷施麦草畏后的药害症状。受害玉米叶片生长受抑制，根系发育较差，根系须根减少，茎基部扭曲。

图9—28 在玉米大喇叭口期、气生根开始发生前期，过晚喷施20%2甲4氯钠盐水剂200ml/亩的药害症状。施药初期，气生根发出奇形怪状嫩芽，以后气生根发育畸形、根系弱小。因为玉米气生根本身是玉米生长的营养根，导致玉米生长受抑制。

图9—29 在玉米苗期，施药时温度过高、降雨后田间湿度较大时，喷施2甲4氯钠盐后药害症状。受害玉米叶色暗绿，茎叶扭曲成鞭状，生长受到一定程度的抑制，一般受害较轻者可以恢复。

图9-30　在花生生长期，模仿漂移或错误用药，低量喷施2,4-滴异辛酯的药害症状。施药后1天茎弯曲，2～3天后茎叶扭曲，心叶出现褐枯。

图9-31　在棉花生长期，模仿漂移，在距棉花一定距离处喷施2,4-滴异辛酯的药害症状。心叶卷缩、嫩茎叶扭曲。

（九）玉米5～7叶期田旋花、小蓟等阔叶杂草较多时杂草防治

对于前期施用封闭除草剂，对田旋花、小蓟等阔叶杂草未能有效防治，特别是东北地区发生比较严重的(图9-32)，应在玉米苗后5～7叶期及时进行防治。

可以在玉米苗后5～7叶期施用下列除草剂种类和配方：

56%2甲4氯钠盐可溶性粉剂80～120g/亩；

72% 2,4-滴异辛酯乳油30～50ml/亩；

48%麦草畏乳油15～20ml/亩；

20%氯氟吡氧乙酸乳油30～50ml/亩；

对水30kg，对香附子进行茎叶喷施。施药时应重点喷施到香附子茎叶上，尽量少喷施到玉米上。施药时应严格施药适期，2甲4氯钠盐、2,4-滴丁酯、麦草畏、氯氟吡氧乙酸宜在玉米5～7叶期，以5～6叶期最佳，不宜过早和过晚，否则易于发生药害；施药温度过高(32℃以上)，对玉米也易发生药害。施药时应选

择无风晴天进行，注意不能漂移至其他阔叶作物上，否则，会发生严重的药害。2,4-滴丁酯、麦草畏等最好不在玉米和阔叶作物混种地区施用。

图9-32　玉米5～7叶期田间田旋花等阔叶杂草发生情况

（十）玉米5～7叶期杂草较多时杂草防治

部分玉米地块由于干旱或其他原因，未能在玉米播后芽前或2～4叶期及时施药除草，田间发生大量杂草(图9-33)。生产上应结合灌水或降雨、玉米苗后及时施药。

对于前期未能开展化学除草，田间杂草较少、杂草较小的田块(图9-34)，可以在玉米5～7叶期，雨季来临之前及时施药。喷施兼有杀草和封闭效果的除草剂，既能除去田间已出苗的杂草，又能进行封闭不再出草。

田间主要杂草为马唐、狗尾草、牛筋草、稗草、藜、小藜、灰绿藜、刺藜、反枝苋、马齿苋、铁苋、苘麻等。可以在玉米苗后5～7叶期施用下列除草剂种类和配方：

50%乙草胺乳油100～150ml/亩+38%莠去津悬浮剂100～120ml/亩；

50%异丙草胺乳油100～200ml/亩+38%莠去津悬浮剂100～120ml/亩；

72%异丙甲草胺乳油100～200ml/亩+38%莠去津悬浮剂100～120ml/亩；

图9-33　玉米5～7叶期田间杂草大量发生的情况

图9-34　玉米5～7叶期田间杂草发生较少的情况

48%甲草胺乳油100～200ml/亩+38%莠去津悬浮剂100～120ml/亩；

60%丁草胺乳油100～200ml/亩+38%莠去津悬浮剂100～120ml/亩；

也可以选用目前市场上常见的40%乙莠(配方比例为1：1)悬浮剂150～250ml/亩，对水40～60kg，定向喷施。该类除草剂混用配方或混剂，主要以芽、根系和茎叶吸收，可以有效防治一年生禾本科杂草和阔叶杂草，该类除草剂混用配方或混剂，可以有效防治一年生禾本科杂草和阔叶杂草。施药时要注意压低喷头，最好不要将药液喷施到玉米茎叶上，否则，易发生药害。

对于前期未能开展化学除草，田间杂草较多、杂草较大的田块(图9-35)，可以在玉米6～7叶期后，雨季来临之前及时施药。喷施兼有杀草和封闭效果的除草剂，既能除去田间已出苗的杂草，又能进行封闭不再出草。该期玉米已经较高，可以选用部分除草剂进行定向喷雾。

图9-35　玉米6～7叶期后田间杂草发生较多的情况

对于田间主要为马唐、狗尾草、牛筋草、稗草、藜、小藜、灰绿藜、刺藜、反枝苋、马齿苋、铁苋、苘麻等杂草，可以在玉米苗后6～7叶期后用下列除草剂：

50%乙草胺乳油100～150ml/亩+38%莠去津悬浮剂100～120ml/亩+4%烟嘧磺隆悬浮剂50～100ml/亩（加入烟嘧磺隆安全剂）；

50%异丙草胺乳油100～200ml/亩+38%莠去津悬浮剂100～120ml/亩+4%烟嘧磺隆悬浮剂50～100ml/亩（加入烟嘧磺隆安全剂）；

72%异丙甲草胺乳油100～200ml/亩+38%莠去津悬浮剂100～120ml/亩+4%烟嘧磺隆悬浮剂50～100ml/亩（加入烟嘧磺隆安全剂）；

该类除草剂可以有效防治一年生禾本科杂草和阔叶杂草，兼有杀草和封闭双重功能(图9-36)。施药时要注意压低喷头、戴上防护罩定向喷施，不要将药液喷施到玉米茎叶，否则，易发生药害。

图9-36　玉米生长期施用除草剂的效果

对于田间杂草较多(图9-37)，除有香附子外，还有马唐、狗尾草、牛筋草、稗草、藜、小藜、灰绿藜、刺藜、反枝苋、马齿苋、铁苋、苘麻等杂草，可以在玉米苗后6～7叶期后用下列除草剂：

图9-37　玉米6～7叶期田间杂草发生较多的情况

　　50%乙草胺乳油100～150ml/亩+38%莠去津悬浮剂100～120ml/亩+4%烟嘧磺隆悬浮剂75～120ml/亩（加入烟嘧磺隆安全剂）；

　　50%异丙草胺乳油100～200ml/亩+38%莠去津悬浮剂100～120ml/亩+4%烟嘧磺隆悬浮剂75～120ml/亩（加入烟嘧磺隆安全剂）；

　　72%异丙甲草胺乳油100～200ml/亩+38%莠去津悬浮剂100～120ml/亩+4%烟嘧磺隆悬浮剂75～120ml/亩（加入烟嘧磺隆安全剂）；

　　也可以选用目前市场上常见的40%乙莠(配方比例为1∶1)悬浮剂150～250ml/亩，对水40～60kg，定向喷施。可以有效防治香附子、禾本科杂草和阔叶杂草，兼有杀草和封闭双重功能(图9-38)。施药时要注意压低喷头、戴上防护罩定向喷施，不要将药液喷施到玉米茎叶上，否则，易发生药害。

图9-38　玉米生长期施用除草剂后的效果比较

(十一)玉米8～10叶(株高50cm)以后香附子等较多时杂草防治

　　对于前期施用封闭除草剂未能防治香附子的田块(图9-39)，香附子等杂草发生量不太大(图9-40)，在玉米50cm以后，且玉米茎基部老化、发紫色后，可以用41%草甘膦水剂100～150ml/亩，对水30kg，对香附子进行茎叶定向喷施，可以有效防治香附子(图9-41和图9-42)。施药时要注意应选择无风天气，定向喷雾时注意不能将药液喷施到玉米茎叶上；否则，易发生药害(图9-43和图9-44)。

图9-39　玉米6~7叶期后田间杂草发生较多的情况

图9-40　玉米8叶期后田间香附子发生情况

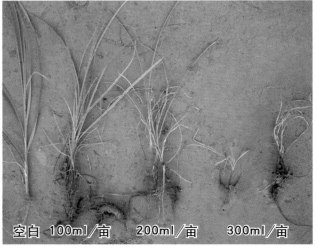

空白　100ml/亩　　200ml/亩　　300ml/亩

图9-41　41%草甘膦水剂对香附子的防治效果对比。草甘膦可以防治香附子，低剂量下可以有效地抑制生长，高剂量下可以杀死地下根茎，有效地防治香附子的为害。

图9-42 41%草甘膦水剂对香附子的防治效果比较。草甘膦可以防治香附子，施药后5～10天出现中毒症状，14天后开始出现死亡,低剂量下可以有效地抑制生长，高剂量下才能有效地防治香附子的为害。

图9-43 在玉米生长期，喷施草甘膦漂移后的田间药害症状。受害后茎叶失绿、发黄、叶片逐渐枯死，受害玉米逐渐死亡。

图9-44 在玉米生长期，模仿漂移或错误用药，低量喷施草甘膦后的药害症状。受害后茎叶失绿、发黄、叶片逐渐枯死。

如果杂草发生量较大、玉米基部嫩绿时不能用草甘膦(图9-45)，否则易于发生药害；但可以用20%百草枯水剂150~200ml/亩，对水30kg，对香附子进行茎叶定向喷施，该药主要是对香附子地上部分产生触杀性效果(图9-46)，施药时应喷细喷匀。施药时要注意在玉米50cm以后，施药时应选择无风天气，定向喷雾时注意不能将药液喷施到玉米茎叶上，否则，易于发生药害。

图9-45 玉米8叶期后田间香附子发生较重的情况

图9-46 20%百草枯*水剂防治20ml/亩香附子的中毒症状比较。百草枯可以防治香附子的地上茎叶，但施药后地下根茎还可以复发，施药1天后地上茎叶即大量死亡，死亡比较彻底，但3天后地下根茎即开始发出绿色嫩心，以后逐渐恢复生长。

(十二)玉米8~10叶以后杂草防治

在玉米生长中期，对于前期未能开展化学除草或施药效果较差未能控制杂草为害的田块，可以在玉米茎基部老化、发紫色后，可以用41%草甘膦水剂100ml/亩，对水40kg，定向喷施；如果田间杂草未封地面，也可以用50%乙草胺乳油100~150ml/亩+41%草甘膦水剂100~150ml/亩，对水40kg，定向喷施；对于前期未用含有莠去津除草剂的田块也可以用50%乙草胺乳油100~150ml/亩+38%莠去津悬浮剂75ml/亩+41%草甘膦水剂100~150ml/亩，对水40kg，定向喷施；既能除去田间已出苗的杂草，又能进行封闭不再出草。施药草甘膦时要注意在玉米50cm以后，且玉米茎基部老化、发紫色后，应选择无风天气，定向喷雾时注意不能将药液喷施到玉米茎叶上，否则，易发生药害。

*根据最新《农药管理条例》规定，该药现已在全国范围内禁止使用。

第十章 大豆田杂草防治新技术

一、大豆田杂草的发生为害状况

我国大豆田杂草主要有一年生禾本科杂草马唐、狗尾草、牛筋草、稗草、金狗尾草、野燕麦等；一年生阔叶杂草藜、苍耳、苋、龙葵、铁苋菜、香薷、水棘针、狼把草、柳叶刺蓼、酸模叶蓼、猪毛菜、菟丝子、鸭跖草、马齿苋、猪殃殃、繁缕、苘麻等；多年生杂草问荆、苣荬菜、大蓟、小蓟、狗芽根、芦苇、香附子等。全国大豆草害面积平均为80%，中等以上草害面积达53.4%，杂草为害是大豆减产的重要原因之一。特别是在北方，5—8月的杂草发生期正值雨季，由于人少地多、管理粗放，常常造成严重的草荒。

我国幅员辽阔，自然条件复杂，由于各地种植方式、耕作制度和栽培措施的差异，从而在大豆田形成了类群繁多的杂草种群。我国的大豆栽培，按耕作制度可分为4个草害区，即东北春大豆草害区、黄淮海大豆草害区、长江流域大豆草害区和华南大豆草害区，另外在其他地区也有少量种植。

东北春大豆草害区，是我国的大豆主产区，一年一熟，均为春大豆。主要杂草种类有稗草、蓼、狗尾草、藜、问荆、苍耳、鸭跖草等。该区南北差异较大，杂草种类也不尽相同。

黄淮海大豆草害区，耕作方式多为一年二熟或二年三熟，前茬多为小麦。大豆田草害面积达52%～86%，中等以上为害面积达28%～64%。该区大豆田主要杂草有马唐、牛筋草、藜、金狗尾草、绿狗尾草、反枝苋、鳢肠、铁苋菜等。主要杂草群落有：马唐+稗草+鳢肠，牛筋草+马唐+稗草，反枝苋+绿狗尾草+苘麻，藜+牛筋草+马唐，金狗尾草+稗草+马唐，铁苋菜+马唐+稗草。

长江流域大豆草害区，大豆面积相对较小。主要杂草种类有千金子、马唐、稗草、苍耳、反枝苋、牛筋草、碎米莎草、凹头苋、狗尾草等。

华南大豆草害区，该区气温高，可种春大豆和秋大豆两季，种植面积较小。主要杂草有马唐、稗草、碎米莎草、胜红蓟、青葙、鳢肠、狗尾草、莲子草、香附子等。

二、大豆田杂草的发生规律

夏大豆通常在6月播种，9—10月收获，夏大豆生长季节正处于高温多雨的夏季，豆田杂草的发生、为害与春大豆产区有所不同，其主要特点有：一是杂草发生来势猛，发生期较短，没有明显的杂草季节性更替；一般在大豆播种后一周左右，田间出现杂草萌发高峰，播种后30天，杂草萌发结束。二是杂草发生密度大，生长势强易形成草荒，产量损失率较高。根据试验调查，每年约有30%的豆田，杂草发生密度达450~720株/m²，未防治的田块杂草生长旺盛，平均单株杂草日增鲜重0.4~0.6g，8月中旬杂草鲜重可达2 745g/m²，产量损失率可达50%以上。三是杂草种类多，单双子叶杂草混合为害，但一年生杂草占绝大多数。四是杂草发生期长，阴雨天气多，豆田土壤含水量大，有利于杂草发生，而不利于防除，往往错过防治适期，造成为害。上述这些杂草的发生特点和该区的天气等因素，反映了夏大豆田杂草发生为害的严重性和防治上的艰巨性，然而，在某些方面也是豆田杂草防治的有利因素。

在黄淮海区，夏大豆田杂草的发生分集中发生型和分散发生型两种类型。集中型一般发生于适期播种的大豆田，在播后5天出现萌芽高峰，25天杂草出苗可达总数的90%以上，整个杂草出土期早而集中，到大豆封垄后杂草基本不再出土，相对密度小，为害轻；分散型多发生于失时播种的大豆田，杂草在播后10天左右出现萌芽高峰，直到播后40天大部分才出土，其中禾本科杂草出土稍快，整个杂草出土期可持续70天左右，比集中型密度大、为害重。

三、大豆田主要除草剂性能比较

在大豆田登记使用的除草剂单剂有30多个(表10-1)。以乙草胺、异丙甲草胺、精喹禾灵、高效氟吡甲禾灵、乙羧氟草醚、乳氟禾草灵等的使用量较大。

表10-1　大豆田登记的除草剂单剂

序号	通用名称	制剂	登记参考制剂用量(g、ml/亩)
1	乙草胺	5%水剂	100~135(东北)
2	异丙甲草胺	40g/L水剂	75~80(东北)
3	精异丙甲草胺	5%水剂	150~200
4	异丙草胺	50%乳油	100~150
5	甲草胺	720g/L乳油	125~150
6	扑草净	960g/L乳油	60~85
7	嗪草酮	50%乳油	150~200
8	地乐胺	48%乳油	200~250
9	氟乐灵	50%可湿性粉剂	100~150
10	二甲戊乐灵	50%可湿性粉剂	50~106
11	噻吩磺隆	48%乳油	150~200
12	氯酯磺草胺	48%乳油	125~175
13	唑嘧磺草胺	45%微胶囊剂	110~150
14	咪唑乙烟酸	15%可湿性粉剂	6~12
15	甲氧咪草烟	40%水分散粒剂	4~5
16	咪唑喹啉酸	80%水分散粒剂	3.75~5

序号	通用名称	制剂	登记参考制剂用量(g、ml/亩)
17	乙氧氟草醚	24%乳油	40～60(登记用量高)
18	乙羧氟草醚	10%乳油	40～60(登记用量高)
19	氟磺胺草醚	25%乳油	67～133
20	乳氟禾草灵	240g/L乳油	15～30
21	三氟羧草醚	21.4%水剂	110～150
22	精喹禾灵	10%乳油	30～40
23	精恶唑禾草灵	8.05%乳油	40～65
24	高效氟吡甲禾灵	10.8%乳油	28～35
25	精吡氟禾草灵	150g/L乳油	60～80
26	吡氟禾草灵	35%乳油	50～100
27	喹禾糠酯	40g/L乳油	60～80
28	烯草酮	12%乳油	40～50
29	稀禾啶	12.5%机油乳油	80～100
30	丙炔氟草胺	50%可湿性粉剂	5～8
31	苯达松	480g/L	160～200
32	嗪草酸甲酯	5%乳油	8～12
33	异恶草酮	480g/L乳油	130～166
34	恶草酸	10%乳油	35～50

注：表中用量未标明春大豆、夏大豆田用量，施药时务必以产品标签或当地实践用量为准。

大豆田主要除草剂的除草谱和除草效果比较(表10-2)。

表10-2　大豆田常用除草剂的性能比较

除草剂	用药量(有效成分，g/亩)	除草谱								不良环境下安全性
		稗草	狗尾草	马唐	酸模叶蓼	反枝苋	藜	龙葵	苘麻	
异丙甲草胺	75～100	优	优	优	良	优	优	良	差	幼苗叶受轻微抑制
甲草胺	100～150	优	优	优	良	优	优	良	差	幼苗叶受轻微抑制
乙草胺	50～150	优	优	优	优	优	优	良	中	幼苗生长抑制
异丙草胺	75～100	优	优	优	良	优	优	良	差	幼苗叶受轻微抑制
氟乐灵	75～100	优	优	优	优	优	优	差	中	根生长受抑制

除草剂	用药量(有效成分，g/亩)	除草谱								不良环境下安全性
		稗草	狗尾草	马唐	酸模叶蓼	反枝苋	藜	龙葵	苘麻	
地乐胺	75~100	优	优	优	差	优	优	差	差	安全
二甲戊乐灵	75~100	优	优	优	差	优	优	差	差	安全
扑草净	35~50	中	中	中	优	优	优	优	良	安全性差，用量略大药害较重
乙氧氟草醚	3.6~4.8	优	优	优	优	优	优	优	优	幼苗叶受抑制
甲羧除草醚	80~120	良	中	中	中	优	优	优	良	幼苗叶受抑制
恶草酮	25~30	优	优	优	优	优	优	优	优	安全
咪唑乙烟酸	4~7	优	优	优	优	优	优	优	优	对大豆、后茬安全性差
甲氧咪草烟	2~4	优	优	优	优	优	优	优	优	对大豆、后茬安全性差
异恶草松	20~30	优	优	优	优	优	优	优	优	对后茬安全性差
嗪草酮	20~40	中	中	中	优	优	优	优	良	安全性差，个别品种药害较重
噻磺隆	1~2				良	优	优	优	优	芽前施药比较安全
唑嘧磺草胺	2~4				良	优	优	优	优	芽前施药比较安全
丙炔氟草胺	4~6	中	中	中	优	优	优	优	优	安全
苯达松	50~100				优	优	优	优	优	有斑点性药害
氟磺胺草醚	12~20				优	优	优	优	优	有斑点性药害
三氟羧草醚	12~20				优	优	优	优	优	有斑点性药害
乳氟禾草灵	2~5				优	优	优	优	优	有斑点性药害
乙羧氟草醚	1~2				优	优	优	优	优	有斑点性药害
精喹禾灵	4~6	优	优	优						安全
精吡氟禾草灵	5~10	优	优	优						安全
高效氟吡甲禾灵	2~4	优	优	优						安全
稀禾啶	6~12	优	优	优						安全
烯草酮	2~5	优	优	优						安全

四、大豆田杂草防治技术

　　我国的大豆栽培较广，各地自然条件复杂，用药形式多样；由于各地种植方式、耕作制度和栽培措施的差异，从而在大豆田形成了种类繁多的杂草群落；不同地区、不同地块的栽培方式、管理水平和肥水差别逐渐加大，在大豆田杂草防治中应注意区别对待，选用适宜的除草剂品种和配套的施药技术。

大豆播种期进行杂草防治是杂草防治中的一个最有利、最关键的时期。播前、播后苗前施药的优点：可以防除杂草于萌芽期和造成为害之前；由于早期控制了杂草，可以推迟或减少中耕次数；播前施药混土能提高对土壤深层出土的一年生大粒阔叶杂草和某些难防治的禾本科杂草的防治效果；还可以改善某些药剂对大豆的安全性。播前、播后苗前施药的缺点：使用药量与药效受土壤质地、有机质含量、pH值制约；在沙质土，遇大雨可能将某些除草剂(如嗪草酮、利谷隆、乙草胺)淋溶到大豆种子上产生药害；播后苗前土壤处理，土壤必须保持湿润才能使药剂发挥作用，如在干旱条件下施药，除草效果差，甚至无效。

大豆生长期化学除草可以作为豆田杂草的一个补充时期，也是豆田杂草防除上的一个关键时期。苗后茎叶处理具有的优点：受土壤类型、土壤湿度的影响相对较小；看草施药，针对性强。苗后茎叶处理具有的缺点：生长期施用的多种除草剂杀草谱较窄；喷药时对周围敏感作物易造成漂移药害；有些药剂高温条件下应用除草效果好，但同时对大豆也易产生药害；干旱少雨、空气湿度较小和杂草生长缓慢的情况下，除草效果不佳；除草时间越拖延，大豆减产越明显；苗后茎叶处理必须在大多数杂草出土，且具有一定截留药液的叶面积时施用，但此时大豆已明显遭受草害。

（一）以禾本科杂草为主的豆田播后芽前杂草防治

我国大豆种植区较为集中，但在大豆非主产区，部分地区或田块也有大豆栽培，这些豆田除草剂应用较少，豆田主要杂草为马唐、狗尾草、牛筋草、菟丝子、藜、反枝苋等，这类杂草比较好治，生产中可以用酰胺类、二硝基苯胺类除草剂。

在大豆播后苗前施药时，因为大豆出苗较快而不能施药太晚。华北地区夏大豆出苗一般需2～4天，东北地区春大豆出苗一般需要3～5天，施用除草剂时宜在大豆播种3天内且最好在播种的2天之内施药。可以用：

50%乙草胺乳油100～150ml/亩；

72%异丙甲草胺乳油150～200ml/亩；

72%异丙草胺乳油150～200ml/亩；

33%二甲戊乐灵乳油150～200ml/亩；

对水50～80kg喷雾土表。土壤有机质含量低、沙质土、低洼地、水分足，用药量低，反之用药量高。土壤干旱条件下施药要加大用水量或进行浅混土(2～3cm)，施药后如遇干旱，有条件的可以灌水。大豆幼苗期，遇低温、多湿、田间长期积水或药量过多，易受药害。其药害症状为叶片皱缩，待大豆长至3片复叶以后，即北方进入7月、温度升高可以恢复正常生长，一般对产量无影响(图10-1至图10-6)。

图10-1 在大豆播后芽前，乙草胺施用不当的典型药害症状。心叶卷缩，生长受到抑制。

图10-2 在大豆播后苗前，遇持续低温高湿条件，施用50%乙草胺乳油后的药害症状。施药处理大豆心叶畸形皱缩、发育缓慢。一般情况下于施药后2周开始恢复生长，轻度药害逐渐恢复正常，重者叶片皱缩加重、生长受严重抑制。

图10-3 氟乐灵在大豆播后芽前施用对大豆的药害症状

图10-4 在大豆播后芽前，低温高湿条件下，喷施48%氟乐灵乳油后的药害症状。受害后出苗缓慢、根系受抑制，叶片皱缩、畸形、长势差。轻度受害大豆基本上可以恢复，重者根系受抑制、叶片皱缩、畸形、生长受到严重抑制或死亡。

图10-5 在大豆播后芽前，异丙甲草胺施用不当的典型药害症状。心叶卷缩。

图10-6 在大豆播后芽前，低温高湿条件下，喷施33%二甲戊乐灵乳油9天后的药害症状。受害后出苗缓慢、根系受抑制，叶片皱缩、畸形、长势差。

（二）草相复杂的豆田播后芽前杂草防治

黄淮海流域部分地区大豆种植较为集中，豆田除草剂应用较多，豆田杂草为害严重，特别是酰胺类、精喹禾灵系列药剂不能防治的阔叶杂草和莎草科杂草大量上升，为豆田杂草的防治带来了新的困难。

在大豆播后苗前施用除草剂时，最好在播种的2天之内施药，可以用：

50%乙草胺乳油100ml/亩+24%乙氧氟草醚乳油10～15ml/亩；

72%异丙草胺乳油150 ml/亩+ 15%噻磺隆可湿性粉剂8～10g/亩；

对水50～80kg喷雾土表。土壤有机质含量低、沙质土、低洼地、水分足，用药量低，反之用药量高。土壤干旱条件下施药要加大用水量或进行浅混土(2～3cm)，施药后如遇干旱，有条件的可以灌水。大豆幼苗期，遇低温、高湿、田间长期积水或药量过多，易受药害。乙氧氟草醚为芽前触杀性除草剂，除草效果较好，但施药必须均匀；否则，部分杂草死亡不彻底而影响除草效果(图10-7和图10-8)。乙氧氟草醚对大豆易于发生药害(图10-9和图10-10)，生产上要严格掌握施药剂量。

马唐　　　　　　　　　铁苋　　　　　　　　　苘麻

图10-7 在杂草芽前，喷施乙氧氟草醚后的死草特征比较。杂草幼苗叶片斑状枯死，施药均匀时死草彻底；施药不匀时，个别心叶未死的杂草容易复活。

图10-8 在马唐芽前施用乙氧氟草醚后中毒死亡过程。马唐苗后出土的过程中接触到药剂，见光后逐渐失绿、枯黄死亡。

图10-9 在大豆播后芽前，喷施24%乙氧氟草醚乳油后的药害症状。大豆苗后心叶畸形，叶片上有黄褐斑。但随着生长大豆会逐渐发出新叶，生长逐渐恢复。

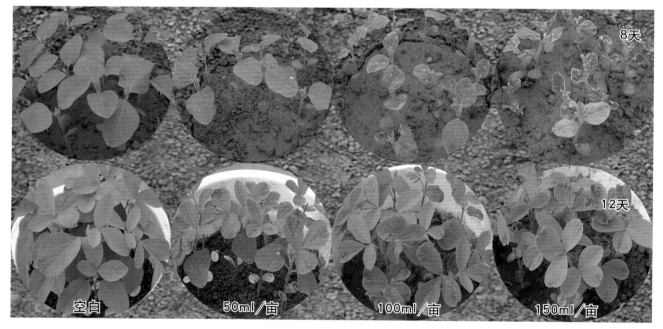

图10-10 在大豆播后芽前，喷施24%乙氧氟草醚乳油后的药害症状。大豆出苗稀疏，苗后心叶畸形，叶片上有黄褐斑。但随着生长大豆会逐渐发出新叶，药害较轻时生长逐渐恢复，一般对大豆产量影响不明显。

（三）东北大豆产区播后芽前杂草防治

在东北大豆产区，豆田除草剂应用较多，豆田杂草为害严重，杂草比较难治，如鸭跖草、小蓟、苣荬菜、龙葵、苘麻、苍耳等发生严重，生产中应选用适当的除草剂配方。

在大豆播后苗前施用，最好在播种的3天之内施药(图10-11)。

图10-11 大豆田播后芽前施药

可以用下列除草剂：

72％异丙甲草胺乳油100～150ml/亩+48％异恶草酮乳油50～75ml/亩+80％唑嘧磺草胺可湿性粉剂3～4g/亩；

72％异丙甲草胺乳油100～150ml/亩+48％异恶草酮乳油50～75ml/亩+15％噻磺隆可湿性粉剂10～12g/亩；

50％乙草胺乳油100～150ml/亩+48％异恶草酮乳油50～75ml/亩+80％唑嘧磺草胺可湿性粉剂3～4g/亩；

50％乙草胺乳油100～150ml/亩+48％异恶草酮乳油50～75ml/亩+15％噻磺隆可湿性粉剂10～12g/亩；

对水50～80kg喷雾土表。

对于整地较早、田间有阔叶杂草的地块(图10-12)。

图10-12 东北大豆播后芽前田间发生大量阔叶杂草

在大豆播后苗前施用，可以用：

72%异丙甲草胺乳油100～150ml/亩+48%异恶草松乳油50～75ml/亩+56%2甲4氯钠盐30～50g/亩或72%
2,4-滴异辛酯乳油50～75ml/亩；

50%乙草胺乳油100～150ml/亩+48%异恶草松乳油50～75ml/亩+72%2,4-滴异辛酯乳油50～75ml/亩；

对水50～80kg喷雾土表。

土壤有机质含量低、沙质土、低洼地、水分足，用药量低，反之用药量高。土壤干旱条件下施药要加大用水量或进行浅混土2～3cm，施药后如遇干旱，有条件的可以灌水。大豆幼苗期，遇低温、多湿、田间长期积水或药量过多，易受药害。其药害症状为叶片皱缩，待大豆长至3片复叶以后，温度升高可以恢复正常生长。2,4-滴丁酯对大豆易发生药害，施药时不宜过晚，在大豆发芽期及苗后施药药害严重，施药时要远离阔叶作物。

（四）大豆苗期以禾本科杂草为主的豆田

对于多数大豆田，特别是除草剂应用较少的地区或地块，马唐、狗尾草、牛筋草、稗草等发生为害严重，占杂草的绝大多数。防治时要针对具体情况选择药剂种类和剂量。

在大豆苗期，杂草出苗较少或雨后正处于大量发生之前(图10-13)，盲目施用茎叶期防治禾本科杂草的除草剂，如精喹禾灵等，并不能达到理想的除草效果。

图10-13　在大豆苗期田间杂草较小较少的情况

该期施药时，可以施用：

5%精喹禾灵乳油50～75ml/亩+72%异丙甲草胺乳油100～150ml/亩；

5%精喹禾灵乳油50～75ml/亩+33%二甲戊乐灵乳油100～150ml/亩；

12.5%稀禾啶乳油50～75ml/亩+72%异丙甲草胺乳油100～150ml/亩；

24%烯草酮乳油20～40ml/亩+50%异丙草胺乳油100～200ml/亩；

对水30kg均匀喷施。施药时视草情、墒情确定用药量。施药时尽量不喷到大豆叶片上。由于豆田干旱或中耕除草，田间尽管杂草较小、较少，但大豆较大时(图10-14)，不宜施用该配方；否则，药剂过多喷施到大豆叶片，特别是遇高温干旱正午强光下施药易发生严重的药害(图10-15至图10-18)。

图10-14　大豆植株较大而田间杂草较小、较少的情况

图10-15　在大豆生长期，遇高温干旱或晴天上午，茎叶喷施50%异丙草胺乳油5天后的药害症状。施药处理后2天即有症状表现，大豆叶片出现黄褐斑，药害轻时，仅个别叶片出现黄褐色斑，对大豆影响不大；药害重时，大量叶片和心叶受害，叶片大面积枯黄、枯死，心叶黄萎皱缩，将严重影响大豆的生长。

图10-16　在大豆生长期，遇高温干旱或晴天上午，茎叶喷施50%异丙草胺乳油8天后的药害症状。施药处理8天后，药害轻的大豆发出新叶，老叶还有部分黄褐斑；药害重时，大豆叶片枯死、心叶皱缩，生长受到抑制。

图10-17　在大豆生长期，遇高温干旱或晴天上午，茎叶喷施50%异丙草胺乳油12天后的药害症状。施药处理12天后，药害轻的大豆发出新叶，老叶还有部分黄褐斑；药害重时，大豆叶片枯死、心叶皱缩，生长受到抑制。

图10-18　在大豆生长期，遇高温干旱或晴天上午，茎叶喷施50%异丙草胺乳油12天后的田间药害恢复与生长情况比较。施药处理12天后，药害重的部分叶片枯死、心叶皱缩，对大豆生长影响严重，长势明显差于空白对照。

对于前期未能封闭除草的田块，在杂草基本出齐，且杂草处于幼苗期(图10-19)时应及时施药。

图10-19 大豆苗期禾本科杂草大量发生且处于幼苗期时发生为害情况

可以施用：

5%精喹禾灵乳油50～75ml/亩；

10.8%高效氟吡甲禾灵乳油20～40ml/亩；

10%喔草酯乳油40～80ml/亩；

15%精吡氟草灵乳油40～60ml/亩；

10%精恶唑禾草灵乳油50～75ml/亩；

12.5%稀禾啶乳油50～75ml/亩；

24%烯草酮乳油20～40ml/亩。对水30kg均匀喷施，可以有效防治多种禾本科杂草(图10-20至图10-24)。施药时视草情、墒情确定用药量，草大、墒差时适当加大用药量。施药时注意不能漂移到周围禾本科作物上；否则，会发生严重的药害。

图10—20   15%精吡氟禾草灵乳油防治稗草的效果比较。防治稗草的效果较好，施药后4～7天茎叶发红、发紫、节点坏死，生长开始受到抑制，以后逐渐枯萎死亡。

图10—21   10.8%高效氟吡甲禾灵乳油防治马唐的效果比较。防治马唐的效果较好，施药后4～7天茎叶发红、发紫、节点坏死，生长开始受到抑制，以后逐渐枯萎死亡。

图10-22 **10.8%高效氟吡甲禾灵乳油防治马唐的效果比较。**防治马唐的效果较好，施药后4～7天茎叶发红、发紫、节点坏死，生长开始受到抑制，以后逐渐枯萎死亡。

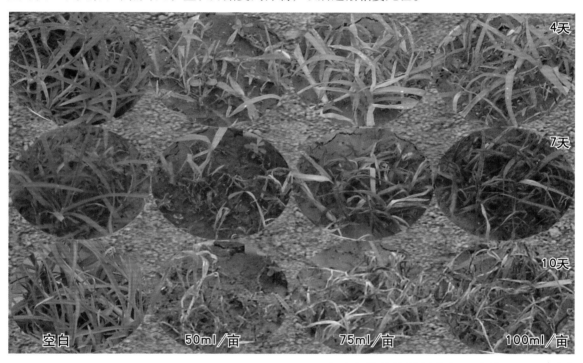

图10-23 **5%精喹禾灵乳油防治牛筋草的效果比较。**防治牛筋草的效果较好，施药后4天茎叶黄化、节点坏死，5～7天开始大量枯萎，以后逐渐枯萎死亡。

图10-24 **5%精喹禾灵乳油施药防治牛筋草的中毒死草过程。**防治牛筋草的效果较好，施药后3～5天茎叶黄化、节点坏死，7天开始大量枯萎，以后逐渐死亡。

对于前期未能有效除草的田块，在杂草较多、较大时(图10-25)，应适当加大药量和水量，喷透喷匀，保证杂草均能接受到药液。

图10-25　大豆生长期禾本科杂草发生为害严重的情况

可以用：

5%精喹禾灵乳油75～125ml/亩；

10.8%高效氟吡甲禾灵乳油40～60ml/亩；

10%喔草酯乳油60～80ml/亩；

15%精吡氟禾草灵乳油75～100ml/亩；

10%精恶唑禾草灵乳油75～100ml/亩；

12.5%稀禾啶乳油75～125ml/亩；

24%烯草酮乳油40～60ml/亩。对水45～60kg均匀喷施，施药时视草情、墒情确定用药量，可以有效防治多种禾本科杂草；但天气干旱、杂草较大时死亡时间相对缓慢(图10-26至图10-28)。杂草较大、杂草密度较高、墒情较差时适当加大用药量和喷液量；否则，杂草接触不到药液或药量较小，影响除草效果。

20ml/亩　　40ml/亩　　80ml/亩

图10-26　10.8%高效氟吡甲禾灵乳油防治马唐的效果比较。在马唐较大时施药效果较差，施药后7天茎叶黄化，死亡较慢；但节点坏死，生长受到抑制，以后逐渐枯萎死亡。

图10-27 狗尾草较大时，10.8%高效氟吡甲禾灵乳油施药后10天防治狗尾草的效果比较。在狗尾草较大时，防治狗尾草的死草效果较慢、效果较差，施药后10天茎节点变褐、坏死，生长受到抑制，高剂量下中毒的狗尾草以后逐渐枯萎死亡。

图10-28 在狗尾草较大时，5%精喹禾灵乳油施用后10天防治狗尾草的效果比较。在狗尾草较大时，防治效果较差，施药后9天茎节点变褐、坏死，生长受到抑制，以后多数逐渐枯萎死亡。

（五）大豆苗期以香附子、鸭跖草或马齿苋、铁苋等阔叶杂草为主的豆田

在大豆主产区，除草剂应用较多的地区或地块，前期施用乙草胺、异丙甲草胺或二甲戊乐灵等封闭除草剂后，马齿苋、铁苋、打碗花等阔叶杂草或香附子、鸭跖草等恶性杂草发生较多的地块(图10-29)，杂草防治比较困难，应抓住有利时机及时防治。

在马齿苋、铁苋、打碗花、香附子等基本出齐，且杂草处于幼苗期时(图10-30)应及时施药。

具体药剂如下：

10%乙羧氟草醚乳油10～30ml/亩；

48%苯达松水剂150ml/亩；

25%三氟羧草醚水剂50ml/亩；

25%氟磺胺草醚水剂50ml/亩；

图10-29　大豆生长期阔叶杂草发生为害情况

24%乳氟禾草灵乳油20ml/亩。对水30kg均匀喷施。该类除草剂对杂草主要表现为触杀性除草效果(图10-31至图10-35),施药时务必喷施均匀。宜在大豆2~4片羽状复叶时施药,大豆田施药会产生轻度药害(图10-36至图10-39),过早或过晚均会加大药害。施药时应视草情、墒情确定用药量。

图10-30　大豆生长期阔叶杂草和香附子幼苗期发生为害情况

藜

马齿苋

反枝苋

苘麻

空白　　　50ml/亩　　　100ml/亩

图10-31　在生长期喷施24%三氟羧
草醚水剂后对阔叶杂草的除草活性
比较。三氟羧草醚生长期施用对阔
叶杂草均表现出较好的除草效果，
叶片干枯死亡，对马齿苋的防治效
果最为突出，对苘麻和反枝苋的效
果次之。

1天　　　　　2天

12天

5天　　　　　3天

图10-32　生长期喷施24%乳氟禾草
灵乳油20ml/亩香附子的中毒表现过
程。施药后香附子叶片大量干枯死
亡，但以后未死心叶又会复发。

3天

6天

12天

空白　　　　　　50ml/亩　　　　　　100ml/亩

图10-33　生长期喷施24%三氟羧草醚水剂后反枝苋的中毒症状表现与恢复过程比较。 三氟羧草醚生长期施用2～6天后反枝苋叶片大量干枯死亡，但以后未死心叶和嫩枝又会恢复生长，生产上往往出现除草不彻底。

图10-34　生长期喷施24%乳氟禾草灵乳油后香附子的中毒症状。 生长期施乳氟禾草灵后，香附子叶片大量干枯死亡，但以后未死心叶又会复发，香附子生长受到一定程度的抑制。

图10-35　生长期喷施10%乙羧氟草醚乳油30ml/亩后香附子的中毒症状。 生长期施用乙羧氟草醚后，香附子叶片大量干枯死亡，地上部分基本死亡，但块茎会再生出新叶。

图10-36　在大豆生长期，叶面喷施25%氟磺胺草醚乳油4天后的药害症状。生长期施药后，药害较轻时，叶片上有黄褐斑，心叶未受到伤害，对大豆影响较小；高剂量下药害较重，叶片枯焦，重者可致心叶坏死。

图10-37　在大豆生长期，叶面喷施24%乳氟禾草灵乳油4天后的药害症状。在生长期喷施药剂后，大豆叶片上出现黄褐斑，药害较轻时，对大豆影响较小。

图10-38　在大豆生长期，叶面喷施10%乙羧氟草醚乳油4天后的药害症状。在生长期喷施药剂后，大豆叶片上出现黄褐斑，药害较轻时，对大豆影响较小；药害较重时，叶片枯焦，心叶坏死，长势受到严重的影响。

图10-39　在大豆播后芽前，喷施10%乙羧氟草醚乳油后的药害症状变化过程。在生长期喷施药剂后1~2天大豆叶片上即出现失绿、黄化、叶面出现大片黄斑，以后随着新叶发出，生长逐渐恢复。

在东北地区，大豆苗期鸭跖草、龙葵、铁苋等杂草发生较重(图10-40)应及时施药。

图10-40　大豆生长期阔叶杂草发生为害情况

具体药剂如下：

10%乙羧氟草醚乳油10~30ml/亩+48%异恶草酮水剂；

48%苯达松水剂150ml/亩；

25%三氟羧草醚水剂50ml/亩；

25%氟磺胺草醚水剂50ml/亩；

24%乳氟禾草灵乳油20ml/亩。对水30kg/亩均匀喷施。宜在大豆2~4片羽状复叶时施药，大豆田施药会产生轻度药害，过早或过晚均会加大药害。

(六)大豆苗期以禾本科杂草和阔叶杂草混生的豆田

部分大豆田，前期未能及时施用除草剂或除草效果不好时，苗期发生大量杂草(图10-41)，生产上应针对杂草发生种类和栽培管理情况，正确地选择除草剂种类和施药方法。

图10-41　大豆生长期禾本科杂草和阔叶杂草混合发生为害情况

在南方及华北夏大豆田(图10-42)，对于以马唐、狗尾草为主，并有藜、苋少量发生的地块，在大豆2~4片羽状复叶期、杂草基本出齐且处于幼苗期时应及时施药。

图10-42 大豆苗期禾本科杂草和阔叶杂草混合发生为害情况

具体药剂如下：

5%精喹禾灵乳油50~75ml/亩+48%苯达松水剂150ml/亩；

10.8%高效氟吡甲禾灵乳油20~40ml/亩+25%三氟羧草醚水剂50ml/亩；

5%精喹禾灵乳油50~75ml/亩+24%乳氟禾草灵乳油20ml/亩。对水30kg均匀喷施。宜在大豆2~4片羽状复叶时施药，施药时视草情、墒情确定用药量。草大、墒差适当加大用药量。

在东北春大豆田(图10-43)，苗期马唐、狗尾草、稗草、龙葵、鸭跖草等发生严重，在大豆2~4片羽状复叶期、杂草基本出齐且处于幼苗期时应及时施药。

具体药剂如下：

5%精喹禾灵乳油50~75ml/亩+48%苯达松水剂150ml/亩；

10.8%高效氟吡甲禾灵乳油20~40ml/亩+25%三氟羧草醚水剂50ml/亩；

5%精喹禾灵乳油50~75ml/亩+24%乳氟禾草灵乳油20ml/亩；

宜在大豆2~4片羽状复叶时施药，施药时视草情、墒情确定用药量。草大、墒差适当加大用药量。对水30kg均匀喷施。

图10-43 大豆苗期禾本科杂草和阔叶杂草混合发生为害情况

第十一章　花生田杂草防治新技术

一、花生田杂草的发生为害状况

据调查花生田杂草共有26科70余种。其中禾本科杂草占25%以上，菊科杂草占13%左右，另外还有苋科、蓼科、藜科、茄科等。马唐、狗尾草、牛筋草、稗草、莎草、铁苋菜、马齿苋、反枝苋、藜、苍耳、龙葵、画眉草等在田间密度最大，马唐出现的频率为95.3%，是花生田的主要杂草。

黄淮海花生区，包括山东、河南、皖北、苏北、河北、陕西，是我国最主要的花生产区。据在山东烟台、德州地区调查，草害面积达94%，中等以上为害面积为80%；主要杂草有牛筋草、绿苋、马唐、马齿苋、小蓟、铁苋菜、香附子、金狗尾等。

杂草与花生争夺养分、水分和空间，影响花生生长，且杂草是病菌、害虫的中间寄主，杂草发生严重造成花生生长不良。植株矮小，叶色发黄，根系不发达，严重影响花生的产量和品质；花生田因草害一般减产5%~10%，严重的田块可达15%~20%，甚至更多。

二、花生田杂草的发生规律

花生田有一年生杂草、越年生杂草和多年生杂草3种类型。分布普遍而为害严重的是一年生杂草，主要有马唐、牛筋草、狗尾草、旱稗、铁苋菜、苋菜、马齿苋、藜、碎米莎草和异型莎草，它们占花生田杂草的89.4%；5~7月杂草开始萌发出土，其间出土的杂草占花生全生育期杂草发生量的5.8%~14.7%，7月上旬杂草发生量达到高峰，占杂草发生量的79.5%，其中单子叶杂草占86.7%~87.9%，阔叶杂草占12.1%~13.3%。越年生杂草主要有荠菜、附地菜，多年生杂草主要有小蓟、白茅、问荆等，它们占花生田杂草的19.6%，其他杂草约占1%，这些杂草多于3—4月开始发芽，6—8月开花结实，是花生苗期的主要杂草。

春播花生有两个出草高峰。

第一个出草高峰在播后10~15天，出草量占总草量的50%以上，是出草的主高峰。

第二个出草高峰较小，在播后35~50天，出草量占总草量的30%左右；春花生出草历期较长，一般可达45天以上。春花生一般天气干旱，杂草发生不整齐。

夏花生田马唐、狗尾草的出草盛期在播后5~25天，出草量占总草量的70%以上；杂草的出土萌发可延续到花生封行。夏花生苗期多为高湿多雨天气，杂草集中在6月下旬至7月上旬，发生相对集中。

花生田杂草的化学防治，经常采用播前、播后苗前土壤处理和苗后茎叶处理几种方式。根据田间杂草种群的发生情况，因地制宜，有针对性地选择适当的除草剂单用、混用或分期配合施用。花生田化学除草，应以苗前土壤处理为主，苗后茎叶处理为辅；北方早春多风、干旱少雨的地区，应尽量选用播前土壤处理；水分较好的地区，可多选用播后苗前土壤处理。

三、花生田主要除草剂性能比较

在花生田登记使用的除草剂单剂近30个(表11-1)。目前，以乙草胺、异丙甲草胺、精喹禾灵、高效氟吡甲禾灵、乙羧氟草醚、乳氟禾草灵等的使用量较大。

表11-1　花生田登记使用的除草剂单剂

序号	通用名称	制剂	登记参考制剂用量(g、ml/亩)
1	乙草胺	50%乳油	100~150
2	异丙甲草胺	720g/L乳油	125~150
3	精异丙甲草胺	960g/L乳油	45~60
4	甲草胺	48%乳油	200~250
5	扑草净	50%可湿性粉剂	100~150
6	地乐胺	48%乳油	150~200
7	氟乐灵	48%乳油	100~166
8	二甲戊乐灵	45%微胶囊剂	110~150
9	噻吩磺隆	15%可湿性粉剂	8~12
10	甲咪唑烟酸	240g/L水剂	20~30
11	咪唑乙烟酸	5%水剂	80~100(东北)
12	乙氧氟草醚	24%乳油	40~60
13	乙羧氟草醚	10%乳油	30~50(登记用量过高)
14	氟磺胺草醚	25%乳油	30~40
15	乳氟禾草灵	240g/L乳油	15~30
16	三氟羧草醚	21%水剂	70~85
17	精喹禾灵	10%乳油	30~40
18	精恶唑禾草灵	8.05%乳油	40~65
19	高效氟吡甲禾灵	10.8%乳油	28~35
20	精吡氟禾草灵	150g/L乳油	50~66
21	吡氟禾草灵	35%乳油	50~100
22	烯草酮	12%乳油	35~40
23	稀禾啶	12.5%机油乳剂	80~100
24	恶草酮	250g/L乳油	100~150
25	丙炔氟草胺	50%可湿性粉剂	5~8
26	苯达松	480g/L	133~200

注：表中用量未标明春花生、夏花生田用量，施药时务必以产品标签或当地实践用量为准。

花生田主要除草剂的除草谱和除草效果比较(表11-2)。

表11-2　花生田常用除草剂的性能比较

除草剂	用药量(有效成分，g/亩)	除草谱								不良环境下安全性
		稗草	狗尾草	马唐	酸模叶蓼	反枝苋	藜	龙葵	苘麻	
异丙甲草胺	75~100	优	优	优	良	优	优	良	差	幼苗叶受轻微抑制
甲草胺	100~150	优	优	优	良	优	优	良	差	幼苗叶受轻微抑制
乙草胺	50~150	优	优	优	优	优	优	良	中	幼苗生长抑制
异丙草胺	75~100	优	优	优	良	优	优	良	差	幼苗叶受轻微抑制
氟乐灵	75~100	优	优	优	优	优	优	差	中	根生长受抑制
地乐胺	75~100	优	优	优	差	优	优	差	差	安全
二甲戊乐灵	75~100	优	优	优	差	优	优	差	差	安全
扑草净	35~50	中	中	中	优	优	优	良		安全性差，用量略大药害较重
乙氧氟草醚	3~5	优	优	优	优	优	优	优	优	幼苗叶受抑制
恶草酮	25~30	优	优	优	优	优	优	优	优	安全
甲咪唑烟酸	5~8	优	优	优	优	优	优	优	优	对后茬安全性差
嗪磺隆	1~2				良	优	优	优	优	芽前施药比较安全
苯达松	50~100				优	优	优	优	优	有斑点性药害
氟磺胺草醚	12~20				优	优	优	优	优	有斑点性药害
三氟羧草醚	12~20				优	优	优	优	优	有斑点性药害
乳氟禾草灵	2~5				优	优	优	优	优	有斑点性药害
乙羧氟草醚	1~2				优	优	优	优	优	有斑点性药害
精喹禾灵	4~6	优	优	优						安全
精吡氟禾草灵	5~10	优	优	优						安全
高效氟吡甲禾灵	2~4	优	优	优						安全
稀禾定	6~12	优	优	优						安全
烯草酮	2~5	优	优	优						安全

四、花生田杂草防治技术

近几年来，随着农业生产的发展和耕作制度的变化，花生田杂草的发生出现了很多变化。农田肥水条件普遍提高，杂草生长旺盛，但部分田也有灌溉条件较差的情况；小麦普遍采用机器收割，麦茬高、麦糠和麦秸多，影响花生田封闭除草剂的应用效果，但也有部分花生田在小麦收获前实行了行间点播；

花生田除草剂单一品种长期应用，部分地块香附子等恶性杂草大量增加。目前，不同地区、不同地块的栽培方式、管理水平和肥水差别逐渐加大，在花生田杂草防治中应区别对待各种情况，选用适宜的除草剂品种和配套的施药技术。

花生播种期是杂草防治中的一个重要时期，但花生多于沙地种植，芽前施药有较大的局限性。播前、播后苗前施药的优点：可以防除杂草于萌芽期和造成为害之前；由于早期控制了杂草，可以推迟或减少中耕次数；播前施药混土能提高对土壤深层出土的一年生大粒阔叶杂草和某些难防治的禾本科杂草的防治效果；还可以改善某些药剂对花生的安全性。播前、播后苗前施药的缺点：使用药量与药效受土壤质地、有机质含量、pH值制约；在沙质土，遇大雨可能将某些除草剂(如乙氧氟草醚、乙草胺)淋溶到种子上产生药害；播后苗前土壤处理，土壤必须保持湿润才能使药剂发挥作用，如在干旱条件下施药，除草效果差，甚至无效。

花生生长期化学除草特别重要，苗后茎叶处理具有的优点：受土壤类型、土壤湿度的影响相对较小；看草施药，针对性强。苗后茎叶处理具有的缺点：生长期施用的多种除草剂杀草谱较窄；喷药时对周围敏感作物易造成漂移为害；有些药剂高温条件下应用除草效果好，但同时对花生也易产生药害；干旱少雨、空气湿度较小和杂草生长缓慢的情况下，除草效果不佳；除草时间越拖延，花生减产越明显；苗后茎叶处理必须在大多数杂草出土，且具有一定截留药液的叶面积时施用，但此时花生已明显遭受草害。

(一)地膜覆盖花生田芽前杂草防治

我国部分地区，特别是部分沙土地区、山区丘陵或城郊，春季地膜花生还有一定的面积。田间如不进行化学除草，往往严重影响花生的生长，还会顶烂地膜(图11-1)。这类地块，多为沙质土、墒情差，晚上和阴天温度极低、白天阳光下温度极高，为保证除草剂的药效和安全增加了难度。这些地块不进行化学除草不行，进行化学除草效果又较差。生产上选择除草剂品种时，应尽量选择受墒情和温度影响较小的品种，以保证药效；药量选择时，应尽量降低用量，必须考虑药效和安全两方面的需要。

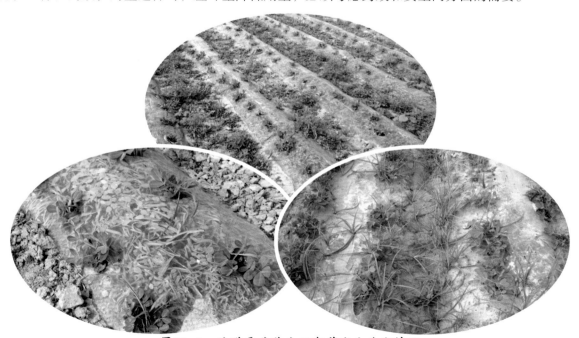

图11-1 地膜覆盖花生田杂草发生为害情况

对于一般地膜花生田，以马唐、狗尾草、藜等杂草为主，应在播种后、覆膜前(图11-2)及时施药，常用除草剂品种与用量：

图11-2　地膜覆盖花生田播种和施药时期

33%二甲戊乐灵乳油100～150ml/亩；

48%氟乐灵乳油100～150ml/亩(施药后需浅混土)；

50%乙草胺乳油75～120ml/亩；

72%异丙甲草胺乳油100～150ml/亩。

在花生播种后、覆膜前(花生芽前)，对水45kg，均匀喷施，氟乐灵施药后应及时进行混土。

对于田间发生有大量禾本科杂草和阔叶杂草的地块，可以用：

50%乙草胺乳油75～100ml/亩+20%恶草酮乳油100ml/亩；

50%乙草胺乳油75～100ml/亩+50%扑草净可湿性粉剂50g/亩；

33%二甲戊乐灵乳油75～100ml/亩+20%恶草酮乳油100ml/亩；

33%二甲戊乐灵乳油75～100ml/亩+50%扑草净可湿性粉剂50g/亩；

72%异丙草胺乳油75～100ml/亩+20%恶草酮乳油100ml/亩；

72%异丙草胺乳油75～100ml/亩+50%扑草净可湿性粉剂50g/亩；

在花生播后芽前，对水45kg，均匀喷施。

对于田间发生有大量禾本科杂草、阔叶杂草和香附子的地块，可以用：

33%二甲戊乐灵乳油75～100ml/亩+24%甲咪唑烟酸水剂30ml/亩；

72%异丙草胺乳油75～100ml/亩+24%甲咪唑烟酸水剂30ml/亩；

在花生播后芽前，对水45kg/亩，均匀喷施。

（二）正常栽培条件花生田芽前杂草防治

部分生产条件较好的花生产区，习惯于麦收后翻耕平整土地后播种花生(图11-3)，对于这些地区花生播后芽前进行杂草防治是一个最有利、最关键的时期。

图11-3 南部花生栽培模式

华北花生栽培区(图11-4)，降雨量少、土壤较旱，对于以前施用除草剂较少，田间常见杂草种类为马唐、狗尾草、牛筋草、稗草、藜、苋的田块，在花生播后芽前，可以用：

图11-4 华北夏花生田播种和施药情况

50%乙草胺乳油150～200ml/亩；

33%二甲戊乐灵乳油200～250ml/亩；

72%异丙甲草胺乳油200～250ml/亩，对水45kg，均匀喷施。

对于田间发生有大量禾本科杂草和阔叶杂草的地块，可以用：

50%乙草胺乳油100～200ml/亩+20%恶草酮乳油100ml/亩；

33%二甲戊乐灵乳油150～200ml/亩+50%扑草净可湿性粉剂50g/亩；

72%异丙草胺乳油150～250ml/亩+20%恶草酮乳油100ml/亩；

72%异丙草胺乳油150～250ml/亩+50%扑草净可湿性粉剂50g/亩，在花生播后芽前，对水45kg/亩，均匀喷施。

对于田间发生有大量禾本科杂草、阔叶杂草和香附子的地块，可以用：

50%乙草胺乳油100～200ml/亩+24%甲咪唑烟酸水剂20～30ml/亩；

33%二甲戊乐灵乳油150～200ml/亩+24%甲咪唑烟酸水剂20～30ml/亩；

72%异丙草胺乳油150～200ml/亩+24%甲咪唑烟酸水剂20～30ml/亩，在花生播后芽前，对水45kg，均匀喷施。

驻马店等河南中南部及其以南花生栽培区(图11-5)，降雨量较大、杂草发生严重。对于以前施用除草剂较少，田间常见杂草种类为马唐、狗尾草、牛筋草、稗草、藜、苋的田块，在花生播后芽前，可以用：

图11-5 华北夏花生田播种和施药情况

50%乙草胺乳油200～250ml/亩；

33%二甲戊乐灵乳油200～250ml/亩；

72%异丙甲草胺乳油200～250ml/亩，对水45kg，均匀喷施。

对于田间发生有大量禾本科杂草和阔叶杂草的地块，可以用：

50%乙草胺乳油200～250ml/亩；

48%二甲戊乐灵乳油150～250ml/亩；

72%异丙草胺乳油200～300ml/亩，同时加入下列任意一种药剂：

24%乙氧氟草醚乳油20ml/亩、20%恶草酮乳油100ml/亩、50%扑草净可湿性粉剂50g/亩。

在花生播后芽前，对水45kg，均匀喷施。

对于田间发生有大量禾本科杂草、阔叶杂草和香附子的地块，可以用：

50%乙草胺乳油100～200ml/亩+24%甲咪唑烟酸水剂30ml/亩；

33%二甲戊乐灵乳油150～200ml/亩+24%甲咪唑烟酸水剂30ml/亩；

72%异丙草胺乳油150～200ml/亩+24%甲咪唑烟酸水剂30ml/亩。

在花生播后芽前，对水45kg/亩，均匀喷施。该区经常有降雨，在花生播后芽前施用酰胺类、二硝基苯胺类除草剂、乙氧氟草醚、恶草酮时易于发生药害，特别是遇低温高湿情况更易于发生药害(图11-6至图11-15)，施药时应注意墒情和天气预报。乙氧氟草醚、恶草酮为触杀性芽前除草剂，施药时要喷施均匀。扑草净对花生安全性差，不要随意加大剂量；否则，易于发生药害(图11-16至图11-18)。

图11-6 花生播种后芽前，高湿条件下，施用72%异丙草胺乳油18天后的药害症状。随着生长，药害症状有所恢复，轻度药害对花生生长影响不大；药量过大花生茎基部畸形肿胀，发育缓慢，对花生生长有一定抑制。

图11-7 在花生播后芽前，高湿条件下，施用72%异丙草胺乳油8天后的药害症状。花生幼苗矮小，茎基畸形膨胀，根系较弱，发育缓慢，生长受到抑制。

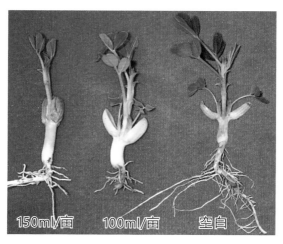

图11-8 在花生播后芽前，持续低温高湿条件下，施用72%异丙甲草胺乳油30天后的药害症状。施药后出苗缓慢，以后花生生长缓慢，植株矮小，根系较弱。

图11-9 在花生播后苗前，高湿条件下过量施用50%乙草胺乳油后的药害症状。施药处理花生矮小，长势明显差于空白对照。随着生长花生长势逐渐恢复，但与空白对照相比施药处理花生较矮。

图11-10 在花生播后芽前，遇高湿条件喷施24%乙氧氟草醚乳油30ml/亩后的药害症状。花生苗后叶片上出现大量药害斑点，以后随着生长而不断发出新叶，对新叶生长基本没有影响，整体生长逐渐恢复。

图11-11 在花生播后芽前，低温高湿条件下，喷施33%二甲戊乐灵乳油15天后的药害症状。轻度受害花生基本可以恢复；重者根系受到抑制，植株矮化，叶片畸形，长势差。

图11-12 在花生播后芽前，遇高湿条件喷施24%乙氧氟草醚乳油后的药害症状。花生苗后叶片上出现药害斑点，低剂量下以后随着生长而不断发出新叶，对生长基本没有影响；高剂量下大量叶片枯死，生长受到影响，但未死心叶还可以复发。

图11-13 在花生播后苗前，遇持续高温高湿条件，喷施恶草酮10天后的药害症状。花生苗后茎叶发黄、出现枯黄斑，长势差。

图11-14 在花生播后苗前，喷施12%恶草酮乳油后的药害症状。施药后幼苗斑点性枯黄、叶尖干枯，但不影响新叶发生，轻度药害以后会逐渐恢复。

图11-15 在花生播后苗前，遇持续高温高湿条件，喷施12%恶草酮乳油后的药害症状。花生出苗基本正常，苗后茎叶发黄、出现黄斑，长势较差于空白对照。

图11-16 花生播后芽前，喷施扑草净的药害中毒症状发展过程比较。受害花生基本上可以正常出苗，苗后叶片开始黄化，从叶尖和叶缘开始逐渐枯死。

图11-17 在花生播后芽前，喷施50%扑草净可湿性粉剂的药害症状比较。受害花生正常出苗，苗后叶片黄化、从叶尖和叶缘开始枯死。高剂量区基本死亡，低剂量处理也受到较大的影响。光照强、温度高药害发展迅速。

图11-18 在花生播后芽前，喷施扑草净与乙草胺的药害症状比较。施药后花生正常出苗，苗后叶片黄化，前期生长略受影响，一般低剂量下对花生生长影响不大，部分受害重的花生从叶尖和叶缘开始枯黄，个别叶片枯死。田间除草效果较好。

（三）花生2～4片羽状复叶期田间无草或中耕锄地后杂草防治

黄淮海中北部夏花生产区是花生主产区，为争取时间和墒情，习惯在小麦收获前几天将花生点播于小麦行间；也有一部分地块在小麦收获后点播，由于三夏大忙，无法进行灭茬和施药除草，花生田除草必须在生长期进行。同时，对于播后芽前进行除草而未能有效防治的地块，也需要在生长期进行除草(图11-19)。

花生点播于小麦行间的田块(图11-20)，可以在花生苗期结合锄地、中耕灭茬，除去已出苗杂草，同时采用封闭除草的方法施药，可以有效防治花生田杂草。这种方法成本低廉、除草效果好，基本上可以控制整个生育期内杂草的为害。常用除草剂品种与用量：

50%乙草胺乳油120～150ml/亩；

72%异丙草胺乳油150～200ml/亩；

72%异丙甲草胺乳油150～200ml/亩。

在花生幼苗期、封行前，对水45kg，均匀喷施，宜选用墒情好、阴天或下午5时后施药，如遇高温、干旱、强光条件下施药，花生会产生触杀性药斑(图11-21)，但一般情况下对花生生长影响不大。对于田间发生大量禾本科杂草、阔叶杂草和香附子的地块，可以用：

图11-19　黄淮海中北部夏花生栽培模式

图11-20　花生苗期田间灭茬情况

图11-21 在花生生长期,遇高温高湿、晴天中午,茎叶过量喷施50%异丙草胺乳油的药害症状。受害花生叶片上有红褐色斑点,以后可以发出正常的新叶,一般情况下对花生生长没有影响。

50%乙草胺乳油100~200ml/亩+24%甲咪唑烟酸水剂30ml/亩;

33%二甲戊乐灵乳油150~200ml/亩+24%甲咪唑烟酸水剂30ml/亩;

72%异丙草胺乳油150~200ml/亩+24%甲咪唑烟酸水剂30ml/亩;

对水45kg,均匀喷施。在小麦收获1~2周灭茬浇地,花生田墒情较好、长势良好情况下施药对花生比较安全;但是,田间干旱、麦收后花生长势较弱时施药易发生药害(图11-22至图11-25)。

图11-22 在花生生长期,叶面喷施24%甲咪唑烟酸水剂后的药害症状。甲咪唑烟酸对花生比较安全,高剂量下施药5~7天叶色发黄、生长受到暂时抑制,10~12天多会逐渐恢复生长。

图11-23　在小麦与花生套作田，小麦收获后、田间干旱、花生长势较差时，叶面喷施24%甲咪唑烟酸水剂后的田间药害症状比较。花生叶色发黄、生长受到严重抑制，轻度药害以后多会逐渐恢复生长，重者会出现大量死苗的现象。

图11-24　在小麦与花生套作田，小麦收获后田间干旱、花生长势较差时，叶面喷施24%甲咪唑烟酸水剂后的田间药害症状。花生叶色发黄、矮小、生长受到严重抑制。

空白　施药

图11-25 在小麦与花生套作田，小麦收获后田间干旱、花生长势较差时，叶面喷施24%甲咪唑烟酸水剂后的药害症状比较。花生叶色发黄、生长受到严重抑制，轻度药害以后多会逐渐恢复生长，重者会出现大量死苗现象。

（四）花生生长期田间禾本科杂草的防治

对于前期未能及时进行化学除草、并遇到阴雨天气，田间往往发生大量杂草，乃至形成草荒(图11-26)，应及时进行化学除草。

在花生苗期锄地、中耕灭茬后，特别是中耕后遇雨，田间有禾本科杂草少量出苗后(图11-27)，过早盲目施用茎叶期防治禾本科杂草的除草剂，如精喹禾灵等，并不能达到理想的除草效果；该期可以采用除草和封闭兼备的除草方法，可以有效防治花生田杂草。这种方法封杀兼备、除草效果好，可以控制整个生育期内杂草的为害。该期施药时，可以施用：

5%精喹禾灵乳油50~75ml/亩+50%乙草胺乳油150~200ml/亩；

5%精喹禾灵乳油50~75ml/亩+33%二甲戊乐灵乳油150~250ml/亩；

12.5%稀禾啶乳油50~75ml/亩+72%异丙甲草胺乳油150~250ml/亩；

24%烯草酮乳油20~40ml/亩+50%异丙草胺乳油150~250ml/亩；

对水30kg均匀喷施。

施药时视草情、墒情确定用药量。草大、墒差时适当加大用药量。由于花生田干旱或中耕除草，田间尽管杂草较小、较少，但花生较大时，不宜施用该配方；否则，药剂过多喷施到花生叶片，特别是遇高温干旱正午强光下施药易于发生严重的药害，降低除草效果，宜选用墒好、阴天或下午5时后施药。

图11-26 花生田禾本科杂草发生情况

图11-27 花生田禾本科杂草发生前期

对于前期未能封闭除草的田块，在杂草基本出齐，且杂草处于幼苗期(图11-28)时应及时施药。可以施用：

图11-28 花生田大量禾本科杂草幼苗期发生情况

5%精喹禾灵乳油50~75ml/亩；

10.8%高效氟吡甲禾灵乳油20~40ml/亩；

10%喔草酯乳油40~80ml/亩；

15%精吡氟禾草灵乳油40~60ml/亩；

10%精恶唑禾草灵乳油50~75ml/亩；

12.5%稀禾啶乳油50~75ml/亩；

24%烯草酮乳油20~40ml/亩，对水30kg均匀喷施，可以有效防治多种禾本科杂草。施药时视草情、墒情确定用药量，草大、墒差时适当加大用药量。施药时注意不能漂移到周围禾本科作物上，否则，会发生严重的药害。

对于前期未能有效除草的田块，在花生田禾本科杂草较多、较大时(图11-29)，应适当加大药量和施药水量，喷透喷匀，保证杂草均能接受到药液。可以施用：

图11-29 花生田禾本科杂草发生严重的情况

5%精喹禾灵乳油75~125ml/亩；

10.8%高效氟吡甲禾灵乳油40~60ml/亩；

10%喔草酯乳油60~80ml/亩；

15%精吡氟禾草灵乳油75~100ml/亩；

10%精恶唑禾草灵乳油75~100ml/亩；

12.5%稀禾啶乳油75~125ml/亩；

24%烯草酮乳油40~60ml/亩。对水45~60kg均匀喷施，施药时视草情、墒情确定用药量，可以有效防治多种禾本科杂草；但天气干旱、杂草较大时死亡时间相对缓慢。杂草较大、杂草密度较高、墒情较差时适当加大用药量和喷液量；否则，杂草接触不到药液或药量较小，影响除草效果。

(五)花生生长期田间阔叶杂草、香附子的防治

在花生主产区，除草剂应用较多的地区或地块，前期施用芳氧基苯氧基丙酸类、环己烯酮类、乙草胺、异丙甲草胺或二甲戊乐灵等除草剂后，马齿苋、铁苋、打碗花等阔叶杂草或香附子、鸭跖草等恶性杂草发生较多的地块(图11-30)，杂草防治比较困难，应抓住有利时机及时防治。

图11-30 花生生长期阔叶杂草发生为害情况

在马齿苋、铁苋、打碗花、香附子等基本出齐，且杂草处于幼苗期时(图11-31)应及时施药。具体药剂如下：

图11-31 花生生长期阔叶杂草幼苗期发生为害情况

10%乙羧氟草醚乳油10～20ml/亩；

48%苯达松水剂150ml/亩；

25%三氟羧草醚水剂50ml/亩；

25%氟磺胺草醚水剂50ml/亩；

24%乳氟禾草灵乳油20ml/亩，对水30kg均匀喷施。该类除草剂对杂草主要表现为触杀性除草效果，施药时务必喷施均匀。宜在花生2～4片羽状复叶时施药，花生田施药会产生轻度药害(图11-32至图11-34)，过早或过晚均会加大药害。施药时视草情、墒情确定用药量。

图11-32　在花生生长期，叶面喷施10%乙羧氟草醚40ml/亩后的药害症状过程。施药后1天即叶片失绿、叶片出现浅黄色斑；以后叶片黄化、出现黄褐色斑，部分叶片坏死，后又不断长出新叶，恢复生长。

图11-33　在花生生长期，叶面喷施25%氟磺胺草醚乳油后的药害症状。叶片斑状黄化，少数叶片枯黄死亡，高剂量处理下部分植株死亡，低剂量下多数花生可以恢复生长。

图11-34 在花生生长期，叶面喷施24%乳氟禾草灵乳油后的药害症状。施药后1~2天花生叶片即产生褐色斑点，低剂量区斑点少而小，对花生生长基本上没有影响；高剂量区药害较重，部分叶片枯死，长势受到暂时的影响。

在香附子发生严重的花生田(图11-35)，在香附子等杂草基本出齐，且杂草处于幼苗期时应及时施

图11-35 花生生长期香附子发生为害情况

药，可以用24%甲咪唑烟酸水剂30ml/亩，对水45kg，均匀喷施，对香附子等多种杂草具有较好的防治效果(图11-36至图11-39)。在香附子较大时，可以用：

24%甲咪唑烟酸水剂30ml/亩+10%乙羧氟草醚乳油10～20ml/亩；

24%甲咪唑烟酸水剂30ml/亩+48%苯达松水剂150ml/亩；

24%甲咪唑烟酸水剂30ml/亩+25%三氟羧草醚水剂50ml/亩；

24%甲咪唑烟酸水剂30ml/亩+25%氟磺胺草醚水剂50ml/亩；

24%甲咪唑烟酸水剂30ml/亩+24%乳氟禾草灵乳油20ml/亩，对水30kg均匀喷施，对香附子的效果较好。该类除草剂对杂草主要表现为触杀性除草效果，施药时务必喷施均匀。宜在花生2～4片羽状复叶时施药，施药过晚或施药剂量过大时易对后茬发生药害。

图11-36　24%甲咪唑烟酸水剂芽前施药对香附子的防治效果比较。甲咪唑烟酸芽前施药对香附子也有较好的防效，香附子出苗后生长停滞、逐渐死亡。

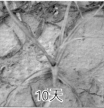

图11-37　24%甲咪唑烟酸水剂40ml/亩对香附子的防治效果比较。甲咪唑烟酸芽生长期施药对香附子具有较好的防效，5～7天后心叶黄化、生长停滞，以后逐渐死亡。

图11-38　24%甲咪唑烟酸水剂对香附子的防治效果比较。甲咪唑烟酸芽生长期施药对香附子具有较好的防效，低剂量下可以有效地抑制生长，高剂量下可以使地下根茎腐烂、根治香附子的为害。

图11-39 24%甲咪唑烟酸水剂对反枝苋的防治效果比较。甲咪唑烟酸对反枝苋防效较好，茎叶施药后2～3天黄化、倒伏、生长停滞，以后逐渐死亡。

(六)花生生长期田间禾本科杂草和阔叶杂草等混生田的杂草防治

部分花生田，前期未能及时施用除草剂或除草效果不好时，苗期发生大量杂草(图11-40)，生产上应针对杂草发生种类和栽培管理情况，正确地选择除草剂种类和施药方法。

图11-40 花生生长期禾本科杂草和阔叶杂草混合发生为害情况

　　部分花生田(图11-41)，在花生生长前期或雨季来临之前，对于以马唐、狗尾草、马齿苋、藜、苋发生的地块，在花生2~4片羽状复叶期、杂草基本出齐且处于幼苗期时应及时施药，可以用杀草、封闭兼备的除草剂配方。具体药剂如下：

　　5%精喹禾灵乳油50ml/亩+48%苯达松水剂150ml/亩+50%乙草胺乳油150~200ml/亩；

　　10.8%高效氟吡甲禾灵乳油20ml/亩+25%三氟羧草醚水剂50ml/亩+50%乙草胺乳油150~200ml/亩；

　　10.8%高效氟吡甲禾灵乳油20ml/亩+25%三氟羧草醚水剂50ml/亩+72%异丙甲草胺乳油150~250ml/亩；

　　5%精喹禾灵乳油50ml/亩+24%乳氟禾草灵乳油20ml/亩+50%乙草胺乳油150~200ml/亩；

　　5%精喹禾灵乳油50ml/亩+48%苯达松水剂150ml/亩+72%异丙甲草胺乳油150~250ml/亩；

　　5%精喹禾灵乳油50ml/亩+48%苯达松水剂150ml/亩+33%二甲戊乐灵乳油150~250ml/亩，对水30kg均匀喷施，施药时视草情、墒情确定用药量。还可以在上述除草剂配方之中，对于香附子发生较多的田块，加入24%甲咪唑烟酸水剂30ml/亩，但不宜施药过晚，与后茬间隔期达不到3~4个月时，易对后茬发生药害。

图11-41　花生苗期禾本科杂草和阔叶杂草混合发生较轻的情况

　　部分花生田(图11-42)，对于以马唐、狗尾草为主，并有藜、苋少量发生的地块，在花生2~4片羽状复叶期、杂草大量发生且处于幼苗期时应及时施药，可以用：

图11-42　花生苗期禾本科杂草和阔叶杂草混合发生为害情况

5%精喹禾灵乳油50～75ml/亩+48%苯达松水剂150ml/亩；

10.8%高效氟吡甲禾灵乳油20～40ml/亩+25%三氟羧草醚水剂50ml/亩；

5%精喹禾灵乳油50～75ml/亩+24%乳氟禾草灵乳油20ml，对水30kg/亩均匀喷施，宜在花生2～4片羽状复叶时施药，施药时视草情、墒情确定用药量。

如果田间杂草密度不太高，田间未完全封行，可以将防治阔叶杂草的除草剂与防治禾本科的除草剂混用；如果密度较大，尽量分开施药或仅施用防治禾本科杂草的除草剂，以确保除草效果和对作物的安全性。

(七)花生5片羽状复叶期以后田间密生香附子的防治

对于前期施用酰胺类除草剂进行封闭化学除草、或生长期施用一般除草剂防治杂草，而田间发生大量香附子的田块，应分情况对待。对于田间香附子较小、花生未封行时(图11-43)，可以施用48%苯达松水剂150～200ml/亩，或48%苯达松水剂100～120ml/亩+24%三氟羧草醚乳油25～35ml/亩。

图11-43 花生5片羽状复叶期后田间香附子发生情况

对于田间香附子较大、花生已封行时(图11-44)，最好选用人工除草的方法。该期用苯达松、三氟羧草醚等易对花生发生药害，同时，药液不能喷洒到杂草上而没有药效；该期施用甲咪唑烟酸除草效果下降，且易对后茬作物发生药害。

图11-44 花生5片羽状复叶期后田间密生大量香附子和阔叶杂草

第十二章 棉花田杂草防治新技术

一、棉花田主要杂草种类及发生为害

杂草为害是棉花生产中的一个重要问题。棉田杂草主要有24科约60余种，其中以禾本科杂草中的马唐、牛筋草、千金子、旱稗、狗尾草、双穗雀稗、狗牙根等发生密度最大；阔叶杂草以鳢肠、反枝苋、艾蒿、灰绿藜、铁苋菜、苘麻等为主；莎草科杂草以香附子为主；部分地区小蓟、大蓟、鸭跖草、空心莲子草为害较重。根据全国农田杂草考查组抽样调查，全国棉田草害中等以上程度有4 700万亩，占棉花种植总面积的56%。在长江流域、黄河流域和西北内陆棉区，棉田草害面积分别占种植面积的82.7%、75.2%和81.0%，中等以上程度为害的面积分别为61.7%、50.0%和44.0%。全国因草害损失棉花14.8%，约减产皮棉25.5万t。有些杂草还是棉花病虫害的寄主，杂草的发生可以增加病虫的为害。

棉花受杂草为害而产量损失的大小与杂草的种类、密度有密切关系。在杂草种类和密度相对不变的情况下，棉花受草害的减产程度还与杂草共生时间长短和共生的不同生育阶段有密切关系。据江苏省新洋农场试验结果，杂草对棉花生长量和发育进程有强烈的抑制作用，并随共生时间的延长而为害加剧。从播种到6月15日不做除草处理的棉花，比做处理的叶片少19.7%、株高增加33.9%，形成瘦弱高脚苗，此时除草也造成严重的减产；从播种到8月25日不除草，比除草的棉花植株矮66%、叶片少40.8%、果枝少85.7%、果节数少94.2%，很少开花结铃，甚至部分棉株被杂草遮蔽而死亡，严重减产或绝收。

在黄河流域棉区，棉花播种后随着气温的回升，棉田多种杂草陆续开始萌芽，至5月中下旬在田间形成第一个出苗高峰，此时以狗尾草、马唐、旱稗、藜等为主，以后随着降雨和灌水还可出现一次小的出草高峰；到7月，随着雨季的到来，香附子等杂草大量出土，形成第二个出草高峰，与此同时，前期出土的杂草进入生长最盛时期，因而易对棉花造成严重为害。

对于地膜覆盖棉田，由于覆盖后膜内耕作层的土温高、底墒较好，且变化小，比较有利于杂草的萌发出土。一般于覆膜后5~7天杂草即陆续出土，在墒情好的情况下，15天左右即形成出土高峰，虽然出土高峰形成的时间有长有短，但其特点是杂草出苗早而集中。

二、棉花田主要除草剂性能比较

在棉花田登记使用的除草剂单剂有20多个(表12-1)。目前，以乙草胺、异丙甲草胺、精喹禾灵、高效氟吡甲禾灵等的使用量较大，另外资料报道嘧草硫醚、三氟啶磺隆也可以用于棉花田防治多种杂草。棉田常用除草剂性能比较见表12-2。

表12-1 棉花田登记的除草剂单剂

序号	通用名称	制剂	登记参考制剂用量(g、ml/亩)
1	乙草胺	50%乳油	120～150
2	甲草胺	480g/L乳油	250～300
3	异丙甲草胺	720g/L乳油	100～150
4	精异丙甲草胺	960g/L乳油	60～100
5	敌草胺	50%可湿性粉剂	150～250
6	扑草净	50%可湿性粉剂	100～150
7	氟乐灵	48%乳油	75～150
8	地乐胺	48%乳油	200～250
9	二甲戊乐灵	45%微胶囊剂	110～140
10	乙氧氟草醚	240g/L乳油	40～60(登记用量高)
11	精喹禾灵	10%乳油	30～40
12	精吡氟禾草灵	150g/L乳油	33～66
13	吡氟禾草灵	35%乳油	50～100
14	高效氟吡甲禾灵	10.8%乳油	25～35
15	精恶唑禾草灵	6.9%水乳剂	50～60
16	稀禾啶	12.5%乳油	80～100
17	草甘膦钾盐	613g/L水剂	81～180
18	敌草隆	50%可湿性粉剂	100～150
19	氟啶草酮	42%悬浮剂	30～40
20	草甘膦异丙胺盐	41%水剂	150～250
21	恶草酸	10%乳油	35～50

注：表中用量未标明春棉花、夏棉花田用量，施药时务必以产品标签或当地实践用量为准。

表12-2 棉花田常用除草剂的性能比较

除草剂	用药量（有效成分，g/亩）	除草谱								不良环境下安全性
		稗草	狗尾草	马唐	酸模叶蓼	反枝苋	藜	龙葵	苘麻	
异丙甲草胺	75～100	优	优	优	良	优	优	良	差	幼苗叶受轻微抑制
甲草胺	100～150	优	优	优	良	优	优	良	差	幼苗叶受轻微抑制
乙草胺	50～100	优	优	优	优	优	优	良	中	幼苗生长抑制
异丙草胺	75～100	优	优	优	良	优	优	良	差	幼苗叶受轻微抑制
氟乐灵	75～100	优	优	优	优	优	优	差	中	根生长抑制

除草剂	用药量（有效成分，g/亩）	除草谱							不良环境下安全性
		稗草	狗尾草	马唐	酸模叶蓼	反枝苋	藜	龙葵 苘麻	
地乐胺	75～100	优	优	优	差	优	优	差 差	安全
二甲戊乐灵	75～100	优	优	优	差	优	优	差 差	安全
扑草净	35～50	中	中	中	优	优	优	优 良	安全性差，用量略大药害较重
乙氧氟草醚	3～5	优	优	优	优	优	优	优 优	幼苗叶受抑制
恶草酮	25～30	优	优	优	优	优	优	优 优	安全
草甘膦	50～75	优	优	优	优	优	优	优 优	安全性较差
精喹禾灵	4～6	优	优	优					安全
精吡氟禾草灵	5～10	优	优	优					安全
高效氟吡甲禾灵	2～4	优	优	优					安全
稀禾啶	6～12	优	优	优					安全
烯草酮	2～5	优	优	优					安全

三、棉花田杂草防治技术

近几年来，随着农业生产的发展和耕作制度的变化，棉花田杂草的发生出现了很多变化、棉花栽培模式多种多样。在棉花田杂草防治中应区别对待各种情况，选用适宜的除草剂品种和配套的施药技术。

（一）棉花苗床杂草防治

在棉花苗床(图12-1)，主要杂草为马唐、狗尾草、牛筋草、藜、反枝苋，杂草比较好防治，生产中可以用酰胺类、二硝基苯胺类除草剂等。

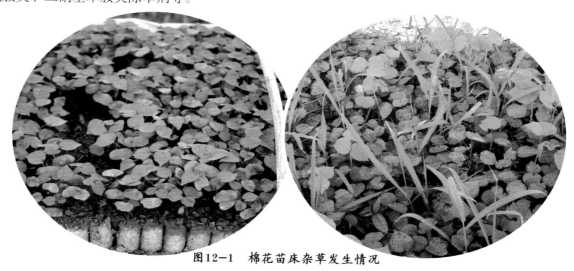

图12-1　棉花苗床杂草发生情况

在棉花苗床播种后覆膜前施药，施药量一般不宜过大，否则影响育苗质量。

可以施用：

50%乙草胺乳油30～50ml/亩；

72%异丙甲草胺乳油75～100ml/亩；

72%异丙草胺乳油75～100ml/亩+50%扑草净可湿性粉剂50g/亩；

33%二甲戊乐灵乳油50～75ml/亩；

50%乙草胺乳油40ml/亩+24%乙氧氟草醚乳油10ml/亩；

对水50～80kg喷雾土表。棉花幼苗期，遇低温、多湿、苗床积水或药量过多，易受药害。其药害症状为叶片皱缩，待棉花长至3片复叶以后，温度升高可以恢复正常生长，一般情况下对棉苗基本上没有影响(图12-2至图12-9)。

图12-2 棉花播后苗前，在持续低温、高湿条件下过量施用50%乙草胺乳油16天后的药害症状比较。施药后棉花出苗缓慢，矮化，生长受到较重的抑制。

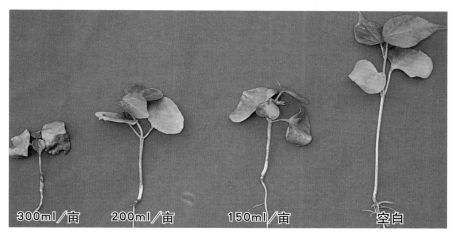

图12-3 在棉花播后芽前，在持续低温、高湿条件下过量施用50%乙草胺乳油16天后的药害症状比较。施药后棉苗出苗缓慢，矮化，生长受抑制，根的生长受到抑制、须根减少、根毛减少。

图12-4 在棉花播后芽前，低温高湿条件下，喷施48%地乐胺乳油16天后的药害症状。受害后出苗缓慢、根系受抑制，长势差，药害重者缓慢死亡。

图12-5 在棉花播后芽前，低温高湿条件下，喷施48%氟乐灵乳油22天后的药害症状。受害后心叶卷缩、畸形，轻者生长受抑制，长势明显差于空白对照，重者缓慢死亡。

图12-6 在棉花播后芽前，低温高湿条件下，喷施33%二甲戊乐灵乳油后的药害症状。受害后出苗缓慢、根系受抑制，根系短而根数少，心叶畸形卷缩，植株矮小，长势差于空白对照，重者萎缩死亡。

图12-7 在棉花播后芽前，喷施50%扑草净可湿性粉剂16天后的药害症状。受害棉花正常出苗，高剂量区苗后叶片黄化、叶片枯黄、全株死亡。光照强、温度高药害发展迅速。

图12-8 在棉花播后芽前，遇高湿条件过量喷施乙氧氟草醚后的药害症状。棉花出苗基本不受影响，但出苗后真叶叶片出现褐斑，叶片皱缩，少数叶片枯死。药害轻时，生长受到暂时的抑制，以后不断发出新叶而恢复生长；药害严重时，叶片枯死，新叶不能发出，全株逐渐死亡。

图12-9 在棉花播后芽前，遇高湿条件过量喷施24%乙氧氟草醚乳油16天后的药害症状。受害棉花叶片出现褐斑，生长缓慢。药害轻时，生长受到暂时的抑制；药害严重时，叶片枯死，新叶不能发出，逐渐死亡。

(二)地膜覆盖棉花直播田杂草防治

在春棉花直播地膜覆盖田(图12-10)，杂草发生比较严重，膜下杂草常挤烂地膜，影响棉花生长，生产上需要施用芽前封闭除草剂。

表12-10　棉花春直播地膜覆盖田栽培与施药情况

在春棉花直播地膜覆盖田，晚上和阴天温度极低、白天阳光下温度极高，对保证除草剂的药效和安全增加了难度。一般应严格控制施药剂量；施药量不宜过大，否则影响育苗质量。可以用：

50%乙草胺乳油75～125ml/亩；

72%异丙甲草胺乳油100～200ml/亩；

72%异丙草胺乳油100～200ml/亩；

33%二甲戊乐灵乳油100～150ml/亩；

50%乙草胺乳油75ml/亩+24%乙氧氟草醚乳油10ml/亩；

50%异丙草胺乳油100ml/亩+50%扑草净可湿性粉剂50g/亩，对水40～60kg喷雾土表。棉花幼苗期，遇低温、多湿、苗床积水或药量过多，易受药害。其药害症状为叶片皱缩，待棉花长至3片复叶以后，温度升高可以恢复正常生长，一般情况下对棉苗基本上没有影响。

（三）棉花移栽田杂草防治

棉花育苗移栽是重要的栽培模式(图12-11)。部分生产条件较好的棉花产区，翻耕平整土地后播种棉花，对于这些地区棉花移栽前进行杂草防治是一个最有利、最关键的时期。

图12-11　棉花育苗移栽与施药情况

华北棉花栽培区，降雨量少、土壤较旱，而以前施用除草剂较少，对于田间常见杂草种类为马唐、狗尾草、牛筋草、稗草、藜、苋的田块，在棉花移栽前，可以用：

50%乙草胺乳油150~200ml/亩；

33%二甲戊乐灵乳油200~250ml/亩；

72%异丙甲草胺乳油200~250ml/亩；

对水45kg，均匀喷施。对于田间发生有大量禾本科杂草和阔叶杂草的地块，可以用：

50%乙草胺乳油100~200ml/亩；

33%二甲戊乐灵乳油150~200ml/亩；

72%异丙草胺乳油150~250ml/亩；

同时分别加入下列除草剂中的一种：20%恶草酮乳油100ml/亩、24%乙氧氟草醚乳油20~40ml/亩或

50%扑草净可湿性粉剂50g/亩，对水45kg，均匀喷施，施药后移栽棉花，尽可能减少松动土层。

河南中南部及其以南棉花栽培区，降雨量较大、杂草发生严重。对于以前施用除草剂较少，田间常见杂草为马唐、狗尾草、牛筋草、稗草、藜、苋的田块，在棉花播后芽前，可用：

50%乙草胺乳油200～250ml/亩；

33%二甲戊乐灵乳油200～250ml/亩；

72%异丙甲草胺乳油200～250ml/亩，对水45kg，均匀喷施。

对于田间发生有大量禾本科杂草和阔叶杂草的地块，可以用：

50%乙草胺乳油200～250ml/亩；

33%二甲戊乐灵乳油150～250ml/亩；

72%异丙草胺乳油200～300ml/亩；

同时分别加入下列除草剂中的一种：24%乙氧氟草醚乳油20～40ml/亩、20%恶草酮乳油100～150ml/亩、50%扑草净可湿性粉剂50g/亩，在棉花移栽前，对水45kg，均匀喷施。施药时应注意墒情和天气预报。乙氧氟草醚、恶草酮为触杀性芽前除草剂，施药时要喷施均匀。扑草净对棉花安全性差，不要随意加大剂量；否则，易发生药害。

(四)棉花苗期杂草防治

棉花苗期是杂草防治的重要时期，如不及时防治往往形成草荒，严重影响棉花的前期生长(图12-12)。棉花田除草时必须结合田间杂草种类和发生情况，及早地选择除草剂种类进行化学除草。

图12-12 棉花苗期杂草发生情况

棉花苗期(图12-13),可以在棉花苗期结合锄地、中耕灭茬,除去已出苗杂草,同时采用封闭除草的方法施药,可以有效控制棉花田杂草的为害,这种方法成本低廉、除草效果好,基本上可以控制整个生育期内杂草的为害。

图12-13 棉花苗期田间灭茬除草情况

常用除草剂品种与用量:

50%乙草胺乳油120~150ml/亩;

72%异丙草胺乳油150~200ml/亩;

72%异丙甲草胺乳油150~200ml/亩;

33%二甲戊乐灵乳油150~200ml/亩。在棉花幼苗期、封行前,对水45kg,均匀喷施,宜选用墒好、阴天或下午5时后施药,如遇高温、干旱、强光条件下施药,棉花会产生触杀性药斑(图12-14至图12-17),但一般情况下对棉花生长影响不大。

图12-14 在棉花生长期,遇高温干旱条件,茎叶喷施50%乙草胺乳油6天后的药害症状。施药处理棉花叶片出现不同程度的深褐斑点,长势受到不同程度的影响,个别棉株叶片枯死。

空白　　100ml/亩　　150ml/亩　　200ml/亩

图12-15　在棉花生长期，遇高温干旱条件，茎叶喷施72%异丙甲草胺乳油6天后的药害症状。施药处理棉花叶片出现不同程度的褐斑。轻害对棉花长势影响不大；药量较大时，叶片大量枯焦、心叶枯死，生长将受到严重影响。

图12-16　在棉花生长期，遇高温干旱条件，茎叶喷施50%异丙草胺乳油6天后的田间药害症状。施药处理棉花叶片出现褐斑，轻度药害对棉花长势影响不大。

图12-17　在棉花生长期，模仿漂移或错误施药，喷施33%二甲戊乐灵乳油200ml/亩6天后的药害症状。受害后叶片出现大量黄褐色斑点，个别心叶受害萎缩，生长受到一定的影响。

棉花苗期杂草较小(图12-18)，田间有禾本科杂草，可以用兼有杀草和封闭除草的除草剂配方。

图12-18　棉花苗期田间杂草较少

常用除草剂品种与用量：

5%精喹禾灵乳油50~75ml/亩+50%乙草胺乳油100~150ml/亩；

5%精喹禾灵乳油50~75ml/亩+33%二甲戊乐灵乳油150~200ml/亩；

12.5%稀禾啶乳油50~75ml/亩+72%异丙甲草胺乳油150~200ml/亩；

24%烯草酮乳油20~40ml/亩+50%异丙草胺乳油150~200ml/亩；

在棉花幼苗期、封行前，对水45kg，均匀喷施，宜选用墒好、阴天或下午5时后施药，如遇高温、干旱、强光条件下施药，棉花会产生触杀性药斑，但一般情况下对棉花生长影响不大。

对于前期未能封闭除草的田块，在杂草基本出齐，且杂草处于幼苗期(图12-19)时应及时施药。

图12-19　棉花田大量禾本科杂草发生情况

可以施用：

5%精喹禾灵乳油50~75ml/亩；

10.8%高效氟吡甲禾灵乳油20～40ml/亩；

10%喔草酯乳油40～80ml/亩；

15%精吡氟禾草灵乳油40～60ml/亩；

10%精恶唑禾草灵乳油50～75ml/亩；

12.5%稀禾啶乳油50～75ml/亩；

24%烯草酮乳油20～40ml/亩，对水30kg，均匀喷施，可以有效防治多种禾本科杂草。施药时视草情、墒情确定用药量。草大、墒差时适当加大用药量。施药时注意不能漂移到周围禾本科作物上；否则，会发生严重的药害。

在棉花苗期，特别是前期施用过酰胺类封闭除草剂的田块，马齿苋、铁苋、打碗花、香附子等发生严重。因为棉花行间距较大，可以在杂草基本出齐且杂草处于幼苗期时(图12-20)定向喷施除草剂。

图12-20   棉花生长期阔叶杂草发生为害情况

具体药剂如下：

10%乙羧氟草醚乳油10～30ml/亩；

48%苯达松水剂150ml/亩；

25%三氟羧草醚水剂50ml/亩；

25%氟磺胺草醚水剂50ml/亩；

24%乳氟禾草灵乳油20ml/亩，对水30kg，选择晴天无风天气定向喷施。该类除草剂对杂草主要表现为触杀性除草效果，施药时务必喷施均匀。注意不要喷施到棉花叶片，否则会产生严重的药害。

部分棉花田(图12-21)，在棉花生长前期或雨季来临之前，对于以马唐、狗尾草、马齿苋、藜、苋发生的地块，可以用75%嘧草硫醚水分散粒剂3～9g/亩或75%三氟啶磺隆水分散粒剂1.5～2g/亩，对水30kg均匀喷施，对棉花比较安全，可以有效防治多种一年生杂草，也有较好的封闭除草效果，对小蓟、大蓟、空心莲子草等有较好的抑制作用。因为棉花行间距较大，可以在杂草基本出齐、且杂草处于幼苗期时定向喷施除草剂，可以用杀草、封闭兼备的除草剂配方。

图12-21　棉花苗期禾本科杂草和阔叶杂草混合发生情况

具体药剂如下：

5%精喹禾灵乳油50ml/亩+48%苯达松水剂150ml/亩；

10.8%高效氟吡甲禾灵乳油20ml/亩+25%三氟羧草醚水剂50ml/亩；

5%精喹禾灵乳油50ml/亩+24%乳氟禾草灵乳油20 ml/亩；

同时，分别加入下列除草剂之一：50%乙草胺乳油100～150ml/亩、72%异丙甲草胺乳油150～200ml/亩、50%异丙草胺乳油150～200ml/亩、33%二甲戊乐灵乳油150～200ml/亩。

对水30kg，选择晴天无风天气定向喷施，施药时视草情、墒情确定用药量。注意不要喷施到棉花叶片，否则会产生严重的药害。

对于前期未能有效除草的田块，在棉花田禾本科杂草较多、较大时(图12-22)，应适当加大药量和施药水量，喷透喷匀，保证杂草均能接受到药液。

图12-22　棉花田禾本科杂草发生严重的情况

可以施用：

5%精喹禾灵乳油75～125ml/亩；

10.8%高效氟吡甲禾灵乳油40～60ml/亩；

10%喔草酯乳油60～80ml/亩；

15%精吡氟禾草灵乳油75～100ml/亩；

10%精恶唑禾草灵乳油75～100ml/亩；

12.5%稀禾啶乳油75～125ml/亩；

24%烯草酮乳油40～60ml/亩，对水45～60kg均匀喷施，施药时视草情、墒情确定用药量，可以有效防治多种禾本科杂草；但天气干旱、杂草较大时死亡时间相对缓慢。杂草较大、杂草密度较高、墒情较差时适当加大用药量和喷液量；否则，杂草接触不到药液或药量较小，影响除草效果。

(五)棉花田禾本科杂草和阔叶杂草等混生杂草防治

部分棉花田，前期未能及时施用除草剂或除草效果不好时，在棉花生长中后期雨季发生大量杂草，生产上应针对杂草发生种类和栽培管理情况，正确地选择除草剂种类和施药方法。

部分棉花田(图12-23)，在棉花生长中后期或进入雨季后，田间以马唐、狗尾草、马齿苋、藜、苋发生的地块，或香附子发生严重田块(图12-24)。可以用47%草甘膦水剂50～100ml/亩，对水30kg，选择晴天无风天气定向喷施，施药时视草情、墒情确定用药量。注意不要喷施到棉花叶片上，否则会产生严重的药害损失。

图12-23　棉花生长中后期禾本科杂草和阔叶杂草混合发生情况

图12-24　棉花生长中后期香附子发生为害情况

第十三章 烟草田杂草防治新技术

一、烟草田主要杂草种类及发生为害

我国烟草种植地域广泛，自然条件差异较大，烟田杂草种类繁多。主要有马唐、狗尾草、千金子、稗、牛筋草、画眉草、看麦娘、早熟禾、狗牙根、繁缕、铁苋菜、苍耳、藜藜、莎草、碎米莎草、猪殃殃、鸭跖草、马齿苋、龙葵、藜、荠菜、苦荬菜、蒲公英、田旋花、香附子、苨草、辣子草、小飞蓬、母草、车前、雀舌草、毛茛等。其中以一年生杂草数量最多，为害最重。

烟草种子极小，幼苗生长很慢，在一般情况下，如苗床(畦)发生杂草为害，则影响烟草生长，如移栽田发生杂草为害，烟草长势矮小。特别是烟苗受到藜、蓼、苋、苍耳等高大植株的欺压，或受田旋花等缠绕蔓茎的侵扰，它们不仅与之争肥、争水，还要强烈地争夺阳光。此外，茄科杂草也是烟草花叶病和黑胫病的寄主；一些十字花科杂草及打碗花，则是蚜虫的寄主，而蚜虫又是某些病毒的传媒。覆盖地膜的烟田，往往杂草丛生，甚至顶破地膜，不仅为害烟草生长，还影响地膜效果。

二、烟草田主要除草剂性能比较

在烟草田登记使用的除草剂单剂仅5个(表13-1)，资料报道的烟田除草剂较多、较乱。烟田常用除草剂的除草谱和除草效果比较(表13-2)。

表13-1 烟草田登记使用的除草剂单剂

序号	通用名称	制剂	登记参考制剂用量(g、ml/亩)
1	精异丙甲草胺	960g/L乳油	60～85
2	萘丙酰草胺	50%干悬浮剂	200～266
3	砜嘧磺隆	25%水分散粒剂	5～6
4	二甲戊乐灵	45%微胶囊剂	150～200
5	精喹禾灵	10.8%乳油	30～40

注：表中用量未标明各地烟草田用量，施药时务必以产品标签或当地实践用量为准。

表13-2　烟草田常用除草剂的性能比较

除草剂	用药量（有效成分，g/亩）	除草谱								不良环境下安全性
		稗草	狗尾草	马唐	酸模叶蓼	反枝苋	藜	龙葵	苘麻	
异丙甲草胺	75～100	优	优	优	良	优	优	良	差	幼苗叶受轻微抑制
甲草胺	100～150	优	优	优	良	优	优	良	差	幼苗叶受轻微抑制
乙草胺	50～150	优	优	优	优	优	优	良	中	幼苗生长抑制
异丙草胺	75～100	优	优	优	良	优	优	良	差	幼苗生长抑制
萘丙酰草胺	75～100	优	优	优	优	优	优	差	中	幼苗生长抑制
二甲戊乐灵	50～100	优	优	优	差	优	优	差	差	幼苗生长抑制
扑草净	35～50	中	中	中	优	优	优	优	良	安全性差，用量略大药害较重
乙氧氟草醚	3～5	优	优	优	优	优	优	优	优	幼苗叶片斑点性药害
恶草酮	25～30	优	优	优	优	优	优	优	优	幼苗叶片斑点性药害
砜嘧磺隆	1～2	优	优	优	优	优	优	优	优	安全性差，定向喷雾
精喹禾灵	4～6	优	优	优						安全
精吡氟禾草灵	5～10	优	优	优						安全
高效氟吡甲禾灵	2～4	优	优	优						安全
稀禾啶	6～12	优	优	优						安全
烯草酮	2～5	优	优	优						安全

三、烟草田杂草防治技术

近年来，我国各地烟草种植区域自然条件差异较大、栽培管理模式不同(图13-1)，生产上应根据各地实际情况正确地选择除草剂的种类和施药方法。

图13-1　烟草田栽培和杂草发生为害情况

（一）烟苗床（畦）杂草防治

烟叶多为育苗移栽，苗床（畦）肥水大、墒情好，特别有利于杂草的发生，影响烟叶幼苗生长；同时，苗床（畦）地膜覆盖，白天温度较高，昼夜温差较大，烟苗瘦弱，除草剂对烟苗易造成药害。生产中可以使用过筛细土，以筛去杂草种子；也可以使用除草剂防治杂草的为害。

在苗床整好播种，适当混土后施药，可以用：

20%萘丙酰草胺乳油75～100ml/亩；

72%异丙甲草胺乳油50～75ml/亩；

50%异丙草胺乳油50～75ml/亩；

33%二甲戊乐灵乳油40～60ml/亩；对水40kg均匀喷施，可以有效防治多种一年生禾本科杂草和部分阔叶杂草。药量过大、田间过湿，温度过高或过低，特别是遇到持续低温多雨条件下烟苗可能会出现暂时的矮化、粗缩，一般情况下能恢复正常生长；遇到膜内温度过高或寒流时，会出现死苗现象。

（二）烟移栽田杂草防治

烟叶多为育苗移栽，生产上宜采用封闭性除草剂，一次施药保持整个生长季节没有杂草为害。可于移栽前3～5天喷施土壤封闭性除草剂，移栽时尽量少翻动土层。具体除草剂品种和施药方法如下：

33%二甲戊乐灵乳油150～200ml/亩；

50%萘丙酰草胺可湿性粉剂200～250g/亩；

50%乙草胺乳油150～200ml/亩；

72%异丙甲草胺乳油175～250ml/亩；

72%异丙草胺乳油175～250ml/亩；对水40kg均匀喷施。

对于墒情较差或沙土地，可以用48%氟乐灵乳油150～200ml/亩，或48%地乐胺乳油150～200ml/亩，施药后及时混土2～3cm，该药易挥发，混土不及时会降低药效。

对于一些老烟田，特别是长期施用除草剂的烟田，铁苋、马齿苋等阔叶杂草较多，可以用：

33%二甲戊乐灵乳油100～150ml/亩；

20%萘丙酰草胺乳油200～250ml/亩；

50%乙草胺乳油100～150ml/亩；

72%异丙甲草胺乳油150～200ml/亩；

72%异丙草胺乳油150～200ml/亩；

同时加入下列除草剂中的一种：24%乙氧氟草醚乳油20～30ml/亩或12%恶草酮乳油100～200ml/亩、50%扑草净可湿性粉剂50～100g/亩，对水40kg均匀喷施，可以有效防治多种一年生禾本科杂草和阔叶杂草。生产中应均匀施药，不宜随便改动配比，否则易发生药害。

移栽前土壤处理或苗后茎叶处理，用75%甲磺草胺干悬浮剂30～35g/亩，加水50kg均匀喷于土壤表面，或拌细潮土40～50kg施于土壤表面，可以有效防治一年生阔叶杂草、禾本科杂草和莎草科杂草。

（三）烟叶生长期杂草防治

对于前期未能采取化学除草或化学除草失败的烟田，应在田间杂草基本出苗且杂草处于幼苗期时及时施药防治。烟田防治一年生禾本科杂草，如稗草、狗尾草、野燕麦、马唐、虎尾草、看麦娘、牛筋草等，应在禾本科杂草3～5叶期，用下列除草剂：

5%精喹禾灵乳油40～50ml/亩；

10.8%高效氟吡甲禾灵乳油20～30ml/亩；

24%烯草酮乳油20～30ml/亩；

12.5%稀禾啶机油乳剂40～50ml/亩，加水25～30kg配成药液喷洒。在气温较高、雨量较多的地区，杂草生长幼嫩，可适当减少用药量；相反，在气候干旱、土壤较干地区，杂草幼苗老化耐药，要适当增加用药量。防治一年生禾本科杂草时，用药量可稍减少；而防治多年生禾本科杂草时，用药剂量应适当地增加。

在烟叶60cm以上，特别是采摘下部烟叶后，如果田间杂草较多，可以施用25%砜嘧磺隆干燥悬浮剂4～5g/亩，对水30kg定向喷施，可以有效防治多种杂草。施药时应选择无风天气，注意不要喷施到烟叶上，否则易产生药害。

第十四章 油菜田杂草防治新技术

一、油菜田主要杂草种类及发生为害

我国油菜田杂草发生为害严重，长江流域油菜田杂草发生为害最重，严重地影响着油菜的丰产与丰收。油菜田的杂草种类较多，而且因种植地区不同而存在差异。冬油菜产区的主要杂草有看麦娘、日本看麦娘、稗草、千金子、棒头草、菵草、早熟禾、牛繁缕、雀舌草、碎米荠、通泉草、稻槎菜、猪殃殃、大巢菜、婆婆纳等。春油菜产区的主要杂草有野燕麦、旱稗、马唐、狗尾草、薄蒴草、密花香薷、遏蓝菜、苣荬菜、藜、灰绿藜、反枝苋、地肤、小蓟、苍耳、苦苣菜、苘麻、田旋花、扁蓄等。

油菜在苗期易于受到杂草的为害，常导致成苗株数减少和形成瘦苗、弱苗、高脚苗，抽薹后分枝结荚少，油菜田草害严重地影响着油菜的丰产与丰收。据青海省农科院测定，亩产200kg的田块，田间野燕麦穗数在7.87万~94.15万穗的范围内，野燕麦密度与油菜籽产量呈现极显著的负相关，野燕麦每增加1万穗，油菜主花序长度则缩短0.402cm，单株有效分枝减少0.046个，单荚籽粒减少0.06粒。上海崇明县植保站测定，在免耕移栽、肥力中等的油菜田，每平方米有硬草45.5~91株，油菜株高可降低4.02%，有效分枝减少3.9%个，单株结荚减少11.11%，单荚籽粒减少5.32%，千粒重减少0.01%，产量减少15.83%。

二、油菜田杂草的发生规律

冬油菜区，播种时气温较高、墒情较好，一般在油菜播种后杂草即萌发出土，并很快形成出苗高峰。如江苏南部油菜10月上旬播种，只要田间墒情好，播后5天左右杂草即大量出土，高峰期一般在10月中旬到11月中旬，持续30~40天。这批杂草与油菜幼苗竞争激烈，是形成草害的主体。12月至翌年1月气温较低，田间杂草基本停止出土。待2月下旬气温开始回升时，一些入土较深的草籽陆续萌发，但数量较少，并且由于此时油菜生长迅速、田间郁闭，这些杂草往往因光照不足而逐渐死亡，通常构不成为害。到3月中旬，多数杂草进入拔节期，4—5月陆续开花结籽，而后成熟散落于田间。直播油菜田杂草出苗高峰期出现的早晚和数量的多少，受秋季和冬季气温及降雨影响很大。油菜播种后天气干旱少雨、土壤墒情差，出苗高峰就推迟，但降雨后很快会形成出草高峰。

栽培方式对杂草的发生规律有影响，一般直播油菜在播后7~20天达到第一出草高峰，而移栽油菜在栽后10~25天达到第一出草高峰。免耕地出草早且发生量大。

因此，对于冬油菜区，杂草防治的时期有3个，包括播后芽前、冬前期和早春，在这些时期中以冬前期防治最为有利。

三、油菜田主要除草剂性能比较

在油菜田登记使用的除草剂单剂有24个(表14-1)。目前，以乙草胺、异丙甲草胺、草除灵、精喹禾灵、高效氟吡甲禾灵等的使用量较大。油菜田常用除草剂的性能比较见表14-2。

表14-1　油菜田登记使用的除草剂单剂

序号	通用名称	制剂	登记参考制剂用量(g、ml/亩)
1	乙草胺	50%乳油	120～150
2	精异丙甲草胺	960g/L乳油	60～100
3	异丙草胺	720g/L乳油	125～175
4	R-左旋敌草胺	25%可湿性粉剂	50～60
5	异恶草松	360克/L微囊悬浮剂	26～33
6	氟乐灵	48%乳油	180～200
7	精喹禾灵	10%乳油	30～40
8	精吡氟禾草灵	150g/L乳油	33～66
9	吡氟禾草灵	35%乳油	50～100
10	高效氟吡甲禾灵	10.8%乳油	20～30
11	精恶唑禾草灵	6.9%水乳剂	40～50
12	喹禾糠酯	40g/L乳油	60～90
13	稀禾啶	12.5%乳油	80～100
14	烯草酮	24%乳油	17.5～20
15	二氯吡啶酸	75%可溶性粒剂	9～16
16	草除灵	500g/L悬浮剂	26～40
17	丙酯草醚	10%乳油	40～50
18	吡喃草酮	10%乳油	25～40
19	草甘膦钾盐	613g/L水剂	81～180
20	草甘膦铵盐	75.7%可溶粒剂	66～145
21	草甘膦异丙胺盐	41%水剂	150～250
22	草甘膦	10%水剂	500～1100
23	氨氯吡啶酸	24%可溶液剂	7.5～10
24	敌草快	20%水剂	83～150

注：表中用量未标明春油菜、冬油菜田用量，施药时务必以产品标签或当地实践用量为准。

表14-2　油菜田常用除草剂的性能比较

除草剂	用药量 (有效成分，g/亩)	除草谱								不良环境下安全性
		稗草	狗尾草	马唐	酸模叶蓼	反枝苋	藜	龙葵	苘麻	
异丙甲草胺	75～100	优	优	优	良	优	优	良	差	幼苗叶受轻微抑制
甲草胺	100～150	优	优	优	良	优	优	良	差	幼苗叶受轻微抑制
乙草胺	50～150	优	优	优	优	优	优	良	中	幼苗生长抑制
异丙草胺	75～100	优	优	优	良	优	优	良	差	幼苗生长抑制
萘丙酰草胺	75～100	优	优	优	良	优	优	差	中	幼苗生长抑制
甲草胺	75～100	优	优	优	良	优	优	差	差	幼苗生长抑制
二甲戊乐灵	50～100	优	优	优	差	优	差	差	差	幼苗生长抑制
胺苯磺隆	1～2	良	良	良	优	优	优	优	优	安全性差，残效期长
二氯吡啶酸	5～10				优	优	优	优	优	安全性一般
丙酯草醚	4～5	优	良	优	良	优	优	优	良	安全性一般
异丙酯草醚	3～4	优	良	优	良	优	优	优	良	安全性一般
草除灵	15～20				优	优	优	优	差	安全性较差
精喹禾灵	4～6	优	优	优						安全性差
精吡氟禾草灵	5～10	优	优	优						安全
高效吡氟甲禾灵	2～4	优	优	优						安全
稀禾啶	6～12	优	优	优						安全
烯草酮	2～5	优	优	优						安全

四、油菜田杂草防治技术

近年来，我国各地油菜种植区域自然条件差异较大、栽培管理模式不同(图14-1)，生产上应根据各地实际情况正确地选择除草剂的种类和施药方法。

(一)油菜播种期杂草防治

由于油菜粒小、播种浅，很多种封闭除草剂品种对油菜易产生药害，生产上应注意适当深播。

在油菜播种前，可以用：

48%氟乐灵乳油100～120ml/亩，黏质土及有机质含量高的田块可以用120～175ml/亩；

用48%地乐胺乳油100～120ml/亩，黏质土及有机质含量高的田块用150～200ml/亩。

加水40～50kg配成药液均匀喷于土表，并随即混入浅土层中，干旱时要镇压保墒。施药后3～5天播种油菜。

封闭除草剂主要靠位差选择性以保证对油菜的安全性，生产上应根据土质和墒情适当深播；同时，施药时要注意天气预报，如有降雨、降温等田间持续低温高湿情况，也易产生药害。除草剂品种和施药

图14-1　油菜田杂草发生为害情况

方法如下：

33%二甲戊乐灵乳油150~250ml/亩；

20%萘丙酰草胺乳油150~250ml/亩；

50%乙草胺乳油100~120ml/亩；

72%异丙甲草胺乳油120~150ml/亩；

72%异丙草胺乳油120~150ml/亩，对水40kg均匀喷施，可以有效防治多种一年生禾本科杂草和播娘蒿、荠菜、牛繁缕、藜、苋、苘麻等阔叶杂草。施药时一定视条件调控药量，切忌施药量过大。药量过大、田间过湿，特别是遇到持续低温多雨条件下幼苗可能会出现暂时的矮化、粗缩，多数能恢复正常生长；但严重时，会出现死苗现象。

(二)油菜移栽田杂草防治

油菜移栽前施药比较方便，对油菜生长相对安全(图14-2)。

图14-2　油菜移栽田

比较干旱的地区，可以在油菜移栽前，施用下列除草剂：

48%氟乐灵乳油150~200ml/亩；

48%地乐胺乳油150~200ml/亩，加水40~50kg配成药液喷于土表，并随即混入浅土层中，干旱时要镇压保墒。施药后3~5天移栽油菜。

南方多雨地区，杂草发生严重，可以在油菜移栽前施用：

33%二甲戊乐灵乳油150~250ml/亩；

20%萘丙酰草胺乳油200~250ml/亩；

50%乙草胺乳油150~200ml/亩；

72%异丙甲草胺乳油200~250ml/亩；

72%异丙草胺乳油200~250ml/亩，对水40kg均匀喷施，可以有效防治多种一年生禾本科杂草和部分阔叶杂草；对于禾本科杂草和阔叶杂草发生较多的地块，也可以在上述除草剂中加入10%胺苯磺隆可湿性粉剂10~20g/亩。施药后移栽油菜，尽量少松动土层。

（三）油菜生长期杂草防治

前期未能采取有效的杂草防治措施，应在苗后前期及时进行化学除草。宜在油菜封行前、杂草3~5叶期，及时施用除草剂。

对于前期未能封闭除草的田块，田间发生看麦娘等大量禾本科杂草，在杂草基本出齐，且大量杂草处于幼苗期(图14-3)时应及时施药。

图14-3 油菜田禾本科杂草幼苗期发生为害情况

可以施用下列除草剂：

5%精喹禾灵乳油50~75ml/亩；

10.8%高效氟吡甲禾灵乳油20~40ml/亩；

10%喔草酯乳油40~80ml/亩；

15%精吡氟禾草灵乳油40~60ml/亩；

10%精恶唑禾草灵乳油50~75ml/亩；

12.5%稀禾啶乳油50~75ml/亩；

24%烯草酮乳油20~40ml/亩，对水30kg均匀喷施，可以有效防治多种禾本科杂草。施药时视草情、墒情确定用药量，草大、墒差时适当加大用药量。施药时注意不能漂移到周围小麦等禾本科作物上；否则，会发生严重的药害。

对于前期未能有效除草的田块，在油菜田禾本科杂草较多、较大时(图14-4)，特别是日本看麦娘、菵草等发生严重的田块，应抓住苗后前期及时防治，并适当加大药量和施药水量，喷透喷匀，保证杂草均能接受到药液。

图14-4 油菜田禾本科杂草发生严重的情况

可以施用：

5%精喹禾灵乳油75~125ml/亩；

10.8%高效氟吡甲禾灵乳油40~60ml/亩；

10%喔草酯乳油60~80ml/亩；

15%精吡氟禾草灵乳油75~100ml/亩；

10%精恶唑禾草灵乳油75~100ml/亩；

12.5%稀禾啶乳油75~125ml/亩；

24%烯草酮乳油40~60ml/亩，对水45~60kg均匀喷施，施药时视草情、墒情确定用药量，可以有效防治多种禾本科杂草；但天气干旱、杂草较大时死亡时间相对缓慢。杂草较大、杂草密度较高、墒情较差时适当加大用药量和喷液量；否则，杂草接触不到药液或药量较小，影响除草效果。

对于前期未能有效除草的田块，在油菜田牛繁缕等阔叶杂草较多时(图14-5)，应抓住苗后前期及时防治。可以施用：

图14-5 油菜田阔叶杂草发生严重的情况

10%草除灵乳油130~200ml/亩，对水45~60kg均匀喷施，施药时视草情、墒情确定用药量。在冬前苗期施用对白菜型油菜药害较重，对甘蓝型油菜也有一定的药害，而在油菜越冬后返青期应用对油菜安全。

对于前期未能有效除草的田块，在油菜田看麦娘、牛繁缕等禾本科杂草和阔叶杂草发生较多时(图14-6)，应抓住苗后前期及时防治。

图14-6 油菜田禾本科杂草和阔叶杂草发生严重的情况

可以施用：

10%丙酯草醚乳油40～50ml/亩；

10%异丙酯草醚乳油30～50ml/亩；也可以用：

5%精喹禾灵乳油75～125ml/亩；

10.8%高效氟吡甲禾灵乳油40～60ml/亩；

10%喔草酯乳油60～80ml/亩；

15%精吡氟禾草灵乳油75～100ml/亩；

10%精恶唑禾草灵乳油75～100ml/亩；

12.5%稀禾啶乳油75～125ml/亩；

24%烯草酮乳油40～60ml/亩+10%草除灵乳油130～200ml/亩，对水45～60kg均匀喷施，施药时视草情、墒情确定用药量。

第十五章 甘薯田杂草防治新技术

一、甘薯田主要杂草种类及发生为害

甘薯田的杂草种类因地区不同而异。其中主要杂草基本和产区的其他旱地杂草相似。以黄淮海流域为例，常见杂草有马唐、狗尾草、牛筋草、旱稗、鳢肠、苘麻、苍耳、藜、青葙、皱果苋、红蓼、田旋花、马齿苋等。

甘薯采用块茎温床育苗，薯秧育成后栽插于大田。栽插初期受杂草为害最重。草害严重时，甘薯地上部分生长缓慢，地下的薯块小而少。

二、甘薯田主要除草剂性能比较

目前，甘薯田国家登记生产的除草剂有异丙草胺、精喹禾灵、苯达松，资料报道的除草剂种类较多较乱；农民生产上常用的除草剂种类有乙草胺、甲草胺、异丙甲草胺、精异丙甲草胺、异丙草胺、二甲戊乐灵、氟乐灵、地乐胺、精喹禾灵、精吡氟禾草灵、高效氟吡甲禾灵等，生产中应注意除草剂对甘薯的安全性，特别是苯达松用于甘薯田易产生药害而不宜施用；生产中应根据各地情况，采用适宜的除草剂种类和施药方法。甘薯田主要除草剂的除草谱和除草效果比较见表15-1。

表15-1　甘薯田主要除草剂性能比较

除草剂	用药量（有效成分，g/亩）	除草谱								不良环境下安全性
		稗草	狗尾草	马唐	酸模叶蓼	反枝苋	藜	龙葵	苘麻	
异丙甲草胺	75~100	优	优	优	良	优	优	良	差	幼苗叶受轻微抑制
甲草胺	100~150	优	优	优	良	优	优	良	差	幼苗叶受轻微抑制
乙草胺	50~150	优	优	优	优	优	优	良	中	幼苗生长抑制
异丙草胺	75~100	优	优	优	良	优	优	良	差	幼苗生长抑制
萘丙酰草胺	75~100	优	优	优	优	优	优	差	中	幼苗生长抑制
甲草胺	75~100	优	优	优	差	优	优	差	差	幼苗生长抑制
二甲戊乐灵	50~100	优	优	优	差	优	优	差	差	幼苗生长抑制
乙氧氟草醚	3~5	优	优	优	优	优	优	优	优	幼苗叶片斑点性药害

| 除草剂 | 用药量 | 除草谱 | | | | | | | | 不良环境下安全性 |
	(有效成分，g/亩)	稗草	狗尾草	马唐	酸模叶蓼	反枝苋	藜	龙葵	苘麻	
恶草酮	25～30	优	优	优	优	优	优	优	优	幼苗叶片斑点性药害
精喹禾灵	4～6	优	优	优						安全
精吡氟禾草灵	5～10	优	优	优						安全
高效吡氟甲禾灵	2～4	优	优	优						安全
稀禾啶	6～12	优	优	优						安全
烯草酮	2～5	优	优	优						安全

三、甘薯田杂草防治技术

　　近年来，我国各地甘薯种植区域自然条件差异较大、栽培管理模式不同(图15-1)，生产上应根据各地实际情况正确地选择除草剂的种类和施药方法。

图15-1　甘薯田杂草发生为害情况

（一）甘薯移栽田杂草防治

甘薯生产中基本上都是育苗移栽(图15-2)，可于移栽前2～3天喷施土壤封闭性除草剂，一次施药保持整个生长季节都没有杂草为害。

图15-2 甘薯移栽田情况

可以施用的除草剂品种和施药方法如下：

50%乙草胺乳油150～200ml/亩；

72%异丙甲草胺乳油175～250ml/亩；

72%异丙草胺乳油175～250ml/亩；

20%萘丙酰草胺乳油200～300ml/亩；

33%二甲戊乐灵乳油150～200ml/亩；

对水40kg，均匀喷施。对于墒情较差或沙土地，可以用48%氟乐灵乳油150～200ml/亩或48%地乐胺乳油150～200ml/亩，施药后及时浅混土2～3cm，该药易于挥发，混土不及时会降低药效。

对于一些长期施用除草剂的田块，铁苋、马齿苋等阔叶杂草较多，可以用下列除草剂配方：

33%二甲戊乐灵乳油100～150ml/亩+25%恶草酮乳油100～150ml/亩；

50%乙草胺乳油100～150ml/亩+25%恶草酮乳油100～150ml/亩；

72%异丙甲草胺乳油150～200ml/亩+25%恶草酮乳油100～150ml/亩；

72%异丙草胺乳油150～200ml/亩+25%恶草酮乳油100～150ml/亩；

33%二甲戊乐灵乳油100～150ml/亩+24%乙氧氟草醚乳油20～30ml/亩；

50%乙草胺乳油100～150ml/亩+24%乙氧氟草醚乳油20～30ml/亩；

72%异丙甲草胺乳油150～200ml/亩+24%乙氧氟草醚乳油20～30ml/亩；

72%异丙草胺乳油150～200ml/亩+24%乙氧氟草醚乳油20～30ml/亩；

对水40kg，均匀喷施，可以有效防治多种一年生禾本科杂草和阔叶杂草。生产中应均匀施药，不宜随便改动配比，否则易产生药害。

(二)甘薯生长期杂草防治

在甘薯苗期锄地、中耕后，田间有禾本科杂草少量出苗后(图15-3)，过早盲目施用茎叶期防治禾本科杂草的除草剂，如精喹禾灵等，并不能达到理想的除草效果；该期可以采用除草和封闭兼备的除草方法，特别是甘薯未封行前施用可以有效防治甘薯田杂草。这种方法封杀兼备、除草效果好，可以控制整个生育期内杂草的为害。

图15-3 甘薯田少量禾本科杂草发生情况

在甘薯未封行前，定向喷施，尽量让药剂少喷施到甘薯心叶，可以施用下列除草剂配方。

10%精喹禾灵乳油50～75ml/亩+50%乙草胺乳油100～200ml/亩；

10%精喹禾灵乳油50～75ml/亩+33%二甲戊乐灵乳油150～200ml/亩；

12.5%稀禾啶乳油50～75ml/亩+72%异丙甲草胺乳油150～200ml/亩；

24%烯草酮乳油20～40ml/亩+50%异丙草胺乳油150～200ml/亩；

对水30kg，均匀喷施。施药时视草情、墒情确定用药量。尽量不要把药剂喷施到甘薯叶片上。甘薯较大时，不宜施用该配方；否则，药剂过多喷施到甘薯叶片上，特别是遇高温干旱正午强光下施药易于发生严重的药害(图15-4)，降低除草效果。宜选用墒好、阴天或下午5时后施药。

图15-4 在甘薯移栽后生长期，喷施5%乙草胺乳油100ml/亩5天后的药害症状。施药处理甘薯叶片出现褐斑、枯死，重者心叶受害出现坏死。

对于前期未能采取化学除草或化学除草失败的甘薯田(图15-5)，应在田间杂草基本出苗且杂草处于幼苗期时及时施药防治。

甘薯田防治一年生禾本科杂草，如稗草、狗尾草、野燕麦、马唐、虎尾草、看麦娘、牛筋草等，应在禾本科杂草3～5叶期，用下列除草剂。

10%精喹禾灵乳油40～60ml/亩；

10.8%高效氟吡甲禾灵乳油20～40ml/亩；

24%烯草酮乳油20～40ml/亩；

12.5%稀禾啶机油乳剂40～50ml/亩；

加水25～30kg，配成药液喷洒。在气温较高、雨量较多地区，杂草生长幼嫩，可适当减少用药量；相反，在气候干旱、土壤较干地区，杂草幼苗老化耐药，要适当增加用药量。防治一年生禾本科杂草时，用药量可稍减少；而防治多年生禾本科杂草时，用药量应适当增加。

图15-5　甘薯田禾本科杂草发生为害情况

　　对于前期未能有效除草的田块，在甘薯田禾本科杂草较多、较大时(图15-6)，应适当加大药量和施药水量，喷透喷匀，保证杂草均能接受到药液。

图15-6　甘薯田禾本科杂草发生严重的情况

田间杂草较大时，可以施用下列除草剂配方：

10%精喹禾灵乳油50~100ml/亩；

10.8%高效氟吡甲禾灵乳油40~60ml/亩；

10%喔草酯乳油60~80ml/亩；

15%精吡氟禾草灵乳油75~100ml/亩；

10%精恶唑禾草灵乳油75~100ml/亩；

12.5%稀禾啶乳油75~125ml/亩；

24%烯草酮乳油40~60ml/亩；

对水45~60kg，均匀喷施，施药时视草情、墒情确定用药量，可以有效防治多种禾本科杂草；但天气干旱、杂草较大时死亡时间相对缓慢。杂草较大、杂草密度较高、墒情较差时适当加大用药量和喷液量；否则，杂草接触不到药液或药量较小，影响除草效果。

第十六章 芝麻田杂草防治新技术

一、芝麻田主要杂草种类及发生为害

芝麻田的杂草种类较多，而且因种植地区不同而存在差异。春芝麻产区的主要杂草有马唐、牛筋草、绿狗尾草、野燕麦、马齿苋、藜、反枝苋、田旋花、卷茎蓼、大马蓼、本氏蓼、问荆、苣荬菜等；夏芝麻产区的主要杂草有马唐、稗草、千金子、牛筋草、双穗雀稗、鳢肠、空心莲子草、田旋花、小蓟等；秋芝麻产区的主要杂草有马唐、牛筋草、千金子、画眉草、粟米草、草龙、胜红蓟、白花蛇舌草、竹节草、两耳草、凹头苋、铺地锦、臂形草、莲子草、碎米莎草等。

芝麻种子粒小，幼苗期生长缓慢，从播种到封垄大约需要40天，特别是黄淮流域芝麻产区85%以上为夏芝麻，播后正值高温多雨季节，杂草萌发生长很快，其生存竞争能力超过芝麻，如不能及时防除杂草，一旦遇到连续阴雨天气，极易造成草荒；芝麻在苗期根系较浅，吸收水肥的能力很弱，对药物降解能力亦很弱，如使用除草剂过量，会造成无法挽回的损失。

芝麻田地里杂草最多的时候，也就是在当地降水比较大的季节，一般是6月、7月及8月上中旬杂草最多，多是每降一次雨就会有一茬杂草出土，天气干旱时因土壤中没有适宜的墒情，杂草就很少出苗，除非一些深根性的多年生杂草会出土。而到了8月份因芝麻植株长大，田间较密蔽，没有阳光，杂草这时就又不会出土，就算出土也因没有阳光而死亡，这要求做芝麻田除草工作时应分清重点时段。若控制了苗期杂草，到7月中下旬后，芝麻进入快速旺长期，由于芝麻的植株高，密度大，对下面的后生杂草有很强的密蔽和控制作用，杂草就不易造成明显为害。因此，芝麻田化学除草的关键是要强调一个"早"字，必须在杂草萌芽时或4叶期以前将其杀死，这样才能避免杂草可能造成的为害。生产上应抓好播种前、播后芽前和苗后早期化学除草。

二、芝麻田主要除草剂性能比较

目前，芝麻田国家登记生产的除草剂有精异丙甲草胺、精喹禾灵，而精喹禾灵对芝麻不是特别安全，经常性地发生药害，芝麻出现灰褐色灼烧斑，多数随着生长可以恢复，精喹禾灵在芝麻田正常情况下是可以用的，出现药害原因多，可能是天气干旱，高温，用药量过重，另外就是施药时期不对等原因；资料报道的除草剂种类较多、较乱；农民生产上常用的除草剂种类有乙草胺、甲草胺、异丙甲草胺、精异丙甲草胺、异丙草胺、二甲戊乐灵、氟乐灵、地乐胺、扑草净、精喹禾灵、精吡氟禾草灵、高效氟吡甲禾灵，另外还有恶草酮、乙氧氟草醚等，生产中应注意除草剂对芝麻的安全性；生产中应根据各地情况，采用适宜的除草剂种类和施药方法。

芝麻田主要除草剂的除草谱和除草效果比较见表16-1。

表16-1 芝麻田常用除草剂的性能比较

除草剂	用药量 (有效成分，g/亩)	除草谱								不良环境下安全性
		稗草	狗尾草	马唐	酸模叶蓼	反枝苋	藜	龙葵	苘麻	
异丙甲草胺	75～100	优	优	优	良	优	优	良	差	幼苗叶受轻微抑制
精异丙甲草胺	50～70	优	优	优	良	优	优	良	差	幼苗叶受轻微抑制
甲草胺	100～150	优	优	优	优	优	优	良	差	幼苗叶受轻微抑制
乙草胺	50～150	优	优	优	优	优	优	差	中	幼苗生长抑制
异丙草胺	75～100	优	优	优	良	优	优	良	差	幼苗生长抑制
敌草胺	75～100	优	优	优	优	优	优	差	中	幼苗生长抑制
甲草胺	75～100	优	优	优	差	优	优	差	差	幼苗生长抑制
二甲戊乐灵	50～100	优	优	优	差	优	优	差	差	幼苗生长抑制
精喹禾灵	4～6	优	优	优						安全性差
精吡氟禾草灵	5～10	优	优	优						安全
高效吡氟甲禾灵	2～4	优	优	优						安全
稀禾啶	6～12	优	优	优						安全
烯草酮	2～5	优	优	优						安全

三、芝麻田杂草防治技术

近年来，我国各地芝麻种植区域自然条件差异较大、栽培管理模式不同(图16-1)，生产上应根据各地实际情况正确地选择除草剂的种类和施药方法。

(一)芝麻播种期杂草防治

由于芝麻粒小、播种浅，很多种封闭除草剂品种对芝麻易产生药害，生产上应注意适当深播。

在芝麻播种前3～5天，可以施用除草剂防止杂草的为害，可以用下列除草剂：

48％氟乐灵乳油100～120ml/亩(黏质土及有机质含量高的田块用120～175ml/亩)；

48％地乐胺乳油100～120ml/亩(黏质土及有机质含量高的田块用150～200ml/亩)；

加水40～50kg/亩配成药液喷于土表，并随即混入浅土层中，干旱时要镇压保墒。施药3～5天后播种芝麻。

在芝麻播后芽前施药时，要注意适当深播，以防止药害的发生，除草剂品种和施药方法如下：

图16-1 芝麻田杂草发生为害情况

33%二甲戊乐灵乳油100~150ml/亩；

20%萘丙酰草胺乳油150~250ml/亩；

50%乙草胺乳油100~120ml/亩；

72%异丙甲草胺乳油120~150ml/亩；

96%精异丙甲草胺乳油50~75ml/亩；

72%异丙草胺乳油120~150ml/亩；

对水40kg/亩均匀喷施，可以有效防治多种一年生禾本科杂草和藜、苋、苘麻等阔叶杂草，对马齿苋和铁苋的防治效果较差。

封闭除草剂主要靠位差选择性以保证对芝麻的安全性，生产上应注意适当深播。同时，施药时要注意天气预报，如有降雨、降温等田间持续低温高湿情况，也易产生药害；因为芝麻田杂草防治的策略主要是控制前期草害，芝麻田中后期生长高大密蔽，芝麻自身具有较好的控草作用，所以芝麻田除草剂用药量不宜太高。施药时一定要视条件调控药量，切忌施药量过大。药量过大、田间过湿，特别是遇到持续低温多雨条件下幼苗可能会出现暂时的矮化、粗缩，多数能恢复正常生长。但严重时，会出现死苗现象(图16-2)。

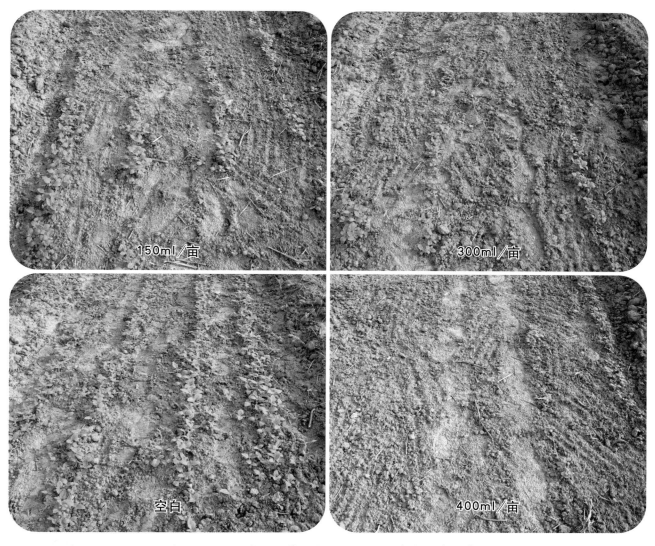

图16-2　50%异丙甲草胺乳油不同剂量对芝麻药害情况

（二）芝麻生长期杂草防治

对于前期未能采取有效的杂草防治措施，在苗后时期应及时进行化学除草。施用时期宜在芝麻封行前、杂草幼苗期(图16-3)。

在芝麻封行前、禾本科杂草基本出齐且多数禾本科杂草处在3～5叶期时，可以用下列除草剂：

10.8%高效氟吡甲禾灵乳油20～40ml/亩；

24%烯草酮乳油20～40ml/亩；

12.5%稀禾啶机油乳剂50～100ml/亩；

图16-3　芝麻田禾本科杂草幼苗期发生为害情况

加水25～30kg，配成药液喷洒。在气温较高、雨量较多地区，杂草生长幼嫩，可适当减少用药量；相反，在气候干旱、土壤较干地区，杂草幼苗老化耐药，要适当增加用药量。防治一年生禾本科杂草时，用药量可稍减少；而防治多年生禾本科杂草时，用药量应适当增加。

对于前期未能有效除草的田块，在芝麻田禾本科杂草较多、较大时(图16-4)，应适当加大药量和施药水量，喷透喷匀，保证杂草均能接受到药液。可以施用下列除草剂及其用量：

图16-4 芝麻田禾本科杂草发生严重的情况

10.8%高效氟吡甲禾灵乳油40～60ml/亩；

10%喔草酯乳油60～80ml/亩；

15%精吡氟禾草灵乳油75～100ml/亩；

10%精恶唑禾草灵乳油75～100ml/亩；

12.5%稀禾啶乳油75～125ml/亩；

24%烯草酮乳油40～60ml/亩；

对水45～60kg，均匀喷施，施药时视草情、墒情确定用药量，可以有效防治多种禾本科杂草；但天气干旱、杂草较大时死亡时间相对缓慢。杂草较大、杂草密度较高、墒情较差时适当加大用药量和喷液量；否则，杂草接触不到药液或药量较小，影响除草效果。

第十七章 蔬菜田杂草防治新技术

一、蔬菜田主要杂草种类及发生为害

　　我国大多数蔬菜种植于城市郊区，由于菜田土壤肥沃，肥水充足，宜于杂草生长，杂草为害十分严重，是影响我国蔬菜产量与品质的主要制约因素。我国蔬菜面积约1 700hm^2，草害面积占蔬菜种植面积的90%以上，其中中等以上杂草为害面积达67.8%。人工除草可占菜田管理用工的40%以上。韭菜地人工除草每亩用工多达30~50个。韭菜、胡萝卜等矮生密植蔬菜，除草不及时可减产20%~50%，严重时可绝收。杂草危害不但影响蔬菜的产量和质量，浪费大量管理用工，某些杂草还是蚜虫、白粉虱、病毒病的中间寄生，消灭杂草也是病虫害综合防治的有效措施。

　　北方露地蔬菜田每年3月下旬至4月中旬为第一次出草高峰期，主要是1年生阔叶杂草藜、小藜、灰绿藜、篇蓄、葎草等，以及越年生杂草荠菜、独行菜、早熟禾等。5月至6月上中旬为第二次出草高峰期，主要是稗草、马唐、牛筋草、狗尾草、马齿苋、反枝苋、凹头苋、铁苋菜、龙葵、莎草科杂草及打碗等大量发生。7月上旬至8月上旬为第三次出草高峰，仍以稗草、马唐、牛筋草、狗尾草等禾本科杂草为主，莎草科杂草及马齿苋等部分阔叶杂草也有一定数量发生。这是杂草发生与危害最重，又值雨季，人工除草最困难的时期。9月上旬至10月上旬是第四次出草高峰期，主要是荠菜、独行菜、早熟禾等越年生杂草和藜等春性阔叶杂草，这次高峰一般出草数量不大，对蔬菜造不成明显的危害。

　　根据自然条件及蔬菜栽培特点，我国的蔬菜田杂草大致可分8个类型：

　　东北温带单作蔬菜田杂草区。主要杂草有马唐、马齿苋、稗草、藜、灰绿藜、反枝苋、龙葵、凹头苋等。

　　华北暖温带蔬菜田杂草区。主要杂草有马齿苋、牛筋草、凹头苋、灰绿藜、早稗、绿狗尾、藜等。

　　长江中下游亚热带三作蔬菜田杂草区。主要杂草有千金子、马唐、凹头苋、牛筋草、稗草、细叶千金子、空心莲子草、香附子等。

　　华南多作蔬菜田杂草区。主要杂草有牛筋草、稗草、马齿苋、蓼、千金子、刺苋、碎米莎草、香附子、凹头苋、日照飘拂草等。

　　云贵高原主体农业菜田杂草区。主要杂草有马唐、凹头苋、牛繁缕、小藜、田旋花、马齿苋、辣子草等。

　　在低海拔地区。气候属热带或南亚热带，除有以上杂草外，尚有藜、羊蹄等；在高海拔的高寒地带，主要杂草有藜、驴耳草、西伯利亚蓼、灰绿藜、马齿苋、反枝苋等。

　　高寒单作菜田杂草区。主要杂草有灰藜、藜、荠菜、牛繁缕、佛座、田旋花等。

　　西北内陆单作菜田杂草区。主要杂草有稗草、冬寒菜、反枝苋、凹头苋、马齿苋、绿狗尾、藜等。

二、蔬菜田主要除草剂性能比较

蔬菜田主要除草剂的除草谱和除草效果比较见表17-1。

表17-1　蔬菜田常用除草剂的性能比较

除草剂	用药量（有效成分，g/亩）	除草谱							不良环境下安全性
		稗草	狗尾草	马唐	酸模叶蓼	反枝苋	藜	龙葵	苘麻	
异丙甲草胺	75～100	优	优	优	良	优	优	良	差	幼苗叶受轻微抑制
甲草胺	100～150	优	优	优	良	优	优	良	差	幼苗叶受轻微抑制
乙草胺	50～100	优	优	优	优	优	优	良	中	幼苗生长抑制
异丙草胺	75～100	优	优	优	良	优	优	良	差	幼苗生长抑制
敌草胺	75～100	优	优	优	优	优	优	差	中	幼苗生长抑制
甲草胺	75～100	优	优	优	差	优	优	差	差	幼苗生长抑制
氟乐灵	50～100	优	优	优	差	优	优	差	差	幼苗生长抑制
二甲戊灵	75～100	优	优	优	差	优	优	差	差	安全
扑草净	35～50	中	中	中	优	优	优	优	良	安全性差，用量略大药害较重
乙氧氟草醚	3～5	优	优	优	优	优	优	优	优	幼苗叶受抑制
恶草酮	25～30	优	优	优	优	优	优	优	优	安全
精喹禾灵	4～6	优	优	优						安全性差
精吡氟禾草灵	5～10	优	优	优						安全
高效氟吡甲禾灵	2～4	优	优	优						安全
烯禾啶	6～12	优	优	优						安全
烯草酮	2～5	优	优	优						安全

三、瓜田杂草防治技术

瓜类包括黄瓜、西瓜、甜瓜、南瓜、冬瓜、西葫芦、丝瓜、苦瓜等，其中以黄瓜、西瓜种植面积较大。

瓜类蔬菜除个别采用直播方式外，大多采用育苗移栽的方法，草害发生严重。在育苗田或棚室内，肥水条件优越、瓜苗幼小，有利于杂草的生长，治草不力往往导致瓜苗矮小、瘦弱(图17-1)；瓜田移栽多为宽行稀植、封行迟，加上水肥条件充足，易形成草荒，不仅影响瓜苗的生长发育，而且影响瓜秧的正常开花坐果，影响果实的膨大成熟(图17-2和图17-3)。

图17-1 黄瓜覆膜直播田杂草发生为害情况

图17-2 甜瓜田杂草发生为害情况

图17-3 西葫芦田杂草发生为害情况

瓜田杂草种类很多，较易造成为害的有马唐、狗尾草、牛筋草、反枝苋、凹头苋、马齿苋、铁苋、藜、小藜、灰绿藜、稗草、双穗雀稗、鳢肠、龙葵、苍耳、野西瓜苗、繁缕、早熟禾、画眉草、看麦娘等。南方地区，全年气温较高，雨水充沛，对杂草发芽生长十分有利，一般瓜田每平方米有杂草百株左右；北方地区，瓜田杂草不但在5、6月发生严重，而且直至收获时仍然杂草丛生。因此，防治瓜田杂草是提高瓜的产量和品质的重要措施。

目前，瓜类作物田国家登记生产的除草剂种类比较少，黄瓜、西葫芦、甜瓜、冬瓜、丝瓜、苦瓜田还没有国家登记生产的专用除草剂；南瓜田国家登记生产的除草剂有二甲戊乐灵；西瓜田国家登记生产的除草剂有异丙甲草胺、精异丙甲草胺、敌草胺、地乐胺、氧氟·异丙草（乙氧氟草醚5%+异丙草胺45%）、丁·扑（丁草胺36%+扑草净14%）、异噁·丁草胺（异噁草酮8%+丁草胺40%）、精喹禾灵、精吡氟禾草灵、高效氟吡甲禾灵；资料报道的除草剂种类较多较乱；农民生产上常用的除草剂种类有二甲戊乐灵、异丙甲草胺、异丙草胺、扑草净，另外还有噁草酮、乙氧氟草醚等，生产中应注意除草剂对瓜的安全性；生产中还应根据各地情况，采用适宜的除草剂种类和施药方法。

瓜类对除草剂比较敏感。生产中应针对生育时期、栽培方式、土肥条件科学选择除草剂种类和施药方法，特别是瓜田除草剂施用剂量不同于其他作物，应视条件慎重选择。

（一）瓜育苗田（畦）或直播覆膜田杂草防治

瓜类作物多为育苗移栽(图17-4)，也有部分覆膜直播(图17-5至图17-8)，育苗田(畦)或覆膜直播田肥水大、墒情好，特别有利于杂草的发生，如不及时进行防治，很易于形成草荒；同时，育苗田(畦)地膜覆盖或覆膜直播田，白天温度较高，昼夜温差较大，瓜苗瘦弱，除草剂对瓜苗易产生药害。

图17-4　瓜育苗田

图17-5　黄瓜覆膜直播田　　　　　　　　图17-6　西瓜覆膜直播田

图17-7　南瓜覆膜直播田　　　　　　　　图17-8　冬瓜覆膜直播田

　　瓜育苗田(畦)或覆膜直播田在瓜子催芽后播种，并及时施药、覆膜。对于施用化学除草剂的瓜育苗田(畦)或覆膜直播田不宜过湿，除草剂用量不宜过大。降低除草剂用量一方面是因为覆膜田瓜苗弱、田间小环境差以降低对瓜苗的药害；另一方面是因为瓜育苗田(畦)生育时期较短，药量大会造成不必要的浪费。可以用下列除草剂：

　　33%二甲戊灵乳油40～60ml/亩；

　　45%二甲戊乐灵微胶囊剂30～50g/亩；

　　20%敌草胺乳油75～150ml/亩；

　　72%异丙甲草胺乳油50～75ml/亩；

　　96%精异丙甲草胺乳油20～40ml/亩；

　　72%异丙草胺乳油50～75ml/亩；

　　对水40kg，均匀喷施，可以有效防治多种一年生禾本科杂草和部分阔叶杂草。

　　也可以施用48%氟乐灵乳油100～150ml/亩、48%仲丁灵乳油100～150ml/亩，对水40kg，均匀喷施。施药后及时混土2～5cm，该药易于挥发，混土不及时会降低药效。该类药剂比较适合于墒情较差时土壤封闭处理，但在冷凉、潮湿天气时施药易于产生药害，应慎用。

　　施用除草剂时，除草剂药量过大、田间土壤过湿，温度过高或过低，特别是遇到持续低温多雨条件瓜苗可能会出现暂时的矮化、生长停滞，低剂量下能恢复正常生长；遇到膜内温度过高条件时，会出现死苗现象(图17-9至图17-18)。据系统观察，除乙草胺，其他药剂处理对西瓜秧苗生长及产量均无影响。乙草胺活性较高，在黄瓜、西瓜、甜瓜等瓜田使用，极易造成药害，轻则植株矮化、叶片皱缩、枝蔓细短，造成一定程度的减产。南瓜、冬瓜和部分瓜类品种对药剂比较敏感，施药时务必注意，最好先试验后推广。

图17-9 在黄瓜播后芽前，特别是遇到低温高湿条件下，喷施50%乙草胺乳油的药害症状比较。黄瓜出苗缓慢、生长较慢，心叶皱缩，随着生长会逐渐恢复，低剂量处理对黄瓜生长影响较小，而高剂量处理对黄瓜生长影响较大。

图17-10 在黄瓜播后芽前，喷施48%氟乐灵乳油后的药害症状。受害后出苗缓慢、根系受抑制，根系短而根数少，心叶畸形、卷缩，植株矮小，长势差于空白对照，重者萎缩死亡。

10天

20天

28天

空白　　　　75ml/亩　　　　150ml/亩　　　　250ml/亩

图17-11　在黄瓜播后芽前，特别是遇到低温高湿条件下，喷施72%异丙甲草胺乳油的药害症状比较。黄瓜出苗生长缓慢，低剂量处理对黄瓜生长影响较小，而高剂量处理黄瓜生长较慢。

空白　　　　75ml/亩　　　　150ml/亩　　　　250ml/亩

图17-12　在西瓜播后芽前，特别是遇到低温高湿条件下，喷施50%乙草胺乳油15天后的药害症状比较。西瓜出苗生长缓慢、心叶皱缩，高剂量处理对西瓜生长影响严重。

空白　　　　100ml/亩　　　　200ml/亩　　　　300ml/亩

图17-13　在西瓜播后芽前，特别是遇到低温高湿条件下，喷施72%异丙甲草胺乳油15天后的药害症状比较。西瓜出苗生长缓慢、普遍矮于空白对照，但一般低剂量下可以基本恢复生长。

图17-14 在黄瓜播后芽前，在低温高湿条件下，喷施50%敌草胺可湿性粉剂的药害症状比较。黄瓜出苗缓慢、生长较慢，心叶皱缩，随着生长会逐渐恢复，低剂量处理对黄瓜生长影响较小，而高剂量处理对黄瓜生长影响较大。

图17-15 在黄瓜播后芽前，在高湿条件下喷施50%乙草胺乳油25天后的药害症状。黄瓜低矮，心叶皱缩，发育缓慢，低剂量区新叶皱缩较轻，高剂量区叶片皱缩严重，老叶肥厚脆弱，叶色暗绿，长势明显差于空白对照。

图17-16 在西瓜播后芽前，喷施50%萘丙酰草胺可湿性粉剂15天后的药害症状比较。西瓜出苗生长基本正常，个别植株矮于空白对照。

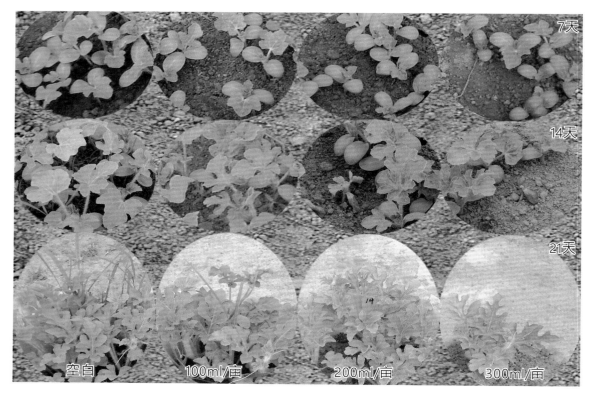

图17-17 在西瓜播后芽前，喷施48%氟乐灵乳油后的药害症状。受害西瓜心叶脆弱、膨胀、矮化，叶色暗绿，长势明显差于空白对照，重者可能黄化、萎缩死亡。

图17-18 在黄瓜播后芽前，喷施33%二甲戊灵乳油30天后的药害症状。受害后出苗缓慢、根系受抑制，根系短而根数少，心叶畸形卷缩，植株矮小，长势差于空白对照，重者萎缩死亡。

大棚、拱棚西瓜容易因气温陡升、掀膜不及时而引起热害，此时若选用挥发性较强的除草剂，易引起空气中药剂浓度过高产生药害，为害更严重。瓜田排水不畅。西瓜生长季节雨水较多，有些药剂如异丙甲草胺等在土壤渍水情况下，活性大幅度提高，安全性急剧下降，极易造成药害。此外，在沙质土壤、有机质含量低的土壤中，有些除草剂遇雨易渗漏，进而对西瓜根系产生药害。

为了进一步提高除草效果和对作物的安全性，也可以用下列除草剂。

33%二甲戊乐灵乳油40~50ml/亩+50%扑草净可湿性粉剂50~75g/亩；

20%敌草胺乳油75~100ml/亩+50%扑草净可湿性粉剂50~75g/亩；

72%异丙甲草胺乳油50~60ml/亩+50%扑草净可湿性粉剂50~75g/亩；

72%异丙草胺乳油50~60ml/亩+50%扑草净可湿性粉剂50~75g/亩；

对水40kg，均匀喷施，可以有效防治多种一年生禾本科杂草和阔叶杂草。但扑草净用药量不能随意加大，否则会有一定的药害(图17-19和图17-20)。

图17-19 在黄瓜播后芽前，喷施50%扑草净可湿性粉剂后的药害症状。受害黄瓜基本上出苗，高剂量区苗后叶片失绿、枯黄，逐渐死亡。

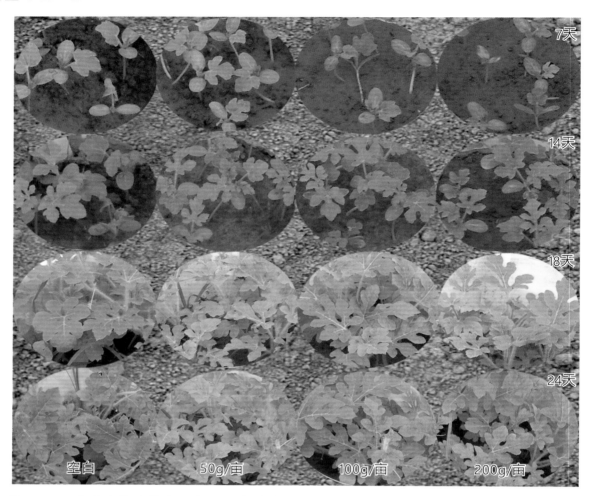

图 17-20　在西瓜播后芽前，喷施50%扑草净可湿性粉剂后的药害症状。施药后西瓜基本上出苗，高剂量区苗后叶片略微黄化、生长略受抑制，以后逐渐恢复正常，对西瓜比较安全。

对于一些老菜区，阔叶杂草发生严重，为了进一步提高除草效果和对作物的安全性，也可以用下列除草剂：

33%二甲戊灵乳油40～50ml/亩+24%乙氧氟草醚乳油10～20ml/亩；

33%二甲戊乐灵乳油40～50ml/亩+25%恶草酮乳油50～75ml/亩；

20%敌草胺乳油75～100ml/亩+24%乙氧氟草醚乳油10～20ml/亩；

72%异丙甲草胺乳油50～60ml/亩+25%恶草酮乳油50～75ml/亩；

72%异丙草胺乳油50～60ml/亩+24%乙氧氟草醚乳油10～20ml/亩；

33%二甲戊灵乳油40～50ml/亩+25%恶草酮乳油50～75ml/亩；

对水40kg，均匀喷施，可以有效防治多种一年生禾本科杂草和阔叶杂草。但乙氧氟草醚和恶草酮易发生触杀性药害，用药量不能随意加大、施药务必均匀，施药时要适当加大喷水量，否则会有一定的药害(图17-21至图17-29)。

对于未与任何作物套作的覆膜直播瓜田，也可以分开施药。对于膜内施药可以按照上面的方法进行；膜外露地，可以参照下面的移栽田杂草防治技术进行定向施药。这样既能保证对瓜苗的安全性，又能达到理想的除草效果，但施药较为麻烦。

图17-21 在黄瓜播后芽前，喷施24%乙氧氟草醚乳油20ml/亩后的药害症状和恢复过程。在黄瓜播后芽前施用乙氧氟草醚，黄瓜能够出苗，土壤较旱时药害较轻，土壤湿度大时苗后真叶出现褐斑、部分叶片枯死，但以后会逐渐恢复生长，对黄瓜整体生长没有影响。

图17-22 在黄瓜播后芽前，喷施24%乙氧氟草醚乳油40ml/亩后的药害症状表现过程。在黄瓜播后芽前施用乙氧氟草醚，黄瓜能够出苗，土壤湿度大时苗后真叶出现严重褐斑、大部分叶片枯死，生长受到严重抑制。

图17-23 在黄瓜播后芽前，田间喷施24%乙氧氟草醚乳油后43天不同剂量的田间药害和长势比较。低剂量下对黄瓜生长影响较小；高剂量下大部分叶片枯死，重者全株死亡。

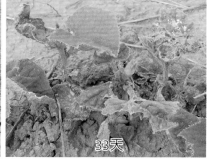

图17-24 在黄瓜播后芽前，喷施24%乙氧氟草醚乳油60ml/亩后的药害症状表现过程。在黄瓜播后芽前施用乙氧氟草醚，黄瓜能够出苗，土壤湿度大时苗后真叶出现严重褐斑、大部分叶片枯死，重者全株死亡。

图17-25 在黄瓜生长期，模仿漂移或错误用药，叶面喷施24%乙氧氟草醚乳油20ml/亩后的药害症状。施药后1天开始出现药害症状，受害叶片斑块枯黄、大量叶片坏死，以后少量未死心叶可能复发。

图17-26 在黄瓜播后苗前，遇高湿条件喷施12%恶草酮乳油后的药害症状。出苗后叶片斑点状坏死，长势较差于空白对照；高剂量处理个别茎叶出现黄褐色坏死。

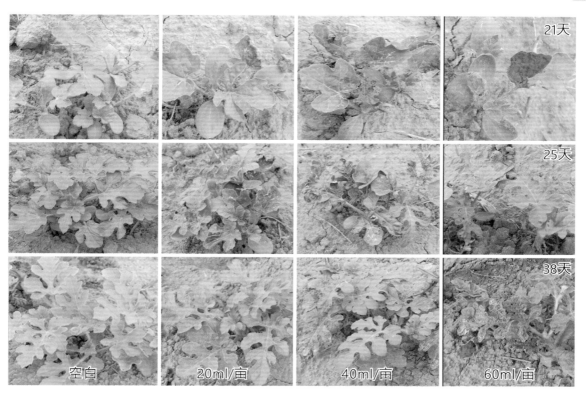

图17-27 在西瓜播后芽前，喷施24%乙氧氟草醚乳油的药害症状。西瓜苗后叶片出现枯死白斑，生长受到暂时抑制，一般不影响新叶的产生；高剂量下会有大量受害叶片枯死、皱缩，而未受药害的叶片和心叶慢慢恢复生长。

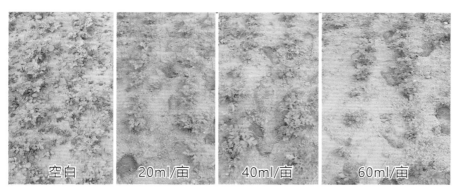

图17-28 在西瓜播后芽前，喷施24%乙氧氟草醚乳油后38天田间的药害与长势。西瓜前期生长受到暂时抑制，以后恢复生长，正常情况下对西瓜比较安全，除草效果较好。

图17-29 在黄瓜播后苗前，喷施12%恶草酮乳油后的药害症状。出苗后叶片斑点状坏死，长势差于空白对照；高剂量处理个别茎叶出现黄褐色坏死。

（二）大棚瓜田杂草防治

为了提高经济效益，大棚瓜种植面积增加，这些瓜类包括黄瓜、西瓜、甜瓜、西葫芦等，其中以黄瓜、西瓜种植面积较大；特别是近年来，多层地膜西瓜种植面积逐年上升，杂草防治问题日益突出（图17-30至图17-32）。

图17-30　黄瓜大棚栽培田

图17-31　西瓜大棚栽培田

图17-32 西葫芦大棚栽培田

为缩短西瓜生长周期，提前西瓜上市时期，栽培上通常采用在定植前7~10天抢墒平铺地膜的方法增温。棚内高温高湿的小气候条件有利于杂草的萌发和生长，因而一般在瓜苗定植前就形成了出草高峰，并迅速发展。膜下杂草密度一般为每平方米100株左右，重者多达1 000株以上。恶性杂草的滋生，不但与西瓜争水、肥、光，而且加重西瓜病虫害的发生。据调查，西瓜活棵生长时，禾本科杂草已达3~4片叶，杂草长势明显强于西瓜，形成草欺苗的现象。西瓜田杂草主要有灰绿藜、苋、凹头苋、反枝苋、马齿苋、野西瓜苗、铁苋菜、卷耳、鳢肠等阔叶类杂草和马唐、狗尾草、稗草、牛筋草、画眉草等禾本科杂草。

目前，尚未找到对大棚西瓜田内阔叶杂草有特效的药剂，建议在大棚西瓜主栽区，有条件的地方实行西瓜与水稻轮作，轮作3年以上，对阔叶杂草的控制效果可达60%，可有效降低田间阔叶杂草的密度，减轻化学防治的压力，同时对大棚西瓜枯萎病有较好的抑制作用。

定植前土壤密闭处理，在平整畦面后，用下列除草剂：

96%精异丙甲草胺(金都尔)乳油40~50ml/亩；

50%敌草胺水分散粒剂或可湿性粉剂75~100g/亩；

对水50kg均匀喷雾，进行土壤密闭处理。

也可以用48%仲丁灵乳油或48%氟乐灵乳油75~100ml/亩，对水50kg均匀喷雾，而后浅混土，进行土壤密闭处理，施药后3~5天播种，宜将瓜子适当深播。施用封闭除草剂后平铺地膜，药后4~5天覆盖棚膜移栽瓜苗(图17-33)。

图17-33　西瓜大棚栽培施药过程

（三）直播瓜田杂草防治

直播瓜田较少，但在南方或北方夏季晚茬西瓜、黄瓜、冬瓜等仍有较多采取这种栽培方式（图17-34）。这种栽培条件下，温度高、墒情好，特别有利于杂草的发生，如不及时进行杂草防治，很易形成草荒。

图17-34　瓜直播田

　　直播瓜田，生产上宜采用封闭性除草剂，一次施药保持整个生长季节没有杂草为害。对于采用化学防治的瓜田，应注意瓜籽催芽一致，并尽早播种。不宜催芽过长，播种时以3~5cm为宜，播种过浅易发生药害。播种后当天，或第二天及时施药，施药过晚易将药剂喷施到瓜芽上而发生药害。可以用下列除草剂：

　　33%二甲戊灵乳油100~150ml/亩；

　　20%敌草胺乳油150~200ml/亩；

　　72%异丙甲草胺乳油100~150ml/亩；

　　72%异丙草胺乳油100~150ml/亩；

　　96%精异丙甲草胺(金都尔)乳油60~80ml/亩；

　　对水45kg，均匀喷施，可以有效防治多种一年生禾本科杂草和藜、苋、苘麻等阔叶杂草。瓜类对该类药剂较为敏感，施药时一定要视条件调控药量，切忌施药量过大。药量过大时，瓜苗可能会出现暂时的矮化、粗缩，一般情况下能恢复正常生长；但药害严重时，会影响苗期生长，甚至出现死苗现象。

　　对于墒情较差或砂土地，最好在播前施用48%氟乐灵乳油150~200ml/亩、或48%地乐胺乳油150~200ml/亩，施药后及时混土2~3cm，该药易于挥发，混土不及时会降低药效，施药后3~5天播种，宜将瓜籽适当深播。也可在播后芽前施药，但药害大于播前施药。

　　对于一些老瓜田，特别是长期施用除草剂的瓜田，铁苋、马齿苋等阔叶杂草较多，可以用下列除草剂：

　　33%二甲戊灵乳油75~100ml/亩+50%扑草净可湿性粉剂50~100g/亩；

　　20%萘敌草胺乳油150~200ml/亩+50%扑草净可湿性粉剂50~100g/亩；

　　72%异丙甲草胺乳油100~120ml/亩+50%扑草净可湿性粉剂50~100g/亩；

　　72%异丙草胺乳油100~120ml/亩+50%扑草净可湿性粉剂50~100g/亩；

　　对水40kg，均匀喷施，可以有效防治多种一年生禾本科杂草和阔叶杂草。因为该方法大大降低了单一药剂的用量，所以对瓜苗的安全性也大大提高。生产中应均匀施药，不宜随便改动配比，否则易发生药害(图17-35至图17-49)。

空白　　　　　75ml/亩　　　　　150ml/亩　　　　　250ml/亩

图17-35　在黄瓜播后芽前，在高湿条件下喷施50%乙草胺乳油30天后的药害症状。黄瓜低矮、叶片皱缩、根系较差、根毛较少、发育缓慢，叶色暗绿，长势明显差于空白对照，剂量越大药害越重。

图17-36 黄瓜播后芽前，在高湿条件下喷施50%乙草胺乳油14天后的药害症状。 黄瓜低矮、心叶叶缘向内卷缩、发育缓慢，低剂量区开始发出新叶，高剂量区新叶发生缓慢，子叶肥厚脆弱，叶色暗绿，长势明显差于空白对照。

图17-37 黄瓜播后芽前，喷施33%二甲戊灵乳油43天后的药害症状。 受害后出苗缓慢、根系受抑制，根系短而根数少，心叶畸形卷缩，植株矮小，长势差于空白对照，重者萎缩死亡。

图17-38 西瓜播后芽前，喷施33%二甲戊灵乳油25天后的药害症状。 受害西瓜心叶卷缩、矮化，叶色暗绿，长势明显差于空白对照，重者可能黄化、萎缩死亡。

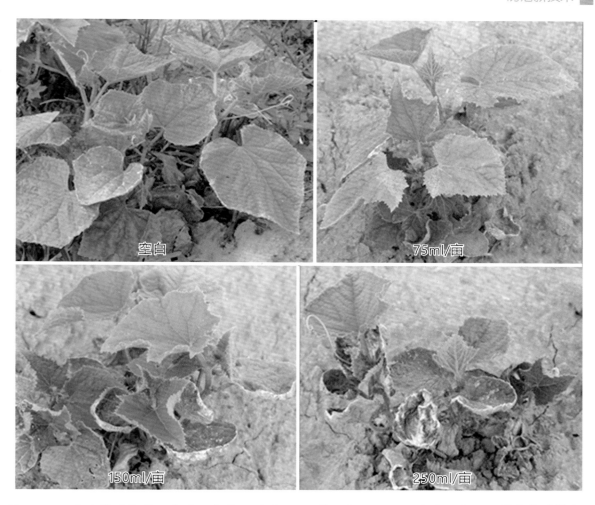

图17-39 黄瓜播后芽前,在高湿条件下喷施50%乙草胺乳油40天后的药害症状。受害黄瓜的生长开始有所恢复,低剂量区新叶皱缩较轻,高剂量区叶片皱缩严重,个别叶片或新叶开始死亡,长势明显差于空白对照。

图17-40 西瓜播后芽前,喷施33%二甲戊灵乳油7天后的药害症状。受害西瓜心叶脆弱、膨胀、矮化,叶色暗绿,长势明显差于空白对照。

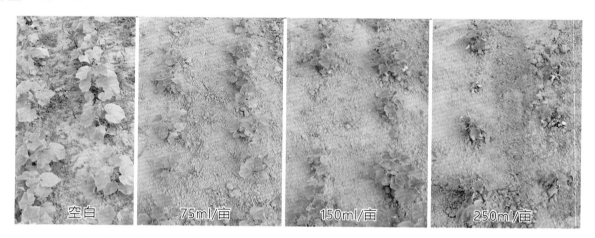

图17-41 黄瓜播后芽前，在高湿条件下喷施50%乙草胺乳油40天后的田间长势比较。受害黄瓜的长势明显差于空白对照，低剂量处理对黄瓜的影响较小，但高剂量区黄瓜生长将受到严重的影响，受害较重的黄瓜开始全株死亡。

图17-42 黄瓜播后芽前，在高湿条件下喷施72%异丙草胺乳油40天后的田间长势比较。受害黄瓜的长势明显差于空白对照，低剂量处理对黄瓜的影响较小，但高剂量区黄瓜生长将受到严重的影响，受害较重的黄瓜开始全株死亡。

图17-43 在西瓜播后芽前，喷施50%扑草净可湿性粉剂43天后的田间药害症状。低剂量区黄瓜略受影响，叶片发黄；高剂量区大片死亡。

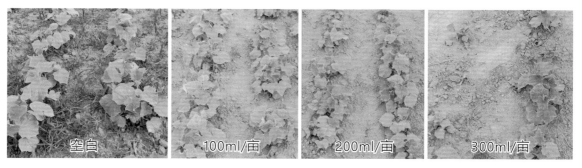

图17-44 在黄瓜播后芽前，喷施48%二甲戊灵乳油43天后的田间药害表现。高剂量下受害黄瓜心叶畸形卷缩，植株矮小，长势差于空白对照，重者萎缩死亡。

图17-45 在西瓜播后芽前，喷施33%二甲戊灵乳油40天后的药害症状。低剂量下西瓜生长基本正常，高剂量下矮化，叶色暗绿，长势明显差于空白对照，重者萎缩死亡。

图17-46 在黄瓜播后芽前，喷施50%扑草净可湿性粉剂后的田间药害症状。受害黄瓜生长缓慢，高剂量区苗后叶片失绿、枯黄，逐渐死亡。

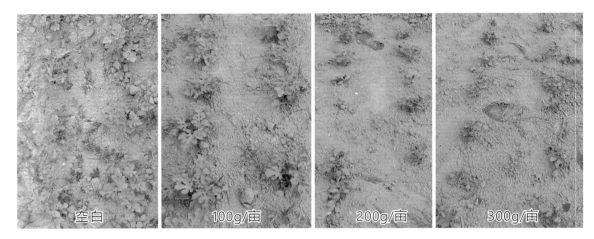

空白　　　100g/亩　　　200g/亩　　　300g/亩

图17-47 在西瓜播后芽前，喷施33%二甲戊灵乳油40天后的田间药害症状比较。低剂量下西瓜生长基本正常，高剂量下长势差于空白对照，重者萎缩死亡，出现缺苗现象。

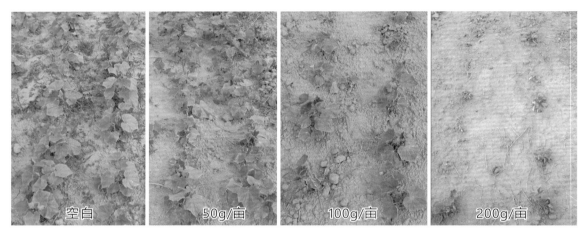

空白　　　50g/亩　　　100g/亩　　　200g/亩

图17-48 在黄瓜播后芽前，喷施50%扑草净可湿性粉剂43天后的田间药害症状。低剂量区黄瓜略受影响，叶片发黄；高剂量区大片死亡。

14天

24天

空白　　　50g/亩　　　100g/亩　　　200g/亩

图17-49 在西瓜播后芽前，喷施50%扑草净可湿性粉剂后的田间药害症状。受害黄瓜生长缓慢，高剂量区苗后叶片枯黄，生长受一定的影响。

（四）移栽瓜田杂草防治

瓜类多为育苗移栽(图17-50)，生产上宜采用封闭性除草剂，一次施药保持整个生长季节都没有杂草为害。可于移栽前1～3天喷施土壤封闭性除草剂，移栽时尽量不要翻动土层或尽量少翻动土层。瓜移栽后的大田生育时期较长；同时，较大的瓜苗对封闭性除草剂具有一定的耐药性，可以适当加大剂量以保证除草效果，施药时按40kg水量配成药液，均匀喷施土表。可以用下列除草剂：

图17-50 瓜移栽田

33%二甲戊灵乳油150～200ml/亩；

20%敌草胺乳油200～300ml/亩；

50%乙草胺乳油150～200ml/亩；

72%异丙甲草胺乳油175～250ml/亩；

72%异丙草胺乳油175～250ml/亩；

96%精异丙甲草胺(金都尔)乳油60～90ml/亩；

对水40kg，均匀喷施。

对于墒情较差或沙土地，可以用48%氟乐灵乳油150～200ml/亩、或48%地乐胺乳油150～200ml/亩，施药后及时混土2～5cm，该药易挥发，混土不及时会降低药效。

对于一些老瓜田，特别是长期施用除草剂的瓜田，铁苋、马齿苋等阔叶杂草较多，可以用下列除草剂品种和施药配方：

33%二甲戊灵乳油100～150ml/亩+50%扑草净可湿性粉剂100～150g/亩；

33%二甲戊灵乳油100～150ml/亩+24%乙氧氟草醚乳油20～30ml/亩；

20%敌草胺乳油200～250ml/亩+50%扑草净可湿性粉剂100～150g/亩；

20%敌草胺乳油200～250ml/亩+24%乙氧氟草醚乳油20～30ml/亩；

50%乙草胺乳油100～150ml/亩+50%扑草净可湿性粉剂100～150g/亩；

50%乙草胺乳油100～150ml/亩+24%乙氧氟草醚乳油20～30ml/亩；

72%异丙甲草胺乳油150～200ml/亩+50%扑草净可湿性粉剂100～150g/亩；

72%异丙甲草胺乳油150～200ml/亩+24%乙氧氟草醚乳油20～30ml/亩；

72%异丙草胺乳油150～200ml/亩+50%扑草净可湿性粉剂100～150g/亩；

对水40kg，均匀喷施，可以有效防治多种一年生禾本科杂草和阔叶杂草。生产中应均匀施药，不宜随便改动配比，否则易发生药害。

对于移栽田施用除草剂的瓜田，移栽瓜苗不宜过小、过弱，否则会发生一定程度的药害，特别是低温高湿条件下药害加重。

(五)瓜生长期杂草防治

对于前期未能采取化学除草或化学除草失败的瓜田，应在田间杂草基本出苗且杂草处于幼苗期时及时施药防治。

瓜田防治一年生禾本科杂草，如稗草、狗尾草、野燕麦、马唐、虎尾草、看麦娘、牛筋草等(图17-51)，

图17-51 瓜田禾本科杂草发生情况

应在禾本科杂草3~5叶期，可以用下列除草剂：

10%精喹禾灵乳油40~60ml/亩；

10.8%高效氟吡甲禾灵乳油20~40ml/亩；

15%精吡氟禾草灵乳油40~60ml/亩；

10%精恶唑禾草灵乳油50~75ml/亩；

12.5%烯禾啶乳油75~125ml/亩；

24%烯草酮乳油20~40ml/亩；

对水30kg均匀喷施，可以有效防治多种禾本科杂草。该类药剂没有封闭除草效果，施药不宜过早，特别是在禾本科杂草未出苗时施药没有效果。在气温较高、雨量较多地区，杂草生长幼嫩，可适当减少用药量；相反，在气候干旱、土壤较干地区，杂草幼苗老化耐药，要适当增加用药量。防治一年生禾本

科杂草时，用药量可稍减少；而防治多年生禾本科杂草时，用药量应适当增加。

对于前期未能有效除草的田块，在瓜田禾本科杂草较多、较大时(图17-52)，应抓住前期及时防治，

图17-52 瓜田禾本科杂草发生严重的情况

并适当加大药量和施药水量，喷透喷匀，保证杂草均能接受到药液。可以施用下列除草剂和剂量。

10%精喹禾灵乳油50～125ml/亩；

10.8%高效氟吡甲禾灵乳油40～60ml/亩；

15%精吡氟禾草灵乳油75～100ml/亩；

10%精恶唑禾草灵乳油75～100ml/亩；

12.5%稀禾啶乳油75～125ml/亩；

24%烯草酮乳油40～60ml/亩；

对水45～60kg均匀喷施，施药时视草情、墒情确定用药量，可以有效防治多种禾本科杂草；但天气干旱、杂草较大时死亡时间相对缓慢。杂草较大、杂草密度较高、墒情较差时适当加大用药量和喷液量；否则，杂草接触不到药液或药量较小，影响除草效果。

四、十字花科蔬菜田杂草防治技术

十字花科蔬菜主要有白菜、萝卜、甘蓝(大头菜)、上海青、菜薹(菜心)、芥菜、花椰菜(菜花)等。这类蔬菜在全国种植最为广泛。

十字花科蔬菜一年四季均有种植，多采用直播方式，甘蓝、花椰菜等多采用育苗移栽的方法，草害发生严重。杂草种类很多，较易造成为害的有马唐、狗尾草、牛筋草、反枝苋、凹头苋、马齿苋、铁

苋、藜、小藜、灰绿藜、稗草、双穗雀稗、鳢肠、龙葵、苍耳、野西瓜苗、繁缕、早熟禾、画眉草、看麦娘等。

目前，十字花科蔬菜田国家登记生产的除草剂种类比较少，萝卜、上海青、菜薹(菜心)、芥菜、花椰菜(菜花)等十字花科蔬菜田还没有国家登记生产的专用除草剂；甘蓝田国家登记生产的除草剂有精异丙甲草胺、二甲戊灵、精吡氟禾草灵、高效氟吡甲禾灵；白菜田国家登记生产的除草剂有二甲戊灵、精喹禾灵、百草枯；资料报道的除草剂种类较多较乱；农民生产上常用的除草剂种类有二甲戊灵、异丙甲草胺、精异丙甲草胺、异丙草胺、扑草净、精喹禾灵、精吡氟禾草灵、高效氟吡甲禾灵，另外还有恶草酮、乙氧氟草醚等，生产中应注意除草剂对十字花科蔬菜的安全性；生产中应根据各地情况，采用适宜的除草剂种类和施药方法。

(一)十字花科蔬菜育苗田(畦)或直播田杂草防治

十字花科蔬菜苗床或直播田墒情较好、土质肥沃，有利于杂草的发生，如不及时进行杂草防治，将严重影响幼苗生长。应注意选择除草剂品种和施药方法。

在十字花科蔬菜播后芽前(图17-53和图17-54)，可以用下列除草剂：

图17-53 白菜直播田

图17-54 上海青直播田

33%二甲戊灵乳油75～120ml/亩；

20%敌草胺乳油120～150ml/亩；

72%异丙甲草胺乳油100～150ml/亩；

72%异丙草胺乳油100～150ml/亩；

96%精异丙甲草胺乳油30～50ml/亩；

对水40kg，均匀喷施，可以有效防治多种一年生禾本科杂草和部分阔叶杂草。十字花科蔬菜种子较小，应在播种后浅混土或覆薄土；药量过大、田间过湿，特别是遇到持续低温多雨条件下会影响蔬菜发芽出苗；严重时，会出现缺苗断垄现象(图17-55至图17-64)。

图17-55 在白菜播后芽前，特别是春天遇到低温高湿条件下，喷施50%乙草胺乳油的药害症状。白菜出苗生长缓慢，低剂量处理白菜生长受到较大的抑制，而高剂量处理白菜叶片枯死、全株逐渐死亡。

图17-56 在白菜播后芽前，特别是春天遇到低温高湿条件下，喷施50%乙草胺乳油10天后药害症状。白菜出苗生长缓慢，白菜叶片肿大、肥厚、心叶畸形，生长受抑制。

图17-57 在白菜播后芽前，遇到高温高湿条件下，喷施50%乙草胺乳油的药害症状。白菜出苗生长缓慢，低剂量处理白菜生长受到较大的抑制，而高剂量处理白菜叶片枯死、全株逐渐死亡。

图17-58　在白菜播后芽前，特别是春天遇到低温高湿条件下，喷施50%乙草胺乳油15天后药害症状。白菜叶片肿大、肥厚、心叶畸形，生长受抑制，严重者枯死。

图17-59　在白菜播后芽前，田间喷施50%乙草胺乳油27天的药害症状。白菜出苗生长缓慢，白菜叶片肿大、心叶皱缩，药害重者叶片逐渐死亡。

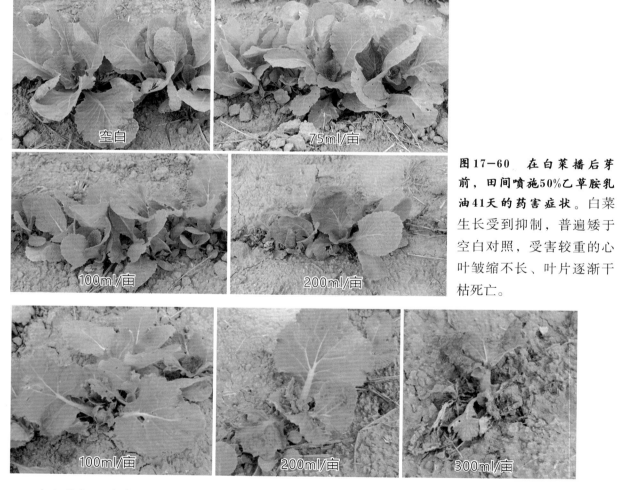

图17-60　在白菜播后芽前，田间喷施50%乙草胺乳油41天的药害症状。白菜生长受到抑制，普遍矮于空白对照，受害较重的心叶皱缩不长、叶片逐渐干枯死亡。

图17-61　在白菜播后芽前，喷施33%二甲戊乐灵乳油41天后的药害比较。受害白菜长势受到一定的影响，重者萎缩死亡。

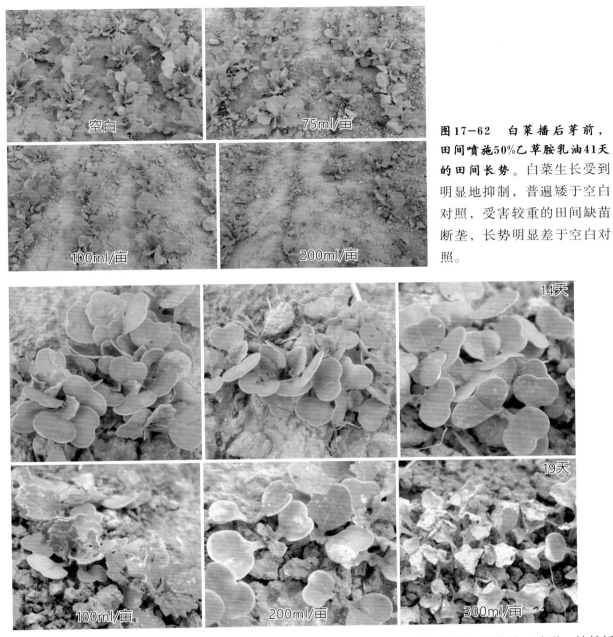

图17-62 白菜播后芽前，田间喷施50%乙草胺乳油41天的田间长势。白菜生长受到明显地抑制，普遍矮于空白对照，受害较重的田间缺苗断垄，长势明显差于空白对照。

图17-63 在白菜播后芽前，喷施33%二甲戊灵乳油后的典型药害症状。受害白菜心叶脆弱、畸形、植株矮化，叶色暗绿，长势明显差于空白对照，重者可能黄化、萎缩死亡。

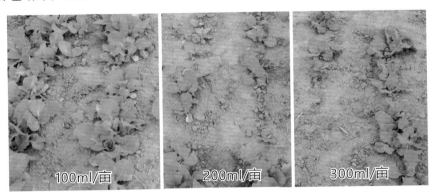

图17-64 白菜播后芽前，喷施33%二甲戊灵乳油后的田间药害表现。受害白菜长势受到不同程度的影响，重者可能萎缩死亡、缺苗断垄。

（二）十字花科蔬菜移栽田杂草防治

十字花科蔬菜中的白菜、甘蓝、萝卜也有育苗移栽(图17-65)，生产上宜采用封闭性除草剂，一次施药保持整个生长季节没有杂草为害。可于移栽前1~3天喷施土壤封闭性除草剂，移栽时尽量不要翻动土层或尽量少翻动土层。可以用下列除草剂：

图17-65　白菜移栽田

33%二甲戊灵乳油150~200ml/亩；

20%敌草胺乳油200~300ml/亩；

50%乙草胺乳油150~200ml/亩；

72%异丙甲草胺乳油175~250ml/亩；

72%异丙草胺乳油175~250ml/亩；

96%精异丙甲草胺乳油50~70ml/亩；

对水40kg，均匀喷施。

对于墒情较差或沙土地，可以用48%氟乐灵乳油150~200ml/亩、或48%仲丁灵乳油150~200ml/亩，施药后及时混土2~3cm，该药易于挥发，混土不及时会降低药效。

对于一些老十字花科蔬菜田，特别是长期施用除草剂的十字花科蔬菜田，铁苋、马齿苋等阔叶杂草较多，可以用下列除草剂：

33%二甲戊灵乳油100~150ml/亩+25%恶草酮乳油75~120ml/亩；

20%敌草胺乳油200~250ml/亩+25%恶草酮乳油75~120ml/亩；

50%乙草胺乳油100~150ml/亩+25%恶草酮乳油75~120ml/亩；

72%异丙甲草胺乳油150~200ml/亩+25%恶草酮乳油75~120ml/亩；

72%异丙草胺乳油150~200ml/亩+25%恶草酮乳油75~120ml/亩；

33%二甲戊乐灵乳油100~150ml/亩+24%乙氧氟草醚乳油20~30ml/亩；

20%萘丙酰草胺乳油200~250ml/亩+24%乙氧氟草醚乳油20~30ml/亩；

50%乙草胺乳油100~150ml/亩+24%乙氧氟草醚乳油20~30ml/亩；

72%异丙甲草胺乳油150~200ml/亩+24%乙氧氟草醚乳油20~30ml/亩；

72%异丙草胺乳油150~200ml/亩+24%乙氧氟草醚乳油20~30ml/亩；

对水40kg，均匀喷施，可以有效防治多种一年生禾本科杂草和阔叶杂草。生产中应适当加大喷药水量、均匀施药，不宜随意增加药量，否则易发生药害。

（三）十字花科蔬菜生长期杂草防治

对于前期未能采取化学除草或化学除草失败的十字花科蔬菜田，应在田间杂草基本出苗且杂草处于幼苗期时及时施药防治。

十字花科蔬菜田防治一年生禾本科杂草(图17-66)，如稗、狗尾草、牛筋草等，应在杂草3~5叶期，用下列除草剂：

图17-66 白菜田禾本科杂草发生情况

10%精喹禾灵乳油40~75ml/亩；

10.8%高效氟吡甲禾灵乳油20~40ml/亩；

15%精吡氟禾草灵乳油40~60ml/亩；

10%精恶唑禾草灵乳油50~75ml/亩；

12.5%稀禾啶乳油50~75ml/亩；

24%烯草酮乳油20~40ml/亩；

对水30kg，均匀喷施，可以有效防治多种禾本科杂草。该类药剂没有封闭除草效果，施药不宜过早，特别是在禾本科杂草未出苗时施药没有效果。

对于前期未能有效除草的田块，在十字花科蔬菜田禾本科杂草较多、较大时(图17-67)，应抓住前期及时防治，并适当加大药量和施药水量，喷透喷匀，保证杂草均能接受到药液。可以施用下列除草剂和药量：

图17-67　小白菜田禾本科杂草发生严重的情况

10%精喹禾灵乳油50~125ml/亩；

10.8%高效氟吡甲禾灵乳油40~60ml/亩；

15%精吡氟禾草灵乳油75~100ml/亩；

10%精恶唑禾草灵乳油75~100ml/亩；

12.5%稀禾啶乳油75~125ml/亩；

24%烯草酮乳油40~60ml/亩；

对水45~60kg，均匀喷施，施药时视草情、墒情确定用药量，可以有效防治多种禾本科杂草；但天气干旱、杂草较大时死亡时间相对缓慢。

五、豆类蔬菜田杂草防治技术

豆科蔬菜有芸豆(菜豆)、豇豆、扁豆、豌豆、蚕豆、毛豆(大豆)等，豆科蔬菜一年四季均有种植，大多是直播栽培。豆类蔬菜一般生育期较长，该类菜田适于杂草生长，所以杂草发生量大，为害严重。杂草种类很多，较易造成为害的有马唐、狗尾草、牛筋草、反枝苋、凹头苋、马齿苋、铁苋、藜、小藜、灰绿藜、稗草、双穗雀稗、鳢肠、龙葵、苍耳、香附子等。

目前，豆科蔬菜田还没有国家登记生产的专用除草剂；资料报道的除草剂种类较多较乱；农民生产上常用的除草剂种类有二甲戊灵、异丙甲草胺、精异丙甲草胺、异丙草胺、扑草净、精喹禾灵、精吡氟禾草灵、高效氟吡甲禾灵，另外还有恶草酮、乙氧氟草醚等，生产中应注意除草剂对豆科蔬菜的安全性；生产中应根据各地情况，采用适宜的除草剂种类和施药方法。

（一）豆类蔬菜播种期杂草防治

豆科蔬菜，多为大粒种子，大都是采取直播栽培，并且播种亦有一定深度，从播种到出苗一般有5～7天的时间，比较适合施用芽前土壤封闭性除草剂(图17-68)。生产上较多选用播前土壤处理或播后芽前土壤封闭处理。

在作物播种前施药，进行土壤处理，可以防治多种一年生禾本科杂草和阔叶杂草。可于播前5～7天，施用下列除草剂：

图17-68 豆类蔬菜田杂草发生情况

48%氟乐灵乳油100～150ml/亩；

对水40kg，均匀喷施。施药后及时混土2～5cm，该药易于挥发，混土不及时会降低药效。该类药剂比较适合于墒情较差时土壤封闭处理，但在冷凉、潮湿天气时施药易于产生药害，应慎用。

在豆类蔬菜播后芽前，可以选用下列除草剂：

48%甲草胺乳油150～250ml/亩；

33%二甲戊灵乳油100～150ml/亩；

50%乙草胺乳油100～200ml/亩；

72%异丙甲草胺乳油150～200ml/亩；

72%异丙草胺乳油150～200ml/亩；

96%精异丙甲草胺乳油40～50ml/亩；

对水40kg，均匀喷施，可以有效防治多种一年生禾本科杂草和部分阔叶杂草。对于覆膜田，在低温高湿条件下应适当降低药量。药量过大、田间过湿，特别是遇到持续低温多雨条件菜苗可能会出现暂时的矮化，多数能恢复正常生长。但严重时，会出现真叶畸形和死苗现象(图17-69至图17-75)。

图17—69 在豇豆播后芽前，特别是在低温高湿条件下，喷施50%乙草胺乳油的药害症状比较。豇豆出苗缓慢、心叶皱缩，低剂量处理对豇豆生长影响较小，而高剂量处理豇豆真叶发生困难、子叶肿大、脆弱，生长受影响较大。

图17—70 在豇豆播后芽前，遇高湿条件，喷施50%乙草胺乳油后的药害症状。豇豆低矮、心叶叶缘卷缩，发育缓慢；高剂量区新叶发育缓慢、长势明显差于空白对照。

图17—71 在豇豆播后芽前，遇高湿条件下，喷施50%乙草胺乳油40天后的田间长势比较。受害豇豆的长势差于空白对照，低剂量处理对豇豆的影响较小，受害较重的豇豆开始枯黄死亡。

图17-72　在豇豆播后芽前，遇高湿条件下，喷施72%异丙甲草胺乳油40天后的田间长势比较。受害豇豆的生长基本恢复，个别受害较重的豇豆植株略差于空白对照。

图17-73　在豇豆播后芽前，喷施33%二甲戊灵后的药害症状。心叶畸形卷缩，植株矮小，一般情况下以后可以恢复生长。

图17-74　在豇豆播后芽前，喷施33%甲戊灵乳油40天后的药害症状。高剂量下受害豇豆心叶畸形卷缩，植株矮化，长势差于空白对照。

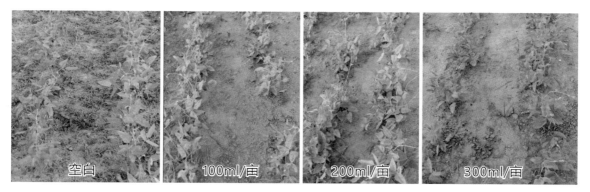

图17-75　在豇豆播后芽前，喷施33%甲戊灵乳油40天后的田间药害长势对比。高剂量下受害豇豆心叶畸形卷缩，长势差于空白对照。

　　为了进一步提高除草效果和对作物的安全性，特别是为了防治铁苋、马齿苋等部分阔叶杂草时，也可以用下列除草剂。

　　33%二甲戊乐灵乳油75～100ml/亩+50%扑草净可湿性粉剂50～75g/亩；

　　50%乙草胺乳油75～100ml/亩+50%扑草净可湿性粉剂50～75g/亩；

　　72%异丙甲草胺乳油100～150ml/亩+50%扑草净可湿性粉剂50～75g/亩；

　　72%异丙草胺乳油100～150ml/亩+50%扑草净可湿性粉剂50～75g/亩；

　　33%二甲戊乐灵乳油75～100ml/亩+24%乙氧氟草醚乳油10～30ml/亩；

　　50%乙草胺乳油75～100ml/亩+24%乙氧氟草醚乳油10～30ml/亩；

　　72%异丙甲草胺乳油100～150ml/亩+24%乙氧氟草醚乳油10～30ml/亩；

　　72%异丙草胺乳油100～150ml/亩+24%乙氧氟草醚乳油10～30ml/亩；

　　33%二甲戊乐灵乳油75～100ml/亩+25%恶草酮乳油50～75ml/亩；

　　50%乙草胺乳油75～100ml/亩+25%恶草酮乳油50～75ml/亩；

　　72%异丙甲草胺乳油100～150ml/亩+25%恶草酮乳油50～75ml/亩；

　　72%异丙草胺乳油100～150ml/亩+25%恶草酮乳油50～75ml/亩；

　　对水40kg，均匀喷施，可以有效防治多种一年生禾本科杂草和阔叶杂草。施药时要严格把握施药剂量，否则，会产生严重的药害(图17-76至图17-81)。

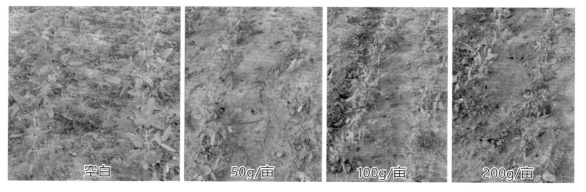

图17-76　在豇豆播后芽前，喷施50%扑草净可湿性粉剂40天后的田间长势比较。施药后豇豆生长受到一定的影响，高剂量区苗后叶片失绿，枯黄，重者逐渐死亡，出现缺苗断垄现象。

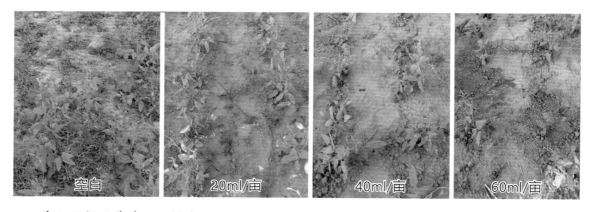

图17-77　在豇豆播后芽前，田间喷施24%乙氧氟草醚乳油后40天不同剂量的田间药害和长势比较。用量20ml/亩田间杂草防治效果较好，对豇豆生长基本上没有影响；用量较大时对豇豆生长有一定的影响，但用量在40～60ml/亩时多数后期能够恢复生长。

图17-78　在豇豆播后芽前，喷施50%扑草净可湿性粉剂后的药害症状。施药后豇豆出苗基本正常，受害豇豆叶片黄化，高剂量区苗后叶片失绿、枯黄，重者逐渐死亡。

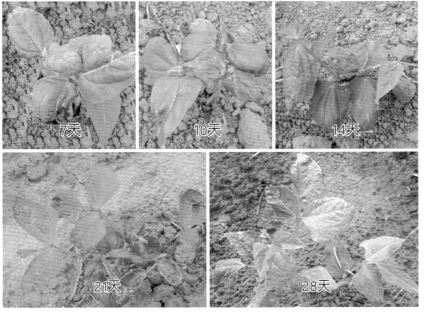

图17-79　在豇豆播后苗前，遇持续低温高湿条件，喷施12%恶草酮乳油200ml/亩后的药害表现过程。苗后茎叶发黄、出现黄斑、心叶皱缩，叶片上有黄褐斑，长势较差于空白对照。随着生长，长势可以逐渐恢复。

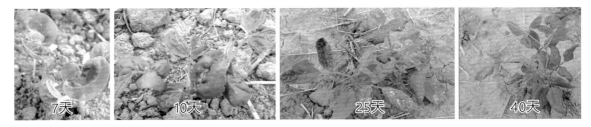

图17-80 在豇豆播后芽前，喷施24%乙氧氟草醚乳油60ml/亩后的药害症状表现过程。豇豆能够出苗，苗后真叶出现严重褐斑、皱缩、部分叶片枯死，生长可能受到严重抑制。

图17-81 在豇豆播后苗前，喷施12%恶草酮乳油28天后的田间长势比较。苗后茎叶发黄、出现黄斑、心叶皱缩，叶片上有黄褐斑，长势较差于空白对照。随着生长，长势可以逐渐恢复，低剂量处理对豇豆生长影响较小；高剂量处理，豇豆叶片皱缩，生长受抑制。

(二)豆类蔬菜生长期杂草防治

对于前期未能采取化学除草或化学除草失败的豆类蔬菜田，应在田间杂草基本出苗且杂草处于幼苗期时及时施药防治。

豆类蔬菜田防治一年生禾本科杂草(图17-82)，如马唐、狗尾草、牛筋草等，应在杂草3～5叶期，用下列除草剂：

图17-82 豇豆田禾本科杂草发生情况

5%精喹禾灵乳油50～75ml/亩；

10.8%高效氟吡甲禾灵乳油20～40ml/亩；

15%精吡氟禾草灵乳油40～60ml/亩；

12.5%稀禾啶乳油50～75ml/亩；

24%烯草酮乳油20～40ml/亩；

对水30kg，均匀喷施，可以有效防治多种禾本科杂草。该类药剂没有封闭除草效果，施药不宜过早，特别是在禾本科杂草未出苗时施药没有效果。杂草较大、杂草密度较高、墒情较差时适当加大用药量和喷液量。

在豆类蔬菜田，除草剂应用较多的地块(图17-83)，前期施用芳氧基苯氧基丙酸类、环己烯酮类、乙草胺、异丙甲草胺或二甲戊灵等除草剂后，马齿苋、铁苋、打碗花等阔叶杂草或香附子、鸭跖草等恶性杂草发生较多的地块，在马齿苋、铁苋、香附子等基本出齐，且杂草处于幼苗期时应及时施药，可以用下列除草剂：

图17-83　豇豆生长期杂草发生为害情况

25%氟磺胺草醚水剂40～50ml/亩；

48%苯达松水剂100～200ml/亩；

对水30kg，均匀喷施。该类除草剂对杂草主要表现为触杀性除草效果，施药时务必喷施均匀。在豇豆苗期施药，施药时尽量不要喷施到叶片上，以定向喷药为佳，否则可能产生药害。施药时视草情、墒情确定用药量。

部分豆类蔬菜田(图17-84)，发生有马唐、狗尾草、马齿苋等一年生禾本科杂草和阔叶杂草，在豇豆苗期、杂草基本出齐且处于幼苗期时应及时施药，可以用下列除草剂配方：

5%精喹禾灵乳油50ml/亩+48%苯达松水剂150ml/亩；

10.8%高效氟吡甲禾灵乳油20ml/亩+25%氟磺胺草醚乳油50ml/亩；

对水30kg，均匀喷施，施药时视草情、墒情确定用药量。

图17-84　豇豆苗期禾本科杂草和阔叶杂草混合发生较轻的情况

六、茄果蔬菜田杂草防治技术

　　茄科蔬菜有茄子、辣椒、番茄等。据栽培方式，可分为露地栽培、地膜覆盖栽培与保护地(塑料大棚等)栽培。这几种蔬菜多采用育苗移栽的栽培方式，主要在移栽后和直播田采用化学除草。

　　由于各地菜田土壤、气候和耕作方式等方面差异较大，田间杂草种类较多，主要有马唐、狗尾草、牛筋草、千金子、马齿苋、藜、小藜、反枝苋、铁苋等，严重影响着茄类蔬菜的生长(图17-85至图17-87)。杂

图17-85　番茄田杂草发生为害情况

草的萌发与生长，受环境条件影响很大，萌发出苗时间较长，先后不整齐。近年来地膜覆盖、保护地栽培在全国茄果类蔬菜栽培中发展较快，杂草的发生情况也发生了很大的变化。

图17-86　茄子田杂草发生为害情况

图17-87　辣椒田杂草发生为害情况

目前，茄果类蔬菜田国家登记生产的除草剂种类较少，辣椒田国家登记生产的除草剂有异丙甲草胺、氟乐灵、威百亩、精喹禾灵；番茄田国家登记生产的除草剂有精异丙甲草胺；茄子田国家登记生产的除草剂有威百亩；资料报道的除草剂种类较多较乱；农民生产上常用的除草剂种类有二甲戊乐灵、异丙甲草胺、精异丙甲草胺、异丙草胺、扑草净、精喹禾灵、精吡氟禾草灵、高效氟吡甲禾灵，另外还有恶草酮、乙氧氟草醚等，生产中应注意除草剂对茄科蔬菜的安全性；生产中应根据各地情况，采用适宜的除草剂种类和施药方法。

（一）茄果蔬菜育苗田(畦)或直播田杂草防治

茄果蔬菜苗床或覆膜直播田墒情较好肥水充足，有利于杂草的发生，如不及时进行杂草防治，将严重影响幼苗生长。同时，地膜覆盖后田间白天温度较高，昼夜温差较大，苗瘦弱，对除草剂的耐药性较差，易产生药害，应注意选择除草剂品种和施药方法。

在茄果类蔬菜播后芽前(图17-88)，可以用下列除草剂：

图17-88　茄子和辣椒育苗田及杂草为害情况

33%二甲戊乐灵乳油40～60ml/亩；

45%二甲戊乐灵微胶囊剂30～50g/亩；

20%萘丙酰草胺乳油75～150ml/亩；

72%异丙甲草胺乳油50～75ml/亩；

96%精异丙甲草胺乳油20～40ml/亩；

72%异丙草胺乳油50～75ml/亩；

对水40kg，均匀喷施，可以有效防治多种一年生禾本科杂草和部分阔叶杂草。

也可以施用48%氟乐灵乳油100～150ml/亩、48%地乐胺乳油100～150ml/亩，对水40kg，均匀喷施。施药后及时混土2～5cm，该药易于挥发，混土不及时会降低药效。该类药剂比较适合于墒情较差时土壤封闭处理，但在冷凉、潮湿天气时施药易于产生药害，应慎用。

施用除草剂时，除草剂药量过大、田间土壤过湿，温度过高或过低，特别是在持续低温多雨条件下菜苗可能会出现暂时的矮化、生长停滞，低剂量下能恢复正常生长；遇到膜内温度过高条件时，严重时可能会出现死苗现象(图17-89至图17-104)。据试验观察，乙草胺、氟乐灵、仲丁灵，易造成药害，轻则植株矮化、叶片皱缩、变厚脆弱，影响生长乃至死亡。

图17-89　在辣椒播后芽前，特别是在低温高湿条件下，喷施50%乙草胺乳油的药害症状比较。辣椒出苗生长缓慢，低剂量处理辣椒生长受到较大的抑制，而高剂量处理辣椒叶片枯死、全株逐渐死亡。

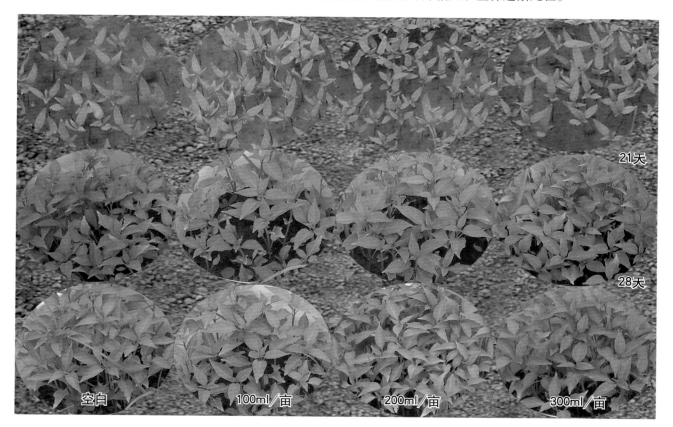

图17-90　在辣椒播后芽前，遇高湿和较高温度条件，喷施50%萘丙酰草胺可湿性粉剂的药害症状。辣椒出苗基本正常，对辣椒生长的影响较小，只有高剂量处理辣椒生长受到轻微抑制。

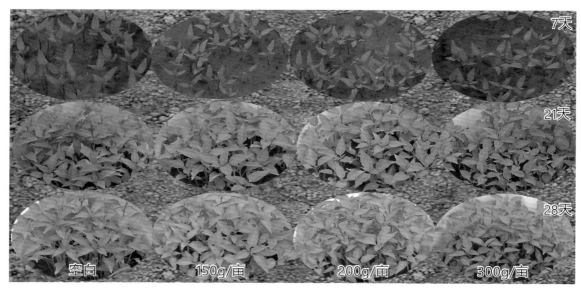

图17-91 在辣椒播后芽前，遇高湿和较高温度条件，喷施72%异丙甲草胺乳油的药害症状比较。辣椒出苗基本正常，对辣椒生长影响较小，而高剂量处理辣椒生长受到轻微抑制。

图17-92 在辣椒播后芽前，喷施33%二甲戊乐灵乳油后的典型药害症状。受害辣椒心叶畸形卷缩、植株矮化，叶色暗绿，长势明显差于空白对照。

图17-93 在番茄播后芽前，特别是遇到低温高湿条件，喷施50%乙草胺乳油的药害症状比较。番茄出苗缓慢，真叶发生缓慢，心叶皱缩。低剂量处理对番茄生长影响较小，高剂量处理番茄真叶发生困难，子叶肿大、脆弱，生长受影响较大。

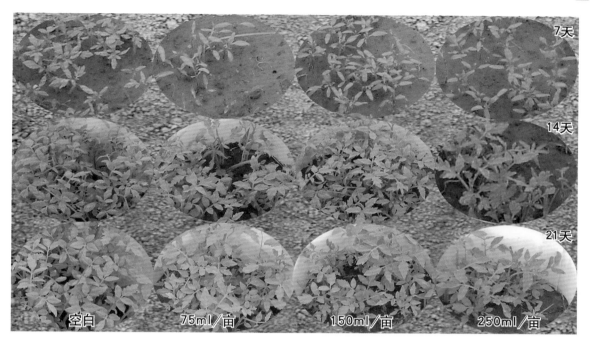

图17-94 在番茄播后芽前，遇高湿和较高温度条件，喷施50%乙草胺乳油的药害症状。番茄出苗基本正常，低剂量处理对番茄生长影响较小，而高剂量处理番茄生长受到轻微抑制。

图17-95 在番茄播后芽前，遇高湿和较高温度条件，喷施50%乙草胺乳油的田间长势比较。番茄出苗基本正常，低剂量处理对番茄生长影响较小，高剂量处理番茄生长受到轻微抑制。

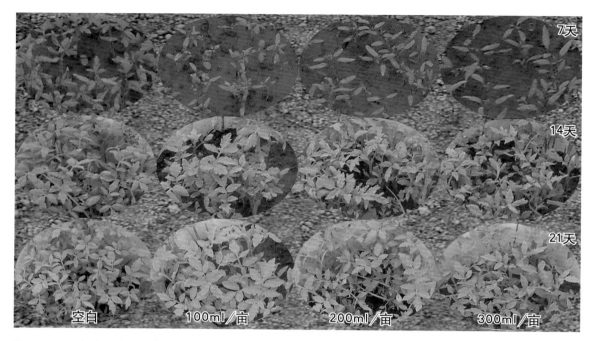

图17-96　在番茄播后芽前，遇高湿和较高温度条件，喷施72%异丙甲草胺乳油的药害症状比较。番茄出苗基本正常，低剂量处理对番茄生长影响较小，高剂量处理番茄生长受到轻微抑制。

图17-97 在辣椒播后芽前，遇高湿和较高温度条件，喷施50%乙草胺乳油的药害症状。辣椒出苗基本正常，低剂量处理对辣椒生长影响较小，而高剂量处理辣椒生长受到轻微抑制。

图17-98 在辣椒播后芽前，喷施33%二甲戊乐灵乳油后的典型药害症状。受害辣椒心叶畸形卷缩、皱缩，植株矮化，根毛少。

图17-99　在番茄播后芽前，遇高湿和较高温度条件，喷施50%敌草胺可湿性粉剂的药害症状比较。番茄出苗基本正常，低剂量处理对番茄生长影响较小，而高剂量处理番茄生长受到轻微抑制。

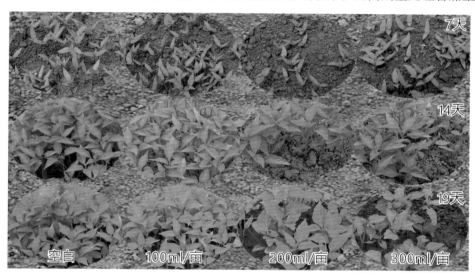

图17-100 在辣椒播后芽前，喷施33%二甲戊灵乳油后的典型药害症状。受害辣椒心叶畸形卷缩、植株矮化，叶色暗绿，长势明显差于空白对照，重者可能黄化死亡。

图17-101　在辣椒生长期，模仿漂移或错误施药，喷施48%地乐胺乳油200ml/亩18天后的药害症状。施药后7~10天初现药害症状，以后生长点畸形皱缩，新叶卷缩，生长受到严重影响。

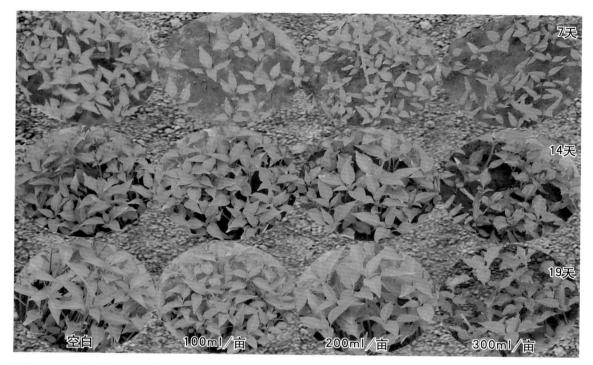

图17-102　在辣椒播后芽前，喷施48%氟乐灵乳油后的药害症状。受害后出苗缓慢、心叶畸形卷缩，植株矮小，一般情况下会随着生长逐渐恢复，但重者逐渐萎缩死亡。

图17-103　在番茄播后芽前，喷施33%二甲戊灵乳油后的典型药害症状。受害番茄心叶脆弱、矮化，叶色暗绿，长势明显差于空白对照，重者可能黄化、萎缩死亡。

图17-104　在辣椒生长期，模仿漂移或错误施药，喷施48%氟乐灵乳油200ml/亩18天后的药害症状。施药后几天心叶黄化，而后新叶开始卷缩，生长点畸形皱缩，生长受到严重影响。

对于田间禾本科杂草和阔叶杂草发生都比较多的田块，为了进一步提高除草效果和对作物的安全性，也可以用下列除草剂：

33%二甲戊灵乳油40~60ml/亩；

45%二甲戊灵微胶囊剂30～50g/亩；

20%敌草胺乳油75～150ml/亩；

72%异丙甲草胺乳油50～75ml/亩；

96%精异丙甲草胺乳油20～40ml/亩；

72%异丙草胺乳油50～75ml/亩；

33%二甲戊灵乳油40～60ml/亩+50%扑草净可湿性粉剂30～50g/亩；

96%精异丙甲草胺乳油20～40ml/亩+50%扑草净可湿性粉剂30～50g/亩；

72%异丙甲草胺乳油50～75ml/亩+50%扑草净可湿性粉剂30～50g/亩；

20%敌草胺乳油75～100ml/亩+50%扑草净可湿性粉剂50～75g/亩；

33%二甲戊灵乳油40～60ml/亩+24%乙氧氟草醚乳油10～20ml/亩；

20%萘丙酰草胺乳油75～100ml/亩+24%乙氧氟草醚乳油10～20ml/亩；

96%精异丙甲草胺乳油20～40ml/亩+24%乙氧氟草醚乳油10～20ml/亩；

72%异丙甲草胺乳油50～75ml/亩+24%乙氧氟草醚乳油10～20ml/亩；

33%二甲戊乐灵乳油50～75ml/亩+25%恶草酮乳油50～75ml/亩；

20%敌草胺乳油75～100ml/亩+25%恶草酮乳油50～75ml/亩；

96%精异丙甲草胺乳油20～40ml/亩+25%恶草酮乳油50～75ml/亩；

72%异丙甲草胺乳油50～75ml/亩+25%恶草酮乳油50～75ml/亩；

　　对水40kg，均匀喷施，可以有效防治多种一年生禾本科杂草和阔叶杂草。扑草净对菜苗安全性较差，不能随易加大剂量；乙氧氟草醚与恶草酮为触杀性芽前封闭除草剂，要求施药均匀，药量过大时会有药害(图17-105至图17-112)。

图17-105　在辣椒播后芽前，在不良环境条件下，喷施50%扑草净可湿性粉剂后的药害症状。施药后辣椒出苗基本正常，受害辣椒叶片黄化、大量叶片失绿、枯黄，重者逐渐死亡，药害严重。

图17-106　在辣椒播后芽前，喷施50%扑草净可湿性粉剂后的药害症状。施药后辣椒出苗基本正常，受害辣椒叶片黄化，一般剂量下对辣椒影响较小，高剂量区苗后叶片失绿、枯黄，重者逐渐死亡。

图17-107　在辣椒播后芽前，喷施24%乙氧氟草醚乳油后的药害症状表现过程。特别是遇高温高湿条件时，辣椒苗后真叶出现褐斑、皱缩、部分叶片枯死，高剂量下生长可能受到严重抑制。

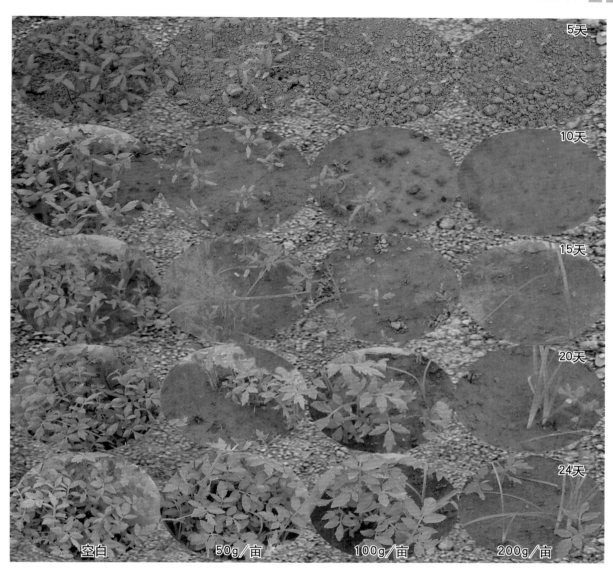

图17-108　在番茄播后芽前，喷施50%扑草净可湿性粉剂后的药害症状。施药后番茄出苗基本正常，受害番茄叶片黄化，一般剂量下对番茄影响较小，高剂量区苗后叶片失绿、枯黄，重者逐渐死亡。

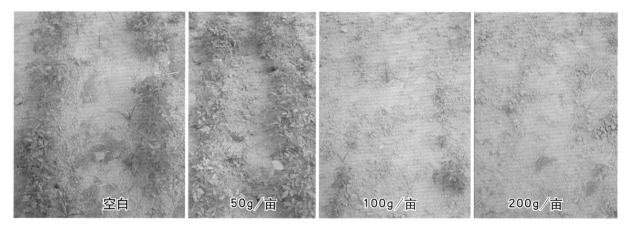

图17-109　在番茄播后芽前，喷施50%扑草净可湿性粉剂37天后的药害情况与田间长势。施药后低剂量下对番茄影响较小，高剂量区苗后叶片失绿、枯黄死亡，缺苗断垄。

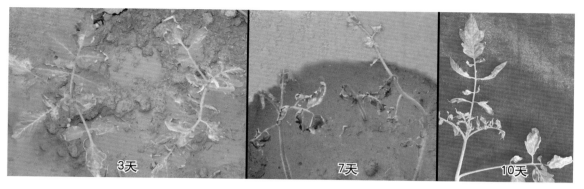

图17-110　在番茄移栽前，模仿农药漂移或错误用药，喷施50%扑草净可湿性粉剂100g/亩后的药害症状。受害叶片从叶尖和叶缘开始枯死，叶片上有枯黄斑，光照强、温度高药害发展迅速。

图17-111　在辣椒生长期，错误用药，叶面喷施24%乙氧氟草醚乳油20ml/亩后的药害症状。施药后叶片迅速出现褐斑、心叶枯死，植株迅速死亡。

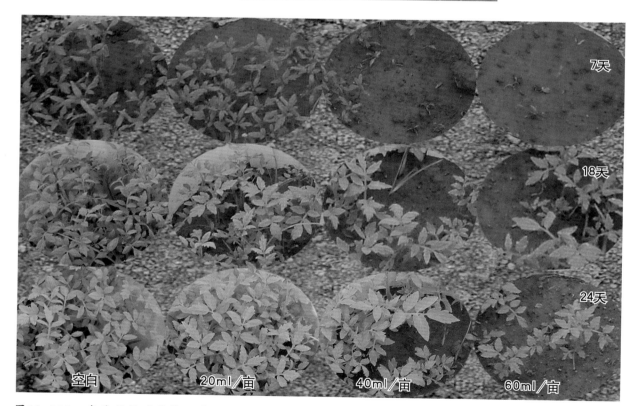

图17-112　在番茄播后芽前，喷施24%乙氧氟草醚乳油后的药害症状过程。特别是在高温高湿条件，番茄苗后真叶出现褐斑、部分叶片枯死，生长受到不同程度抑制，高剂量下生长可能受到严重抑制。

（二）茄果蔬菜移栽田杂草防治

茄果蔬菜多为育苗移栽，封闭性除草剂一次施药基本上可以保持整个生长季节没有杂草为害。一般于移栽前喷施土壤封闭性除草剂，移栽时尽量不要翻动土层或尽量少翻动土层。移栽后的大田生育时期较长，同时，较大的茄果菜苗对封闭性除草剂具有一定的耐药性，因此，适当加大剂量以保证除草效果，施药时按水量40kg/亩配成药液均匀喷施土表。

可于移栽前1~3天喷施土壤封闭性除草剂(图17-113)，移栽时尽量不要翻动土层或尽量少翻动土层。可以用下列除草剂：

图17-113 番茄和茄子移栽田

33%二甲戊灵乳油150~200ml/亩；

20%敌草胺乳油200~300ml/亩；

50%乙草胺乳油150~200ml/亩；

72%异丙甲草胺乳油175~250ml/亩；

72%异丙草胺乳油175~250ml/亩；

对水40kg，均匀喷施，施药后移栽。部分农民习惯于移栽后施药，容易发生药害(图17-114至图17-126)。

图17-114 在辣椒移栽后生长期，喷施50%乙草胺乳油5天后的药害症状。辣椒叶片黄化，叶片出现少量黄褐斑，心叶受害，个别出现坏死，生长受到抑制。

图17-115　在辣椒移栽后生长期，喷施50%乙草胺乳油100ml/亩10天后的药害症状。辣椒生长受到暂时抑制，叶片黄化，但多数会逐渐恢复生长。

图17-116　在辣椒移栽后生长期，喷施72%异丙甲草胺乳油18天后的药害症状。辣椒叶片黄化，叶片出现少量黄褐斑，心叶受害，个别出现坏死，影响正常生长。

图17-117　在辣椒移栽后生长期，喷施30%丙草胺乳油18天后的药害症状。辣椒叶片黄化，叶片出现少量黄褐斑，心叶受害，个别出现坏死，影响生长发育。

图17-118　在辣椒移栽后生长期，喷施48%甲草胺乳油18天后的药害症状。辣椒心叶黄化，叶片出现少量黄褐斑，一般不会造成大的为害。

图17-119　在辣椒移栽后生长期，喷施50%异丙草胺乳油18天后的药害症状。辣椒叶片黄化，叶片出现少量黄褐斑，心叶受害，个别出现坏死，影响生长育。

图17-120 辣椒移栽后生长期，喷施50%异丙草胺乳油7天后的药害症状。辣椒叶片黄化，叶片出现少量黄褐斑，心叶受害，个别出现坏死，影响正常生长发育。

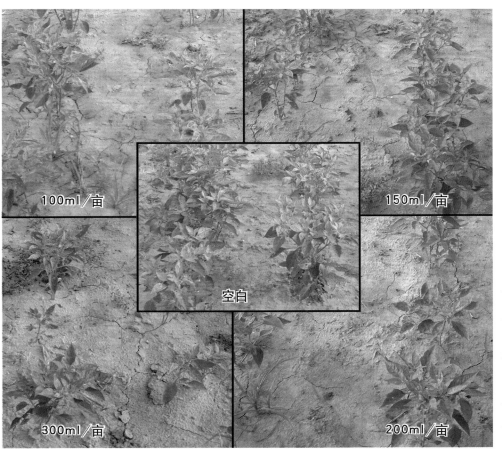

图17-121 辣椒移栽后生长期，喷施72%异丙草胺乳油7天后的田间长势比较。辣椒叶片黄化，叶片出现少量黄褐斑，对辣椒整体生长影响不大。

图17-122 在番茄移栽后生长期，喷施50%乙草胺乳油100ml/亩5天后的药害症状。番茄叶片边缘黄化，从叶尖和叶缘开始出现褐斑、枯死，心叶受害出现畸形、坏死，严重影响正常生长发育。

空白　　　　100ml/亩　　　　150ml/亩　　　　200ml/亩

图17-123 在番茄移栽后生长期，喷施72%异丙甲草胺乳油9天后的药害症状比较。番茄叶片边缘黄化，从叶尖和叶缘开始出现褐斑、枯死，重者心叶受害出现畸形、坏死，严重影响正常生长发育。

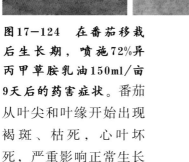

图17-124 在番茄移栽后生长期，喷施72%异丙甲草胺乳油150ml/亩9天后的药害症状。番茄从叶尖和叶缘开始出现褐斑、枯死，心叶坏死，严重影响正常生长发育。

图17-125 在番茄移栽后生长期，喷施72%异丙草胺乳油100ml/亩10天后的药害症状。番茄叶片边缘黄化，从叶尖和叶缘开始出现褐斑、枯死，心叶受害出现畸形、坏死，严重影响正常生长发育。

图17-126 在番茄移栽后生长期，喷施20%萘丙酰草胺乳油100ml/亩10天后的药害症状。番茄叶片边缘黄化，从叶尖和叶缘开始出现褐斑、枯死，心叶受害出现畸形、坏死，严重影响正常生长发育。

对于一些老蔬菜田，特别是长期施用除草剂的蔬菜田，马唐、狗尾草、牛筋草、铁苋、马齿苋等一年生禾本科杂草和阔叶杂草发生都比较多，可以用下列除草剂：

33%二甲戊灵乳油100～200ml/亩+50%扑草净可湿性粉剂50～75g/亩；

50%乙草胺乳油100～150ml/亩+50%扑草净可湿性粉剂50～75g/亩；

72%异丙甲草胺乳油100～200ml/亩+50%扑草净可湿性粉剂50～75g/亩；

72%异丙草胺乳油100～200ml/亩+50%扑草净可湿性粉剂50～75g/亩；

33%二甲戊灵乳油100～200ml/亩+24%乙氧氟草醚乳油10～30ml/亩；

50%乙草胺乳油100～150ml/亩+24%乙氧氟草醚乳油10～30ml/亩；

72%异丙甲草胺乳油100～200ml/亩+24%乙氧氟草醚乳油10～30ml/亩；

72%异丙草胺乳油100～200ml/亩+24%乙氧氟草醚乳油10～30ml/亩；

33%二甲戊灵乳油100～200ml/亩+25%恶草酮乳油50～75ml/亩；

50%乙草胺乳油100～150ml/亩+25%恶草酮乳油50～75ml/亩；

72%异丙甲草胺乳油100～200ml/亩+25%恶草酮乳油50～75ml/亩；

72%异丙草胺乳油100～200ml/亩+25%恶草酮乳油50～75ml/亩；

对水40kg，均匀喷施，可以有效防治多种一年生禾本科杂草和阔叶杂草。生产中应均匀施药，不宜随便改动配比，否则易发生药害。

（三）茄果蔬菜生长期杂草防治

对于前期未能采取封闭除草或化学除草失败的茄果蔬菜田，应在田间杂草基本出苗，且杂草处于幼苗期时及时施药防治。

茄果蔬菜田防治一年生禾本科杂草(图17-127)，如稗、狗尾草、牛筋草等，应在禾本科杂草3～5叶期，用下列除草剂：

图17-127 辣椒田禾本科杂草发生情况

10%精喹禾灵乳油40～60ml/亩；

10.8%高效氟吡甲禾灵乳油20～40ml/亩；

10%喔草酯乳油40～80ml/亩；

15%精吡氟禾草灵乳油40～60ml/亩；

10%精恶唑禾草灵乳油50～75ml/亩；

12.5%稀禾啶乳油50～75ml/亩；

24%烯草酮乳油20～40ml/亩；

对水30kg，均匀喷施，可以有效防治多种禾本科杂草。该类药剂没有封闭除草效果，施药不宜过早，特别是在禾本科杂草未出苗时施药没有效果。

部分辣椒和番茄田(图17-128)，在生长中后期，田间发生有马唐、狗尾草、马齿苋、藜、苋等杂草，可以用下列除草剂配方：

图17-128　辣椒中后期禾本科杂草和阔叶杂草混合发生较轻的情况

10%精喹禾灵乳油50ml/亩+48%苯达松水剂150ml/亩；

10.8%高效氟吡甲禾灵乳油20ml/亩+25%三氟羧草醚水剂50ml/亩；

10%精喹禾灵乳油50ml/亩+24%乳氟禾草灵乳油20ml/亩；

对水30kg，定向喷施，施药时要戴上防护罩，切忌将药液喷施到茎叶上，否则会发生严重的药害。

在田间杂草较多、且处于雨季时，为了达到杀草和封闭双重功能，还可以喷施兼上述配方加入封闭除草剂，可用下列除草剂配方：

10%精喹禾灵乳油50ml/亩+48%苯达松水剂150ml/亩+50%乙草胺乳油150～200ml/亩；

10.8%高效氟吡甲禾灵乳油20ml/亩+25%三氟羧草醚水剂50ml/亩+50%乙草胺乳油150～200ml/亩；

10%精喹禾灵乳油50ml/亩+24%乳氟禾草灵乳油20ml/亩+50%乙草胺乳油150～200ml/亩；

10%精喹禾灵乳油50ml/亩+48%苯达松水剂150ml/亩+72%异丙甲草胺乳油150～250ml/亩；

10.8%高效氟吡甲禾灵乳油20ml/亩+25%三氟羧草醚水剂50ml/亩+72%异丙甲草胺乳油150～250ml/亩；

10%精喹禾灵乳油50ml/亩+24%乳氟禾草灵乳油20ml/亩+72%异丙甲草胺乳油150～250ml/亩；

对水30kg，定向喷施，施药时要戴上防护罩，切忌将药液喷施到茎叶上，否则会发生严重的药害。施药时视草情、墒情确定用药量。

七、伞形花科蔬菜田杂草防治技术

伞形花科蔬菜主要有胡萝卜、芹菜、茴香和芫荽(香菜)等，这些蔬菜的栽培多为直播，播种密度较大，人工除草困难，用工量很大，还会损伤秧苗根系而影响成活率；而且，这类蔬菜秧苗生长期较长，田间杂草发生多、生长快、为害严重(图17-129至图17-132)；所以，正确地使用除草剂不但能增加产量，还可改善产品质量。生产中应根据情况，采用适宜的除草剂种类和施药方法。

图17-129　胡萝卜田杂草发生为害情况

图17-130　芹菜田杂草发生为害情况

图17—131　茴香田杂草发生为害情况

图17—132　芫荽田杂草发生为害情况

目前，伞形花科蔬菜田国家登记生产的除草剂种类比较少，芹菜、茴香和芫荽等伞形花科蔬菜田还没有国家登记生产的专用除草剂；资料报道的除草剂种类较多较乱；农民生产上常用的除草剂种类有乙草胺、异丙甲草胺、精异丙甲草胺、异丙草胺、二甲戊灵、氟乐灵、地乐胺、扑草净、精喹禾灵、精吡氟禾草灵、高效氟吡甲禾灵，另外还有恶草酮、乙氧氟草醚等，生产中应注意除草剂对伞形花科蔬菜的安全性；生产中应根据各地情况，采用适宜的除草剂种类和施药方法。

（一）胡萝卜田杂草防治

胡萝卜苗期生长缓慢，多以高温多雨的夏天或秋天播种，容易受草害，防治稍不及时，就会造成损失。传统的人工锄草费时费工，也不彻底。如遇阴雨天，只能任其生长，严重影响胡萝卜的产量和品质。化学除草是伞形花科蔬菜栽培中的一项重要措施。综合各地情况，胡萝卜田杂草主要有马唐、牛筋草、稗草、狗尾草、马齿苋、反枝苋、铁苋、绿苋、小藜、香附子等20多种，大部分是一年生杂草。胡萝卜多为田间撒播，密度较高，生产中主要采用芽前土壤处理，必要时也可以采用苗后茎叶处理。

1.胡萝卜田播种期杂草防治

胡萝卜多为田间撒播，生产上常见的有两种种植方式，即播后浅混土和人工镇压(图17–133)。在选用除草剂时务必注意。胡萝卜田播种期进行化学除草可用下列3种方法。

| 播前施药 | 播后芽前施药 | 播后镇压施药 |

图17–133　胡萝卜播种施药方式

针对胡萝卜出苗慢、出苗晚，易于出现草、苗共长现象，可以在胡萝卜播种前施药，进行土壤处理，可以防治多种一年生禾本科杂草和阔叶杂草。可于播前5~7天，施用下列除草剂：

48%氟乐灵乳油100~150ml/亩；

48%地乐胺乳油100~150ml/亩；

对水40kg，均匀喷施。施药后及时混土2~5cm，该药易于挥发，混土不及时会降低药效。该类药剂比较适合于墒情较差时土壤封闭处理。但在冷凉、潮湿天气时施药易于产生药害，应慎用。

胡萝卜多为田间撒播，密度较高，生产中主要采用播后芽前土壤处理。播种时应适当深播、浅混土，可以用的除草剂品种如下：

33%二甲戊灵乳油150～200ml/亩；

50%乙草胺乳油100～150ml/亩；

72%异丙甲草胺乳油150～200ml/亩；

72%异丙草胺乳油150～200ml/亩；

96%精异丙甲草胺乳油60～80ml/亩；

对水40kg，均匀喷施，可以有效防治多种一年生禾本科杂草和部分阔叶杂草。药量过大、田间过湿，特别是遇到持续低温多雨条件下会影响发芽出苗。严重时，可能会出现缺苗断垄现象(图17-134至图17-136)。

图17-134　在胡萝卜播后芽前，喷施50%乙草胺乳油后的药害症状。胡萝卜出苗稀疏，茎叶畸形卷缩，药害重者个别出现坏死，影响正常生长发育，较空白对照矮小，长势差。

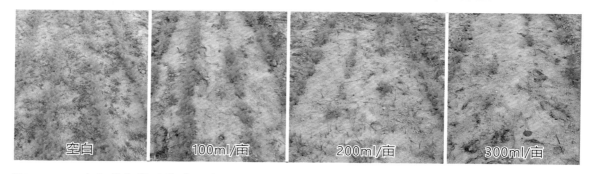

图17-135　在胡萝卜播后芽前，喷施50%乙草胺乳油40天后的田间长势比较。施药处理矮于空白对照，药害重者个别出现坏死或茎叶畸形卷缩，长势差，甚至缺苗断垄。

图17-136　在胡萝卜播后芽前，喷施33%二甲戊灵乳油40天后的药害症状。低剂量下胡萝卜生长基本正常，高剂量下矮化，长势明显差于空白对照。

为了进一步提高除草效果和对作物的安全性，特别是为了防治铁苋、马齿苋等部分阔叶杂草时，也可以用下列除草剂或配方：

20%双甲胺草磷乳油250～375ml/亩；

33%二甲戊灵乳油100～150ml/亩+50%扑草净可湿性粉剂50～75g/亩；

50%乙草胺乳油75～100ml/亩+50%扑草净可湿性粉剂50～75g/亩；

72%异丙甲草胺乳油100～150ml/亩+50%扑草净可湿性粉剂50～75g/亩；

72%异丙草胺乳油100～150ml/亩+50%扑草净可湿性粉剂50～75g/亩；

33%二甲戊灵乳油100～150ml/亩+24%乙氧氟草醚乳油10～20ml/亩；

50%乙草胺乳油75～100ml/亩+24%乙氧氟草醚乳油10～20ml/亩；

72%异丙甲草胺乳油100～150ml/亩+24%乙氧氟草醚乳油10～20ml/亩；

72%异丙草胺乳油100～150ml/亩+24%乙氧氟草醚乳油10～20ml/亩；

25%恶草酮乳油75～100ml/亩+33%二甲戊灵乳油100～150ml/亩；

50%乙草胺乳油75～100ml/亩+25%恶草酮乳油75～100ml/亩；

25%恶草酮乳油75～100ml/亩+72%异丙甲草胺乳油100～150ml/亩；

72%异丙草胺乳油100～150ml/亩+25%恶草酮乳油75～100ml/亩；

对水40kg，均匀喷施，可以有效防治多种一年生禾本科杂草和阔叶杂草。对于播种后镇压地块不宜施用，应在播种后浅混土或覆薄土，种子裸露时沾上药液易发生药害(图17-137至图17-139)。

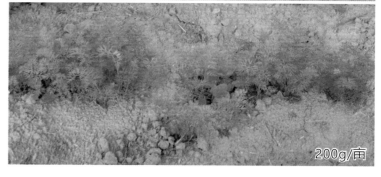

图17-137 在胡萝卜播后芽前，喷施50%扑草净可湿性粉剂40天后的田间生长情况。 施药后胡萝卜生长基本正常，剂量较高时植株相对较矮，严重时有死苗现象。

图17-138　在胡萝卜播后芽前，喷施50%扑草净可湿性粉剂后的药害与生长情况。 施药后胡萝卜出苗基本正常，剂量较高时个别受药害死亡。

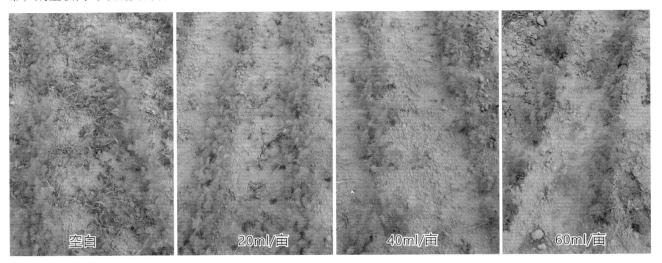

图17-139　在胡萝卜播后芽前，喷施24%乙氧氟草醚乳油不同剂量40天后田间药害症状。 乙氧氟草醚对胡萝卜相对安全，除草效果较好；高剂量下部分叶片枯黄、前期生长受到暂时抑制，以后可能恢复生长。除草效果较好。

2.胡萝卜田生长期杂草防治

对于前期未能采取化学除草或化学除草失败的伞形花科蔬菜田，应在田间杂草基本出苗，且杂草处于幼苗期时及时施药防治。

对于前期未能有效除草的田块，应在田间禾本科杂草基本出苗(图17-140)，且在杂草3～5叶期及时施药，可以用下列除草剂：

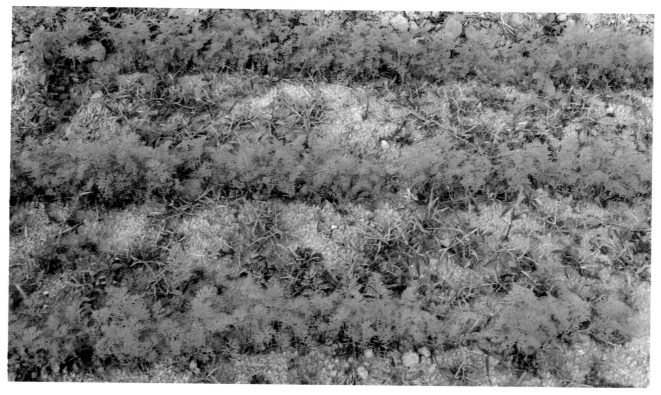

图17-140　胡萝卜田禾本科杂草发生情况

10%精喹禾灵乳油40～60ml/亩；

10.8%高效氟吡甲禾灵乳油20～40ml/亩；

15%精吡氟禾草灵乳油40～60ml/亩；

10%精恶唑禾草灵乳油50～75ml/亩；

12.5%烯禾啶乳油50～75ml/亩；

24%烯草酮乳油20～40ml/亩；

对水30kg，均匀喷施，可以有效防治多种禾本科杂草。该类药剂没有封闭除草效果，施药不宜过早，特别是在禾本科杂草未出苗时施药没有效果。

(二)芹菜田杂草防治

芹菜是大面积种植的商品蔬菜，市场全年供应，由于露地栽培的直播芹菜田苗期生长期长，田间杂草发生多，生长快，杂草为害严重。而人工除草劳动强度大，用工多(每亩用工约占种植管理用工的50%以上)，幼苗期人工拔草不仅费时费工，还会损伤秧苗根系而影响成活率。芹菜田除草已成为菜农迫切需要解决的问题。芹菜田主要杂草有牛筋草、马唐、稗草、马齿苋、反枝苋、绿苋、藜、小藜、碎米莎草、香附子等20多种，发生期在3月上旬至10月下旬。

直播芹菜为密植类蔬菜，杂草为害主要在苗期，中后期芹菜茎叶密生，杂草生长缓慢或不能生长，因此，在防治策略上用高效、低毒杀草谱广的优良土壤处理剂，在播后苗前一次用药，就能控制直播芹菜田苗期草害。露地栽培的直播芹菜以春秋两茬为主，播种期分别在4月下旬至5月上旬和7月上旬至8月上旬。早茬春芹播种时一般5cm地温已在16℃以上，秋茬芹菜播种时5cm地温高达25℃，且芹菜为湿生蔬菜，苗期生育期在30~45天，生长缓慢，与杂草发生期吻合，因此，苗期草害严重。育苗移栽田，施用除草剂相对方便，封闭性除草剂一次施药可以保持整个生长季节没有杂草为害。生产中应根据情况，采用适宜的除草剂种类和施药方法。

1. 芹菜育苗田或直播田杂草防治

芹菜苗床或直播田墒情较好、肥水充足，有利于杂草的发生，如不及时进行杂草防治，将严重影响幼苗生长(图17-141)。芹菜播种密度较高，生产中主要采用芽前土壤处理，播种时应适当深播、浅混土。

图17-141 芹菜育苗田杂草生长情况

针对芹菜出苗慢、出苗晚，易于出现草苗共长现象，在芹菜播种前施药，进行土壤处理，可以防治多种一年生禾本科杂草和阔叶杂草。可于播前5~7天，施用下列除草剂：

48%氟乐灵乳油100~150ml/亩；

48%地乐胺乳油100~150ml/亩；

50%乙草胺乳油75~100ml/亩；

72%异丙甲草胺乳油100~150ml/亩；

96%精异丙甲草胺乳油40~50ml/亩；

对水40kg，均匀喷施。施药后及时混土2~5cm，特别是氟乐灵、地乐胺易于挥发，混土不及时会降低药效。但在冷凉、潮湿天气时施药易于产生药害，应慎用。

在芹菜播种后应适当混土或覆薄土，勿让种子外露，播后苗前施药，可以用下列除草剂：

33%二甲戊乐灵乳油150~200ml/亩；

50%乙草胺乳油100~150ml/亩；

72%异丙甲草胺乳油150~200ml/亩；

96%精异丙甲草胺乳油40~50ml/亩；

72%异丙草胺乳油150~200ml/亩；

对水40kg，均匀喷施，可以有效防治多种一年生禾本科杂草和部分阔叶杂草。药量过大、田间过湿，特别是遇到持续低温多雨条件下会影响发芽出苗。严重时，可能会出现缺苗断垄现象(图17-142)。

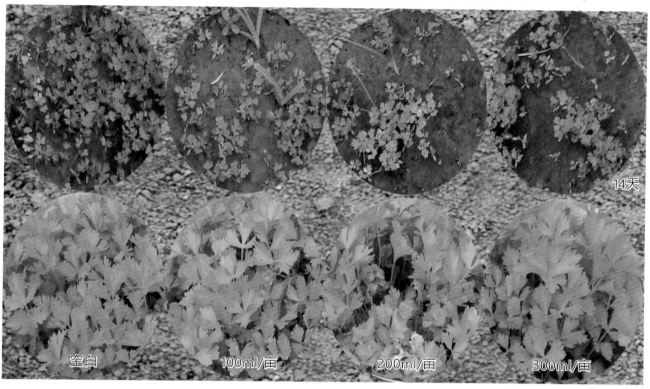

图17-142 在芹菜播后芽前，喷施33%二甲戊乐灵乳油后的药害症状。施药处理的芹菜出苗略慢、微黄，以后生长基本正常；高剂量下矮化，长势稍差于空白对照。

为了进一步提高除草效果和对作物的安全性，特别是防治铁苋、马齿苋等部分阔叶杂草时，在芹菜播种后应适当混土或覆薄土，勿让种子外露，播后苗前施药，可以用下列除草剂配方：

33%二甲戊乐灵乳油100～150ml/亩+50%扑草净可湿性粉剂50～75g/亩；

50%乙草胺乳油75～100ml/亩+50%扑草净可湿性粉剂50～75g/亩；

72%异丙甲草胺乳油100～150ml/亩+50%扑草净可湿性粉剂50～75g/亩；

96%精异丙甲草胺乳油40～50ml/亩+50%扑草净可湿性粉剂50～75g/亩；

72%异丙草胺乳油100～150ml/亩+50%扑草净可湿性粉剂50～75g/亩；

33%二甲戊灵乳油100～150ml/亩+24%乙氧氟草醚乳油10～20ml/亩；

50%乙草胺乳油75～100ml/亩+24%乙氧氟草醚乳油10～20ml/亩；

72%异丙甲草胺乳油100～150ml/亩+24%乙氧氟草醚乳油10～20ml/亩；

96%精异丙甲草胺乳油40～50ml/亩+24%乙氧氟草醚乳油10～20ml/亩；

72%异丙草胺乳油100～150ml/亩+24%乙氧氟草醚乳油10～20ml/亩；

33%二甲戊乐灵乳油100～150ml/亩+25%恶草酮乳油75～100ml/亩；

50%乙草胺乳油75～100ml/亩+25%恶草酮乳油75～100ml/亩；

72%异丙甲草胺乳油100～150ml/亩+25%恶草酮乳油75～100ml/亩；

96%精异丙甲草胺乳油40～50ml/亩+25%恶草酮乳油75～100ml/亩；

72%异丙草胺乳油100～150ml/亩+25%恶草酮乳油75～100ml/亩；

对水40kg，均匀喷施，可以有效防治多种一年生禾本科杂草和阔叶杂草。应在播种后浅混土或覆薄土，种子裸露时沾上药液易发生药害(图17-143至图17-144)。

图17-143　在芹菜播后芽前，喷施50%扑草净可湿性粉剂后的长势表现情况。施药后芹菜出苗略慢，幼苗黄化，以后幼苗生长逐渐恢复正常，剂量较高时个别苗受害死亡，长势稍矮。

图17-144　在芹菜播后芽前，喷施24%乙氧氟草醚乳油的药害与长势比较。芹菜苗后叶片出现白斑，生长受到抑制，高剂量下部分叶片枯黄、死亡。

2.芹菜移栽田杂草防治

育苗移栽是芹菜的重要栽培方式(图17-145)，生产上宜采用封闭性除草剂，一次施药保持整个生长季节都没有杂草为害。可在整地后移栽前喷施土壤封闭除草剂，移栽时尽量不要翻动土层或尽量少翻动土层。可以用下列除草剂：

33%二甲戊灵乳油100~150ml/亩；

50%乙草胺乳油75~100ml/亩；

72%异丙甲草胺乳油100~150ml/亩；

72%异丙草胺乳油100~150ml/亩；

对水40kg均匀喷施。

对于一些老菜田，特别是长期施用除草剂的芹菜田，马唐、狗

图17-145　芹菜移栽田

尾草、牛筋草、铁苋、马齿苋等一年生禾本科杂草和阔叶杂草发生都比较多，可以用下列除草剂配方：

33%二甲戊灵乳油100～200ml/亩+50%扑草净可湿性粉剂50～75g/亩；

50%乙草胺乳油100～150ml/亩+50%扑草净可湿性粉剂50～75g/亩；

72%异丙甲草胺乳油150～200ml/亩+50%扑草净可湿性粉剂50～75g/亩；

96%精异丙甲草胺乳油40～60ml/亩+50%扑草净可湿性粉剂50～75g/亩；

72%异丙草胺乳油150～200ml/亩+50%扑草净可湿性粉剂50～75g/亩；

33%二甲戊灵乳油100～200ml/亩+24%乙氧氟草醚乳油20～30ml/亩；

50%乙草胺乳油100～150ml/亩+24%乙氧氟草醚乳油20～30ml/亩；

72%异丙甲草胺乳油150～200ml/亩+24%乙氧氟草醚乳油20～30ml/亩；

96%精异丙甲草胺乳油40～60ml/亩+24%乙氧氟草醚乳油20～30ml/亩；

72%异丙草胺乳油150～200ml/亩+24%乙氧氟草醚乳油20～30ml/亩；

33%二甲戊灵乳油100～200ml/亩+25%恶草酮乳油75～100ml/亩；

50%乙草胺乳油100～150ml/亩+25%恶草酮乳油75～100ml/亩；

72%异丙甲草胺乳油150～200ml/亩+25%恶草酮乳油75～100ml/亩；

96%精异丙甲草胺乳油40～60ml/亩+25%恶草酮乳油75～100ml/亩；

72%异丙草胺乳油150～200ml/亩+25%恶草酮乳油75～100ml/亩；

对水40kg均匀喷施，可以有效防治多种一年生禾本科杂草和阔叶杂草。生产中应均匀施药，不宜随便改动配比，否则易发生药害。施药后轻轻踩动，尽量不要松动土层，以免影响封闭效果。

3.芹菜田生长期杂草防治

对于前期未能采取化学除草或化学除草失败的芹菜田，应在田间禾本科杂草基本出苗，且杂草处于幼苗期时(图17-146)及时施药防治。可以用下列除草剂：

图17-146　芹菜生长期禾本科杂草发生情况

10%精喹禾灵乳油40~60ml/亩；

10.8%高效氟吡甲禾灵乳油20~40ml/亩；

15%精吡氟禾草灵乳油40~60ml/亩；

10%精恶唑禾草灵乳油50~75ml/亩；

12.5%烯禾啶乳油50~75ml/亩；

24%烯草酮乳油20~40ml/亩；

对水30kg，均匀喷施，可以有效防治多种禾本科杂草。该类药剂没有封闭除草效果，施药不宜过早，特别是在禾本科杂草未出苗时施药没有效果。

（三）芫荽田杂草防治

芫荽是重要蔬菜。芫荽田肥水较大，有利于杂草的发生为害，芫荽田杂草有100多种，造成为害的主要杂草有牛筋草、马唐、稗草、马齿苋、反枝苋、绿苋、藜、小藜、碎米莎草、香附子等。

芫荽多为直播、撒播，密度较大，人工除草困难，因此，在杂草防治策略上应用高效、低毒杀草谱广的优良土壤处理剂，在播后苗前一次用药就能控制直播芫荽田的草害。目前，芫荽田还没有国家登记生产的专用芫荽田除草剂，农民生产上常用的除草剂种类有二甲戊灵、乙草胺、异丙甲草胺、异丙草胺、扑草净，另外还有恶草酮、乙氧氟草醚等，生产中应根据情况，采用适宜的除草剂种类和施药方法。

1.芫荽直播田杂草防治

芫荽直播田墒情较好、肥水充足，有利于杂草的发生，如不及时进行防治，将严重影响幼苗生长(图17-147)。芫荽播种密度较高，生产中主要采用芽前土壤处理。播种时应适当深播、浅混土。

图17-147　芫荽直播田杂草生长情况

针对芫荽出苗慢、出苗晚，易于出现草苗共长现象，在芫荽播种前施药，进行土壤处理，可以防治多种一年生禾本科杂草和阔叶杂草。可于播前5~7天，施用下列除草剂：

48%氟乐灵乳油100~150ml/亩；

50%乙草胺乳油75~100ml/亩；

72%异丙甲草胺乳油100~150ml/亩；

96%精异丙甲草胺乳油40~50ml/亩；

对水40kg，均匀喷施。氟乐灵施药后及时混土2~5cm，混土不及时会降低药效。但在冷凉、潮湿天气时施药易于产生药害，应慎用。

在芫荽播种后应适当混土或覆薄土，勿让种子外露，在芫荽播后苗前施药，可以用下列除草剂：

33%二甲戊乐灵乳油100~150ml/亩；

50%乙草胺乳油75~100ml/亩；

72%异丙甲草胺乳油100~150ml/亩；

96%精异丙甲草胺乳油40~50ml/亩；

72%异丙草胺乳油100~150ml/亩；

对水40kg，均匀喷施，可以有效防治多种一年生禾本科杂草和部分阔叶杂草。药量过大、田间过湿，特别是遇到持续低温多雨条件下会影响发芽出苗。严重时，可能会出现缺苗死苗现象。

为了进一步提高除草效果和对作物的安全性，特别是为了防治铁苋、马齿苋等部分阔叶杂草时，在芫荽播种后应适当混土或覆薄土，勿让种子外露，播后苗前施药，可以用下列除草剂配方：

33%二甲戊乐灵乳油100~150ml/亩+50%扑草净可湿性粉剂50~75g/亩；

50%乙草胺乳油50~100ml/亩+50%扑草净可湿性粉剂50~75g/亩；

72%异丙甲草胺乳油100~150ml/亩+50%扑草净可湿性粉剂50~75g/亩；

96%精异丙甲草胺乳油40~50ml/亩+50%扑草净可湿性粉剂50~75g/亩；

72%异丙草胺乳油100~150ml/亩+50%扑草净可湿性粉剂50~75g/亩；

33%二甲戊乐灵乳油100~150ml/亩+24%乙氧氟草醚乳油10~20ml/亩；

50%乙草胺乳油50~100ml/亩+24%乙氧氟草醚乳油10~20ml/亩；

72%异丙甲草胺乳油100~150ml/亩+24%乙氧氟草醚乳油10~20ml/亩；

96%精异丙甲草胺乳油40~50ml/亩+24%乙氧氟草醚乳油10~20ml/亩；

72%异丙草胺乳油100~150ml/亩+24%乙氧氟草醚乳油10~20ml/亩；

33%二甲戊乐灵乳油100~150ml/亩+25%恶草酮乳油75~100ml/亩；

50%乙草胺乳油50~100ml/亩+25%恶草酮乳油75~100ml/亩；

72%异丙甲草胺乳油100~150ml/亩+25%恶草酮乳油75~100ml/亩；

96%精异丙甲草胺乳油40~50ml/亩+25%恶草酮乳油75~100ml/亩；

72%异丙草胺乳油100~150ml/亩+25%恶草酮乳油75~100ml/亩；

对水40kg，均匀喷施，可以有效防治多种一年生禾本科杂草和阔叶杂草。应在播种后浅混土或覆薄土，种子裸露时沾上药液易发生药害。

2.芫荽田生长期杂草防治

对于前期未能采取化学除草或化学除草失败的芫荽田，应在田间禾本科杂草基本出苗，且杂草处于幼苗期时及时施药防治，可以用下列除草剂：

10%精喹禾灵乳油40～60ml/亩；

10.8%高效氟吡甲禾灵乳油20～40ml/亩；

15%精吡氟禾草灵乳油40～60ml/亩；

10%精恶唑禾草灵乳油50～75ml/亩；

12.5%烯禾啶乳油50～75ml/亩；

24%烯草酮乳油20～40ml/亩；

对水30kg均匀喷施，可以有效防治多种禾本科杂草。该类药剂没有封闭除草效果，施药不宜过早，特别是在禾本科杂草未出苗时施药没有效果。

（四）茴香田杂草防治

茴香是重要蔬菜。茴香田主要杂草有牛筋草、马唐、稗草、马齿苋、反枝苋、绿苋、藜、小藜等。

茴香苗期较长，田间杂草发生多，生长快，杂草为害严重(图17-148)。生产上多采用苗前封闭施药，在播后苗前一次用药，就能控制直播茴香田的草害。目前，茴香田还没有国家登记生产的专用茴香田除草剂，农民生产上常用的除草剂种类有二甲戊灵、乙草胺、异丙甲草胺、异丙草胺、扑草净，另外还有恶草酮、乙氧氟草醚等，生产中应根据情况，采用适宜的除草剂种类和施药方法。

图17-148　茴香田杂草生长情况

1.茴香直播田杂草防治

茴香直播田墒情较好、肥水充足，有利于杂草的发生，如不及时进行杂草防治，将严重影响幼苗生长。茴香播种密度较高，生产中可以采用芽前土壤处理。播种时应注意适当深播、浅混土。

针对茴香出苗慢、出苗晚，易于出现草苗共长现象，在茴香播种前施药，进行土壤处理，可以防治多种一年生禾本科杂草和阔叶杂草。可于播前5～7天，施用下列除草剂：

48%氟乐灵乳油100～150ml/亩；

50%乙草胺乳油75～100ml/亩；

72%异丙甲草胺乳油100～150ml/亩；

96%精异丙甲草胺乳油40～50ml/亩；

对水40kg均匀喷施。混土不及时会降低药效。但在冷凉、潮湿天气时施药易于产生药害，应慎用。

在茴香播种后应适当混土或覆薄土，勿让种子外露，播后苗前施药，可以用下列除草剂：

33%二甲戊灵乳油150～200ml/亩；

50%乙草胺乳油100～150ml/亩；

72%异丙甲草胺乳油150～200ml/亩；

96%精异丙甲草胺乳油40～50ml/亩；

72%异丙草胺乳油150～200ml/亩；

对水40kg均匀喷施，可以有效防治多种一年生禾本科杂草和部分阔叶杂草。药量过大、田间过湿，特别是遇到持续低温多雨条件下会影响发芽出苗。严重时，可能会出现缺苗死苗现象。

为了进一步提高除草效果和对作物的安全性，特别是为了防治铁苋、马齿苋等部分阔叶杂草时，在茴香播种后应适当混土或覆薄土，勿让种子外露，播后苗前施药，可以用下列除草剂配方：

33%二甲戊乐灵乳油100～150ml/亩+50%扑草净可湿性粉剂50～75g/亩；

50%乙草胺乳油75～100ml/亩+50%扑草净可湿性粉剂50～75g/亩；

72%异丙甲草胺乳油100～150ml/亩+50%扑草净可湿性粉剂50～75g/亩；

96%精异丙甲草胺乳油40～50ml/亩+50%扑草净可湿性粉剂50～75g/亩；

72%异丙草胺乳油100～150ml/亩+50%扑草净可湿性粉剂50～75g/亩；

33%二甲戊乐灵乳油100～150ml/亩+24%乙氧氟草醚乳油10～20ml/亩；

50%乙草胺乳油75～100ml/亩+24%乙氧氟草醚乳油10～20ml/亩；

72%异丙甲草胺乳油100～150ml/亩+24%乙氧氟草醚乳油10～20ml/亩；

96%精异丙甲草胺乳油40～50ml/亩+24%乙氧氟草醚乳油10～20ml/亩；

72%异丙草胺乳油100～150ml/亩+24%乙氧氟草醚乳油10～20ml/亩；

33%二甲戊乐灵乳油100～150ml/亩+25%恶草酮乳油75～100ml/亩；

50%乙草胺乳油75～100ml/亩+25%恶草酮乳油75～100ml/亩；

72%异丙甲草胺乳油100～150ml/亩+25%恶草酮乳油75～100ml/亩；

96%精异丙甲草胺乳油40～50ml/亩+25%恶草酮乳油75～100ml/亩；

72%异丙草胺乳油100～150ml/亩+25%恶草酮乳油75～100ml/亩；

对水40kg，均匀喷施，可以有效防治多种一年生禾本科杂草和阔叶杂草。

2.茴香田生长期杂草防治

对于前期未能采取化学除草或化学除草失败的茴香田，应在田间禾本科杂草基本出苗，且杂草处于幼苗期时及时施药防治。在禾本科杂草3～5叶期时，可以用下列除草剂：

10%精喹禾灵乳油40～60ml/亩；

10.8%高效氟吡甲禾灵乳油20～40ml/亩；

15%精吡氟禾草灵乳油40～60ml/亩；

10%精恶唑禾草灵乳油50～75ml/亩；

12.5%烯禾啶乳油50～75ml/亩；

24%烯草酮乳油20～40ml/亩；

对水30kg，均匀喷施，可以有效防治多种禾本科杂草。该类药剂没有封闭除草效果，施药不宜过早，特别是在禾本科杂草未出苗时施药没有效果。

八、百合科蔬菜田杂草防治技术

百合科蔬菜主要有大蒜、洋葱、葱、韭菜和芦笋等，这些蔬菜的栽培多为直播、播种密度较大，人工除草困难；而且，这类蔬菜植株较低、苗生长期较长，田间杂草发生多、生长快、为害严重；所以，正确地使用除草剂不但能增加产量，而且能改善产品质量。生产中应根据情况，采用适宜的除草剂种类和施药方法。

（一）大蒜田杂草防治

大蒜是重要的蔬菜类作物，全国种植面积约几百万亩，除多数城乡小面积栽培外，主要集中在上海嘉定县，江苏省启东、邳州和太仓县，山东省仓山和金乡县，河南省中牟和杞县等地。

大蒜生育期长，叶片窄，杂草长期与大蒜争水、争光、争养分，极大地影响大蒜的产量和级别；特别是地膜覆盖大蒜田，膜下温度和湿度适宜杂草生长，杂草发生特别严重，常常顶破地膜影响大蒜的正常生长，而且人工除草费工费时，杂草的为害已经是制约大蒜生产的一个重要因素。

大蒜田杂草种类繁多。据调查，大蒜田杂草有约50种，隶属20科，在不同地区杂草种类和杂草群落不同。大蒜田杂草主要种类有牛繁缕、婆婆纳、猪殃殃、荠菜、播娘蒿、扁蓄、泽漆、刺苋、通泉草、苦荬菜、看麦娘、早熟禾等。在华东地区水稻大蒜轮作田，杂草主要有看麦娘、牛繁缕、猪殃殃、荠菜、泥胡菜等；华北玉米大蒜轮作田，杂草主要有牛繁缕、荠菜、婆婆纳、播娘蒿等。

大蒜田杂草有一年生、越年生和多年生3种类型，以越年生杂草为主。大多数杂草在10—11月出苗，翌年3月返青，4月开花，5—6月成熟，整个生育期与大蒜共生。大蒜地杂草发生早，早秋杂草在大蒜尚未出苗就发生，从种植到收获杂草陆续发生，而且发生量大。在大蒜长达220天的生长期中，杂草分为早秋杂草、晚秋杂草、早春杂草和晚春杂草4期为害。

目前，大蒜田国家登记生产的除草剂种类和资料报道的除草剂种类较多较乱；农民生产上常用的除草剂种类有二甲戊灵、乙草胺、异丙甲草胺、异丙草胺、扑草净，另外还有恶草酮、乙氧氟草醚等；登记的除草剂品种还有乙氧·异·甲戊，戊·氧·乙草胺等，对大蒜安全性差，易于产生药害；生产中应根据各地情况，采用适宜的除草剂种类和施药方法。

1.大蒜播种期杂草防治

大蒜播种期温度适宜、墒情较好、土质肥沃，有利于杂草的发生，如不及时进行杂草防治，将严重影响幼苗生长。应注意选择除草剂品种和施药方法。

大蒜播后芽前，是杂草防治最有利的时期(图17-149)，可以用下列除草剂：

33%二甲戊灵乳油250～300ml/亩；

50%乙草胺乳油200～300ml/亩；

72%异丙甲草胺乳油250～400ml/亩；

72%异丙草胺乳油250～400ml/亩；

96%精异丙甲草胺乳油60～90ml/亩；

图17-149 大蒜种植和杂草发生情况

对水40kg均匀喷施，可以有效防治多种一年生禾本科杂草和部分阔叶杂草。

为了进一步提高除草效果，特别是提高对阔叶杂草的防治效果，也可以用下列除草剂配方：

33%二甲戊灵乳油150～200ml/亩+50%扑草净可湿性粉剂50～75g/亩；

50%乙草胺乳油150～200ml/亩+50%扑草净可湿性粉剂50～75g/亩；

72%异丙甲草胺乳油150～200ml/亩+50%扑草净可湿性粉剂50～75g/亩；

96%精异丙甲草胺乳油60～90ml/亩+50%扑草净可湿性粉剂50～75g/亩；

60%丁草胺乳油200～300ml/亩+50%扑草净可湿性粉剂50～75g/亩；

48%甲草胺乳油200～300ml/亩+50%扑草净可湿性粉剂50～75g/亩；

72%异丙草胺乳油150～200ml/亩+50%扑草净可湿性粉剂50～75g/亩；

33%二甲戊灵乳油150～200ml/亩+24%乙氧氟草醚乳油20～30ml/亩；

50%乙草胺乳油150～200ml/亩+24%乙氧氟草醚乳油20～30ml/亩；

72%异丙甲草胺乳油150～200ml/亩+24%乙氧氟草醚乳油20～30ml/亩；

96%精异丙甲草胺乳油60～90ml/亩+24%乙氧氟草醚乳油20～30ml/亩；

60%丁草胺乳油200～300ml/亩+24%乙氧氟草醚乳油20～30ml/亩；

48%甲草胺乳油200～300ml/亩+24%乙氧氟草醚乳油20～30ml/亩；

72%异丙草胺乳油150～200ml/亩+24%乙氧氟草醚乳油20～30ml/亩；

33%二甲戊灵乳油150～200ml/亩+25%恶草酮乳油100～150ml/亩；

50%乙草胺乳油150～200ml/亩+25%恶草酮乳油100～150ml/亩；

72%异丙甲草胺乳油150～200ml/亩+25%恶草酮乳油100～150ml/亩；

96%精异丙甲草胺乳油60～90ml/亩+25%恶草酮乳油100～150ml/亩；

60%丁草胺乳油200～300ml/亩+25%恶草酮乳油100～150ml/亩；

48%甲草胺乳油200～300ml/亩+25%恶草酮乳油100～150ml/亩；

72%异丙草胺乳油150～200ml/亩+25%恶草酮乳油100～150ml/亩；

对水40kg均匀喷施，可以有效防治多种一年生禾本科杂草和阔叶杂草。生产中有一些大蒜采用露播(图17-150)或苗后施药时，用扑草净、乙氧氟草醚、恶草酮均会发生严重的药害。扑草净施药量不易过大，否则会对大蒜发生药害(图17-151和图17-152)。乙氧氟草醚、恶草酮施药后遇雨或施药时土壤过湿，易于对大蒜发生药害(图17-153和图17-154)。

图17-150　大蒜露播情况

图17-151　在大蒜播后芽前，喷施50%扑草净可湿性粉剂38天后的药害症状。受害大蒜苗后叶片黄化，药害严重时从叶边和叶缘枯死。

图17-153 在大蒜播后芽前，遇高湿或降雨条件时喷施24%乙氧氟草醚乳油60ml/亩的药害症状。大蒜苗后叶片出现枯死白斑，生长受到暂时抑制，一般不影响新叶的发生和生长。

图17-152 在大蒜播后芽前，喷施50%扑草净可湿性粉剂38天后的药害症状。受害大蒜正常出苗，苗后叶片黄化，药害严重时从叶边和叶缘枯死。

图17-154 在大蒜生长期，喷施24%乙氧氟草醚乳油40ml/亩后的药害症状。施药后出现枯死白斑，重者部分叶片枯死，而未受药的叶片和心叶慢慢恢复生长。

2. 大蒜生长期杂草防治

对于禾本科杂草发生较重的地块，如稗草、狗尾草、牛筋草、野燕麦、早熟禾、硬草等，应在杂草3~5叶期，可以用下列除草剂：

10%精喹禾灵乳油40~60ml/亩；

10.8%高效氟吡甲禾灵乳油20~40ml/亩；

15%精吡氟禾草灵乳油40~60ml/亩；

10%精恶唑禾草灵乳油50~75ml/亩；

12.5%烯禾啶乳油50～75ml/亩；

24%烯草酮乳油20～40ml/亩；

对水30kg/亩均匀喷施，可以有效防治多种禾本科杂草。该类药剂没有封闭除草效果，施药不宜过早，特别是在禾本科杂草未出苗时施药没有效果。视杂草大小调整药量。

（二）葱田杂草防治

葱田生育期较长，土壤肥力偏高，温湿度控制较好，杂草的为害相当严重(图17-155)。由于各地菜田土壤、气候和耕作方式等方面差异较大，田间杂草种类和为害程度差异较大。葱田主要有马唐、狗尾草、牛筋草、千金子、马齿苋、藜、小藜、灰绿藜、反枝苋、铁苋、马齿苋等。杂草的萌发与生长，受环境条件影响很大，萌发出苗时间较长，先后不整齐。

目前，农民生产上常用的除草剂种类有二甲戊灵、乙草胺、精异丙甲草胺、异丙甲草胺、异丙草胺、扑草净，另外还有恶草酮、乙氧氟草醚等；资料报道可以用于葱田的除草剂种类较多较乱；登记的除草剂品种还有甲草·莠去津等，对葱安全性较差，易于产生药害，应在技术人员指导下进行施药；生产中应根据各地情况，采用适宜的除草剂种类和施药方法。

图17-155　葱田杂草发生为害情况

1. 葱育苗田杂草防治

葱苗期较长，苗床肥水大，墒情好，有利于杂草的发生，如不及时进行杂草防治，将严重影响幼苗生长(图17-156)；应注意选择除草剂品种和施药方法，杂草防治时要以控草、保苗、壮苗为目的；除草剂用量不宜过大；否则，易发生药害，严重影响葱幼苗的生长和发育。

针对葱出苗慢、出苗晚、苗小，易于受杂草为害的现象，在葱播种前施药,进行土壤处理，可以防治多种一年生禾本科杂草和阔叶杂草。可于播前5～7天，施用下列除草剂：

48%氟乐灵乳油75～100ml/亩；

图17-156　葱育苗田生长情况

72%异丙甲草胺乳油75~100ml/亩；

96%精异丙甲草胺乳油30~40ml/亩；

对水40kg，均匀喷施。氟乐灵需及时混土，混土不及时会降低药效。但在冷凉、潮湿天气时施药易于产生药害，应慎用。

在葱播种后应适当混土或覆薄土，勿让种子外露，播后苗前施药，可以用下列除草剂：

33%二甲戊乐灵乳油75~100ml/亩；

72%异丙甲草胺乳油75~100ml/亩；

96%精异丙甲草胺乳油30~40ml/亩；

72%异丙草胺乳油75~100ml/亩；

对水40kg，均匀喷施，可以有效防治多种一年生禾本科杂草和部分阔叶杂草。药量过大、田间过湿，特别是遇到持续低温多雨条件葱出苗缓慢，生长受到抑制，重者葱茎基部肿胀、脆弱、生长受影响，药害严重时会出现畸形苗和死苗现象。

2．葱移栽期杂草的防治

葱多为育苗移栽，杂草出土早、密度高，发生为害严重。在葱栽培定植时进行土壤处理，一次用药就能控制葱整个生育期杂草的为害。一般于移栽前喷施土壤封闭性除草剂，移栽时尽量不要翻动土层或少翻动土层(图17-157)。因为移栽后的大田生育时期较长；同时，较大的葱苗对封闭性除草剂具有一定的耐药性，可以适当加大剂量以保证除草效果。除草剂品种和施药方法如下：

33%二甲戊乐灵乳油150~200ml/亩；

20%敌草胺乳油300~400ml/亩；

50%乙草胺乳油150~200ml/亩；

72%异丙甲草胺乳油175~250ml/亩；

72%异丙草胺乳油175~250ml/亩；

对水40kg，均匀喷施。

对于墒情较差或沙土地，可以用48%氟乐灵乳油150~200ml/亩、或48%地乐胺乳油150~200ml/亩，

图17-157　葱移栽田生长情况

施药后及时混土2～3cm，该药易于挥发，混土不及时会降低药效。

为了进一步提高除草效果和对作物的安全性，特别是在防治铁苋、马齿苋等部分阔叶杂草时，在洋葱、葱移栽前，可以用下列除草剂配方：

33%二甲戊灵乳油100～150ml/亩+50%扑草净可湿性粉剂50～75g/亩；

50%乙草胺乳油75～100ml/亩+50%扑草净可湿性粉剂50～75g/亩；

72%异丙甲草胺乳油100～150ml/亩+50%扑草净可湿性粉剂50～75g/亩；

96%精异丙甲草胺乳油40～50ml/亩+50%扑草净可湿性粉剂50～75g/亩；

72%异丙草胺乳油100～150ml/亩+50%扑草净可湿性粉剂50～75g/亩；

33%二甲戊灵乳油100～150ml/亩+24%乙氧氟草醚乳油10～20ml/亩；

50%乙草胺乳油75～100ml/亩+24%乙氧氟草醚乳油10～20ml/亩；

72%异丙甲草胺乳油100～150ml/亩+24%乙氧氟草醚乳油10～20ml/亩；

96%精异丙甲草胺乳油40～50ml/亩+24%乙氧氟草醚乳油10～20ml/亩；

72%异丙草胺乳油100～150ml/亩+24%乙氧氟草醚乳油10～20ml/亩；

33%二甲戊灵乳油100～150ml/亩+25%恶草酮乳油75～100ml/亩；

50%乙草胺乳油75～100ml/亩+25%恶草酮乳油75～100ml/亩；

72%异丙甲草胺乳油100～150ml/亩+25%恶草酮乳油75～100ml/亩；

96%精异丙甲草胺乳油40～50ml/亩+25%恶草酮乳油75～100ml/亩；

72%异丙草胺乳油100～150ml/亩+25%恶草酮乳油75～100ml/亩；

20%双甲胺草磷乳油250～375ml/亩+25%恶草酮乳油75～100ml/亩；

对水40kg，均匀喷施，可以有效防治多种一年生禾本科杂草和阔叶杂草。在移栽后不宜大水漫灌，不要让葱叶沾药，否则易于发生药害。

3.葱生长期杂草的防治

对于前期未能采取化学除草或化学除草失败的葱田，应在田间杂草基本出苗，且杂草处于幼苗期时及时施药防治。施药时要结合葱生长情况和杂草种类，正确选择除草剂种类和施药方法。

田间主要是一年生禾本科杂草，如稗、狗尾草、马唐、虎尾草、看麦娘、牛筋草等(图17-158)，应在杂草3~5叶期，用下列除草剂：

图17-158　葱生长期禾本科杂草发生为害情况

10%精喹禾灵乳油40~805ml/亩；

15%精吡氟禾草灵乳油50~100ml/亩；

12.5%烯禾啶乳油50~100ml/亩；

10.8%高效氟吡甲禾灵乳油20~50ml/亩；

加水25~30kg，配成药液均匀喷洒到杂草茎叶上。在气温较高、雨量较多地区，杂草生长幼嫩，可适当减少用药量；相反，在气候干旱、土壤较干地区，杂草幼苗老化耐药或杂草较大，要适当增加用药量。防治一年生禾本科杂草时，用药量可稍减低；而防治多年生禾本科杂草时，用药量应适当增加。

(三)韭菜田杂草防治

韭菜苗小生长缓慢，易受杂草为害。田间杂草是韭菜生产的大敌，常与韭菜争水、争肥、争光，播种时杂草常早于韭菜出土，而且生长速度快，形成草欺苗现象；韭菜生长期间，尤其是夏秋季节，更容易出现草荒(图17-159)。而依靠人工除草，往往因为除草不及时，严重影响韭菜生产。

目前，韭菜田国家登记生产的除草剂种类仅有二甲戊乐灵，资料报道的除草剂种类较多较乱；农民生产上常用的除草剂种类有二甲戊灵、乙草胺、异丙甲草胺、异丙草胺、扑草净，另外还有恶草酮、乙氧氟草醚等，生产中应注意除草剂对韭菜的安全性；应根据各地生产的实际情况，采用适宜的除草剂种类和施药方法。

1. 韭菜育苗田杂草防治

韭菜籽的种皮厚，不易吸水，出苗慢，春季播种，一般需要20天才能出苗。而一般杂草则发芽快，

图17-159　韭菜田杂草发生为害情况

生长迅速。育苗韭菜常因前期生长缓慢，受杂草为害程度较重、时间较长，生产上应施用封闭除草剂。

针对韭菜出苗慢、出苗晚，易于受杂草为害的现象，在播种前施药，进行土壤处理，可以防治多种一年生禾本科杂草和阔叶杂草。可于播前5~7天，施用下列除草剂：

48%氟乐灵乳油50~100ml/亩；

72%异丙甲草胺乳油50~100ml/亩；

96%精异丙甲草胺乳油30~40ml/亩；

对水40kg，均匀喷施。氟乐灵需及时混土，混土不及时会降低药效。但在冷凉、潮湿天气时施药易于产生药害，应慎用。

在韭菜播种后应适当混土或覆薄土，勿让种子外露，播后苗前施药，可以用下列除草剂：

33%二甲戊灵乳油75~100ml/亩；

72%异丙甲草胺乳油75~100ml/亩；

96%精异丙甲草胺乳油30~40ml/亩；

72%异丙草胺乳油75~100ml/亩；

对水40kg，均匀喷施，可以有效防治多种一年生禾本科杂草和部分阔叶杂草。药量过大、田间过湿，特别是遇到持续低温多雨条件葱出苗缓慢，生长受抑制，药害严重时会出现畸形苗和死苗现象。

为了进一步提高除草效果和对作物的安全性；同时，也为了提高对阔叶杂草的防治效果，可以用：

33%二甲戊灵乳油50~75ml/亩+50%扑草净可湿性粉剂50~70g/亩；

20%敌草胺乳油75~100ml/亩+50%扑草净可湿性粉剂50~70g/亩；

72%异丙甲草胺乳油50~75ml/亩+50%扑草净可湿性粉剂50~70g/亩；

72%异丙草胺乳油50~75ml/亩+50%扑草净可湿性粉剂50~70g/亩。

对水40kg，均匀喷施，可以有效防治多种一年生禾本科杂草和阔叶杂草。施药时要严格控制药量，喷施均匀，否则，韭菜叶片黄化，发生不同程度的药害。

2. 韭菜移栽田杂草防治

韭菜移栽田，生产上宜采用封闭性除草剂，可于移栽前后使用封闭性除草剂，移栽时尽量不要翻动土层或少翻动土层，以移栽后使用为好。可以防治多种一年生禾本科杂草和阔叶杂草。可于播前5~7天，施用下列除草剂：

48%氟乐灵乳油100~200ml/亩；

72%异丙甲草胺乳油150~200ml/亩；

96%精异丙甲草胺乳油50~80ml/亩；

对水40kg，均匀喷施。氟乐灵需及时混土，混土不及时会降低药效。

也可以在移栽前后施药，以移栽后使用为好。可以用下列除草剂：

33%二甲戊灵乳油150~200ml/亩；

20%敌草胺乳油150~200ml/亩；

72%异丙甲草胺乳油100~175ml/亩；

96%精异丙甲草胺乳油50~80ml/亩；

50%乙草胺乳油100~150ml/亩；

对水40kg，均匀喷施。对于墒情较差或沙土地，可以用48%氟乐灵乳油150~200ml/亩，施药后及时混土2~3cm，该药易于挥发，混土不及时会降低药效。

3. 老根韭菜田杂草防治

老根韭菜比新根韭菜有更强的抗药性，比新播韭菜所适用的除草剂种类要多一些，老根韭菜每收割一刀要喷一次药，但收割后要清除田间杂草并松土，等到韭菜伤口愈合后再用药。

老根韭菜每茬收割后，先松土、人工清除田间大草，待韭菜伤口愈合后长出新叶时浇一次水，然后喷施除草剂(图17-160)。可以用下列除草剂：

图17-160 韭菜田生长期杂草发生情况

33%二甲戊乐灵乳油175ml/亩；

20%敌草胺乳油150～200ml/亩；

老根韭菜田，对于田间较多禾本科杂草和阔叶杂草混生田块，收割时把刀口入地面深0.5～1cm，收割后及时对杂草喷洒药剂进行封闭处理，可以用下列除草剂配方：

33%二甲戊灵乳油50～75ml/亩+50%扑草净可湿性粉剂50～70g/亩；

20%敌草胺乳油75～100ml/亩+50%扑草净可湿性粉剂50～70g/亩；

72%异丙甲草胺乳油50～75ml/亩+50%扑草净可湿性粉剂50～70g/亩；

72%异丙草胺乳油50～75ml/亩+50%扑草净可湿性粉剂50～70g/亩；

33%二甲戊灵乳油100～150ml/亩+25%恶草酮乳油75～100ml/亩；

50%乙草胺乳油75～100ml/亩+25%恶草酮乳油75～100ml/亩；

72%异丙甲草胺乳油100～150ml/亩+25%恶草酮乳油75～100ml/亩；

96%精异丙甲草胺乳油40～50ml/亩+25%恶草酮乳油75～100ml/亩；

72%异丙草胺乳油100～150ml/亩+25%恶草酮乳油75～100ml/亩；

对水40kg，均匀喷施，可以有效防治多种一年生禾本科杂草和阔叶杂草。施药时要严格控制药量，喷施均匀；否则，韭菜叶片会黄化或出现斑点性黄斑，发生不同程度的药害，一般加强肥水管理就可以恢复生长，施药时一定要先试验后推广。

老韭菜田易生长香附子、田旋花、蒲公英等多年生杂草，生产上一般施用对韭菜生长安全的土壤处理除草剂和茎叶处理除草剂，如用来防治老韭菜田的多年生杂草，其作用小、效果差、不除根，而用10%草甘膦水剂1～1.5kg/亩，加水30～40kg，均匀喷洒杂草茎叶，不但能除去地上部杂草的茎叶，而且还能根除地下部杂草的茎根。其施用方法有两种：一是先收割韭菜，收割时把刀口入地面深0.5～1cm，并注意把杂草留下，收割后及时对杂草喷洒药剂作茎叶处理，停5～7天，当杂草茎叶枯黄时，再中耕、施肥、浇水。用此方法除草时，不要把韭菜茬露出地面，以免喷上药剂产生药害；二是在韭菜生长期，用加罩喷头在行间定向喷洒杂草茎叶，喷药时应选在无风天气，以免药剂喷到韭菜叶片上受到为害。草甘膦是灭生性除草剂，科学施用不仅不影响韭菜生长，而且可有效除去地上部杂草的茎叶和地下部杂草的茎根，一般施用1～2次即可根除多年生杂草。该药对韭菜安全性差，一定把握正确的施药方法，生产中最好先试验后大面积施用。

对于韭菜田，田间主要是一年生禾本科杂草，如稗草、狗尾草、野燕麦、马唐、牛筋草等，应在杂草3～5叶期，用下列除草剂：

10%精喹禾灵乳油40～80ml/亩；

15%精吡氟禾草灵乳油50～100ml/亩；

12.5%烯禾啶乳油50～100ml/亩；

10.8%高效氟吡甲禾灵乳油20～50ml/亩；

24%烯草酮乳油20～40ml/亩；

10%精恶唑禾草灵乳油50～75ml/亩；

加水25～30kg，配成药液均匀喷洒到杂草茎叶。在气温较高、雨量较多地区，杂草生长幼嫩，可适当减少用药量；相反，在气候干旱、土壤较干地区，杂草幼苗老化耐药或杂草较大，要适当增加除草剂用药量。

九、水生蔬菜田杂草防治技术

水生蔬菜主要有莲藕、茭白、慈姑、荸荠等，杂草种类多、为害严重。

水生蔬菜生育期长，莲藕、茭白、慈姑栽种量少，前期生长势较小，田间空隙大，有利于杂草发生。同时，杂草可萌发的时间长，杂草发生的数量也多。水生蔬菜田为害较重的有稗草、千金子、异型莎草、扁秆藨草、水莎草、水苋菜、鸭舌草、矮慈姑、空心莲子草等10多种杂草。水生蔬菜田杂草发生量大，与水生蔬菜争肥、争地、争光，严重影响水生蔬菜的正常生长。在不防除的情况下，水生蔬菜植株变矮，地下营养体变小，产量显著下降，品质变劣，甚至无法食用，经济效益大幅度降低。

目前，水生蔬菜田没有国家登记生产的专用除草剂，资料报道的除草剂种类较多较乱；农民生产上常用的除草剂种类有丁草胺、异丙甲草胺、扑草净、苄嘧磺隆、精喹禾灵、精吡氟禾草灵、烯禾定、高效氟吡甲禾灵，另外还有恶草酮、乙氧氟草醚等，生产中应注意除草剂对水生蔬菜的安全性；生产中应根据各地情况，采用适宜的除草剂种类和施药方法，最后先试验后推广应用。

(一)莲藕田杂草防治

莲藕在我国具有悠久的栽培历史，属睡莲科多年生水生草本植物，是人们喜爱的主要蔬菜之一。莲藕生长前期，田间水层较浅，利于杂草发生，杂草发生种类多、数量大；莲藕生长中后期，田间水层较深，加之莲藕植株高大，封行早，田间郁闭程度高，不利于杂草发生，发生轻。不同类型田块，其草相、发生程度不同，浅水藕以湿生杂草为主，深水藕以水生杂草为主；新茬田杂草发生轻，连茬田杂草发生重(图17-161)。

图17-161　莲藕田生长期杂草发生情况

　　莲藕由于其特殊的生长环境(水生)，再加之生长迅速、植株高大、封行早、田间郁闭程度高等，在其生长中后期难以开展除草工作。因此，在大面积防除工作中，应坚持"以农业措施为基础，药剂防除为重点，压前控后，以藕抑草"的策略，全程控草，确保将草害造成的损失降到最低限度。

　　农业防治措施是莲藕田重要的除草方法。有条件的地方，定期实行水旱轮作，可以显著减少杂草；控水窒息杂草，在莲藕栽植初期，灌水深度2～3cm，当莲藕立叶2～3片时，灌水深度可加大到10～16cm，保持深水4～5天，能将大部分杂草幼苗杀死；对已长出水面的大株杂草，用人工拔除后随即踩入泥土沤肥；同时铲除田埂杂草。

　　化学除草可以有效防治各种杂草。生产上要结合莲藕的管理特点及时采取除草剂防治，种藕栽植后3～7天，保持3～5cm的浅水层，以利提高地温，促进藕芽萌发生长。随着植株的生长及分枝的形成，水层逐步保持在7～12cm，至夏季高温季节，水层保持20～30cm，进入结藕期后保持12～15cm的浅水层，以利结藕，并促进莲藕快速生长。

　　一般当年移栽的新莲田，可在莲藕下种7～10天后施用除草剂，这时莲田杂草大部分开始萌发，施后不但可杀死萌芽杂草，而且对后期杂草的发芽起到抑制作用，使莲田前期不会遭受到杂草的为害。

　　莲藕栽种7～10天，水温稳定在20℃以上时，可用50%扑草净可湿性粉剂40～50g/亩、或60%丁草胺乳油75～100ml/亩、12%恶草酮乳油125～150ml/亩，于杂草萌发前施药，用细土拌成颗粒状的毒土，均匀撒施于田面，保持3～5cm深的水层，5～7天可见成效。施用化学除草时要注意3点：一是阴雨天不宜施药；二是水温低于20℃时不施药；三是施药后藕田之间不宜串灌，以防药害。但由于莲藕处于水生环境，一般水层较深，除草剂的除草效果往往难以保证，新型除草剂的筛选有待于进一步研究。

　　在莲藕田稗草、千金子等禾本科杂草发生较多时，在杂草3～4叶期，排去藕田明水，施用下列除草剂：

10%精喹禾灵乳油40～80ml/亩；

15%精吡氟禾草灵乳油50～100ml/亩；

12.5%烯禾啶机油乳剂50～100ml/亩；

10.5%高效氟吡甲禾灵乳油20～50ml/亩；

对水50kg喷施，3～4天杂草逐步枯黄而死。以后正常水层管理。

　　另据资料报道，20%异丙甲·苄可湿性粉剂(为异丙甲草胺和苄嘧磺隆的复配剂)作为莲田除草剂效果较好，该除草剂对莲田稗草、三棱草、眼子菜、异型莎草、牛毛毡、水莎草、萤蔺、节节菜、鸭舌草、四叶萍、狼把草等有较好的防除效果，对紫背萍也有一定的防除和抑制作用。该药不但有芽前除草和芽后除草的双层功效，而且杀草谱广；对莲藕相对安全。

(二)茭白田杂草防治

　　茭白，又名茭瓜、茭笋。为禾本科多年生宿根草本植物，食用部位是基部肥大的肉质茎。原产我国东南部沼泽地带，是我国特有的一种水生蔬菜。依品种不同分为春、夏季种植，并在田间以地下休眠根茎越冬至初夏采收结束。主要栽培品种为春季定植后于当年秋季至翌年各收获一次，生长期长达一年以上。茭白在定植后及越冬期均有大量杂草发生(图17-162和图17-163)。茭白春、夏定植后发生的杂草基本上与稻田杂草相似，越冬期杂草则与麦田和油菜田杂草相似。

1.春夏定植茭白田杂草防治

　　茭白与水稻一样同属于禾本科作物，春夏定植时其生长环境和杂草发生为害与水稻极其相似，稻田

图17-162 茭白田生长期杂草发生情况

图17-163 茭白田生长期杂草发生情况

的部分除草剂也可以用于茭白田。据资料报道，可以用于茭白田的除草剂有丁草胺、苄嘧磺隆、恶草酮及其复配制剂，用时一定要结合当地情况施药，避免药害发生。

茭白移栽活棵后或宿生茭白杂草发芽前，用60%丁草胺乳油100～150ml/亩、25%恶草酮乳油100～150ml/亩、36%丁·恶乳油100～150ml/亩，于杂草萌发前施药，用细土拌成颗粒状的毒土，均匀撒施于田面，保持3～5cm深的水层，保水5～7天，并注意水层不能超过茭白心叶。可以有效防治多种一年生禾本科杂草和阔叶杂草。

对于异型莎草、牛毛毡、水莎草、萤蔺等莎草科杂草、眼子菜、节节菜、鸭舌草、四叶萍较多的田块，可以在茭白移栽充分活棵后，施用10%苄嘧磺隆可湿性粉剂10～20g/亩或60%丁草胺乳油75～100ml/亩+10%苄嘧磺隆可湿性粉剂10～20g/亩，用细土拌成颗粒状的毒土，均匀撒施于田面，保持3～5cm深的水层，保水5～7天，并注意水层不能超过茭白心叶。

2.越冬期茭白田杂草防治

茭白越冬期是茭白一生中杂草发生最为严重的时期，由于此时茭白地上部分枯死，地下根茎处于休眠状态，故采用茎叶处理剂或灭生性除草剂不会对茭白产生药害，而且除草效果好。可选用的除草剂有百草枯、草甘膦和高效氟吡甲禾灵等茎叶处理除草剂。

在田间杂草大量出苗且杂草处于幼苗期时，用20%百草枯水剂100～150ml/亩、或41%草甘膦水剂100～200ml/亩，对水35～40kg喷施；如果田间以禾本科杂草为主，还可以用10.8%高效氟吡甲禾灵乳油20～50ml/亩，对水35～40kg喷施。茭白越冬期施用除草剂时，应在用药前排干田间积水，清除田间茭白枯叶，使杂草均匀受药，药后3～5天恢复正常水层管理。

十、其他蔬菜田杂草防治技术

（一）马铃薯田杂草防治

马铃薯播种期在各地栽培方式不同，多为春秋两季种植。由于各地的气候条件复杂多样，造成杂草种类繁多，在生产中表现越来越突出，严重影响了马铃薯的产量和品质(图17-164)。人工除草不仅费工费时，而且效率极低。利用化学除草剂防除杂草，是马铃薯生产中杂草防除的重要措施之一，也是确保马铃薯产量和品质的重要措施之一。马铃薯田主要优势杂草有马唐、牛筋草、稗草、狗尾草、藜、小藜、反枝苋、铁苋、马齿苋、龙葵、苍耳、苘麻、鸭跖草等。

图17-164　马铃薯田生长期杂草发生情况

目前，马铃薯田国家登记生产的除草剂品种有二甲戊灵、乙草胺、砜嘧磺隆、精异丙甲草胺、嗪草酮、高效氟吡甲禾灵、扑·乙、甲戊·扑草净、嗪酮·乙草胺、嗪·异丙草、异松·乙草胺、氧氟·异丙草，资料报道的除草剂种类较多较乱；农民生产上常用的除草剂种类有乙草胺、甲草胺、精异丙甲草胺、丁草胺、二甲戊灵、氟乐灵、扑草净、精喹禾灵、精吡氟禾草灵、烯禾啶、高效氟吡甲禾灵，另外还有恶草酮、乙氧氟草醚等；资料介绍砜嘧磺隆、异恶草酮等也可以用于马铃薯田；生产中应注意除草剂对马铃薯的安全性；生产中应根据各地情况，采用适宜的除草剂种类和施药方法，最后先试验后推广应用。

1. 栽种前或播后苗前杂草防治

马铃薯多为直播田，化学除草多以苗前土壤处理为主。在马铃薯栽培定植时进行土壤处理，一次用药就能控制马铃薯整个生育期杂草的为害。一般于播种前或播后苗前喷施土壤封闭性除草剂，播种时尽量不要翻动土层或尽量少翻动土层。因为移栽后的大田生育时期较长；同时，较大的马铃薯苗对封闭性除草剂具有一定的耐药性，可以适当加大剂量以保证除草效果，施药时按40kg/亩水量配成药液均匀喷施土表。除草剂品种和施药方法如下：

在马铃薯移栽前后使用封闭性除草剂，移栽时尽量不要翻动土层或少翻动土层，可以防治多种一年生禾本科杂草和阔叶杂草(图17-165)。可于播前5~7天，施用下列除草剂：

图17-165　马铃薯栽前施药混土法进行杂草防治

48%氟乐灵乳油100~200ml/亩；

96%精异丙甲草胺乳油50~80ml/亩；

对水40kg均匀喷施。施药后及时混土2~5cm，特别是氟乐灵、混土不及时会降低药效。可以有效地防除一年生禾本科杂草及部分阔叶杂草，如稗草、马唐、狗尾草等。

也可以在移栽前后出苗前施进药(图17-166)，可以用下列除草剂：

图17-166　马铃薯栽后出苗前及苗后田间情况

33%二甲戊乐灵乳油150~200ml/亩；

20%敌草胺乳油150~200ml/亩；

96%精异丙甲草胺乳油50~65ml/亩；

50%乙草胺乳油100~150ml/亩；

70%嗪草酮可湿性粉剂40~60g/亩；

50%嗪酮·乙草胺(嗪草酮10%+乙草胺40%)乳油150~200ml/亩；

50%氧氟·异丙草(乙氧氟草醚5%+异丙草胺45%)可湿性粉剂100~150g/亩；

33%二甲戊灵乳油50~75ml/亩+50%扑草净可湿性粉剂50~70g/亩；

20%敌草胺乳油75~100ml/亩+50%扑草净可湿性粉剂50~70g/亩；

33%二甲戊乐灵乳油100~150ml/亩+25%恶草酮乳油75~100ml/亩；

50%乙草胺乳油75~100ml/亩+25%恶草酮乳油75~100ml/亩；

96%精异丙甲草胺乳油40~50ml/亩+25%恶草酮乳油75~100ml/亩；

33%二甲戊乐灵乳油100~150ml/亩+24%乙氧氟草醚乳油10~20ml/亩；

50%乙草胺乳油75~100ml/亩+24%乙氧氟草醚乳油10~20ml/亩；

96%精异丙甲草胺乳油40~50ml/亩+24%乙氧氟草醚乳油10~20ml/亩；

对水40kg均匀喷施。可以有效地防除一年生禾本科杂草及部分阔叶杂草，如稗草、马唐、狗尾草等。对于墒情较差或沙土地，可以用播后芽前施药覆土，避免马铃薯芽与药剂直接接触。

2.马铃薯生长期禾本科杂草防治

对于前期未能采取化学除草或化学除草失败的马铃薯田，应在田间杂草基本出苗且杂草处于幼苗期时及时施药防治。马铃薯田防治一年生禾本科杂草，如稗草、狗尾草、野燕麦、马唐、虎尾草、看麦娘、牛筋草等，应在禾本科杂草3~5叶期，用下列除草剂：

10%精喹禾灵乳油40~50ml/亩；

10.8%高效氟吡甲禾灵乳油20~30ml/亩；

24%烯草酮乳油20~30ml/亩；

12.5%烯禾啶乳油40～50ml/亩；

加水25～30kg，配成药液喷洒。在气温较高、雨量较多地区，杂草生长幼嫩，可适当减少用药量；相反，在气候干旱、土壤较干地区，杂草幼苗老化耐药，要适当增加用药量。防治一年生禾本科杂草时，用药量可稍减少；而防治多年生禾本科杂草时，用药量应适当增加。

（二）姜田杂草防治

近几年，姜种植面积不断扩大，已成为重要的主要蔬菜。杂草是为害姜生产的主要因素，特别是在夏季的高温多雨季节，杂草生长特别快，草常多于苗，且旺于苗，造成草荒(图17-167)。主要优势杂草有马唐、牛筋草、稗草、狗尾草、小藜、藜、反枝苋、铁苋、马齿苋、龙葵等。

图17-167　姜田生长期杂草发生情况

目前，姜田国家登记生产的除草剂品种有二甲戊灵、乙氧氟草醚、炔丙酰甲胺、甲戊·乙草胺、氧氟·甲戊灵、乙氧·异·甲戊、精喹禾灵，资料报道的除草剂种类较多较乱；农民生产上常用的除草剂种类有甲草胺、异丙甲草胺、异丙草胺、精异丙甲草胺、二甲戊灵、扑草净、精喹禾灵、精吡氟禾草灵、烯禾啶、高效氟吡甲禾灵，另外还有恶草酮、乙氧氟草醚等；资料介绍砜嘧磺隆、莠灭净等也可以用于姜田；生产中应注意除草剂对姜的安全性；生产中应根据各地情况，采用适宜的除草剂种类和施药方法，最后先试验后推广应用。

姜田杂草的防治，采取以土壤处理为基础，茎叶喷雾抓关键，定向喷雾为补充的原则，以控制其为害的防治策略。

1.姜栽后苗前杂草防治

播后苗前土壤封闭处理。在黄姜播种后出苗前。抓住雨后墒情及时施药，可以选用的除草剂品种和施药方法如下：

33%二甲戊灵乳油100～150ml/亩；

96%精异丙甲草胺乳油40～65ml/亩；

33%二甲戊灵乳油50～75ml/亩+50%扑草净可湿性粉剂50～70g/亩；

20%敌草胺乳油75～100ml/亩+50%扑草净可湿性粉剂50～70g/亩；

72%异丙甲草胺乳油50～75ml/亩+50%扑草净可湿性粉剂50～70g/亩；

72%异丙草胺乳油50～75ml/亩+50%扑草净可湿性粉剂50～70g/亩；

33%二甲戊灵乳油100～150ml/亩+25%恶草酮乳油75～100ml/亩；

72%异丙甲草胺乳油100～150ml/亩+25%恶草酮乳油75～100ml/亩；

96%精异丙甲草胺乳油40～50ml/亩+25%恶草酮乳油75～100ml/亩；

72%异丙草胺乳油100～150ml/亩+25%恶草酮乳油75～100ml/亩；

33%二甲戊灵乳油100～150ml/亩+24%乙氧氟草醚乳油10～20ml/亩；

72%异丙甲草胺乳油100～150ml/亩+24%乙氧氟草醚乳油10～20ml/亩；

96%精异丙甲草胺乳油40～50ml/亩+24%乙氧氟草醚乳油10～20ml/亩；

72%异丙草胺乳油100～150ml/亩+24%乙氧氟草醚乳油10～20ml/亩；

对水40kg均匀喷施。可以有效防除一年生禾本科杂草及部分阔叶杂草，如稗草、马唐、狗尾草、藜、反枝苋等。对于墒情较差或沙土地，可以用播后芽前施药覆土，避免姜芽与药剂直接接触。

2．姜生长期禾本科杂草防治

对于前期未能采取化学除草或化学除草失败的姜田，应在田间杂草基本出苗、且杂草处于幼苗期时及时施药防治。姜田防治一年生禾本科杂草，如马唐、稗草、狗尾草、牛筋草等，应在杂草3～5叶期，用下列除草剂：

10%精喹禾灵乳油40～50ml/亩；

10.8%高效氟吡甲禾灵乳油20～30ml/亩；

24%烯草酮乳油20～30ml/亩；

12.5%烯禾啶机油乳剂40～50ml/亩；

加水25～30kg，配成药液喷洒。杂草较小时，可适当减少用药量；在气候干旱，杂草较大时，要适当增加用药量。防治一年生禾本科杂草时，用药量可稍减少；而防治多年生禾本科杂草时，用药量应适当增加。

对个别田块以小蓟、打碗花、香附子为主的多年生恶性杂草，可以用74.7%草甘膦可溶性粉剂50～100g/亩，对水30～40kg作定向喷雾。在进行化学除草时，要注意整地细碎平整，喷洒要均匀，除草剂的用量要准确。

(三)茼蒿田杂草防治

茼蒿是一种常见蔬菜，其栽培方式多是直播，杂草为害严重(图17-168)。杂草不仅影响茼蒿的生长，与其争光、争水、争肥，还容易滋生病虫害。适时进行化学防除，是搞好田间管理的一项重要技术措施。

图17-168 茼蒿田生长期杂草发生情况

目前，茼蒿田还没有国家登记生产的专用除草剂品种，资料报道的除草剂种类较多较乱；农民生产上常用的除草剂种类有异丙甲草胺、精异丙甲草胺、二甲戊乐灵、扑草净、精喹禾灵、精吡氟禾草灵、稀禾啶、高效氟吡甲禾灵，另外还有恶草酮、乙氧氟草醚等；生产中应注意除草剂对茼蒿的安全性；生产中应根据各地情况，采用适宜的除草剂种类和施药方法，最后先试验后推广应用。

1. 茼蒿田播后芽前杂草防治

茼蒿直播田墒情较好、土质肥沃，有利于杂草的发生，如不及时进行杂草防治，将严重影响幼苗生长。应注意选择除草剂品种和施药方法。

在茼蒿播后芽前，可以用下列除草剂：

33%二甲戊乐灵乳油75~100ml/亩；

20%敌草胺乳油100~150ml/亩；

72%异丙甲草胺乳油75~100ml/亩；

72%异丙草胺乳油75~100ml/亩；

对水40kg，均匀喷施，可以有效防治多种一年生禾本科杂草和部分阔叶杂草。茼蒿种子较小，应在播种后浅混土或覆薄土；药量过大、田间过湿，特别是遇到持续低温多雨条件会影响蔬菜发芽出苗；严重时，会出现缺苗断垄现象。

2. 茼蒿田生长期杂草防治

对于前期未能采取化学除草或化学除草失败的茼蒿田，应在田间杂草基本出苗且杂草处于幼苗期时及时施药防治。

茼蒿田防治一年生禾本科杂草，如稗、狗尾草、牛筋草等，应在禾本科杂草3~5叶期，可以用：

10%精喹禾灵乳油40～60ml/亩；

10.8%高效氟吡甲禾灵乳油20～40ml/亩；

10%喔草酯乳油40～80ml/亩；

15%精吡氟禾草灵乳油40～60ml/亩；

10%精恶唑禾草灵乳油50～75ml/亩；

12.5%烯禾啶乳油50～75ml/亩；

24%烯草酮乳油20～40ml/亩。对水30kg，均匀喷施，可以有效防治多种禾本科杂草。该类药剂没有封闭除草效果，施药不宜过早，特别是在禾本科杂草未出苗时施药没有效果。

（四）菠菜田杂草防治

菠菜是一种重要蔬菜，其栽培方式主要是直播，杂草为害严重。杂草不仅影响菠菜的生长，与其争光、争水、争肥，还滋生病虫害的发生。适时进行化学防除，是搞好田间管理的一项重要技术措施。

目前，菠菜田还没有国家登记生产的专用除草剂品种，资料报道的除草剂种类较多较乱；农民生产上常用的除草剂种类有甲草胺、异丙甲草胺、精异丙甲草胺、二甲戊乐灵、扑草净、精喹禾灵、精吡氟禾草灵、烯禾啶、高效氟吡甲禾灵，另外还有恶草酮、乙氧氟草醚等；生产中应注意除草剂对茼蒿的安全性；生产中应根据各地情况，采用适宜的除草剂种类和施药方法，最后先试验后推广应用。

1. 菠菜田播后芽前杂草防治

菠菜直播田墒情较好、土质肥沃，有利于杂草的发生，如不及时进行杂草防治，将严重影响幼苗生长。应注意选择除草剂品种和施药方法。

在菠菜播后芽前(图17-169)，可以用：

图17-169 菠菜田播种情况

33%二甲戊乐灵乳油75～100ml/亩；

20%敌草胺乳油100～150ml/亩；

72%异丙甲草胺乳油75～120ml/亩；

72%异丙草胺乳油75～100ml/亩。对水40kg，均匀喷施，可以有效防治多种一年生禾本科杂草和部分阔叶杂草。菠菜种子较小，应在播种后浅混土或覆薄土；药量过大、田间过湿，特别是遇到持续低温多雨条件会影响蔬菜发芽出苗；严重时，会出现缺苗断垄现象。

2．菠菜田生长期杂草防治

对于前期未能采取化学除草或化学除草失败的菠菜田，应在田间杂草基本出苗且杂草处于幼苗期时及时施药防治。

菠菜田防治一年生禾本科杂草(图17-170)，如稗、狗尾草、牛筋草等，应在禾本科杂草3～5叶期，可以用：

图17-170　菠菜田生长期杂草发生情况

10%精喹禾灵乳油40～60ml/亩；

10.8%高效氟吡甲禾灵乳油20～40ml/亩；

10%喔草酯乳油40～80ml/亩；

15%精吡氟禾草灵乳油40～60ml/亩；

10%精恶唑禾草灵乳油50～75ml/亩；

12.5%稀禾定乳油50～75ml/亩；

24%烯草酮乳油20～40ml/亩。对水30kg，均匀喷施，可以有效防治多种禾本科杂草。该类药剂没有封闭除草效果，施药不宜过早，特别是在禾本科杂草未出苗时施药没有效果。

（五）莴苣等菊科叶菜田杂草防治

菊科类叶菜包括莴笋、莴苣(生菜)、长叶莴苣(油麦菜)、花叶莴苣(苦苣)等，是一类重要蔬菜，近几年发展较快，其栽培方式主要是直播或移栽，杂草为害严重(图17-171)。该类蔬菜植株较低、封行较晚，杂草严重影响蔬菜的生长，与其争光、争水、争肥。适时进行化学防除，是搞好田间管理的一项重要技术措施。

图17-171　莴苣田生长期杂草发生情况

目前，菊科叶菜田还没有国家登记生产的专用除草剂品种，仅莴苣田登记有炔苯酰草胺；资料报道的除草剂种类较多较乱；农民生产上常用的除草剂种类有甲草胺、异丙甲草胺、精异丙甲草胺、二甲戊乐灵、扑草净、精喹禾灵、精吡氟禾草灵、稀禾定、高效氟吡甲禾灵，另外还有恶草酮、乙氧氟草醚等；生产中应注意除草剂对茼蒿的安全性；生产中应根据各地情况，采用适宜的除草剂种类和施药方法，最后先试验后推广应用。

1. 莴苣田播后芽前杂草防治

莴苣直播田墒情较好、土质肥沃，有利于杂草的发生，如不及时进行杂草防治，将严重影响幼苗生长。应注意选择除草剂品种和施药方法。

在莴苣播后芽前，可以用下列除草剂：

33%二甲戊乐灵乳油75～100ml/亩；

20%敌草胺乳油100～150ml/亩；

72%异丙甲草胺乳油75～120ml/亩；

72%异丙草胺乳油75～100ml/亩；

对水40kg均匀喷施，可以有效防治多种一年生禾本科杂草和部分阔叶杂草。菠菜种子较小，应在播种后浅混土或覆薄土；药量过大、田间过湿，特别是遇到持续低温多雨条件会影响蔬菜发芽出苗；严重时，会出现缺苗断垄现象。

对于田间一年生禾本科杂草较多田块，在莴苣播后芽前，可以用50%炔苯酰草胺可湿性粉剂200～260g/亩，对水40kg/亩均匀喷施。该药对莴苣出苗有一定的抑制作用，施药时不要随意加大剂量。

2. 莴苣移栽田杂草防治

莴苣移栽田(图17-172)，比较有利于杂草的防治，应在整地后施药，施药后尽量少动土层。应注意选择除草剂品种和施药方法。

图17-172　莴苣移栽田生长情况

在莴苣移栽前，可以用下列除草剂：

33%二甲戊乐灵乳油100～150ml/亩；

20%敌草胺乳油150～200ml/亩；

72%异丙甲草胺乳油100～175ml/亩；

96%精异丙甲草胺乳油40～65ml/亩；

33%二甲戊乐灵乳油50～75ml/亩+50%扑草净可湿性粉剂50～70g/亩；

20%敌草胺乳油75～100ml/亩+50%扑草净可湿性粉剂50～70g/亩；

72%异丙甲草胺乳油50～75ml/亩+50%扑草净可湿性粉剂50～70g/亩；

72%异丙草胺乳油50～75ml/亩+50%扑草净可湿性粉剂50～70g/亩；

33%二甲戊乐灵乳油100～150ml/亩+25%恶草酮乳油75～100ml/亩；

72%异丙甲草胺乳油100～150ml/亩+25%恶草酮乳油75～100ml/亩；

96%精异丙甲草胺乳油40～50ml/亩+25%恶草酮乳油75～100ml/亩；

72%异丙草胺乳油100～150ml/亩+25%恶草酮乳油75～100ml/亩；

33%二甲戊乐灵乳油100～150ml/亩+24%乙氧氟草醚乳油10～20ml/亩；

72%异丙甲草胺乳油100～150ml/亩+24%乙氧氟草醚乳油10～20ml/亩；

96%精异丙甲草胺乳油40～50ml/亩+24%乙氧氟草醚乳油10～20ml/亩；

72%异丙草胺乳油100～150ml/亩+24%乙氧氟草醚乳油10～20ml/亩；

对水40kg，均匀喷施。可以有效地防除一年生禾本科杂草和一年生阔叶杂草。

3. 莴苣田生长期杂草防治

对于前期未能采取化学除草或化学除草失败的莴苣田，应在田间杂草基本出苗且杂草处于幼苗期时及时施药防治。

莴苣田防治一年生禾本科杂草，如稗、狗尾草、牛筋草等，应在禾本科杂草3～5叶期，可以用：

10%精喹禾灵乳油40～60ml/亩；

10.8%高效氟吡甲禾灵乳油20～40ml/亩；

15%精吡氟禾草灵乳油40～60ml/亩；

10%精恶唑禾草灵乳油50～75ml/亩；

12.5%烯禾啶乳油50～75ml/亩；

24%烯草酮乳油20～40ml/亩；

对水30kg，均匀喷施，可以有效防治多种禾本科杂草。该类药剂没有封闭除草效果，施药不宜过早，特别是在禾本科杂草未出苗时施药没有效果。

第十八章 果树杂草防治新技术

一、果园主要杂草种类及发生为害

我国北方果园栽植的果树种类主要是苹果、梨、葡萄、桃、李、杏、樱桃、山楂、柿子、板栗、核桃及红枣等。果园杂草，一般是指为害果树生长、发育的非栽培草本植物及小灌木。这些杂草以其生长能力强、繁殖速度快、发生密度大、种类数量多等适应外界环境条件的生物学优势，与果树争夺营养和水分，影响园中通气和透光，并间接诱发或加重某些病虫害的发生。一般年份可以造成果树减产10%～20%，草荒严重的果园幼树不能适龄结果，或结果后树势衰弱、寿命缩短、果小色差、病虫害增加、果实品质产量下降。概括起来，杂草对果树有以下几个方面的为害(图18-1和图18-2)。

图18-1 果园苗圃杂草发生为害情况

(1)**杂草与果树争夺水分** 杂草根系发达，如小蓟在其生长的第一年根入土深度达3.5m，第二年5.7m，第三年可超过7m，所以它能从土壤中吸收大量水分。如燕麦草形成1g干物质，耗水400～500L；而大久保桃形成1g干物质的耗水量为369L，祝光苹果耗水量为415L。在干旱地区，杂草争夺水分是影响果树生长发育和造成幼树抽条的主要因素。

(2)**杂草与果树争夺养分** 杂草多为群体生长，要消耗大量养分。例如，当一年生双子叶杂草的混杂

图18-2　果园杂草发生为害情况

度为100~200株/m²时，每亩吸收氮4~9.3kg、磷1.3~2kg、钾6.6~9.3kg；而据华中农业大学的研究，亩栽35株温州蜜柑橘园，一年生苗需氮、磷、钾分别为2.7kg、0.66kg、1.4kg。另据中国农业科学院果树研究所对马唐、苍耳、苋菜、藜等11种杂草的分析，植株地上部分的氮、磷、钾、钙、镁、铁、锰、铜、锌9种元素的平均含量都成倍高于正常苹果的叶片。可见要保持地力就必须清除杂草。

(3)杂草影响果树的正常光照　杂草滋生，特别是一些植株高大的杂草，如苍耳、藜、苘麻等会使果树遮光。光照不良又直接影响到果树的光能利用和叶片的碳素同化作用，继而影响果树的生长发育、花芽形成和果实品质，尤其对喜光果树桃、苹果、梨、葡萄的影响更大。

(4)杂草的发生有利于果树病虫害的滋生　杂草是多种病虫害的中间媒介和寄主。如田旋花是苹果啃皮卷叶蛾的寄主，为害苹果的黄刺蛾、苹果红蜘蛛、桃蚜等可在多种杂草上寄生。

总之，果园杂草严重制约着果树的生长和果实的品质。一般来说，果园人工除草约占果园管理用工总量的20%左右。

北方果园杂草有100余种，其中比较常见的有50种左右，包括藜科、蓼科、苋科、十字花科、马齿苋科、茄科、唇形科、大戟科、蔷薇科、菊科、蒺藜科、车前科、鸭跖草科、豆科、旋花科、木贼科、禾本科、莎草科等。主要杂草有芦苇、稗草、马唐、牛筋草、狗尾草、碱茅、白茅、狗牙根、早熟禾、藜、马齿苋、反枝苋、皱叶酸模、问荆、葎草、蒿、苍耳、小蓟、苣荬菜、地锦、独行菜、香附子、柽柳等。

果树一般株行距大，幅地广阔，空地面积较大，适于杂草生长。果园杂草如果按生长期和为害情况来分，一般可以分为一年生杂草、二年生杂草和多年生深根性杂草，其中的一年生杂草、二年生杂草又可以按生长季节分为春草和夏草。春草自早春萌发、开始生长，晚春时生长发育速度达到高峰，然后开花结子，以后渐渐枯死；夏草初夏开始生长，盛夏生长发育迅速，秋末冬初结子，随之枯死。果园内杂草具有很强的生命力，一些杂草种子在土壤中经过多年仍能保持其生活能力。

华北地区历年来春季干旱，夏季雨量集中，果园杂草一般有两次发生高峰。第一次出草高峰在4月下旬至5月上中旬；第二次出草高峰出现在6月中下旬至7月间，其中以第二次出草高峰持续期较第一次出草高峰长。

果园杂草的发生受气温、雨量、灌溉、土质、管理等多种因素的影响，地区间、年度间杂草种类、发生期和发生量差别较大。多年来的实践表明，早春时果树行间杂草生长量小，且有充足的时间进行人工除草，因而不易形成草荒；夏季杂草发生时适逢雨季，生长很快，田间其他管理工作较多，如遇阴雨连绵，易造成草荒。

二、果园杂草防治技术

(一)果树苗圃杂草防治

果树苗圃面积不大，但防除杂草比定植果园更为重要。因为苗圃一般都要精耕细作，如经常松土、施肥、浇水，这不仅为苗木健壮生长提供了保证，同时也给杂草创造了优良的繁殖场所。对这些苗圃杂草若防除不好，将严重干扰苗木的正常发育，进而影响苗木的出圃质量(图18-3)。

图18-3　果园苗圃杂草发生情况

果树苗圃杂草的化学防除，通常在育苗的不同阶段进行。除草剂的选用，可分别从其适用于定植果园的种类中择取对苗木安全的品种。

1. 播种苗圃杂草的防治

(1)**播后苗前处理** 树苗和杂草出苗前，可以用下列除草剂：

48%氟乐灵乳油100～150ml/亩；

48%甲草胺乳油150～200ml/亩；

25%恶草酮乳油150ml/亩；

72%异丙甲草胺乳油150～200ml/亩+50%扑草净可湿性粉剂75～100g/亩(图18-4)。

图18-4 苹果园杂草发生情况

任选上列除草剂之一，加水50kg配成药液，均匀喷于床面。其中氟乐灵药液，喷后要立即混入浅土层中。此外，仁果、坚果播种苗床，还可用40%莠去津悬浮剂150ml/亩，配成药液处理。

(2)**生长期处理** 在果树实生幼苗长到5cm后，为控制尚未出土或刚刚出土的杂草，可按照前面"树和杂草出苗前"所用的药剂及用量，掺拌40kg/亩过筛细潮土制成药土，堆闷4小时，然后再用筛子均匀筛于床面。用树条拨动等方法，清除落在树苗上的药土。

禾本科杂草发生较多时，可以在这些杂草3～5叶期，用：

10.8%高效氟吡甲禾灵乳油50～80ml/亩或5%精喹禾灵乳油50～100ml/亩；

加水40kg配成药液，喷于杂草茎叶。

在大距离行播和垄播苗圃，若有阔叶杂草发生较多或混有禾本科杂草时，可在这些杂草2～4叶期，用24%乙氧氟草醚乳油30ml/亩+10.8%高效氟吡甲禾灵乳油40ml/亩，定向喷雾。

2. 嫁接圃、扦插圃杂草防治

在苗木发芽前和杂草出苗前按照播种圃"树和杂草出苗前"所用的药剂及用量，加水配成药液，定向喷于地面。

在苗木生长期，参照播种圃生育期处理应用的药剂、药量与要求，以药液喷雾法定向喷洒。

（二）成株果园杂草防治

定植果园杂草的化学防除，与旱田近似，但又不同于旱田。地形比较平坦的果园，由于果树株行距离大、生长年限长、前期遮荫面积小，导致大量杂草发生。山地果园，各种野草的丛生情况就更为复杂。据河南调查，果园杂草多达400种以上。因此果园的化学除草，要求选择使用杀草谱较广的除草剂。旱田前期发生的杂草，对作物苗期生长影响较大，而后期发生的杂草，由于程度不同地受到作物抑制，对作物影响较小。果树行间的杂草，前后期就没有这种明显的互相克制现象，杂草的发生，前后比较一致。因此果园的化学除草又要求选择使用长效性除草剂。同时，果树根系分布较深，因此用于果园土壤处理的选择性除草剂，可适当加大剂量，以提高药效，延长持效期。

当前适用于北方果园的除草剂有草甘膦、敌草快、氟乐灵、莠去津、西玛津、扑草净、敌草隆、二甲戊灵、乙氧氟草醚、恶草酮等。实际应用时，必须根据杂草种类和生长时期，因树、因地选择与搭配用药种类，建立行之有效的化学防除体系。

1. 仁果类果园杂草防治

苹果、梨等仁果类果树杂草发生为害严重(图18-5)，生产上应抓好春季杂草发生前(18-6)，施用封闭除草剂，一般可以用乙草胺、异丙甲草胺、扑草净、乙氧氟草醚等除草剂。在夏季杂草发生期，可以用草甘膦、精喹禾灵等除草剂。

具体使用方法如下：

(1)莠去津　主要用于苹果和梨园，防除马唐、狗尾草、看麦娘、早熟禾、稗、牛筋草、苍耳、鸭跖草、藜、蓼、苋、繁缕、荠菜、酢浆草、车前、苘麻等一年生或二年生杂草，对小蓟、打碗花等多年生杂草也有一定的抑制作用。在早春杂草大量萌发出土前或整地后进行土壤处理。北方春季土壤过旱而又没有灌溉条件的果园，前期施用这类药剂往往除草效果不佳，但可利用持效期长的特点，酌情改在秋翻

图18-5　早春苹果园土地平整情况

图18-6 梨园杂草发生与施用草甘膦后的防治情况

地之后施用。有灌溉条件或秋季施药，除了配成药液喷洒，也可拌成药土撒施。秋施于地表的药液或药土，随后要混入3～5cm的浅土层中。持效期可达60～90天。除了土壤处理，还可视杂草的发生情况，于幼苗期进行茎叶处理。无论土壤处理或茎叶处理，都要撒、喷均匀，以免产生药害。莠去津的用量因土壤质地而异，沙质土用40%悬浮剂150～250ml/亩，壤质土用250～350ml/亩。

黏质土和有机质含量在3%以上的土壤，用400～500ml/亩，含沙量过高、有机质含量过低的土壤，不宜使用。

(2)**西玛津** 除草对象、施用方法及注意事项均同莠去津。但其水溶性、杀草活性、作用速度、防除杂草效果，都不如莠去津。西玛津的用量因土壤质地和有机质含量而异，沙质土、壤质土，用量与莠去津差不多；黏质土和有机质含量达3%以上的土壤，用50%可湿性粉剂要增加到500～600g/亩。

(3)**扑草净** 用于苹果和梨园防除一年生及某些多年生杂草。在早春敏感杂草萌发出土前，采用喷雾法进行土表处理。用药量为50%可湿性粉剂250～300g/亩，减半与甲草胺、乙草胺等混用。温暖湿润季节和有机质含量低的沙质土壤，用低量；反之用量高。施药时要注意防止喷到果树上。持效期因土质、气候而异，持效期为20～70天。

(4)**氟乐灵** 用于果园防除一年生禾本科杂草与部分小粒种子阔叶杂草。用药量根据土壤有机质含量多少而增减。一般用48%乳油100～200ml/亩，加水25～50kg配成药液喷于土表，为扩大杀草谱，可与适合果园应用的其他药剂混用。用药后交叉耙混至2～7cm浅土层中，再镇压保墒。

(5)**二甲戊灵** 在果园杂草萌芽出土前用33%乳油200～300ml/亩，加水配成药液喷于土表，可防除多种一年生禾本科杂草及部分阔叶杂草。为增强对阔叶杂草的防效，可与其他杀阔叶杂草的除草剂混用或搭配使用。

(6)**乙氧氟草醚** 杀草谱较广，用于果园防除一年生阔叶草、莎草和稗草等禾本科杂草，对多年生杂草只有抑制作用。在杂草出土前用：24%乳油40～50ml/亩，加水配成药液喷于土表。

(7)**禾草丹** 用于土壤墒情较好的果园防除稗、马唐、牛筋草、蓼、苋、繁缕等一年生禾本科杂草和阔叶杂草。杀草丹通过杂草幼芽及幼根吸收传导至生长点，使发芽初期杂草的生长受抑制而枯死。因此施药适期在杂草萌芽至1叶1心前以药液喷雾法封闭土壤。

(8)**敌草胺** 在果园杂草出土前用50%可湿性粉剂250～350g/亩，加水配成药液定向喷施，可防除马唐、稗草、狗尾草、早熟禾、田芥等多种一年生禾本科杂草和阔叶杂草。萘丙酰草胺的用量因土壤质地而异，沙质土用下限，黏质土用上限。施药后干旱，应进行灌溉，以使土壤表层保持湿润状态。

(9)**恶草酮** 在果园于早春杂草大量萌发前，用25%乳油250～300ml/亩，配成药液进行土壤处理，可防除稗草、马唐、牛筋草、马齿苋、苋、蓼、小蓟、苣荬菜、荠菜、藜等。

(10)**草甘膦** 用于苹果和梨等果园防除各种禾本科、莎草科杂草和阔叶杂草，以及藻类、蕨类和某些小灌木。通常进行定向喷雾或顶端涂抹。草甘膦只能被植物的绿色部位吸收而后传导至周身，因此必须用于茎叶处理才有药效。喷药时注意不要将药涂喷到树冠和萌芽枝条的绿色部位，以免造成药害。草甘膦用量视杂草种类和密度酌情确定。

以一年生、二年生阔叶杂草占优势的果园，可以用30%水剂250～400ml/亩；以一年生、二年生禾本科杂草为主的果园，用30%水剂300～500ml/亩；以多年生宿根性杂草为主的果园，用30%水剂500～600ml/亩。

喷药时，可以在药液中加入适量表面活性剂，如加0.1%的洗衣粉，可提高药效。涂抹用药液，以10%水剂按1∶4的药水比配制。适宜的施药时期，在杂草株高15cm左右，即北方大致为6月。施用过早，对多年生宿根性杂草的上部防效虽好，但杀不死根茎，而后仍能再生；施用过晚，杂草生长旺期已过，大部分茎秆木质化，不利于药剂在植株体中传导，因此防效较差。施用草甘膦后，杂草受害症状表现较慢，一年生杂草需15～20天，多年生杂草需25～30天枯死(图18-7)。

图18-7 苹果园杂草发生与施用百草枯后的防治情况

(11)**氟磺胺草醚** 防除阔叶杂草极为有效。通常在果园阔叶杂草2～4叶期用25%水剂80～150ml/亩，加水配成药液喷于茎叶。在药液中加入0.1%Agrol非离子表面活性剂或0.1%～0.2%不含酶的洗衣粉，可提高防除效果。

(12)**敌草快** 适用于阔叶杂草占优势的苹果和梨园，防除菊科、十字花科、茄科、唇形科杂草等效果较好，但对蓼科、鸭跖草科和旋花科杂草防效则差。敌草快为非选择性触杀型除草剂，其作用特点似百草枯，可被植物绿色组织迅速吸收而促使受药部位黄枯，对老化树皮无穿透能力，对地下根茎无破坏作用。落于土壤，迅速丧失活力。一般在杂草生长旺盛时期用20%水剂200～300ml/亩，加水30kg左右配成药液进行茎叶处理。敌草快的有效作用时间较短，可作为搭配品种使用，或与三氮苯类、脲类及茅草枯等除草剂混用，但不能与激素型除草剂的碱金属盐类化合物混用。

(13)**精吡氟禾草灵** 对禾本科杂草具有很强的杀伤作用。在发生禾本科杂草为主的果园，于杂草3～

5叶期采用35%吡氟禾草灵乳油或15%高效氟吡甲禾灵乳油75～125ml/亩，加水配成药液喷施，防除一年生草效果较好；提高用量到160ml/亩，防除多年生芦苇、茅草等也较有效。

(14)乙氧·莠灭净　为两元复配除草剂，可被杂草的根、茎、叶吸收，并在体内迅速传导，具杀草谱广、低毒、持效期长、杀草速度较快等特点，行间定向喷于杂草茎叶和土壤表面，能有效防除苹果园中的稗草、狗尾草、马唐、牛筋草、看麦娘、自生麦苗、藜、马齿苋、反枝苋、铁苋菜等多种一年生禾本科杂草和阔叶杂草。最佳施药时期为杂草生长旺期（4～6片叶，株高10cm左右）。根据杂草密度和草龄大小，用38%悬浮剂200～250ml/亩，对水30～45kg进行均匀喷雾。在杂草草龄较大或气温较低时，应选择用药量上限，喷湿喷透。

(15)苯嘧磺草胺　可有效防除或抑制以下杂草：马齿苋、反枝苋、藜、蓼、苍耳、龙葵、苘麻、黄花蒿、苣荬菜、泥胡菜、牵牛花、苦苣菜、铁苋菜、鳢肠、饭包草、旱莲草、小飞蓬、一年蓬、蒲公英、萎陵菜、还阳参、皱叶酸模、大籽蒿、酢浆草、乌蔹莓、加拿大一支黄花、薇甘菊、鸭跖草、牛膝菊、耳草、粗叶耳草、胜红蓟、地桃花、天名精、葎草等。杀草谱广，主要用于防治阔叶杂草，特别是对阔叶杂草有较好的防效。防效迅速，药后1～3天见效，且持效期较长。

苗后茎叶处理，阔叶杂草的株高或茎长达10～15cm时喷雾处理。用70%水分散粒剂5～7.5克/亩，施药应均匀周到，避免重喷，漏喷或超过推荐剂量用药。在大风时或大雨前不要施药，避免飘移。

2. 核果、坚果果园杂草防治

莠去津、西玛津、扑灭津可用于坚果果园。桃等核果较为敏感，不宜应用。

扑草净、杀草丹、毒草胺、草甘膦、二甲戊灵、恶草酮、氟乐灵、磺草灵、敌草隆、氟磺胺草醚、乙氧氟草醚、敌草隆。上列除草剂的应用方法，与仁果类果园完全相同(图18-8)。

氯氟吡氧乙酸，防除阔叶杂草。用量视杂草种类及生育期酌情确定。一般在果园杂草2～5叶期用：

20%乳油75～150ml/亩，加水配成药液进行茎叶处理。可防除红蓼、苋、酸模、田旋花、黄花棘豆、空心莲子草、卷茎蓼、猪殃殃、马齿苋、龙葵、繁缕、巢菜、鼬瓣花等。配制药液时，加入药液量0.2%的非离子表面活性剂，可提高防效。此外，喷药时要防止把药液喷到树叶上。

3. 葡萄园杂草防治

葡萄园除草剂可以用异丙甲草胺、萘丙酰草胺、氟乐灵、恶草酮、乙氧氟草醚、精喹禾灵、草甘膦、敌草快等除草剂。

在早春葡萄发芽前(图18-9)，可以用：

50%乙草胺乳油100～150ml/亩；

72%异丙甲草胺乳油150～200ml/亩；

72%异丙草胺乳油150～200ml/亩；

33%二甲戊乐灵乳油150～200ml/亩；

50%乙草胺乳油100ml/亩+24%乙氧氟草醚乳油10～15ml/亩，对水50～80kg/亩喷雾土表。土壤有机质含量低、砂质土、低洼地、水分足，用药量低，反之用药量高。土壤干旱条件下施药要加大用水量或进行浅混土(2～3cm)，施药后如遇干旱，有条件的可以灌水后施药以提高除草效果。

对于前期未能封闭除草的田块(图18-10)，在杂草基本出齐，且杂草处于幼苗期时应及时施药，可用下列除草剂：

5%精喹禾灵乳油50～75ml/亩；

图18-8 桃园杂草发生与施用敌草快后的防治情况

图18-9 早春葡萄园土地平整情况

图18-10　葡萄生长期杂草发生情况

10.8%高效吡氟氯禾灵乳油20～40ml/亩；

12.5%烯禾啶乳油50～75ml/亩；

24%烯草酮乳油20～40ml/亩，施药时视草情、墒情确定用药量。草大、墒差时适当加大用药量。对水30kg均匀喷施。禾本科和阔叶杂草混用的地块，在杂草基本出齐，且杂草处于幼苗期时应及时施药，可以用：

5%精喹禾灵乳油50～75ml/亩+48%苯达松水剂150ml/亩；

10.8%高效吡氟氯禾灵乳油20～40ml/亩+25%三氟羧草醚水剂50ml/亩；

5%精喹禾灵乳油50～75ml/亩+24%乳氟禾草灵乳油20ml/亩，宜在葡萄地定向施药，不能将药液喷洒至葡萄叶片上，喷洒时应采用保护罩或压低喷头定向喷布，严防将药液喷到葡萄的嫩枝和叶片上，否则

参 考 文 献

成卓敏，2008. 新编植物医生手册【M】.北京：化学工业出版社.

成卓敏，2008. 植物保护科技创新与发展【M】.北京：中国农业科学技术出版社.

成卓敏，2009. 粮食安全与植保技术创新【M】.北京：中国农业科学技术出版社.

段留生，田晓莉，2005. 作物化学控制原理与技术【M】.北京：中国农业大学出版社.

李美，等，2018. 中国麦田杂草防治技术原色图解【M】.郑州：河南科学技术出版社.

李扬汉，1998. 中国杂草志【M】.北京：中国农业出版社.

刘长令，2006. 世界农药大全【M】.北京：化学工业出版社.

牛西午，陶承光，2005. 中国杂粮研究【M】.北京：中国农业科学技术出版社.

全国农业技术推广服务中心，2008. 小麦病虫草害发生与控制【M】.北京：中国农业出版社.

沙家骏，张恒敏，姜雅君，1992. 国外新农药品种手册【M】.北京：化学工业出版社.

时春喜，2009. 农药使用技术手册【M】.北京：金盾出版社.

苏少泉，宋顺祖，1996. 中国农田杂草化学防治【M】.北京：中国农业出版社.

唐除痴，陈彬，等，1998. 农药化学【M】.天津：南开大学出版社.

王险峰，2000. 进口农药应用手册【M】.北京：中国农业出版社.

王枝荣，1990. 中国农田杂草原色图谱【M】.北京：农业出版社.

杨怀文，2009. 生物防治创新与实践【M】.北京：中国农业科技出版社.

张敏恒，1999. 农药商品手册【M】.沈阳：沈阳出版社.

张玉聚，等，2009. 中国农业病虫草害新技术原色图解【M】.北京：中国农业科学技术出版社.

张玉聚，等，2011. 中国植保技术原色图解【M】.北京：中国农业科学技术出版社.

中国科学院植物研究所，1972. 中国高等植物图鉴【M】.北京：科学出版社.

周小刚，张辉，2006. 四川农田常见杂草原色图谱【M】.成都：四川科学技术出版社.